THEORIA CUM PRAXI

AUS DER WELT DES GOTTFRIED WILHELM LEIBNIZ

Beiträge anlässlich der Ausstellung

GOTTFRIED WILHELM LEIBNIZ
Philosoph, Mathematiker, Physiker, Techniker

10. Juli bis 4. Oktober 2002

ÖSTERREICHISCHE AKADEMIE DER WISSENSCHAFTEN
MATHEMATISCH-NATURWISSENSCHAFTLICHE KLASSE

VERÖFFENTLICHUNG DER KOMMISSION FÜR GESCHICHTE DER
NATURWISSENSCHAFTEN, MATHEMATIK UND MEDIZIN NR. 63

THEORIA CUM PRAXI

aus der Welt des Gottfried Wilhelm Leibniz

Beiträge anlässlich der Ausstellung

Gottfried Wilhelm Leibniz

Philosoph, Mathematiker, Physiker, Techniker

10. Juli bis 4. Oktober 2002

Verlag der
Österreichischen Akademie
der Wissenschaften

Wien 2012

OAW

Vorgelegt von w. M. Günter B. L. Fettweis in der Sitzung am 22. April 2010

Umschlagbild Vorder- und Rückseite:
Sebastien Le Clerc, Die Akademie der Wissenschaften und der schönen Künste, 1698, Ausschnitt

Die verwendete Papiersorte ist aus chlorfrei gebleichtem Zellstoff hergestellt,
frei von säurebildenden Bestandteilen und alterungsbeständig.

ISBN 978-3-7001-7060-0

Copyright © 2012 by
Österreichische Akademie der Wissenschaften
Wien

Druck und Bindung: Prime Rate kft., Budapest

http://hw.oeaw.ac.at/7060-0
http://verlag.oeaw.ac.at

INHALTSVERZEICHNIS

Gottfried Wilhelm Leibniz – far ahead of his time as Philosopher, Mathematician, Physicist, Engineer …

Update of the lecture at the opening ceremony of the Leibniz Exhibition at the Österreichische Akademie der Wissenschaften, Vienna, on 09 July 2002

ERWIN STEIN
University of Hannover, Germany

Honorable guests, ladies and gentlemen,

It is my great honor and pleasure to present the Leibniz exhibition of the University of Hannover – also on behalf of my co-organizer Professor *Karl Popp†* – here at the Austrian Academy of Sciences in connection with the 5th World Congress on Computational Mechanics of IACM at the Vienna University of Technology.

I would like to very cordially thank the chairmen of this congress – Professor *Herbert Mang* and Professor *Franz G. Rammerstorfer* for their great efforts. I especially thank the Austrian Academy of Sciences for hosting and supporting the exhibition and this opening event, mainly its President Professor *Werner Welzig* and the Secretary General, again Professor *Herbert Mang,* who has a substantial interest in this exhibition. Furthermore, I would like to thank Professor *Othmar Preining* and Dr. *Hannelore Sexl* as members of the Commission for the History of Natural Sciences, Mathematics and Medicine of the Austrian Academy of Sciences for their ongoing interest and their contributions to the Vienna exhibition.

I feel obliged to thank Professor *Albert Heinekamp*, the late Director of the Leibniz-Archiv of the Niedersächsische Landesbibliothek, Hannover, for his contributions to create and realize the first exhibition in 1990 in Hannover on the occasion of the annual conference of the "Gesellschaft für Angewandte Mathematik und Mechanik" (GAMM), which I organized in that year.

I would like to thank all sponsors of this exhibition and the Leibniz exhibitions since 1990. The exhibition in 2000 on the occasion of the World Exhibition EXPO 2000 in Hannover had been revised and extended, with a new revised edition of the accompanying book in German and English.

Last but not least, our gratitude is directed to the institutions which lent us their valuable exhibits.

The impressive artistic design with wooden cubes of 3m x 3m x 3m for the functional models and half cubes for the informational posters was done by Professor *Herbert Lindinger*, Universität Hannover.

Finally, I would like to thank Dipl.-Des. *Rüdiger Tamm*, who is responsible for the setup of the exhibition.

The exhibition in this famous house of the Österreichische Akademie der Wissenschaften gives the opportunity to emphasize the relations of *Leibniz* to the Austrian Imperial Court and his efforts to found an Austrian Academy of Sciences at the beginning of the 18th century, following the foundation of the Brandenburgische Sozietät der Wissenschaften on July 1st 1700 with the guiding idea *"theoria cum praxi"*. Unfortunately, his attempts failed, mainly due to lack of money, at that time. Nevertheless *Leibniz* was appointed as an Imperial Counsellor by Emperor Karl VI in April 1713, dated back to January 1712. This was strongly supported by Duke Anton Ulrich of Braunschweig-Wolfenbüttel, but heavily disapproved by Elector Georg Ludwig of Hannover.

Ladies and gentlemen, why is *Gottfried Wilhelm Leibniz* (*01 Jul 1646 in Leipzig, †14 Nov 1716 in Hannover), who combined divine Ratio with individual harmony, the subject of considerable interest again? There is no doubt that *Leibniz*, known to be the last universal scholar and even the last universal genius on the threshold of the new area of natural science and philosophy, was far ahead of his time. This includes the inventions of the infinitesimal calculus with differentiation and integration (independent from Newton and even with a deeper and broader elaboration), of completely new decimal Four Function Calculating Machines, of the calculation rules for binary numbers and a description of a respective binary calculating machine for adding and multiplying, the Machina Arithmeticae Dyadicae. Moreover, *Leibniz* invented the theory and the calculus of determinants, including rules for the systematic solution of linear algebraic equations. He discovered natural laws for challenging mechanical and optical problems, especially the so-called "true measure of the living force" – the kinetic energy – of a moving mass, and more general the first formulation of conservation laws in mechanics. He provided an ingenious discrete geometrical solution for the so-called "Brachistochrone problem" (named by Johann Bernoulli in 1696 and first described by Galileo Galilei in his Discorsi, 1638), an optimization and variational problem concerning the optimal curve in shortest time of a frictionlessly down-gliding mass in the gravity field. *Leibniz'* solution can be regarded as the first predecessor of the Finite Element Method.

He also invented efficient energy-saving machines for mining in the Harz mountains, in which he combined wind and water drives with horse-capstans. This reflected his aiming at the *commune bonum*, the common good.

Anticipating the following detailed explanations, it needs to be pointed out that most of *Leibniz'* technical inventions failed at that time due to insufficient strength of the available materials and problems of constructional realization. However, *Leibniz* was driven by his idea of a systematic *ars inveniendi*, which was also the main purpose of the *ars characteristica*, the art of creating a universal logical language for all sciences. For example, he wrote in a letter to Duke Ernst August of Hannover:

„I did not make too much fuss about single discoveries; most insistently I sought perfection of the art of invention in general. To me, methods are more important than solutions because a single method contains an infinite number of solutions."

Furthermore, his new methods of research in historical subjects, solely using reliable sources, as in his compilation of the history of the Guelphs, should be pointed out, and also his contributions to the reform of jurisprudence as a lawyer by education and as a linguist with the aim to develop a new logically consistent universal language for science, e.g. by extending the four Aristotelian forms of syllogistics.

Above all, he worked on scientific, political and religious projects throughout Europe in order to establish peace, progress and welfare (he called himself a "pacidius", a peacemaker, in his later days).

Now, I'd like to emphasize some principal items of our exhibition:

Leibniz' Ratio and metaphysics

Leibniz is one of the leading figures of the 17th century, known as the *cradle of the new age of science and technology* with the beginning of rationalism and enlightenment, established by the philosophers *René Descartes, Benedictus de Spinoza, Thomas Hobbes, John Locke* and in particular by *Gottfried Wilhelm Leibniz,* who tried to unify the new and old philosophies by "ratio et religio".

In *Leibniz'* philosophy, God, the Supreme Being, essentially is Reason and features unlimited wisdom and loving-kindness. Thus, *Leibniz'* philosophy is to a great extent also theology. The main goal for every human being should be the recognition of God and the soul, realizing that it loves God and strives for a virtuous life.

In his *Theodicée* from 1710, *Leibniz* raises the old question how God can be called kind and wise, despite evil and suffering so obviously pervading this world. *Leibniz* argues that with an *a priori* creation of a perfect world, there would be no reason for mankind to pursue moral perfection. God permits the existence of evil in order to give the opportunity to recognize and strive for Good. Evil can be subdivided into metaphysical, physical and moral evil. Metaphysical evil exists due to the imperfection of man, physical evil is experienced in bodily suffering and moral evil is found in sins. The free will exists as rational, righteous action in the conflict situation between Good and evil. Last, man can only be free to the extent by which he overcomes his passions.

Leibniz' philosophical concept of the Monads (units), which are compatible with each other by the so-called pre-stabilized harmony (*prästabilierte Harmonie*) of the universe, is the hypothetical but logically coherent attempt to overcome *Descartes'* dualism of rational and empirical entities. The Monads are simple indivisible mental substances without physical extension and "without windows" to the exterior world, but nevertheless they continually reflect the whole world like living mirrors. As a result, unbalanced reflections and thus dynamic actions can be initiated. By the divine ratio of the created world the Monads can develop to higher perceptions, guided by ethical guidelines and the decisions of a free will. These ideas can be found in *Leibniz'* *Monadology* from 1714.

Leibniz assumes the possibility of infinite progress of findings and discoveries without the claim of absolute truth. He says: In the pre-stabilized harmony there are *a priori* well-ordered reciprocal relations of each substance which create dynamic movement and thus the connection of soul and body. In metaphysics, thus a scientific form as an empirically not verifiable theory of total interrelations is assumed, meaning that *Leibniz'* world model is a complex relational system where unity is accomplished from ontological variety.

Notably, relationships of logic and mathematics with metaphysics can be recognized, and *Leibniz* tries to combine both by postulating "nihil sine causa sufficiente" and "nihil sine ratione". In conclusion, God as the highest Monad could only create the universe as the best possible of all conceivable ones, also concerning the physical laws with only a few global constants and with respect to all beings and their evolution. Today, we know that our universe in its current state is only possible within a very narrow window of these physical constants. Attempts to look for common roots of mathematics and metaphysics can also be deduced from *Leibniz'* ongoing interest in binary numbers, their transformation to decimal numbers and even a binary calculating machine, the "Machina Arithmeticae Dyadicae", designed in 1679. A connection of binary numbers to metaphysics can be supposed from his statement from 1697: "Omnibus ex nihilo ducendis sufficit unum" (to derive all from nothing One suffices).

Thus, *Leibniz'* holistic thinking in most of his projects is important and of considerable interest even today in various philosophical schools worldwide, as can be seen from the periodical International Leibniz Congresses of the Leibniz Society, Hannover, with contributions from all over the world.

CALCULATING MACHINES

The next principal item concerns *Leibniz'* ingenious invention and construction of a completely *new type of decimal calculating machines*, the "Four Function Calculating Machine", the first one from 1673 and at least two more between 1693 and 1716. In this exhibition we present a machine rebuilt by Professor *Nikolaus Joachim Lehmann* †, Dresden, in the 1980s, which is one of four authentic replicas of the original Leibniz machine, but with an essential improvement (decreasing angles of the twin-horn wheels from right to left). The original machine has been kept in the property of the Library of Lower Saxony, Hannover, since *Leibniz'* death .

Leibniz was not familiar with *Pascal*'s "Pascaline" for adding and substracting from 1645, nor with *Schickard*'s complicated calculating machine for multiplying and dividing from 1623, which was lost in the Thirty Years' War. *Leibniz'* concept was completely new, ingenious, very complex, but logically clear with two main construction groups, consisting of the input carriage and calculation unit, and it contains the design principles of all further developments until the 20th century.

The execution of multiplication and dividing by repeated additions and subtractions with the shifted carriage – according to the multiplier or the denominator, respectively – was a completely new idea. Furthermore, the separation of all functions is remarkable for his systematic design.

After 1693, adding was performed by means of so-called stepped drums, i.e. gear wheels with decreasing lengths of the cogs for the 9 digits "1" to "9". A crucial point is the *decimal carry* from 9 to 10 – or vice versa –, i.e. into the next decimal place. The huge amount of single parts (in total more than 2.000) and their interaction required high accuracy in the construction process – i.e. small tolerances –, which was very limited at that time. Therefore, the machines had to be improved and repaired quite often.

We recognize the combination of strictly logical-abstract and practical systematic thinking in *Leibniz'* machines, with high complexity which spares neither trouble nor expense. It realizes his postulate of "theoria cum praxi". He spent about 23.000 guilders over 40 years, but his annual salary as a counsellor of the Duke of Hannover was only 600 guilders. This shows the great importance with which he regarded his calculating machines.

Only one of the two large calculating machines built and improved from 1694 to 1716 survived, and it is the property of the Niedersächsische Landesbibliothek, Hannover.

Obviously, the machine was not working properly for a long time, and attempts to repair it were not successful. Moreover, there is a crucial problem of incomplete decimal carries, which are indicated by slanted pentagon discs. But this deficiency can be compensated by setting the input number to zero at the end of a calculation and turning the main crank (Magna Rota crank) until the upper edges of the pentagon discs are even again. Professor *Lehmann's* improvement via decreasing twin-horn angles from right to left is a correct but not sufficient attempt at completing the decimal carries without removing the input number. According to our research, the difference angles of the stepped drums have to be reduced from 22.5° to 21°, i.e. in total from 180° to 186° for all nine cogs of variable lengths. Due to this, the admissible angle of 87° for a further partial rotation of the main crank becomes about 2.5° larger than the necessary angle for completing the decimal carries. In *Lehmann's* machines this difference angle is -2.3°, making the completion impossible in general.

We are going to apply for a research project at the German Science Foundation (DFG) in order to investigate this and build a new replica in a larger scale, which has the necessary corrections for working faultlessly in the whole domain of available numbers, i.e. for 10^8 x 10^8 places.

Leibniz intended to save human labor and to increase efficiency, when he declared: "It is unworthy to waste the time of excellent people with the slavery of calculating work, because with the aid of a machine even the simplest person can reliably write down the result."

However, it should be remarked that mechanical calculating machines did not become strategically important before the second half of the 19th century, when industrialization began.

I also recommend to have a look at the *binary calculating machine* for adding and multiplying, the "Machina Arithmeticae Dyadicae", according to a description by *Leibniz* from 1679, completed and built by *Ludolf von Mackensen* in 1990 in Kassel, Germany. It mainly consists of a double-skew plane with an input carriage from which steel spheres roll down grooves into the result device with the binary carries.

This machine is – in terms of its logical principle – a predecessor of the electronic digital computer, but the mechanical implementation of the either-or operations is much more complicated than using today's electrical or electronic switches.

We also have a game model with three places on display in our exhibition. This functional model has hooks for guiding the spheres into each next left place after a decimal carry. This mechanism is superior to that in *von Mackensen's* machine because all operations are always performed correctly.

INFINITESIMAL CALCULUS

Of course, *Leibniz'* ingenious independent invention of the differential and integral calculus, about three years after *Newton's*, with different derivations, notations and applications, was of fundamental importance for the further development of mathematical analysis, especially the theory of differential equations and the calculus of variations.

Regarding the importance of the Infinitesimal Calculus in general, I would like to cite *Isaac Newton* in the preface of his *Principia* from 1687: "The old ones – especially the Greeks – invented the Mechanica Practica" but we are creating the "Mechanica Rationalis", i.e. rational mechanics, which mark the beginning of mathematical physics.

THE BRACHISTOCHRONE – A VARIATIONAL PROBLEM

As another part of our exhibiton, we have *a nice comparative model* for illustrating the *famous Brachistochrone problem*, first posed by *Galileo Galilei* in his *Discorsi* (1638), and then published as a call for solutions within a year by *Johann Bernoulli* in Acta Eruditorum (1696). The problem is to find the curve of shortest time taken by a down-gliding mass without friction in the gravity field. The solution is the common cycloid (the rolling curve of a wheel on a plane). This is an optimization problem and at the same time a variational one because the entire function is required. However, the calculus of variations was not published before 1744, by *Leonhard Euler*. The six solutions presented within one year are therefore of great interest, namely two analytical solutions by *Johann Bernoulli* himself – one of them using *Fermat's* principle for a plane light wave in a medium with linearly changing density, yielding the same variational problem –, and also a brilliant but complicated solution provided by *Jakob Bernoulli*, anticipating *Euler's* idea for his calculus of variations to vary the required extremal curve only locally between equidistant discrete steps of time.

Leibniz' purely geometrical solution of the Brachistochrone problem is of special interest for us because it is the first approximated solution using the direct calculus of variations by implementing the kinetic energy as a conservation quantity and applying a geometrical solution method instead of a numerical one, as later invented by *Ritz, Bubnov, Galerkin, Courant* and *Clough* in the 20th century.

As stated above, *Leibniz'* discrete solution anticipates the Finite Element Method for a non-linear variational problem.

TECHNICAL IMPROVEMENTS

Finally, the engineering work pursued by *Leibniz* to improve the mining facilities in the Harz mountains from 1679-85 and 1693-96 should be emphasized, especially his ambitions to save *force and energy* by means of new types of conveyors and by combining different types of windmills and water wheels with pumps and conveyors. This was of crucial importance in the summertime, when the mine shafts were filled with water, but the pumps did not sufficiently work due to the lack of rain water driving the water wheels.

Leibniz' thinking within integrated network structures is also reflected in his plans to build a system of artificial lakes in order to store energy in the winter and to benefit from it in the summertime.

He developed a similarly complex, ingenious plan for the construction of a new large fountain (with the height of 35m) combined with an improved water supply in the Herrenhäuser Gärten, Hannover, in 1696.

Ladies and gentlemen,

I'd like to close with some remarks on the motivation for this exhibition, which so far was very successful since its first appearance in 1990 in Hannover, and especially since the extended one, in both German and English, on the occasion of the World Exposition 2000 in Hannover, with the theme "Man, Nature and Technology", which could also be seen as a basic concern in *Leibniz*'s life and work.

In comparison with the whole body of his manuscripts and letters, approximately 60,000 items with ca. 200,000 pages, he published only a very small part of his work.

Unfortunately, only a few of his ingenious discoveries, inventions, ideas and solutions of mathematical, physical and technical problems are actually known by most people today nor are they understood. For this reason, our Leibniz exhibition presents a collection of 15 replicas and functional models, 9 of them designed and built by us. This reflects our claim to present *"living, comprehensible Leibniz"*. It is our goal to provide *links to the leading figures of the 17th century, the cradle of the scientific and technical age*, and last but not least we are trying to work in line with the belief that *"the true source of science is the study of the masters"*.

I wish you deeper insights into *Leibniz'* world from this exhibition, please enjoy it!

Thank you very much for your attention!

Leibniz's World: Calculation and Integration

JÜRGEN MITTELSTRASS

Center for Philosophy of Science, University of Constance

INTRODUCTORY REMARKS

When a world looks back to view itself in the mirror of its becoming, it prefers to direct its gaze towards its founders. After all, it is not nature, but the product of human thought and action. If the modern world, which in this sense is above all the product of scientific and technological understanding, looks back, its gaze meets, alongside other great thinkers, Leibniz - the mathematician, natural scientist, engineer, logician, philosopher, jurist, science organizer, perhaps the last universalist, who still succeeded in uniting in his mind the essentials of the knowledge of his time and of a time yet to come. Leibniz who still thought the world as a unity, holding it together in his thought in all its aspects: scientific, technical, philosophical, ethical, and organizational. This will be my topic - under three points of view: the unity of science, the unity of the world, the unity of theory and practice.

1. UNITY OF SCIENCE

What was once a matter of course in science, but today seems to be something utopian, is the idea of the unity of science, understood as the unity of scientific rationality and scientific knowledge. If the world that we are seeking to understand with our knowledge is one world, why cannot scientific knowledge, too, be one, especially if it has reached its aim, that is, the comprehension of the world? Leibniz's name is linked to the perhaps most impressive attempt not only to think this unity, but to provide it with the necessary instruments. The keywords are: the *Leibniz programme* and the *mathesis universalis*.

We understand the Leibniz programme as Leibniz's endeavour to develop a scientific language that succeeds in representing the order of the world in a scientific manner. The core of this programme is accordingly the construction of a (scientific) artificial language, which, on the basis of a theory of signs (*ars characteristica*) for the representation of states of affairs and their relations to one another by means of procedures of mathematics and formal logic, was to provide material inference with the formal certainty of calculation. It is the aim of such an artificial language to equip scientific analysis - and philosophical analysis as well - with an exact organon. The simple instruction then reads: "*calculemus*".[1]

Leibniz's intent here is not only to construct a formalism for representing knowledge, but also to construct a formalism for discovering knowledge. The connection is formed here by the complementary methods of analysis and synthesis familiar from mathematics, whereby Leibniz seeks to assign the *ars inveniendi* for which he was searching to the analytical method and the *ars iudicandi* to the synthetic method, while at the same time stressing the inventive character of both methods: "There are two methods: the synthetic, or that by means of the combinatorial art, and the analytic. Each of them can point out the origin of invention - for this is not the privilege of the analytic. The distinction lies in the fact that combinatorics is a complete science or at least displays a series of theorems and problems, including that which is sought. Analysis on the other hand reduces a proposed problem to a more simple one." [2]

---

[1] Draft for the „Initia et Specimina Scientiae generalis," in *Die philosophischen Schriften von G. W. Leibniz*, vols. I-VII, ed. C. I. Gerhardt, Berlin 1875-1890, vol. VII, p. 65. For a detailed presentation of the Leibniz programme see J. Mittelstrass, *Neuzeit und Aufklärung. Studien zur Entstehung der neuzeitlichen Wissenschaft und Philosophie*, Berlin and New York 1970, pp. 435-452.

[2] L. Couturat, *Opuscules et fragments inédits de Leibniz*, Paris 1903, p. 557.

Furthermore, in this context Leibniz points to algebra and to the idea of calculus: The intention is that "truths of reason, just as in arithmetic and algebra, can also be reached in every other field in which inferences are drawn as it were by a calculus." [3] The paradigm of such a calculisation in turn is the infinitesimal calculus developed by Leibniz and the various logical calculi which are applications of a *characteristica universalis*.

Mathesis universalis - this is then the attempt to represent in mechanistic or algorithmically controlled dependencies the structure of the formal sciences or the sciences that work with formal means. Although this is not successful in the intended sense of really producing the unity of science both in general and specifically, it does at least mean the beginning of modern logic and of modern philosophy of science. This holds true for a framework marked out by problems of the syntax and semantics of formal languages as well as for a philosophy of the natural sciences, which is essentially characterized today by the problem fields of theory structure, theory dynamics, and theory explication. While this is primarily determined by tasks of analysis of the *theory form* of scientific knowledge and only secondarily by concerns connected with the *research form* of (scientific) knowledge, Leibniz tries to accommodate both tasks in the same manner. In this he supports himself with a peculiar apriorism, which Kant will later share. He holds that the "truths of reason" in the order of knowledge sought for are at the same time the truths of the world, meaning a scientific world. This is, from a philosophical point of view, the inherent rationalism of the Leibniz programme and of the scientific architecture of a world that follows it, which could be called the *Leibniz World*. I shall come back to this world later on.

Leibniz proposed to entrust the elaboration of the idea of a unity of science in the form of a *mathesis universalis* to an academy; he obviously did not expect the universities to be able to carry out such a programme, which would demand a systematic and organizational restructuring of science. This academy - Leibniz also thought about this kind of practical matters - was to be financed by the proceeds from his inventions in the Harz mining enterprises.[4] The inventor as an organizer and entrepreneur - this unity, too, was in good hands with Leibniz. As a further organizational expression of the unity of science, Leibniz also envisioned a network of academies, which would unite themselves in a sort of world academy. Already around 1669 he had, in the tradition of utopian thinking, formulated the concept of an internationally structured, still monastically organized "*Societas philadelphica*",[5] which was to deal especially with medicine, but also with manufacture and commerce.

2. Unity of the world

What seems to underlie a unity of science, namely a unity of the world, is according to Leibniz in fact a construction, which falls not so much within the jurisdiction of the scientific understanding as it does in that of the philosophical. It is a peculiar world that we encounter in Leibniz's attempt to bring this unity to expression. It is the world of *monads*.

Leibniz understands monads as conceptual unities; the path to these passes once again by way of formal and physical considerations. The point of departure are some simple considerations of continuity and the formulation of a principle of continuity, as well as work on a differential calculus[6] that seems to force him to abandon the concept of the corporeal atom as conceived in physical atomism.[7] Systematically quite close to the modern concept of a point mass, Leibniz's theory assigns elementary physical units to points in geometric space and interprets these units as centers of force. This is justified by the fact that differential geometric points on space curves can be assigned acceleration vectors which correspond to physical forces, if the curves are conceived of as trajectories of moving masses. Accordingly, the expression (*material*) *atom* is replaced by the expressions *substantial atom*, *formal atom* or *metaphysical point* [8] and after 1696 by the expression *monad*. Within the framework of the so-called monad theory and in the transition to the conception of a logical atomism, the

---

[3] Part of an unsent letter to C. Rödeken from 1708, *Philosophische Schriften,* vol. VII, p. 32.

[4] Letter to Herzog Johann Friedrich from Autumn 1678, February (?) and March 29,1679, *Sämtliche Schriften und Briefe*, ed. Prussian (today Berlin-Brandenburg) Academy of Sciences, Berlin 1923ff., vol. I/2, pp. 79-89,120-126, 153-161.

[5] See *Sämtliche Schriften und Briefe*, vol. IV/1, pp. 552-557.

[6] „*Nova methodus pro maximis et minimis* [...]", *Acta Eruditorum* 3 (1684), pp. 467-473.

[7] See „*Specimen dynamicum*" (1695), *Mathematische Schriften*, vols. I-VII, ed. C. I. Gerhardt, Berlin and Halle 1849-1863, vol. VI, p. 248.

[8] „*Système nouveau*" (1695), *Philosophische Schriften*, vol. IV, p. 482.

concept of a monad signifies the programme of designating elementary units (also in dynamics) by conceptual unities, that is the monads.[9]

In a philosophical context, this conception, with which older concepts of substance are also reconstructed, leads to some central propositions which characterize a *Leibniz World* internally. Among them are the propositions: (1) Every monad represents ("mirrors") the universe. (2) Between monads, especially body-monads and soul-monads there exists a pre-established harmony. Propositions like these sound strange and speculative, but they prove on closer scrutiny to be nevertheless logically reconstructable. Thus the second proposition asserts that every action or every event can be understood as the realization of a prior (not temporally but logically) existing aggregate complex in a physical context, for instance, an infinite physical aggregate system. The logician looks over the shoulder of the metaphysician, and so does the scientist.

In a small German-language work from 1695 Leibniz alludes to the representation theorem of monad theory (the first proposition cited above) and the *perspectivism* of perception and of knowledge linked with it: "We have to put ourselves with the eyes of our understanding where we do not and cannot stand with the eyes of our body. For example, if we consider the course of the stars viewed from the globe on which we stand, then a wonderfully confusing thing arises, which astronomers in thousands of years could scarcely reduce to certain rules (…). But once it was finally discovered that one must put his eye in the sun, if he wants to consider the course of the heavens rightly and that thereupon everything turns out beautifully, then one sees that the purported disorder and confusion was the fault of our understanding and not of nature." [10] Leibniz appeals, as does Kant later on, to Copernican astronomy (without explicitly mentioning Copernicus) to explicate an epistemological reorientation linked to the monad theory, which consists in locating the conditions of knowledge neither in the phenomena nor in perception, but in the work of the (constructing) understanding. In the language of monad theory: we are dealing in the work of the scientific understanding with phenomena as *phenomena bene fundata*,[11] that is phenomena grounded in conceptual or theoretical constructions. The world of appearances, "the general system of phenomena", as Leibniz calls it,[12] is not given "in itself" but is the product of intuitive and conceptual (theoretical) constructions. These constitute, in science as well, special worlds, *Leibniz Worlds*.

This has had the result that the concept of the monad has had a career in other scientific settings, for instance in non-standard-analysis, where it is proposed that every real number is surrounded by a monad made up of infinitely many "hyperreal" numbers, as well as in the theory of functional programming.[13] Monads can also be conceived of as calculating machines - this is completely in line with Leibniz, who occupied himself with the construction of calculating machines and who founded dyadics and determinant theory,[14] which are of great importance to computer technology. What is striking is how Leibniz is able to conceive of opposites, which philosophers love so much and which seem fundamental to the structure of our world - here calculating machines and life - as a unity, both speculative and logical at the same time. What stands in opposition is for him not substance, but the appearance, even though the philosophical tradition and frequently also the scientific tradition like to see it the other way round. Even more: Leibniz overcame the opposition between being and appearance long before Hegel and even more clearly than Hegel. Not because being becomes semblance and semblance becomes being, but because both are conceived as phenomenal forms of something underlying. According to Leibniz this underlying thing is again nothing concrete, but something conceptual, the concrete symbolic representation of the conceptual, the monad.

In this way Leibniz manages to grasp as one the artificial and the natural, the concrete and the abstract, the empirical and the conceptual, the machine-like and the life-like, what calculates and what breathes. It is the mind that thinks the whole (the world does not think itself). And not only the unity of science and the (thought) unity of the world belong to this whole, but also the unity of thinking and acting, theory and practice.

---

[9] *Op. cit.*, p. 483.

[10] „Von den Verhängnissen", *Philosophische Schriften*, vol. VII, p. 120.

[11] Letter to B. de Volder from 1705, *Philosophische Schriften*, vol. II, p. 276.

[12] *Discours de métaphysique* § 14, *Philosophische Schriften*, vol. IV, p. 439.

[13] See P. Rechenberg and G. Pomberger (eds.), *Informatiklehrbuch*, Munich and Vienna 1997, pp. 450-452.

[14] See H. J. Greve, „Entdeckung der binären Welt", in *Herrn von Leibniz' Rechnung mit Null und Eins*, Berlin and Munich ³1979, pp. 21-31; E. Knobloch, „Erste europäische Determinantentheorie", in E. Stein and A. Heinekamp (eds.), *Gottfried Wilhelm Leibniz. Das Wirken des großen Philosophen und Universalgelehrten als Mathematiker, Physiker, Techniker*, Hannover 1990, pp. 32-41.

3. UNITY OF THEORY AND PRACTICE

Leibniz's well known formula which is supposed to express the unity of theory and practice, the unity of science and life, reads "*theoria cum praxi*"[15]. It asserts: "If we regard the disciplines in and for themselves they are all theoretical; if we regard them under the point of view of their application, they are all practical."[16] And it asserts further that the disciplines, the sciences have to be made practical, that means application oriented. Theory and practice are not strangers to each other, science and life are not different worlds.

On May 12, 1700 Leibniz writes in connection with his academy plans: "In time I would like to have something from which to expect real utilities and not merely curiosities."[17] That means that according to Leibniz, science has to prove its potential not only with regard to a theoretical interest, but also to a practical interest. The point is to solve not only the problems that science itself poses, but also the problems that the world poses; in this context Leibniz explicitly mentions problems of foodstuff supply and of disease. Thus his interest in the solution of *technical* problems and in the construction of machines. Whether one considers his construction of a calculating machine or his construction of pumps and cylinders, especially his construction of a rotary vane pump[18] for the Harz mines, or of the (mathematical) solution of mechanical problems like the calculation of the elastic resistance of a loaded beam, which has technical relevance,[19] the point of view in the foreground is always that knowledge has to become practical, that the problem is not only to describe the world (by theoretical means), but also to change it (by technical means) to the better.

The "best of all possible worlds", which Leibniz sees as already actualized among other things with reference to the applicability of extremal principles in physics - that is propositions, that describe physical systems in which one parameter takes on an extreme value, usually a minimum as in the case of the so-called Principle of the Least Action -, should also be realized in practice, that is, in the affairs of the world. This is a long argument. In Leibniz' philosophical reflections, the reason of the world is grounded not only in the (hidden) reason of the facts, among these physical facts, but also in the reason of God. In a kind of theology of knowledge, discourse about the physical nature of the world and the epistemic nature of man combines with discourse on God.[20] "We see all things through God," we read in the *Metaphysical Discourse* of 1686: "So it can be said that God alone is our immediate object outside us and that we see all things through him."[21] Science becomes a theologically grounded undertaking here. The order of knowledge is preceded by an order of the world, a divine order. "Objective" rationality according to Leibniz has its ground in a divine "subjectivity", in the divine intellect.[22] The unity of the world, which Leibniz in his *mathesis universalis* seeks to describe as a unity of knowledge and science, in his metaphysics as the representation of the universe in each substance, in each monad, is described in these pious metaphors as a unity of the world with God and with the knowing subjects. At the same time Leibniz draws from this description the conclusion that *morality*, too, must be connected with metaphysics[23] - not only the knowing subjects, but also the moral subjects are included in this pre-established harmony between God and the world and in this inwardly drawn unity of theory and practice.

It is above all the contemplative character of this harmonious synthesis, that makes such a notion of knowledge and of the position of man in the world appear so strange. Theological, cosmological and anthropological metaphors, that combine themselves into the metaphor of the unity of the world in God describe a different

---

[15] See *Deutsche Schriften,* vols. I-II, ed. G . E. Guhrauer, Berlin 1838/1840, vol. II, p. 268.

[16] *Dissertatio de arte combinatoria* (1666), *Sämtliche Schriften und Briefe*, vol. VI/1, p. 229.

[17] *Deutsche Schriften*, vol. II, p. 145.

[18] See H. P. Münzenmayer, „Leibniz, der Erfinder der Drehschieberpumpe?", *Studia Leibnitiana* 10 (1978), pp. 247-253; also J. Gottschalk, „Technische Verbesserungsvorschläge im Oberharzer Bergbau", in E. Stein and A. Heinekamp (eds.), *Gottfried Wilhelm Leibniz* (see footnote 14), pp. 62-71.

[19] See H. Wussing, „*Ars inveniendi* - Leibniz zwischen Entdeckung, Erfindung und technischer Umsetzung", in K. Nowak and H. Poser (eds.), *Wissenschaft und Weltgestaltung (Internationales Symposion zum 350. Geburtstag von Gottfried Wilhelm Leibniz vom 9. bis 11. April 1996 in Leipzig)*, Hildesheim and Zurich and New York 1999, pp. 231-253.

[20] On the following see my „Philosophie in einer Leibniz-Welt", in I. Marchlewitz and A. Heinekamp (eds.), *Leibniz' Auseinandersetzung mit Vorgängern und Zeitgenossen*, Stuttgart 1990 (*Studia Leibnitiana Supplementa* XXVII), pp. 9ff.

[21] *Discours de métaphysique* § 28, *Sämtliche Schriften und Briefe*, vol. VI/4B, p. 1573.

[22] See A. Gurwitsch, *Leibniz. Philosophie des Panlogismus*, Berlin and New York 1974, pp. 23ff.

[23] *Discours de métaphysique* § 35, *Sämtliche Schriften und Briefe*, vol. VI/4B, p. 1584.

world. Not the world in which we live and probably not even the world in which Leibniz lived. On the other hand the point in philosophy is not to describe the world as it is. This descriptive task is served by the empirical sciences - at least this was the understanding of science in the early modern period. What matters to the philosopher Leibniz is to expose the inner order of this world, which is not only an order of physical things and processes, and to describe the reason of the world in it.

However this is accomplished already with Leibniz in such a way that what is *described* is something that has first to be *produced* in order for it to be described. This happens in the work of the scientist as well as in the work of the philosopher. That means that the reason of the world, which Leibniz presupposes in scientific and philosophical respects, is strictly speaking nothing that we can just take for granted, but it remains something that we *ought to want*. After all what matters to Leibniz himself is not merely the description of a rational world, which at the same time might be our world, but the production of a world that could become our world. This is the conception of Leibniz that has to be carried over into our time. After all "*theoria cum praxi*" is not only a scientific and technical principle, but also an *ethical* principle. Or formulated differently, but still in Leibniz' terminology: the measure of the world is also an ethical measure.

Concluding remarks

Today we admire Leibniz as the universal scientist who in his scientific production was like a university unto himself, the great philosopher who brought philosophical profundity to knowledge and a scientific expression to philosophy, the ingenious constructor, who brought theory into construction and the constructive elements into theory, and the person who held all this together in his thought. But while we admire Leibniz, we also historicize him and forget that we can also learn from him. Two remarks to this point.

We are living today in an *experts' world*. This world lives from an increasing particularization of knowledge, just as the world of science has evolved into a world of specialists. In a certain sense this is an inevitable development, but in this development something essential is lost, that is, the ability to think in larger relations and to orient ourselves in larger contexts. In a world of experts, knowledge loses its orienting function. That is why orientation knowledge today is also in a bad state. The world has at its disposal enormous amounts of knowledge and enormous amounts of information, here in form of transported knowledge, but nevertheless it is constantly getting weaker in its orientation. It is surfeit that makes us losers, and the inability to link the knowledge of the specialist and the skill of the expert with other knowledges and skills. Precisely this is the idea that comes to the fore in various notions of unity in Leibniz - the unity of knowledge and science, the unity of the world and the unity of theory and practice. It does so, metaphorically speaking, in a monad in which a universe is mirrored. Therefore a *Leibniz World* is also an orientational world - and Leibniz himself is the epitome of this world.

But we live not only in a world of experts and specialists, in our science we also live in a world in which the particularization of knowledge corresponds to the particularization of the institutional forms of knowledge, where an epistemic particularization corresponds to an institutional. In this world, the scientific institutions do not follow the actual development of research and science, but rather the development of research and science follows a given institutional order. We are constantly speaking of inter- and transdisciplinarity, which is supposed to inherit the scientific future, but we nevertheless cling to a system of science divided into subsystems inside and outside the university as if this were a god-given order. The idea that Leibniz pursued was completely different. His academy plans, directed against the paralyzed reality at the universities, were to bring together research and at the same time give it a basis between science and life from which it could operate freely. An open institutional form of knowledge was to replace the closed institutional form of knowledge. That is why the philosopher Adolf Trendelenburg, secretary of the academy more than 150 years after Leibniz founded it in Berlin, ad-monished this academy to be an "imperishable Leibniz". [24]

---

[24] A. Trendelenburg, Leibniz und die philosophische Thätigkeit der Akademie im vorigen Jahrhundert. Ein Vortrag, gehalten am Gedächtnistage Leibnizens, am 1. Juli 1852, in der Königlichen Akademie der Wissenschaften, Berlin 1852, p. 1.

According to Adolf Harnack, who wrote the history of Leibniz' academy in 1900, Leibniz was the soul of the academy,[25] which was for its part the center of the scientific world. It would be good, if our scientific world, in which the specialist rules and no system, no unity of science, be it systematic or organisational, is discernible, could rediscover this soul.

---

[25] A. Harnack, Geschichte der Königlich Preussischen Akademie der Wissenschaften zu Berlin, vols. I-III, Berlin 1900, vol. I/1, p. 183.

LEIBNIZ UND DER COMPUTER

Vortrag an der Österreichischen Akademie der Wissenschaften
Montag, 16. September 2002

HEINZ ZEMANEK

PROLOG

Ungleich Zuse hätte Leibniz seine Memoiren nicht unter dem Titel „Die Rechenmaschine – mein Lebenswerk" geschrieben. Sein Lebenswerk war weit umfassender und weit ins Abstrakte und Humanistische reichend. Die Rechenmaschine blieb zwar von 1670 bis zu seinem Tode 1716 ein Brennpunkt seines Interesses und fast könnte man sagen, Leibniz ahnte die fundamentale Bedeutung der Informationstechnik voraus - zu einer Zeit, wo diese Technik noch nicht beginnen konnte, weil es die Elektronik noch nicht gab. Aber in seinem Leben nahm die Rechenmaschine stets nur kurze Episoden ein. Leibniz war Rechenmaschinenarchitekt, aber nicht Rechenmaschinenbaumeister. Den Abstand von seinen Architekturskizzen zur ingenieurmäßigen Ausführung vermochte nicht einmal er selbst völlig zu überblicken und er unterschätzte ihn daher.

Ein Mann mit einem so umfassenden Geist wie Leibniz erfand nicht einfach die Vierspezies-Rechenmaschine. Er ging dem Rechenprozeß auf den Grund und nahm damit die Elemente der Gedankenwelt des Computerzeitalters vorweg. Die Beschränkungen der Mechanik und die Beschränkungen, die ihm sein Lebenslauf aufzwang, ließen viele seiner Erkenntnisse unvollendet und viele seiner Gerätentwürfe blieben Papiermaschinen. Überdies: Wer seiner Zeit voraus ist, darf nicht auf verständnisvolle Resonanz hoffen; er setzt Wegweiser, aber er kommt nur an einen Teil seiner Ziele.

Leibniz erkannte die fundamentale Bedeutung des Binärbegriffs und entwarf ein Binäraddierwerk. Er sah das Grundsätzliche hinter den Rechnungsarten und dachte damit das Computer-Rechenwerk voraus, realisierte die Vierspeziesmaschine in zwei Geräten und zielte dabei auf Funktionen, denen die besten Mechaniker seiner Zeit nicht gewachsen waren. Sogar die Analogie zwischen Rechenmaschine und Gehirn faszinierte ihn.

Aber die Verallgemeinerung von der Zahl auf den heutigen Informationsbegriff war damals noch zu weit entfernt, und es gab kein Zusammenspiel mit der Anwendung, die vielen Grundsatzgedanken erst Leben erteilt. Der Universalist Leibniz hätte gleichzeitig eine Karriere als Spezialist, als Informationstechniker machen müssen, um aus seinen Ansätzen die verdienten technischen Früchte zu züchten. Immerhin beflügelte er die folgende Entwicklung mehr als irgend ein anderer. Die Computerfachwelt sollte sich der geisteswissenschaftlichen und der philosophischen Bedeutung der Informationstechnik weit intensiver bewußt sein. Leibniz ist ein Denkmal dafür, ein Mahnmal, mit dem, was er erreichte, wie mit dem, was ihm nicht gelang.

In den letzten Jahren sind viele seiner Ansätze gründlich durchleuchtet worden. Ich kann in diesem Vortrag die Ergebnisse vieler Kollegen zusammenfassen, von denen ich zwei ausdrücklich nennen möchte: den verstorbenen Professor N. J. Lehmann in Dresden und vor allem den Direktor des Kasseler Museums, Prof. Ludolf von Mackensen, dem auch ein erheblicher Teil der Ausstellung zu verdanken ist. Im Leben von Leibniz kreuzen sich zwei Entwicklungslinien, die Herr Mackensen hervorragend herausgearbeitet hat und die mein Vortrag nur zusammenzufassen braucht: die Entwicklung der technischen Rechenhilfen von Abakus und Rechenstab zum Computer und die Betrachtung des Binärbegriffs von der chinesischen Philosophie-Systematik (wie man sie in der Koreanischen Nationalfahne sehen kann) bis zur Digitalisierung und der Aussagenlogik. Allerdings muß ich diese beiden Linien sehr raffen und auf das reduzieren, was mit Leibniz verbunden ist, sonst gerät meine Absicht aus allen Fugen.

DIE VORGÄNGER VON LEIBNIZ

Es ist kein Zufall, daß sich unter den frühen Rechenmaschinen-Erfindern drei Philosophen befinden, nämlich Schickard, Pascal und Leibniz. Damals war Rechnen ein Handwerk, das man bei einem Rechenmeister lernte. Es gab keinen drängenden praktischen Grund, für dieses befriedigend arbeitende Handwerk eine Maschine zu erfinden. Es waren die Denker, die das Automatenhafte am Rechenvorgang erkannten und die Umsetzung in Mechanik konzipierten.

Der Tübinger Theologe und Philosoph Wilhelm Schickard geht von den Rechenstäbchen Napiers (Nepers) aus, formt sie auf Walzen um und verbindet sie durch einen einfachen Zehnerübertrag.

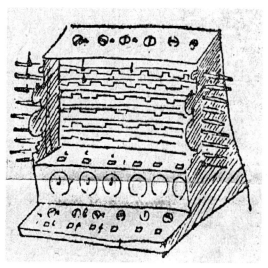

Skizzen der Maschine von Schickard 1624

Damit ist 1623 die erste Vier-Speziesmaschine erreicht, wenn ihr auch noch die Vollautomatik fehlt: die Stellenwertverschiebung muß der Bediener vornehmen. Die Maschine ist vier Jahre später verbrannt.

Der französische Philosoph Blaise Pascal sah den numerischen Massenbetrieb in der Praxis. Sein Vater war Steuerpächter in der Normandie und hatte riesige Mengen von Abrechnungen durchzusehen. Es ist nur leicht übertrieben, wenn man behauptet, daß der Großteil der Rechenfehler zu Gunsten der Pächter auftrat. Pascal erkannte die Mechanisierbarkeit der Nachrechnung und baute ab 1641 Zwei-Spezies-Maschinen (oder er ließ sie bauen). Er verbesserte an ihnen weiter und insgesamt entstanden sieben oder acht Maschinen (die in der Literatur vorkommenden höheren Anzahlen, bis zu 50, beziehen sich auf Versuchsmodelle und sind auch dann übertrieben). Pascal darf sogar als Erfinder des Lap-Tops gelten: es ist ein Gerät samt der Tragtasche erhalten, das sichtlich als Reisegerät gedacht war.

Die Subtraktion wurde durch Addition des Neunerkomplements erreicht. Die Mechanik für beide Drehrichtungen hat erst Leibniz ersonnen.

Den Einsatz der Logik für die Argumentation findet man schon bei Raimundus Lullus (1235-1315), der damit die Mohammedaner bekehren wollte und bei diesem Versuch durch Verletzungen den Märtyrertod fand. Er ersann die Ars Magna, die Lullische Kunst, die dann von Giordano Bruno (1550-1600) und Athanasius Kircher (1601-1680) aufgenommen und weitergeführt wurde und an die auch Leibniz mit seiner „Ars combinatoria" anknüpfte. In dieser Gedankenlinie taucht immer wieder die Idee der Mechanisierung auf.

LEIBNIZ UND DIE RECHENMASCHINE

Leibniz machte den entscheidenden Schritt zur Vier-Speziesmaschine. Um ihn erfolgreich zu machen, dachte er sich eine Reihe von Dingen aus, die sich bis zum Ende des mechanischen Zeitalters durch die Maschinen ziehen. Er begann mit dem Sprossenrad und ging dann zur Staffelwalze über – das ist ein Zylinder mit 9 Zahnrippen gestaffelter Länge. Jede Dezimalstelle braucht eine; der Entwurf sah 8 Stellen vor. Leibniz begann 1673 mit einem Holzmodell, 1675 folgte ein verloren gegangenes Metallmodell, und 1694 – aber eher ab 1700 – begann er die erhaltene Maschine, die bis zu seinem Lebensende nicht befriedigend funktionierte: bei der Staffelwalze ist eine besondere Zehnerübertragung erforderlich, die damals nicht ganz gemeistert wurde. Die jahrzehntelange Entwicklung kostete Leibniz die ungeheure Summe von 20 000 bis 24 000 Taler, das wären heute rund eine Million Euro.

Das Sprossenrad war vorher von Poleni erfunden worden und wurde von Baldwin in Amerika und von dem Schweden Odhner nach 1850 wieder erfunden. Die Staffelwalze blieb von Thomas aus Colmar bis zur Curta ein häufig verwendetes Bauelement des Tischrechners.

Ich verzichte wohlüberlegt darauf, die mechanischen Einzelheiten von Sprossenrad und Staffelwalze sowie die spätere Weiterführung Längenwandlung (Hamann), Schaltklinke (Hamann) und getriebetechnische Lösung (Archimedes) vorzutragen. In der Abstraktion, welche alle Computerthemen durch die Elektronik

Die erhaltene Vier-Spezies-Maschine

erreicht haben, wären sie nur von Nutzen, wenn sich etwas für die heutigen Strukturen ableiten ließe. Das ist aber nicht der Fall – die Elektronik hat alles in die andere Idee von Leibniz hinübergeholt, in das Binäre. Wer sich für die Tischrechner näher interessiert, dem sei das grundlegende Buch von A. Willers – er war ein Lehrer von N. J. Lehmann – empfohlen, aber auch die gesamte angegebene Literatur.

Die Originalmaschine von Leibniz war 1775 zur Reparatur von Hannover nach Göttingen gesandt worden und dort in Vergessenheit geraten. Erst 1876 kehrte sie nach Hannover zurück, und zwischen 1894 und 1896 hat sie Arthur Burkhardt zu reparieren versucht, allerdings nach einem falschen Konzept und unter teilweiser Umkonstruktion; auch vorher scheinen an ihr Veränderungen gemacht worden zu sein. Etwa 1924 entstanden in den Brunsviga-Werken unter der Leitung von Direktor Dr. F. Trinks vier Nachbauten. Alle Geräte funktionierten nicht einwandfrei, vor allem beim Übertrag über mehrere Stellen hinweg traten Fehler auf. Man mußte von Hand aus nachhelfen.

Prof. Lehmann (1921-1998) ging dem Problem auf den Grund und konnte – nicht ohne bemerkenswerten Aufwand – sowohl den Fehler erklären als auch 1988/89 einen einwandfrei funktionierenden Nachbau zuwegebringen. Anschließend stellte Lehmann einen zweiten Nachbau für das Berliner Museum her. Das Konzept von Leibniz war korrekt, aber die Mechaniker-Kunst war ihm zunächst nicht gewachsen. Das ist nun durch Prof. Lehmann zweifelsfrei bewiesen.

LEIBNIZ UND DAS BINÄRSYSTEM

An sich hat Leibniz beim Binärsystem nicht die Priorität. Pascal hat es implizit erwähnt und der Mathematiker Erhard Weigel (1625-1699) behandelt 1672 die Basis 4 in seinem „Tetractyn".

Der Bischof von Vigévano (südwestlich von Mailand) Giovanni Caramuel y Lobkowitz (1606-1682) publizierte im Jahre 1670, also 33 Jahre vor der Publikation von Leibniz (1703), eine systematische Arbeit „Mathesis Biceps" (Zweiköpfiges Rechnen), in welcher er die Zahlensysteme mit den Basen von 2 bis 10 sowie 12 und 60 präsentiert. Aber diese Arbeit blieb praktisch unbekannt.

Leibniz hat das Binärsystem um 1690 in Rom aus eigener Überlegung entdeckt und vor allem seine Grundsätzlichkeit begriffen. Vielleicht war es aber auch umgekehrt: er ist auf das Binärsystem aus Grundsatzüberlegungen her gestoßen. Am 17. Mai 1698 schreibt er an Johann Christian Schulenburg:

„Meine Vorstellungen bezüglich des Binärsystems (er nennt es da noch dyadische Progression) haben Sie sehr gut erfaßt und klar gesehen, in welch schöner Ordnung dabei alles vor sich geht. Ich denke aber, daß es auch für die Förderung der Wissenschaft von Bedeutung sein wird, mag es auch sonst auf das gewöhnliche Rechnen nicht anwendbar sein."

Um 1700 hat Leibniz seine Binärrechnung dem Jesuitenpater Bouvet nach Peking geschickt und dieser antwortete ihm am 14. November 1701 mit den 64 Binärzeichen der chinesischen Philosophie, deren Urform mit

2 Bit (die in die koreanische Fahne aufgenommen sind) oder 3 Bit dem sagenhaften König Wen zugeschrieben werden. Die 6 Bit-Variante soll auf den ebenso sagenhaften Kaiser Fu-hsi zurückgehen; Leibniz nennt ihn Fohy; auch Fo-Hi kommt vor. Und diese Zeichen könnten, so fügt Leibniz bei, das älteste Denkmal der Wissenschaft der Welt sein. Mir ist keine Quelle bekannt, die bei dieser altchinesischen Verwendung auf binäre Rechenoperationen hinweisen würde. Sie ist ausschließlich Binärklassifikation. Die Zuordnungen wechseln; ich gebe nur ausgewählte Beispiele:

in	dez		
- -	0	yin	weibl.
---	1	yang	männl.

bin	dez	Kompaß	Jahreszeit	Element
☰ ☰	0	Nord	Winter	Wasser
☰ ☰	2	West	Herbst	Metall
☰ ☰	5	Ost	Frühling	Holz
☰ ☰	7	Süd	Sommer	Feuer

Die Direktverbindung zur Aussagenlogik wird Leibniz wohl eher geahnt haben: die Baumeister dieser Formalismen folgten ja erst mehr als ein Jahrhundert später, G. Boole (1854), G. Frege (1879) bis B. Russell (1910) und L. Wittgenstein (1924). Und doch begriff Leibniz die Kraft der Logik. In einem wunderschönen Satz nennt er sie den Ariadnefaden des Denkens.

LEIBNIZ UND DAS BINÄRADDIERWERK

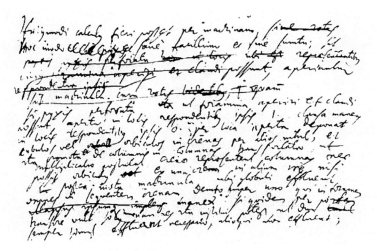

Marginalie zum Binäraddierwerk

Wenn *ich* irgendwo eine Marginalie anbringe, wird sie wohl eine folgenlose Randbemerkung bleiben. Bei einem Genie wie Leibniz ist das anders: seine Marginalie über das Binäraddierwerk enthält in konzentriertester Form alles, was zu seinem Bau erforderlich ist (wenn man genügend versteht davon). Das hat allerdings von 1700 bis 1980 gedauert – dann nahm Ludolf von Mackensen, zuerst Mitarbeiter des Deutschen Museums in München und heute Direktor des Kasseler Landesmuseums, die Marginalie her und gestaltete sie zum realisierten Modell aus. Er fügte einige Einzelheiten hinzu und hatte die Idee, diese Kombination gemeinsam mit Leibniz als Patent anzumelden. Ich bedaure, daß er diese Idee nicht realisierte. Denn patentrechtlich ist es möglich, ein Patent gemeinsam mit einem Verstorbenen zu besitzen. Es wäre eine mehrfache Sensation gewesen.

Ich gebe den Wortlaut der Marginalie von Leibniz ein wenig gestrafft wieder:

„*Die Binärrechnung könnte auch mit einer Maschine ausgeführt werden, sehr leicht und ohne viel Aufwand: Eine Büchse sei mit aufmachbaren Löchern versehen, offen an den Stellen, die 1 entsprechen, und geschlossen an denen, die 0 entsprechen. Durch die offenen Stellen fallen kleine Würfel oder Kugeln. Die Büchse wird von Spalte zu Spalte geschoben, wie die Multiplikation es erfordert. Die Rinnen sollen die Spalten vorstellen, und kein Kügelchen soll aus einer Rinne in die andere gelangen können, es sei denn, nachdem die Maschine in Bewegung gesetzt ist. Dann fließen alle Kügelchen in die nächste Rinne, wobei immer eines weggenommen wird, welches im Loch bleibt, sofern es allein den Ausgang passieren will. Denn die Sache kann so eingerichtet werden, daß notwendig stets zwei zusammen herauskommen; sonst sollen sie nicht herauskommen.*"

Die Realisierung des Herrn von Mackensen sehen Sie in der Ausstellung und daneben sein mechanisches Zählwerk bis 7 – nach dem gleichen Prinzip von Leibniz.

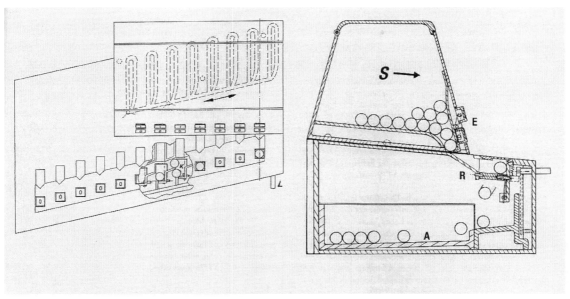

Binäraddiermaschine von Ludolf von Mackensen – Realisierung der Marginalie

LEIBNIZ UND DIE TEXTVERARBEITUNG

Leibniz hat die Computer-Textverarbeitung als Argumentenverarbeitung vorausgesehen, wenn er schreibt:

„Wenn daher eine Kontroverse aufkommt, werden zwei Philosophen nicht mehr Disput haben als zwei Computeristen. Es wird genügen, nach Schreibzeug und Abakus zu greifen und zueinander (in einem freundlichen Ton) zu sagen: Laßt es uns ausrechnen!"

Das erinnert freilich an Wittgenstein I, an die logische Klarheit des Tractatus, die an der Realität scheitert, denn „die Bedeutung eines Wortes", so lautet das Motto der Philosophie Wittgenstein II, „hängt vom Sprachspiel ab, in welchem es verwendet wird". „Laßt es uns ausrechnen!" ist nur zielführend, wenn man innerhalb des Sprachspieles bleibt, auf das man sich geeinigt hat.

Unabhängig von diesem Grundsätzlichen aber ist die Empfehlung von Leibniz, die Diskussion so gut als möglich auf saubere Logik und kühle Argumente zu reduzieren, sich die Sachlichkeit des Computers zum Vorbild zu nehmen, auch heute noch gültig. Und ich würde mir wünschen, er hätte diese Mahnung – so wie seine Texte auf der Front der Nationalbibliothek – als Wiener Inschrift hinterlassen.

LEIBNIZ UND DAS MÜHLENGLEICHNIS

Der Vergleich von Gehirn und mechanischer Denkhilfe führt auf eine tiefe Frage, die auch Leibniz erkannt hatte und die ihn beschäftigte, nämlich wie unser Bewußtsein, unser Wille auf den Körper einzuwirken vermag, auf seine Überlegungen und seine Bewegungen. In heutige Sprache lautet die Frage: wie kann unser Wille etwas bewerkstelligen, wenn sich die Neuronenverknüpfungen an die physikalischen Gesetze halten? Entweder alles spielt sich nach ihren Regeln ab und unser Bewußtsein täuscht uns nur vor, daß wir etwas durch unseren Willen verursachen, oder der Geist kann außerphysikalische Wirkungen hervorbringen.

Zu diesem Thema erfand er das Mühlengleichnis, auf das mich der verstorbene Professor Erich Heintel aufmerksam machte, mit dem ich etliche Diskussionen über dieses Gleichnis hatte.

In der Monadologie von Leibniz heißt es (Zitat nach Heintel): *„Denkt man sich etwa eine Maschine, die so beschaffen wäre, daß sie Vorstellungen haben und denken und empfinden könnte, so kann man sie sich derart proportional vergrößert denken, daß man in sie wie in eine Mühle eintreten könnte."* Leibniz ist also der Erfinder des in Museen so beliebten begehbaren Computers. *„Dies vorausgesetzt, wird man bei der Besichtigung ihres Innern nichts weiter als ihre Teile finden, die aneinander stoßen, niemals aber etwas, woraus das Denken und die Vorstellung zu erklären wäre."* In der Tat sehen die Kinder im begehbaren Computer nicht einmal etwas von den Programmen. *„Also muß man Denken und Vorstellung in der einfachen Substanz, in der individuellen Monadizität des Menschen suchen und nicht im Zusammengesetzten oder in der Maschine."*

Denken und Vorstellung sind Ganzheiten, die außerhalb des Meßbaren liegen, außerhalb der Physik, und ich meine, daß selbst die Systemtheorie noch große Fortschritte machen oder grundlegende Veränderungen durchmachen müßte, um sie für das von Leibniz vorgeschlagene Suchen zu verwenden. E. Schrödinger, schreibt Heintel, hat es als absurd bezeichnet, daß aus *Atomen* bestehen soll – und man kann ruhig sagen *Atomen, Bits oder Quanten,* – was wir Geist oder Seele nennen. Die sich ergebende Antinomie ist heute so ungelöst wie vor 23 Jahrhunderten. Dies alles sollten sich die Computer-Überschätzer wirklich sorgfältig überlegen.

Ich bin gerne bereit, alles abzuziehen, was das Tier vermag, mit seinen geheimnisvollen Instinkten, die sich über die Jahrtausende ausgebildet haben. Eine Menge davon arbeitet auch in mir, hilft mir einerseits und versucht mir andererseits seine Verkettungen aufzuzwingen. Aber punktweise vermag ich, vermag mein Geist einzuschreiten und stärker zu sein als dieses System. Das weiß ich, ehe ich Physik und Philosophie betreibe, und es ist für mich die höhere Wahrheit. Oder sollte das Mailüfterl nichts als eine Folge meiner Neuronengegebenheiten sein? Auch noch erdrückt von Beweislasten erschiene mir dies als Zumutung, und ich würde es zurückweisen.

Außerdem gibt der Freie Wille der menschlichen Existenz erst Sinn. Ein „vollautomatischer" Ablauf von physikalischen Vorgängen kann keinen Sinn haben. Es wäre ein Autoautomat, der sich selbst schuf und der läuft, um zu laufen. So sinnlos kann das All nicht sein.

LEIBNIZ UND DAS FRAKTAL

Herrn Prof. Preining verdanke ich einen Hinweis auf die Verbindung zwischen meinem alten Freund und „Fellow-IBM-Fellow" Benoît Mandelbrot und Leibniz. Mandelbrot hat in seinem Buch „The Fractal Geometry of Nature" zahlreiche Hinweise auf Gedanken von Leibniz, die dem Fraktal sehr nahekommen, ja es eigentlich vorweggenommen haben.

Ich beginne mit einem Beispiel von Leibniz (Mandelbrot S. 170). Man schreibe in einen Kreis drei gleich große maximale Kreise ein; dann erhält man in der Mitte einen Dreispitz aus Kreisbögen, in welchen man wieder einen größeren und drei kleinere Kreisbögen einzeichnen kann, und man kann das Auffüllen mit kleineren Kreisen beliebig weit treiben, bis zur Unendlichkeit, setzt Leibniz hinzu.

Leibniz gibt weiterhin ein ganz besonders treffendes Beispiel: Die gerade Linie ist eine Kurve, in welcher jeder Ausschnitt dem Ganzen ähnlich ist. Diese Selbstähnlichkeit (Mandelbrot S. 419) ist ebenfalls ein Wesenszug der Fraktals.

Das Mäandermuster, nach einem kleinasiatischen Fluß benannt – heute heißt er auf türkisch Menderez – der viele Windungen hat, ist eine klassische Verzierung. In die Selbstähnlichkeit kommt man, wenn man sich den Strich des Mäanders, der in Wirklichkeit natürlich keine Linie ist, sondern ein Band, auch wieder als Mäander vorstellt. Und zur unendlichen Selbstähnlichkeit gelangt man, wenn man

sich dies unendlich oft fortgesetzt denkt, ein Mäander aus Mäandern und endlos so weiter.

Kann man sich die Unendlichkeit vorstellen? Nicht im Einzelnen natürlich, aber der Gedanke der endlosen, der unendlichen Wiederholung und ihrer Beherrschung macht keine Schwierigkeit, wenn man sich ein wenig ins abstrakte Denken hineingearbeitet hat. Es ist mehr als die Alltagsapproximation „Ewig kommt keine Straßenbahn!". Unser Geist vermag sich echte Unendlichkeit vorzustellen.

Vielleicht hilft die Vorstellung, der Anblick eines Quadrats, das man sich immer wieder halbiert denkt, links und rechts, dann oben und unten, unendlich wiederholt. Das ist etwas anderes, als wenn der Computer die ersten paar hunderttausend Schritte wirklich ausführt, als Rechnung oder als Graphik. Ein Modell für die unendliche Fortführung gibt es nicht, und daher ist die Unendlichkeit dem Computer nicht zugänglich.

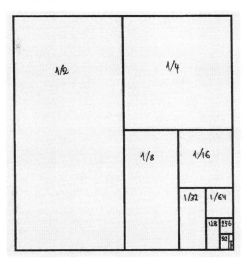

What Computers Can't Do? Sich Unendliches vorstellen.

Wenn der Teufel im Detail steckt, hat das Genie die Chance, mit dem Ganzen etwas Göttliches vom Himmel zu holen. Tatsächlich haben Philosophen und Mathematiker so etwas immer wieder zustande gebracht. Der Mathematiker zum Beispiel ist durch seinen intimen Umgang mit der Unendlichkeit ausgezeichnet, wofür Leibniz ein außerordentlich schöpferischer Bahnbrecher war. Wenn es eines Beweises bedürfte, daß der Mensch mit einem göttlichen Funken ausgezeichnet wurde, in dieser Fähigkeit ist er enthalten. Der Computer mag unvorstellbar schnell sein – beim Griff auf die Unendlichkeit wird er vom Menschen überholt, mehr noch: zu Unendlich hat der Computer keinen Zugriff. Woher sollte er die Sicherheit haben, daß

$$1/2 + 1/4 + 1/8 + 1/16 + 1/32 + \ldots\ldots\ldots \text{gleich } 1 \text{ ist?}$$

Oder, was Leibniz um 1675 herausfand, daß

$$1 - 1/3 + 1/5 - 1/7 + 1/11 - 1/13 + \ldots\ldots \text{gleich } \pi/4 \text{ ist?}$$

Der Unterschied zwischen Teilsumme und unendlichem Ergebnis mag in der Stellengenauigkeit untergehen, das unendlich ferne Resultat vermag nur der Mensch einzusehen. Noch viel weniger läßt sich vorstellen, daß ein Computer die Infinitesimalrechnung erfindet, und schon gar nicht, daß so etwas mit den bisher geschriebenen Programmen passieren könnte.

Leibniz hat mit der Differential- und Integralrechnung die unendliche Summe zu einem ungeheuer effektiven Werkzeug der Mathematik gemacht, das dann praktisch in Physik und Technik angewandt wird. Das würde in einen Beitrag über die mathematischen Leistungen von Leibniz gehören. Aber eine Bemerkung über das Grundsätzliche ist auch hier am Platz. Die praktische Anwendung geistig-theoretischer Leistungen ist stets der zweite Schritt; zuerst muß die Theorie gesichert und verstanden sein. Die übereifrigen Befürworter der praktischen Ausbildung streben die Reduktion auf die zweiten Schritte an. Das ist nicht bloß ein Gräuel für den Geist, das ist äußerst unpraktisch. Denn nichts ist praktischer als eine gute Theorie.

Wie lange ist die Küste der englischen Hauptinsel? Es genügt nicht, die Darstellung auf einer Landkarte von Großbritannien nachzumessen. Je feinere Einzelkarten man hernimmt, um so länger wird das Ergebnis, denn um so mehr Feinheiten des Verlaufs sind verzeichnet. Und dieser Vorgang endet nicht einmal beim wogenbewegten Sandkorn, sondern setzt sich bei der Sandkornoberfläche fort. Die Frage wird immer unbeantwortbarer und weist auf Unendlichkeit, auf eine weitere Verfeinerung des Gedankens.

Die logische Selbstähnlichkeit erstreckt sich auch noch in die stochastische. Auf den ersten Blick ist der Querschnitt des Baumes ein Kreis – sieht man jedoch auf die Einzelheiten der Rinde, ist das Fraktal die weit bessere Darstellung, denn auch die Oberflächenlinie der Rinde ist in sich wieder von unvorstellbarer Vielfalt. Mathematisch kann man sich vorstellen, daß die Oberflächenlinie der Rinde selbst wieder ein echtes stochastisches Fraktal ist, mit Selbstähnlichkeit ad infinitum, wie bei der Geraden, nur weit abenteuerlicher.

Ein Computerprogramm kann all diese Selbstähnlichkeiten in einer Art der Rekursivität erzeugen, so daß der Betrachter beliebige Vergrößerungen und Verkleinerungen einstellen kann. Und alles, was er sieht, hat die gleiche Selbstähnlichkeit, von geometrischem oder stochastischem Charakter. Das ist ein Gedanke, der – bloß vorgetragen – nach grauer Theorie riecht. Wenn man hingegen ein solches Muster auf dem Bildschirm sieht, ist es zur Realität geworden, abstrakte mathematische Theorie und bildhafte Wirklichkeit zugleich.

Leibniz hat dies im Prinzip vorausgedacht, und Mandelbrot schuf – ihm stand der Computer ja bereits zur Verfügung – eine gedankliche und programmierbare Systematik, die es zu einem klaren mathematischen Konzept macht. Das ist wieder ein intimer Umgang mit der Unendlichkeit. Und die damit verbundenen Einsichten sind weit wichtiger als die computergraphischen Effekte der Fraktale. Eines Tages wird das Fraktal gewichtige praktische Anwendungen haben.

Wenn Gottfried von Einem eine seiner letzten Kompositionen Fraktal genannt hat, dann konnte damit natürlich nicht gemeint sein, daß die Tonfolge fraktalen Charakter hat. Aber der Name ist ein Sinnbild für die Wirkungen, welche das Prinzip der Selbstähnlichkeit in der Kunst hervorzurufen vermag. Aber nicht durch maschinell-fraktale Mengenproduktion von Ähnlichem – diese ist nur eine Computer*simulation* von Kunst – sondern durch das eine, unverkennbare, einmalige Kunstwerk, durch die Ganzheit, die es mitteilt, durch den Geist, der aus ihm spricht.

What Computers Can't Do? Ganzheiten erkennen.

Und dies hat aufs engste mit der Lernunfähigkeit des Computers zu tun. Informationstechnik, das ist eine Orgie der Einzelheiten in Speichern und bereitstehenden Verarbeitungsmechanismen. Die Vier-Speziesmaschine von Leibniz ist fast zur Unendlich-Speziesmaschine geworden. Aber diese bedarf des Menschen, um die Ganzheiten in dieser Fülle zu erkennen und um aus dem zu lernen, was wir Zauberlehrlinge da an Flut in Gang gesetzt haben.

Denn nicht das Starten ist die Kunst und nicht das Viele, sondern die Reduktion auf das Wesentliche. Lernen bedeutet, das Viele mit Wenigem in Griff zu bekommen, und das kann nur der Geist. Leibniz hat darauf nie vergessen. Der Computerbenutzer hat Mühe, durch das Viele überhaupt durchzusehen, das ihm da um einen Bagatellpreis und in Bagatellzeit geliefert wird. Der Zeitgenosse hat Mühe, durch das Viele durchzusehen, was ihm die Kaufhäuser an Waren und die Medien an Information anbieten.

Die Kunst der Reduktion wird kaum gelehrt, nicht vom Elternhaus und nicht von der Universität. Wir lernen und praktizieren fast nur das Hinzufügen und halten das Mehrwerden für eine Naturnotwendigkeit, ein Naturgesetz, eine Tugend. Wir täuschen uns. Die Tugend wäre: grundsätzlicher zu werden, wobei Vergnügen am Detail nicht verboten ist.

Die Informationstechnik auf dem Weg zur Geisteswissenschaft

Vor Jahren habe ich vor der Österreichischen Akademie der Wissenschaften einen Vortrag über die Relation zwischen Computer und Geisteswissenschaften gehalten. Heute gehe ich einen großen Schritt weiter und behaupte, daß die Informationstechnik auf dem Weg zur Geisteswissenschaft ist, daß sie um diese Wandlung bemüht sein müsse und daß sie dazu die Hilfe der Geisteswissenschaften braucht. Und eine derartige Situation könnte eine wesensgemäße Herausforderung der Akademie der Wissenschaften sein, natürlich nicht nur der Österreichischen. Der Geist hat mit Mechanismen und mit Techniken gearbeitet, seit es ihn gibt. Auch die Natur, die dem Geist die Basis bietet, hat in der gesamten Entwicklung des Lebens Mechanismen entwickelt, auch stochastische. Sobald man dieses Wissen und dieses Geheimnis (es ist beides) für den Menschen betrachtet, darf man nicht übersehen, daß Geist und Natur zugleich immer auch eine Ebene höher stehen als die von ihnen bewegten Mechanismen.

Leibniz, wenn ich es in der Primitivsprache der Simplifizierer ausdrücke, ist als Schuhlöffel für die Einsicht geeignet, daß mit jedem Mechanismus etwas Höheres verbunden ist, zumindest der Sachverhalt, aus dem heraus der Mechanismus erfunden wurde (bei organischen Mechanismen: sich in der Natur entwickelt hat). Zu wissen, was die Genmoleküle verschlüsseln, ist eine großartige Errungenschaft. Zu wissen, wie das Verschlüsselte produziert wird, wäre die noch großartigere. Aber zu erkennen, wie diese wundervolle Einrichtung zustande kam, wäre noch weit mehr.

Unser Geist ist dazu befähigt, Mechanismen zu erkennen und zu ersinnen. Darüber hinaus denkt er gleichzeitig eine Ebene höher, an den Zusammenhang des Mechanismus mit seinem Umfeld und an die Verallgemeinerung der Einzellösung auf ein Prinzip, das sich dann irgendwo anders anwenden läßt.

Die Informationstechnik liefert Millionen Mechanismen, von außen unsichtbar im Innern des Computers wirkend, die in den Dienst des automatischen Programms und der Computerverwendung gestellt werden können. Paßt dazu nicht das Mühlengleichnis von Leibniz? Und wie immer gilt auch hier: man darf nicht übersehen, daß Geist und Natur zugleich immer auch eine Ebene höher stehen als die von ihnen bewegten Mechanismen. Die Vorstellung, daß all diese Automatismen von selbst laufen, ist auch dann falsch, wenn das Ganze als Automat läuft. Denn auch dann hat es der Mensch ausgedacht und in Bewegung gesetzt und die Folgen, die Wirksamkeit des Automaten, ist Sache des Menschen: er muß sie beurteilen. Wenn es sich aber um eine

Zusammenarbeit Mensch – Maschine handelt, dann wird der Unsinn von der Ersetzung des Menschen durch Computer handgreiflich. Nur ein Extremsportler des Denkens, der sich mit Leibniz nicht auseinandergesetzt hat, kann ihn ernsthaft vorbringen. Simplifizierung des Geistes führt leicht zur Karikatur.

Sie durften, meine Damen und Herren, bei diesen letzten Überlegungen stellenweise der Meinung sein, daß ich Sie in ein Feld gezogen habe, das mit Leibniz kaum etwas zu tun hat. Der Sinn war aber, Sie zur umgekehrten Sicht einzuladen. Indem man Leibniz hineinbringt, schützt man sich vor falschen Wegen. Wenn ein Geist vom Range Leibnizens sich mit dem Binäraddierwerk abgibt, dann lehrt er uns, diese Idee als Element der Geisteswissenschaften zu sehen, jener Geisteswissenschaft, welche eine Ebene über dem Spiel der Bits als Atom der knechtlichen Abarbeitung numerischer oder textlicher Volumina erkennt wie auch als Mittel des Geistes, klare Beziehungen aufzufinden und zu studieren und damit über den Mechanismus und durch den Mechanismus die geistige Erkenntnis zu vertiefen und zu erweitern. Der Computer erscheint dann als Mittel des Geistes, klare Beziehungen anzustreben, zu erkennen und zu studieren und damit über den Computer und durch den Computer die geistige Erkenntnis zu vertiefen und zu erweitern, das rein formale Zusammenspiel der Gesetze – auch der Naturgesetze – zu unterscheiden von der höheren Erkenntnis, die über dieses Zusammenspiel hinausgeht.

Das schließt handwerkliche und kommerzielle Verwertung nicht aus, es demonstriert nur den Rang der Routine, ihre Bedeutung und ihre Gefahr.

Für Leibniz ist die Einbettung der computernahen Leistungen in das Umfassende eine Denknotwendigkeit. In der Tagesgeschäftigkeit von heute bleibt dafür wenig Zeit. Abstraktes und Geistiges hatten in *seinem* Leben Vorrang, und seine mathematischen und philosophischen Leistungen sind diesem Vorrang zu verdanken. Der bescheidene Computerbenützer wie Sie und ich wird es nicht zu Leistungen bringen, die sich mit jenen des Genies Leibniz vergleichen können. Die Fülle der Einzelheiten, mit denen uns der Computer überflutet, machen uns nur allzu leicht vergessen, daß ein, zwei Ebenen über den Fluten der Bits das Umfassende wartet, von uns begriffen, aufgenommen und umgesetzt zu werden. Das Leitbild Leibniz sollte uns helfen.

Leibniz und der Computer – das bedeutet nicht ein paar Fundstellen in alten Texten mit neuem Kontext zu drapieren – das bedeutet in der Bitflut des Computers, die höher liegende Ebene nicht aus dem Gesichtsfeld zu verlieren, die geistige Beherrschung nach dem Vorbild Leibniz. Der naive PC-Benutzer sieht über die bequeme Mechanik nicht hinaus und glaubt, daß dies genügt. Für gewisse Arbeitsbereiche stimmt das auch. Den Kassencomputer einer Meinl-Filiale konnte man ohne Philosophie betreiben. Aber für das Gesamt-Unternehmen, für größere Betriebe und Institutionen – bis hinauf zur Österreichischen Akademie der Wissenschaften – genügt das bequeme Benutzen nicht. Für sie ist vielschichtiges Nachdenken erforderlich bis zur Höhe echter Philosophie.

Leibniz und der Computer – das ist mehr als eine Einladung, es bedeutet eine Aufforderung.

DANKSAGUNG

Mein Dank gilt den verstorbenen Professoren E. Heintel und N.J.Lehmann, ferner Frau Dr. Lore Sexl und Herrn Prof. Preining, die mich zu diesem Vortrag einluden – vor allem aber Herrn Prof. Dr. von Mackensen, mit dem ich über die zahlreichen Modelle lange Gespräche hatte. Herr Dr. Firneis hat mich mit etlichen Anregungen versorgt und sich um die Bildprojektion gekümmert.

Für technische Hilfe bei der Herstellung der Bildprojektion bin ich Frau Margarethe Soukup dankbar und Frau Elisabeth Harlander für die Unterstützung bei der Literaturarbeit sowie Herrn Michael Ehrenhöfler, der die Bildprojektion bediente.

SCHRIFTTUM – UNMITTELBAR ZU LEIBNIZ

G. Caramuel y Lobkowitz: Mathesis Biceps. – Laurentium Anisson; Campaniae 1670

G. G. Leibnitii Opera Omnia (nunc primum collecta). – Fratros de Tournes, Genevae 1768

A. Burkhardt: Die Leibniz'sche Rechenmaschine. – Zeitschrift für Vermessungswesen 6 (1897) 392-398

A. Willers: Mathematische Instrumente. – R. Oldenbourg, München 1943

Herrn von Leibniz' Rechnung mit Null und Eins. – Siemens AG, 2. Auflage 1966

W. de Beauclair: Rechnen mit Maschinen. Eine Bildgeschichte der Rechentechnik. – Vieweg, Braunschweig 1968

L. von Mackensen: Bedingungen für den technischen Fortschritt dargestellt anhand der Entwicklung und ersten Verwertung der Rechenmaschinenerfindung im 19. Jh. – Technikgeschichte 36 (1969) 2, 89-102

L. von Mackensen: Zur Vorgeschichte und Entstehung der ersten digitalen Vierspeziesmaschine von G.W. Leibniz. In: Akten des Internationalen Leibnizkongresses 1966, Band 2. F. Steiner Verlag, Wiesbaden 1969; 34-68

E.-E. Wilberg: Die Julius-Universtität in Helmstedt und die Leibniz'sche Rechenmaschine 1699-1711. In: Mitteilungen der Technischen Universität Carolo-Wilhelmina zu Braunschweig VI (1971) 2/3 5S

L. von Mackensen: Leibniz als Ahnherr der Kybernetik. Ein bisher unbekannter Leibnizscher Vorschlag einer Machina arithmeticae dyadicae. – In: Kongreßakten des 2. Intern. Leibnizkongr. Hannover 1972. – Wiesbaden 1974; 255-268

E.-E. Wilberg: Die jüngere Maschine und Meister Levin. In: Mitteilungen der Technischen Universität Carolo-Wilhelmina zu Braunschweig. VII (1972) H.3 10S

L. von Mackensen: Von Pascal zu Hahn. Die Entwicklung von Rechenmaschinen im 17. und 18. Jahrhundert. In: 350 Jahre Rechenmaschinen (M. Graef, Hrsg.). Hanser Verlag, München 1973; 21-33

N. J. Lehmann: Zur Geschichte der mechanischen Rechentechnik. Rückschau und Projektionen. In: Jahrbuch Überblicke Mathematik 1986, 155-166

N. J. Lehmann: Leibniz' Ideenskizze zum „Sprossenrad". – NTM Schriftenreihe Leipzig 24 (1987) 83-89

L. von Mackensen: Leitlinien in der Entwicklung der DV. 9. Technikgeschichtliche Tagung der Stiftung Eisenbibliothek. – FERRUM (Eisenbibliothek) Nr. 58 (Mai 1987) 12-22

H. Zemanek: Die Entwicklung der logischen Basis der IT. 9. Technikgeschichtliche Tagung der Stiftung Eisenbibliothek. – FERRUM 58 (Mai 1987) 34-46

N. J. Lehmann: Im Spannungsfeld von Mathematik und Computer. – GAMM-Mitteilungen (1993) 2, 133-142

N. J. Lehmann: Neue Erfahrungen zur Funktionsfähigkeit von Leibniz' Rechenmaschine. In: Studia Leibnitiana 25 (1993) 174-188

N. J. Lehmann: Leibniz als Erfinder und Konstrukteur von Rechenmaschinen.- 255-267

K. Popp, E. Stein (Hrsg.): Gottfried Wilhelm Leibniz. Philosoph, Mathematiker, Physiker, Techniker. – Univ. Hannover, Schlütersche GmbH, Hannover 2000

L. von Mackensen: Die ersten dekadischen und dualen Rechenmaschinen. In: Popp und Stein (Hrsg.); 84-107

ALLGEMEINES SCHRIFTTUM

I.M. Bochenski: A History of Formal Logic. – Univ. of Notre Dame Press, Notre Dame, IN 1961

H.L. Dreyfus: What Computers Can't Do. A Critique of Artificial Reason. – Harper & Row, New York, 1972

H. H. Goldstine: The Computer from Pascal to von Neumann. – Princeton Univ. Press, Princeton, NJ 1972

H. Kaufmann: Die Ahnen des Computers. – ECON, Düsseldorf 1974

K. Ganzhorn, W. Walter: Die geschichtliche Entwicklung der DV. – IBM Deutschland, Stuttgart 1975

B.B. Mandelbrot: The Fractal Geometry of Nature. – W.H. Freeman & Co, San Francisco 1977

H. Zemanek: Informationsverarbeitg und Geisteswissenschaften. – Anzeiger der philosophisch-historischen Klasse der ÖAW 124 (1988) 199-225

E. Heintel: Die Stellung der Philosophie in der „Universitas Litterarum". – Verlag der ÖAW, Wien 1990

Leibniz und der Bergbau*

GÜNTER B.L. FETTWEIS
Leoben

INHALTSÜBERSICHT:

Wohl weil ihm bei seinem Einsatz für den Harzer Bergbau kein direkter Erfolg beschieden war, sind in der breiten Öffentlichkeit die jahrzehntelangen und zeitweise sehr intensiven Beziehungen wenig bekannt, die Leibniz zum Bergbau gehabt hat. Viele seiner Vorfahren kamen aus dem Bergbau, dessen Bedeutung als Urproduktion er sich voll bewusst war. Seine einschlägigen Bemühungen betrafen vorrangig den Silberbergbau im Oberharz, der mit über 100 Gruben das wahrscheinlich größte Industrierevier der damaligen Zeit auf dem europäischen Kontinent war. Um dort bergbautechnische Verbesserungen einzuführen, hat sich Leibniz z. B. allein zwischen 1680 und 1685 drei Jahre in Clausthal und Zellerfeld, den Zentren des Oberharzes, aufgehalten. – Die Ausstellung über Leibniz in der Aula der Österreichischen Akademie der Wissenschaften im Sommer 2002, anlässlich derer die vorliegende Arbeit entstand, zeigte u. a. die Modelle der von Leibniz für den Harzbergbau entworfenen Bergwerksmaschinen, die er in zwei Versuchsperioden, 1678 bis 1686 und 1692 bis 1695, hat herstellen und erproben lassen, beide Male vergeblich. – Die Ausführungen schildern das bergbauliche Bemühen von Leibniz und unternehmen es, die Verdienste bei der Entwicklung der Bergbautechnik und der Bergbauwissenschaften aufzuzeigen, die Leibniz trotz des Scheiterns seiner Vorhaben im Harz zugeschrieben werden können. Dazu werden die Darlegungen wie folgt gegliedert: 1.) Einführung, 2.) Zum mitteleuropäischen Bergbau im Allgemeinen in der Lebenszeit von Leibniz, 3.) Über das spezielle Verhältnis von Leibniz zum Bergbau, 4.) Zum Bergbau im Harz in der Lebenszeit von Leibniz, 5.) Über die Vorschläge und Versuche von Leibniz zur Verbesserung der Bergbautechnik im Harz, 6.) Zu den Gründen für das Scheitern der Versuche, 7.) Über die Verdienste von Leibniz um Technik und Wissenschaft des Bergbaus, 8.) Schlussbemerkungen. – – Anmerkungen als Fußnoten; Literatur.

1. EINFÜHRUNG

Der Held dieser Darlegungen, der geniale Universalgelehrte Gottfried Wilhelm Leibniz (Abb. 1)[1], einer der Väter auch der Österreichischen Akademie der Wissenschaften[2], war hauptamtlich 40 Jahre lang, d. h. von

---

* Für die Publikation überarbeitete und ergänzte Fassung eines Vortrages des Verfassers an der Österreichischen Akademie der Wissenschaften am 23. September 2002 in Wien. – Der Vortrag war Teil einer dreigliedrigen Veranstaltungsserie der Kommission für Geschichte der Naturwissenschaften, Mathematik und Medizin der Österreichischen Akademie der Wissenschaften anlässlich der Ausstellung „Gottfried Wilhelm Leibniz – Philosoph, Mathematiker, Physiker, Techniker". Die Ausstellung fand in der Zeit vom 10. Juli bis 4. Oktober 2002 in der Aula des Hauptgebäudes der Österreichischen Akademie der Wissenschaften in Wien statt. – Anschrift des Verfassers: Dr.Ing. Dr.Ing.E.h. Dr.h.c.mult. Günter B.L. Fettweis, Emeritierter Professor für Bergbaukunde der Montanuniversität Leoben, Franz-Josef-Straße 18, A-8700 Leoben, Österreich.

[1] In dem Buch „Der berühmte Herr Leibniz – Eine Biographie" von Eike Christian Hirsch, dem das in Abb. 1 gezeigte Portrait des jungen Leibniz dankenswerterweise entnommen werden durfte, findet sich zu dem Bild die folgende Aussage: „Leibniz war vielleicht Mitte dreißig, als ihn ein Maler, über den man nichts weiß, dargestellt hat, dann wäre das Bild um 1680 entstanden. Es ist 1945 verschollen. Nach einer schwarz/weißen Fotografie hat der Grafiker Broder Brodersen die alten Farben mit der Paintbox neu erstehen lassen ...". Nach dem Bildnachweis des Buches befand sich das Portrait früher im Märkischen Museum, Stadtmuseum Berlin.

[2] Von Leibniz stammt der erste Vorschlag an das Habsburger Kaiserhaus, in Wien eine Akademie der Wissenschaften nach dem Muster der französischen und britischen Akademien einzurichten (Académie française, ggr. 1629/1635, Académie des sciences, ggr. 1666; The Royal Society, ggr. 1660/1662). Leibniz hat diesen Vorschlag beim Kaiserhof mehrfach vorgebracht und 1714 in einer Denkschrift auch dem Prinzen Eugen überreicht. Tatsächlich ist die heutige Österreichische Akademie der Wissenschaften als Kaiserliche Akademie der Wissenschaften im Jahr 1847 durch Kaiser Ferdinand I. (1797-1875) gegründet worden.

1676 bis zu seinem Tode 1716, Staatsbediensteter der Herzöge von Braunschweig-Lüneburg in Hannover. Zu diesem Herzogtum, einem Teil des von Wien aus regierten römisch-deutschen Kaiserreiches, gehörte der Oberharz und damit der dort damals bestehende und außerordentlich bedeutsame Silberbergbau. Aus diesem Bergbau bezogen die Herzöge als Landesfürsten aufgrund ihres Berg- und Münzregals, aber auch als Unternehmer sehr bedeutsame Einnahmen. Allerdings konnten diese Einnahmen von Jahr zu Jahr beträchtlich differieren. Die Bergbaue benutzten nämlich die Wasserkraft mit Hilfe von Wasserrädern als wichtigste Energiequelle für die Grubenentwässerung und für die Aufbereitung der Erze, untergeordnet auch für die Schachtförderung. Unzureichende Wassermengen aufgrund zu geringer Niederschläge und damit insbesondere länger anhaltende Trockenjahre, die nicht selten waren (z. B. 1666-1678), führten daher zu entsprechend starken Einbußen bei den Fördermengen und damit auch bei den Erträgen der Bergwerke.

Um diesen Schwankungen der Einnahmen abzuhelfen und darüber hinaus auch mit dem Ziel weiterer Verbesserungen, hat sich Leibniz – in Verfolgung einer eigenen Initiative – mehr als zehn Jahre seiner Dienstzeit in Hannover und damit mehr als ein Fünftel seines knapp 50-jährigen Berufslebens intensiv und zeitweise sogar ausschließlich um technische Fortschritte im Harzbergbau bemüht. Und er hat in diesem Zusammenhang in zwei mehrjährigen Perioden – 1678 bis 1686 und 1692 bis 1695 – umfangreiche Versuche unternommen. Allein zwischen 1680 und 1685 ist er zu diesen Zwecken 31 mal in den Harz gereist und hat dort zusammengerechnet mehr als drei Jahre verbracht.

Abb. 1: Gottfried Wilhelm Leibniz (1646-1716) nach dem Portrait eines unbekannten Meisters; vermutetes Jahr der Entstehung 1680, als Leibniz 33 oder 34 Jahre alt war, damit zu Beginn seiner ersten Versuchsperiode im Harzbergbau (Quelle: Hirsch 2000).

Die Versuche von Leibniz im Harzbergbau betrafen vor allem zwei Gebiete: zum Ersten den Einsatz von Windmühlen mit dem Ziel, den Wind zusätzlich zur Wasserkraft als Energiequelle für den Bergbau nutzbar zu machen, und zum Zweiten Bemühungen, den Energiebedarf zu verringern durch eine Verbesserung der Erzförderung in den Schächten des Bergbaus. Von den meisten Maschinen, die Leibniz für diese Versuche dienten, sind nach den in seinem Nachlass aufgefundenen Entwürfen in den vergangenen Jahren in Deutschland Modelle hergestellt worden. Sie bildeten einen wesentlichen Bestandteil der Ausstellung „Leibniz – Philosoph, Mathematiker, Physiker, Techniker", die im Jahre 2002 in der Aula der Österreichischen Akademie der Wissenschaften in Wien stattgefunden hat und die Anlass für die vorliegenden Darlegungen gewesen ist. Die Modelle lassen eine durchaus gute Funktionstüchtigkeit ihrer jeweiligen Konstruktion erkennen. Tatsächlich ist es aber vor drei Jahrhunderten nicht gelungen, mit den entsprechenden Maschinen einen ausreichend störungsfreien Betrieb zu erreichen. Mit seinen Bemühungen und Versuchen im Harz ist Leibniz daher gescheitert.[3] Trotzdem können ihm aufgrund seines Harzer Engagements in der Sicht des Verfassers große Verdienste um die Entwicklung von Technik und Wissenschaft des Bergbaus zugesprochen werden. Aber auch über sein damit umrissenes

---

[3] Rund 100 Jahre nach den Bemühungen von Leibniz haben die besonderen Betriebsbedingungen des Bergbaus auch einem anderen Genie deutscher Zunge einen Misserfolg beschert, nämlich Goethe bei seinen langjährigen vergeblichen Anstrengungen als Staatsbeamter des Herzogtums Sachsen-Weimar-Eisenach und als Gewerke den Erzbergbau Ilmenau in Thüringen wieder zu beleben (Steenbuck 1995).

wichtigstes bergbauliches Wirken hinaus hat sich Leibniz während seines Lebens häufig und in mannigfachen Zusammenhängen mit Bergbaufragen befasst.

Bei dem folgenden Bericht darüber hält es der Verfasser für wenig sinnvoll, ausführlicher als für das Verständnis des generellen Ablaufs und der Zusammenhänge notwendig auf den sehr wechselhaften Ablauf der Bemühungen von Leibniz im Harz und auf die technischen Details seiner Maschinen und Versuche einzugehen. Stattdessen wählt er den relativ breiten Ansatz, der aus den Kapitelüberschriften hervorgeht.

Vor dem nächsten Kapitel möge aber mit zwei Hinweisen noch eine Verbindung zwischen dem behandelten Geschehen und dem Menschen, Philosophen und Wissenschaftler Leibniz im Allgemeinen hergestellt werden. Von ihm ist – und das sei der erste Hinweis – die folgende Aussage überliefert: „Gesetzt wir halten etwas für gut, so ist es unmöglich, dass wir es nicht auch wollen; gesetzt wir wollen es und kennen zugleich die uns zu Gebote stehenden äußeren Hilfsmittel, so ist es unmöglich, dass wir es nicht ausführen." (Zitiert nach Finster und van den Heuvel 2000, S. 80). Es ist wohl insbesondere diese prinzipielle Lebensauffassung, von der die intensiven bergbaulichen Bemühungen von Leibniz vor allem bestimmt worden sind. Der zweite Hinweis gilt den Prinzipien von Leibniz für sein Wirken als Wissenschaftler und Techniker (Vgl. Popp und Stein 2000). Er hat dies Wirken unter die beiden Leitgedanken gestellt „Theoria cum praxi", also der Verbindung von Theorie und Praxis, und „Commune bonum", also einer Verbesserung des allgemeinen Wohls, und er hat damit Beispiel für eine Einstellung gegeben, die sich bis zum heutigen Tage generell für jedes ingenieurwissenschaftliche Arbeiten geziemt.

2. Zum mitteleuropäischen Bergbau im Allgemeinen in der Lebenszeit von Leibniz

In der Lebenszeit von Leibniz haben die beiden Großbereiche der Urproduktion, d. h. die Land- und Forstwirtschaft einerseits und der Bergbau andererseits, das wirtschaftliche und politische Geschehen in der Gesellschaft und damit auch das tägliche Leben der Menschen noch weitaus stärker bestimmt, als wir es heute nach der industriellen Revolution gewohnt sind. Was den Bergbau betrifft, so waren damals deutlich zwei Bereiche zu unterscheiden. Zum ersten Bereich, demjenigen, den wir heute im Wesentlichen nur noch kennen, gehörte die Bereitstellung der Rohstoffe für die – neben den biotischen Produkten wie Lebensmitteln und Holz – meisten Gebrauchs- und Verbrauchsgüter. Dies reicht von den steinernen Baustoffen über die Metalle und den Brennstoff Kohle bis zum Salz. Den zweiten Bereich bildete die Gewinnung der Münzmetalle als Basis der gesamten Geldwirtschaft, mit dem damals wichtigsten Münzmetall, dem Silber, an der Spitze. In der Lebenszeit von Leibniz war dieser Bergbau generell gesehen – betrieblich und wertmäßig – weitaus bedeutsamer als die Gewinnung der anderen Rohstoffe. Vor allem nahm er – wie seit dem Altertum – in großem Umfang Einfluss auf die Verteilung von Reichtum und Macht in Europa. Zwar besaßen alle Landesfürsten im europäischen Zentralraum das Verfügungsrecht über das Bergwesen und das Münzwesen gemäß ihrer historisch entstandenen Regalien, aber nur wenige von ihnen verfügten – in Abhängigkeit von geologischer Gunst – über in Abbau stehende Lagerstätten von Silber und Gold und über die damit verbundenen Einnahmen.

Zur Lebenszeit von Leibniz existierten in Europa vier wichtige Bergbaugebiete für Silber. Diese waren:
- erstens Tirol, ohne dessen Metallreichtum es die Weltmacht der Habsburger, die u. a. auch die Landesfürsten dieser Grafschaft waren, nicht gegeben hätte,
- zweitens das slowakische Erzgebirge, damals zum nördlichen Ungarn und damit gleich falls zu Habsburg gehörend, mit seinen deutsch besiedelten sieben Bergstädten – die Abb. 2 zeigt eine Ansicht der dazu zählenden Stadt Schemnitz, heute Banská Stiavnica, um 1700, geprägt durch die kegelförmigen Gebäude der Pferdegöpel zum Betreiben der Schachtförderung –,
- drittens das Erzgebirge in Sachsen, aber auch seine böhmische und damit habsburgische Seite mit Joachimstal, und
- viertens schließlich der Harz, das Wirkungsfeld von Leibniz, von dem die Abb. 3 untertägige Bergbauszenen aus seiner Lebenszeit wiedergibt.

Man kann davon ausgehen, dass die Landesfürsten dieser Regionen – also die Habsburger sowie in Sachsen die Wettiner und im Harz die Welfen – aufgrund ihrer Regalien einige zehn Prozent bis über die Hälfte ihrer Einnahmen aus dem Bergbau und dem damit verbundenen Münzwesen erhielten. Noch heute zeugt davon u. a. der kulturelle Reichtum in den zugehörigen Hauptstädten.

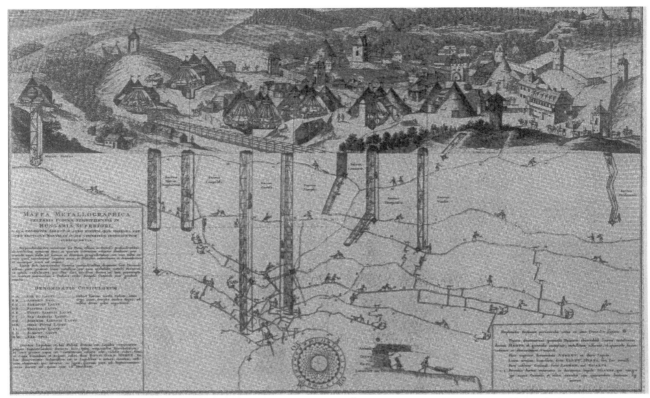

Abb. 2: Blick auf die Bergbaustadt Schemnitz/Selmecbánya/Banská Štiavnica im slowakischen Erzgebirge mit den charakteristischen Pferdegöpeln zur Erzförderung in Schächten, um 1700 (Quelle: Slotta und Bartels 1990).

Abb. 3: Darstellung von Abbauszenen am Tiefsten eines Förderschachtes, Ausschnitt aus dem Seigerriss der Oberharzer Grube Herzog Christian Ludwig, 1661 (Quelle: Slotta und Bartels 1990).

Abb. 4: Meissner Prunkvase, sog. Saturn-Vase, mit Darstellung hoher Bergbeamter,
nach 1745 (Quelle: Slotta und Bartels 1990)

Um diese Einnahmen zu sichern, haben die damals absolut regierenden Fürsten sehr starken Einfluss auf das Bergbaugeschehen genommen. Im Harz ebenso wie in Sachsen und in etwas anderer Form auch im Habsburgerreich herrschte dabei das sogenannte Direktionsprinzip. Das bedeutet, dass die Landesfürsten mit Hilfe ihrer Bergbehörden und d. h. über Bergbeamte alle Bergwerke sowohl technisch als weitgehend auch wirtschaftlich unmittelbar führten. Die Bergwerksbesitzer als private Kapitalgeber, die sog. Gewerken, hatten daher auf das Betriebsgeschehen kaum einen Einfluss.

In Sachsen und im Harz waren die Bergbehörden in Bergämtern organisiert. Innerhalb der Bergämter, die somit gleichzeitig Bergwerksdirektionen waren, lassen sich zwei Gruppen von Personen unterscheiden, wie dies ähnlich für die Leitung von Bergwerken bis zum heutigen Tage gilt. Dies waren zum Ersten die Spitzen-

Abb. 5a: Teilansicht einer Karte des 18. Jahrhunderts vom Bergbau im sächsisch-böhmischen Grenzgebiet des Erzgebirges mit Blick in die bergmännische Arbeitswelt (Quelle: Heilfurth 1981)

beamten, die damals generell dem Adel angehörten. Sie kamen in der Regel von Außen, zum Teil nach einem Universitätsstudium der Naturwissenschaften und der Rechte. Die Leiter der jeweiligen Bergbehörden, im Harz die Berghauptleute, in Sachsen ein Oberberghauptmann, vertraten ihre Landesfürsten unmittelbar und waren entsprechend gewichtig. Zur zweiten Personengruppe gehörte die mittlere und untere Ebene der Beamten, von denen sich viele aus der Bergbaubelegschaft hochgearbeitet hatten. Auch der Einfluss dieser Leute war beträchtlich, da ihnen vor allem das tägliche Geschehen oblag.

Insgesamt stellten – wie es ausgedrückt worden ist – die Bergbeamten die Herren dar „über die Erze unter der Erde, das Wasser und den Wald als Energie- und Werkstofflieferanten sowie die Arbeitskraft der Berg- und Hüttenleute" (Westermann 2001, S. 13). Zusätzlich kontrollierten die Spitzenbeamten in der Regel auch die Gemeindeverwaltungen der Bergbaureviere (Stieglitz 2001, S. 115). Die Bergbehörden und insbesondere die Spitzen ihrer Hierarchie bestanden entsprechend auch aus recht hochmögenden Herren, wie uns die in Abb. 4 gezeigte Vase zu veranschaulichen vermag. Zwar stammt dieses Kunstwerk aus Sachsen und erst aus dem Jahre 1745, aber auch im Harz und in der Lebenszeit von Leibniz war die dargestellte Sachlage prinzipiell nicht anders.

Auf dem Gebiet der technischen Aufgaben dieser Bergbehörden gab es im Bergbau der frühen Barockzeit eine sehr bedeutsame Weiterentwicklung. Das war die Einführung der Sprengarbeit mit Schwarzpulver bei Vortriebsarbeiten und im eigentlichen Abbau, welche die sehr mühevolle Arbeit mit Schlägel und Eisen zunehmend ersetzte.

Neben dem eigentlichen Abbau war das wichtigste technische und damit auch wirtschaftliche Problem der Bergwerke die Wasserhaltung, d. h. die Summe der Maßnahmen, die nötig sind, um die Gruben vor dem Ersaufen zu bewahren. Sofern für das Abfließen keine Stollen, die in ein Tal führten, verfügbar waren (Wasserlösungsstollen, Erbstollen), mussten die Wässer in den Schächten hochgepumpt werden. Die Abb. 5 b zeigt am rechten Rand das Prinzip der dafür gängigsten Methode. Mit übertägigem Wasser wird ein Rad angetrieben, das über ein Kurbelwerk (den Krummen Zapfen) ein mehrteiliges Gestänge im Schacht (Kunstgestänge, bzw. Stangenkunst) rauf- und runterbewegt. An die Gestängeelemente sind die hintereinander geschalteten Kolbenpumpen mit Saug- und Hubwirkung angeschlossen. Im vorliegenden Fall sind vier zu sehen: Die oberste der Pumpen schüttet zu Tage aus, die unteren arbeiten ihr über Zwischenbehälter (Sumpfkä-

Abb. 5b: Ausschnitt aus Abb. 5a

sten) zu. Die einzelnen Pumpen waren bis zu neun Meter lang und die Kolbenröhren (die Stiefel) zumindest teilweise aus Gusseisen gefertigt.

Für eine weitere wichtige technische Aufgabe, nämlich für die Schachtförderung der Erze, wurden vor allem die bereits erwähnten Pferdegöpel verwendet. Ihr Prinzip – auf das wir im Zusammenhang mit den Versuchen von Leibniz gleichfalls noch zurückkommen werden – geht aus der Abb. 6 hervor. Die unter dem kegelförmigen Dach rechts im Bild im Kreis gehenden Pferde bewegen über die Zugstange (den Schwengbaum), an die sie angeschirrt sind, eine senkrecht stehende Welle. An dieser ist oben eine Trommel angebracht, auf welcher zwei Ketten so befestigt sind, dass sich die eine bei der Drehbewegung aufspult und die andere abspult. Die Ketten werden über Umlenkrollen – links in dem Gebäude – in den Schacht geführt. Am Ende der Ketten hängen die beiden Fördertonnen. Von diesen wird entsprechend jeweils die volle herauf- und die übertags entleerte Tonne hinuntergefördert.

3. ÜBER DAS SPEZIELLE VERHÄLTNIS VON LEIBNIZ ZUM BERGBAU

Leibniz hat bei seinem Wirken über viele Jahrzehnte hinweg dem Bergbau große Aufmerksamkeit geschenkt. Er war, wie ihm einmal geschrieben wurde, „als ein großer Liebhaber von Bergwerkssachen" bekannt (zitiert nach Horst 1966, S. 46). Und er hat sich offensichtlich selbst auch so gesehen.

Abb. 6: Pferdegöpel, aus Löhneyß' „Bericht vom Bergwerck" (Quelle: Bartels 1992)

Maßgebend dafür war sicher in erster Linie, dass ihm als einem universalgebildeten und auch universaltätigen Menschen voll bewusst war, welche Bedeutung die Urproduktion aus der Erdkruste für die Zivilisation besitzt. In diesem Zusammenhang kannte er auch die besondere Stellung des mitteleuropäischen Bergbaus, „weil keine Nation der Teutschen in Bergwergssachen gleichen können", wie er 1671 in seinen ersten Überlegungen zur Gründung einer Akademie der Wissenschaften in Deutschland schrieb (Leibniz 1931, S. 543). Und auch die Bezeichnung von Deutschland als „ein großes sich weit erstreckendes Land voller Bergwerge, voller varietät, und wunder der natur", die sich in den gleichen Überlegungen findet, zeigt seine Einschätzung des Bergbaus (Leibniz 1931, S. 549). Nicht zuletzt wird hierfür aber auch seine Herkunft von Belang gewesen sein. Er wurde in dem bedeutenden Bergbauland Sachsen geboren und hat dort studiert. Vor allem aber stammte er väterlicherseits auch aus einer Familie, die – mit Ausnahme des Vaters selbst – über mehrere Generationen hinweg aus Bergbeamten bestand, einschließlich von Bergjuristen. Sein Großvater väterlicherseits war der Bergmeister Christoph Leibniz und sowohl dessen Vater als auch dessen Schwiegervater, d. h. der Bergschreiber Ambrosius Leibniz und der Bergzehntner Deuerlein gehörten dem Bergbau an. Zumindest in der Familie Deuerlein reicht die Reihe der Bergbeamten noch weiter zurück (Horst und Gottschalk 1973, S. 36).

Im Einzelnen lassen sich bei den Beziehungen von Leibniz zum Bergbau und bei seinen entsprechenden Aktivitäten zumindest sechs große Bereiche unterscheiden. Es sind dies mit heutigen Worten ausgedrückt: 1.) Bergbautechnik im weitesten Sinne, wozu auch die bergbaulich mitbestimmten Reisen, Besuche und Besichtigungen gezählt werden sollen, 2.) Bergbau- und Rohstoffwirtschaft einschließlich Münzwesen, 3.) Geologie, 4.) Bergbausprache, 5.) Bergbau als Finanzquelle und als Forschungsgegenstand für die verschiedenen von ihm im Laufe der Jahrzehnte vorgeschlagenen Akademien der Wissenschaften und 6.) mehrmalige eigene Beteiligung an Bergwerken. Als Beispiele für das Schaffen von Leibniz auf diesen sechs Gebieten mögen nachstehend – zusätzlich zu seinem im Weiteren näher behandelten Engagement im Harz – einige einschlägige Aktivitäten genannt werden, darunter vor allem auch solche, die mit seinen Beziehungen zu Wien in Verbindung stehen.

Auf dem vorstehend als erstes genannten Gebiet der Bergbautechnik ist Leibniz neben seinen Betriebsversuchen im Harzbergbau im Verlauf seines Lebens mehrfach aktiv gewesen. So hat er in der ersten Jahreshälfte 1687, also kurz nach dem ersten Scheitern seiner Harzer Versuche im Jahre 1686, einen Schriftwechsel über Betriebsfragen von Wasserrädern für Pumpzwecke mit dem zu dieser Zeit aus England zurückgekehrten Bergbaufachmann Friedrich Heyn geführt. In den Jahren 1707 und 1709 korrespondierte er mit dem Goslarer Rats-Sägemüller Daniel Linsen über Verbesserungen an Bergwerkspumpen (Gottschalk 1988) und von 1712 bis 1716, d. h. bis zu seinem Lebensende stand er mit dem Maschinendirektor und Markscheider bei der Bergbehörde des Harzbergbaus Bernhard Ripking in fachlicher Verbindung, u. a. im Hinblick auf die Durchführung von Barometermessungen in den dortigen Gruben. Durch diese Messungen sollte es möglich werden, „die höhen und Tieffen der Oerther" überschlagen zu können (Burose 1967, S 21, Gottschalk 2000, S. 119).

Bergbautechnische Überlegungen im weiteren Sinne standen auch dahinter, dass Leibniz den vorstehend genannten Bergbaufachmann Heyn darum bat, ihn auf seiner großen Reise ab November 1687 als Sekretär zu begleiten. Diese Reise war an sich der Suche nach Quellen für die ihm in Auftrag gegebene Geschichte seines Fürstenhauses, d. h. der Welfen, gewidmet. Statt sich ausschließlich mit dieser Aufgabe zu befassen, besuchte Leibniz aber Anfang 1688 zunächst mehrere Wochen lang mit Heyn Bergbaubetriebe im erzgebirgischen Sachsen (u. a. in Ehrenfriedersdorf die Zinnerzgrube „Vierung") und dann in Böhmen sowie seinen in Graupen bei Pilsen lebenden, gleichfalls als Bergbaufachmann geltenden Freund Daniel Crafft. Mit diesem diskutierte er eingehend Vorschläge zur Erzgewinnung, zur Goldwäscherei und zu einer damit verbundenen Münzreform (Finster und van den Heuvel 2000, S. 26/27).

Die Absicht all dieser – in Hannover nicht angemeldeten – Aktivitäten von Leibniz war es wahrscheinlich von Anfang an, bei seinem geplanten Besuch in Wien Kaiser Leopold I. ein Bergbauprojekt vorzuschlagen, möglicherweise um damit überhaupt nach Wien überwechseln zu können. Beim kaiserlichen Hof hat er dieses Projekt dann auch gemeinsam mit Crafft und Heyn im August 1688 vorgetragen. Das Projekt sah ein kaiserliches Bergkollegium vor, das unter seiner Leitung alle bergbautechnischen Forschungen und Entwicklungen in der Monarchie koordinieren sollte. Allerdings ist mit Ausnahme der Bewilligung einer Studienreise durch die Hofkammer aus diesen Plänen nichts weiter geworden, wohl auch weil die gleichzeitigen Vorschläge zu ihrer Finanzierung durch eine Fabrik für Mineralfarben keinen ausreichenden Widerhall erfuhren (Hirsch 2000, S. 221/222).

Mit Ausnahme des Quecksilberbergwerks Idria im heutigen Slowenien sind zudem keine Bergwerke bekannt, welche Leibniz im Habsburgerreich dann anschließend tatsächlich noch besucht hat. Er äußert jedoch sein Bedauern darüber, dass es ihm aus Wettergründen nicht möglich war, von Wien aus die Gruben im slowakischen Erzgebirge zu besichtigen, die er als die berühmtesten in Europa bezeichnete, und dass durch Schneefall auch sein geplanter Besuch Salzburger und Tiroler Bergwerke verhindert wurde. Ungeachtet dessen hat er aber später, d. h. nach dem Aufenthalt in Wien, seinem Herzog in Hannover berichtet, er habe „keine Gelegenheit versäumet allerhand Berg-, Salz-, Blech-, Hämmer- und dergleichen Werke so nicht allzu abgelegen gewesen ... zu besichtigen". (Zitiert nach Horst 1966, S. 45).

Der zweite Bereich der bergbaulichen Interessen von Leibniz umfasste die volkswirtschaftlichen und politischen Bezüge des Bergbaus sowie des damit verbundenen Münzwesens. Zeugnis davon geben u. a. drei Denkschriften über das Münzwesen, eine im Sommer 1681 für seinen Herzog Ernst August und zwei während seines Aufenthaltes in Wien 1688 für den Kaiser. Aber auch die große Denkschrift vom 23. September 1712, die Leibniz für den Zaren Peter den Großen verfasst hat, lässt erkennen, welche Bedeutung Leibniz der Rohstoffgewinnung für die Entwicklung eines Landes zuweist (Richter 1946).

Der dritte Bezug von Leibniz zum Bergbau zeigt ihn als Geologen. Angeregt wahrscheinlich durch seine geologischen Eindrücke im Harz, dessen Nordabhang zwischen Goslar und Harzburg bis in unsere Tage als „die klassische Quadratmeile der Geologie" bezeichnet worden ist, hat Leibniz den Entwurf einer Erdgeschichte geschrieben, die sog. „Protogaea". Sie sollte das ihm in Auftrag gegebene Werk über die Geschichte seines Fürstenhauses einleiten und ist erst nach seinem Tode veröffentlicht worden. In diesem Schriftsatz kommt Leibniz bereits modernen Vorstellungen der Erdgeschichte, einschließlich der Evolution des Lebens, sehr nahe, u. a. mit der Aussage, „dass die Arten der Tiere viele male umgeformt wurden". (Zitiert nach Durant 1963, S. 335).

Der vierte zu nennende Bereich betrifft Leibniz als Philologen bzw. Linguisten. Im Rahmen seiner Sprachstudien hat er nämlich ein besonderes Augenmerk der deutschen Bergmannssprache gewidmet. U. a. bezeichnet er ihre Ausdruckskraft als einzigartig: „Und halt ich dafür, dass keine Sprache in der Welt sey, die von Ertz und Bergwercken reicher und nachdrücklicher rede als die Teutsche." (Zitiert nach Horst 1966, S. 48). In der umfangreichen „Kulturgeschichte des Bergbaus" von Wilsdorf 1987 (S. 223 ff) finden sich die folgenden Aussagen zu den „Sprachphilosophischen Gedanken" von Leibniz: „Von der Bergmannssprache her suchte er die Entwicklung des menschlichen Wortschatzes als funktionale Abhängigkeit von der Entwicklung der Technik, in Praxis und Theorie, in der Gliederung und in der Subordination oder Koordinierung zu begreifen... Auf dem Harz legte Leibniz eine durch technische Skizzen verdeutlichte Sammlung von Fachwörtern der Bergmannssprache an – sie ist noch ungedruckt. Ersichtlich ist daraus, dass es dem großen Philosophen auf eine Weiterführung von Gedanken ankam, die in England John Webster 1671 oder John Ray 1691 als eine Art ‚Bergbauphilosophie' aufgestellt hatten. Sie suchten von der Allmacht, die den Erdball mit Wunderwerken erfüllt hat, einen nicht mehr durch die biblische Erzählung im Buch der Genesis eingeengten Begriff zu gewinnen – auch von diesem Ausgangspunkt war ein Weg zur Leibnizschen Theodizee möglich."

Der fünfte Bereich der Bergbaubezüge von Leibniz findet sich in seinem Bemühen, Akademien der Wissenschaften ins Leben zu rufen, d. h. in seinem Wirken als Wissenschaftsorganisator. Bereits in seinen ersten Überlegungen zur Gründung einer Akademie der Wissenschaften in Deutschland, die er, damals erst 25-jährig, im Jahre 1671 angestellt hat, scheint der Bergbau als ein Gegenstand der Betätigung der Akademie auf (Leibniz 1931, S. 530-552, Totok 1966, S. 198, 306). Und dies wiederholte Leibniz sodann auch in den meisten seiner späteren diesbezüglichen Vorschläge, bis hin zu seinen letzten Lebensjahren (Finster und van den Heuvel 2000, S. 34). So werden z. B. auch in der Denkschrift über die Gründung einer kaiserlichen Akademie der Wissenschaften in Wien, die Leibniz im Jahre 1714, also zwei Jahre vor seinem Tod, für den Prinzen Eugen verfasst und diesem vorgetragen hat, ausdrücklich Bergbauprobleme und zwar Fragen der Wasserhaltung in Bergwerken als ein Forschungsgegenstand genannt (Stiftung Volkswagenwerk 1971, S. 63). Dabei haben sicher auch die Erfahrungen von Leibniz im Harz eine Rolle gespielt –. Nicht zuletzt wollte Leibniz den Bergbau zeitweise zur Finanzierung der von ihm vorgeschlagenen Akademien heranziehen, bis er einsah, dass dadurch das direkte Einkommen der Fürsten und damit deren Interesse an seinen Ideen geschmälert würde (Totok 1966, S. 314).

Als sechster Bezug zum Bergbau mögen die eigenen finanziellen Interessen von Leibniz genannt sein, die ja, aus welchen Beweggründen auch immer, das Leben des großen Genies durchaus mitbestimmt haben. Um an dem Bergsegen seiner Zeit teilzunehmen, hat er sich selbst mehrfach als Gewerke und das heißt als Miteigentümer an Bergwerken beteiligt. Allerdings hat er auch dabei nicht viel Glück gehabt (Horst 1966, S. 46).

Der intensivste seiner Bergbaubezüge war aber fraglos sein einleitend umrissenes Engagement für den Bergbau im Harz.

4. Zum Bergbau im Harz in der Lebenszeit von Leibniz

Geographisch gesehen befindet sich das Bergbaurevier, in dem Leibniz wirkte, im sog. Oberharz, d. h. im nordwestlichen Sektor des Harzgebirges im heutigen Niedersachsen, südlich der alten Kaiserstadt Goslar. In wirtschaftlicher Hinsicht dürfte dieses Revier in der Lebenszeit von Leibniz gemäß den verfügbaren Unterlagen das bedeutendste der bereits genannten vier großen Gebiete des Silberbergbaus in Mitteleuropa gewesen sein. Es hatte relativ wenig unter dem 30-jährigen Krieg gelitten, während dessen – nämlich 1646 – ja Leibniz noch geboren worden ist. Und außerdem waren durch die Basisinnovation der Sprengarbeit und aufgrund der speziellen geologischen Gegebenheiten des Harzgebirges bedeutende Silberlagerstätten, die vorher unbauwürdig waren, zusätzlich abbauwürdig geworden. Entsprechend ist auch der Oberharz mit seinen damals über hundert Gruben das wahrscheinlich größte Industrierevier der betrachteten Zeit auf dem europäischen Kontinent gewesen.

Die Lagerstätten von Blei und Silber, die dort damals abgebaut wurden, bestehen aus steilen, d. h. mehr oder weniger vertikal stehenden, mit Erz ausgefüllten großflächigen Klüften im Gestein, die bergmännisch und für den Laien missverständlich Gänge heißen. Wie der Grundriss der Abb. 7 veranschaulicht, sind im Harz diese erzhaltigen Klüfte zum Teil einige Kilometer lang, sodass sie auch als Gangzüge bezeichnet werden. Sie reichen in abbauwürdiger Ausbildung in Tiefen, bergmännisch Teufen, von zumeist mehreren hundert Metern. Ihre steile Neigung hierbei, d. h. bergmännisch ihr Einfallen, liegt im Harz in der Regel zwischen 80° und 85° und ist dabei vielfach unregelmäßig. Ihre abbauwürdige Dicke, bergmännisch Mächtigkeit, beginnt – in Abhängigkeit von der Höhe des Erzgehaltes – im Dezimeterbereich und kann bis zu zehn Meter erreichen.

In der Zeit von Leibniz arbeiteten auf diesen Erzgängen gemäß den Abbildungen 8 und 9 zumeist mehrere Bergwerke, eines neben dem anderen. Sie waren teilweise mit Stollen zur Wasserableitung in ein seitlich gelegenes Tal verbunden, sog. Erbstollen. Aus den tieferen Bereichen mussten die Wässer dann nur bis zu diesem Stollenniveau gepumpt werden. Die Abb. 8 zeigt auch die der Pumparbeit und stellenweise der Schachtförderung dienenden Wasserräder. Außerdem sind sogenannte Feldgestänge erkennbar. Mit diesen konnten gemäß Abb. 10 die hin- und hergehenden Antriebsbewegungen für die Schachtpumpen – im Bild am linken Rande – von den Wasserrädern ausgehend – im Bild unten rechts – über zum Teil beträchtliche Entfernungen von mehreren 100 m und dabei zum Teil auch aufwärts weitergeleitet werden. Das kam immer dann in Betracht, wenn aus geographischen oder wirtschaftlichen Gründen kein Antriebswasser direkt neben dem Schacht zur Verfügung stand.

Für den Energiebedarf des Harzbergbaus insgesamt lag ein umfangreiches und wohldurchdachtes System der Energieversorgung durch Wasserkraft vor, über dessen Prinzip Abb. 11 unterrichtet. Wie in diesem Bild oben rechts dargestellt, wird das Wasser aus Niederschlägen und Quellen in Gräben (Sammelgräben) entlang von Hängen gesammelt und über Fortleitungsgräben, die zum Teil durch Stollen (Wasserläufe) führen, den zu diesem Zweck angelegten Sammelteichen – in der Mitte oben – zugeleitet. Von diesen Sammelteichen geht es dann über Gräben oder

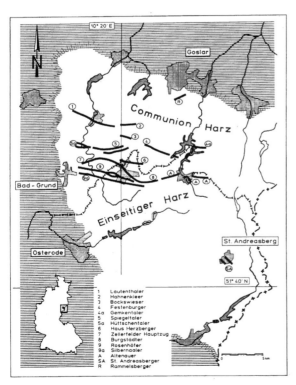

Abb. 7: Die Oberharzer Erzgangzüge und das Erzlager am Rammelsberg bei Goslar nach Schmidt 1989 (Quelle: Bartels 1992).

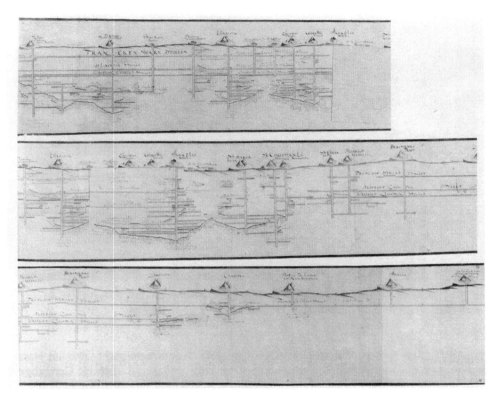

Abb. 8: Seigerriss der Gruben
des Burgstätter Gangzuges
(Quelle: Slotta und Bartels
1990)

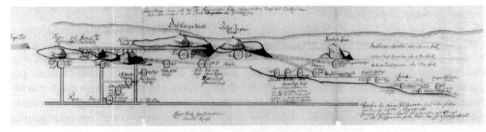

Abb. 9: Wasserkraftanlagen
des Rosenhöfer Gangzuges bei
Clausthal (Quelle: Slotta und
Bartels 1990)

auch Rohrleitungen zu den Nutzern, wenn möglich zu mehreren hintereinander gestaffelt, um das verfügbare Gefälle möglichst gut zu nutzen. Im Bild sind die Schachtfördereinrichtungen mit S, die Aufbereitungsanlagen mit ihren der Zerkleinerung dienenden Pochwerken mit A und ein Hüttenbetrieb mit H gekennzeichnet. Die Bergwerksstollen, in denen das verwendete Wasser zusammenfließt und zu einem Berghang und damit in die Vorflut abgeleitet wird, sind mit ST bezeichnet; siehe zu dem entsprechendem System vor allem die linke Seite des Bildes.

Infolge der großen Zahl von Bergwerken war das Wasserwirtschaftssystem insgesamt gesehen jedoch weitaus umfangreicher und zum Teil auch komplexer als in dieser Prinzipskizze. Für das Jahr 1750 wird z. B. von der Existenz von insgesamt über 200 km Wassergräben und von 70 Teichen mit 8,9 Mio m³ Stauraum berichtet. Davon waren – nach einem „Bauboom" zwischen 1660 und 1680 – zur Zeit von Leibniz schon 6,6 Mio m³ oder rd. 75 % in Betrieb. Heute sind noch 82 km Gräben und Wasserläufe und 61 Teiche funktionsfähig, die sich über einen Bereich von 350 km² (13 x 27 km) erstrecken und die als Industriedenkmäler gelten (Fleisch 1983).

Der Aufbau der Oberharzer Wasserwirtschaft im 17. und 18. Jahrhundert vermag einen beträchtlichen technischen-wirtschaftlichen Vorteil der staatlichen Direktion der Bergwerke in dieser Zeit zu zeigen bzw. zu belegen. Die für den Betrieb der vielen benachbarten Bergwerke erforderliche Energieversorgung war nämlich bei den damals bestehenden technischen Möglichkeiten und unter den komplexen regionalen Gegebenheiten des Harzgebirges fraglos nur als Gemeinschaftswerk und d. h. mit Hilfe einer übergeordneten Führungsinstitution zu schaffen und zu sichern. Demgemäß brachte das Direktionsprinzip nicht nur für den Staat, sondern auch für

Abb. 10: Darstellung eines Feldgestänges, aus Löhneyß' „Bericht vom Bergkwerck", 4. Aufl. 1672
(Quelle: Slotta und Bartels 1990)

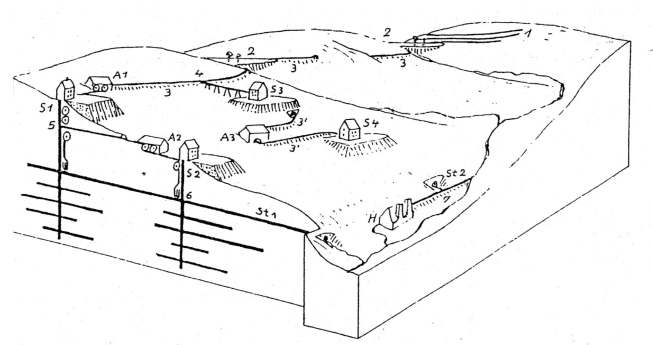

Abb. 11: Schema der wasserwirtschaftlichen Anlagen zur energetischen Nutzung des Wassers im historischen Erzbergbau Europas nach Wagenbreth: S = Schächte; St = Stollen; A = Aufbereitungsanlagen mit Wasserradantrieb; H = Schmelzhütte mit Wasserradantrieb für Gebläse; 1 Sammelgräben; 2 Teiche; 3 Fortleitungsgraben oberhalb des Reviers; 3' desgl. im Revier; 4 Verteilung des Aufschlagwassers auf die Schächte 1 und 3, letzterem in aufgebocktem Holzgerinne zufließend; 5 Verteilung des Kraftwassers in Schacht 1, auf dessen tiefere Maschinen und die Rösche zum Schacht 2; 6 Vereinigung allen verbrauchten Kraftwassers und gehobenen Grundwassers der Schächte 1 und 2 zum Abfluss auf St 1; 7 Hüttenaufschlaggraben, in den das Wasser aus St 2 mündet, das in der Hütte nochmals energetisch genutzt wird (Quelle: Wagenbreth 1996)

die einzelnen Bergwerke und deren Kapitalgeber, d. h. für die Gewerken, erhebliche wirtschaftliche Vorzüge mit sich.[4]

Die vorgestellte Art der Energiewirtschaft hatte während der Lebenszeit von Leibniz allerdings auch den in der Einleitung bereits umrissenen wesentlichen Nachteil für alle am Bergbau Beteiligten. Dieser lag in der Abhängigkeit der verfügbaren Energie von der Intensität, der zeitlichen Verteilung sowie von der Art der Niederschläge. In Zeiten des Wassermangels kam es zum Stillstand von Pumpen und damit zum teilweisen und zeitweisen Ersaufen von Bergwerken. Dieser Nachteil nahm zu, je älter und damit tiefer die Gruben wurden. Die Erträge des Harzbergbaus für den Staat und die Gewerken konnten sich durch diese Umstände um mehrere zehn Prozent gegenüber Normaljahren verringern. Solche wasserarmen Jahre hat es sowohl kurz vor als auch während der Bemühungen von Leibniz gegeben. Die Vermeidung der mit Trockenperioden verbundenen wirtschaftlichen Folgen durch den zusätzlichen Einsatz von Windenergie war daher auch das Hauptziel seiner Vorschläge und Versuche. Tatsächlich konnte das Problem der Trockenjahre jedoch erst im Laufe späterer Jahrzehnte durch die Anlage von sehr großen Sammelteichen, sprich von Talsperren, gelöst werden. Infolgedessen blieb die Wasserkraft auch bis weit in die zweite Hälfte des 19. Jahrhunderts die wichtigste Energiequelle im Harzbergbau.

In Summe gesehen handelt es sich bei dem vorgestellten System der Energiewirtschaft jedenfalls um eine bewundernswürdige Ingenieurleistung früherer Generationen, nicht zuletzt auch in vermessungstechnischer Hinsicht. Mit Recht werden daher auch die Erbauer und Betreiber dieses Systems stolz auf ihre Leistungen gewesen sein und besorgt darum, dieses vor Schäden zu bewahren.

5. Über die Vorschläge und Versuche von Leibniz zur Verbesserung der Bergbautechnik im Harz [5]

In der Literatur findet sich die Vermutung, dass Leibniz nach einigem Zögern die ihm 1676 vom Herzog Johann Friedrich (1625-1679) angebotene Anstellung in Hannover überhaupt nur deshalb angenommen habe, weil sie ihm die Möglichkeit zu bieten schien, im Harz mit seinen Ideen der Verbindung von Theorie und Praxis aktiv werden zu können (Horst und Gottschalk 1973, S. 36 in Verbindung mit dortiger Fußnote 2). Jedenfalls gibt es eine spätere Aussage von ihm, wonach er sich schon 1673 mit dem Einsatz von Windmühlen im Bergbau befasst habe (Horst 1982, S. 59). In der Tat hat Leibniz bereits wenige Wochen nach Aufnahme seiner Tätigkeit in Hannover Ende 1676 begonnen, seinem Herzog eine ganze Reihe von Vorschlägen zur Verbesserung der technisch-wirtschaftlichen Lage des Harzbergbaus vorzulegen. Noch umfassendere Vorschläge richtete er Anfang 1682 an den neuen Herzog Ernst August (1629-1698). Sie betrafen das gesamte Montanwesen von der grundlegenden Geologie über die Technik von Abbau, Vermessung, Aufbereitung und Verhüttung bis zum Bergrecht und zur Bergwirtschaft einschließlich auch von Fragen der Arbeiterentlohnung und der Holzversorgung.

Im Zentrum seiner frühen Vorschläge ebenso wie seiner späteren Eingaben standen aber fraglos die hier vorzustellenden Bemühungen und die damit verbundenen praktischen Versuche auf den Gebieten des Pumpens und der Erzförderung in den Bergwerksschächten. Zum Zwecke dieser Versuche hat sich Leibniz – wie bereits gesagt – sehr oft und zum Teil monatelang ununterbrochen in Clausthal oder in Zellerfeld (Abb. 12) aufgehalten.[6]

---

[4] Allerdings besaß das Direktionsprinzip im Harz zur Lebenszeit von Leibniz auch einen Nachteil spezieller Art. Seine Organisation war etwas kompliziert, da es sowohl in Clausthal als auch in dem nördlich benachbarten Ort Zellerfeld je eine Bergbehörde gab. Das hing damit zusammen, dass lediglich der südliche Teil des Oberharzes voll zum Fürstentum Hannover gehörte, der nördliche Teil als sogenannter Kommunionharz jedoch nur zur Hälfte und zur anderen Hälfte einem anderen Zweig der Welfendynastie, die in Wolfenbüttel residierte. Im Bergamtsbezirk Zellerfeld wechselten daher gemäß einem Vertrag die Berghauptleute jährlich zwischen Hannover – und damit dem Berghauptmann von Clausthal – und Wolfenbüttel ab. Der maßgebliche Mann für den Harzbergbau insgesamt war damit aber jedenfalls der Clausthaler Behördenchef.

[5] Die Darlegungen in diesem Abschnitt und weitgehend auch diejenigen in Abschnitt 6 beruhen vor allem auf den folgenden Literaturstellen, die nicht gesondert zitiert werden: Calvör 1763/1986, Fischer 1902, Gerland 1898, 1900, 1909, Gottschalk 1973, 1982, 1988, 1999, 2000 (a), 2000 (b), 2001, Heinekamp 1986, Hirsch 2000, Horst 1966, 1971, 1982, Horst und Gottschalk 1973, Knissel 1980, Müller und Krönert 1969, O-Hara 1988, Popp und Stein 2000, 2001, Scheel 1991, 1993, Stiegler 1968, v. Trebra 1789, 1790.

[6] In Zellerfeld hat Leibniz – wohl an langen Winterabenden und in anderen freien Zeiten – auch sein erstes grundlegendes und größeres philosophisches Werk, den Discours de Métaphysique, seine Metaphysische Abhandlung, verfasst. Vielleicht geschah dies im Gedankenaustausch mit dem Superintendenten und gelehrten Theologen Caspar Calvör (1650-1725), in dessen Haus in Zellerfeld

Abb. 12: Das Zellerfelder Stadt-
zentrum um 1660, nach einem
Riss des Markscheiders D. Flach
1661 (Quelle: Bartels 1992)

Wie die Tabelle 1 ausweist, lassen sich die angesprochenen Bemühungen von Leibniz zeitlich und nach ihrer Art in drei Gruppen untergliedern: 1677 bis 1678 die Anbahnung mit entsprechenden Vorschlägen an den Herzog, 1678 bis 1686 die Arbeiten zur Verbesserung der Wasserhaltung, vor allem durch den Bau und den Versuchsbetrieb von Windmühlen als eine die Wasserkraft ergänzende Energiequelle für Pumpzwecke, sowie ferner in zwei Zeitperioden, 1685 bis 1686 und 1692 bis 1695, das Bemühen um die Verbesserung der Erzförderung in den Schächten mit mehreren eigenen Erfindungen. Der Partner und äußerst kritische Begleiter von Leibniz bei all diesen Vorhaben war die Bergbehörde, mit der er daher auch in einem sehr eingehenden mündlichen und schriftlichen Kontakt stand.

Tabelle 1. Art und Zeiten der erörterten Bemühungen von Leibniz um Verbesserungen der Bergbautechnik im Harz

1. 1677-1678 Anbahnung
    Vorschläge an den Herzog
2. 1678-1686 Wasserhaltung
    Bau und Versuchseinsatz von zwei Windmühlen für Pumpzwecke
3. 1685-1686 und 1692-1695 Schachtförderung
    Drei Einrichtungen nach eigenen Erfindungen

Alle Versuche endeten erfolglos, vor allem infolge von Materialbrüchen und anderen Betriebsstörungen oder weil die erwarteten Verbesserungen auch bei ungestörtem Betrieb nicht erzielt werden konnten. Sie wurden entsprechend durch Anordnungen des Herzogs bzw. der Hofkammer in Hannover beendet. Bedauerlicherweise war zudem nahezu die gesamte lange Zeit der Vorschläge und Versuche durch Diskussionen und Auseinandersetzungen von Leibniz mit der Bergbehörde über die Sinnhaftigkeit und die Art und Weise der Vorhaben gekennzeichnet, die nicht nur sachlich bestimmt waren.

---

er mehrfach zu Gast war. Der spätere Pfarrer des Harzer Ortes Altenau und Montanwissenschaftler Henning Calvör (1686-1766) war ein entfernter Verwandter von Caspar Calvör. (Vgl. Abb. 24; Calvör 1763/1988). – Eine bemerkenswerte Darlegung über die Zusammenhänge von Philosophie und Technik bei Leibniz, auf die hier jedoch nur verwiesen werden kann, findet sich bei Hecht 1992, Kapitel Technische Projekte, S. 128 ff.

Nachstehend werden nicht alle einschlägigen Anstrengungen von Leibniz erörtert, aber jedenfalls der weitaus größte und zugleich bergbaulich wichtigste Teil davon.[7]

Zu weiterer Information zeigt die Tabelle 2 zunächst den Ablauf der Bemühungen auf dem Gebiet der Wasserhaltung. In der Antragsphase hat eine Rolle gespielt, dass sich die Vorstellungen von Leibniz für den Einsatz von Windmühlen mit einem ähnlichen Vorschlag des leitenden Bergbeamten Petrus Hartzing und sogar mit praktischen Versuchen des Bergbeamten Flach zeitlich überschnitten. Ungeklärt ist, wer dabei vom anderen Anregungen erfahren hat. Ungeachtet der dadurch bewirkten Widerstände der Bergbehörde endet die Antragsphase jedoch auf Anordnung von Herzog Johann Friedrich im Oktober 1679 mit einem Vertrag zwischen Leibniz und der Bergbehörde. Dieser ist sodann mit einigen Abänderungen auch vom nächsten Herzog Ernst August – Johann Friedrich war Ende Dezember 1679 und damit nicht lange nach Vertragsabschluss verstorben – bestätigt worden. Der Vertrag sah die volle Unterstützung seitens der Bergbehörde bei den von Leibniz vorgesehenen Versuchen vor, „vermittels der Konjunktion Windes und Wassers", wie es hieß, die Gruben dergestalt zu Sumpf zu halten, dass die Wirtschaftlichkeit der Bergwerke verbessert werden konnte. Gemäß der Endfassung des Vertrages sollten die Kosten für die Versuche zu je einem Drittel von Leibniz, von den Gewerken und von „den herrschaftlichen Kassen" getragen werden, statt wie zunächst vorgesehen nur von Leibniz. Im Falle eines Erfolges in Gestalt einer einjährigen erfolgreichen Probezeit sollte Leibniz jährlich auf

Tabelle 2: Ablauf der Bemühungen von Leibniz um die Verbesserung der Wasserhaltung im Harzbergbau durch den Einsatz von Windmühlen 1678–1686

1. Antragsphase November 1678 – April 1680
   Vertrag vom 15. (25.) Oktober 1679
   mit Änderungen am 16. April 1680 vom neuen Herzog bestätigt
2. Anlaufsphase April 1680 – Oktober 1680
   insbes. Auswahl von Art und Ort der Versuche
3. Versuchsphase Oktober 1680 – Juli 1685
   Bau und erfolgloser Versuchseinsatz von zwei Windmühlen,
   einer herkömmlichen sog. Vertikalwindmühle und einer neuartigen sog.
   Horizontalwindmühle
   Beendigung der Versuche durch Anordnungen des Herzogs vom 23. März,
   14. April und 31. Juli 1685
4. Abschlussphase August 1685 – März 1686
   Sachliche und finanzielle Regelungen;
   beendet mit Anordnung des Herzogs vom 23. März 1686

---

[7] Die im vorliegenden Aufsatz erörterten Windmühlen und Bergwerksmaschinen waren in der einleitend genannten Ausstellung „Leibniz – Philosoph, Mathematiker, Physiker, Techniker" mit Modellen vertreten und werden auch in dem zugehörigen Begleitbuch vorgestellt (Popp und Stein 2000). Im Aufsatz nicht behandelt werden die in diesem Buch gleichfalls angesprochenen Vorschläge von Leibniz für eine Verbesserung der Kolbenpumpen sowie seine erst nach Abschluss der Versuche im Harz entworfenen Verbesserungen an Windmühlen. Diese betreffen vor allem eine selbstregulierende Bremsvorrichtung für eine Vertikalwindmühle, von der in der Ausstellung ebenfalls ein Modell zu sehen war. Mit dieser Entwicklung sollte eine zu große Umdrehungsgeschwindigkeit der Windmühlenflügel (Übertourung) bei hohen Windgeschwindigkeiten verhindert werden. Diese Erfindung von Leibniz ist jedoch erst 1686 kurz nach Abschluss seiner langjährigen Versuche und wohl aufgrund der dabei gewonnenen Erfahrungen entstanden (Gottschalk 2000 (b), S. 130). Auf jeden Fall zeigt sie aber die bemerkenswerte Hartnäckigkeit, mit der Leibniz auch nach dem Scheitern seiner Bemühungen an seinen Vorstellungen weitergearbeitet hat. Gleichfalls nicht erörtert werden die erfolglosen Versuche mit einer sog. „Neuen Treibkunst", die in dem Buch von Popp und Stein 2000 nicht besprochen sind und über die erst in jüngster Zeit Näheres in der Sekundärliteratur bekannt geworden ist. Der Verfasser hat einen entsprechenden interessanten Aufsatz erst wenige Tage vor seinem Vortrag lesen können (Gottschalk 2001). Mit dieser recht komplizierten Einrichtung wollte Leibniz ein normales Wasserrad – kein Kehrrad – sowohl zum Pumpen als auch zum Erzfördern einsetzen, was jedoch ebenfalls scheiterte. In die Wiener Ausstellung war ein Modell hiervon nachträglich aufgenommen worden. Der guten Ordnung halber sei schließlich noch darauf verwiesen, dass die vorliegende Arbeit bergbaubezogen ist und daher nicht auf die metallurgisch ausgerichteten Bemühungen von Leibniz im Harz eingeht, mit denen er eine Nutzung des „Hüttenrauchs" anstrebte. Sie fanden erst nach Abschluss der bergbautechnischen Versuche statt und scheiterten gleichfalls.

Lebenszeit 1.200 Reichstaler erhalten, was zweifellos ein sehr hoher Betrag war. Zu dieser Zeit verdiente er als Bibliothekar und Berater in Hannover nur 600 Reichstaler je Jahr.

In der Anlaufphase setzte die Bergbehörde sodann gegen das Bestreben von Leibniz durch, dass ihre Auffassung dessen, was unter der Verbindung von Wind und Wasser zu verstehen sei, auf jeden Fall zur Ausführung zu gelangen hat. Gemeint war damit die unmittelbare (immediate) Nutzung von Windenergie für die Pumparbeit in den Schächten. Dieser Vorstellung gemäß ist es hierfür auch zum Bau und Versuchsbetrieb einer mehr oder weniger herkömmlichen sog. Vertikalwindmühle gekommen. Außerdem fand in dieser Zeit auch ein Wechsel von der zunächst für die Versuche vorgesehenen Grube Dorothea zur Grube Catharina statt und damit zu ungünstigeren Bedingungen, worauf wir noch zurückkommen werden.

Die Abbildungen 13 und 14 zeigen das Modell dieser Windmühle sowie eine zugehörige Konstruktionszeichnung von Leibniz. Die in der Zeichnung dargestellte obere horizontale Achse wird durch die Flügel bewegt, von denen rechts seitlich einer zu sehen ist. Die parallele untere Achse bewegt mit ihrer Kurbel – rechts unten – das Pumpgestänge. Mit einem Getriebe von vier Zahnrädern sind beide Achsen miteinander verbunden. Auf den Bau dieser Windmühle und auf ihren Einsatz für das Pumpen sowie auf die Befassung mit den Störungen, die hierbei an den gesamten betroffenen Einrichtungen der Schachtanlage Catharina entstanden, ist von Leibniz und der Bergbehörde die weitaus meiste Zeit verwendet worden.

Neben dem Hauptversuch mit dieser Vertikalwindmühle durfte Leibniz – offenbar infolge von Missverständnissen bei seinen Verhandlungen mit der Bergbehörde – seine wahrscheinlich eigentliche und sehr grundlegende Idee soweit ersichtlich nur zusätzlich und quasi nebenbei zum Versuch bringen. Diese Idee betraf das Zurückpumpen von für die Pumparbeit bereits genutztem Wasser mit Hilfe von Windmühlen in eigens anzulegende sog. Sparteiche, aus denen das Wasser dann wieder genutzt werden konnte. Dadurch sollte ein stetiger Wasserkreislauf und damit ein kräftiger Betrieb der von Wasserrädern betriebenen Pumpen auch bei Wasserknappheit infolge mangelnder Niederschläge gewährleistet werden. Wir kennen eine vergleichbare Vorgangs-

Abb. 13: Vertikalwindkunst (Windmühle) für den direkten Antrieb der Pumpengestänge, Modellbauer P. Stromeyer, Foto R. Gottschalk (Quelle: Gottschalk 2000 in Popp und Stein 2000)

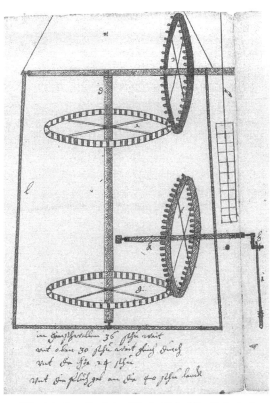

Abb. 14: Gewöhnliche Windmühle (Vertikalwindmühle), umgerüstet zur Windkunst für den direkten Einsatz bei den Gruben, Zeichnung von Leibniz (Quelle: Gottschalk 2000 in Popp und Stein 2000)

weise in der heutigen Energiewirtschaft unter dem Begriff des „Pumpspeicherwerks". Es ist allerdings unklar, warum Leibniz diese seine fraglos fundamentale Idee erst nach Abschluss des Vertrages vom Oktober 1679 vorbrachte, sodass es verständlich erscheinen muss, dass die Bergbehörde es anders aufgefasst hatte und sich zunächst düpiert fühlte. Auch findet sich in der Literatur die Aussage, dass ein Angehöriger der Bergbehörde – und zwar der bereits erwähnte Hartzing – bereits vor Leibniz vergeblich eine ähnliche Idee vorgebracht haben soll. Unklar ist auch, ob Leibniz durch Äußerungen vor Abschluss des Vertrages zu dem Missverständnis seiner Vorstellungen beigetragen hat. Für seinen entsprechenden Vorschlag ist dann aber jedenfalls gesondert und an einem geeignet erscheinenden Platz (am „Unteren Eschenbacher Teich") eine von Leibniz entworfene sog. Horizontalwindmühle als zweite Versuchseinrichtung gebaut worden.

Diese in der Abbildung 15 gezeigte Einrichtung zum Zurückpumpen von bereits genutztem Wasser bildet auch für sich gesehen fraglos eine größere Innovation als die Vertikalwindmühle, obwohl es auch anderswo schon derartige Windmühlen gegeben hat. Ihre Betriebsweise geht aus dem in Abb. 16 wiedergegebenen Entwurf von Leibniz hervor. Das Prinzip dieser Windmühle zeigt vor allem die Skizze am linken Rand der Abbildung unten, die eine Draufsicht, also einen Grundriss, darstellt. Die Einrichtung ist hiernach mit einer Drehtür vergleichbar: Auf die an einer senkrecht stehenden Achse angebrachten vier Flügel wird der Wind durch rundum feststehend angeordnete Leitschirme geleitet. Damit ist es für die Bewegung der Flügel gleichgültig, von welcher Richtung der Wind kommt.

Im Vergleich zu den klassischen Windmühlen der damaligen Zeit war es der Vorteil einer solchen Horizontalwindmühle, dass sie nicht laufend händisch in den Wind gedreht werden musste – eine entsprechende Selbstregelung war noch unbekannt – und somit keine Bedienung erforderte. Ihr Nachteil bestand darin, dass sie nur einen wesentlich kleineren Teil der Windenergie nutzen konnte als die Vertikalwindmühlen, da die Flügel ja vor dem Wind zurückweichen. Das bedeutet geringere Kräfte an der Achse. Wohl um den genannten Nachteil soweit wie möglich zu vermeiden bzw. auszugleichen, war das von Leibniz gebaute Exemplar 11,50 Meter hoch und 14,75 Meter breit und damit sehr groß. Die Einrichtung befand sich zwischen zwei Teichen, von denen der untere abgearbeitetes Wasser enthielt. Die Windmühle sollte das Wasser vom unteren in den oberen Teich mit Hilfe einer Wasserschnecke zurück pumpen. Nach allem, was wir bisher wissen, ist diese Anlage jedoch nicht mehr zu einem planmäßigen Versuchseinsatz gekommen, möglicherweise weil es trotz

Abb. 15: Horizontalwindkunst (Windmühle) für den direkten Antrieb einer Wasserschnecke; Modellbauer P. Stromeyer (Quelle: Gottschalk 2000 in Popp und Stein 2000)

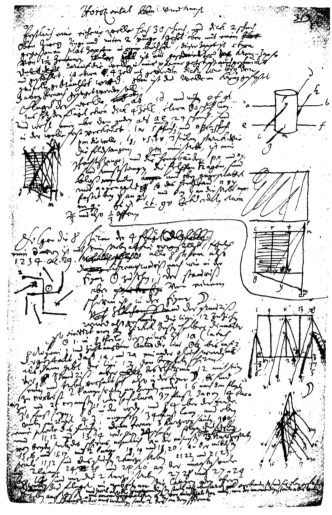

Abb. 16: Entwürfe zur Horizontalwindkunst von Leibniz's Hand
(Quelle: Gottschalk 2000 in Popp und Stein 2000)

der Größe der Anlage nicht gelungen war, annähernd ausreichende Kräfte für den vorgesehenen Zweck zu erhalten. Das ist umso mehr bedauerlich, als die Idee des Wasserkreislaufes zweifellos beträchtlich erfolgversprechender war als der unmittelbare Einsatz von Windmühlen zum Wasserpumpen in den Schächten.

Resümierend ist daher festzustellen: In der fast fünfjährigen Versuchsphase gemäß Tabelle 2 kam infolge der umrissenen Schwierigkeiten keiner der zwei Ansätze zur Verbesserung der Wasserhaltung zu einem positiven Ergebnis. Beide Versuche wurden daher auch durch Entschließungen des Herzogs Ernst August im April bzw. Juli 1685 beendet. Im März 1686 fand sodann auch die finanzielle Seite dieser Arbeiten von Leibniz mit einem Entgelt für ihn von 500 Talern ihren Abschluss.

Mit seinen Bemühungen zur Verbesserung der Schachtförderung, also mit Arbeiten auf dem zweiten Versuchsgebiet gemäß Tabelle 1, hat Leibniz erst im September 1685 begonnen, d. h. mehrere Monate nach dem Scheitern auf dem Gebiet der Wasserhaltung. Entsprechend dürfte er wohl auch seine Vorschläge hierzu erst entwickelt haben, nachdem er bereits mehrere Jahre Eindrücke und Erfahrungen im Harzbergbau hatte sammeln können. Das korrespondiert mit dem Sachverhalt, dass sich seine einschlägigen Vorstellungen als zukunftsträchtiger erwiesen haben als der Einsatz von Windmühlen für das Pumpen.

Aber auch bei der Schachtförderung ging es um Verbesserungen auf dem Gebiet des Energie. Durch einen Abbau der Bedarfsspitzen und die damit verbundene Vergleichmäßigung und Senkung des Energieverbrauchs sollte eine Verringerung des für den Fördervorgang bereitzustellenden Leistungsvermögens erreicht werden. Das betraf vor allem eine Einsparung von Pferden in den Pferdegöpeln. Nach dem Abbruch der ersten Versuche hierzu im Jahre 1686 wurden die Bemühungen 1692 bis 1695 noch einmal wiederholt, da der Erfinder die Priorität seiner Pläne gegenüber gleichartigen Vorschlägen von zwei Münzbeamten wahren wollte. Aber auch diese Versuche blieben ohne Erfolg. Im Einzelnen hat sich Leibniz im Laufe der Zeit mit mehreren Ansätzen befasst, von denen die drei in der Tabelle 3 genannten nachstehend erörtert werden. (Vgl. Anmerkung 7 betreffend die im Weiteren nicht behandelte „Neue Treibkunst".)

Tabelle 3: Erörterte Erfindungen von Leibniz zur Verbesserung der Schachtförderung im Harzbergbau; Versuche 1685–1686 und 1692–1695

1. Unterseil (bzw. Unterkette)
2. Konische Seil (Ketten)-Trommel
3. Bobine (Wickeltrommel)

Mit seinem ersten diesbezüglichen Ansatz strebte Leibniz an, die große Last zu verringern, die beim Hochfördern der vollen Tonne zu heben war und die neben dem Erz in der Tonne ja auch aus dem Gewicht der ausgefahrenen Förderkette bestand. Er hat dazu die Erfindung des sogenannten Unterseils vorweggenommen, dessen Anwendung heute außer Frage steht. Die Bilder 17 und 18 zeigen das Modell und eine heutige Zeich-

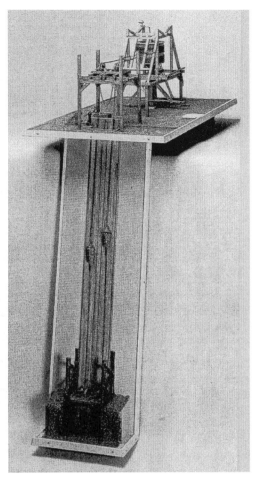

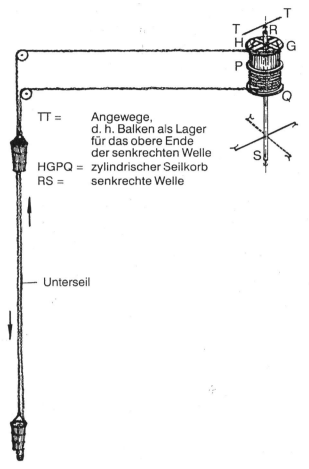

TT = Angewege,
d. h. Balken als Lager
für das obere Ende
der senkrechten Welle
HGPQ = zylindrischer Seilkorb
RS = senkrechte Welle

Unterseil

Abb. 17: Pferdegöpel für die Erzförderung mit Seil (bzw. Kette) ohne Ende (Unterseil) für den vollkommenen Gewichtsausgleich; Modellbauer K. Ludewig 1990, Foto R. Gottschalk (Quelle: Gottschalk 2000 in Popp und Stein 2000)

Abb. 18: Unterseil (bzw. Unterkette) oder auch „Seil ohne Ende" zum vollkommenen Gewichtsausgleich; Zeichnung J. Gottschalk nach Entwurf von Leibniz (Quelle: Gottschalk 2000 in Popp und Stein 2000)

nung zur Erklärung der bei diesen Versuchen verwendeten Einrichtung. Ihr Kennzeichen war es, dass beide Förderketten des Pferdegöpels – die die Trommel bewegenden Pferde sind nicht dargestellt – in ihrer Länge etwa verdoppelt wurden – über die Fördertonnen hinaus –, sodass sie an der tiefsten Förderstelle miteinander verbunden werden konnten. Da sich somit beide Seiten der schweren Kette die Waage halten, reduziert sich die in die Höhe zu ziehende Last – sieht man von Reibungskräften ab – auf die Nutzlast, d. h. das Erz in der vollen Fördertonne. Entsprechend verringert sich der maximal erforderliche Energieaufwand. Die mit dieser an sich sehr sinnreichen und heute selbstverständlichen Einrichtung angestellten Versuche scheiterten vor allem aus zwei Gründen. Erstens waren im Gegensatz zu heute die Schächte damals in aller Regel nicht exakt senkrecht (bergmännische: seiger), sondern geneigt (bergmännisch: tonnlägig) und außerdem häufig geknickt, da sie dem unregelmäßigen Einfallen der Gänge folgten. Und zweitens waren die heute benutzten Stahlseile noch unbekannt und Hanfseile zumeist zu schwach, sodass Ketten verwendet wurden. Die nicht so stark gespannten Unterketten der Versuchsanlage, die nicht drallfrei waren, verwickelten sich aber und hakten daher vielfach in dem tonnlägigen, geknickten und engen Versuchsschacht fest, was zu laufenden Störungen führte.

Leibniz ging daher in seinem zweiten Ansatz und Versuch dazu über, statt einen direkten Gewichtsausgleich anzustreben, das beim Fördervorgang an der Göpelwelle auftretende und von den – auch auf den Bildern 19 und 20 nicht dargestellten – Pferden zu bewältigende Drehmoment zu vergleichmäßigen, d. h. das Produkt von Last mal Trommelradius – sprich Last mal Lastarm bzw. Hebelarm. Diese Vergleichmäßigung geschah durch die Verwendung konischer Seiltrommeln mit spiralig umlaufenden Rillen für die Führung der Förderketten: Je

Abb. 19: Konische Spiralseiltrommel für die Erzförderung ohne Unterseil; Modellbauer K. Ludewig, 1990, Foto R. Gottschalk
(Quelle: Gottschalk 2000 in Popp und Stein 2000)

länger und damit je schwerer die ausgefahrenen Ketten, desto kleiner der zugehörige Trommelradius und damit der Hebelarm, der neben dem Gewicht das aufzubringende Drehmoment bestimmt. Entsprechend weniger verändert sich durch diese Gegenläufigkeit beim Fördervorgang – und bei gleichbleibender Umlaufgeschwindigkeit der Pferde – auch die von diesen aufzubringende Leistung. Wohl verändern sich die Fördergeschwindigkeiten. Wir alle nutzen vergleichbare Übersetzungsvorgänge durch Gangschaltungen beim Bergauffahren mit Autos oder Fahrrädern. Das erstrebte Ziel einer Energieeinsparung und damit Leistungssteigerung bei der Schachtförderung wurde jedoch angeblich auch mit dieser Einrichtung nicht erreicht; immerhin ist sie aber die einzige, die nicht abgebrochen, sondern über die Zeit der Versuche hinaus bis zum Ende der Lebensdauer der konischen Trommel Ende 1696 weiter verwendet worden ist.

Die Abb. 21 und 22 zeigen den dritten Ansatz von Leibniz. Auch hier ist die Zeichnung der Abb. 22 nach Skizzen von Leibniz angefertigt worden. Es ist allerdings bisher nicht bekannt, ob auch mit dieser Einrichtung Versuche unternommen oder nur geplant worden sind. Die Anlage ist eine sogenannte Bobine, d. h. eine Wickeltrommel. Diese Bergwerksmaschine wird heute für Spezialfälle eingesetzt, bei denen kein Unterseil verwendet werden kann, wie dies wegen wachsender Förderlängen beim Abteufen, d. h. beim Herstellen von Schächten, der Fall ist. Gemäß den Darstellungen wickelt sich dabei die Kette – heute benutzt man dafür Flachseile – in einer schmal gehaltenen Führung auf der Trommel übereinander auf bzw. umgekehrt ab. Auch hierbei ändert sich somit beim Fördervorgang nicht nur die zu ziehende Gewichtslast,

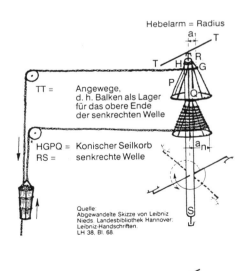

Abb. 20: Konische Seil(Ketten)-Trommel (konischer Korb); abgewandelte Leibniz-Skizze; Zeichnung J. Gottschalk (Quelle: Gottschalk 2000 in Popp und Stein 2000)

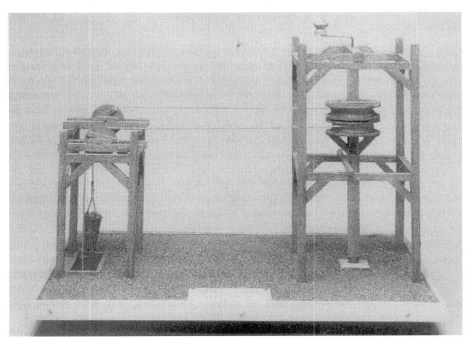

Abb. 21: Bobine (Wickeltrommel)
für die Erzförderung ohne Unterseil;
Modellbauer K. Ludewig, 1990,
Foto R. Gottschalk (Quelle: Gottschalk 2000 in Popp und Stein 2000)

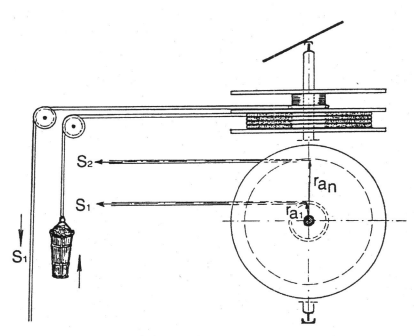

Abb. 22: Teilgewichtsausgleich bei Bobinen,
$S1 \times r_{a1} = S2 \times r_{an}$;
Zeichnung J. Gottschalk (Quelle: Gottschalk
2000 in Popp und Stein 2000)

sondern – in der Größe gegenläufig – auch der Aufwickelradius. Damit tritt also ebenfalls eine Vergleichmäßigung des aufzubringenden Drehmoments ein.

Alle vorgestellten Ansätze zur Verbesserung der Schachtfördertechnik sind, soweit bekannt, von Leibniz erstmals vorgeschlagen worden. Sie sind also daher auch als seine Erfindungen anzusehen, obwohl sie in der Bergbautechnik wegen des Misserfolgs der Versuche nicht in allgemeiner Erinnerung geblieben sind und daher später nochmal neu erfunden wurden.

6. ZU DEN GRÜNDEN FÜR DAS SCHEITERN DER VERSUCHE

Die Gründe für das Versagen von Leibniz bei seinen Bemühungen um den Harzbergbau waren zweifellos mannigfaltig und zudem komplex miteinander verknüpft. Analysiert man die Aussagen hierüber in den Protokollen der Bergbehörde und in den Schriftsätzen von Leibniz sowie die darauf aufbauenden Urteile in der Sekundärliteratur, so kann man als erstes Ergebnis einer solchen Analyse zwischen Fakten einerseits und Vermutungen andererseits unterscheiden.

Fakten sind jedenfalls die Meldungen der Versuchsergebnisse und damit offensichtlich auch die eingetretenen Brüche des verwendeten Holzes, die übrigen Betriebsstörungen und die in Summe unzureichenden Leistungen. Gleichfalls ist eine mangelhafte Anpassung der Versuchseinrichtungen an die speziellen bergbaulichen Gegebenheiten in den Schächten als Faktum zu nennen. Zu den unbestreitbaren Tatsachen zählt ferner fraglos auch das schlechte Verhältnis von Leibniz zu den meisten der für seine Versuche mitverantwortlichen Personen der Bergbehörde. Im Zuge der dokumentierten umfangreichen Auseinandersetzungen über Zweck und Ansatz seiner Versuche hat Leibniz ihnen „Rückständigkeit, Pflichtvergessenheit und Vetternwirtschaft" vorgeworfen und sie bezeichneten ihn als einen „gefehrlich Mann mit welchen übel zu tractiren" (Gottschalk 1982, S. 55).

Die Vermutungen andererseits reichen von der Annahme eines prinzipiellen Unvermögens des Auftragnehmers Leibniz im Hinblick auf seine Vorstellungen und vor allem auf deren Umsetzbarkeit in die Bergbaupraxis bis zur bewussten Sabotage der Versuche durch Angehörige der Bergbehörde und der Bergwerke. Letzteres bezieht sich z. B. auf die Lieferung von ungeeignetem Bauholz oder auf die mangelhafte Beseitigung von Störungen. Ein eindeutiges Urteil hierüber wird sich meines Erachtens heute, d. h. mehr als 300 Jahre später, kaum noch gewinnen lassen.

Das Scheitern der Versuche wird aber vielleicht verständlicher, wenn man die Analyse etwas weitertreibt und sich die Versuchsbedingungen vergegenwärtigt. Zu diesem Zweck sind diese in der Tabelle 4 in acht vom Verfasser als wichtig erachtete Punkte gegliedert. Im Einzelnen sind diese Versuchsbedingungen teils unabdingbarer Art, teils waren sie aber auch durch Zufallskonstellationen bestimmt, wie das oft im Leben der Fall ist. Nach der Einschätzung des Verfassers, nicht nur als langjähriger Bergbauprofessor sondern auch aufgrund seiner in der Praxis gewonnen Erfahrungen als Ingenieur und Direktor eines großen Bergwerks in Deutschland, sind Leibniz` Versuchsbedingungen als ungünstig zu bezeichnen, jedenfalls im Saldo. Tatsächlich findet sich daher auch in einer über hundert Jahre alten Veröffentlichung eines sorgfältigen Referenten der Versuche, eines Professors der Bergakademie Clausthal, die Aussage, dass man sich in Fachkreisen seit jeher darüber gewundert habe, „wie ein Mann von dem ausgebreiteten Wissen und dem scharfen Verstande eines Leibniz so viel Arbeit auf ein Unternehmen verwenden konnte, welches, wie ihm jeder halbwegs Sachverständige voraussagen musste, unmöglich zu einem guten Ende zu führen war" (Gerland 1898, S. 225). Und es ist daher sogar verwunderlich – aber wohl auch bewundernswert –, dass Leibniz in seiner Hartnäckigkeit und in einem offensichtlich unerschütterlichen Selbstvertrauen diese Versuche so viele Jahre überhaupt durchgehalten hat.

Tabelle 4: Versuchsbedingungen bei den Bemühungen von Leibniz um Verbesserungen der Bergbautechnik im Harz

1. Zwei Herzöge als Auftraggeber
2. Leibniz als Auftragnehmer
3. Bergbau als Arbeitsplatz
4. Bergbehörde als Auftragspartner
5. Mitarbeiter, darunter einfache Bergleute
6. Bergwerk Catharina als Versuchsbetrieb
7. Harzklima als Arbeitsbedingung
8. Stand der Technik als Arbeitsbedingung

Die erste der zu besprechenden Versuchbedingungen ist durch die Personen der Auftragsgeber und durch deren Wechsel gegeben. Mit dem Tod seines ersten Herzogs Johann Friedrich am 28.12.1679 verlor Leibniz seinen Mäzen, Gönner und Förderer. Von ihm heißt es, dass er ein lebhaftes Interesse an Erfindungen und technischen Dingen besaß. Er hatte Leibniz nach Hannover geholt, sehr viel Interesse seinen Vorschlägen entgegengebracht und ihm den Auftrag zu den Versuchen im Harz erteilt. Bei seinem Nachfolger Ernst August war Leibniz dagegen nicht mehr der Liebling, sondern nur einer unter vielen Hofbediensteten. Dem neuen Herzog war ausschließlich an greifbarem Nutzen gelegen und an der Steigerung von Macht und Glanz seines Hauses. Entsprechend nahm er auch eine neutrale Stellung bei den Auseinandersetzungen von Leibniz mit der Bergbehörde ein, sodass sich nach dem Wechsel der Herzöge die diesbezüglichen Bedingungen für Leibniz zusehends verschlechterten. Andererseits hat der Herzog aber fraglos Leibniz lange Zeit im Harz gewähren lassen, möglicherweise bereits infolge der Einflussnahme seiner Gattin Sophie, einer späteren großen Gönnerin von Leibniz.

Der Auftragsnehmer Gottfried Wilhelm Leibniz besaß im Hinblick auf technische Fragen mit 31 Jahren erst relativ wenig Lebenserfahrung, als er bereits im Jänner 1677, d. h. kurz nach seinem Dienstantritt in Hannover, seinem Herzog Erfindungen ankündigte, mit deren Hilfe Wasser aus Bergwerken besser gehoben werden könnte. Mit dem Bergfach verbanden ihn zu dieser Zeit nur seine generellen Kenntnisse von dessen Bedeutung und seine Herkunft, aber jedenfalls keinerlei praktische Erlebnisse. Er war promovierter Jurist und Philosoph und hatte außerdem Mathematik studiert. Und auch seine bisherigen Tätigkeiten entsprachen im Wesentlichen dieser Ausbildung. Möglicherweise haben ihn aber seine Anfangserfolge mit der von ihm entwickelten Rechenmaschine, wegen der er bereits 1673 Mitglied der Royal Society in London geworden war, dazu ermuntert, auch für den Bergbau Erfindungen vorzulegen. Allerdings waren auch bei der Entwicklung und der Verwendung bzw. Vorstellung der Rechenmaschine gleichfalls schon Probleme infolge von Diskrepanzen zwischen Idee und technischer Umsetzung entstanden (Zemanek 2004). Offensichtlich lagen die erfinderischen Fähigkeiten von Leibniz vor allem in grundsätzlichen Überlegungen und weniger in den oft entscheidenden Details. Das zeigen nicht zuletzt seine zumeist sehr flüchtigen Konstruktionszeichnungen. Und von sich selbst hat er in diesem Zusammenhang geschrieben: „Ich bin so veranlagt, dass ich meistens zufrieden bin, wenn ich aufgrund der Entdeckung allgemeiner Verfahren sehe, dass ich eine Sache im Griff habe. Das andere überlasse ich gern anderen". (Zitiert nach Heinekamp 1986, S. 25).

Des Weiteren besaß Leibniz, als er mit seiner Tätigkeit im Harz begann, auch keinerlei Erfahrungen im Umgang mit einem größeren Kreis von Mitarbeitern einschließlich von deren Auswahl, seien sie persönliche Hilfskräfte, Bergbeamte, Handwerker oder einfache Bergleute. Und wahrscheinlich hatte er dazu auch wenig Begabung. Von sich selbst schrieb er als 30-Jähriger, dass er leicht in Hitze gerate, sein Zorn aufbrausend sei, aber auch schnell vorübergehe (Müller u. Kronert 1969, S. 2). Auch kritische Urteile über seine generelle Befähigung als Staatsbeamter mögen in unserem Zusammenhang von Interesse sein; so werden u. a. „seine Unstetheit, seine Unfähigkeit zu dienstlicher Regelmäßigkeit und Ordnung" beklagt (Ohnsorge 1966, S. 191). In der gleichen Quelle (S. 192) findet sich auch der Hinweis auf sein „unstillbares Verlangen, Geld zu machen."

Auf jeden Fall war auch das große Genie Leibniz nur ein Mensch mit seinen Schwächen, darunter im konkreten Fall wahrscheinlich auch mit solchen, die in ihrer Kombination mit anderen Faktoren für das Scheitern im Harz mitbestimmend gewesen sein dürften.

Die Abb. 23 zeigt ein Panorama des Harzbergbaus aus dem frühen 17. Jahrhundert. Die mit diesem Arbeitsplatz verbundenen Versuchsbedingungen waren nicht nur völlig anders als die bei den bisherigen Tätigkeiten von Leibniz, sondern auch generell sehr spezifisch. Der Erzbergbau der Barockzeit fand nahezu ausschließlich noch untertage statt und damit im wörtlichen Sinne des Wortes weitgehend getrennt vom übrigen Geschehen. Und er war aus manchen Gründen damals noch weitaus mehr eine eigene Welt, als es auch heute noch bei dieser Art des Eingriffs in die Natur der Fall ist. Von dieser dunklen, damals noch nicht von elektrischem Licht beleuchteten und schon daher mit besonderen Gefahren verbundenen Welt sind die Menschen, mit denen Leibniz es bei seinen Versuchen zu tun hatte, maßgeblich geprägt worden. Statt weiterer eigener Darlegungen dazu möge ein Text des 18. Jahrhunderts sprechen: „Schon in den ältesten Zeiten wurde der Bergbau von geschlossenen Gesellschaften betrieben, die sich durch eine eigentümliche Kunstsprache und Kleidung von den übrigen Menschen auszeichneten. Die mancherlei Gefahren, welche dieses Gewerbe begleiten, waren ohnstreitig der erste Grund, welche eine nähere Verbindung unter den Bergleuten notwendig machte. Denn wem sind alle die Zufälle unbekannt, welche in diesem Stande mehr Witwen und Waisen schaffen, als in irgendeinem anderen, wenn man den Soldatenstand ausnimmt" (N.N. 1789, S. 897). In eine solche „geschlossene Gesellschaft" Eingang zu finden und damit auch in deren Arbeitswelt, wäre für jeden von außen Kommenden schwierig gewesen.

Abb. 23: Panorama des Oberharzer Erzbergbaus, 1606 (Quelle: Slotta und Bartels 1990)

Mit der Bergbehörde als <u>Auftragspartner</u>, die ihn unterstützen sollte, traf Leibniz daher auch auf eine nach außen festgefügte und auf ihre Leistungen stolze soziale Gruppe, die den zu dieser Zeit noch nicht allgemein berühmten und noch relativ jungen Außenseiter, der ihnen etwas beibringen wollte, mit Sicherheit und wohl auch durchaus verständlicherweise erst einmal kritisch unter die Lupe nahm. Nach der Einschätzung und Erfahrung des Verfassers dürften bei der sodann entstandenen wenig freundlichen Einstellung der meisten Bergbeamten den Versuchen und der Person von Leibniz gegenüber sehr wahrscheinlich und zusätzlich zu den sachlichen Differenzen die vier im Folgenden genannten sozio-kulturellen bzw. psychologischen Umstände eine Rolle gespielt haben.

Zum Ersten ist der Zufall von Bedeutung, dass die vom Herzog geförderten Vorstellungen von Leibniz mehr oder weniger gleichzeitig auch von Angehörigen der Bergbehörde bereits erdacht worden waren und teilweise sogar versucht wurden und dass hieraus – und dies wohl gleichfalls begreiflich – auch eine gewisse Eifersucht erwuchs. Zum Zweiten war es die Scheu von Leibniz, sich nach untertage zu begeben. Er hat dies mehrfach und wohl in Kenntnis der psychologischen Sachlage damit entschuldigt, dass er dort nichts ausrichten könne (Horst und Gottschalk 1973, S. 36). Aber mit diesem Verhalten blieb er für die Bergleute eben ein Außenseiter.

Zum Dritten werden es die bereits genannten finanziellen Bestimmungen des die Versuche regelnden Vertrages gewesen sein, die Leibniz als Beauftragter der Herzöge und sicher mit Hilfe von deren Einflussnahmen hatte erreichen können. Danach oblag es – wie bereits gesagt – den Gewerken als Eigentümern der Bergwerke, ein Drittel der Versuchskosten zu begleichen, und im Falle eines Erfolges der Versuche über die Dauer eines Jahres an Leibniz lebenslang die hohe jährliche Rente von 1200 Reichstalern zu zahlen. Dabei spielt eine Rolle, dass von diesen Verpflichtungen auch leitende Bergbeamte betroffen waren. Aufgrund einer systematischen Politik ihrer Fürsten waren nämlich viele Angehörige der Bergbehörde im Harz gleichzeitig Gewerken; damit sollte ihr Interesse an einem wirtschaftlichen Betrieb der Gruben zusätzlich gesichert werden. Diese Beamten fürchteten also sehr wahrscheinlich bei einem knappen Ausgang der Versuche Geld zu verlieren. Außerdem dürfte für ihr Verhalten nach allgemeiner Erfahrung zumindest teilweise auch ein gewisser Neid im Spiel gewesen sein. Die hohe Belohnung, die Leibniz zugesagt worden war, hat die Bergbehörde jedenfalls mehrfach moniert.

Zum Vierten ist schließlich auf einen Umstand genereller Art zu verweisen, der bis in unsere Tage vielfach das leitende Personal von Bergwerken kennzeichnet. Dies ist die Unterteilung in mehr reformfreudige und in mehr dem Herkömmlichen verhaftete Personen, die sich im betrieblichen Geschehen oft gegenüberstehen. Zu den technisch mehr konservativen Personen gehören dabei vornehmlich diejenigen, die sich unter schweren Bedingungen haben hocharbeiten müssen und die unter veränderten Umständen um ihre Position fürchten. Diese Gruppe bestimmt in der Regel das tägliche Betriebsgeschehen und ist zumindest teilweise maßgeblich dafür, dass dem Bergbau bis heute gelegentlich vorgeworfen wird, er sei technisch zu konservativ. Wer von diesen beiden Gruppen sich in konkreten Fällen von Neuerungsvorschlägen durchzusetzen vermag, hängt in einem ausschlaggebenden Maße von der – zufälligen – Persönlichkeitsstruktur der einbezogenen Personen ab und dabei selbstverständlich letztlich vom Wesen und der Einstellung der an der Spitze stehenden Persönlichkeit. Das war im vorliegenden Fall der amtierende Berghauptmann. In diesem Zusammenhang ist es jedenfalls eine Zufallskonstellation gewesen, dass die Leitung der Bergbehörde während der Versuche von Leibniz noch nicht in der Hand des sehr starken und gleichzeitig bekanntermaßen besonders wissenschafts- und fortschrittsfreundlichen Heinrich Albert von dem Busche lag, der erst im Oktober 1695 und damit nach Abschluss der Versuche von Leibniz Berghauptmann wurde und auf den wir noch zurück kommen werden. Entsprechend ungünstiger war die Situation für Leibniz in der Zeit seiner Bemühungen.

Unabhängig von den verschiedenen Imponderabilien ist das Verhältnis von Leibniz zu seinen Auftragspartnern vor allem aber auch und letztlich wohl sogar ausschlaggebend durch beträchtliche sachliche Meinungsverschiedenheiten bestimmt gewesen und durch das vergebliche Bemühen, diese auszuräumen. Folgt man nämlich den neueren Forschungen über den Bergbau im Harz (Bartels 1992), so hat es sich bei den maßgeblichen Personen der dortigen Bergbehörde in der Lebenszeit von Leibniz und damit wohl auch während seiner Versuche jedenfalls in der Mehrzahl um gute Fachleute gehandelt, die sowohl entscheidungsfreudig als auch kompromissfähig waren.[8] Aber Menschen mit ihren Schwächen waren natürlich auch sie.

Nach den verfügbaren Quellen waren die – eher zufällig ausgewählten – Mitarbeiter von Leibniz nur teilweise ausreichend qualifiziert und geschickt. Zudem dürften besondere Probleme daraus entstanden sein, dass sich unter ihnen auch einfache Bergleute befanden, z. B. zur Beseitigung von Störungen in den Schächten bei den Pumpversuchen oder bei den Versuchen mit der endlosen Kette. Vielfach erfordert es nämlich ein besonderes Führungsgeschick, diese Gruppe von Personen bei technischen Neuerungen positiv zu motivieren. Die Leute befürchten sehr oft Einbußen an Lohn oder den Verlust von Arbeitsplätzen bei einem Erfolg der Neuerungen oder auch eine Beeinträchtigung der besonderen Selbständigkeit, welche Arbeitsplätze im Untertagebergbau bis heute kennzeichnet. Tatsächlich wird daher auch in den ersten bereits aus dem 18. Jahrhundert stammenden Berichten über die Versuche von Leibniz (Calvör 1763, S. 109; von Trebra 1789/90, S. 308/9) von einer Abwehrhaltung der Bergleute und sogar von Behinderungen berichtet. Dies ist umso mehr verständlich, als der Harzbergbau zur Lebenszeit von Leibniz keineswegs frei von sozial bedingten Arbeitskämpfen war, bei denen es um Löhne, Arbeitszeit und Arbeitsplätze ging (Bartels 1992, S. 224 ff). Eine solche Sachlage ist jedenfalls keine gute Versuchsbedingung für technische Neuerungen.

Eine ungünstige Versuchbedingung lag zweifellos auch mit der für die Pumpversuche benutzten Grube Catharina vor. Sie hatte – bereits in der Regierungszeit des neuen Herzogs, aber noch vor Beginn der Versuche – die vorher ausgewählte Grube Dorothea abgelöst, weil diese – angeblich unerwartet – mit einem Erbstollen, dem 19-Lachter-Stollen, zum Wasserabfluss durchschlägig geworden war und daher keine Pumparbeit mehr benötigte. Die Grube Catharina war mit rund 180 Meter Teufe nicht nur wesentlich tiefer, sondern mit einem besonders engen und geknickten Schacht auch ungünstiger für die Unterbringung und den Betrieb der zusätzlich erforderlichen Pumpgestänge. Und auch die Windlage war bei diesem Bergwerk beträchtlich schlechter. Diese Entwicklung bei der Grubenwahl lässt daher zumindestens einige Fragen im Hinblick auf das Wirken der Bergbehörde offen. Aus eigener Erfahrung kennt der Verfasser jedenfalls das Bestreben von Führungskräften, die eine technische Neuerung verhindern wollen, für die entsprechenden Versuche möglichst schwierige Bedingungen vorzusehen. Angesichts der bei Neuerungen nahezu stets zu erwartenden sog. „Kinderkrankheiten" ist aber tatsächlich, wenn man Erfolg haben will, das Gegenteil der beste Weg.

Eine relativ ungünstige Versuchsbedingung war sicher auch mit dem eigenwilligen Klima des Harzes verbunden. Tatsächlich ist der Bau und Betrieb der Leibnizschen Windmühlen mindesten zweimal durch einen langen und schneereichen Winter sehr behindert bzw. unterbrochen worden. Vor allem aber weist der Harz – im Gegensatz zu den Niederlanden mit ihren vielen Windmühlen, die Leibniz von einer Reise kannte, – sehr

---

[8] Zum Beispiel findet sich in einem Plädoyer von Bartels für die Kompetenz der Bergbehörde in ihrer Auseinandersetzung mit Leibniz die folgende Aussage (Bartels 1992, S. 93): „Die Ereignisse um Leibniz' Engagement im Oberharzer Montanwesen verdeutlichen, dass man dort mit seinen Kenntnissen durchaus mitzuhalten vermochte. Es ist keineswegs so, dass der Mathematiker Leibniz den Technikern des Bergbaus Unterricht in wissenschaftlicher Methodik erteilte. Es ist vielmehr umgekehrt so gewesen, dass diese von Anfang an seinen (und auch Hartzingks) Plänen zum Teil höchst skeptisch gegenübertraten und die Nutzung der Wasserkraft favorisierten. Und sie behielten mit ihrer Argumentation recht."

ungleichmäßige und damit für den laufenden Betrieb auch sehr ungünstige Windverhältnisse auf. Dies gilt sowohl im Hinblick auf Stärke und Richtung des Windes als auch auf die Häufigkeit von deren Wechsel. Und diese speziellen Bedingungen und ihre Konsequenzen für den Betrieb von Windmühlen waren noch keineswegs erforscht und sind auch von Leibniz offenbar nur geringfügig zum Gegenstand von Untersuchungen gemacht worden. Berichtet wird lediglich über zeitweise Wetteraufzeichnungen allgemeiner Art (Regen, Sonne, Temperaturen, Wind) im Jahre 1678, die wahrscheinlich mit der langen, bis zu diesem Jahr anhaltenden Trockenperiode (1666-1678) zusammenhingen (Gottschalk, schriftl. Mitt.) sowie über einige generelle Windbeobachtungen (Gottschalk 2000, S. 111).

In Verbindung damit stellte schließlich der Stand der Technik, insbesondere der Maschinentechnik der damaligen Zeit, fraglos eine wesentliche Versuchsbedingung dar, wenn man aus heutiger Sicht das Scheitern der Bemühungen von Leibniz beurteilen will. Das wichtigste Baumaterial bildete generell noch, wie auch im vorliegenden Fall, das Bauholz und damit ein Material von wechselnder Güte. Die Verwendung von Kugellagern war praktisch noch unbekannt, sodass die Wirksamkeit der Maschinen beträchtlich von Reibungsverlusten mitbestimmt wurde. Insbesondere aber war die Berechnung von Maschinenteilen aufgrund von Belastung und Festigkeitsbedingungen damals noch ebenso wenig üblich wie einschlägige Detailkonstruktionen. Stattdessen wurden mehr oder weniger detaillierte Zeichnungen und teilweise auch Demonstrationsmodelle zur Veranschaulichung der vorgesehenen Wirkungsweise angefertigt, wie offensichtlich auch in den hier behandelten Fällen. Der Bau der Maschinen geschah sodann auf der Basis genereller Erfahrungen und nach dem Prinzip von Versuch und Irrtum. Er hing entsprechend auch maßgeblich von den jeweiligen Kenntnissen der Ausführenden und von der Sorgfalt bei der handwerklichen Fertigung ab. Zufälligkeiten, seien sie Konstellationen oder Ereignisse, konnten demnach hierbei einen beträchtlichen Einfluss ausüben.

Die Frage, welche der vorgestellten ungünstigen Versuchsbedingungen aber letztlich das Scheitern der Bemühungen von Leibniz im Harz verursacht haben und in welcher Verknüpfung bzw. Art und Weise dies geschehen ist, vermag allerdings auch die dargelegte Analyse dieser Bedingungen nicht zu beantworten. Wohl lässt sich jedoch zusätzlich und insgesamt gesehen sagen, dass Leibniz jedenfalls mit manchen seiner Ideen auf dem Gebiet der Bergbautechnik einfach seiner Zeit voraus war, da sie mit der Konstruktionsweise und dem Material dieser Zeit noch nicht verwirklicht werden konnten. Demgemäß heißt es auch in einer Literaturstelle der vergangenen Jahrzehnte: „Je mehr sein Nachlass ausgewertet wird, umso deutlicher treten seine genialen Gedanken auch auf diesem Gebiet hervor" (Horst und Gottschalk 1973, S. 55).

7. Über die Verdienste von Leibniz um Technik und Wissenschaften des Bergbaus

Ungeachtet des Scheiterns der Versuche im Harz ist es berechtigt, die Ausführungen mit einem Abschnitt über den großen Nutzen abzuschließen, der dem Bergbau aus den einschlägigen Bemühungen von Leibniz erwachsen ist. Dieser Nutzen und die entsprechenden Verdienste von Leibniz sind nach den Ermittlungen des Verfassers in seiner Sicht nicht nur indirekt gegeben, sondern durchaus auch direkt zu erkennen. Sie beziehen sich sowohl auf Fortschritte der Bergbautechnik als auch – und sehr bedeutsam – auf die Entwicklung der damit verbundenen Bergbauwissenschaften als Kerngebiet der Montanwissenschaften.

Zu der Feststellung dieser Zusammenhänge ist der Schreiber dieser Zeilen in drei Schritten gelangt. Zum Ersten fand er Hinweise einschlägiger Art bereits in Erörterungen, die frühere Autoren über das bergbauliche Wirken von Leibniz angestellt haben. Zum Zweiten hat der Verfasser seine Aussage sodann als eine zumindest gut fundierte Vermutung und damit jedenfalls als Hypothese aus drei Sachverhalten der Wissenschaftsgeschichte und der Montangeschichte des 17. und 18. Jahrhunderts gefolgert, die zweifelsfrei feststehen. Und zum Dritten ist er schließlich auf Geschehnisse und Zusammenhänge gestoßen, die seine Vermutung bestätigen und damit auch die Richtigkeit der getroffenen Aussage. Die vorgestellten drei Schritte mögen im Folgenden näher nachgezeichnet werden, da dies dem Verfasser auch als der beste Weg erscheint, die großen Verdienste von Leibniz um Technik und Wissenschaft des Bergbaus zu belegen.

Zu den Darlegungen früherer Autoren sei zunächst auf die positive Sicht der Versuche von Leibniz verwiesen, die sich bereits in zwei aus dem 18. Jahrhundert stammenden einschlägigen Berichten findet. In seinem umfassenden zweibändigen Buch aus dem Jahre 1763 über das Maschinenwesen im Harzbergbau – siehe das Deckblatt in Abb. 24 – hält der Clausthaler Pfarrer und Montanwissenschaftler Henning Calvör einen positiven Ausgang der Windmühlenversuche für möglich, wenn Leibniz einen „Kunstmeister", d. h. einen bei der Herstellung und dem Betrieb derartige Einrichtungen erfahrenen Mitarbeiter zur Seite gehabt hätte sowie zudem noch einen zuverlässigen „Kunststeiger" und „Windmüller" (Calvör 1763/1986, 1. Teil, S. 108). Und in dem zweiteiligen Aufsatz „Des Hofraths von Leibniz mißlungene Versuche an den Bergwerksmaschinen des Harzes", den der Harzer Vizeberghauptmann Heinrich von Trebra in den Jahren 1789 und 1790 veröffentlicht hat, heißt es einleitend: „Großen und vielfachen Nutzen bringt es, wenn man näher beleuchtet, was auch anerkannt große Genies liegen lassen mußten; welche Hindernisse denn eigentlich beym Ausführen, auch ihnen unübersteiglich waren". (von Trebra 1789, S. 305). In der Tat entspricht dieser Hinweis der allgemein gültigen Erkenntnis, wonach Erfahrung und darauf aufbauendes Wissen zu einem beträchtlichen Teil auch von Misserfolgen stammen kann. Und auch von Leibniz selbst ist in diesem Zusammenhang der Satz überliefert: „So haben selbst die Irrtümer ihren Nutzen" (Zitat bei Lommatzsch 1966, S. 9). Und der eben zitierte Text v. Trebras setzt sodann mit der folgenden wichtigen Aussage fort (S. 305/306), „Im gegenwärtigen Falle kommt noch dazu, daß Leibniz, doch mehr Theoretiker, eben darinne sein größtes Hinderniß fand, daß er mit den Praktikern beym Bergbau und ihren Vorstehern, schlechterdings zu keiner Harmonie kommen konnte. Wie nützlich es dahero dem Bergbau sey, Theoretiker und Praktiker zu Freunden zu verbinden, wird auch dieses schöne Beyspiel lehren". Das ist in der Tat eine Schlussfolgerung, die sich bis zum heutigen Tage immer wieder bewahrheitet.[9]

Ein weiterer früherer Hinweis auf die Bedeutung von Leibniz für den Bergbau und die Bergbauwissenschaften kann der bereits genannten „Kulturgeschichte des Bergbaus" (Wilsdorf 1987) entnommen werden. Zu den Versuchen von Leibniz im Harz wird darin ausgeführt (S. 223): „Wenn auch diese Projekte scheiterten, so muss eine kulturgeschichtliche Analyse seine Beiträge zur Theorie als Hilfen für die Praxis würdigen". Und kurz darauf (S. 224), im Anschluss an die in Abschnitt 3 zitierten Ausführungen über Leibniz als Sprachforscher, erörtert Wildorf „ideelle" Zusammenhänge, die zwischen dem Wirken von Leibniz und zwei bedeutsamen montanwissenschaftlichen Arbeiten des 18. Jahrhunderts – von E. F. Brückmann und J. Leupold, „zwei Riesenwerken", wie er schreibt – gesehen werden können.[10]

ACTA HISTORICO - CHRONO-
LOGICO - MECHANICA CIRCA ME-
TALLURGIAM IN HERCYNIA
SUPERIORI.
Oder
Historisch-chronologische Nachricht und theoretische und practische Beschreibung
des

Maschinenwesens,

und der

Hülfsmittel bey dem Bergbau

auf

dem Oberharze,

darin insbesondere gehandelt wird
von denen
Maschinen und Hülfsmitteln, wodurch der Bergbau befördert wird, als von dem Markscheiden, Schacht- und Grubenbau, von Bohren und Schießen,
von den
Maschinen und Vorrichtungen, das gewonnene Erz zu Tage zu bringen,
von den
Maschinen, wodurch das Erz zu Sand gestoßen wird,
oder
von Puchwerken und der Pucharbeit,
von den
Maschinen in der Hütte, aus den Erzen Silber, Bley, Glötte und Kupfer zu schmelzen, und von der gesammten Hütten-Arbeit nach einander,
von den
Münzmaschinen, das Silber fein zu brennen, und zu Geld zu vermünzen.
Ausgefertiget
von
Henning Calvör.
Erster Theil.

Braunschweig,
im Verlag der Fürstl. Waysenhaus-Buchhandlung, 1763.

Abb. 24: Deckblatt des Buches über das Maschinenwesen im Oberharzer Bergbau, Band I, von Henning Calvör 1763 (Quelle: Calvör, Nachdruck der Originalausgabe 1986, Privatbesitz, nicht im Buchhandel)

---

[9] Der Harzer Vizeberghauptmann Heinrich von Trebra, ein guter Freund Goethes, hat seinen Bericht in den mit „Bergbaukunde" bezeichneten Jahrbüchern 1789 und 1790 der „Societät der Bergbaukunde" publiziert, die von ihm 1786 in Skleno (Glashütten) bei Schemnitz (heute Banska Stiavnica in der Slowakei) mitgegründet worden war. Die Entstehung dieser Gesellschaft ist ein zusätzliches Kennzeichen für den Aufbruch der Bergbauwissenschaften im 18. Jahrhundert, welchen der weitere Text noch vorstellen wird. Der Initiator und Hauptgründer dieser montanistisch ausgerichteten Vereinigung von Wissenschaftlern und Industriellen war der berühmte österreichische Montanist Ignaz von Born. Die Societät umfasste 156 Mitglieder aus – nach heutiger politischer Ordnung – 21 Ländern zwischen Russland und Lateinamerika. Darunter befanden sich zahlreiche herausragende Persönlichkeiten aus Wissenschaft und Wirtschaft, wie z. B. Boulton, de Dietrich, Goethe – als Bergbauminister –, Gmelin, Ischierdo, Klaproth, Lavoisier und Watt. Die Societät der Bergbaukunde war die erste international organisierte wissenschaftliche Gesellschaft auf der Erde überhaupt, hat aber die französische Revolution nicht überlebt (Fettweis und Hamann 1996, Fettweis 1997).

[10] Bei Wilsdorf 1987, S. 224, heißt es: „Ideell steht Leibniz auch hinter zwei Riesenwerken: 1727 verzeichneten die ´Magnalia Dei in locis subterraneis´ des braunschweig-wolfenbüttelischen Hofrats E. F. Brückmann nicht nur ´mehr als 1.600 Bergorte´, sondern beförderten das Verständnis für das Montanwesen ´die großzügigen Gaben Gottes in der Teufe´, wie der Titel sagt. Das zweite Werk war zwölfbändig und blieb dennoch unvollendet; finanziert hat es die preußische Akademie der Wissenschaften! Der Tod nahm

Abb. 25: Die Akademie der
Wissenschaften und der schönen
Künste, Paris; Stich von Sébastien
LeClerc, 1698
(Quelle: Privatbesitz)

Im zweiten Schritt seiner Erhebungen zu den Verdiensten von Leibniz um Bergbautechnik und Bergbauwissenschaften ist der Verfasser sodann von den nachstehend umrissenen drei Sachverhalten gemäß unserer
heutigen Kenntnis und Sicht der Wissenschaftsgeschichte und der Montangeschichte ausgegangen.

Dies ist zum Ersten die beträchtliche Entwicklung der Wissenschaften im Allgemeinen, die in der Lebenszeit von Leibniz und im anschließenden 18. Jahrhundert stattgefunden hat. Diese Zeit des Barocks ist auch als
Periode einer „wissenschaftlichen Revolution" in Vorbereitung der „industriellen Revolution" des 19. Jahrhunderts bezeichnet worden. Als ein Kennzeichen für diese generelle Entwicklung möge das Bild 25 stehen.
Die Darstellung stammt aus dem Jahre 1698 und beschreibt das Wirken der französischen Akademie der Wissenschaften, die fraglos eine Spitzenstellung bei der angesprochenen Entwicklung eingenommen hat. Das Bild
lässt gut das wachsende Bestreben nach einer quantitativen Erfassung der Erscheinungen nach Maß, Zahl und
Gewicht erkennen sowie eine Technisierung der damit verbundenen Methodik, wie dies als Kennzeichen von
„Naturwissenschaften und Technik im Zeitalter des Barock" gilt (Schimank 1946).

Der zweite generelle Sachverhalt besagt, dass Leibniz in der Barockzeit fraglos der bedeutendste deutschsprachige Vertreter der wissenschaftlichen Fortschritte war. Seine mannigfachen und herausragenden Leistungen in vielen Bereichen haben sogar sehr maßgeblich zu dieser Entwicklung beigetragen. Das begann vor
allem in den Pariser Jahren von Leibniz 1672 bis 1676, also bevor er nach Hannover ging und als er sehr viele
Kontakte mit der französischen Akademie der Wissenschaften hatte. Deren Mitglied ist er sodann auch im
Jahre 1700 geworden, ebenso wie dies schon vorher, d. h. 1673 aufgrund der Erfindung seiner Rechenmaschine, bei der „Royal Society" in London geschehen war. All dies hat dazu geführt, dass Leibniz in den Ländern
deutscher Zunge schon im Verlaufe seines Wirkens und dann über viele Jahrzehnte nach seinem Tod fraglos
die größte Autoritätsperson auf wissenschaftlichem Gebiet gewesen ist. Daran haben auch die Misserfolge im
Harz nichts geändert und auch nicht die Angriffe von Newton auf ihn und die späteren von Voltaire auf seine
Philosophie. Beispielgebend ist insbesondere auch sein Wahlspruch „Theoria cum praxi", Theorie und Praxis,
geworden.

---

dem kursächsisch-königlich-polnischen Bergwerks-Kommissar Jacob Leupold vor dem Vollenden des ‚Theatrum machinarum'
die Feder aus der Hand. Die erste bibliographische Einführung in die Bergwerkswissenschaft hatte er 1726 noch vorlegen können,
seinen Plan für ein ‚gymnasium metallomechanicum' nicht mehr... Leupold, der das Theologiestudium aufgab, besaß eine mit dem
Leipziger Handwerk konkurrierende Instrumenten-Fabrique und war Mitglied der preussischen Akademie und der (über das Projekt kaum hinausgekommenen) sächsischen ´Societät der Wissenschaften´. Obwohl sein Werk Torso blieb, ist es die umfassendste
Darstellung der Maschinentechnik am Beginn des 18. Jahrhunderts – es bringt auch die englische ‚Feuermaschine' und zwar in
der von Potter auf dem Kontinent gebauten Art." – Beide vorstehend genannten wissenschaftlichen Gesellschaften, deren Mitglied
Leupold war, gehen auf Leibniz zurück, der in Berlin auch Präsident der dortigen Akademie geworden war.

Abb. 26: Deckblatt des Buches „Ausführliche Berg-Infor-
mation" von Abraham von Schönberg 1693 (Quelle: von
Schönberg 1703; auch im Nachdruck der Originalausgabe
1693)

* * *

Erklärung des Kupffer-Blats/

Durch

ein Doppeltes und zwar Zurückfallendes

Sonnet.

Je Metallen-Schwangre Veste/
Grund der Götter dieser Welt/
Deren Stärck der Leu vorstellt/
Uns/ die wir auff Ihr sind Gäste/
Stets versorget auff das Beste:
Dieser sind hier zugesellt
Die Huldinnen in dem Feld/
Und/ nechst GOTT/ das Allergröste/
Die Flugschnelle Wissenschafft/
Mit der Spigel gleichen Krafft/
Dem Triangel/ und Qvadrant/
Die Vollkommenheit zu weisen/
Welche sich nicht läst wegreisen/
Gleich der Kugel in der Hand:
Die dem Bergwerck ihre Hand-
Bieten/ und den Schlüssel weisen/
Ja gleichsam die Thür auffreisen/
Da Triangel/ und Qvadrant/
Wie auch des Gedächtnüs Krafft/
Uns sehr guten Nutzen schafft;
Bergwercks Wissenschafft die Gröste/
Und die beste Kunst im Feld/
Wenn Sie sich hat zugesellt
Die Huldinnen/ daß auffs beste/
Die Gewercken/ wie die Gäste
Man tractiret/ und sich stellt
Redlich in der Innern Welt
Mit der Silber-schwangern Veste.

Leser/ hier hastu davon
Rechte Information.

Abb. 27: Gedicht zur Erklärung des in Abb. 26 gezeigten Deckblattes (Quelle: von Schönberg 1703;
auch im Nachdruck der Originalausgabe 1987)

Und nun zum Dritten der angesprochenen historischen Sachverhalte. Er betrifft zusätzlich zur Wissenschaftsgeschichte die Montangeschichte: Im Zuge der vorgestellten allgemeinen wissenschaftlichen Entwicklung des 18. Jahrhunderts haben – wie noch näher zu erörtern sein wird – sowohl die Bergbautechnik als
auch die Bergbauwissenschaften beträchtliche Fortschritte gemacht. Dies gilt nicht nur je für sich betrachtet,
sondern vor allem auch in der Verknüpfung der beiden Gebiete. Als Kennzeichen für diesen Ablauf möge das
Bild 26 dienen. Darauf werden die links stehenden Bergleute in symbolischer Weise von den Wissenschaften
unterwiesen. Das Bild ist das Deckblatt eines umfangreichen Buches mit dem Titel „Ausführliche Berginformation", das der sehr bedeutende Bergbeamte Abraham von Schönberg (1640-1711) publiziert hat, der von
1676 bis 1711 als sächsischer Oberberghauptmann in Freiberg wirkte und auf den wir noch zurück kommen
werden. Zur Erklärung des Deckblattes folgt ihm – vor dem eigentlichen Buchtext – das im Bild 27 wiederge-
gebene Gedicht; – Barock auch in der Bergbauliteratur.

Da der Verfasser Bergingenieur (und nicht Historiker) ist, wird seine Sicht bei der Verknüpfung der vorstehend umrissenen drei Sachverhalte wahrscheinlich weitgehend durch die Denkweise seines ingenieurwis-
senschaftlichen Faches mitbestimmt sein. Nach seiner Meinung ist es jedenfalls naheliegend, einen Zusammenhang der Sachverhalte anzunehmen und auf dieser Basis die bereits genannte Vermutung wie folgt zu
formulieren: Die im dritten Sachverhalt angesprochenen Entwicklungen der Bergbautechnik und der Bergbauwissenschaften im 18. Jahrhundert sind maßgeblich dadurch gefördert worden, dass sich – gemäß den Sachverhalten eins und zwei – das Genie Leibniz als Repräsentant des wissenschaftlichen Fortschritts überhaupt
intensiv und jahrelang mit Bergbau befasst hat, ungeachtet der dabei von ihm erzielten Ergebnisse. Ganz
allgemein gilt ja, dass das Verhalten von Menschen in einem sehr großen Umfang durch das Beispiel von Au-
toritätspersonen bestimmt wird.

Abb. 28: Entwurf eines „Denkmals" für Berghauptmann Albert von dem Bussche, Skizze auf einem Aktenbündel über die Errichtung einer Unterstützungskasse für Fuhrknechte, Köhler und Waldarbeiter, um 1718, im Hauptstaatsarchiv des Landes Niedersachsen, Hannover (Quelle: Lommatzsch 1974)

Diese Vermutung konnte sodann im dritten Schritt der Erhebungen und Überlegungen nicht nur bekräftigt, sondern in der Sicht des Verfassers auch voll bestätigt werden: Es haben sich nämlich, wie im Folgenden dargelegt wird, sehr konkrete und unmittelbare Verbindungen zwischen der Persönlichkeit und dem bergbaubezogenem Wirken von Leibniz sowie den im 18. Jahrhundert stattgefundenen Entwicklungen von Technik und Wissenschaft des Bergbaus herausgestellt.

Besonders bedeutsame bergbautechnische Fortschritte fanden in der genannten Zeit im Harz statt im unmittelbaren Anschluss an die Bemühungen von Leibniz, aber unter veränderten Führungsbedingungen. Hierbei bezieht sich der Verfasser auf das umfassende Werk über den Harzbergbau „Vom frühneuzeitlichen Montangewerbe zur Bergbauindustrie – Erzbergbau im Oberharz 1635 bis 1866", das der Historiker am Deutschen Bergbaumuseum in Bochum Christoph Bartels 1992 als Ergebnis langjähriger Forschungen publiziert hat. Darin bezeichnet Bartels die Zeit von 1695 bis 1740, also die 45 Jahre nach dem Abbruch der Versuche von Leibniz, als die wichtigste Reformperiode in dem von ihm behandelten Wandel, die in einer beeindruckenden Weise von einer Aufbruchsstimmung auf dem Feld der Technologie geprägt war. Die einschlägigen Fortschritte betrafen außer organisatorischen und sozialen Fragen praktisch das ganze Gebiet der Bergbautechnik des Untertagebaus. Sie reichten von der Abbautechnik über die Wasserhaltung und die Wetterführung, d. h. die Belüftung, bis zur Schachtförderung und umschlossen damit die Fachgebiete, mit denen sich Leibniz befasst hat. Sie galten darüber hinaus dem Markscheidewesen, d. h. der Vermessung und dem Bergbaukartenwesen. Insgesamt gesehen hat der Harzbergbau in der betrachteten Zeit fraglos eine Führungsrolle bei der Entwicklung der Bergbautechnik in Europa gespielt; selbstverständlich sind seine technischen Neuerungen über kurz oder lang auch in den übrigen Revieren des europäischen Erzbergbaus zur Anwendung gelangt.

Als Initiator und als Motor dieser Reformen des Bergbaugeschehens wirkte der bedeutende Bergbeamte Heinrich Albert von dem Busche, Berghauptmann im Harz in den ersten 36 Jahren der Reformperiode, d. h. von 1695 bis 1731 (Bartels 1992, Hoffmann 1978). Bartels (S. 289) kennzeichnet ihn entsprechend als „geologisch und montanwirtschaftlich sehr sachkundig, technisch versiert (und) finanzpolitisch geschickt" und stellt ihn (S. 290) als einen „ungewöhnlich erfolgreichen Leiter der Bergbehörde und Bergbauunternehmer dar, der konsequent weitreichende Neuerungen und Entscheidungen durchsetzte und keinen Konflikt scheute". Als Sohn eines Hauptgewerken der Oberharzer Bergwerke war er 1689 nach einem Studium an der Universität Leipzig zunächst Bergamtsauditor, d. h. Beisitzer, und dann bereits 1692 im Alter von nur 27 Jahren Vizeberghauptmann von Clausthal geworden. Wie Leibniz blieb er lebenslang ohne Frau und Kinder. Ein Portrait von ihm konnte nicht ausfindig gemacht werden. Die Abb. 28 zeigt stattdessen den nach seinem Tode angefertigten Entwurf eines „Denkmals" für ihn, der sich in den Akten des Hauptstaatsarchivs Hannover befindet und der die Verehrung erkennen lässt, die ihm wegen seiner Leistungen für den Bergbau und damit für die Menschen im Harz entgegengebracht wurde.

Mit den Bemühungen von Leibniz um den Harzbergbau und deren Ansatz kannte sich von dem Busche bestens aus, da er in dessen zweiter Versuchsperiode Vizeberghauptmann von Clausthal war. Bemerkenswerterweise zeigt auch der umfangreiche Schriftverkehr, den Leibniz in dieser Zeit mit der Landesverwaltung, der Bergbehörde und Mitarbeitern über seine Versuche geführt hat, dass er zu Heinrich Albert von dem Busche offensichtlich ein spezielles Vertrauensverhältnis entwickelt hat. So schrieb er ihm z. B. am 2.4.1694 „ich seze in dero realität ein völliges Vertrauen", tauscht mit ihm freundliche Wünsche zum Jahreswechsel 1694/1695 aus und legt ihm und nicht dem Berghauptmann Otto Arthur von Ditfurdt mit einem Brief vom Jänner 1695, als er eigentlich mit der Schachtförderung befasst war, umfangreiche Verbesserungsvorschläge für die Wasserwirtschaft im Harz vor. Und auch die Briefe des Vizeberghauptmanns von dem Busche an Leibniz – z. T. auf Französisch – zeigen ein sehr gutes Einvernehmen zwischen den beiden (vgl. Leibniz 1991, S. 311, 310/311, 314, 318-322, 325). Zieht man dies und das spätere Wirken von dem Busches in Betracht, so ist es möglicherweise sogar ihm zuzuschreiben, dass Leibniz 1693 die Regierung und die Bergbehörde dazu bewegen konnte, die 1686 abgebrochenen Versuche zur Verbesserung der Schachtförderung trotz allem, was in der ersten Versuchszeit geschehen war, noch einmal aufzunehmen. Und entsprechend wäre er wohl auch – wie bereits gesagt – mit großer Wahrscheinlichkeit ein weitaus besserer Partner für Leibniz gewesen als seine Vorgänger. Berghauptmann und damit letztlich maßgeblich und verantwortlich für das Bergbaugeschehen im Harz ist der Vizeberghauptmann von dem Busche jedoch erst im Oktober des Jahres 1695 geworden und d. h. mehrere Monate nach dem endgültigen Abschluss der bergbautechnischen Versuche von Leibniz im Sommer dieses Jahres.

Das fortschrittliche Wirken von dem Busches als Berghauptmann ist dann aber jedenfalls eindeutig und maßgeblich durch das Beispiel von Leibniz mitbestimmt worden. Das zeigen die Ausführungen, die Bartels 1992 aufgrund seiner umfangreichen Recherchen in dem Unterabschnitt „Wissenschaftlich geprägte Technik" seines zitierten Buches zu den damaligen Bemühungen der Verantwortlichen um eine Verbesserung der Bergbautechnik macht. Bartels (S. 321) bezeichnet dabei von dem Busche nicht nur ausdrücklich „als den energischsten Förderer einer wissenschaftlichen Ausrichtung der Bergbautechnik", sondern schreibt auch bereits im zweiten Satz des genannten Abschnitts (S. 318): „Besonderer Bekanntheit und Beliebtheit erfreute sich das Beispiel von Leibniz, der jahrelang mit einer Reihe von Experimenten im Harzbergbau Verbesserungen einzuleiten versuchte...".

Folgt man den Darlegungen, in denen Bartels näher auf die technischen Fortschritte in der von ihm vorgestellten Reformperiode des Harzbergbaus eingeht, so hat das Erinnern an die Versuche von Leibniz wohl vor allem die Stellung theoretischer Überlegungen und Diskussionen bei den Bemühungen zur Verbesserung der Bergbautechnik verstärkt. Betroffen waren somit insbesondere die Entwicklung und Vorbereitung der Neuerungen, die auf der Basis intensiver wissenschaftlich geprägter Diskurse geschahen.

Ein herausragendes Beispiel dafür ist die in der Sicht des Verfassers dieser Zeilen bedeutendste damalige Neuerung. Sie betrifft das bergbautechnische Kerngebiet der Abbauverfahren, d. h. der Art und Weise, wie man den Inhalt der Lagerstättenkörper aus der Erdkruste extrahiert – vor allem im Hinblick auf die räumliche und zeitliche Abfolge bei der Entwicklung und dem Fortschreiten der Abbaufronten, aber auch hinsichtlich der Art der Hereingewinnung (Lösearbeit) hierbei – und wie man die dabei auftretenden Gefahren, insbesondere den Gebirgsdruck, beherrscht. Konkret handelt es sich um die erstmalige Einführung des sog. Firstenbaus an Stelle des Strossenbaus.[11] Mit dieser Umstellung bei seiner Abbautechnik hat der Harzbergbau eine Pionierleistung für den gesamten europäischen Gangerzbergbau erbracht, sowohl in sicherheitlicher als auch in wirtschaftlicher Hinsicht, und damit auch die weitere Entwicklung der Abbauverfahren maßgeblich bestimmt. Die Einführung des Firstenbaus geschah in den 20er Jahren des 18. Jahrhunderts nach jahrelangen und sorgfältigen, in Europa soweit bekannt erstmals im Harz geführten Diskussionen (Bartels 1992, S. 309 ff).

Von Interesse im gleichen Zusammenhang ist auch die gemäß Bartels (S. 308) in der betrachteten Zeit geführte eingehende Diskussion über eine weitere wichtige Neuerung, die allerdings dann erst später zur Ausführung kam, nämlich über die Herstellung von seigeren, d. h. senkrechten, statt tonnlägigen, also geneigten Schächten. Dabei wurden auch die Vorteile einer solchen Vorgangsweise für den Maschineneinbau und die Fördertechnik in den Schächten erörtert. Man darf davon ausgehen, dass hierbei nicht zuletzt auch die konkreten Erfahrungen bei den Versuchen von Leibniz bedacht worden sind.

---

[11] Strossenbau und Firstenbau sind – heute technisch überholte – Abbauverfahren für Gänge (vgl. Abschnitt 4 des Textes), d. h. für den Typ von Lagerstätten, der in der betrachteten Zeit nicht nur im Harz, sondern auch in den meisten anderen Metallerzrevieren Europas Grundlage des Bergbaus untertage war. Beim Strossenbau wird der Lagerstättenkörper in einer dem Tagebau in Etagen vergleichbaren Weise treppenförmig von oben nach unten abgebaut (vgl. Abb. 3, 8 u. 9). Der Firstenbau ist dazu das Gegenstück; der Abbau entwickelt sich in einer ähnlichen Gestaltung von unten nach oben. Dies geschieht zwischen zwei Strecken(Sohlen)–Niveaus, welche die Abbaubereiche abgrenzen und die ihrerseits von oben nach unten aufeinander folgen. Mit dem Firstenbau sind gegenüber dem Strossenbau beträchtliche bergbausicherheitliche Vorteile und – aus diesen und weiteren Gründen – auch wirtschaftliche Vorzüge verbunden. Der Versatz, d. h. das Taubmaterial, das zum Wiederverfüllen der geschaffenen Hohlräume dient, kann nämlich beim Firstenbau streifenweise und unmittelbar aufeinander liegend gleichfalls von unten nach oben eingebracht werden, statt mit Hilfe von Zimmerungen in untereinander liegenden Streifen von oben nach unten. Daher kann der Versatz, wenn Zimmerungen brechen, auch nicht in den darunter liegenden Abbauraum auslaufen und zu großräumigen Verbrüchen des durch ihn abzustützenden Nebengesteins der früheren Lagerstätte und zu dadurch bewirkten Unfällen führen.

Zusätzlich zu den damit aufgezeigten Zusammenhängen gibt es, wie wir schon in Abschnitt 3 festgestellt hatten, auch noch eine weitere und sogar unmittelbare Verbindung von Leibniz zu den vorgestellten Entwicklungen im Harzbergbau (Burose 1967). Sie verläuft über den Bergbaufachmann und Markscheider Bernhart Ripking, den der Berghauptmann von dem Busche 1715 zum Maschinendirektor des Harzbergbaus bestellte. Ripking stand schon vorher und dann bis zum Lebensende von Leibniz mit diesem in einem engen schriftlichen Gedankenaustausch hinsichtlich – wie es heißt – „naturwissenschaftlicher Fragen und technischer Probleme". Dies betraf u. a. die bereits genannten Barometermessungen. Ripking war im übrigen zwei Jahre lang in Schweden von dem dortigen Direktor des Bergmaschinenwesens Christopher Polhem ausgebildet worden, bei dessen Verpflichtung als Konsulent für die Harzer Bergbehörde es ausdrücklich hieß, dass er „sowohl Theoriam als Praxim verstehet" (Bartels 1992, S. 318). Diese Verbindung von Theorie und Praxis hat bekanntlich Leibniz als Leitgedanken seiner technischen Überlegungen immer wieder genannt. Und in der Tat war Polhem, der „Archimedes des Nordens", wie er zeitgenössisch hieß, als ein führender Ingenieur seinerzeit auch ein herausragender Vertreter dieses Prinzips (vgl. z. B. Bartels 1992, S. 93 u. 318).

Ergänzend möge darauf hingewiesen werden, dass auch in späteren Jahrzehnten und bis in unsere Tage das Wirken von Leibniz im Harz präsent geblieben ist. So findet sich z. B. in einem umfangreichen Panorama des Harzer Montanwesens aus der Mitte des 18. Jahrhunderts mit Darstellungen angefangen vom Aufsuchen von Lagerstätten bis zum Münzprägen auch unter der Nr. 27 die Abbildung einer Windmühle mit einem Hinweis auf Leibniz (Homanns Erben, um 1750). Zwar ist sowohl die Zeichnung der Windmühle falsch als auch die zugehörige Beschreibung: „die Leibnizn Horizontal Mühle, mit dem Wind die Ertze auss der Grube zufordern", aber jedenfalls ist der Name von Leibniz der Einzige, der auf diesem Bild aufscheint. – Und ein einschlägiges Beispiel aus unserer Zeit, nämlich aus dem Jahre 1966, bildet eine Schrift des Harzer Lokalhistorikers Lommatzsch mit dem Titel „Von Leibniz bis Römer". Sie hat den Untertitel „Skizzen und Bilder aus der Geschichte von Wissenschaft und Technik, Forschung und Lehre im Oberharzer Erzbergbau und in der Hochschulstadt Clausthal-Zellerfeld" und behandelt gemäß ihrem Vorwort das Leben von Forschern und Lehrern, „welche die spätere Bergakademie und Bergschule schon im 17. und im 18. Jahrhundert vorbereiten halfen."

Die damit – allerdings nur im Hinblick auf Clausthal-Zellerfeld – angesprochene Entwicklung der Bergbauwissenschaften war im 18. Jahrhundert eher noch bedeutsamer als die der Bergbautechnik. Diese Wissenschaften und damit die Montanwissenschaften sind in der betrachteten Zeit zu einer akademischen Disziplin an Hochschulen in ganz Europa geworden, und zwar als erste der heutigen Wissenschaften technischer Richtung. Als Auftakt dieses Prozesses gilt in der einschlägigen Literatur die Einführung einer sog. Stipendienkasse im Jahre 1702 in Sachsen (Baumgärtl 1965), wie auch eine im Juni 2002 dazu in Freiberg i. Sa. veranstaltete Jubiläumstagung bestätigt hat.[12] Mit der Einrichtung dieser Kasse wird erstmalig in einem Bergbauland die bislang privat und ungeregelt ablaufende bergbauspezifische Ausbildung der Bergbeamten – mit nur gelegentlichen staatlichen Stipendien – als wesentliche Staatsaufgabe erkannt und mit einem festen jährlichen Budget in den Staatshaushalt aufgenommen. Der Maßnahme in Sachsen folgten etwas später auch solche in der Habsburgermonarchie. Die Staatskassen gewährten hiernach systematisch den Ausbildungswerbern ein sog. Stipendium, vor allem damit diese ihre Ausbilder bezahlen konnten. Die Ausbildung war anfangs ausschließlich eine nebenamtliche Tätigkeit erfahrener Bergbeamter. Ihnen wurden dann jedoch zunehmend auch hauptamtliche Ausbilder zugesellt.

Die Entfaltung der Bergbauwissenschaften zu einer vom Staat finanzierten Disziplin setzt also bereits zu Beginn des 18. Jahrhunderts und damit in der Lebenszeit von Leibniz ein. Den wesentlichen weiteren Schritt bildete in der Mitte des Jahrhunderts die Errichtung einer Professur für die – wie es hieß – „gesamten Bergwerkswissenschaften" an der Universität Prag im Jahre 1762 durch Maria Theresia. Und ihren Abschluss fand die Entwicklung durch die Gründung von mindestens zehn Bergakademien oder ähnlichen Institutionen nach dem Vorbild der Universitäten in ganz Europa zwischen Almaden (später nach Madrid verlegt) und St. Petersburg in der zweiten Hälfte des 18. Jahrhunderts, mit Schemnitz 1763 bzw. 1770 sowie Freiberg in Sach-

---

[12] Das Jubiläum fand im Rahmen des traditionellen Agricola-Kolloquiums der Technischen Universität Bergakademie Freiberg am 21. Juni 2002 in Freiberg statt. In der Einladung dazu heißt es: „Im Jahr 2002 jährt sich zum 300. Mal der Gründungstag der bergmännischen Stipendienkasse in Freiberg, der Vorläuferinstitution der TU Bergakademie Freiberg." Das einschlägige Programm umfasste mehrere Vorträge, darunter „Gründungsintention und Wirksamkeit der Stipendienkasse" von Rainer Sennewald, Freiberg. Die Vorträge dürften in absehbarer Zeit in der Reihe D der „Freiberger Forschungshefte" veröffentlicht werden.

sen 1765 an der Spitze, mit einem ersten Ansatz 1776 auch die Bergakademie Clausthal. Heute bilden diese bergakademischen Institutionen und das, was im weiteren Verlauf daraus geworden bzw. noch hinzugekommen ist, einschließlich der Montanuniversität Leoben, eine von drei Traditionslinien des europäischen Hochschulwesens neben den jüngeren Technischen Hochschulen und den älteren klassischen Universitäten (Fettweis 2003, S. 1).

Auch bei dieser Entwicklung besteht eine Verbindung zu Leibniz, die gleichfalls über einen herausragenden Bergbeamten verläuft. Es ist dies der bereits genannte Oberberghauptmann von Sachsen Abraham von Schönberg, der sich – für ihn typisch – gemäß Abb. 29 mit einer Grubenkarte hat portraitieren lassen. Diesem bedeutenden Bergmann wird nicht nur das Verdienst zugeschrieben, den erzgebirgischen Bergbau nach den länger sich auswirkenden Zerstörungen infolge des 30-jährigen Krieges wiederbelebt zu haben, sondern er gilt nahezu gleichwertig damit auch als ein maßgeblicher Förderer der Bergbauwissenschaften (Jobst und Schellhas 1994, S. 51). Insbesondere hat er im Jahre 1702 die vorstehend genannte erste Stipendienkasse vorgeschlagen und bei seinem Landesherrn, dem Kurfürsten von Sachsen und König von Polen August dem Starken, auch durchgesetzt. Entsprechend geht auf ihn somit auch – wie nicht zuletzt die dazu jüngst in Freiberg in Sachsen veranstaltete montanhistorische Tagung auswies – der Auftakt zur vorgestellten Herausbildung der Bergbauhochschulen zurück.

Abb. 29: Portrait des Oberberghauptmanns Abraham von Schönberg (Quelle: TU Bergakademie Freiberg, Foto: Knopfe).

Einen weiteren wichtigen Schritt in dieser Richtung, insbesondere im Hinblick auf die spätere Gründung der Bergakademie Freiberg im Jahre 1765, hat von Schönberg ebenso unternommen. Im Jahre 1710, also gleichfalls noch in der Lebenszeit von Leibniz, war er der Initiator des Antrags einer Gruppe im Einzelnen anonym gebliebener Freiberger Bürger an August den Starken, in ihrer Stadt eine sogenannten „Augustus-Universität" zu errichten. Dieser Hochschule waren die Aufgaben einer „Universität aller Bergwerks- und Schmelzkünste" zugedacht, wie es damals hieß, oder, wie wir heute sagen würden, die Aufgaben einer Montanuniversität. Dem Antrag gemäß sollte sie eingerichtet werden für „die studirende Jugend von in- und ausländischen Orten her zur Erlernung der Berg-Rechte, des Probirens, Markscheidens und dergleichen nötige Bergwerks- und Schmeltz- auch andern sinnreichen, nützlichen, insonderheit Chymischen und Physicalischen Wißenschafften, nach welchen ... mit Gottes Hülffe viel gutes ausgerichtet werden können" (Jobst und Schellhas 1994, S. 51). Wegen der finanziellen Folgen des Nordischen Krieges und des Schwedeneinfalls in Sachsen 1706/07 ist damals aber diesem Antrag nicht entsprochen worden, sondern erst ein halbes Jahrhundert später, über welchen Zeitraum der Antrag lebendig geblieben war.

Für uns maßgeblich ist es, dass Abraham von Schönberg nicht nur ein Bekannter, sondern auch ein sehr großer Bewunderer von Leibniz war. In der 1994 erschienenen Biographie über ihn von Jobst und Schellhas, welcher der Verfasser vor allem folgt, heißt es, dass sein gesamtes Verhältnis zur Wissenschaft von Leibniz bestimmt gewesen sei – und außerdem von dessen Adepten und bedeutendem, in Sachsen wirkendem Gelehrten Ehrenfried Walter von Tschirnhaus (1651-1708), der u. a. ein Miterfinder des Porzellans war und mit dem von Schönberg in einem ständigen engen Kontakt stand. Demgemäß habe er auch sein bereits vorgestelltes Buch, aus dem die Abb. 26 und 27 stammen, „überzeugt von der Richtigkeit des Leibnizschen Leitspruches ‚Theoria cum Praxi'" verfasst (Jobst und Schellhas 1994, S. 49). Mit Leibniz persönlich dürfte von Schönberg erstmals bei dessen Besuch in Freiberg im Juli 1680 zusammengetroffen sein. Auf jeden Fall begegneten sich die beiden Herren anlässlich der mehrwöchigen Reise, die Leibniz im Frühjahr 1688 durch das böhmische und sächsische Erzgebirge unternahm. Mit großer Wahrscheinlichkeit hat von Schönberg Leibniz dessen Reiseweg empfohlen.

Für von Schönberg waren entsprechend auch die fehlgeschlagenen Versuche von Leibniz im Harz, von denen – mit ihren verschiedenen Facetten – er angesichts der engen Kontakte zwischen den führenden Monta-

Abb. 30: Deckblätter von Schriften aus den Jahren 1768 und 1770 von Thaddäus Peithner, Professor der Bergbauwissenschaften an der Universität Prag 1762 bis 1770 (Quelle: Fettweis 2001)

nisten des 18. Jahrhunderts zweifellos Kenntnis hatte, keine Abschreckung, sondern im Gegenteil ein Ansporn. Sie haben ihn auf die Notwendigkeit einer besseren Ausbildung der Bergbaubeamten hingewiesen und damit nach Meinung des Verfassers seinen Einsatz dafür maßgeblich mitbewirkt. Auch seine weiteren bergbauwissenschaftlichen Aktivitäten stehen in der einen oder anderen Weise vornehmlich mit Fragen der Ausbildung in Verbindung. Dies betrifft vor allem seine Unterstützung der Herausgabe mehrerer bedeutender bergbauwissenschaftlicher Fachschriften.

All dieses wohl mindestens indirekt von Leibniz mitbestimmte Wirken des sächsischen Bergbehördenchefs von Schönberg ebenso wie die weitere Entwicklung in Sachsen ist fraglos im benachbarten Böhmen und darüber hinaus im Montanwesen der ganzen Habsburgermonarchie aufmerksam beobachtet worden. Der 1702 in Freiberg errichteten Stipendienkasse folgten jedenfalls im Jahre 1716, im Todesjahr von Leibniz, eine ähnliche Einrichtung in Joachimsthal, also auf der böhmischen Seite des Erzgebirges, und im Jahre 1725 in Schemnitz im slowakischen Erzgebirge. Dort entstand mit einer Bergschule 1735 zudem eine weitere Zwischenstufe zur bergakademischen Ausbildung (Vozar 1992, S. 45).

Und bei der Fortsetzung dieser Entwicklung hatte Habsburg mit der Gründung der ersten akademischen Lehrkanzel für Bergbauwissenschaften an der Universität Prag im Jahre 1762 sogar die Vorhand. Dass dabei zusätzlich noch eine spezifische Verbindung zwischen Böhmen und Sachsen vorlag, erscheint dem Verfasser zumindest von Interesse. Der Inhaber der Prager Lehrkanzel, der sie auch seiner Königin und Kaiserin Maria Theresia vorgeschlagen hatte, der verdiente böhmische Bergbeamte Thaddäus Peithner (später Peithner von Lichtenfels) war nämlich als Angehöriger einer Bergmannsfamilie in Gottesgab, heute Bozi Dar, im böhmischen Erzgebirge zuhause, einem Grenzort, der früher einmal zu Sachsen gehört hatte (Weiß 2002, S. 17). Und man darf daher annehmen, dass er auch aus diesem zusätzlichen Grund beste Kenntnisse über die Entwicklungen im Nachbarland besaß und damit sicher auch über das Wirken von v. Schönberg und Leibniz am Beginn des Jahrhunderts. Über seine eigene Tätigkeit an der Universität Prag, von wo er 1772 an die Bergakademie Schemnitz wechselte, unterrichtet die Abb. 30. In Prag erhielt Peithner keinen Nachfolger.[13]

---

[13] Die Gründung der Professur für die „gesamten Bergwerkswissenschaften" an der Universität Prag durch Maria Theresia war im Dezember 1762 aufgrund einer Denkschrift von Peithner geschehen. Gleichzeitig damit hatte die Monarchin als Königin von Ungarn den Ausbau des bereits bestehenden Bergbauausbildungsortes Schemnitz (heute Banska Stiavnica) durch eine erste akademische Professur verfügt, woraus mit zwei weiteren Professuren in den folgenden Jahren und mit der Namensgebung im Jahre 1770 die Bergakademie in Schemnitz entstand. Die Hochschule wurde nach dem Ersten Weltkrieg nach Ungarn verlegt und zwar nach Sopron/Ödenburg, von wo sie nach dem Zweiten Weltkrieg als Kern der dort errichteten Universität nach Miskolc in Ostungarn weiterzog. Die im Jahre 1765 in Freiberg gegründete Hochschule erhielt im Gegensatz zu Schemnitz von vornherein den Namen

Wie auch immer man die vorstehenden Hinweise auf die weitreichenden und mannigfachen Querverbindungen verstehen mag, die sich aus dem Wirken der einmaligen Persönlichkeit von Leibniz im Bergbau folgern lassen, sie stimmen auf alle Fälle mit dessen eigener Weltsicht überein, wonach – über „prästabilierte Harmonie" – letztlich alles mit allem in Verbindung steht.

8. Schlussbemerkungen

1. Gottfried Wilhelm Leibniz, der geniale Mensch, als Universalgelehrter fraglos einer der größten Geister deutscher Zunge, mit Wien in vielfältiger Weise verbunden, war auch ein bedeutender Mann des Bergbaus, der Bergbautechnik und der Bergbauwissenschaften, dem Kerngebiet der Montanwissenschaften. Sehr zu Recht ist er demgemäß auch im Jahre 1937 auf der Basis seiner Bemühungen im Harz in den Kreis der 250 Persönlichkeiten aufgenommen worden, die das Buch „Männer des Bergbaus" nennt (Serlo 1937).

2. Die Ausstellung an der Österreichischen Akademie der Wissenschaften im Sommer 2002, welche die vorliegenden Ausführungen bewirkt hat, stellt Leibniz daher mit gutem Grund außer als Philosophen, Mathematiker und Physiker vor allem auch als Techniker vor. Und das Begleitbuch der Ausstellung unterstreicht in diesem Zusammenhang ausdrücklich die beiden Leitgedanken von Leibniz „Theoria cum praxi" und „Commune bonum" (Popp und Stein 2000). In der Sicht des Verfassers kann Leibniz mit diesen auf die Technik bezogenen Zielen der Verbindung von Theorie und Praxis und der Verbesserung des allgemeinen Wohls daher auch als ein früher Exponent, ja als ein Wegbereiter und als Mentor der Ingenieurwissenschaften gelten, also der Technikwissenschaften im weitesten Sinne, wie sie heute zunehmend als ein eigenständiges, auf das „Machen" ausgerichtetes Gebiet verstanden werden, parallel zu den Naturwissenschaften, die dem „Erkennen" gewidmet sind (Fettweis 1990, Rumpf 1969). Diese Überlegung soll hier jedoch nur ein Hinweis sein, verbunden mit dem Vorschlag, sie zum Gegenstand einer weitergehenden Untersuchung zu machen.

3. Für den Verfasser zeigt der vorstehend umrissene Sachverhalt einmal mehr, wie sehr Leibniz in Vielem seiner Zeit voraus war. Von den in diesem Aufsatz behandelten Themen bezog sich dies jedenfalls auf die Nutzung der Windenergie für industrielle Zwecke, auf den Gedanken des „Pumpspeicherwerks" und auf die verschiedenen Ideen und Konstruktionen von Bergwerksmaschinen. Zwar sind diese Vorstellungen erst später verwirklicht worden, die Nutzung der Windenergie in größerem Umfang sogar erst in unseren Tagen, aber trotzdem haben, wie dargelegt werden konnte, die Bemühungen von Leibniz die Entwicklung auch direkt weiter gebracht. Daher ist es wohl auch nur bedingt berechtigt, obgleich es naheliegt, das bekannte Wort Gorbatschows abzuwandeln bzw. zu ergänzen: „Auch wer zu früh kommt, den bestraft das Leben". Die Realität kann anders sein.

4. Als der Verfasser Ende des Jahres 2001 die Aufgabe übernahm, anlässlich der Leibniz-Ausstellung in Wien im Sommer 2002 einen Vortrag über die Beziehungen von Leibniz zum Bergbau zu halten, war ihm lediglich der Sachverhalt bekannt, dass Leibniz mit umfangreichen technischen Versuchen im Harzbergbau gescheitert ist und dass es darüber Archivmaterial und Sekundärliteratur gibt. Im Zuge der Bearbeitung des Themas erwies sich für ihn das Archivmaterial nicht nur als außerordentlich umfangreich, sondern auch als sehr komplex.[14] Aufgrund seiner fachlichen und zeitlichen Möglichkeiten hat sich der Verfasser daher entgegen seiner ursprünglichen Absicht nur begrenzt mit den Originalquellen befassen können. Die Ausführungen die-

---

Bergakademie und heißt heute „Technische Universität Bergakademie Freiberg". In den folgenden drei Jahrzehnten kam es dann zu den bereits im Text erwähnten ähnlichen Institutionen in anderen Teilen Europas; dazu gehören die Gründungen in Berlin 1770, St. Petersburg 1773, Almaden 1777 (ab 1835 Madrid), Paris 1783, sowie 1792 auch in Mexiko Ciudad als erste Einrichtung dieser Art in Amerika. Alle diese Einrichtungen bestehen noch heute, sind aber teils zu Technischen Universitäten o. ä. erweitert worden. Im Jahre 1776 entstand mit Anfängen als Bergbauhochschule auch die spätere Bergakademie und heutige Technische Universität Clausthal.

[14] Die Originalquellen zum Thema „Leibniz und der Bergbau" bestehen aus vier Gruppen. Diese sind zum Ersten die bereits bearbeiteten und gedruckt erschienenen einschlägigen Schriftstücke aus dem nahezu vollständig erhaltenen und außerordentlich umfangreichen handschriftlichen Nachlass von Leibniz; vgl. die unter Leibniz im Literaturverzeichnis genannten Bände der sog. Akademieausgabe. Die zweite Gruppe umfaßt die einschlägigen Unterlagen dieses Nachlasses, die noch nicht gedruckt vorliegen. Folgt man Angaben in der Sekundärliteratur, so ist beabsichtigt, diese Schriftstücke nach einer Bearbeitung zu gegebener Zeit gemeinsam mit anderen Unterlagen über das technisch orientierte Wirken von Leibniz gleichfalls zu publizieren. Die dritte Gruppe der Quellen besteht aus zugehörigen Akten des Niedersächsischen Landesarchivs und die vierte umfaßt die diesbezüglichen handschriftlichen Dokumente im Archiv des niedersächsischen Oberbergamtes in Clausthal-Zellerfeld. Das Studium dieser Unterlagen ist nicht einfach, teils aus sprachlichen Gründen (altertümliches Deutsch, französische oder lateinische Schriftsätze), teils wegen mancher widersprüchlicher Aussagen; bei den nur handschriftlich vorliegenden Dokumenten kommt das Problem der Lesbarkeit hinzu.

ses Aufsatzes beruhen daher, soweit nicht anders vermerkt, auf dem Studium der im Literaturverzeichnis angegebenen Sekundärliteratur. In dieser Literatur gibt es einige Widersprüche zu den Absichten von Leibniz und zu seinem Verhältnis zur Bergbehörde, insbesondere zu dem Bergbeamten Hartzing, die teils auf verschiedene Originalquellen zurückgehen, teils diese unterschiedlich interpretieren. Eine eigene Meinung dazu hat sich der Verfasser mangels ausreichenden Zugangs zu dem Archivmaterial nur begrenzt bilden können.

5. Aufgrund seiner Erfahrungen bei der Bearbeitung hält es der Verfasser für eine lohnende, allerdings nicht leichte Aufgabe, das behandelte Thema zum Gegenstand eines größeren Forschungsprojektes bergbaubezogener Historiker und Ingenieure zu machen, bei dem sowohl das publizierte als auch das bisher nicht publizierte einschlägige Archivmaterial heranzuziehen wäre. Die einmalige Persönlichkeit von Leibniz und die Bedeutung, die ihm in der europäischen Kulturgeschichte zukommt, würden dies s. E. rechtfertigen. Das gilt zumindest auf lange Sicht gesehen.

6. Möge dieser Aufsatz jedenfalls dazu beitragen, die Kenntnisse von den in der Tat sehr engen Verbindungen des Genies Leibniz mit dem Bergbau zu verbreitern, die bisher in der Allgemeinheit nur unzureichend vorhanden sind. Und möge er auch darüber hinaus einen Beitrag zur Bewusstseinsbildung leisten: Die fundamentale Bedeutung der Rohstoffproduktion aus der Erdkruste und der damit verbundenen Montanwissenschaften für unsere Zivilisation war nicht nur für Leibniz und seine Epoche von Belang, sondern ist auch im Zeitalter der Nachhaltigen Entwicklung und der Globalisierung unverändert groß geblieben, auch wenn heute die Masse der in Europa benötigten Rohstoffe, soweit sie nicht „Steine und Erden" sind, aus anderen Kontinenten kommt (Wagner und Fettweis 2001, 2003).

7. Die diesen Aufsatz abschließende Bemerkung sind Dankesworte. Sie gelten als Erstes den Inhabern der Copyrights der gezeigten Bilder, die ihr Einverständnis problemfrei erteilt haben. Es sind dies für die Abb. 1 Dr. Eike Christian Hirsch, Hannover, für die Abb. 2, 3, 4, 6, 7, 8, 9, 10, 12, 23, 28 Direktor Prof. Dr. Rainer Slotta, Deutsches Bergbaumuseum, Bochum, für die Abb. 5 Prof. Dr. Gerhard Heilfurth, Marburg, für die Abb. 11 Prof. Dr. Ottfried Wagenbreth, Freiberg, für die Abb. 13, 14, 15, 16, 17, 18, 19, 20, 21, 22 Dipl.-Ing. Jürgen Gottschalk, Hamburg, Prof. Dr. Karl Popp, Hannover, Prof. Dr. Erwin Stein, Hannover, für die Abb. 25 Dr. Lore Sexl, Wien. Der Verfasser bedankt sich des Weiteren bei Herrn Dipl.-Ing. Jürgen Gottschalk, dem derzeit wohl besten Kenner der Versuche von Leibniz im Harz, sowie Frau Studiendirektor Melanie Fettweis für die Durchsicht eines Entwurfes dieser Ausführungen und für wertvolle Hinweise. Nicht zuletzt dankt der Verfasser dem Vorstand des Instituts für Bergbaukunde, Bergtechnik und Bergwirtschaft der Montanuniversität Leoben Professor Dr. Horst Wagner für die ihm als Emeritus gebotenen guten Arbeitsmöglichkeiten, der Sekretärin in diesem Institut Frau Sandra Tatzer für ihre unermüdlichen Schreibarbeiten sowie dem Institutsmitarbeiter Albert Eisner für seine sorgfältigen Fotoarbeiten. Seiner Frau ist der Verfasser von Herzen für ihr Verständnis und ihre Geduld während seiner monatelangen Beschäftigung mit Leibniz dankbar, dessen Wirken auf mathematischem, philosophischem und politischem Gebiet ihn schon in seiner Jugend fasziniert hat.

VERWENDETE LITERATUR

Bartels, Christoph: Vom frühneuzeitlichen Montangewerbe zur Bergbauindustrie – Erzbergbau im Oberharz 1635 bis 1866. Veröffentlichungen aus dem Deutschen Bergbaumuseum Bochum Nr. 54, Bochum 1992. 740 S.

Bartels, Christoph: Krisen und Innovationen im Erzbergbau des Harzes zwischen ausgehendem Mittelalter und beginnender Neuzeit. Technikgeschichte 63 (1996) (a) S. 1-19.

Bartels, Christoph: Mittelalterlicher und frühneuzeitlicher Bergbau im Harz und seine Einflüsse auf die Umwelt. Naturwissenschaften 83 (1996) (b) S. 483-491.

Bartels, Christoph: Die Nutzung der Wasserkraft im Harzer Montanwesen im Spannungsfeld von Ökonomie, Technik und Naturwissenschaft: Einsatz, Optimierung und Resultate. In: Uta Lindgren (Hrsgb.): Naturwissenschaft und Technik im Barock – Innovation, Repräsentation, Diffusion. Böhlau Verlag, Köln/Weimar/Wien 1997, S. 52-76.

Baumgärtl, Hans: Vom Bergbüchlein zur Bergakademie – Zur Entstehung der Bergbauwissenschaften zwischen 1500 und 1765/1770. Freiberger Forschungshefte Nr. D 50. VEB Deutscher Verlag für Grundstoffindustrie, Leipzig 1965. 169 S.

Bax, Karl: Schätze aus der Erde – Die Geschichte des Bergbaus. Econ Verlag, Düsseldorf/Wien 1981. 359 S.

Berger, Herbert: Leibniz, Gottfried Wilhelm – Universalgelehrter. In: Walther Killy und Rudolf Vierhaus (Hrsgb.): Deutsche Biographische Enzyklopädie (DBE), Band 6. K.G. Saur Verlag, München 1979, S. 303-304.

Brather, Hans-Stephan: Leibniz und seine Akademie – Ausgewählte Quellen zur Geschichte der Berliner Societät der Wissenschaften 1697 – 1716. Akademieverlag, Berlin 1993. 471 S.

Buchheim, Gisela und Rolf Sonnemann (Hrsgb.): Geschichte der Technikwissenschaften. Birkhäuser Verlag, Basel-Boston-Berlin 1990. 520 S.

Burose, Hans: Markscheider Bernhard Ripking – Sein Leben, sein Wirken und sein Briefwechsel mit Gottfried Wilhelm von Leibniz. Der Anschnitt 19 (1967), Nr. 5, S. 17-25.

Calvör, Henning: Historisch-chronologische Nachricht und theoretische und practische Beschreibung des Maschinenwesens und der Hülfsmittel bey dem Bergbau auf dem Oberharze, Erster Theil: 200 S. u. 12 Tafeln. Zweiter Theil: 316 S. u. 27 Tafeln. Nachdruck der Originalausgabe von 1763 durch die Gewerkschaft Eisenhütte Westfalia GmbH., Lünen 1986.

Dennert, Herbert: Der Westliche Oberharz als erstes geschlossenes Industriegebiet im Lande Niedersachsen. Erzmetall 25 (1972) S. 640-644.

Dennert, Herbert: Kleine Chronik der Oberharzer Bergstädte bis zur Einstellung des Erzbergbaus. 5. überarbeitete und erweiterte Auflage des von Heinrich Morich veröffentlichten Werkes. GDMB – Informationsgesellschaft mbH., Clausthal 1993. 180 S.

Diederichs, Georg: Leibniz – Sein Wirken aus der Verantwortung für Staat und Gesellschaft. In: Rolf Schneider und Wilhelm Totok: Der Internationale Leibniz-Kongress in Hannover. Verlag für Literatur und Zeitgeschichte GmbH., Hannover 1998, S. 71-73.

Durant, Will und Ariel: Leibniz (1646-1716). In: Das Abenteuer des Geistes – Frankreich gegen Europa. Editions Rencontre, Lausanne 1963. S. 304-343.

Ernsting, Bernd (Hrsgb.): Georgius Agricola – Bergwelten 1494 bis 1994, Katalog zur Ausstellung des Schlossbergmuseums Schemnitz und des Deutschen Bergbaumuseums Bochum. Verlag Glückauf, Essen 1994. 350 S.

Ettlinger, Max: Leibniz als Geschichtsphilosoph. Verlag Josef Kösel und Friedrich Pustet K. G., München/Kempten 1921. 34 S.

Fettweis, Günter B.: Zum Selbstverständnis der an der Montanuniversität Leoben vertretenen Ingenieurwissenschaften. In: Friedwin Sturm (Hrsgb.): 150 Jahre Montanuniversität Leoben 1840-1990. Akademische Druck- und Verlagsanstalt, Graz 1990. S. 203-230.

Fettweis, Günter B.L.: Darlegungen zur ersten international organisierten wissenschaftlichen Gesellschaft der Erde (1786-1791) anläßlich der zweiten Auflage der Schrift „Über Ignaz von Born und die Societät der Bergbaukunde". res montanarum – Zeitschrift des Montanhistorischen Vereins für Österreich, Heft 16/1997, S. 43-47.

Fettweis, Günter B.L.: Vom Bergbau in der Geschichte – Zusammenhänge und Ereignisse, die des Erinnerns wert sind. Erzmetall 50 (1997) S. 785-803.

Fettweis, Günter B. L.: Some Contributions from Countries of the Habsburg Monarchy to the Development of the Mining Sciences in the 16th and the 18th Century. In: J. E. Fell, P. D. Nikolaou, G. D. Xydous (Ed.): 5th International Mining History Congress 12-15 September 2000, Milos Island, Greece, Book of Proceedings. Published by Milos Conference Center – George Eliopoulos, Milos 2001, S. 603-620.

Fettweis, Günter B. L.: Über Beiträge aus den Ländern der Habsburger Monarchie zur Entwicklung der Montanwissenschaften und damit auch der Geowissenschaften im 16. und 18. Jahrhundert. Mensch – Wissenschaft – Magie, Mitteilungen der Österreichischen Gesellschaft für Wissenschaftsgeschichte 21/2001, Wien 2003, S. 1-16.

Fettweis, Günter B. und Günther Hamann: Über Ignaz von Born und die Societät der Bergbaukunde. Verlag der Österreichischen Akademie der Wissenschaften, 2. Auflage (1. Auflage 1989), Wien 1996. 153 S.

Finster, Reinhard und Gerd van den Heuvel: Gottfried Wilhelm Leibniz mit Selbstzeugnissen und Bilddokumenten. Rowohlt Taschenbuchverlag GmbH, Reinbek bei Hamburg 2000. 159 S.

Fischer, Kuno: Gottfried Wilhelm Leibniz, Leben, Werke und Lehre. Zwölftes Kapitel: Bergbau, staatswirtschaftliche und geologische Interessen. Karl Winter`s Universitätsbuchhandlung, Heidelberg 1902, S. 186-191.

Fleckenstein, J. O.: Leibniz als Naturphilosoph und Mathematiker des Barock. In: Schneider, Rolf u. Wilhelm Totok: Internationaler Leibnizkongress in Hannover. Verlag für Literatur und Zeitgeschichte GmbH., Hannover 1968, S. 49-64.

Fleisch, Gerhard: Die Oberharzer Wasserwirtschaft in Vergangenheit und Gegenwart. Institut für Bergbaukunde und Bergwirtschaftslehre der Technischen Universität Clausthal, Monographie herausgegeben von Prof. Dr. Ing. Walter Knissel. Clausthal Zellerfeld 1983. 187 S.

Gerland, Ernst: Über Leibniz`s Versuche, dem Mangel an Aufschlagwassern in den Gruben des Harzes mit Hülfe der Kraft des Windes abzuhelfen. Berg- und Hüttenmännische Zeitung 57 (1898) S. 225-228 und S. 243-245.

Gerland, Ernst: Über einige weitere Versuche Leibniz`s zur besseren Ausnutzung der Aufschlagwasser in den Gruben des Harzes. Berg- und Hüttenmännische Zeitung 59 (1900) S. 319-321 und S. 331-333.

Gerland, Ernst: Leibniz`s Arbeiten auf physikalischem und technischem Gebiet. Zeitschrift des Vereins deutscher Ingenieure 53 (1909) S. 1307-1313.

Gottschalk, Jürgen: Leibniz-Kongress führte Exkursion in den Oberharz durch. Der Anschnitt 25 (1973), Heft 1, S. 35.

Gottschalk, Jürgen: Theorie und Praxis bei Leibniz im Bereich der Technik, dargestellt am Beispiel der Wasserwirtschaft des Oberharzer Bergbaus. In: Theoria cum praxi – Zum Verhältnis von Theorie und Praxis im 17. und 18. Jahrhundert, Akten des III. Internationalen Leibniz Kongresses, Hannover, 12.-17. November 1977, Band IV. Franz Steiner-Verlag GmbH., Wiesbaden 1982, S. 46-57.

Gottschalk, Jürgen: Leibniz und Friedrich Heyn: Bergbautechnologische Überlegungen im Jahre 1687 – Teil B: Die technischen Einzelheiten. In: Gottfried-Wilhelm-Leibniz Gesellschaft e.V. (Hrsgb.): Leibniz Tradition und Aktualität, V. Internationaler Leibniz Kongress, Vorträge, Hannover, 14.-19. November 1988, Band 1, Schlütersche Verlagsanstalt, Hannover 1988, S. 652-660.

Gottschalk, Jürgen: Der Oberharzer Bergbau und Leibniz` Tätigkeit für Verbesserungen. Studia Leibnitiana 1999, Sonderheft 28, S. 173-186.

Gottschalk, Jürgen: Technische Verbesserungsvorschläge im Oberharzer Bergbau. In: Popp, K. und E. Stein (Hrsgb.): Gottfried Wilhelm Leibniz – Das Wirken des großen Universalgelehrten als Philosoph, Mathematiker, Physiker, Techniker. Verlag und Druckerei Schlütersche GmbH und Co KG, Hannover 2000 (a), S. 109-128.

Gottschalk, Jürgen: Selbstregulierende Bremsvorrichtung für Windkünste. In: Popp, K. und E. Stein: Gottfried Wilhelm Leibniz – Das Wirken des großen Universalgelehrten als Philosoph, Mathematiker, Physiker, Techniker. Verlag und Druckerei Schlütersche GmbH und Co KG, Hannover 2000 (b), S. 129-132.

Gottschalk, Jürgen: Leibniz´s bergbautechnische Verbesserungsvorschläge – Zweite Tätigkeitsperiode für den Oberharzer Bergbau 1693-1696. In: Posar, Hans (Hrsgb.): 7. Internationaler Leibnizkongress, Berlin, 10.-14. September 2001, Vorträge 1. Teil, Berlin 2001, S. 418-425.

Grössing, Helmuth: Frühling der Neuzeit. Verlag Erasmus, Wien 2000. 182 S.

Hecht, Hartmut: Gottfried Wilhelm Leibniz – Mathematik und Naturwissenschaften im Paradigma der Metaphysik. B.G. Teubner Verlagsgesellschaft, Stuttgart/Leipzig 1992. 157 S.

Heilfurth, Gerhard: Der Bergbau und seine Kultur – Eine Welt zwischen Dunkel und Licht. Atlantis Verlag, Zürich und Freiburg in Breisgau 1981. 321 S.

Heinekamp, Albert: Leibniz' Bemühungen um eine Verbesserung des Bergbaus im Harz, Zur Problematik der Durchsetzung technischer Innovationen im 17. Jahrhundert. In: Die Technikgeschichte als Vorbild moderner Technik. Schriften der Georg Agricola Gesellschaft Nr. 12/1986 S. 7-29.

Henning, Friedrich-Wilhelm: Deutsche Wirtschafts- und Sozialgeschichte im Mittelalter und in der frühen Neuzeit. Verlag Ferdinand Schöningh, Paderborn-München-Wien-Zürich 1991. 1089 S.

Hermann, Armin und Wilhelm Dettmering (Hrsgb. im Auftrage der Georg-Agricola-Gesellschaft): Technik und Kultur, in 10 Bänden und einem Registerband. VDI Verlag GmbH., Düsseldorf 1991-1995.

Hirsch, Eike Christian: Der berühmte Herr Leibniz – Eine Biographie. Verlag C.H. Beck, München 2000. 646 S.

Hoffmann, Dietrich: Der Berghauptmann Heinrich Albert von dem Bussche (1664-1731) und die „Goldene Zeit" des Harzer Bergbaus. Niedersächsisches Jahrbuch für Landesgeschichte 50 (1978) S. 275-310.

Homanns Erben: „Prospecte des Hartzwaldes" (Anlage zur „Geographischen Karte des Hartzwaldes"), Nürnberg um 1750.

Horst, Ulrich: Leibniz und der Bergbau. Der Anschnitt 18 (1966), Nr. 5, S. 36-51.

Horst, Ulrich: Die Beziehungen von G.W. Leibniz zum norwegischen und schwedischen Bergbau: Der Anschnitt 23 (1971), Nr. 1, S. 3-11.

Horst, Ulrich: Die Entwicklung von Theorie und Praxis bei Leibniz Erfindertätigkeit für den Oberharzer Bergbau. In: Theoria cum Praxi, zum Verhältnis von Theorie und Praxis im 17. und 18. Jahrhundert – Akten des III. Internationalen Leibniz-Kongresses, Hannover, 12.-17. November 1977, Band IV. Franz Steiner-Verlag GmbH., Wiesbaden 1982, S. 58-68.

Horst, Ulrich und Jürgen Gottschalk: Über die Leibnizschen Pläne zum Einsatz seiner Horizontalwindkunst im Oberharzer Bergbau und ihre missglückte Durchführung. In: Studia Leibnitiana, Suppl. 12, Wiesbaden 1973, S. 35-59.

Jobst, Wolfgang und Walter Schellhas: Abraham von Schönberg – Leben und Werk – Die Wiederbelebung des erzgebirgischen Bergbaus nach dem 30-jährigen Krieg durch Oberberghauptmann Abraham von Schönberg. Freiberger Forschungshefte D 198 Historischer Bergbau. Deutscher Verlag für Grundstoffindustrie, Leibzig/Stuttgart 1994. 192 S.

Knissel, Walter: Das Wirken von Leibniz im Oberharz. Manuskript für einen Vortrag beim Rotary-Club in Clausthal-Zellerfeld, 1980.

Knissel, Walter und Gerhard Fleisch: Warum Kulturdenkmal „Oberharzer Wasserregal". Technische Universität, Clausthal 1999. 111 S.

Koch, Manfred: Geschichte und Entwicklung des bergmännischen Schrifttums. Dissertation Bergakademie Clausthal 1960. 269 S.

Kroker, Angelika: Das kommunion-unterharzige Bergamt in Goslar im Spannungsfeld zwischen städtischer Struktur und territorialstaatlichem Zugriff 1635-1860. In: Gerhard, H. J., K. H. Kaufhold u. E. Westermann (Hrsgb.), Chr. Bartels (Schrftltg.): Europäische Montanregion Harz, Band 1. Veröffentlichungen aus dem Deutschen Bergbaumuseum Bochum, Nr. 98. Bochum 2001, S. 127-136.

Leibniz, Gottfried Wilhelm: Sämtliche Schriften und Briefe, Erste Reihe, Allgemeiner politischer und historischer Briefwechsel, herausgegeben von der Preußischen Akademie der Wissenschaften, 1. Band 1668-1676, mit einem Vorwort von Karl Stumpf und einer Einleitung von Paul Ritter u. a.. Otto Reichl Verlag, Darmstadt 1923. 547 S.

Leibniz, Gottfried Wilhelm: Sämtliche Schriften und Briefe, Erste Reihe, Allgemeiner politischer und historischer Briefwechsel, herausgegeben von der Preußischen Akademie der Wissenschaften, 2. Band 1676-1679, mit einer Einletung von Paul Ritter. Otto Reichl Verlag, Darmstadt 1927. 589 S.

Leibniz, Gottfried Wilhelm: Sämtliche Schriften und Briefe, Vierte Reihe, Politische Schriften, herausgegeben von der Preußischen Akademie der Wissenschaften, 1. Band 1667-1676, mit einer Einleitung von Paul Ritter. Otto Reichl Verlag, Darmstadt 1931. 612 S.

Leibniz, Gottfried Wilhelm: Reisejournal 1687/1688. Faksimiledruck der Handschrift XLI, Faszikel 3, im Besitze der Niedersächsischen Landesbibliothek Hannover. Herausgegeben und mit einem Vorwort von Georg Olms. Olms Verlagsbuchhandlung, Hildesheim 1966. 47 Blatt + 3 Blatt Vorwort.

Leibniz, Gottfried Wilhelm: Sämtliche Schriften und Briefe, Erste Reihe, Allgemeiner politischer und historischer Briefwechsel, herausgegeben von der Akademie der Wissenschaften der DDR, 3. Band 1680-1683, 2. durchgesehener Nachdruck der Erstausgabe von 1938 (herausgegeben von der Preußischen Akademie der Wissenschaften) mit einer Einleitung von Paul Ritter. Akademieverlag, Berlin 1990 (a). 665 S.

Leibniz, Gottfried Wilhelm: Sämtliche Schriften und Briefe, Erste Reihe, Allgemeiner politischer und historischer Briefwechsel, herausgegeben von der Akademie der Wissenschaften der DDR, 4. Band 1684-1687, durchgesehener Nachdruck der Erstausgabe von 1950 mit einer Einleitung von Paul Ritter, Paul Schrecker und Kurt Müller. Akademieverlag, Berlin 1990 (b), 753 S.

Leibniz, Gottfried Wilhelm: Sämtliche Schriften und Briefe, Erste Reihe, Allgemeiner politischer und historischer Briefwechsel. Unter Aufsicht der Akademie der Wissenschaften in Göttingen herausgegeben vom Leibniz Archiv der Niedersächsischen Landesbibliothek Hannover. Supplementband Harzbergbau 1692-1696 mit einem Vorwort von Albert Heinekamp und einer Einleitung von Günter Scheel. Akademieverlag, Berlin 1991. 469 S.

Lindgren, Uta (Hrsgb.): Naturwissenschaft und Technik im Barock. Böhlau Verlag, Köln Weimar Wien 1997. 240 S.

Lommatzsch, Herbert: Von Leibniz bis Römer, Skizzen und Bilder aus der Geschichte von Wissenschaft und Technik, Forschung und Lehre im Oberharzer Erzbergbau und in der Hochschulstadt Clausthal-Zellerfeld. Oberharzer Druckerei H. Greinert OHG, Clausthal-Zellerfeld 1966. 64 S.

Lommatzsch, Herbert: „Denkmal" für den Harzer Berghauptmann Albert von dem Bussche. Der Anschnitt 26 (1974) S. 28.

Maser, Werner: Am Anfang war der Stein – Die Geschichte des Abendlandes – ein Wettlauf um die Bodenschätze. Verlag Droemer Knaur München 1984. 416 S.

Mayerhöfer, Josef: Gottfried Wilhelm Leibniz, Repräsentant des Barockzeitalters und die gegenwärtige Leibniz Renaissance. ÖGW Mitteilungen 14 (1994) S. 152-179.

Mennicken, Peter: Die Technik im Werden der Kultur. Wolfenbütteler Verlagsanstalt GmbH., Wolfenbüttel/Hannover 1947. 152 S.

Mittelstraß, Jürgen: Leibniz's World: Calculation and Integration. Festvortrag anläßlich der Eröffnung der Ausstellung Gottfried Wilhelm Leibniz, Philosoph-Mathematiker-Physiker-Techniker am 9. Juli 2002 in der Österreichischen Akademie der Wissenschaften. In diesem Band S. 13-17.

Müller, Kurt und Gisela Krönert: Leben und Werk von Gottfried Wilhelm Leibniz – Eine Chronik. Verlag Vittorio Klostermann, Frankfurt am Main 1969. 22 + 331 S.

N.N.: Nachricht und Beschreibung des schlesischen Knappschaftsinstitutes. In: Bergmännisches Journal 2, Freiberg 1789.

N.N.: Die königliche Bergakademie zu Clausthal, ihre Geschichte und ihre Neubauten; Festschrift zur Einweihung der Neubauten. Druck von Breitkopf und Härtel, Leipzig 1907. 95 S.

Ohnsorge, Werner: Leibniz als Staatsbediensteter. In: Totok, Wilhelm und Carl Haase: Leibniz, sein Leben – sein Wirken – seine Welt. Verlag für Literatur und Zeitgeschehen, Hannover 1966. S. 173-164.

O-Hara, James G.: Leibniz und Friedrich Heyn: Bergbautechnische Überlegungen im Jahre 1787 – Teil A: Die Berichte. In: Gottfried-Wilhelm-Leibniz Gesellschaft e.V.: Leibniz Tradition und Aktualität, V. Internationaler Leibniz Kongress, Vorträge, Hannover 14.-19. November 1988, Band 1, Schlütersche Verlagsanstalt, Hannover 1988, S. 644-651.

Otto, Rüdiger: Leibniz` Projekt einer Sächsischen Akademie im Kontext seiner Bemühungen um die Gründung gelehrter Gesellschaften. In: Döring, D. und K. Nowak: Gelehrte Gesellschaften im mitteldeutschen Raum, Teil 1. Verlag der Sächsischen Akademie der Wissenschaften, Leipzig 2000. S. 53-94.

Paulinyi, Akos und Ulrich Troitzsch: Mechanisierung und Maschinisierung 1600 bis 1840. Dritter Band der Propyläen Technikgeschichte, herausgegeben von Wolfgang König. Unveränderte Neuausgabe, Propyläenverlag, Berlin 1997. 529 S.

Popp, Karl und Erwin Stein (Hrsgb.): Gottfried Wilhelm Leibniz – Das Wirken des großen Universalgelehrten als Philosoph, Mathematiker, Physiker, Techniker. Verlag und Druckerei Schlütersche GmbH und Co KG, Hannover 2000. 140 S.

Popp, Karl und Erwin Stein: Bilder und Texte der Leibniz-Ausstellung 2000. GAMM Gesellschaft für Angewandte Mathematik und Mechanik Mitteilungen 24 (2001), Heft 1, S. 1-75.

Richter, Liselotte: Leibniz und sein Russlandbild. Akademie der Wissenschaften zu Berlin, Berlin 1946. 147 S.

Rumpf, Hans: Gedanken zur Wissenschaftstheorie der Technik-Wissenschaften. VDI-Zeitschrift 111 (1969), Nr. 1, S. 2-10.

Sandgruber, Roman: Ökonomie und Politik – Österreichische Wirtschaftsgeschichte vom Mittelalter bis zur Gegenwart; Teilband der Österreichischen Geschichte herausgegeben von Herwig Wolfram. Ueberreuter-Verlag, Wien 1995. 669 S.

Scheel, Günter: Einleitung. In Leibniz, 1991 (Supplementband Harzbergbau 1692-1696), S. XXVII-XLV.

Scheel, Günter: Technologietransfer für Bergbau und Hüttenwesen im Harz von der Mitte des 17. bis zum Beginn des 18. Jahrhunderts. In: Brosius, Dieter u. a. (Hrsgb.): Geschichte in der Region – Zum 65. Geburtstag von Heinrich Schmid. Verlag Hahnsche Buchhandlung, Hannover 1993, S. 249-269.

Scheel, Günter: Leibniz´s Wirken für Kaiser und Reich im Jahr 1688 in Wien nach bisher unbekannten Quellen. In: Vorträge I. Teil des VI. Internationalen Leibniz-Kongresses, Hannover 1994, S. 697-704.

Schimank, Hans: Naturwissenschaft und Technik im Zeitalter des Barock. In: Redaktion der Hamburger Akademischen Rundschau (Hrsgb.): Gottfried Wilhelm Leibniz, Vorträge der aus Anlass seines 300. Geburtstages in Hamburg abgehaltenen wissenschaftlichen Tagung, Hamburg 1946, S. 172-185.

Schneider, Martin: Leibniz über Geist und Maschine. Philosophisches Jahrbuch 92 (1985) S. 335-352.

Schnitzer, Franz J.: G. W. Leibniz (1646-1716). Wissenschaftliche Nachrichten. Herausgegeben vom Bundesministerium für Unterricht und Sport (Wien), Nr. 49, April 1992, S. 28-36.

Schönberg, Abraham von: Ausführliche Berginformation, zur dienlichen Nachricht vor alle, die bey dem Berg- und Schmelzwesen zu schaffen. Leibzig 1693, Frankfurt 1698 und 1703. – Als Faksimile gedruckt mit einem einführenden Kommentar von Dr. habil. Leopold Auburger, München. Verlag Glückauf GmbH., Essen 1987. 240 + 38 (Register) + 136 (Redensarten bey Berg- und Schmelzwerken) S.

Segers-Glocke, Christiane (Hrsgb.): Auf den Spuren einer frühen Industrielandschaft, Naturraum – Mensch – Umwelt im Harz; Arbeitshefte zur Denkmalpflege in Niedersachsen Nr. 21, Niedersächsisches Landesamt für Denkmalpflege. Verlag Niemeyer, Hameln 2000. 182 S.

Slotta, Rainer und Christoph Bartels: Meisterwerke bergbaulicher Kunst vom 13. bis 19. Jahrhundert, Katalog zur Ausstellung des Deutschen Bergbaumuseums Bochum. Selbstverlag des Deutschen Bergbaumuseums, Bochum 1990. 655 S.

Staatsbibliothek zu Berlin – Preußischer Kulturbesitz, Regina Mahlke, (Hrsgb.): Der reale Nutz – Angewandte Wissenschaft in Preußen im 18. Jahrhundert; Katalog zur Ausstellung in der Staatsbibliothek zu Berlin – Preußischer Kulturbesitz. Dr. Ludwig Reichert Verlag, Wiesbaden 2001. 169 S.

Steenbuck, Kurt: Silber und Kupfer aus Ilmenau – Ein Bergwerk unter Goethes Leitung – Hintergründe, Erwartungen, Enttäuschungen. Verlag Hermann Böhlaus Nachfolger, Weimar 1995. 358 S.

Stiegler, Leonhard: Leibniz`s Versuche mit der Horizontalwindkunst auf dem Harz. Technikgeschichte 35 (1968) S. 265-292.

Stieglitz, Annette v.: Die Verwaltung des Oberharzes 1788 bis 1866. In: Gerhard, Hans-Jörgen, Karl Heinrich Kaufhold u. Ekkehard Westermann (Hrsgb.), Christoph Bartels (Schrftltg.): Europäische Montanregion Harz, Band 1. Veröffentlichungen aus dem Deutschen Bergbaumuseum Bochum, Nr. 98, Bochum 2001, S. 115-126.

Stiftung Volkswagenwerk (Hrsgb.): Leibniz–Faksimiles – Bekanntes und Unbekanntes aus seinem Nachlass. Georg Olms Verlag, Hildesheim/New-York 1971. 66 S. und 14 Faksimiles.

Suhling, Lothar: Aufschließen, Gewinnen und Fördern – Geschichte des Bergbaus. Rowohlt Taschenbuch Verlag, Reinbek bei Hamburg 1983. 246 S.

Szabó, István: Geschichte der mechanischen Prinzipien und ihrer wichtigsten Anwendungen. 2. neubearbeitete und erweiterte Auflage. Birkhäuser-Verlag, Basel/Boston/Stuttgart 1979, 621 S.

Totok, Wilhelm: Leibniz als Wissenschaftsorganisator. In: Totok, Wilhelm und Carl Haase: Leibniz, sein Leben – sein Wirken – seine Welt. Verlag für Literatur und Zeitgeschehen, Hannover 1966. S. 293-320.

Totok, Wilhelm und Carl Haase: Leibniz, sein Leben – sein Wirken – seine Welt. Verlag für Literatur und Zeitgeschehen, Hannover 1966. 320 S.

Trebra, Friedrich Wilhelm Heinrich von: Des Hofraths von Leibniz mißlungene Versuche an den Bergwerksmaschinen des Harzes. Bergbaukunde, Band 1 (1789) S. 305-324 und Band 2 (1790) S. 299-315.

Vozar, Josef: Das Schemnitzer Bergwesen und die Gründung der Bergakademie. res montanarum – Zeitschrift des Montanhistorischen Vereins für Österreich 5/1992 S. 45-49.

Wagenbreth, Otfried: Wasserwirtschaft im historischen Erzbergbau Europas. Kasseler Wasserbau-Mitteilungen, Heft 7/1996, S. 35-43.

Wagner, Horst und Günter B.L. Fettweis: About science and technology in the field of mining in the Western world at the beginning of the new century. a) Resources Policy 27 (2001) S. 157-168. b) Glückauf 139 (2003) S.418-423.

Wagner, Horst und Günter B.L. Fettweis: Main areas for future mining research and development. Glückauf 139 (2003) S. 490-493.

Weiß, Alfred: Exkursionsführer Böhmen, Mähren, Sachsen. Montanhistorischer Verein für Österreich, Leoben/Wien 2002. 53 S. u. 9 Beilagen.

Westermann, Ekkehard: Zusammenhänge und offene Fragen in der Erforschung der Harzer Montangeschichte. In: Gerhard, H. J., K. H. Kaufhold und E. Westermann (Hrsgb.), Chr. Bartels (Schriftltg.): Europäische Montanregion Harz, Band 1. Veröffentlichungen aus dem Deutschen Bergbaumuseum Bochum, Nr. 98, Bochum 2001. S. 11-18.

Zemanek, Heinz: Leibniz und der Computer. In diesem Band S. 19-29.

Gottfried Wilhelm Leibniz und die geplante Kaiserliche Akademie der Wissenschaften in Wien

LORE SEXL

Kommission für Geschichte der Naturwissenschaften, Mathematik und Medizin der
Österreichischen Akademie der Wissenschaften

INHALTSVERZEICHNIS

Abb. 1: G. W. Leibniz, ca. 1678

VORWORT

In den Jahren 1688 bis 1714 reiste Gottfried Wilhelm Leibniz mindestens siebenmal nach Wien, in die Residenzstadt des Oberhauptes des Heiligen Römischen Reiches.[1] Leibniz hielt sich insgesamt mehr als drei Jahre lang in Wien auf. Er hatte Kontakt zu Kaiser Leopold I und seinen Söhnen und Nachfolgern Joseph I und Karl VI; den drei Kaisern machte Leibniz Vorschläge zur Gründung einer kaiserlichen Akademie der Wissenschaften in Wien. Vor allem während seines letzten, fast zwei Jahre dauernden Aufenthaltes von 1712 bis 1714 war Leibniz intensiv bemüht, die Gründung einer Societät der Wissenschaften zu verwirklichen. Er verfasste Denkschriften mit detaillierten Angaben zu Gründung, Aufbau, Aufgabenbereich und Finanzierung der Akademie.

Leibniz versuchte eine Neuorganisation der Wissenschaften mit einer zentralen wissenschaftlichen staatlich abgesicherten Kompetenz anzuregen. Die von Leibniz geplanten Societäten waren als Wissenschafts-, Wirtschafts- und Kulturbehörden projektiert; sie unterscheiden sich von anderen wissenschaftlichen Gesellschaften durch die Universalität ihrer Zielsetzung. Er plante eine Zusammenarbeit in- und ausländischer Societäten auf übernationaler Ebene. Leibniz war entschlossen, sein Wissen, seine Fähigkeiten und seine Kraft für die Gründung wissenschaftlicher Gesellschaften einzusetzen. Trotz großer Enttäuschungen und Rückschläge versuchte Leibniz bis zu seinem Lebensende ein weltweites System von Akademien zu schaffen.

Leibniz nahm an allen wissenschaftlichen, politischen und theologischen Themen seiner Zeit Anteil, beherrschte ihre Inhalte und ergänzte sie durch eigene kreative Beiträge. Leibniz dachte seiner Zeit weit voraus. Einige seiner Ideen wirken auch heute noch utopisch und mutig.[2] Manche seiner Ideen sind auch heute noch aktuell, wie seine Vorschläge zur Reform des Bildungssystems, zur Grundlagenforschung, zum Gesundheitswesen, zur „Öffentlichkeitsarbeit". Einige seiner Pläne wurden Generationen später realisiert.

Dieser Bericht beschäftigt sich mit einem kleinen Ausschnitt aus dem Gesamtwerk von Leibniz[3], und zwar mit seinem langjährigen Bestreben, in Wien eine kaiserliche Akademie der Wissenschaften zu begründen und eine feste Position am Kaiserhof zu erlangen. Es hat sich gezeigt, dass die Beziehung von Leibniz zu Wien, seine intensiven Bemühungen um eine kaiserliche Akademie der Wissenschaften und seine Kontakte zum Wiener Kaiserhof wesentlich umfassender waren als bisher in der Literatur erkennbar.[4]

Drei Mitglieder der Österreichischen Akademie der Wissenschaften haben sich mit den Aufenthalten von Leibniz in Wien und seinen Gründungsplänen für eine Akademie der Wissenschaften in Wien befasst: Josef Bergmann (1796-1872), Onno Klopp (1822-1903) und Günther Hamann (1924-1994).

Um den Text nicht zu belasten, wird auf die große Anzahl der erwähnten Personen in Kurzbiographien im Anhang hingewiesen. Französische, bis dato nicht übersetzte bzw. der Autorin in der Übersetzung nicht zugängliche Texte werden im Original und in Übersetzung der Autorin angeführt. Bereits bestehende Übersetzungen werden übernommen.

Ich danke Herbert Breger, dem Direktor der Niedersächsischen Landesbibliothek Hannover, für wertvolle Hinweise, sowie dem Obmann der Kommission Hermann Hunger und den Mitautoren Günter Fettweis, Erwin Stein, Heinz Zemanek, die so lange auf meinen Beitrag gewartet haben und besonders auch Gudrun Breschar für die elektronische Erstellung und Korrektur des Manuskriptes.

---

[1] Leibniz hat sich in den Jahren 1688, 1689, 1700, 1701, 1702, 1708 und 1712-1714 in Wien aufgehalten.

[2] Vgl. Anhang.

[3] Der Leibniz-Nachlass umfasst ca. 200.000 Blatt. Die Katalogisierung begann 1901, war mehrfach unterbrochen, u. a. durch die beiden Weltkriege, im Juli 2009 waren 48 Bände mit je ca. 870 Seiten fertiggestellt.

[4] Das Projekt „Leibniz und Wien" der Kommission für Geschichte der Naturwissenschaften, Mathematik und Medizin der Österreichischen Akademie der Wissenschaften ist nicht abgeschlossen. Eine in Wien durchgeführte Befragung von 741 Personen mit Hochschulreife (Altersstufen: 18-40, 40-60 und 60-80) zu dem Stichwort „Gottfried Wilhelm Leibniz" hat gezeigt, dass vor allem junge Menschen über die vielseitigen Leistungen von Leibniz kaum informiert sind. Mehr als die Hälfte der Altersgruppe der 60-80 Jährigen konnte Leibniz als Philosoph, Erfinder der Rechenmaschine und Gründer von Akademien beschreiben.

„Wenn Gott mir die Gnade der Vollendung gibt,
will ich in meinen alten Tagen
einen Roman von besonderer Art schreiben;
er wird die Geschichte
des künftigen Zeitalters behandeln;
denn ich behaupte
da die Zukunft enthüllen zu können.
Ich werde wie einer jener Menschen,
die in 100 Jahren leben werden,
sprechen."

G. W. Leibniz
an Herzogin Sophie von Braunschweig-Lüneburg,
14. Oktober 1696[5]

---

[5] Zitiert nach Heer S. 11.

TEIL 1

NEUORGANISATION VON WISSENSCHAFT

I Gründung wissenschaftlicher Gesellschaften

Die Weisheit und die Macht der Menschen wird gemehrt auf zweierlei Weise, nämlich einestheils, indem Wissenschaft und Künste fortgebildet oder auch neu erfunden werden; anderentheils dadurch, dass die Menschen vertraut werden mit den bereits bekannten. ... Vermehrt werden dagegen die Wissenschaften und Künste sowohl durch einen möglichst allgemeinen Austausch der Ideen, als durch scharfe und gewissenhafte Forschung.

Beides, die Erfindung des neuen wie die Mittheilung des vorhandenen Wissens, kann geschehen, sowohl durch Einzelne für sich, als durch die vereinigten Kräfte einer Gesellschaft.

Nun ist es aber einleuchtend, dass die verbündeten Kräfte Vieler unendlich mehr Frucht schaffen, als die zerstreuten Mühen der Einzelnen, die sich verhalten gleich dem Sande ohne Kalk. (G. W. Leibniz, Plan der Gründung einer Societät der Wissenschaften in Wien, nicht datiert, einzuordnen 1713)[6]

Das Bestreben, wissenschaftliche Gesellschaften in Europa, Russland und China zu begründen, die miteinander in Wechselwirkung stehen, erfüllte Leibniz sein Leben lang. Der erste Entwurf des 22-jährigen Leibniz stammt aus dem Jahre 1668 und ist an Kaiser Leopold I gerichtet.[7] Die letzte Denkschrift verfasste Leibniz fast ein halbes Jahrhundert später am 28. Oktober 1716, siebzehn Tage vor seinem Tod.[8]

Bereits in seiner Jugend zeigten sich Leibniz´ weit verzweigte Interessen für alle Wissenschaftsdisziplinen, seine sprunghafte Arbeitsweise und seine unfassbare Arbeitskraft. Erfüllt von vielfältigen Ideen, hochgebildet in Naturwissenschaften, Mathematik, Technik, Philosophie, Theologie, Jurisprudenz und Musiktheorie war Leibniz in diesen Disziplinen mit dem Wissen seiner Zeit vertraut. In diesen Disziplinen leistete Leibniz eigenständige, wertvolle, kreative und mutige Beiträge. Da Förderung, Verbreitung und Anwendung wissenschaftlicher Erkenntnisse unzureichend waren, plante Leibniz die Gründung wissenschaftlicher Gesellschaften,[9] die den Fortschritt von Wissenschaft und Kultur bewirken sollten und dadurch die Lebensbedingungen der Menschen verbessern und die Menschen Gott näher bringen sollten. Als dringendste Aufgaben der Societäten sah er eine planmäßige Erforschung und Verbreitung aller Wissenschaften;[10] der interdisziplinäre Zusammenhang war wesentlich. Wichtig war Leibniz die systematische Zusammenfassung und Inventarisierung des Wissens in einer Universalenzyklopädie.[11] Die grundlegende Wissenschaft war für Leibniz die Mathematik. *Car les découuertes [sic] importantes de qvelqve theoreme admirable de la mathematiqve, ou de qvelqve experience*

---

[6] Zitiert nach Klopp S. 160f.

[7] Leibniz an Kaiser Leopold I, „De Scopo et Usu Nuclei Librarii Semestralis", Denkschrift zur Neuorganisation des Bücherwesens im gesamten Reich, 22. Oktober 1668. Ergänzung vom 18. November 1668. AA I, N.1 und N.2. Klopp Werke Bd. 1 S. 27ff. Vgl. Anhang Nr. 1.

[8] Leibniz, „Entwurf zu einer Subscriptions-Societät, um dadurch das Bücherwesen in Deutschland in bessere Aufnahme zu bringen", 28. Oktober 1716. J. Hofmann (Hg.): Die Bibliothek und ihre Kleinodien. Zum 250-jährigen Jubiläum der Leipziger Stadtbibliothek, Leipzig 1927, S. 49f.

[9] Friedrich Heer: Leibniz plante „... das gesamte religiöse, geistige, wissenschaftliche und wirtschaftliche Potential der Völker sammeln, erziehen, bilden und in den Dienst der Einen Menschheit, ihres Wachstums und Reifeprozesses stellen ..." Heer S. 23.

[10] Leibniz kritisierte die Einseitigkeit der bestehenden wissenschaftlichen Gesellschaften, wie das von seinem Universitätslehrer Erhard Weigel 1695 initiierte „Collegium artis consultorum", das sich ausschließlich mit Mathematik befasste. ... *aber dieses institutum ob es gleich an sich selbst guth und nicht zu verachten, ist es doch nicht real genugsam, denn dadurch nur bereits habende Dinge aus anderen Büchern gesammelt, nicht aber neue aus eigener Experienz entdecket worden.* Leibniz, „Bedencken von Aufrichtung einer Academie oder Societät in Teutschland zu Aufnehmen der Künste und Wißenschafften", 1669/70. Zitiert nach Harnack II S. 23. Vgl. Harnack I/1 S. 25 Anm. 2 und Harnack II S. 55ff.

[11] U. a. Louis Couturat: La logique de Leibniz, Paris 1901. Vgl. Teil 1/I/6.

surprenante de physiqve, sont autant des conqvestes qve le genre human fait sur la nature, et autant d'hymnes chantés à la louange de l'auteur de l'univers dont la perfection éclate par qvelqves un des rayons.[12]

Der Glaube von Leibniz an die Funktion der Wissenschaft für den Fortschritt der Menschheit war eine Folge der bedeutenden naturwissenschaftlichen Erkenntnisse des 17. Jahrhunderts.[13] *L'usage de l'aimant, et de la Boussole nous a decouvert presque la moitié de la surface de notre globe; les telescopes nous ont fait mieux connoistre des globes voisins c'est à dire les Astres et leur mouvemens. Ce qui n [a sic] servi non seulement à decouvrir le veritable systeme du monde et les merveilles de la Grandeur et de la sagesse de son Auteur, mais aussi à perfectionner de plus en plus la Geographie et la navigation par le moyen des astres. Les microscopes font voir un petit monde dans les parties du grand, et nous ont appris l'interieur de plusieurs corps.*[14]

Da die Universitäten und die kirchlichen Orden dem scholastischen Gedankengut verhaftet waren und der Entwicklung der Naturwissenschaften nicht folgten, sah Leibniz die Notwendigkeit, eine neue Form wissenschaftlicher Gesellschaften zu gründen. *Zu wünschen wäre es, dass es eine universelle Gesellschaft unter den Gelehrten gäbe, welche aber gleichsam in verschiedene Collegien getheilt wäre. Denn der Zusammenhang der verschiedenen Theile der Gelehrsamkeit ist so gross, dass sie nicht besser als durch wechselseitige Harmonie und ein gewisses Einverständnis gefördert werden können. Doch da wir für die Gegenwart ohne höhere Autorität dahin zu gelangen nicht hoffen können, so müssen wir uns mit* verschiedenen *Gesellschaften begnügen, welche zuletzt, vermöge der inneren Beschaffenheit der Sache selbst, sich mit einander verknüpft sehen werden.*[15] Durch organisierte Zusammenarbeit von Gelehrten verschiedener Disziplinen sollte in wenigen Jahren mehr erreicht werden als in den vorhergehenden Jahrhunderten.[16]

Die Kreativität und Vielseitigkeit von Leibniz zeigen sich besonders deutlich in den Denkschriften des jungen Leibniz aus den Jahren 1668-1678, in denen er sich vorwiegend mit den Aufgaben der zu gründenden Societäten befasste.[17] In diesen Entwürfen regte der junge Leibniz an, dem „Herrschenden" Kompetenzen zu entziehen und diese der wissenschaftlichen Gesellschaft zu übertragen. Die Societäten sollten soziale und volkswirtschaftliche Aufgaben erfüllen, wie Kunst und Wissenschaften, Manufaktur und Handwerk, Handel

---

[12] *(Denn die bedeutendsten Entdeckungen eines herausragenden Theorems der Mathematik oder eines erstaunlichen Experiments in der Physik sind ebenso sehr Eroberungen, die das menschliche Geschlecht über die Natur macht, wie die Hymnen verfasst zur Lobpreisung des Schöpfers des Universums, dessen Vollkommenheit durch einige seiner Strahlen leuchtet.)* Leibniz an Herzog Johann Friedrich, 8. April 1679. AA I, 2 N.127 S. 154. Zitiert nach Böger Teil 2 Anmerkungen S. 78 Nr. 11.

[13] U. a. K. Bayertz (Hg.): Wissenschaftsgeschichte und wissenschaftliche Revolution, Köln 1981. G. N. Clarke: Science and Social Welfare in the Age of Newton, Oxford 1937. W. Diederich (Hg.): Theorien der Wissenschaftsgeschichte. E. J. Dijksterhuis: Die Mechanisierung des Weltbildes, Berlin 1956. A. R. Hall: Die Geburt der naturwissenschaftlichen Methode, 1630-1720, Gütersloh 1965. A. R. Hall: The Scientific Revolution 1500-1800, London 1954. F. Hartmann, R. Vierhaus (Hgg.): Der Akademiegedanke im 17. und 18. Jahrhundert, Bremen und Wolfenbüttel 1977 (Wolfenbütteler Forschungen Bd. 3). P. Hazard: Die Krise des europäischen Geistes 1680-1715, Hamburg 1939. Th. S. Kuhn: Die Struktur wissenschaftlicher Revolutionen, Frankfurt/Main 1967. Mason S. 153ff. A. Wolf: A History of Science in the 16th, 17th and 18th Centuries, London, 2. Aufl., 1950.

[14] *(Die Anwendung von Magnet und Kompaß haben uns fast die Hälfte der Oberfläche unserer Erde erschlossen; die Teleskope haben uns die Nachbarplaneten, und dadurch die Sterne und ihre Bewegungen besser erkennen lassen. Das hat nicht nur dazu beigetragen, den wahren Aufbau der Welt und die Größe und Weisheit ihres Schöpfers zu entdecken, sondern auch mehr und mehr die geographische Kenntnis und die Seefahrt mithilfe der Sterne zu verbessern. Die Mikroskope lassen uns eine kleine Welt als Bestandteile der großen Welt erkennen und haben uns die innere Struktur verschiedener Körper gelehrt.)* Leibniz an Obersthofkanzler P. L. W. Graf Sinzendorf, „Denkschrift zur Gründung einer kaiserlichen Akademie der Wissenschaften in Wien", nicht datiert, einzuordnen März/April 1713. Zitiert nach Klopp S. 231f Anl. XII.

[15] Leibniz an Vincentius Placcius, 1696. Zitiert nach Harnack I/1 S. 35f.

[16] *... und mir auch Gehülfen wünsche, junge Männer und andere Freunde von Gelehrsamkeit, Scharfsinn und Fleiß, welche mir Hand anlegen wollten. Denn Vieles kann ich angeben, nicht alles aber, was sich mir zeigt, kann ich vollenden, und gerne würde ich es Andern übergeben, wenn ihnen einiger Ruhm daraus erwachsen kann, wenn nur dem gemeinen Wesen, dem Wohle des menschlichen Geschlechts, und so dem Ruhme Gottes dadurch gedient wird.* Leibniz an Antonio Magliabecchi, 20. September 1697. Zitiert nach Guhrauer II S. 118f.

[17] Vgl. Anhang Nr. 5, 6, 7, 12. In den Jahren 1668-1672 stand Leibniz in den Diensten des Mainzer Erzbischofs und Erzkanzlers Johann Philipp von Schönborn. Die Jahre 1672-1676 verbrachte Leibniz in Paris. Von 1676 bis zu seinem Tod 1716 hatte Leibniz die Stellung eines Historiographen und Bibliothekars in Hannover. Vor allem während seines Aufenthaltes in Mainz 1667-1672 verfasste der junge Leibniz eine Reihe von Entwürfen, die die Grundlage für seine späteren Denkschriften für Dresden, Berlin, Wien und St. Petersburg waren. In den späten Entwürfen, zu denen auch die Denkschriften für eine kaiserliche Sozietät der Wissenschaften in Wien gehören, sind vermehrt Angaben zu Aufbau und Organisation enthalten.

und Bankwesen, Bildung und Erziehung, Medizin und Volksgesundheit. Besonders wichtig war Leibniz die Umsetzung wissenschaftlicher Ergebnisse in die Praxis, die Reform des Bildungssystems und die Förderung der medizinischen Forschung. In den Klöstern sollten die Naturwissenschaften verstärkt betrieben werden.[18]

Es war Leibniz bewusst, dass die Finanzierung ein wesentliches Problem für Gründung und Bestehen wissenschaftlicher Gesellschaften bedeutete. *Mais tous ces beaux desseins seroient des chateaux en l'air sans un fonds suffisant.*[19]

Die geplanten Societäten waren von Leibniz nicht nur als wissenschaftliche Gesellschaften, sondern auch als wirtschaftspolitische Institutionen geplant. Leibniz erkannte die Notwendigkeit einer staatlichen Bildungspolitik. Vermittlung von Wissen war für Leibniz ein wesentlicher Punkt der gesellschaftlichen Aufgaben. Leibniz war sich bewusst, dass Gründung und Bestand einer Societät nur durch eine staatliche Institution möglich und die Zustimmung und Förderung durch einflussreiche Personen notwendig war. Nur „Herrschende" und ihre meist adeligen Minister hatten Entscheidungsfunktionen.[20] Bedeutende Fürsten und ihre Minister sollten sich der Förderung der Wissenschaft im deutschsprachigen Raum annehmen. *Au lieu de s'occuper à des bagatelles, à des plaisirs criminels ou ruineux à des cabales... les Arts de paix et de guerre fleuriroient merveilleusement dans leurs estats tout pour mieux resister aux ennemies, par mer et par terre, que pour cultiver et peupler les pais, par la navigation, le commerce, les manufactures, et la bonne police ou oeconomie.*[21] Der bestmögliche Staat war für Leibniz ein autoritärer Wohlfahrtsstaat mit Gesundheitswesen, Armenfürsorge und weiteren sozialen Einrichtungen. Die Gelehrtensocietät war für Leibniz ein idealer Verwaltungsapparat. Die Möglichkeiten, seine Ideen zu verwirklichen und eigenständig zu handeln, waren für Leibniz durch seine bürgerliche Geburt eingeschränkt. Daher suchte Leibniz den Kontakt zu hochgestellten Persönlichkeiten, um die Societäten als staatliche Institutionen zu begründen: *So ist aller mein Wunsch gewesen eine hohe Person zu finden, wo die Leute unterscheiden, von den Dingen gründlich urteilen und durch dero Protection, ansehen, hülff und Vorschub allerhand nützliche Gedanken einen Nachdruck geben könnte.*[22] Durch sein umfassendes Wissen und sein diplomatisches Geschick hatte Leibniz Kontakt zu bedeutenden Herrschern wie Ludwig XIV, August dem Starken, Wilhelm von Oranien, Kurfürst Friedrich III, Zar Peter I, Kaiser Leopold I, Kaiser Joseph I und Kaiser Karl VI. Immer wieder versuchte Leibniz sein Wissen, seine Stellung und seine Fähigkeiten einzusetzen, um politische Kontakte zu knüpfen. Doch ein wirklicher politischer Einfluss, den Leibniz sein Leben lang anstrebte, blieb ihm versagt. Leibniz' politische Missionen hatten diplomatischen Charakter und standen weit hinter seinen wissenschaftlichen Leistungen zurück.[23]

---

[18] Leibniz regte an, die Klosterbibliotheken der Öffentlichkeit zugänglich zu machen und die Geistlichen verstärkt für die Lehre einzusetzen. *... daß alsdann erst das menschliche Geschlecht große Fortschritte in der Erkenntniß der Natur machen wird, wenn die Wißbegierde dafür bis in die Klöster dringen, ... Denn da so viel tausend Menschen auf öffentliche Kosten zu dem einen Zwecke unterhalten werden, ihren Geist auf die Feier von Gottes Lob zu richten: was, glaubst du, wird erst geschehen, wenn so viele vortreffliche Köpfe, welche bisher ihre Kraft in leeren Worten verschwendeten, sich vereinigen und mit gemeinschaftlichem Sinn und Eifer ihren Fleiß auf das Ausbeuten der unerschöpflichen Fundgruben des göttlichen Ruhms, welche die dazu fast allein geschaffene Natur darbietet, richten werden? In zehn Jahren würde mehr geleistet werden, als sonst ganze Jahrhunderte geben werden.* Leibniz an Antonio Magliabecchi, 31. September 1689. Zitiert nach Guhrauer II S. 92.

[19] *(Aber alle diese gut gemeinten Absichten sind Luftschlösser ohne eine ausreichende Grundlage.)* Dutens Bd. 5 S. 179. Zitiert nach Böger S. 419.

[20] Joachim O. Fleckenstein: „In diesem irdischen Gottesstaat als Abbild des himmlischen sind nun die Akademien die Hebel, mit welchen die Fürsten den Fortschritt ihres Universums beschleunigen können. ... Die Akademie ist Bezugssystem von Bildungszentren, die sich an den modernen Höfen kristallisieren sollen. Jede Akademie spiegelt auf individuelle, also nationale Weise den ganzen europäischen Bildungskosmos wider, dessen Horizont im anhebenden Zeitalter der missionierenden Aufklärung sich immer mehr zu weiten beginnt, und nicht nur Rußland, sondern bereits China und Amerika in sich begreift." Fleckenstein S. 90f.

[21] *(Anstelle sich mit Unwesentlichem zu beschäftigen, mit verbrecherischen Vergnügungen oder kostspieligen Intrigen ... könnten die Künste des Friedens und des Krieges in ihren Staaten vorzüglich aufblühen, alles, um den Feinden zu Wasser und zu Lande besser Widerstand zu leisten als die Länder zu bebauen und zu bevölkern, durch die Schiffahrt, den Handel, die Manufakturen und eine gute Exekutive oder Wirtschaft.)* Leibniz an Johann Sebastian Haes, 24. Februar 1695. E. Gerland: Ein bisher noch ungedruckter Brief Leibnizens über eine in Cassel zu gründende Academie der Wissenschaften, in: Bericht des Vereins für Naturkunde zu Cassel, 26/27, 1878-80, S. 54. Zitiert nach Böger S. 202.

[22] Leibniz an Carl Georg Kahm, Sekretär von Herzog Johann Friedrich von Braunschweig-Lüneburg, Dezember 1675, AA I, 1 S. 504. Zitiert nach H. Lackmann: Leibniz bibliothekarische Tätigkeit in Hannover, in: Totok-Haase S. 324.

[23] Carl Haase 1966: „Es ist seltsam, daß dieser überragende Geist, der auf fast allen Wissensgebieten schöpferisch tätig war, sein ganzes Leben offenbar nicht die Selbsterkenntnis aufgebracht hat, daß das politische Feld für ihn bei weitem das undankbarste sei.

Die von Leibniz geplanten wissenschaftlichen Gesellschaften sind eindeutig von der Royal Society (London) und der Académie des Sciences (Paris) beeinflusst,[24] unterscheiden sich aber durch die Universalität ihrer Zielsetzungen. Auch im deutschen Sprachraum wurden wissenschaftliche Gesellschaften begründet, die Leibniz bekannt waren, die aber nur einzelne Wissenschaftsdisziplinen erfassten.[25]

Leibniz plante die Gründung wissenschaftlicher Gesellschaften in Frankfurt, Hannover, Berlin, Dresden, Wien und Sankt Petersburg, die miteinander in Kontakt stehen sollten.[26] Für Hannover, Dresden, Wien und St. Petersburg arbeitete Leibniz die Organisation und Aufgabenbereiche in allen Details aus. Nur die Gründung der Curfürstlichen Brandenburgischen Societät der Wissenschaften in Berlin[27] wurde realisiert. Die Akademie in St. Petersburg, deren Statuten auf Vorschlägen von Leibniz begründet sind, wurde 1725 knapp ein Jahrzehnt nach seinem Tod eröffnet.[28]

Die neu gegründeten Gesellschaften sollten auf Wunsch von Leibniz „Societät" und nicht „Academie" genannt werden, da in Deutschland im 17. Jahrhundert mit „Akademien" hauptsächlich Universitäten und Lehranstalten bezeichnet wurden.[29] Dennoch verwendete Leibniz in seinen Schriften abwechselnd die Begriffe Akademie und Societät; das wird hier beibehalten.

… In seinen diplomatischen Aufgaben im engeren Sinn als Vermittler hat Leibniz seinen Vorgesetzten gute Dienste und Hilfe geleistet, oft im Hintergrund des Geschehens ohne Aufsehen und Dank." C. Haase: Leibniz als Politiker und Diplomat, in: Totok-Haase S. 195f. Hans Heinz Holz 1983: „… während doch in der Tat Leibniz alles getan hat, um die Realitäten in seinen staatspolitischen Kalkül aufzunehmen. Wenn Leibniz nicht zur Wirkung kam, so liegt das nicht an der Wirklichkeitsfremdheit des Gelehrten, sondern daran, daß ihm dem Außenseiter, die Klassengrundlage, auf der er sein politisches Wollen zur organisierten Stoßkraft hätte formieren können." Holz Monographie S. 216 Anm. 181. Holz regt einen Vergleich zwischen Leibniz' politischer Tätigkeit und Goethes ministerieller Tätigkeit in Weimar an.

[24] Vgl. Teil 1/II.

[25] Die „Societas Ereneutica" wurde 1622 von dem Mathematiker und Naturforscher Joachim Jungius in Rostock zur Förderung von Mathematik und Naturwissenschaften und zur Widerlegung der scholastischen Philosophie, vor allem der Jesuiten, gegründet. Sie war von der Universität unabhängig und bestand nur einige Jahre. Harnack I/1 S. 23. Mason S. 315f. W. Dilthey: Studien zur Geschichte des deutschen Geistes, hrsg. von P. Ritter, in: W. Dilthey: Gesammelte Schriften, Bd. 3, Leipzig, Berlin 1927, S. 22. 1652 wurde in Schweinfurt von vier Ärzten eine Gesellschaft zur Förderung der Erforschung der Natur begründet, die „Academia Naturae Curiosorum" („Deutsche Akademie der Naturforscher und Ärzte", heute die „Deutsche Akademie der Naturforscher Leopoldina"). Unter kaiserlichen Schutz gestellt, erhielt sie 1687 den Namen „Sacri Romani Imperii Academia Caesarea Leopoldino-Carolina Naturae Curiosorum". J. Walther: Die Kaiserlich-Deutsche Akademie der Naturforscher zu Halle, Leipzig 1925. U. Willi: Geschichte der Kaiserlichen Leopoldinisch-Carolinischen deutschen Akademie der Naturforscher, Halle 1889. Die „Kunst- Rechnungs-liebende Societät" als Gründung deutscher Schreib- und Rechenmeister wurde 1690 von Valentin Heins und Heinrich Meißner begründet. Sie besteht bis heute. Mitteilungen der mathematischen Gesellschaft in Hamburg, Bd. 8, T. 3, 1941, S. 22ff und S. 28. Böger S. 192. Böger Teil 2 Anmerkungen S. 71f Nr. 14 und Nr. 15. Auch die folgenden wissenschaftlichen Gesellschaften befassten sich nur mit Einzelwissenschaften: Das „Collegium seniorum et eruditorum", 1692 vom kaiserlichen Rat und Reichskammergerichtsassessor Huldenreich von Eyben begründet, beschäftigte sich vorwiegend mit Jurisprudenz und Geschichte. AA I, 8 N.142. Böger S. 195ff. Das „Collège des curieux" wurde 1694 von Landgraf Karl, regierendem Fürsten von Kassel, als naturwissenschaftlich technische Gesellschaft geplant. Böger S. 200ff. Nur im Anfangsstadium realisiert wurde das von Erhard Weigel 1695 initiierte mathematische „Collegium artis consultorum". Harnack I/1 S. 25 Anm. 2 und Harnack II S. 55ff. Das „Collegium Historicum Imperiale" wurde 1687 von Hiob Ludolf und Christian Paullini in Frankfurt gegründet. Leibniz bestimmte das Programm mit, von Anfang an wollte er das Collegium zu einer Societät, die alle Wissenschaftsdisziplinen umfasst, erweitern. Vgl. Teil 2/I/4. Eine von Leibniz geplante „Reichsakademie", die die verschiedenen Interessen der einzelnen Länder verwirklichen sollte, scheiterte wegen divergierender Interessen der Länder. Auch eine „europäische Reformakademie", wie Leibniz sie Ludwig XIV erfolglos vorschlug, war ein „vorzeitig konzipierter utopischer Gedanke". Holz Monographie S. 189.

[26] Leibniz war sich bewußt, dass die Kommunikation zwischen den einzelnen Societäten schwierig sein könnte. *Oft habe ich gedacht, es könnte eine Gesellschaft unter denjenigen, welche an verschiedenem Orte durch Eifer und Kenntnisse sich hervorthun, geschlossen werden. Aber es fehlt an gegenseitiger Bekanntschaft und Verbindung, und viele, welche sich gewissen Meinungen hingeben, verlangen, daß alle übrigen sich nach ihrem Geschmack richten mögen.* Leibniz an Erhard Weigel, 21. Februar 1696. Zitiert nach Guhrauer II S. 213.

[27] Teil 1/IV.

[28] Teil 1/VI.

[29] *Es wäre künftig der Name Societät besser als Academie. Denn in Teutschland Academie mehr von Lehr- und Lernenden verstanden zu werden pfleget; allhier auch wahrhaftig eine Societät vieler auch entfernter Personen dienlich, …* Leibniz an Daniel Ernst Jablonski, 26. März 1700, betreffend die Gründung der Preußisch-Brandenburgischen Societät der Wissenschaften zu Berlin. Zitiert nach Harnack II S. 72. Vgl. Leibniz, Betreffend die Gründung einer kaiserlichen Akademie der Wissenschaften in Wien, 1714: *Quant à l'Académie ou plutost societé des sciences – car je prefere le mot de societé dont on s'est servi en Angleterre en fondant une societé Royale des sciences, du temps de Charles II, à celuy de l'Academie trop commun aux assemblées que les peintres,*

Abb. 2: Naturwissenschaften, Ausschnitt
aus: Sebastien Le Clerc, Die Akademie
der Wissenschaften und der schönen
Künste, 1698

Leibniz strebte eine Veröffentlichung seiner Denkschriften zur Gründung wissenschaftlicher Gesellschaften nicht an; er stellte seine Denkschriften nur einer begrenzten Zahl von Personen zur Verfügung.

1. Wissenschaft zum Nutzen der Allgemeinheit - Das commune bonum

Tous mes projects ne butent qu'à marier la curiosité avec l'usage. (G. W. Leibniz an Herzog Johann Friedrich von Braunschweig-Lüneburg, Herbst 1678)[30]

Mir genügt nicht die Kenntniss der Vergangenheit an sich: ich will zugleich Bedacht nehmen auch auf die Gegenwart und Zukunft. Es ist mein Grundsatz, bei allen Dingen des Wissens auch nach dem Nutzen für das Gemeinwohl zu fragen. (G.W. Leibniz an Kaiser Leopold I, Ergänzung des Conceptes „Collegium Imperiale Historicum", Oktober 1688)[31]

Le bien public et surtout par rapport aux sciences est ma marotte. (G. W. Leibniz an Thomas Wentworth Raby, 1707)[32]

---

musiciens, architectes, poëtes et orateurs ont établies. (Was die Akademie oder vielmehr Societät der Wissenschaften betrifft – denn ich bevorzuge das Wort Societät, das man in England für die Gründung einer Königlichen Akademie der Wissenschaften zur Zeit Karls II verwendet hat, vor der Bezeichnung Akademie, die zu allgemein für Vereinigungen verwendet wird, die Maler, Musiker, Architekten, Richter und Redner begründet haben.) Foucher de Careil Œuvres Bd. 7 S. 343f. Zitiert nach Klopp S. 207 Anl. 1.

[30] *(Alle meine Vorhaben dienen nur dem Zweck, die ungewöhnlichen Entdeckungen mit dem Nutzen zu verbinden.)* AA I, 2 N.73, S. 81. Leibniz verwendete das Wort curiosité immer wieder im Zusammenhang mit Wissenschaft für etwas Herausragendes, Wichtiges, aber auch aus dem Rahmen Fallendes.

[31] Zitiert nach Klopp S. 171.

[32] *(Das allgemeine Wohl besonders in Bezug auf die Wissenschaften ist mein Steckenpferd.)* E. Bodemann (Hg.): Der Briefwechsel des Gottfried Wilhelm Leibniz in der Königl. Öffentl. Bibliothek zu Hannover, Hannover, Leipzig 1889, S. 229. Zitiert nach Böger S. 215. Doch Leibniz dachte nicht nur an das Wohl der Allgemeinheit, sondern achtete auch auf die Vorteile des regierenden Fürsten und dadurch auf seinen eigenen politischen Einfluss. Bei seinen Vorschlägen, die technischen Voraussetzung in den Harzer Bergwerken zu verbessern, gab Leibniz 1679 Herzog Johann Friedrich den Rat, sich zunächst persönliche Vorteile zu sichern; erst dann sollten nutzbringende Erkenntnisse an die Allgemeinheit weiter gegeben werden. Böger S. 212.

Für Leibniz war der Nutzen für das Gemeinwohl, das *commune bonum*[33], ein wichtiges Ziel der zu gründenden Societäten. Er forderte die Umsetzung wissenschaftlicher Ergebnisse in die Praxis zum Nutzen aller, zur Absicherung der Grundbedürfnisse und zur Steigerung des Wohlstandes.[34] Diese Forderung ist auch in dem Leitspruch *theoria cum praxi*, den Leibniz für die Berliner Akademie prägte, enthalten.[35]

Die Societäten sollten Vermittlerrolle haben zwischen Theorie und Praxis[36], zwischen wissenschaftlicher Erkenntnis und deren Anwendung. *Doch man täuscht sich sehr oft, indem man Praxis nennt, was Theorie ist, und umgekehrt. Denn wenn der Handwerker, der weder Latein noch Euklid kennt, tüchtig ist, und die Gründe dessen kennt, was er tut, wird er in Wirklichkeit eine Theorie seiner Kunst haben und in der Lage sein, Auswege aus jeder Situation zu finden. Und andererseits wird ein unerfahrener Wissenschaftler, vollgepfropft mit einem vermeintlichen Wissen, Maschinen und Gebäude entwerfen, die nicht gelingen können, weil er nicht das ganze notwendige theoretische Wissen hat ...*[37]

In der Umsetzung des theoretischen Wissens in die Praxis sah Leibniz „keine Entwürdigung der „reinen" Wissenschaft", sondern im Gegenteil ihre „Erhebung von der Passivität in die Aktivität und vom individualen zum sozialen Werte".[38] Wissenschaftliche Entdeckungen sollten möglichst schnell und effizient zum Nutzen aller umgesetzt werden, technische Verfahren möglichst schnell entwickelt und angewendet werden.[39]

1707 schrieb Leibniz an Kurfürstin Sophie von Hannover, dass es sein Anliegen sei *... für das öffentliche Wohl zu arbeiten ohne mich zu sorgen, ob es mir jemand dankt. Ich glaube dass man damit Gott nachahmt, der sich um das Wohl des Universums sorgt, egal ob die Menschen es anerkennen oder nicht.*[40]

2. Schaffung einer von Gott geplanten Welt

Les belles decouvertes des verités naturelles sont autant d'hymnes excellens chanté à la louange de Dieu. (G. W. Leibniz an Melchisédec Thevenot, 3. September 1691)[41]

Denn wenn alles regieret wird, von einem höchst vollkommenen, mithin allweisen und allmächtigen Wesen, so ist kein Zweifel, daß die beständige wahre Freude von ihm zu gewarten, und dann gewisse Wege sein, dazu zu gelangen, so in der höchsten Vernunft gegründet. Darauf folget, daß Gott die wahre Religion bereits durch

---

[33] *Der Sinn und das Kennzeichen echter Wissenschaft besteht nach meiner Meinung in den nützlichen Erfindungen, die man daraus herleiten kann.* Leibniz an Nicolas Malebranche, 13. Januar 1679. Zitiert nach Heer S. 76. Vgl. W. Schuffenhauer: Prospektive sozialphilosophische Ideen bei G. W. Leibniz, in: Leibniz, Tradition und Aktualität, V. Internationaler Leibniz-Kongreß, Vorträge Hannover, 1988, S. 1062f. G. W. Leibniz, Politische Schriften, Bd. 1 u. 2, herausgegeben und übersetzt von H. H. Holz, Frankfurt/Main 1966f. Einleitung S. 19. Briefwechsel, Leibniz mit dem Arzt Justus Schrader, AA I, 11 N.455. Böger S. 215ff.

[34] Hans Heinz Holz: „Seine Vorstellung vom commune bonum deckt sich keinesfalls mit den merkantilistischen Staatsideen seiner Zeit, sondern zielte auf Identität von Individualwohl und Gemeinwohl in einer auf Vernunftsprinzipien errichteten Gesellschaft, in der jedem einzelnen die volle Entfaltung seiner Anlagen und Möglichkeiten gesichert wäre. Das „commune bonum" ist der Schlüsselbegriff für die Leibnizsche Gesellschaftsauffassung und auch für seine Vorstellung von einem guten Fürsten und Landesherrn". Holz Monographie S. 195.

[35] *Ich hätte gern etwas mit der Zeit davon ein realer Nutz und nicht blosse Curiositäten zu erwarten.* Leibniz an Daniel Ernst E. Jablonski, 12. März 1700, in: „Der reale Nutz", Ausstellungskatalog, Hrsg. Staatsbibliothek zu Berlin, Preußischer Kulturbesitz 2001, S. 10.

[36] *Es ist Aufgabe der Societät ... Die erfundene Wunder der Natur und Kunst zu Arznei, zur Mechanik, zur Kommodität des Lebens, zu Materi der Arbeit und Nahrung der Armen, zu Abhaltung der Leute von Müßiggang und Lastern, zu Handhabung der Gerechtigkeit zu Belohnung und Strafe, zu Erhaltung geheimer Ruhe, zu Aufnehmen und Wohlfahrt des Vaterlandes, zu Exterminierung teurer Zeit, Pest und Krieges, soviel in unser Macht und an uns die Schuld ist, zu Ausbreitung der wahren Religion und Gottesfurcht, ja zu Glückseligmachung des menschlichen Geschlechts, soviel an ihnen ist, anwenden.* Grundriß. Zitiert nach Heer S. 91.

[37] Leibniz, Regeln zur Förderung der Wissenschaften, 1680, in: G. W. Leibniz, Philosophische Schriften, H. Herring (Hg.), Frankfurt/Main, Suhrkamp 1966, Bd. 4: Schriften zur Logik und zur philosophischen Grundlegung von Mathematik und Naturwissenschaft S. 96f. Zitiert nach Leinkauf S. 122.

[38] Mahnke in Krüger S. XVII.

[39] *Im übrigen ist ja dem Vaterlande höchlich daran gelegen, daß es treffliche Geister habe, so mit tiefsinnigen Erfindungen oder hurtigen Anschlägen in Krieg und Friedenszeiten, ... bei Schlachten, Belagerungen und Parteien (Parteiungen) auch mit Schiffahren und Kaufmannschaften, mit Kunst, und Handwercksvorteilen, deren Benachbarten einen Rang abzulaufen wissen.* Leibniz, Einige Patriotische Gedanken 1697. Zitiert nach Krüger S. 22.

[40] Leibniz an Kurfürstin Sophie, 4. Januar 1707. Klopp Werke S. 265

[41] *(Die wunderbaren Entdeckungen der Gesetzmäßigkeiten in der Natur sind zugleich vortreffliche Hymnen zur Lobpreisung Gottes.)* AA I, 7 N.173 S. 353. Zitiert nach Böger S. 214.

das Licht der Natur als eine Ausstrahlung der höchsten Vernunft auf die unsere denen Menschen geoffenbaret ... Ja Gott ist die höchste Vernunft, Ordnung, Zusammenstimmung und Kraft und Freiheit, also je mehr man ihn besitzet, wird man dessen allen fähig. (G. W. Leibniz, Von der Glückseligkeit, 1677/78) [42]

... denn in den Wissenschaften und Erkenntnissen der Natur und Kunst erzeigen sich vornehmlich die Wunder Gottes, seine Macht, Weisheit und Güthe; und die Künste und Wissenschaften sind auch der rechte Schatz des menschlichen Geschlechts, dadurch die Kunst mächtig wird über die Natur, und dadurch die wohlgefassten Völker von den barbarischen unterschieden werden. Derowegen habe ich von Jugend auff die Wissenschaft geliebet und betrieben, ... (G. W. Leibniz an Zar Peter I, 16. Januar 1712) [43]

Die Notwendigkeit, wissenschaftliche Gesellschaften zu gründen, deduzierte Leibniz aus der gottgewollten Aufgabe der Menschen, den Schöpfer zu verehren, und zwar erstens in Anbetung, zweitens in der Erkenntnis seiner Werke, drittens in der Nachahmung seiner Weltregierung.[44] Wenn die Menschen diese Aufgaben erfüllen, erlangen sie *Glückseligkeit.* Gott ist für Leibniz zugleich erste Ursache und letzter Ursprung aller Dinge, das höchste rationale Wesen. Die reale Welt ist ein Teil Gottes. Gott hat in seiner Weisheit aus allen möglichen Welten diejenige Welt geschaffen, deren Ordnung in bester Weise das in der Welt bestehende Übel kompensiert.[45] Die Menschen sind privilegiert, in der *besten der möglichen aller Welten* zu existieren.[46] Für Leibniz war die Erde ein winziger Punkt im Ozean des Weltraumes.[47] Durch Begreifen des gesetzmäßigen Aufbaus der von Gott geplanten und geschaffenen Natur ist der Mensch fähig, die Größe Gottes zu erkennen und Gott näher zu kommen.[48] Die Mathematik war für Leibniz die grundlegende Wissenschaft, in der sich die von Gott geschaffene Harmonie am deutlichsten manifestiert. *... on dit avec raison, que Dieu fait tout par nombre, par*

---

[42] Leibniz, Philosophische Schriften Bd. I, Kleine Schriften zur Metaphysik, herausgegeben von H. H. Holz, Suhrkamp, Frankfurt/ Main 1996, S. 395. Zitiert nach Leinkauf S. 274f. Das ist der Grundgedanke der „natürlichen Theologie": sie bezeichnet die Form von Theologie, die ohne besondere Offenbarungsakte wie etwa den der Inspiration zur Verfassung der Heiligen Schrift oder der Entrückung rein aus dem unmittelbar der Schöpfung und den durch sie gegründeten natürlichen Bedingungen für den Menschen zugänglich ist. So konnte z.B. die aus den Naturprozessen rational ablesbare Teleologie als Hinweis auf die Existenz eines göttlichen Urhebers dieser Verhältnisse verstanden werden. Leinkauf S. 455 Anm. 7.

[43] Guerrier Nr. 143 S. 207.

[44] Vgl. Leibniz, Von der Allmacht und der Allwissenheit Gottes und der Freiheit der Menschen, 1670/71, in: W. von Engelhardt: Gottfried Wilhelm Leibniz, Schöpferische Vernunft, 1951, Schriften aus den Jahren 1668-1686, Marburg 1951, S. 55. E. Holze: Gott als Grund der Welt im Denken des Gottfried Wilhelm Leibniz, in: Studia Leibnitiana, Zeitschrift für Geschichte der Philosophie der Wissenschaften, Sonderheft 20, 1991. W. Schneiders : Harmonia Universalis, in: Studia Leibnitiana, 16, 1, 1984, S. 31ff. J. Jalabert : Le Dieu de Leibniz, Paris 1960. H. Cohen u. P. Natkorp (Hgg.): G. W. Leibniz, Philosophische Arbeiten, Bd. 1, H. 3, Gießen 1907, S. 103ff. H. Lilje: Randbemerkungen zu Leibniz′ Theologie, in: Totok-Haase S. 277ff. F. X. Kiefl: Leibniz und der Gottesgedanke, in: Katholische Weltanschauung und modernes Denken, 2. u. 3. Aufl., Regensburg 1922, S. 57ff. Böger S. 213ff.

[45] Das ist der Grundgedanke von Leibniz′ „Essai de Théodicée sur la bonté de Dieu, la liberté de l′homme et l′origine du mal" („Abhandlung von der Güte Gottes, der Freiheit des Menschen und dem Ursprung des Übels"), Isaac Troyel, Amsterdam 1710. Die grundlegenden Ideen der „Theodicée" sind in Leibniz′ „Confessio philosophi" aus dem Jahre 1673 enthalten. Vgl. Leinkauf S. 41ff.

[46] Leibniz bezeichnete die Menschen *... als kleine Götter ..., die den großen Architekten des Weltalls nachahmen, obgleich das nur durch Anwendung der Körper und ihrer Gesetze geschieht.* AA VI, 6. Nouveaux Essais IV, 3, § 27, S. 389. Zitiert nach Bredekamp S. 142f.

[47] *Die Alten hatten nur schwache Vorstellungen von den göttlichen Werken, und der heilige Augustinus, dem die modernen Entdeckungen noch fehlten, geriet in Schwierigkeiten, als er das Übergewicht des Bösen entschuldigen wollte. Den Alten erschien nur unsere Erde als bewohnt, und hier fürchteten sie sich sogar vor den Antipoden. Die ganze übrige Welt bestand ihrer Meinung nach aus einigen leuchtenden und Kristallischen Kugeln. Heutzutage aber muß man, welche Grenzen man dem Weltall zu- oder abspricht, anerkennen, daß es unzählige Erden gibt, von derselben und noch größerer Ausdehnung als die unsrige, und daß diese ebensowohl Anspruch auf vernünftige Bewohner haben, obgleich es keine Menschen zu sein brauchen. Die Erde ist ein Planet, d.h. einer der sechs Haupttrabanten unserer Sonne, und da alle Fixsterne ebenfalls Sonnen sind, sieht man wie wenig Bedeutung unserer Erde unter den sichtbaren Dingen zukommt, da sie doch nur ein Anhängsel eines derselben ist.* Leibniz, Theodicée I. Zitiert nach Heer S. 154. Vgl. Philosophische Bibliothek Hamburg 1956ff, Bd. 71, S. 1ff, S. 19ff, S. 95ff und S. 108ff.

[48] Leibniz, Discours de métaphysique, §2, in: C. I. Gerhardt (Hg.), Gottfried Wilhelm Leibniz, Die Philosophischen Schriften, Band 1-7, Berlin 1875ff, Nachdruck Hildesheim 1960/61, Bd. 4, S. 427ff, Deutsche Übersetzung in W. von Engelhardt: Schöpferische Vernunft, 1951, Schriften aus den Jahren 1668-1886, Marburg 1951, S. 339ff.

mesure et par poids. Cela posé, il est bon de considerer que l'ordre et l'harmonie sont aussi quelque chose de mathematique qui consiste en certaines proportions.[49]

Leibniz war von Comenius[50] beeinflusst, der das weltliche Leben als Vorbereitung für das ewige Leben und die Annäherung an Gott sieht. *Undt hierin ist der unterschied zwischen den vernünftigen und andern Seelen das die Unsrigen der wißenschafften und regirung fähig mit hin einiger maßen in ihrem bezirck und kleinen welt, das thun, was Gott in der gantzen welt: also selbst wie kleine Götter und welten machen, die so wenig vergehen oder sich verlieren alß die große welt deren sie bilde seyn; ...*[51]

Wenn der denkende und handelnde Mensch nicht nur seinen persönlichen Nutzen sucht, sondern sich für das Wohl der Gemeinschaft einsetzt, nähert er sich Gott. Der Mensch hat Verantwortung Gott und den Mitmenschen gegenüber.[52] Dietrich Mahnke spricht von einer „Religion der Tat ... als stärkste Kraftquelle für das gläubig tätige Zusammenwirken mit allen Mitmenschen zu gemeinsamer Kulturschöpfung".[53] Für Leibniz waren die gottähnlichsten Menschen: ... *Welchen aber Gott zugleich Verstand und Macht in hohen Grad gegeben, dies sind die Helden, so Gott, zu Ausführung seines Willens als principaliste instrumenta geschaffen, deren unschätzbares Talent aber, so es vergraben wird ihnen schwer genug wird fallen.*[54] ... *Sonderlich aber sind diejenigen bei Menschen hochzuhalten und bei Gott außer Zweifel in Gnaden, die, mit guter Intention den Schöpfer loben und den Nechsten nutzen, ein herrliches Wunder der Natur oder Kunst, es sei um eine Experienz oder wohlgegründete Harmonie, entdecken und gleichsam ipsis factis Gott zu Ehren perorieren und poetisieren ...*[55]

Es ist Aufgabe der Societäten, die Menschen Gott näher zu bringen,[56] die irdische Welt der göttlichen Universalharmonie anzunähern.[57]

3. Reform des Bildungssystems

Le premier fondement de la félicité humaine est la bonne éducation de la Jeunesse, qui contient aussi le redressement des études. Rien n'est plus important pour l'Etat en géneral, & pour le bien des hommes en particulier ... (G. W. Leibniz, Denkschrift für eine Societät in Dresden, 1704)[58]

---

[49] *(... man sagt zu Recht, dass Gott alles durch die Zahl, das Maß und die Schwere erschafft. Daraus folgt, dass es gut ist, Ordnung und Harmonie auch der Mathematik, die aus absolut sicheren Proportionen besteht, zuzuordnen.)* Leibniz an Kurfürstin Sophie und Herzogin Elisabeth Charlotte von Orleans, August 1696. AA I, 13 N.7 S. 11. Zitiert nach Böger S. 214.

[50] Johann Amos Comenius, Theologe, Philosoph und Pädagoge. Vgl. *K. Schaller*: Die *Pädagogik* des *J. A. Comenius* und die Anfänge des *pädagogischen* Realismus im 17. Jahrhundert, Heidelberg 1962, S. 132ff.

[51] Leibniz an Kurfürstin Sophie und Herzogin Elisabeth Charlotte von Orleans. Stellungnahme zu den Lehren von F. M. Helmont, einzuordnen 1. Hälfte Oktober 1696. AA I, 13 N.41 S. 50. Vgl. Böger S. 268.

[52] *Man ist mit seinem Talent Gott und dem Allgemeinwohl verpflichtet. ... Eine einzige folgenreiche Beobachtung oder ein einziger folgenreicher Beweis genügen, sich unsterblich um die Nachwelt verdient zu machen.* Regeln zur Förderung der Wissenschaften (Prèceptes pour avancer les sciences) 1680, in: G. W. Leibniz, Philosophische Schriften, H. Herring (Hg.), Bd. 4, Schriften zur Logik und zur philosophischen Grundlegung von Mathematik und Naturwissenschaft, Surhkamp, Frankfurt/Main 1996, S. 97. Zitiert nach Leinkauf S. 108.

[53] Mahnke in Krüger S. XVI.

[54] Grundriß. Zitiert nach Heer S. 88.

[55] Grundriß. Zitiert nach Heer S. 90 (perorieren = laut und mit Nachruck reden und den Inhalt zusammenfassen).

[56] *Der Zweck solcher Societät oder Academie gehet nicht nur auf curiosa, zierden, beredsamkeit, critica, abstracta, und dergleichen, so das gemüth allein belustigen können; Sondern gereichet hauptsächlich zur Ehre Gottes vermittelst der Wunder, so er in die Natur geleget, und zu Menschlicher Wohlfahrt, vermittelst der Kunst die Natur wohl zu gebrauchen.* Leibniz, „Zweck einer Societät der Wissenschaften und Begründung durch das gestempelte Papier", Denkschrift zur Gründung einer Kaiserlichen Akademie der Wissenschaften in Wien, nicht datiert, einzuordnen 1714. Klopp S. 242f Anl. XVI.

[57] W. Schneiders: Respublica optima, 1977, Zur Metaphysischen und moralischen Fundierung der Politik bei Leibniz, in: Studia Leibnitiana 9, 1, 1977, S. 1ff.

[58] *(Die wichtigste Grundlage für die menschliche Glückseligkeit ist eine gute Erziehung der Jugend, das umfaßt auch eine Neuordnung der Ausbildung. Nichts ist wichtiger für den Staat im Allgemeinen und für das Wohl der Menschen im Besonderen.)* Dutens Bd. 5 S. 175f. Zitiert nach Böger S. 416. Von L. Dutens fälschlich dem Gründungsentwurf der Berliner Akademie zugeschrieben, von Ines Böger 1997 dem Gründungsentwurf für die Sächsische Akademie in Dresden zugeordnet. Böger S. 416 und Teil 2 Anmerkungen S. 153 Nr. 76.

... der Herr [ist] schuldig, seines Knechtes Freiheit durch Erziehung zu befördern, so viel dem Knecht zu seiner Glückseligkeit nötig. (G. W. Leibniz, Politische Schriften, 1697)[59]

... ce qu'on apprend avec agrément et par raison, n'echappe pas si aisement de la memoire (G. W. Leibniz, Lettre sur l' Éducation d'un Prince, 1685/86)[60]

Leibniz war überzeugt, dass Wissen und Bildung als Grundlage für Glück und Wohlbefinden den Menschen Gott näher bringen.[61] Die Societäten sollten als oberstes Gremium der Wissenschaften für das Bildungssystem verantwortlich sein.[62] Leibniz forderte eine Reform des Schulwesens mit einer vielseitigen Ausbildung für alle.[63] Nach Ansicht von Leibniz sind nur Gebildete fähig, Glück und Freude zu empfinden.[64] *Weisheit ist nichts anderes als die Wissenschaft der Glückseligkeit. So uns nämlich zur Glückseligkeit zu gelangen lehrt. Die Glückseligkeit ist der Stand einer beständigen Freude ... nichts mehr diene der Glückseligkeit, als die Erleuchtung des Verstandes und Übung des Willens, allezeit nach dem Verstande zu wirken, und daß solche Erleuchtung sonderlich in der Erkenntnis derer Dinge zu suchen, die unseren Verstand immer weiter zu einem höhern Licht bringen können, ...*[65]

Leibniz setzte sich für ein staatlich gelenktes, von den Societäten durchgeführtes Bildungssystem ein.[66] Die gelehrte Societät war als oberstes Gremium der Wissenschaften geplant.[67] Leibniz wusste, dass die Vermittlung von Wissen als Grundlage für eine bessere Bildung ein gesellschaftliches Schlüsselproblem jedes Volkes ist.[68]

Immer wieder forderte Leibniz, Individualität, Kreativität und eigenständiges Denken junger Menschen zu fördern und das berufliche Interesse bereits im Unterricht zu berücksichtigen. Der Lernende sollte Freude am Lehrstoff haben.[69] *... was die Einbildungskraft erfordert, ist Kindern ein Kinderspiel und ist dahero zu*

---

[59] G. W. Leibniz, Politische Schriften, herausgegeben und übersetzt von H. H. Holz, Bd. 1 u. 2, Suhrkamp, Frankfurt/Main und Wien 1966/67, Bd. 2 S. 139. Zitiert nach Holz Monographie S. 183f. Vgl. H. H. Holz: Herr und Knecht bei Leibniz und Hegel zur Interpretation der Klassengemeinschaft, Neuwied und Berlin 1968.

[60] *(... nur was man mit Vergnügen und Vernunft lernt, verschwindet nicht so leicht aus dem Gedächtnis.)* Leibniz, Schrift über die Prinzenerziehung. AA IV, 3 N.68. S. 548. Zitiert nach Böger Teil 2 Anmerkungen S. 103 Nr. 167. Vgl. R. Grieser: Leibniz und das Problem der Prinzenerziehung, in: Totok-Haase S. 511ff.

[61] Wie Francis Bacon glaubte Leibniz leidenschaftlich an die Notwendigkeit von Bildung und Erziehung. Wie Bacon war Leibniz der Ansicht, dass Gebildete das Recht auf eine höhere gesellschaftliche Stellung haben. *... dass das menschliche Geschlecht sich vervollkommnen wird, wenn man für die Erziehung der Jugend ein besseres Konzept entwickelt hat ...* Leibniz an Erhard Weigel, 1696. Zitiert nach Guhrauer II S. 212. Weigel, Universitätslehrer von Leibniz, befasste sich intensiv mit der Reform des Schulwesens.

[62] *... die Schulen zu verbessern, der Jugend Exerzitien, Sprachen und Realität der Wissenschaften daheim, ehe sie mit Schaden reisen, beizubringen.* Grundriß. Zitiert nach Heer S. 92. Vgl. J. Vernay : Essai sur la Pédagogie de Leibniz, Heidelberg 1914.

[63] *Les reglements, qu'on pourrait faire pour cet effect serviaient en même temps au public et au prince électoral.* (Die Vorschriften, die man zu diesem Zweck machen könnte, könnten gleichzeitig für die Öffentlichkeit und den kurfürstlichen Prinzen eingesetzt werden.) Leibniz, Opera Omnia V, 1768, S. 175. Zitiert nach R. Grieser: Leibniz und das Problem der Prinzenerziehung, in: Totok-Haase S. 530 Anm. 16.

[64] *... Philosoph: ... Glück gibt es nur im Geist ... Die Natur des Geistes ist Denken. Theologe: Glück des Geistes und die Betrachtung Gottes [sind] eins.* G. W. Leibniz, Confessio philosophi, 1673, Ein Dialog. O. Saame (Hg.), Kritische Ausgabe mit Einleitung, Übersetzung, Kommentar, Vittorio Klostermann, Frankfurt/Main, 2. Auflage 1994. Zitiert nach Leinkauf S. 42.

[65] Leibniz, „Von der Glückseligkeit", in: G. W. Leibniz, Philosophische Schriften, H. H. Holz (Hg.), Band 1: Kleine Schriften zur Metaphysik. Suhrkamp, Frankfurt/Main 1996, S. 397. Zitiert nach Leinkauf S. 277f.

[66] Ines Böger: „Voraussetzung einer durch Volkserziehung erlangten sozialen Ordnungspolitik ist eine weise Staatspädagogik. Objektives Glück für alle kann jedoch nur die Wissenschaft garantieren; sie allein ist in der Lage, das wahre Interesse des Menschen zu erfassen und diese Erkenntnis in die Realität umzusetzen." Böger S. 285.

[67] G. Grua : Gottfried Wilhelm Leibniz, Textes inédits d'après les manuscrits de la Bibliothèque provinciale de Hanovre, 2 Bde., Paris 1948, Bd. II, S. 613. Vgl. Hans Heinz Holz: „Kants Forderung nach dem Ausgang des Menschen aus seiner selbstverschuldeten Unmündigkeit sind die weiteren Stufen auf dem Wege, den die Leibnizsche Bildungspolitik zeigte. Leibniz steht so in einem übergreifenden Zusammenhang der Aufklärung, die die Didaktik als politische Aufgabe begreift und ihr ein geschichtsphilosophisches Ziel setzt." Holz Monographie S. 184.

[68] Vgl. Leibniz, Neues System der Natur, Kleine Schriften zur Metaphysik, herausgegeben und übersetzt von H. H. Holz, Darmstadt 1965, S. 391f u. S. 397f. Böger S. 284ff.

[69] *Nur was der Schüler mit Freuden lernt, bleibt in seinem Gedächtnis.* Lettre sur l'Education d'un Prince (Schrift über die Prinzenerziehung). AA IV, 3 N.68 S. 548. Vgl. Böger S. 280ff. In der Praxis hatte Leibniz jedoch Schwierigkeiten, seine Ideen umzusetzen. Der Lehrplan, den er für Philipp Wilhelm von Boineburg, Sohn seines Mentors, in den Jahren 1672-1676 zusammenstellte, enthält

bejammern, daß man soviele Jahre der edlen Lebenszeit insgemein mit bloßem Latein und dergleichen zubringet, ...[70]

Leibniz befürchtete, dass ein Mangel an Wissen und Bildung dem Menschen schaden und ihn in seiner Entwicklung behindern könnte.[71] Mehrfach betonte Leibniz, wie sehr ihn seine eigene Ausbildung geprägt hatte, und zeigte die Mängel der Universitäten auf.[72] Der 21-jährige Leibniz kritisierte 1667 seine Ausbildung zum Juristen und stellte hohe Anforderungen an Lehrende und Lernende, die er in späteren Jahren allerdings einschränkte. In einer Denkschrift zur Gründung einer kaiserlichen Akademie der Wissenschaften in Wien warnte er 1713 vor dem übertriebenen Unterricht alter Sprachen ohne Rücksicht auf das angestrebte Berufsziel.[73] ... *L'on sait, que l' Education de la jeunesse, qui fait la pepiniere de l'Etat, est un des plus considerables points du gouvernement,... Je ne diray rien à present des ecoles latines, qui sont déjà en bonnes mains et que ceux qui les gouvernent, auront soin de les perfectionner. Mais on manque de bonnes Ecoles en vulgaire, où les gens qui ne sont point destinez aux études, peuvent apprendre mille choses utiles dans leur langue maternelle. Et je serois d'avis qu'on y pensât soigneusement, et que la nouvelle Societé imperiale qu'on va établir, en eût la direction dans tous les pays hereditaires de sa Majesté Imperiale et Catholique.*[74]

Nach Meinung von Leibniz sollte die Elternhausphase des Kindes kurz sein. In der Denkschrift „Sozietät und Wirtschaft" von 1671 regte der 25-Jährige an, der Societät die Pflege und Erziehung der Kinder zu übertragen, um ein Höchstmaß an Hygiene, gesunder Ernährung und Ausbildung zu gewährleisten. *Vor Erziehung der Kinder wird die Sozietät sorgen. Eltern sollen ihre Kinder zu erziehen entübriget sein. Alle Kinder sollen*

---

einen fast unbewältigbaren Lehrstoff, aber wenig Zeit für Ruhephasen und Entfaltung der Kreativität und wurde von dem jungen Boineburg vehement kritisiert. AA I, N.226. Böger Teil 2 Anmerkungen S. 103 Nr. 168.

[70] Leibniz, „Einige patriotische Gedanken", 1697. Klopp Werke Bd. 6 S. 220ff. Zitiert nach Krüger S. 22f. Leibniz plante, Spiele im Unterricht einzusetzen. *En effect la plus part des jeux pourroient donner occasion à des pensées solides. (In der Tat könnten die meisten Spiele bewirken das Wissen im Kopf zu behalten.)* Leibniz an Gilles Filleau des Billettes, 14. Dezember 1696. AA I, 13 N.248 S. 373. Zitiert nach Böger S. 282. Auch in der Mathematik, der grundlegenden Wissenschaft, sollte der Lehrer seine Kunst *... auf keine beßere weise der Welt sehen laßen ..., als, wenn er in den im schwang gehenden spielen unbekandten neüe reguln ausfinden würde, ...* Leibniz an Ezechiel Spanheim, 13. Dezember 1705. E. Bodemann (Hg.), Briefwechsel des G. W. Leibniz an der königl. öffentl. Bibliothek zu Hannover. Hannover, Leipzig 1889, S. 294. Zitiert nach Böger S. 282. Ein geschickter Mathematiker sollte *... ein großes Werk, mit genauer Detailierung und strenger Begründung für alle Arten von Spielen abfassen, ...* Leibniz, Nouveaux Essais, 4. Buch, Kap. XVI, ∫ 9, Philosophische Bibliothek Hamburg 1956ff, Bd. 69, S. 563. Zitiert nach Böger S. 282. Vgl. Anhang Nr. 8.

[71] *... Ich fürchte sogar, daß die Menschen nach nutzloser Vergeudung des Wissensdranges, ohne aus unseren Untersuchungen einen nennenswerten Nutzen für ein glückliches Leben zu ziehen, der Wissenschaften überdrüssig werden und sie durch eine unheilvolle Verzweiflung in die Barbarei zurückfallen.* Leibniz, „Regeln zur Förderung der Wissenschaften", 1680, in: G. W. Leibniz, Philosophische Schriften, H. Herring (Hg.), Bd. 4, Schriften zur Logik und zur philosophischen Grundlegung von Mathematik und Naturwissenschaft, Suhrkamp, Frankfurt/Main 1966, S. 96. Zitiert nach Leinkauf S. 107.

[72] Seinen Studienkollegen an Wissen und Kreativität weit überlegen, studierte Leibniz von 1661 bis 1667 Philosophie und Rechtswissenschaften an den Universitäten Leipzig und Jena; er wurde 1667 mit 21 Jahren zum „Doctor juris utriusque" promoviert. Im Jahr 1667 stellte Leibniz an die Ausbildung von Kindern enorme Ansprüche: Er forderte, dass Kinder bereits vor dem sechsten Lebensjahr neben der Muttersprache in Latein und Zeitgeschichte unterrichtet werden sollten. Danach sollten Knaben eine Ausbildung in alter Geschichte, Mathematik, Optik, Statik, Astronomie, Physik, Tanzen, Fechten, Musik, Malerei, Natur- und Geisteswissenschaften sowie Sprachen erhalten. Weniger begabten Kindern sollte eine längere Ausbildungszeit zur Verfügung stehen. Vgl. H. R. Heymann: Leibniz' Plan einer juristischen Studienreform vom Jahre 1667, Sitzungsber. der Preußischen Akademie der Wissenschaften 1931, Öffentl. Sitzung zur Feier des Leibnizschen Jahrestages am 2. Juli 1931, S. CIIff.

[73] Leibniz warnte 1713 vor einer zu großen Anzahl an Unterrichtsfächern, vor allem Sprachen. *Man lernet und lernet langsam, was man geschwinder wieder vergeßen mus, als man gelernet. Was man aber vor allen dingen lernen und hernach üben sollte, wird übergangen, und ist mehr als zu offt den Lehrern selbst verborgen.* Leibniz, „Einige patriotische Gedanken", AA IV, 3 N.32 S. 364. Zitiert nach Böger S. 279. Vgl. R. Grieser: Leibniz und das Problem der Prinzenerziehung, in:Totok-Haase S. 516

[74] *(Man weiß, dass die Erziehung der Jugend, die das heranwachsende Potential des Staates ist, eine der bedeutendsten Aufgaben der Regierung ist ... Ich würde derzeit nichts gegen die Lateinschulen einwenden, die bereits in guten Händen sind, und diejenigen, die sie verwalten, werden Sorge tragen, sie zu perfektionieren. Aber es fehlt an guten allgemeinen Schulen, wo diejenigen, die sich keinesfalls zum Studium eignen, tausende nützliche Dinge in ihrer Muttersprache erlernen können. Und ich würde meinen, dass man das sorgfältig überdenken soll, und dass die neue kaiserliche Societät, die man gründen wird, die Leitung in allen Erbländern seiner Kaiserlichen und Katholischen Majestät innehaben solle.)* Leibniz an Obersthofkanzler P. L. W. Graf von Sinzendorf, Denkschrift zur Gründung einer kaiserlichen Akademie der Wissenschaften in Wien, nicht datiert, einzuordnen März/April 1713. Zitiert nach Klopp S. 234 Anl. XII.

in guter Zucht in öffentlichen Waisenhäusern, solange sie klein, von Weibern erzogen werden, und dennoch wird man vollkommen Obsicht halten, daß sie nicht zu dick übereinanderstecken, rein gehalten werden, keine Krankheiten entstehen. Wie könnte ein Mensch glückseliger leben?[75] Leibniz empfahl die Gründung von Waisenhäusern, *... darin alle armen waisen und findel: kinder ernehret, hingegen zur arbeit, und entweder zu studien mechanik und commercien erzogen würden.*[76]

Von seinem Universitätslehrer Erhard Weigel beeinflusst, regte Leibniz die Gründung von „Handwerksschulen"[77] an, die ähnliche Zielsetzungen hatten wie die heutigen Berufsschulen. *Es sollte öffentliche Handwerkschulen geben, damit die Knaben nicht so viele Jahre lang unnütz nur durch Prügel und Schläge von den Meistern in Anspruch genommen werden, zum großen Schaden des Staates, welcher ebenso viel an Nutzen einbüßt, wie diese in ihrem Leben; denn sie könnten nützlich dienen, während so ihre handwerckliche Geschicklichkeit anstatt beschleunigt zu werden, um viele Jahre hinausgezögert wird.*[78]

Am Ende seines Lebens fasste Leibniz 1716 in einem Bildungsmodell für das russische Reich seine jahrzehntelangen Bemühungen zusammen.[79] Er gliederte das Schulsystem in drei Abschnitte: Die „Grundschule" sollte für alle Kinder gleich sein, der Sprachunterricht und die späteren Berufsziele sollten gefördert werden. *Die Kinderschuhlen sollen wie gedacht neben den Tugend- und Sprach- auch Kunstschulen seyn, dann die Kinder den Grund der Künste und Wissenschaften lernen ... einen catechismum, als auszug aus der heiligen Schrift, dann ferner etwas von der logica oder Schlusskunst, Musik, Rechnen, Zeichnen, theils auch Schnizen, Drechseln, Feldmessen und Haushalts-sachen.*[80] Als nächster Abschnitt war die „Berufschule" für zukünftige Handwerker und Kaufleute vorgesehen. *Die Kinder, so zu Handwerken und Kaufmannschaft gewidmet, könnten nach Gelegenheit im 12. der 14. Jahr ihres Alters aus den schuhlen gelassen werden, um bei einem Meister oder Handelsladen vor Junge zu dienen.*[81] Der dritte Abschnitt umfasste weiterführende Schulen und Universitäten. *Diejenigen aber, die bey Studien bleiben, oder zu Hof- Justiz- Kriegs und andern Bedienungen oder Ämter dermahleins gezogen werden sollen, behielte man billig in diesen Schuhlen biss etwa nach Gelegenheit ins achtzehndte Jahr ihres Alters, damit sie Sprachen, Künsten, Wissenschaften, Leibes exercitien, Wohlordenheit und andern wohl anständigen Uebungen es weiter bringen können.*[82]

Der evangelische Theologe und Pädagoge A. H. Francke realisierte ein Erziehungs- und Schulsystem, das von Leibniz positiv beurteilt wurde.[83]

---

[75] Leibniz, „Sozietät und Wirtschaft", 1671. AA IV, 1 S. 560. Zitiert nach Heer S. 95. Vgl. Leibniz, „Einige Patriotische Gedanken", 1697: *Es sollte dabei nützlich sein, auch vornehmer Leute Kinder von ihren Eltern weg zu andern ansehnlichen Personen als Pagen zu tun, damit sie allmählich zu mehrere Kundschaft der Welt gelangen mögen* ... Klopp Werke Bd. 6 S. 220ff. Zitiert nach Krüger S. 24.

[76] Grundriß. Zitiert nach Böger S. 277.

[77] Hans Heinz Holz 1983: „Durch planmäßige Entwicklung und Bildung des Volkes sollte ein Reservoir von fähigen Handwerkern geschaffen werden, die in der Lage wären, die technischen Errungenschaften zu gebrauchen und zu vervollkommnen. Die Vermittlung von Wissen erwies sich mithin als gesellschaftliches Schlüsselproblem." Holz Monographie S. 182. Vgl. Böger S. 273f.

[78] Zitiert nach Böger S. 273f. Vgl. E. Ahlborn: Pädagogische Gedanken im Werk von Leibniz, Freie wissenschaftliche Arbeit im Rahmen der Prüfung der Diplom-Handelslehre an der Universität Göttingen, 1968, S. 91.

[79] Leibniz, „Denkschrift über die Verbesserung der Künste und Wissenschaften im Russischen Reich", 1716. Guerrier Nr. 240 S. 351f.

[80] Guerrier Nr. 240 S. 351f. Vgl. Böger S. 275f.

[81] Guerrier Nr. 240 S. 352.

[82] Guerrier Nr. 240 S. 352.

[83] Das Schulsystem von Francke wurde zunächst nur durch private Spenden finanziert. Es war 1700 fertiggestellt und umfasste 1727 fast 2000 Schüler. Es bestand aus Volksschule für Bauern und Handwerker, aus den „lateinischen Schulen" für den Lehrstand, künftige Theologen, Juristen und Mediziner, weiters aus Realschulen für Kaufleute und Beamte. Francke machte den Vorschlag für ein „Paedagogicum regium" für den „Regierstand" und eine Ritterakademie und als letzte Stufe die Friedrichsuniversität zu Halle. 1695 gründete Francke eine Armenschule, 1698 ein Waisenhaus. G. Kramer: August Hermann Francke, Ein Lebensbild, 2 Bde., Halle 1880/82. Böger S. 277. Vgl. P. Baumgart: Leibniz und der Pietismus. Universale Reformbestrebungen um 1700, in: Archiv für Kulturgeschichte 48, 1966, S. 381.

4. Förderung der deutschen Sprache

*Dann ist es zu wißen, daß die Sprache gleichsam ein heller spiegel des verstandes sey, und wo die rechtschaf-
fen blühet, da thun sich auch zugleich trefliche geister in allen wißenschafften herfür.* (G. W. Leibniz, Plan
einer teutschliebenden Genossenschaft, 1683)[84]

*Ich glaube gänzlich, daß die Harmoni der Sprachen das best mittel von ursprung der völcker zu urtheilen,
und fast das einzige so uns übrig blieben, wo die Historien fehlen.* (G. W. Leibniz an Huldenreich von Eyben,
5. April 1691)[85]

*Es wäre auch vor die Cultur der teutschen Sprache zu sorgen, deswegen ich viel untersuchung gethan und
einen großen apparatum habe.* (G. W. Leibniz an Kaiser Karl VI, nicht datiert, einzuordnen Februar 1713)[86]

Eine wichtige Aufgabe der Societät war Pflege und Förderung der deutschen Sprache. Sprache war für
Leibniz ein zentraler Bereich menschlicher und gesellschaftlicher Existenz,[87] ... *eine Dolmetscherin des ge-
müths und eine behalterin der wißenschafft.*[88]

Sprache war für Leibniz der Spiegel des Bildungsniveaus einer Nation, Trägerin und Vermittlerin von Kultur und Wissenschaft. *Und ich bin insonderheit der Meinung, daß die Nationen, deren Sprache wohl ausgeübet
und vollkommen gemachet, dabei einen großen Vorteil zu Schärfung ihres Verstandes haben.*[89] Leibniz sah in
der Vernachlässigung der Sprache eine ernste Bedrohung für ihren Bestand.[90]

In seinen Denkschriften zur Gründung wissenschaftlicher Gesellschaften setzte sich Leibniz vehement für
eine verstärkte Anwendung seiner Muttersprache ein.[91] Er versuchte, die deutsche Sprache als Schriftsprache
neben der französischen und lateinischen Sprache zu etablieren und aufzuwerten.[92] Leibniz kritisierte in seiner

---

[84] Klopp Werke Bd. 6 S. 217. Zitiert nach W. Totok: Leibniz als Wissenschaftsorganisator, in: Totok-Haase S. 311. Vgl. Böger
S. 307ff.
[85] AA I, 6 N.246 S. 442. Zitiert nach Böger S. 310. Leibniz betonte die enge Verflechtung von Sprache und Geschichte. Leibniz war
der Ansicht, daß bei Fehlen schriftlicher Quellen die Sprachverwandtschaft als sicheres Zeichen für Herkunft und Wanderung der
Völker herangezogen werden könnte. Die vergleichende Sprachwissenschaft war für Leibniz ein Mittel, die Verwandtschaft der
Sprachen und die Beziehungen der Völker zu erhellen. Leibniz schätzte Hiob Ludolf als den besten Kenner der deutschen Sprache.
Vgl. Briefwechsel Leibniz mit Hiob Ludolf. AA I, 7 N.247.
[86] Klopp S. 228 Anl. X.
[87] Leibniz befasste sich mit verschiedenen Aspekten der Sprachwissenschaft, u. a. mit der Spracherforschung, Sprachgeschichte,
Sprachtheorie und Sprachphilosophie. Beeinflusst von John Lockes „An Essai concerning Human Understanding" aus dem Jahre 1690 beschäftigte sich Leibniz mit dem Verhältnis Sprache und Erkenntnis und verfasste 1703/04 die „Nouveaux essais sur
l'entendement humain" („Kurze Abhandlungen über den menschlichen Verstand"). Vgl. K. H. Weimann: Leibniz als Sprachforscher, in: Totok-Haase S. 544ff. J. G. Schottel: Ausführliche Arbeit von der Teutschen Haubdt-Sprache, Braunschweig 1663. A.
Schmarsow: Leibniz und Schottelius, Die unvorgreiflichen Gedanken, Straßburg, London 1877, in: Quellen und Forschung zur
Sprach- und Culturgeschichte der germanischen Völker Nr. 23.
[88] Leibniz, „Ermahnung an die Deutschen, ihren Verstand und ihre Sprache besser zu üben, samt beigefügtem Vorschlag einer deutsch
gesinnten Gesellschaft", einzuordnen 1683. AA IV, 3 N.117, S. 819. Philosophische Bibliothek, Hamburg 1956ff, Bd. 161, S. 3ff.
Zitiert nach Böger S. 307.
[89] Leibniz, „Einige patriotische Gedanken", 1697. Zitiert nach Krüger S. 21. Vgl. W. Schmied-Kowarzik (Hg.): G. W. Leibniz,
Deutsche Schriften Bd. 1, Muttersprache und völkische Gesinnung. Leibniz, „Concept einer Denkschrift über Untersuchung der
Sprachen und Beobachtung der Variation des Magnets im Russischen Reich", 1712. Guerrier Nr. 158 S. 239ff.
[90] *... daß schöne deutsche Schauspiel verfertigt und bei Höfen vorgestellet würden. Denn man nicht glaubet, was Corneille und Mo-
lière mit ihren schönen Ausfertigungen voll guter Gedanken ihren Landsleuten für Vorteil geschaffet.* Leibniz, „Einige patriotische
Gedanken", 1697. Zitiert nach Krüger S. 21f.
[91] Leibniz setzte sich für Erlernen und Verwendung eines umfangreichen Wortschatzes ein. *Daher wenn allerhand sinnreiche wohl
unterschiedenen Worte in einer Sprache läufig sein, so stehen dem Gemüte gleichsam soviel gute Gedanken und Einfälle zu Dienste, daher mich wundert, daß man bei uns der Fruchtbringenden Gesellschaft gutes Vorhaben verachtet und den angefangenen Bau
wieder verfallen lassen. Und muß ich mich oft verwundern daß so gar schlechte Bücher in deutscher Sprache insgeheim anjetzo
herauskommen.* Leibniz, „Einige patriotische Gedanken", 1697. Zitiert nach Krüger S. 21. 1617 wurde in Köthen die „Fruchtbringende oder Deutsche Gesellschaft zur Reinigung der deutschen Sprache" gegründet. S. von Schuhlenburg: Leibnizens Gedanken
und Vorschläge zur Erforschung der deutschen Mundarten, Berlin 1937, in: Abhandlungen der Preußischen Akademie der Wissenschaften Jg. 1937. Phil. Hist. Klasse Nr. 2.
[92] Mit diesem Anliegen kam Leibniz bei seinen Gründungsplänen für die Societäten in Berlin und Wien den Wünschen von Kurfürst
Friedrich und Kaiser Karl VI entgegen. Wie damals üblich, verwendete Leibniz vorwiegend die französische Sprache im täglichen
Umgang und im Briefverkehr. Als Korrespondenzsprache war die deutsche Sprache bei Leibniz erst an dritter Stelle nach der

Denkschrift „Unvorgreiffliche Gedanken, betreffend die Ausübung und Verbesserung der Teutschen Sprache", verfasst 1696/97,[93] die zunehmende Verwendung der französischen Sprache in Wort und Schrift und den Einbau französischer Wörter in deutsche Texte. *… weil die Annehmung einer fremden Sprache gemeiniglich den Verlust der Freyheit und ein fremdes Joch mit sich geführet.*[94] Er wendete sich gegen den Einfluss Frankreichs in Religion, Politik und Literatur. Er befürchtete, *… dass Teutsche über Teutschland französisch nicht blos reden, sondern auch denken.*[95] Sein Ziel war *… Reichtum, Reinigkeit und Glanz* der deutschen Sprache.[96]

Abb. 3: Fruchtbringende Gesellschaft

Leibniz knüpfte an die Vorschläge an, die Schottelius[97] zur Förderung ungelöster Aufgaben der Fruchtbringenden Gesellschaft gemacht hatte. Dass sich seine Landsleute erst später als andere Nationen von dem scholastischen Denken lösten, führte Leibniz auf „das Festhalten an der lateinischen Sprache und der mangelnden Sorge um die eigene herrliche Sprache zurück".[98] Da es im 17. Jahrhundert eine durchgeformte Schriftsprache des Deutschen nicht gab, forderte Leibniz Regeln für Schrift- und Sprachverkehr.[99]

Von 1671 bis 1716 forderte Leibniz in seinen Denkschriften zur Gründung wissenschaftlicher Societäten die Schaffung eines Universallexikons in deutscher Sprache. In der Denkschrift für Kaiser Karl VI vom 23. September 1712[100] zur Gründung einer kaiserlichen Akademie der Wissenschaften in Wien regte Leibniz die Herausgabe verschiedener Lexika in deutscher Sprache an. *Sonderlich ist 11. nöthig Cultus Linguae Germanicae, und gehen uns drey Sorten von Lexicis ab, welche die Franzosen alle drey bereits so ziemlich haben, als*

---

93   französischen und lateinischen; seine in deutscher Sprache abgefassten Briefe und Denkschriften sind mit lateinischen und französischen Wörtern durchsetzt.

93   J. Ch. Gottsched hat 1738 diese Denkschrift im ersten Band der „Beyträge der Deutschen Gesellschaft zu Leipzig" abgedruckt. Leibniz wird dargestellt „… wie der berufene zeitliche Vermittler zwischen den alten Sprachgesellschaften des 17. Jahrhunderts und der planvoll durchgeführten Gottschedischen Neuordnung unserer Literatur". F. Vogt und M. Koch: Geschichte der Deutschen Literatur Bd. 2, Leipzig und Wien 1918, S. 67. Leibniz übte hier Kritik an der „Accademia della Crusca" und an der „Fruchtbringenden Gesellschaft." Böger S. 164 Anm. 344ff S. 308. Leibniz kritisierte, dass sich die „Fruchtbringende Gesellschaft" ausschließlich mit der Dichtkunst befasse: *Et qui a porté si peu de fruit…,* Leibniz an Lorenz Hertel, 4. Dezember 1696. AA I, 13 N.67 S. 101. Niedersächsische Landesbibliothek Hannover, Ms IV 440 und 444. Dutens Bd. 6/2 S. 6ff. G. E. Guhrauer (Hg.): Gottfried Wilhelm Leibniz, Deutsche Schriften Bd. 1-2, Berlin 1838-1840, Hildesheim 1966, Bd. 1 S. 440ff. Von Ines Böger „Als erster eigenständiger Societätsplan" bezeichnet. Böger S. 18. Vgl. Böger S. 160ff. Die Denkschrift ist in drei Fassungen erhalten, die zwischen Ende 1696 und 1709 entstanden sind. Der Titel der ersten Niederschrift 1696/97: „Unvorgreiffliche Gedancken betreffend die aufrichtung eines Teutschgesinnten Ordens" wurde von J. G. Eckhart 1717 kurz nach Leibniz´ Tod herausgegeben, von Gottsched 1732 neu editiert, 1768 von Louis Dutens herausgegeben. Vgl. P. Pietsch: G. W. Leibniz, Abhandlung über die beste philosophische Ausdrucksweise, Berlin 1916, S. 63ff.

94   AA IV, 3 N.117, §§ 26. Zitiert nach Böger S. 311.

95   Zitiert nach Klopp S. 173.

96   Zitiert nach Klopp S. 173.

97   Georg Schottelius (auch Schottel), „Ausführliche Arbeit von der Teutschen Haubt Sprache" 1663 „… nimmt als das hervorragendste lexikalische grammatikalische Werk des ganzen 17. Jahrhunderts einen Ehrenplatz in der Geschichte der deutschen Sprachwissenschaft ein". F. Vogt und M. Koch: Geschichte der Deutschen Literatur Bd. 2, Leipzig und Wien 1918, S. 67.

98   Harnack I/1 S. 18 Anm. 1. Leibniz: *Daß die heilige Schrift in irgendeiner Sprache in der Welt besser als in Deutsch lauten könne, kann ich mir gar nicht einbilden; so oft ich auch die Offenbarung im Deutschen lese, werde ich noch weit mehr entzückt, als wenn ich den Vergil selbst lese, der doch mein Leibbuch ist.* Leibniz, „Ermahnung an die Deutschen, ihren Verstand und ihre Sprache besser zu üben, samt beigefügtem Vorschlag einer deutsch gesinnten Gesellschaft", einzuordnen 1683. Zitiert nach Heer S. 211 Anm. 8. Dennoch verfasste Leibniz die Geschichte des Welfenhauses „Annales Imperii Occidentis Brunsvicenses" in lateinischer Sprache mit der Begründung: *… daß in dem so lateinisch von mir zu zeiten aufgesetzet worden eine gewiße Kraft und nachdruck … so ist doch die lateinische nöthig zu haupt wercken, so auf die entfernte posterität kommen sollen.* Zitiert nach G. Scheel: Leibniz als Historiker des Welfenhauses, in: Totok-Haase S. 297. Niedersächsische Landesbibliothek Hannover, St. A. Cal. Br. 4 V 31 Bl. 190.

99   *Wer vollkommentlich von Sprachen urtheilen wollte, muste auch die vocabula dialectorum und voces non nisi plebejis hominibus usitas sameln.* Leibniz an H. von Eyben, 5. April 1691. Zitiert nach Böger Teil 2 Anmerkungen S. 113 Nr. 43.

100   Klopp S. 217ff Anl. VIII.

erstlich ein <u>*Lexicon usuale*</u>*, dergleichen ist bei den Italienern il dittionario della Crusca*[101]*, bey den Franzosen le dictionnaire de l'Academie Françoise. Hingegen haben die Teutschen noch kein rechtes übliches Wörterbuch, und lassen sich sehr verleiten die sprach mit frembden worthen zu verderben, da doch die sprache ein spiegel ist des Verstandes, und gemeiniglich, wenn eines landes Sprach am besten ausgeübet worden, das Land und Volck alsdann selbst geblühet. Dann folgt ein* <u>*Lexicon Technicum*</u>*, dergleichen Furetiere*[102] *denen Franzosen zuerst gegeben, darin die ungemeinen worthe, so die künstler, handwercksleute und andere professionen brauchen, zusammen getragen und erclärt werden, ... Drittens wäre nöthig ein* <u>*Glossarium Germanicum*</u>*, darinn die veraltete, auch provincial worth und redensarthen aus den uhrkunden, alten büchern und zum theil aus den alten besonderen landessprachen beybehalten werden ...*[103]

5. Bücher, Fundament von Bildung

... zum öfftern [haben wir] mißfällig vernehmen müßen, daß die Welt mit unzählbaren untüchtigen Scharteken, und andern nuzenlosen Büchern überhäuffet, deren eine große Menge in Unsere Lande eingeschoben, und nicht wenig Geld dafür hinausgezogen werde; auch was das Ärgste ist, viel gefährliche Schrifften gegen die Religion, Gottesfurcht und guthe Sitte, gegen den Staat, gegen das Reich, und dessen Oberhaupt ... (G. W. Leibniz, Entwurf des Auftrages eines Bücherkommissariates für die Churfürstliche Brandenburgische Societät der Wissenschaften zu Berlin, Juli 1700)[104]

Das Schrifttum einer Nation war für Leibniz Abbild des wissenschaftlichen und geistig kulturellen Lebens. Bücher als Bewahrer und Vermittler bereits bestehender und neuer Erkenntnisse waren für Leibniz die notwendige Grundlage für Bildung und Wissen.[105] Daher sollten bestehende Bibliotheken vergrößert und neue Bibliotheken errichtet werden.[106] *Mon opinion est toujours esté et l'est encore, qu'une bibliotheque soit une encyclopedie, c'est à dire qu'on s'y puisse instruire au besoin en toutes les matières de consequence et de pratique.*[107]

Von 1668 bis 1716 bemühte sich Leibniz, die Organisation des *Bücherwesens* als Aufgabe der zu gründenden wissenschaftlichen Gesellschaften zu etablieren. Seit seinem 22. Lebensjahr[108] betonte Leibniz die wichti-

---

[101] Die „Accademia della Crusca", 1582 in Florenz gegründet, gab 1612 das „Vocabolario degli Accademici della Crusca", das erste Wörterbuch in italienischer Sprache heraus.

[102] Mit „Furetiere" ist „Dictionnaire universel contenant generalement tous les mots françois tant vieux que modernes, & les termes de toutes les sciences et des arts" 3 Bde., Den Haag und Rotterdam 1690 „Universalwörterbuch sämtlicher französischer alter wie moderner Wörter, Fachausdrücke aller Wissenschaften und Künste enthaltend" des französischen Gelehrten Antoine Furetière gemeint.

[103] Leibniz, Denkschrift an Kaiser Karl VI, Wien, 23. Dezember 1712. Klopp S. 220f Anl. VIII. Leibniz regte die Herausgabe von Wörterbüchern und Lexika in deutscher Sprache an. Leibniz kann als früher Vorläufer von Jakob Grimm angesehen werden, der gemeinsam mit seinem Bruder Wilhelm eine Aufstellung von Regeln der Grammatik durchführte und ab 1852 das „Deutsche Wörterbuch" herausgab.

[104] Zitiert nach Harnack II S. 99.

[105] Leibniz besaß eine große Bibliothek mit Büchern aller Wissensgebiete. Johann Georg Eckhart, Sekretär und Nachfolger von Leibniz als Bibliothekar in Hannover, über die Lesegewohnheiten von Leibniz: „Er las zwar viel und excerpirte alles, machte auch fast über jedes merkwürdige Buch seine Reflexionen auf kleinen Zetteln; sobald er sie aber geschrieben, legte er sie weg (er besaß zu diesem Zwecke einen eigenthümlichen Excerpirschrank ...), und sah sie nicht wieder, weil sein Gedächtniß unvergleichlich war, ... Er wollte an allen gelehrten Sachen Theil haben, und wo er nur hörte, daß jemand was Neues erfunden, so ruhte er nicht eher, bis er darin völlig unterrichtet war." Zitiert nach Guhrauer II S. 337.

[106] Leibniz regte an, alle Bibliotheken einschließlich der Klosterbibliotheken kostenlos öffentlich zugänglich zu machen.

[107] *(Es ist immer meine Meinung gewesen und ist es auch heute noch, dass eine Bibliothek ein Universallexikon sei, d.h., dass man sich dort bei Bedarf in allen wesentlichen Disziplinen und deren Anwendung informieren kann.)* Leibniz an Herzog Johann Friedrich, 1678. AA I, 2 S. 476. Zitiert nach H. Lackmann: Leibniz' bibliothekarische Tätigkeit in Hannover, in: Totok-Haase S. 345 Anm. 53. Nach Auffassung von Leibniz sollte eine gute Bibliothek vor allem Werke über Erfindungen, Demonstrationen und Experimente, sowie politische, historische, zeitgeschichtliche und geografische Darstellungen enthalten. Leibniz lehnte umfangreiche Bücher ab; er bevorzugte kurzgefasste Schriften. Leibniz an Lorenz Hertel: *Ich beachte hauptsächlich, ob der Verfasser durch sein Buch der gelehrten Welt irgendeinen Dienst geleistet hat.* H. Lackmann: Leibniz' bibliothekarische Tätigkeit in Hannover, in: Totok-Haase S. 330. AA I, 1 S. 417f.

[108] Leibniz an Kaiser Leopold I „De Scopo et Usu Nuclei Librarii Semestralis", 22. Oktober 1668, Ergänzung 18. November 1668. AA I, 1 N.1 und N.2. Vgl. Anhang Nr. 1 und Leibniz, „Notanda das Bücherkommissariat betreffend für den Kurfürsten von Mainz Joh. Ph. Schönborn", 1668. AA I, 1 N.24. Vgl. Anhang Nr. 2.

ge Funktion der Bücher als Grundlage von Wissen und Bildung. Jahrzehntelang versuchte er, das Erscheinen minderwertiger Bücher zu verhindern und warnte vor der ... *schreckenerregenden Vielzahl an Büchern, die ständig zunimmt. Denn am Ende wird die Unordnung nahezu unüberwindbar sein; die in kurzer Zeit ins Unendliche gewachsene Zahl von Autoren wird sie alle in Gefahr bringen der Vergessenheit anheim zu fallen.*[109] Leibniz forderte Kontrolle und Beschränkung vor allem der Neuerscheinungen.[110]

1668, mit 22 Jahren, wandte sich Leibniz mit einer Denkschrift an Kaiser Leopold I: *... ist nicht genug, daß man die Namen der Autoren und Titel der Bücher erzehle ... sondern es wird vonnöten sein, daß der Kern, Inhalt, Abteilung und denkwürdigsten Anmerkungen desselben kurz herausgezogen werden ... Wer aber die Mittel und Gelegenheit nicht hat, die Bücher zu kaufen oder wegen der Distanz zu bekommen und zu sehen, der kann dennoch durch diesen Auszug Materi genugsam haben, selbige zu verstehen und davon zu diskurrieren;* ...[111] Leibniz plante die Kontrolle des *Bücherwesens* durch die Herausgabe einer halbjährlich erscheinenden Rezensionszeitschrift „Nucleus Librarius Semestralis", die unter dem Protektorat des Kaisers stehen sollte. Doch Kaiser Leopold I ging auf die Vorschläge von Leibniz nicht ein mit dem Argument, die Rechte der Autoren nicht einzuschränken. Mehr als 30 Jahre später, im Jahr 1700, verfasste Leibniz für die Preußisch-Brandenburgische Societät den *Entwurf für ein Bücher-Commissariat*[112]. Es gehörte zur Aufgabe der Societäten, den Druck und den Handel aller Bücher zu überprüfen und zur Pflicht der Societäten ... *gewiße rechtschaffene Bücher zu verlegen und bey den Schuhlen einzuführen.*[113]

Die Societät sollte für die Schulbücher verantwortlich sein. Leibniz forderte einheitliche Schulbücher für alle. ... *weilen bekannt, daß eine große difformität sich bey denen in den Schulen und sonst bey denen praeceptoribus tam privatis tam publicis gebräuchlichen büchern findet ... dadurch die von einer Schule in die andere ziehen ... in progressu studiorum nicht weniger turbiret und gehindert werden.*[114]

Leibniz, der immer wieder harte Kritik an der ihm übertrieben erscheinenden Produktion von Büchern übte, übergab selbst nur einen kleinen Teil seiner Schriften der Öffentlichkeit.[115] ... *freilich, wer mich nur aus meinen gedruckten Arbeiten kennt, der kennt mich im Grunde gar nicht.*[116]

6. Die geplante Universalenzyklopädie

... *daß nämlich die Quintessenz der besten Bücher exzerpiert und verbunden werde mit den besten, noch nicht aufgezeichneten Beobachtungen der größten Experten in jedem Fach, um so Systeme gesicherten Wissens zu errichten, geeignet, die Wohlfahrt der Menschen zu fördern. Auf Erfahrungen und Beweise gegründet und durch Sachverzeichnisse zum Gebrauch hergerichtet, würde ein solches Werk das dauerhafteste und größte*

---

[109] Leibniz, „Regeln zur Förderung der Wissenschaften", in: G. W. Leibniz, Philosophische Schriften, H. Herring (Hg.), Bd. 4: Schriften zur Logik und zur philosophischen Grundlegung von Mathematik und Naturwissenschaften, Suhrkamp, Frankfurt/Main 1966, S. 35ff. Zitiert nach Leinkauf S. 107. Dennoch schrieb Leibniz mit 50 Jahren: *Wissen Sie, niemand hat weniger den Geist eines Zensors als ich. Es klingt seltsam: ich billige das meiste, was ich lese.* Leibniz an Vincentius Placcius, 2. März 1696. Dutens Bd. 6/1 S. 64. Zitiert nach Müller-Krönert S. 137f. Vgl. Krüger S. XLV.

[110] Im Januar 1700 regte Leibniz das Erscheinen eines deutschsprachigen Rezensionsorganes an: „Monatlicher Auszug, Aus allerhand neu-heraus-gegebenen, nützlichen und artigen Büchern" zu finden bey Nikol. Förstern, Buchhändlern in Hannover. Die Zeitschrift erschien von Januar bis Dezember 1702. E. Ravier : Bibliographie des Œuvres de Leibniz, Paris 1937, Hildesheim 1966, Nr. 252. 219. 292. Müller-Krönert S. 161.

[111] Leibniz an Kaiser Leopold I, „De Scopo et Usu Nuclei Librarii", 22. Oktober 1668, Ergänzung 18. November 1668. AA I, 1 N.1 u. N.2. Zitiert nach Heer S. 73f. Vgl. Anhang Nr. 1.

[112] Leibniz, „Entwurf des Auftrages eines Bücher-Commissariates für die Sozietät der Wissenschaften", Berlin Juli 1700. Zitiert nach Harnack II S. 99.

[113] Leibniz, „Entwurf des Auftrages eines Bücher-Commissariates für die Sozietät der Wissenschaften", Berlin Juli 1700. Zitiert nach Harnack II S. 101.

[114] Klopp Werke Bd. 10 S. 390. Zitiert nach Böger S. 294.

[115] Das einzig umfangreiche Werk, das Leibniz zu Lebzeiten veröffentlichte, ist „Essai de Théodicée", Amsterdam, Isaac Troyel, 1710. Vgl. Fußnote 45. Im Jahre 1697 überlegte Leibniz die Herausgabe „Literarischer Kostbarkeiten", die Werke von Galilei, Descartes, Pascal, Huygens, Valerian u. a. enthalten sollten. Leibniz dachte sogar an einen weiteren Band ... *in den andern Tomum köndten kommen meine Correspondenz mit Landgraf Ernst, Mons. Arnaud [Arnauld], Mons. Pellisson und andern usw.,*... Müller-Krönert S. 144. Vgl. G. H. Pertz (Hg.): Leibnizens Gesammelte Werke, I. Folge, Bd. 4, Hannover 1847, S. 219.

[116] Leibniz an Vincentius Placcius, 26. März 1696. Dutens Bd. 6/1 S. 65. Zitiert nach Müller-Krönert S. 138.

Denkmal seines Ruhmes sein und eine unvergleichliche Verpflichtung der Menschheit gegen ihn. (G. W. Leibniz, Regeln zur Förderung der Wissenschaften, 1680)[117]

Immer wieder forderte Leibniz die Herausgabe eines Universallexikons, einer Universalenzyklopädie[118], in der das bestehende und das neu erkannte Wissen aller Disziplinen geordnet und in deutscher Sprache aufgezeichnet werden sollte. In der umfassenden und systematischen Erfassung des menschlichen Wissens sah Leibniz die Grundlage für eine Weiterentwicklung und den Bestand der Wissenschaften. *Und da bekannt, dass alle merckwürdige Erkenntniss der Menschen theils schohn vorhanden und in die bücher bracht, aber in denselben zerstreuet; theils zwar vorhanden, aber noch nicht in Schrifften eingezeichnet; theils gar noch nicht auszufinden; auch dass aus mangel der hülff und belohnung viele guthe entdeckungen unvollkommen blieben, oder ob sie gleich zustande bracht, dennoch mit ihrem urheber sich verlohren.*[119]

Die Mathematik war für Leibniz Grundlage aller Wissenschaften. *Cum Deus calculat et cogitationem exercet, fit mundus.*[120] Leibniz war überzeugt, dass der Mensch mit Hilfe der Mathematik fähig sei, die von Gott geschaffene Welt zu verstehen und dadurch Gott näher zu kommen. Alles, was an Wissenswertem und Nützlichem bereits schriftlich niedergelegt war, sollte geordnet und in Indizes und Universalregistern zusammengestellt werden.[121] *Wäre allerdings diese Enzyklopädie so gemacht, wie ich sie wünschte, dann könnten wir Mittel verfügbar machen, stets die Konsequenzen der fundamentalen Wahrheiten oder von gegebenen Tatsachen zu finden, mittels einer Art des Kalküls, der genauso exakt und genauso einfach wäre wie die von der Arithmetik und Algebra, von denen ich schon vorab eine Demonstration geben könnte, um die Menschen zu diesem großen Werk anzuregen.*[122] Leibniz gab genaue Richtlinien für den Aufbau der Enzyklopädie an; er nahm zahlreiche Intentionen der französischen Enzyklopädie vorweg.[123]

Die einzelnen Wissensgebiete sollten in gesetzmäßig mathematischer Ordnung nach dem Zeitpunkt ihrer Erforschung und Erkenntnis angeordnet werden. Die Universalenzyklopädie sollte aus drei Teilen bestehen: der „Encyclopaedia media", der „Encyclopaedia major" und der „Encyclopaedia minor".

---

[117] In: G. W. Leibniz, Philosophische Schriften, H. Herring (Hg.), Bd. 4, Schriften zur Logik und zur philosophischen Grundlegung von Mathematik und Naturwissenschaft, Suhrkamp, Frankfurt/Main 1996, S. 35ff. Zitiert nach Leinkauf S. 110.

[118] 45 Jahre lang betonte Leibniz die Notwendigkeit einer Universalenzyklopädie. Leibniz gab der Enzyklopädie den Arbeitstitel „Plus Ultra". Vgl. Teil 2/VII/8. Bereits 1668/69 regte Leibniz in seiner Denkschrift an Kaiser Leopold I „De Scopo et Usu Nuclei Librarii Semestralis" sowie im „Grundriß" aus dem Jahre 1671 und in der in seinem Todesjahr 1716 verfassten „Denkschrift über die Verbesserung der Künste und Wissenschaften im russischen Reich" die Schaffung einer Universalenzyklopädie an. Guerrier S. 356ff. Vgl. Böger S. 116ff.

[119] Leibniz, „Entwurf zu einem kaiserlichen Diplome der Stiftung einer Societät der Wissenschaften zu Wien", nicht datiert, einzuordnen April/Mai 1713. Zitiert nach Klopp S. 237 Anl. XIII.

[120] *(Indem Gott rechnet und sein Denken in die Tat umsetzt, entsteht die Welt.)* August 1677. G. W. Leibniz, Die philosophischen Schriften, C. I. Gerhardt (Hg.), Bd. 1-7, Berlin 1875ff, Hildesheim 1960/61, Bd. 7 S. 191 Anm. Zitiert nach Böger S. 214.

[121] Zu den Vorläufern von Leibniz gehörte u. a. der Theologe Johann Christian Lange (1669-1756), Professor für Moral und Logik in Gießen. Lange´s Projekt einer Universalenzyklopädie verfolgte pädagogisch-didaktische Ziele und hatte nicht die Universalität von Leibniz´ Plänen. Böger S. 204ff und S. 117. Vgl. U. Dierse: Zur Geschichte eines philosophischen und wissenschaftstheoretischen Begriffs, Bonn 1977, Archiv für Begriffsgeschichte, Suppl. Heft 2, S. 15ff.

[122] Leibniz, „Regeln zur Förderung der Wissenschaften" 1680, in: G. W. Leibniz, Philosophische Schriften, H. Herring (Hg.), Bd. 4, Schriften zur Logik und zur philosophischen Grundlegung von Mathematik und Naturwissenschaft, Suhrkamp, Frankfurt /Main 1996, S. 37ff. Zitiert nach Leinkauf S. 117.

[123] „Encyclopédie ou Dictionnaire Raisonné des Sciences, des Arts et des Métiers par une Société de Gens de Lettres". Mise en ordre et publiée par M. Diderot … et quant à la Partie Mathématique par M. d´Alembert. Paris, Briasson, David l´aîné, Le Breton, Durand, 1751-1765. Das Werk umfasst 17 Text- und 11 Abbildungsbände ergänzt durch vier Supplementbände und einen Abbildungsband und zwei Registerbände. Die Herausgeber Denis Diderot und Jean le Rond d´Alembert weisen mehrfach auf Leibniz hin. In der Einleitung formuliert Diderot die Ziele seiner Enzyklopädie mit Worten, die auch von Leibniz stammen könnten: „Tatsächlich zielt eine Enzyklopädie darauf ab, die auf die Erdoberfläche verstreuten Kenntnisse zu sammeln, das allgemeine System dieser Kenntnisse den Menschen darzulegen, mit denen wir zusammenleben, und es den nach uns kommenden Menschen zu überliefern, damit die Arbeit der vergangenen Jahrhunderte nicht nutzlos für die kommenden Jahrhunderte gewesen sei; damit unsere Enkel nicht nur gebildeter, sondern gleichzeitig auch tugendhafter und glücklicher werden, und damit wir nicht sterben, ohne uns um die Menschheit verdient gemacht zu haben." Zitiert nach Die Encyclopédie des Denis Diderot, Die bibliophilen Taschenbücher Nr. 389, Harenberg, Dortmund 1983, S. 273. Diderot, der wie Leibniz die Erforschung der Medizin zu forcieren versuchte, gab 1744 das „Dictionnaire de Médicine" heraus. Harnack weist auf Gemeinsamkeiten zwischen Leibniz und Diderot trotz ihrer diametral verschiedenen Philosophie hin. Harnack I/1 S. 13 Anm. 1. Auch in seiner Forderung, Schrift- und Bildmaterial nebeneinander zu präsentieren, ist Leibniz ein Vorgänger der französischen Enzyklopädisten.

Die „Encyclopaedia media" war als Zusammenfassung aller Einzeldisziplinen gedacht, die ständig erweitert und verbessert werden sollte. *Es würde auch nützlich sein die encyclopediam mediam mit Tabellen zu begleiten daraus die Einrichtung und Verbindung der disciplinen und ihrer theile zu ersehen.*[124]

Die „Encyclopaedia major" war als „Atlas universalis"[125] vorgesehen. *... ein Werk von wunderbarem Nutzen, durch dessen sämtliche Tafeln wie auch Figuren das menschliche Wissen auf nützliche Weise vorgezeigt, im Abriß dargestellt und den Augen unmittelbar unterbreitet werden kann.*[126] Wie später Diderot versuchte Leibniz, Schrift- und Bildmedium nebeneinander zu etablieren. *... mir kommt aber in den Sinn, daß die gesamt Encyclopaedie durch einen gleichsam universalen Atlas vorzüglich erfaßt werden kann. Zuerst nämlich, kann fast alles, was gelehrt und gelernt werden muß, den Augen unterbreitet werden.*[127]

Der dritte Teil war als „Encyclopaedia minor" konzipiert, *... ein manuale oder Handbuch welches man bey sich tragen und darin den Kern nützlicher Dinge gleichsam in einer Quintessens haben könnte.*[128]

Die Einteilung sollte in alphabetisch, besser noch in systematisch angelegten Inventarien erfasst werden,... *weil in der alphabetischen eintheilung, wo man sich an die Nahmen bindet, die Sachen so zusammen gehören, voneinander gerissen werden und also nicht wohl zu verstehen.*[129]

Durch die Universalenzyklopädie sollten verschiedene Wissenschaftdisziplinen miteinander vernetzt werden. *Und weilen die verschiedene arten der Wißenschafften dergestalt mit einander verbunden seynd, daß sie nicht woll gäntzlich getrennet werden können. So wollen Wir, ... unterschiedene objecta Doctrinae nach Ihrer Zusammenhengung zu gewißen Zeiten und durch bequehme Persohnen bey Unserer Societet in augenmerk genommen werden solle.*[130]

Leibniz war der Überzeugung, dass aus Vernetzung von Wissen aus verschiedenen Bereichen neues Wissen entstünde. *Gewöhnlich entsteht aus dieser Vermählung etwas Neues und Vorzügliches, das anderenfalls nicht in den Sinn gekommen wäre.*[131] Daher erkannte Leibniz - wie Diderot Jahrzehnte später - die Notwendigkeit, verschiedene Wissensgebiete miteinander zu verbinden und in einem Universallexikon systematisch aufzuzeichnen. Die Voraussetzung für die Verknüpfung unterschiedlicher Wissensgebiete ist ein umfassendes Wissen als Folge einer vielseitigen fächerübergreifenden Ausbildung, die von den Societäten zu leisten ist.[132]

Als Grundlage der Kommunikation europäischer Akademien versuchte Leibniz, eine Universalsprache, Characteristica universalis[133], eine in allen Sprachen lesbare Zeichensprache nach dem Vorbild der Mathematik

---

[124] Leibniz, „Concept einer Denkschrift über die Verbesserung der Künste und Wissenschaften im Russischen Reich", 1716. Guerrier Nr. 240 S. 358.

[125] *Die Encyclopediam majorem wollte ich nennen Atlantem Universalem, so auch mit sehr viel nützlichen Figuren versehen sein müste und aus etlichen voluminibus in folio Atlantischer Form bestehen müste; dergleichen Werk hat man noch nicht; wäre aber aniezo vermittelst einer wohlgefassten societät füglich zu verfertigen.* Leibniz, „Concept einer Denkschrift über die Verbesserung der Künste und Wissenschaften im Russischen Reich", 1716. Zitiert nach Guerrier Nr. 240 S. 358. Vgl. Bredekamp S. 156ff. AA VI, 4 N.29 S. 81.

[126] AA IV, 3 N.116 S. 781. Zitiert nach Bredekamp S. 156. Leibniz hat in einem mit „Atlas universalis" betitelten Text von 1678 vermerkt, dass... *dem Augensinn eine besondere Leistungsfähigkeit in der Lehre und Erfassung des Wissens eigne, ...* Zitiert nach Bredekamp S. 156.

[127] *Ich habe mir schon oft gewünscht, daß man große Kupferstiche zeichnen und stechen ließe, gleich jenen, die in Atlanten vorkommen, welche mit einem Blick eine ganze Wissenschaft, Kunst oder Profession darstellen können...* Zitiert nach Bredekamp S. 158. AA IV, 3 N.68 S. 551.

[128] Leibniz, „Concept einer Denkschrift über die Verbesserung der Künste und Wissenschaften im Russischen Reich", 1716. Zitiert nach Guerrier Nr. 240 S. 358.

[129] Leibniz, „Concept einer Denkschrift über die Verbesserung der Künste und Wissenschaften im Russischen Reich", 1716. Zitiert nach Guerrier Nr. 240 S. 355.

[130] Leibniz, „Stiftungsbrief für die königlich-preußische Societät der Wissenschaften zu Berlin", genehmigt und erlassen durch Kurfürst Friedrich III am 11. Juli 1700. Zitiert nach Harnack I/1 S. 94.

[131] AA VI, 4 S. 734. Zitiert nach A. Heinekamp: Leibniz heute, in: K. Popp, E. Stein (Hgg.), G. W. Leibniz, Ausstellungskatalog, Schlütersche GmbH Co.KG, Universität Hannover 2000, S. 25.

[132] Hans Heinz Holz: „ Im Akademiegedanken [ist] das Prinzip des universalen Zusammenhangs von allem mit allem. Die Isolierung der Einzelwissenschaften müßte verhängnisvoll werden, weil dadurch die Einheit der Welt in der Spiegelung im Bewusstsein zerstört würde." Holz Monographie S. 186.

[133] Böger S. 116ff und S. 134. K. H. Weimann: Leibniz als Sprachforscher, in: Totok-Haase S. 546ff.

zu konstruieren.[134] Die von Leibniz entwickelte „ars characteristica", eine algebraische Zeichensprache, sollte Übersicht, Rationalisierung und Einteilung bewirken analog der Algebra in der Mathematik.

Leibniz fasste die Ansätze zur Logisierung und Mathematisierung der Sprache von René Descartes[135], aber auch Antoine Arnauld[136], Thomas Hobbes[137] und Francis Bacon[138] zusammen.

1666 versuchte Leibniz erstmals in seiner „Dissertatio de Arte Combinatoria"[139] eine Universalsprache zu schaffen. Um wissenschaftliche Erkenntnisse zu ordnen, schlug Leibniz eine der Mathematik verwandte Vorgangsweise vor.

Nach langjährigen Bemühungen sah Leibniz die Unmöglichkeit des Projektes einer Universalsprache ein:[140] *Mein großes historisches Werk hindert mich, den Gedanken auszuführen, die Philosophie in schlüssigen Beweisen darzulegen ..., denn ich sehe, daß es möglich ist eine klein characteristica generalis zu erfinden welche es ermöglicht, alle Untersuchungen die dazu geeignet sind, zur Gewißheit zu bringen, so wie es die Algebra in der Mathematik bewirkt.*[141]

7. Verbesserung des Gesundheitswesens

Et quoyque la medecine ou la science de la santé (la plus importante des sciences apres celle de la vertu) soit demeurée jusqu'icy la plus imparfaite, comme elle est la plus difficile; il faut pourtant avouer que jamais on a mieux entendu les preparatifs de cette science,c'est-à-dire la nature des animaux, des vegetables et des mineraux ... Et quant à la practique de la Medecine quoyque la moins avancée, on a trouvé des specifiques nouveaux qui surpassent tous les remedes connus de l'antiquité ... (G. W. Leibniz an Obersthofkanzler P. L. W. Graf von Sinzendorf, Denkschrift zur Gründung einer kaiserlichen Akademie der Wissenschaften in Wien, nicht datiert, einzuordnen März/April 1714)[142]

---

[134] Bei der Erfindung der Universalsprache setzte Leibniz nicht nur die Kenntnis verschiedener Disziplinen, sondern auch die Anwendung unterschiedlicher Methoden in einer Disziplin ein. Leibniz verknüpfte drei zunächst beziehungslos erscheinende Gebiete: die Arithmetik, die Sprachwissenschaft und die Philosophie. Aus der Arithmetik nahm er die arithmetischen Zeichen, aus der Sprachwissenschaft die von ihm geplante Universalsprache, aus der Philosophie seine Untersuchung des Wesens der symbolischen Erkenntnis. D. Mahnke: Leibniz als Gegner der Gelehrteneinseitigkeit, Stade 1912, S. 70. In der Erfindung der mathematischen Zeichensprache sieht Mahnke die bedeutendste Leistung von Leibniz in der Mathematik. Vgl. A. Heinekamp: Leibniz heute, in: K. Popp, E. Stein, (Hgg.) G. W. Leibniz, Ausstellungskatalog, Schlütersche GmbH Co.KG, Universität Hannover 2000, S. 25f

[135] R. Descartes an M. Mersenne, 20. November 1629. Dutens Bd. 1 S. 76ff. Vgl. „Opuscules et fragments inédits" („Kleine Werke und unveröffentlichte Notizen"), in: „Extraits des manuscrits de la Bibliothèque royale de Paris", L. Couturat (Hg.), 1903, Nachruck Hildesheim 1961, vgl. S. 27f, S. 151f, S. 277ff, S. 497f. Der Brief von Descartes an Mersenne, 20. November 1629, enthält grundsätzliche Betrachtungen über eine Universalsprache. Karl Heinz Weimann: „Leibniz knüpft an Descartes' Gedankengänge an ... und proklamiert im Sinne Descartes' (bei gleichen erkenntnistheoretischen Prämissen) einen allgemein gültigen in sich logischen Wortschatz als Zeichen der Repräsentanz eines die Außenwelt objektiv spiegelnden allgemein gültigen logischen, zwingend notwendigen Begriffssystems. Gegenüber Descartes hält er die stufenweise Schaffung dieses Wortschatzes entsprechend einer stufenweisen approximativen Erschließung dieses Begriffssystems für möglich. Arnaulds Ansatz zu einer allgemeinen Grammatik führt Leibniz weiter und versucht, sie auf die Ebene absoluter und objektiver Allgemeingültigkeit anzuheben." K. H. Weimann: Leibniz als Sprachforscher, in: Totok-Haase S. 547.

[136] Vgl. A. Arnauld, C. Lanzelot : Grammaire générale et raisonné, Nouvelle Edition, Paris 1956. Descartes R., Œuvres, Ed. C. Adam, P. Tannery, Paris 1897ff. K. H. Weimann: Leibniz als Sprachforscher, in: Totok-Haase S. 547.

[137] Vgl. Thomas Hobbes: Opera philosophica quae Latine scripsit omnia, darin „Leviathan", Pars I, De homine I, Kap. 5 (Vol. 3, S. 35). Leibniz war auch von Thomas Hobbes beeinflusst, der durch die Einfachheit des mathematischen Kalküls eine vollkommene Modellsprache anstrebte. Für Hobbes bedeutete Denken: Rechnen mit Worten. K. H. Weimann: Leibniz als Sprachforscher, in: Totok-Haase S. 547.

[138] Auch Bacon strebte eine vollkommene Modellsprache an. Vgl. F. Bacon of Verulam, Works, J. Spedding, R. L. Ellis, D. D. Heath (Hgg.), London 1857, darin „De dignitate et augmentis scientiarum" VI, Kap. I, Vol. I, S. 654.

[139] AA VI, 1 N.8. Die „Dissertatio de Arte combinatoria" wurde auch von Kaiser Leopold I geschätzt.

[140] Harnack I/1 S. 26 Anm. 1.

[141] Leibniz an Sekretär Biber, März 1716. E. Bodemann (Hg.): Der Briefwechsel des Gottfried Wilhelm Leibniz in der königl. öffentl. Bibliothek zu Hannover, Hannover und Leipzig 1889, Nachdruck Hildesheim 1966, S. 15f. Zitiert nach Müller-Krönert S. 257.

[142] *(Und obgleich die Medizin oder die Wissenschaft von der Gesundheit (die wichtigste der Wissenschaften nach der von der Tugend) bis jetzt die unvollkommenste geblieben ist, ist sie auch die schwierigste; man muß sich dennoch eingestehen, dass man niemals die Grundlagen dieser Wissenschaft besser verstanden hat, das bedeutet die Natur der Tiere, der Pflanzen und der Minerale ... Und was die praktische Anwendung in der Medizin betrifft, obwohl sie die am wenigsten entwickelte Wissenschaft ist, hat man neue*

Ich fürchte, daß die großen Aerzte ebenso viel Menschen umbringen, als die Generale. Das Übel ist, man legt sich mehr auf die Kunst, Schlechtes zu thun, als auf die Künste, wohl zu thun; wenn man ebenso viel Sorge trüge um die Medicin, als um die Kriegswissenschaft, und die großen Aerzte eben so sehr belohnte, als die großen Generale, so wäre die Medicin vollkommner als sie ist. (G. W. Leibniz an Claudio Filippo Grimaldi, November 1712)[143]

Als dringende Aufgabe der Sozietät sah Leibniz die medizinische Forschung im Interesse der Allgemeinheit.[144] Wichtig war Leibniz die verstärkte Erforschung der Krankheitsursachen[145] und die medizinische Versorgung für alle. Leibniz dachte seiner Zeit weit voraus: Die Ärzte sollten verpflichtet werden, bei allen Patienten ihre Diagnose und Methode der Behandlung aufzuzeichnen.[146]

Die Ausbildung der Ärzte sollte verbessert werden. ... *eigne veranstaltung zu unterweisung junger chirurgorum (wäre) zu machen vermittelst der anatomi sowohl als würcklicher besuchung der patienten ...*[147] *Die Medici, Chirugi und Apotheker wären in Anatomicis, Botanicis, Chymicis und Praxi medica zu üben und hätten daher zu den grossen Hospitälern oder Krankenhäusern sich zu verfügen und all-dahin so wohl als sonst zu den patienten alte erfahrene Medicos und Chirugicos zu begleiten, hätten auch in denen Apotheken sich umbzusehen und darin visitationen beyzuwohnen.*[148]

Leibniz setzte sich für die statistische Erfassung von berufs- und jahreszeitlich bedingten Erkrankungen und das Erstellen von medizinisch-klinischen Jahresberichten ein.[149] *Man mus sich gebrauchen aller bereits gefundener Experimentorum und observationum Medico-physicarum. Die mus man aus allen autoribus zusammentragen und in eine ordnung bringen ... Ein ieder Medicus und Chymicus soll ein stets wehrendes journal aller seiner laborum halten ... Alle Patienten die in einem hospital sterben sollen anatomirt werden.*[150]

Wichtig war Leibniz der Einsatz geeigneter Instrumente. *Man muß Instrument haben Urin und Puls genau zu betrachten, weil solches general Zeichen seyn des Menschlichen Zustandes. Vor der Urin ist nichts besser*

---

spezielle Heilmittel gefunden, die alle seit dem Altertum bekannten Heilmittel übertreffen.) Zitiert nach Klopp S. 232 Anl. XII. Vgl. H. Deichert: Leibniz über die praktische Medizin und die Organisation der öffentlichen Gesundheitspflege, Sonderdruck aus der Dt. Medizinischen Wochenschrift, N.18 1913. M.-N. Dumas: Leibniz und die Medizin, in: Studia Leibnitiana, Sonderheft 7, 1978, S. 148ff. M. D. Grmek : Leibniz et la Médecine pratique, in: Leibniz. Aspects de l'homme et de l'œuvre (1646-1716). Journées Leibniz. Organisées au Centre International de Synthèse, les 28, 29, 30 mai 1966, Paris 1968. F. Hartmann und W. Hense: Die Stellung der Medizin in Leibniz Entwürfen für Sozietäten, in: Studia Leibnitiana, Sonderheft 16, 1990, S. 241ff.

[143] Zitiert nach Guhrauer II S. 202.

[144] *Wie denn die Medizin der neu erfundenen vasorum lacteorum und lymphaticorum, der Zirkulation und so vieler ander ductuum, auch des von der Chimie in der Natur angezündeten Lichts bisher noch wenig gebessert ist und der methodus medendi dergestalt bei denen nur allein geldesbegierigen Practicis in so schlechten Stande blieben als er zuvor jemals gewesen.* Grundriß. Zitiert nach Heer S. 91.

[145] Leibniz war der Ansicht, dass Ärzte Krankheiten nur mit überlieferten Hausmitteln behandelten, ... *die Experimente verachten ... solche Wißenschafft dem Apotheker überlaßen und sich contentiren, aus Büchern ... zu curiren – sich heßlich betrogen finden und offt, will nicht sagen von Marktschreyern, sondern alten Weibern übertroffen werden.* Zitiert nach Harnack II S. 25 Nr. 19.

[146] Leibniz war von dem italienischen Arzt Bernardino Ramazzini beinflusst, den er 1690 in Venedig kennenlernte. Leibniz empfahl den deutschen Ärzten die von Ramazzini herausgegebenen Schriften. Wie Ramazzini forderte Leibniz, dass die Ärzte Diagnose und Behandlungsmethode aufzeichnen sollten. Jährlich sollten dem Präsidenten der Naturforschenden Gesellschaft „Societas Naturae Curiosorum" diese Aufzeichnungen zur Veröffentlichung übermittelt werden. Guhrauer II S. 106f.

[147] Leibniz, „Plan zur Gründung der sächsischen Akademie der Wissenschaften", Dezember 1704. Foucher de Careil Œuvres Bd. 7 S. 246.

[148] Leibniz, „Concept einer Denkschrift über die Verbesserung der Künste und Wissenschaften im Russischen Reich", 1716. Zitiert nach Guerrier Nr. 240 S. 354.

[149] Leibniz „Über den Nutzen medizinisch-klinischer Jahresberichte", Beilage zu Brief: Leibniz an Germain Brice, Februar 1694. Fleckenstein Faksimiles S. 43. Leibniz Handschriften, XXXIV Blatt 208-209, Journal des Savants, Paris, Juli 1694, S. 338ff. Vgl. St. Venzke, T. Hauf: Leibniz Spuren in der Meteorologie, Unimagazin Hannover, Leibniz Universität Hannover, H 12467 Nr. 34, 2006, S. 64ff. Leibniz setzte sich auch für die statistische Erfassung und Auswertung von Messdaten in der Meteorologie ein. Leibniz regte ein Netz von Beobachtungsstationen an, er entwickelte und konstruierte Messgeräte, ähnlich denen des Kurators der Royal Society Robert Hooke. Die Messergebnisse wurden statistisch ausgewertet und jahreszeitlich verglichen. Leibniz war einer der Pioniere der direkten meteorologischen Instrumentenmessung.

[150] Zitiert nach Krüger Medizin S. 76. Vgl. M. Krüger: Dissertation der medizinischen Universität Hannover 1971f.

als ein guthes Mikroskopium[151] *von einem Glase, denn solches wird tausenderley dinge so sonst sich nicht finden in der Urin entdecken machen, und wird man in kurzer Zeit zu solchen Regeln kommen, so alle bisherigen übertreffen. Ebenmäßig wird das zu adergelassene blut können examiniert werden.*[152]

Die gewonnenen wissenschaftlichen Erkenntnisse sollten an Menschen und Tieren ausprobiert werden. *Man mus allerhand Mittel versuchen an gewissen Menschen ob man sie durch eine richtige Kunst alt machen kann, umb daher ein Modell vor andere zu nehmen ... Wir können an den thieren die therapeuticas leicht und ohne gefahr versuchen.*[153]

Die medizinische Betreuung sollte allen Schichten der Bevölkerung zu Gute kommen. *Und vielleicht läßt sich auch Anstalt machen, wie armen Leuten mit Rath und Tath, Medico und Medizin, ohne Entgelt beyzuspringen, der Leute Gewogenheit zu gewinnen ...*[154]. In bewohnten Gebieten sollten ähnlich wie in Kirchengemeinden vermehrt Ordinationen für Ärzte eingerichtet werden. *Ein iede hauptgaße oder quartier einer Volkreichen Stadt soll sowohl seiner eigne Medicos haben als pfarrer.*[155]

II. VORBILDER: ROYAL SOCIETY UND ACADEMIE DES SCIENCES

Nostre siecle a vû naistre de belles sociétés, et il en tiré de grandes utilités; mais il pourroit aller encore bien au delà. (G. W. Leibniz, Mémoire pour des personnes éclairées et de bonne intention", nicht datiert, einzuordnen 1694)[156]

Man hat zwar zum Beispiel vor sich die beiden Königlichen Societäten, von denen mir ziemliche Kundschafft beywohnet, weil ich die Ehre habe ein Glied von beiden[157], *... Es wäre aber das Beste daraus zu nehmen, und sonderlich gewisse Defectus zu verbessern, welche verursacht, daß obschon beide auß vortrefflichen Leuten bestanden, und die französische dem König ein Großes gekostet, dennoch dasjenige, so von realen Scienzen zu gemeinen Nutz zu erwarten, nicht erreichet worden, sondern Alles mehr in curiosis bestehen blieben. Derowegen wäre anitzo dahin zu sehen, wie nicht nur Curiosa sondern auch Utilia ins Werk zu richten.* (G. W.

---

[151] Es ist bemerkenswert, dass Leibniz - im Gegensatz zu Galileo Galilei und Isaac Newton - die Bedeutung und die vielfältige Anwendung des Mikroskops hoch einschätzte. Leibniz erkannte, dass das Mikroskop und das Fernrohr dem Menschen neue Dimensionen eröffneten. 1676 regte Leibniz die Gründung einer Einrichtung zur Erforschung des Mikrokosmos an, die er als „Schule des Sehens" bezeichnete. Leibniz waren die miskroskopischen Arbeiten von Antoni van Leeuwenhoek, Robert Hooke, Jan Swammerdam und Christiaan Huygens bekannt. Die herausragenden Leistungen vor allem von Leeuwenhoek und Hooke warfen Fragen auf über die Vorstellung der Schöpfung, Lebenszeugung, Genetik, Struktur von Pflanzen und Tieren und deren Beziehungen zueinander; die Bedeutung dieser Fragen wurde damals nur teilweise erfasst bzw. gelöst. Vgl. Bredekamp S. 101ff. G. W. Wilson: Leibniz and the Animalcula, Oxford, Studies in the History of Philosophy (Hg. A. Stewart) Oxford 1997. R. Hooke: Micrographia of Some Physiological Descriptions of Minute Bodies, John Martyn und James Allestry, Printers to the Royal Society, London 1665. Jan Swammerdam: Biblia naturae sive Historia Insectorum, 2 Bde. 1737-38, **Leydae: apud Isaacum Severinum ...**, A. van Leeuwenhoek: Arcana Naturae Detecta, Kroonevelt, Delft 1696.

[152] Zitiert nach Krüger Medizin S. 75

[153] Zitiert nach Krüger Medizin S. 77.

[154] Zitiert nach Harnack II S. 16 § 24. Leibniz war von dem Universalgelehrten und Arzt Kristian Franz Paullini beeinflusst, mit dem er in schriftlichem und persönlichem Kontakt stand. Paullini versuchte durch sein Buch „Heylsame Dreckapotheke" sozial Benachteiligten durch wirksame und preiswerte Heilmethoden zu helfen. Vgl. Kristian Franz Paullini: Neu-Vermehrte Heylsame Dreckapotheke, Frankfurth-Mayn, Nachdruck 1834. Vorschläge zur Verbesserung des Gesundheitswesens wurden von Leibniz auch mehr als 30 Jahre später in den Denkschriften für die Berliner Societät und mehr als 40 Jahre später für die in Wien geplante Akademie ausführlich angeführt.

[155] Zitiert nach Krüger Medizin S. 77. Leibniz befasste sich auch mit der Gleichbehandlung aller Kranken und der Bezahlung der Ärzte. *Ja gar man muß den Medicis verbieten, dass sie keine geschenke nehmen, damit alle mügliche considerationen auffhöhren, und ieder mensch mit gleichem fleiß in acht genommen werde.* Zitiert nach Krüger Medizin S. 78.

[156] *(Unser Jahrhundert hat die Gründung außerordentlicher Societäten erlebt und daraus großen Nutzen gezogen; aber man könnte das wohl noch übertreffen.)* („Denkschrift für aufgeklärte und wohlmeinende Personen"). Zitiert nach Harnack II S. 34.

[157] Während eines Aufenthaltes in London am 19. April 1673 wurde Leibniz im Alter von 27 Jahren Mitglied der Royal Society. Mit 54 Jahren wurde Leibniz am 13. März 1700 Mitglied der Académie Royale des Sciences. Bereits 1675 wurde Leibniz nach dem Tod des Mathematikers Gilles Personne de Roberval für eine Mitgliedschaft in der französischen Akademie vorgeschlagen. Der Mathematiker Jean Gallois und der Herzog von Chevreuse intervenierten zunächst für Leibniz, doch nach Mißstimmigkeiten mit Gallois erhielt Leibniz die Mitgliedschaft 1675 nicht.

Leibniz, Denkschrift in Bezug auf die Einrichtung einer Societas Scientiarium et Artium in Berlin, bestimmt für den Kurfürsten, 26. März 1700)[158]

Die Royal Society hat ihre Wurzeln im „Philosophical College", einer seit 1644 in London bestehenden Gesellschaft von Naturforschern, die in regelmäßigen Zusammenkünften über neue wichtige naturwissenschaftliche Forschungen diskutieren und grundlegende Experimente durchführen. 1662 gründet Karl II die „Royal Society".[159] In seiner Funktion als „curator of experiments"gibt der herausragende Experimentalphysiker Robert Hooke 1663 die Richtlinien für die Royal Society an: „Aufgabe und Absicht der Royal Society" ist es, „das Wissen von den natürlichen Dingen und alle nützlichen Künste, Fabrikationszweige, mechanische Verfahrensweisen, Maschinen und Erfindungen durch Experimente zu verbessern (sich nicht mit Theologie, Metaphysik, Sittenlehre, Politik, Grammatik, Rhetorik oder Logik abzugeben). Die Wiedergewinnung solcher zweckmäßiger Künste und Erfindungen zu betreiben, die verloren gegangen sind. Alle Systeme, Theorien, Prinzipien, Hypothesen, Elemente, Historien und Experimente von natürlichen, mathematischen und mechanischen, erfundenen, aufgezeichneten oder praktizierten Dingen von allen bedeutenden Autoren, antiken oder modernen, zu prüfen, mit dem Ziel, ein umfassendes und zuverlässiges philosophisches System zur Erklärung aller Erscheinungen zusammenzutragen, die auf natürliche oder künstliche Weise hervorgerufen werden, und eine Darstellung der vernünftigen Ursachen der Dinge zu erzielen."[160]

Zu den Gründungsmitgliedern zählen u. a. der Physiker Robert Boyle, der Astronom Edmond Halley, der Physiker Isaac Newton, der Mathematiker John Wallis, der Architekt, Mathematiker und Naturwissenschaftler Christopher Wren.

1666 wurde die Académie Royale des Sciences in Paris unter Ludwig XIV auf Anraten seines Wirtschafts- und Finanzministers Jean Baptiste Colbert begründet.[161] Ein wichtiges von Colbert angestrebtes Ziel der Académie war es, wissenschaftliche Erkenntnisse auf Industrie, Handel und Schifffahrt anzuwenden, um die Einkünfte des Staates zu vermehren. Doch die Pflege der „sciences pures" im Sinne Descartes′ wurde zur wesentlichen Aufgabe der Societät.

Zu ihren Mitgliedern gehörten bei der Gründung 1666 u. a. Marin Mersenne, der Physiker und Mathematiker Christiaan Huygens[162], die Mathematiker Guillaume François Antoine Marquis de L′Hospital (auch Hôpital), Pierre de Varignon und Jean Gallois, der Architekt Claude Perrault und der Astronom Giovanni Domenico Cassini.

Als Veröffentlichungen der Akademien erschienen 1666 erstmals das „Journal des Savants" (auch Journal des Sçavants, Journal des Savans) in Paris und die „Philosophical Transactions" in London. Nach dem Vorbild des „Journal des Savants" wurden die von Leibniz mitbegründeten „Acta Eruditorum" 1682 in Leipzig als erste deutschsprachige wissenschaftliche Zeitschrift herausgegeben.

Sowohl die französische als auch die englische Akademie ist in ihren Statuten von Francis Bacon beeinflusst, doch in den ersten Jahren nach der Gründung unterschiedlich organisiert. In der Royal Society erforschten Privatgelehrte selbst gewählte wissenschaftliche Themen, während in der Académie des Sciences besoldete Wissenschaftler meist vorgegebene Forschungsaufgaben bearbeiteten.

Zunächst als private Vereinigung von bedeutenden Gelehrten gegründet, waren die französische und die englische Societät durch königliche Privilegien zu öffentlichen Institutionen umgestaltet worden, die unter

---

[158] Zitiert nach Harnack II S. 79.

[159] Th. Birch: The History of the Royal Society of London, Vol. I-IV, London 1756-57, Nachdruck Hildesheim 1968. Fleckenstein S. 78ff. H. Hartley: The Royal Society. Its Origin and Founders, London 1960. M. Purver: The Royal Society: Concept and Creation, London 1967. Mason S. 309ff.

[160] Zitiert nach Mason S. 311.

[161] Wesentlichen Einfluss auf die Gründung hatte der Philosoph, Theologe und Naturwissenschaftler Marin Mersenne. Seit 1635 war das Kloster des Franziskanerpaters Mersenne in Paris Treffpunkt von Gelehrten aus dem In- und Ausland, die sich mit Naturwissenschaften, Mathematik, Philosophie, Theologie und Literatur befassten. Minister Colbert stellte am 22. Dezember 1666 Mersenne und dessen Mitarbeitern in der Königlichen Bibliothek Räume zur Verfügung und legte damit den Grundstein zur Académie Royale des Sciences. Die Korrespondenz von Mersenne mit französischen und italienischen Wissenschaftlern beeinflusste das Erscheinen wissenschaftlicher Zeitschriften. R. Lenoble, Mersenne ou la naissance du mécanisme, Paris 1943. H. Hermelink: Marin Mersenne und seine Naturphilosophie, in: Philosophia naturalis, Bd. I, Meisenheim 1950, S. 223ff. Mason S. 317ff. Fleckenstein S. 78ff.

[162] Ch. Huygens musste als Protestant nach Aufhebung des Edikts von Nantes 1695 die Académie des Sciences verlassen.

der Schirmherrschaft der Regenten Ludwig XIV und Karl II standen. Leibniz suchte daher den Kontakt zu hochgestellten Persönlichkeiten der Aristokratie und zu Mitgliedern der bestehenden wissenschaftlichen Gesellschaften.[163]

Leibniz kritisierte *les petits esprits,* also die Beschränktheit der traditionellen philosophischen Schulen im Gegensatz zu den weltoffenen und kraftvollen Mitgliedern der englischen und französischen Akademie.[164]

Leibniz war sich bewusst, dass die Finanzierung ein wesentliches Problem für Gründung und Bestehen wissenschaftlicher Gesellschaften war; er bewunderte die Finanzierung der französischen Akademie, für die Colbert verantwortlich war. *Il y a un grand point qui manque à ces sociétés (excepté l'Academie Royale des Sciences de Paris), c'est qu'elles n'ont pas de quoy faire des dépenses un peu considérables. Ainsi elles ne sçauroient tenter des entreprises capables de faire un grand effect en peu de temps. Et cependant c'est le principal à quoy l'on doit buter.*[165]

Leibniz hoffte, die Leistungen der englischen und französischen Akademie zu überbieten. Immer wieder betonte er das Potential seines eigenen Landes.[166]

Eine Denkschrift zur Gründung einer kaiserlichen Akademie in Wien, die Leibniz 1713 verfasste, zeigt, wie sehr Leibniz die französische und englische Akademie schätzte. *Charles II Roy de la grande Bretagne, rétabli sur son throne, fonda pour les sciences la Société Royale de Londres. Ce Prince avoit une grande connoissance des belles curiositez; il étoit tres versé dans les sciences qui se rapportent à la marine et par consequent dans les mathematiques. Il me fit l'honneur d'ordonner, qu'on me montrat une espece de Baremetre, qu'il avoit inventé luy-meme, et qu'il vouloit faire porter en mer pour prevoir les tempêtes ... Le Roy de France, jeune alors et porté à la gloire, ne voulut point negliger un moyen des plus solides et des plus propres à la meriter, qui est l'avancement des sciences. Secondé par les conseils de Colbert, Controlleur general de ses finances, il fonda une Academie Royale des Sciences à Paris, et il donna même des pensions à des étrangers celebres, dont il fit venir quelques-uns en France, comme entre autres Mr. Hugens de Hollande, et Mr. Cassini d'Italie; et moy-même apres avoir été recu en 1673 dans la societé Royale de Londres, j'eus l'honneur des l'an 1675 d'etre choisi pour etre de cette Academie de Paris, lorsque feu Monseigneur le Duc d'Hannover, Pere de l'Imperatrice Amalie, m'appella à son service.*[167]

---

[163] *Ob ich zwar in Frankreich so große Kundschaft noch nicht habe, so bin ich doch bereits an den Herrn Colbert rekommendiert und auf dessen Befehl zur Verfertigung meiner arithmetischen Maschine urgiert worden, ... dass ich darin mein weniges von Gott verliehenes Talent zur Perfektionierung der Wissenschaften anlegen könne, dazu ich nirgend bessere Anstalt anjetzo als in Frankreich sehe.* Leibniz an Herzog Johann Friedrich, Oktober 1671, AA II, 1 S. 163. Zitiert nach Heer S. 70. Der Politiker und Diplomat Johann Christian von Boineburg führte den jungen Leibniz von 1667 bis 1672 in die höchsten Kreise der Aristokratie ein und vermittelte Kontakte zu Mitgliedern der französischen und englischen Akademie. In den Jahren 1668-1672, in denen Leibniz seine erste Anstellung am Hof des Kurfürsten und Reichskanzlers Johann Philipp von Schönborn in Mainz hatte, befasste er sich u. a. mit der Reform des Rechts und verfasste Denkschriften zur Sicherung des Friedens.

[164] Vgl. Leibniz an Gerhard Molanus 1679. G. W. Leibniz, Die Philosophischen Schriften, C. I. Gerhardt (Hg.), 7 Bde., Berlin 1875ff, Nachdruck Hildesheim 1965 Bd. 4, S. 297. Zitiert nach Leinkauf S. 32 Anm. 9.

[165] *(Es gibt einen wesentlichen Punkt, der bei diesen Societäten fehlt (ausgenommen die Königliche Akademie der Wissenschaften von Paris), das ist das Unvermögen, größere Ausgaben zu machen. Daher sind sie nicht imstande, ein Risiko einzugehen, das in kurzer Zeit eine dauerhafte Auswirkung bewirkt. Das ist aber schließlich die Hauptsache, die man anstreben muss).* Leibniz, „Mémoire pour des personnes éclairées et de bonne intention" (Denkschrift für aufgeklärte und wohlmeinende Personen) undatiert, einzuordnen 1694. Zitiert nach Harnack II S. 35.

[166] *Was ist nun England gegen Teutschland, darinn soviel Fürsten seyn, die manchem Könige selbst Macht und Autorität disputiren können, da so viel berühmte mit trefflichen Leuten (denen es nur am Employ mangelt) ... Teutschland an sich selbst ist ein großes sich weit erstreckendes Land voller Bergwerge, voller Varietät und Wunder der Natur, mehr außer Zweifel, als so ein schmales enges Land wie England. Es ist alles voll von trefflichen Mechanicis, Künstlern und Laboranten...* Leibniz, „Bedencken von Aufrichtung einer Academie oder Societät in Teutschland, zu Aufnehmen der Künste und Wißenschafften", 1671. AA IV, 1 N.44. Zitiert nach Harnack II S. 23. Vgl. Anhang Nr. 6.

[167] *(Karl II, König von Großbritannien, als Regent wieder eingesetzt, gründete die königliche Societät zu London zur Förderung der Naturwissenschaften. Dieser Fürst hatte ein umfassendes Wissen in den verschiedensten Wissenschaftsdisziplinen; er hatte umfangreiche Kenntnisse in den Wissenschaften, die mit der Seefahrt zusammenhängen und daher in der Mathematik. Er gewährte mir die Ehre anzuordnen, mir eine Art Barometer zu zeigen, das er selbst erfunden hatte und das er auf dem Meer zur Vorhersage von Stürmen einsetzen wollte. ... Der König von Frankreich, damals jung und dem Ruhm zugeneigt, wollte keinesfalls eines der zuverlässigsten und geeignetsten Mittel, um diesen Ruhm zu erlangen, ungenutzt lassen, nämlich die Förderung der Wissenschaft. Unterstützt durch die Ratschläge Colberts, dem obersten Beamten des Finanzwesens, gründete er eine königliche Akademie der Wissenschaften in Paris und er vergab sogar Alterspensionen an berühmte Ausländer, von denen er einige nach Frankreich kom-*

Als Leibniz im Herbst 1714 Wien für immer verließ, übergab er kurz vor seiner Abreise Prinz Eugen eine Denkschrift. Diese Schrift enthielt in zusammengefasster Form wichtige Ideen und Pläne von Leibniz für die Gründung einer wissenschaftlichen Sozietät. *Es entspricht der Würde Seiner Kaiserlichen und Katholischen Majestät, daß das, was zu diesem Zweck getan wird, nicht hinter dem zurücksteht, was man anderswo, und besonders in Frankreich, tut, wo der König in Friedenszeiten mehr als fünfzigtausend Taler im Jahr dafür aufgewendet hat. Hier wird man sich begnügen, schrittweise vorzugehen, aber man wird die Hoffnung nicht aufgeben, daß man mit der Zeit zu etwas Ähnlichem gelangt, und zwar auf Wegen, die ihre Vorteile in sich selbst tragen, ...*[168]

III. DIE GEPLANTE SOCIETÄT IN HANNOVER 1679

1. In Diensten des Hauses Hannover

Von 1676 bis zu seinem Tod 1716 war Leibniz als „Bibliothekar und Historiograph des Braunschweig-Lüneburgischen Gesammthauses" dem Haus Hannover verpflichtet.[169]

In Diensten von Herzog Johann Friedrich 1676 bis 1679
Jetzt lebe ich bei einem Fürsten, dessen Tugenden so groß sind, daß ich, ihm zu gehorchen, jeder Art Freiheit vorziehe. (G. W. Leibniz an Martin Geier, Hofprediger in Leipzig, einzuordnen 1677)[170]

Bereits 1671 wandte sich der 25-jährige Leibniz mit einer Denkschrift an Herzog Johann Friedrich von Braunschweig-Lüneburg,[171] in der er sich mit Fragen der Naturwissenschaften, Technik, Theologie und Philosophie auseinander setzte. Leibniz zählte seine eigenen Kenntnisse und Leistungen auf und betonte, dass er auf den Gebieten der Philosophie, Theologie, Natur- und Rechtsphilosophie, der Jurisprudentia und der wissenschaftlichen Erforschung der Natur imstande sei, grundlegende Fragen zu lösen.[172]

Zwei Jahre später, 1673, erhielt Leibniz von Herzog Johann Friedrich das Angebot, als Hofrat mit einem Gehalt von ca 400 Talern in seine Dienste zu treten.[173] Leibniz, der sich in Paris aufhielt, gab Johann Friedrich seine Zusage.[174] Nach Aufenthalten in Nürnberg, Frankfurt, Mainz und Paris trat Leibniz im Dezember 1676

---

men ließ, darunter M.[onsieur] Hugens [Huygens] aus Holland, M.[onsieur] Cassini aus Italien und mich selbst, nachdem ich 1673 in der königlichen Societät von London aufgenommen worden war, hatte die Ehre seit 1675 auserwählt zu sein, um in diese Akademie in Paris aufgenommen zu werden, als mich der inzwischen verstorbene Herzog von Hannover, Vater der Kaiserin Amalia, in seine Dienste berief.) Leibniz, „Denkschrift für Obersthofkanzler Philipp Ludwig Graf Sinzendorf betreffend die Gründung einer kaiserlichen Akademie der Wissenschaften in Wien", nicht datiert, einzuordnen März/April 1713. Zitiert nach Klopp S. 232f Anl. XII. Leibniz erwähnt den aus den Niederlanden stammenden Physiker und Mathematiker Christiaan Huygens, 1663 erstes ausländisches Mitglied der Royal Society und 1666 Gründungsmitglied der Académie des Sciences in Paris, weiters den bedeutenden Astronomen Giovanni Domenico Cassini, der 1669 aus Bologna an die im Bau befindliche Pariser Sternwarte berufen wurde. Leibniz wurde am 13. März 1700 auswärtiges Mitglied der Académie des Sciences. Mit der Angabe des Jahres 1675 sind möglicherweise seine Kontakte zu Mitgliedern der Académie während seines Pariser Aufenthaltes 1672-1676 gemeint, wie z.B. zu Christiaan Huygens, Antoine Arnauld und Claude Perrault.

[168] Leibniz, „Denkschrift für Prinz Eugen zur Gründung einer kaiserlichen Akademie der Wissenschaften in Wien", 17. August 1714. Zitiert nach Fleckenstein Faksimiles N.14 S. 64. Vgl. Teil 2/VII/16.

[169] U. a. H. Lackmann: Leibniz' bibliothekarische Tätigkeit in Hannover, in: Totok-Haase S. 321ff. C. Haase: Leibniz als Politiker und Diplomat, in: Totok-Haase S. 208f. W. Ohnsorge: Leibniz als Staatsbediensteter, in: Totok-Haase S. 174ff. Guhrauer I S. 191ff. Fischer S. 113ff. Harnack I/1 S. 33f.

[170] Zitiert nach Guhrauer I S 192. Martin Geier war Pate von Leibniz.

[171] Leibniz an Herzog Johann Friedrich, 2. Hälfte Oktober 1671. AA II, 1 S. 159ff. Heer S. 64ff.

[172] Friedrich Heer: Leibniz „... maßt sich hier an, alle heißen Eisen der Zeit in Forschung, Theologie und Philosophie anzufassen, die Grundfragen zu lösen, und viele technische Erfindungen in seinem Kopfe bereits gemacht zu haben,..." Heer S. 209.

[173] Angebot von Herzog Johann Friedrich an Leibniz am 25. April 1673. AA I, N.327. Müller-Krönert S. 34. Einen Monat davor, am 25. März 1673, erhielt Leibniz das Angebot, als Sekretär in die Dienste des ersten Ministers des dänischen Königs Graf Ulrik Frederik von Güldenlöw mit einem Jahresgehalt von 400 Talern sowie freier Wohnung und Kost zu treten. Christian Habbeus an Leibniz, 25. März 1673. AA I, 1 S. 415. Müller-Krönert S. 34.

[174] *Paris ist ein Ort, wo man sich nur schwer auszeichnen kann: man findet dort in allen Wissenschaftsbereichen die versiertesten Männer der Zeit, und es ist viel Arbeit nötig und ein wenig Beharrlichkeit, um dort seinen Ruf zu begründen ... tatsächlich glaube ich, daß ein Mann wie ich, der kein anderes Interesse besitzt als das, sich durch aufsehenerregende Entdeckungen in der Kunst und*

in Hannover seinen Dienst als Bibliothekar[175] an. Leibniz hatte den Vorteil, *... oft in der Nähe eines Fürsten zu weilen, der ein unglaubliches Maß an Urteilskraft besitzt und viel Güte für mich zeigt. Darüberhinaus wäre ich, wenn ich diese Chance nicht ergriffen hätte, Gefahr gelaufen, das Sichere zu verlieren und das Ungewisse dafür einzuhandeln ...*[176] Zu den Aufgaben von Leibniz gehörte es, eine umfangreiche Korrespondenz mit Gelehrten in Italien, Frankreich, Deutschland und Holland zu führen, um bedeutende wissenschaftliche Ereignisse aufzuzeichnen. Leibniz sollte den gebildeten und vielseitig interessierten Herzog über Wissenschaft und Kultur informieren, Vorschläge zur Förderung der Wissenschaften entwickeln und umsetzen. Leibniz war bestrebt, die von Johann Friedrich begründete Bibliothek[177] zu vergrößern.[178] Herzog Johann Friedrich stand den vielfältigen Ideen von Leibniz aufgeschlossen und verständnisvoll gegenüber. 1679 erhielt der 33-jährige Leibniz von Herzog Johann Friedrich den Auftrag, Verbesserungen und Neuerungen im Bergbau im Oberharz durchzuführen.[179] Durch den Abbau von Silber und durch die Herstellung von Silbermünzen als Zahlungsmittel sah Leibniz im Bergbau einen wichtigen staatswirtschaftlichen Nutzen und eine bedeutende Einnahmequelle.[180] *... un trésor inépuisable ... une source d'une infinité d'expériences et belles curiosités.*[181]

Leibniz war bestrebt, den Fortbestand des Erzbergbaus auch in regenarmen Zeiten zu gewährleisten.[182] Zur Beseitigung der Grubenwasser entwickelte Leibniz in den Jahren 1679-1685 das Modell der „Windkunst"[183].

Wissenschaft einen Namen zu machen und die Öffentlichkeit durch nützliche Arbeiten zu verpflichten, nur einen großen Fürsten suchen muß, der genügend Einsicht besitzt, den Wert der Dinge beurteilen zu können, eine großzügige Denkungsart hat .... Leibniz, Paris an Herzog Johann Friedrich, Hannover, 21. Januar 1675. AA I, 1 S. 491f. Zitiert nach Müller-Krönert S. 37.

[175] Am 16. Dezember 1676 erfolgte die Übergabe des Protokolls der herzoglichen Bibliothek an Leibniz. Die von Herzog Johann Friedrich gegründete Bibliothek umfaßte 3.310 Bände und 158 Handschriften. (1672 enthielt die königliche Bibliothek in Paris 35.000 Bände und 10.000 Manuskripte.) Vgl. Leibniz an Kurfürst Johann Philipp von Schönborn, 20. Dezember 1672. AA I, 1 S. 298. Müller-Krönert S. 30. Leibniz zog als Nachfolger von Tobias Fleischer in die Bibliotheksräume des Schlosses ein, die ihm als Arbeits- und Wohnraum dienten. H. Lackmann: Leibniz' bibliothekarische Tätigkeit in Hannover, in: Totok-Haase S. 321ff.

[176] Leibniz an Jean Gallois, Anfang 1678. Klopp Werke Bd. 4 Einleitung S. XXI. Zitiert nach Müller-Krönert S. 53. *Da der Fürst überdies private Aufträge für mich hat, mir die Leitung der Bibliothek obliegt und ich ständigen Briefwechsel mit Gelehrten pflegen soll, ist es zweifellos berechtigt, wenn ich Anspruch auf eine liberalere Behandlung erhebe. Tatsächlich möchte ich nicht verurteilt sein, einzig und allein die Sisyphusarbeit der Gerichtsgeschäfte wie einen Felsblock wälzen zu müssen, und wenn mir dafür auch der größte Reichtum und die höchsten Ehren versprochen würden.* Leibniz an Hermann Conring, Juni 1678. AA II, 1 S. 419f. Zitiert nach Müller-Krönert S. 52.

[177] 1665-1720: Die Herzogliche und Kurfürstliche Hofbibliothek. 1720-1866: Die Königliche Öffentliche Bibliothek. 1866-1945: Die Königliche und Vormals Königliche und Provinzialbibliothek. Seit 1946: Gottfried Wilhelm Leibniz Bibliothek – Die Niedersächsische Landesbibliothek.

[178] Im Jahre 1678 kaufte Leibniz in Hamburg die 3.600 Bände umfassende Bibliothek des verstorbenen Arztes und Naturforschers Martin Fogel. Müller-Krönert S. 53. 1696 wurde auf Anraten von Leibniz die Bibliothek des Geheimen Kammerrates Melchior Ludwig Westenholz in Hannover, die 3.000 Bände rechts- und staatswissenschaftlicher Literatur umfasste, angekauft. H. Lackmann: Leibniz' bibliothekarische Tätigkeit in Hannover, in: Totok-Haase S. 332f.

[179] G. Fettweis: Leibniz und der Bergbau, in diesem Band S. 25ff. J. Gottschalk: Technische Verbesserungsvorschläge im Oberharzer Bergbau, in: K. Popp, E. Stein (Hgg.), G. W. Leibniz, Ausstellungskatalog, Schlütersche GmbH & Co. KG, Universität Hannover 2000, S. 111. Fischer S. 186ff.

[180] Vgl. Leibniz „Bedenken in Betreff des Münzwesens" für Herzog Ernst August, einzuordnen 1686. Klopp Werke Bd. 5 S. 446ff. Müller-Krönert S. 80. Vgl. Leibniz, „Denkschrift betr. Münzreform", Ende Januar 1688. AA I, 5 N.18. Müller-Krönert S. 86. K. L. Grotefend: Zwei Aufsätze Leibnizens über das Münzwesen seiner Zeit, in: Zeitschrift des Historischen Vereins für Niedersachsen 1854, S. 360ff. Wie John Locke und Isaac Newton in England setzte sich Leibniz für die Verbesserung des Münzwesens als eines der wichtigsten Systeme des gesellschaftlichen Verkehrs ein. In der Privatbibliothek von Leibniz befand sich das mit handschriftlicher Widmung des Autors versehene Exemplar von John Locke „Several Papers relating to Money, Interest and Trade", das Leibniz zwischen August 1697 und Anfang 1699 gelesen hat. Müller-Krönert S. 148.

[181] (*... einen unerschöpflichen Schatz ... eine Quelle unendlich vieler praktischer Erfahrungen und besonderer Curiositäten.*) Leibniz an Herzog Johann Friedrich, Herbst 1678. AA I, 2 N.73 S. 83. Zitiert nach Böger S. 135. 1680 schrieb Leibniz nach Wien: *Gestern begab ich mich, auf Befehl meines Fürsten, nach den Gruben im Harze. Sie wundern sich vielleicht, was ich, als Mann vom Staatsfache, mit den Gruben gemein habe? Aber ich bin lange schon der Ansicht, daß die Staatswirthschaft der bei weitem wichtigste Theil der* Staatswissenschaft *sei, und daß Deutschland aus Unwissenheit oder Gleichgültigkeit darüber zu Grunde gehen muß. Die Gruben aber machen einen großen Theil unserer Einkünfte aus; denn diese werden nun jetzt vortrefflich verwaltet.* Leibniz an einen unbekannten Adressaten in Wien, 1680. Zitiert nach Guhrauer I S. 203. Vgl. Fischer S. 186ff.

[182] Wegen der großen Trockenheit der Sommer 1666-1678 konnten die Pumpen in den Harzer Bergwerken nicht mehr betätigt werden, um das Wasser aus den Gruben zu entfernen.

[183] *Es ist von Serenissime gnädigst resolviert, bey die Gruben aufm Harz Windtmühlen und Künste setzen zu laßen; damit das Grundwaßer leichter herausbracht werden könne ...* Leibniz an Friedrich Wilhelm von Leidenfrost, 9. März 1679. AA I, 2 N.118 S. 139.

Mit den Erträgen aus dem Bergbau plante Leibniz eine „Wissenschaftliche Societät zur Erforschung der Natur und zur wahren Erkenntnis Gottes" in Hannover zu finanzieren.[184]

In Diensten von Herzog Ernst August, ab 1692 Kurfürst Ernst August, 1679 bis 1697

Nach absterben Herrn Herzog Johann Friedrichs Hochseel. andenckens bin ich zwar in meinen officiis conservirt worden, aber man hat nicht mehr die vorige curiosität ... (G. W. Leibniz an E. W. von Tschirnhaus, 13. Mai 1681)[185]

Herzog Ernst August, der ehemalige Bischof von Osnabrück, brachte nicht das Interesse und Verständnis für Wissenschaften und Künste auf wie sein Vorgänger.

Unter seiner Regierung wurde das Fürstentum Hannover 1692 zum Kurfürstentum. Seine für Wissenschaft und Politik aufgeschlossene Gattin Sophie[186] unterstützte Leibniz in seinen wissenschaftlichen und diplomatischen Plänen und war ihm 34 Jahre lang freundschaftlich verbunden.

Anfang 1685 machte Leibniz Herzog Ernst August den Vorschlag, eine auf Urkunden basierende, wissenschaftlich fundierte Geschichte des Hauses Braunschweig-Lüneburg[187] aufzuzeichnen, unter der Bedingung, dass sein bisheriges Gehalt in eine Pension auf Lebenszeit umgewandelt werde. Leibniz erhielt den Auftrag, die Geschichte des Welfenhauses bis zur Gegenwart aufzuzeichnen. Der Herzog hoffte, mit dieser Dokumentation seine Ansprüche auf den englischen Thron zu festigen.[188] Leibniz wurde von den Kanzleiarbeiten befreit, sein Gehalt wurde in eine Pension auf Lebenszeit geändert, der Titel „Hofrat" wurde ihm bis ans Lebensende zugesichert. Ernst August gewährte Leibniz einen Schreiber und die Vergütung von Reisekosten.[189] Er gestattete Leibniz 1685, nach Süddeutschland und Italien zu reisen, um Recherchen durchzuführen.

Ab 1691 stand Leibniz zusätzlich zu seinen Aufgaben in Hannover als erster Bibliothekar und Leiter der Bibliotheca Augusta in den Diensten der Wolfenbütteler Herzöge Rudolf August und Anton Ulrich.[190]

Zitiert nach Böger Teil 2 Anmerkungen S. 53 Nr. 157. Im September 1679 wurde der Vertrag zwischen Leibniz und dem Bergamt zu Clausthal abgeschlossen. Die Kosten des Experimentes „Windkunst" wurden im ersten Jahr von Leibniz selbst getragen, nach einjähriger Probezeit sollten Leibniz 1.200 Taler pro Jahr auf Lebenszeit gezahlt werden. Leibniz verbrachte zwischen September 1679 und März 1685 insgesamt 165 Wochen im Harz. Die nach Leibniz' Angaben gebauten Maschinen wurden zur Entwässerung der Gruben und zur Förderung des Erzes verwendet. Leibniz „Denkschrift betr. die Wasserwirtschaft im Harz", 9. Dezember 1678. AA I, 2 N.87. Müller-Krönert S. 54. Vgl. G. Fettweis: Leibniz und der Bergbau. J. Gottschalk: Theorie und Praxis bei Leibniz im Bereich der Technik, in: Studia Leibnitiana, Suppl. XXII, Leibniz Kongress 1977, Wiesbaden 1982, Teil 4, S. 46ff. J. Gottschalk: Technische Verbesserungsvorschläge im Oberharzer Bergbau, in: K. Popp, E. Stein (Hgg.), G. W. Leibniz, Ausstellungskatalog, Schlütersche GmbH & Co. KG, Universität Hannover 2000, S. 109ff. G. Fleisch: Die Oberharzer Wasserwirtschaft in Vergangenheit und Gegenwart, Institut für Bergbaukunde und Bergwirtschaftslehre der Technischen Universität Clausthal, Clausthal-Zellerfeld 1983. Niedersächsische Landesbibliothek Hannover, Leibniz Nachlass: Leibniz Handschriften, L H XXXVIII. Guhrauer I S. 202ff. Müller-Krönert S. 79.

[184] Vgl. Teil 1/IV.

[185] C. I. Gerhardt (Hg.): Gottfried Wilhelm Leibniz. Mathematische Schriften Bd. 1-7, Halle/Saale 1855-1863, Bd. 1, S. 145. Zitiert nach Böger S. 141.

[186] Herzogin, ab 1692 Kurfürstin, Sophie, Enkelin des englischen Königs Jakob I, hochgebildet, mit Interesse für Theologie und Philosopie, und Verständnis für Politik, beherrschte mehrere abendländische Sprachen und fließend Latein. Vgl. Korrespondenz Leibniz - Herzogin bzw. Kurfürstin Sophie, in den Jahren 1684-1714. Klopp Werke Bd. 7-9. M. Knoop: Kurfürstin Sophie von Hannover, Veröffentl. d. hist. Kommission f. Niedersachsen, XXXII , Niedersächsische Biographien, Hildesheim 1994. M. Kroll: Sophie, Electress of Hanover, A personal portrait, Hanover, London 1973. Fischer S. 250ff.

[187] Am 10. August 1685 erhielt Leibniz von Herzog Ernst August den Auftrag, die Geschichte des Hauses Hannover, die „Annales Imperii Occidentes Brunsvicenses", aufzuzeichnen. H. Eckert: G. W. Leibniz' Scriptores Rerum Brunsvicensium, Entstehung und historiographische Bedeutung, Frankfurt/Main 1971. G. Scheel: Leibniz als Historiker des Welfenhauses, in: Totok-Haase S. 244ff.

[188] Leibniz betonte, nicht eine der *gängigen dynastischen Fürstengeschichten,* sondern eine mit kritisch-wissenschaftlicher Methode aus den Quellen entwickelte historische Darstellung des niedersächsischen Landes und seiner Bewohner von den Anfängen bis zur Gegenwart aufzuzeichnen. Im Januar 1691 legte Leibniz Herzog Ernst August einen Entwurf seiner „Annales Imperii Occidentes Brunsvicenses" vor. Leibniz war der Ansicht, das Werk in zwei Jahren, also bis 1693, beenden zu können. Leibniz ersuchte um Unterstützung, ein wöchentliches Kostgeld und *Gehilfen.* AA I, 6 N.21. Müller-Krönert S. 108.

[189] AA I, 4 N.159. G. Scheel: Leibniz als Historiker des Welfenhauses, in: Totok-Haase S. 245. Ab Neujahr 1691 erhielt Leibniz zu seiner Hofrathsbesoldung von 600 Talern einen Geldbetrag, um einen Schreiber beschäftigen zu können. W. Ohnsorge: Leibniz als Staatsbediensteter, in: Totok-Haase S. 77.

[190] Am 10. Oktober 1690 erhielt Leibniz von Herzog Ernst August die Erlaubnis, zusätzlich zu seinen Verpflichtungen in Hannover die Leitung der Wolfenbütteler Bibliothek zu übernehmen. Leibniz begründete seine Tätigkeit in Wolfenbüttel mit Quellenforschung

In Diensten von Kurfürst Georg Ludwig, ab 1714 König Georg I von England, 1698 bis 1716

Man würde groß Unrecht haben, wenn man übel nähme, daß ich nebenst dem herrschaftlichen Dienst auch meinen versehe, zumal da mein Interesse zu dem herrschaftlichen mit gereicht und der Hannoversche Hof sich meiner nicht zu schämen hat. (G. W. Leibniz an Herzog Anton Ulrich, 1713)[191]

Die letzten 18 Jahre im Leben von Leibniz waren zunächst von Missstimmungen und später von Auseinandersetzungen zwischen Leibniz und Georg Ludwig geprägt.[192]

Leibniz fühlte sich in Hannover eingeengt und vermisste den direkten Kontakt zu aktueller wissenschaftlicher Forschung. Durch ausführliche Briefwechsel mit Gelehrten und zahlreiche Reisen versuchte er an der wissenschaftlichen Entwicklung teilzuhaben. *Tout ce qui m′ incommode est que je ne suis pas dans une grande ville comme Paris ou Londres, qui abonde en sçavans hommes, dont on peut profiter, et dont on peut même s′aider. Car plusieurs choses ne peuvent pas estre executées par un seul. Mais icy à peine trouvet-on à qui parler; ou plustot, ce n′est pas vivre en homme de cour dans ces pays cy, que de parler des matieres savantes, et sans Madame l′Electrice on en parleroit encor moins.*[193] Die nicht vollendete Geschichte des Welfenhauses, die langen Abwesenheiten von Hannover, die Reisen von Leibniz nach Wien und die zeitaufwendigen Verpflichtungen von Leibniz in Berlin und Wolfenbüttel verstimmten den Kurfürsten.

2. Pläne für eine Societät in Hannover[194]

Car je suis persuadé qve les biens Ecclesiastiqves qve les ancétres de V.A.S. ont reunis à leur domaine peuuent encor estre employés à des causes pieuses, non pas comme le vulgaire l′entend, mais d′une maniere qvi n′est pas moins conforme à la gloire de Dieu, et à la charité, qv′à la prudence, au bien public, et même à l′interest de l′état. (G. W. Leibniz an Herzog Johann Friedrich, Dezember 1678)[195]

Im Jahre 1679 war Leibniz intensiv um die Verwirklichung einer Universalsprache[196] bemüht, die er als methodisches Hilfsmittel zur Ordnung und Auswertung aller wissenschaftlichen Erkenntnisse einführen wollte. Es war Leibniz bewusst, dass die Realisierung einer Universalsprache und einer Universalenzyklopädie nur durch eine organisierte wissenschaftliche Gesellschaft möglich sei. Leibniz plante die Gründung einer Societät in Hannover, die zu einem beträchtlichen Teil aus den Erträgen seiner technischen Erfindungen für die Harzbergwerke finanziert werden sollte.[197]

---

für die Welfengeschichte. AA I, 6 N.3. Müller-Krönert S. 105. Er veranlasste die Erstellung eines alphabetischen Hauptkataloges, eine Vergrößerung und Umstrukturierung der Wolfenbütteler Bibliothek und den Neubau eines Bibliotheksgebäudes, an dessen Plänen er maßgeblich beteiligt war. Vgl. Teil 2/VII/8. Ab 1690 war Leibniz auch der Leiter der Kunstkammer von Wolfenbüttel. Bredekamp S. 28. Leibniz war durch die mehrfache Belastung überanstrengt und fühlte sich von Herzog Ernst August nicht hinreichend anerkannt. Im Februar 1692 klagte er Herzog Ernst August: *Alleine über die vielen ungewohn [ten] Handschrifften und nicht wohl lesbaren Manuskriptis haben es meine augen sehr empfunden, ... ich bitte mir nicht allein das kostgeld ... sondern auch einen mehrere qvalität der gestalt beyzulegen, daß ich in meiner jugend sobald applausum gehabt nicht anjezo gegen so viel jüngere zurückstehen müste, und meine arbeit noch etlicher maßen genieße.* AA I, 7 S. 97f. Müller-Krönert S. 115.

[191] Bodemann S. 220 Nr. 76. Zitiert nach W. Ohnsorge: Leibniz als Staatsbediensteter, in: Totok-Haase S. 186.

[192] Vgl. Teil 2/VII/15 und VIII/1.

[193] *(Alles, was mich körperlich und geistig beengt, kommt daher, daß ich nicht in einer großen Stadt wie Paris oder London lebe, welche an gelehrten Männern Überfluß haben, von denen man lernen und von denen sich auch helfen lassen kann. Denn es gibt mehreres, was nicht durch einen einzigen ausgeführt werden kann. Doch hier trifft man kaum auf Jemanden, mit dem man sprechen mag; oder vielmehr, man gilt in diesem Lande für keinen guten Hofmann, wenn man von gelehrten Sachen redet, und ohne die Frau Kurfürstin [Sophie] würde man noch weniger davon sprechen.)* Leibniz, Hannover an Thomas Burnett of Kemney, London, 17. März 1696. Übersetzung Guhrauer II S. 278. C. I. Gerhardt (Hg.): Gottfried Wilhelm Leibniz, Die Philosophischen Schriften, Bd. 1-7, Berlin 1875-1890, Nachdruck Hildesheim 1960/61, Bd. 3 N. IV S. 175. Vgl. Böger Teil 2 Anmerkungen S. 54 Nr. 182.

[194] Böger S. 134ff. Harnack I/1 S. 34f. W. Totok: Leibniz als Wissenschaftsorganisator, in: Totok-Haase S. 299.

[195] *(Denn ich bin überzeugt, daß die kirchlichen Güter, die die Vorfahren seiner durchlauchtigsten Majestät in ihren Besitzungen vereinigt haben, noch zusätzlich für kirchliche Belange eingesetzt werden könnten, nicht, wie man es allgemein meint, sondern auf eine Art, die nicht weniger dem Ruhme Gottes dient und zwar der Nächstenliebe, der Lebensklugheit, dem Allgemeinwohl und sogar dem Staatsinteresse.)* AA I, 2 N.95 S. 110. Zitiert nach Böger S. 138. Leibniz plante, Einkünfte aus Klöstern für eine wissenschaftliche Societät in Hannover einzusetzen.

[196] Leibniz, Vorarbeiten zur „characteristica universalis", Entwurf einer Einleitung, zweite Hälfte 1671 bis Frühjahr 1672. Leibniz verwendete hier das Pseudonym Wilhelmus Pacidius.

[197] AA II, 1 S. XXXIII. Müller-Krönert S. 56.

Abb. 4: Die Kayßerliche Bibliotheck und Raritäten
Kammer in Wien, Kupferstich 1686

In der Denkschrift „Repraesentanda für eine Societät zur Förderung der Wissenschaften und Kunst in Hannover"[198] machte Leibniz Vorschläge zum Ausbau der Bibliothek und zur Vergrößerung des Bücherbestandes, weiters zur Errichtung eines Archivs und einer Druckerei. Er plante den Bau von Werkstätten, Laboratorien und einer Kunstkammer.[199] *Große Fürsten haben ebenso auf ihre Reputation wie auf den allgemeinen Nutzen zu sehen. Dergleichen Ornamente geben nicht nur den Stoff zu herrlichen Erfindungen, sondern sind auch ein Kleinod des Staates und werden in der Welt mit Bewunderung angesehen. Dieser Kunstkammer wären allerhand nützliche Maschinen oder auch, wo diese zu groß sind, deren Modelle hinzuzufügen.*[200]

Mit dem Ziel in der Harmonie von Natur und Kunst die Allmacht Gottes und die Weisheit der Schöpfung spüren zu lassen beabsichtigte Leibniz ein *theatrum naturae et artes oder auch eine Kunst-, Raritäten- und Anatomie Kammer zum leichteren Erlernen der Dinge* zu errichten[201]. Das Lernen und Forschen sollte unter Nutzung des Visuellen und Optischen erleichtert werden.[202] Leibniz betrachtete die Harzer Gebirge als natürliche Aussenstelle der Kunstkammer; künstlerische Schönheit und Nutzen sollten gleichzeitig repräsentiert werden, … *der Harz an sich selbst nichts anders als ein wunderbarer Schauplatz, alda die Natur mit Kunst gleichsam streitet.*[203]

Leibniz ersuchte Herzog Johann Friedrich, ihm die Aufsicht über die Klostergüter zu übertragen,[204] um einen Teil ihrer Erträge für wissenschaftliche Forschung und die geplante Akademie einzusetzen. Verbunden mit der Verwaltung aller zu Hannover gehörenden Klostergüter wollte Leibniz die Leitung der Societät selbst übernehmen.

---

[198] AA I, 3 N.17. Foucher de Careil Œuvres Bd. 7 S. 138ff. Onno Klopp schreibt unrichtigerweise, dass in Hannover keine Akademiegründung geplant war. Klopp S. 169.

[199] In den von Leibniz geplanten Kunstkammern gab es verschiedene Sammlungstypen: „Raritäten- oder Naturalienkammer", die Gemälde und Bildersammlungen enthalten sollten, weiters das „anatomische Kabinett", ein Naturkundemuseum im Kleinen mit anatomischem Theater. Vgl. J. D. Major: Unvorgreiffliches Bedenken von Kunst- und Naturalien-Kammern insgeheim, Kiel 1674. In der 1679 verfassten Schrift „Agenda" stellte Leibniz die Wichtigkeit dieser Sammlungen dar. *Damit die Imagination oder Phantasie in gutem Zustand erhalten und nicht ausschweifend werde, muß man all seine Einbildung auf einen gewißen Zweck richten und sich bemühen die Dinge nicht nur obenhin zu bedenken, sondern* stückweise *zu betrachten, soweit es für unsere Vorhaben vonnöten ist.* AA IV, 3 N.136 S. 898. Zitiert nach Bredekamp S. 27.

[200] Leibniz, „Bibliothekskonzept" für Franz Ernst von Platen, den ersten Minister von Herzog Ernst August, Ende Januar? 1680. AA I, 3 N.17 S. 17. Zitiert nach Bredekamp S. 26. Vgl. Leibniz, „Agenda", 1679. AA IV, 3 N.136 S. 894ff.

[201] Zitiert nach Bredekamp S. 23f.

[202] *Es ist gut zu dem ende viel sachen sehen, und wohl betrachten als Kunst= und Raritäten kammern, Anatomi = Kammern, Kreüter (zu welchem ende man herbatum gehet [,] Specereyen und Materialien, Werckstühle; Kunstwercke, Palläste, festungen; sonderlich modellen und abbildungen.* Leibniz, „Agenda", 1679. AA IV, 3 N.136 S. 898. Zitiert nach Bredekamp S. 216 Nr. 19.

[203] Leibniz, „Bibliothekskonzept" für Franz Ernst von Platen, den ersten Minister Ernst Augusts, Ende Januar? 1680. AA I, 3 N.17 S. 17. Zitiert nach Bredekamp S. 27. Es war Leibniz wichtig, die fürstliche Kunstkammer mit allen Arten von Erzen, bergmäßigen Metallen und Mineralien auszustatten und mit detaillierten Beschreibungen zu versehen. Wie Diderot Jahrzehnte später plante Leibniz auch die Erfahrungen von Bergleuten zu berücksichtigen. Vgl. Bredekamp S. 27f.

[204] Leibniz an Herzog Johann Friedrich, einzuordnen Dezember 1678. AA I, 2 N.95 S. 110. Böger S. 138.

Die Societät sollte über den Tod von Leibniz hinaus Bestand haben. ... *c'est le fondement sur le quel V.A.S. [Votre Altesse Sérénissime] peut bastir un jour le beau dessin qu'elle a formé d'une Assemblée pour l'avancement des sciences, qvi par ce moyen pourra estre rendue perpetuelle et passer jusqu'à la posterité.*[205] Leibniz präsentierte Herzog Johann Friedrich seine Kenntnisse in Theologie, Philosophie, Naturwissenschaften, Jurisprudentia, Politik, die er für eine zu gründende Societät einsetzen wollte.[206] Wichtig war Leibniz die Zusammenarbeit von Gelehrten mit praktischer Erfahrung.

Bei der Durchführung seiner technischen Arbeiten im Harzer Bergbau hatte Leibniz mit erheblichen Schwierigkeiten und ungünstigen Witterungsverhältnissen zu kämpfen.[207] Auch der unerwartete Tod von Herzog Johann Friedrich am 28. Dezember 1679 verzögerte die Vorbereitungen zur Gründung einer Societät in Hannover. Am 23. März 1685 verfügte sein Nachfolger Herzog Ernst August die Einstellung der Arbeiten im Harz.[208]

Die Gründung der Societät in Hannover wurde nicht realisiert.

IV. DIE CHURFÜRSTLICHE BRANDENBURGISCHE SOCIETÄT DER WISSENSCHAFTEN ZU BERLIN, 1700[209]

Wäre demnach der Zweck theoriam cum praxi zu vereinigen, und nicht allein die Künste und die Wissenschaften, sondern auch Land und Leute, Feldbau, Manufacturen und Commercien, und, mit einem Wort, die Nahrungsmittel zu verbeßern, überdieß auch solche Entdeckungen zu thun, dadurch die überschwengliche Ehre Gottes mehr ausgebreitet, und dessen Wunder besser als bißher erkannt, mithin die christliche Religion, auch gute Policey, Ordnung und Sitten theils bey heidnischen, theils noch rohen, auch wol gar barbarischen Völkern gepflanzet oder mehr ausgebreitet würden. (G. W. Leibniz, Denkschrift in Bezug auf die Einrichtung einer „Societas Scientiarium et Artium" in Berlin, März 1700)[210]

1. Gründung

Die einzige von Leibniz realisierte Gründung einer wissenschaftlichen Societät ist die der Kurfürstlichen Brandenburgischen Societät der Wissenschaften in Berlin im Jahre 1700, die Vorbild für Leibniz' Gründungspläne in Wien ist.

1694 bemühte sich Leibniz erfolglos um die Stelle eines Historiographen am Kurfürstlichen Hof in Berlin. Er verfasste den Entwurf zur Gründung einer wissenschaftlichen Societät „Societas Electoralis Brandenburgi-

---

[205] (... *das ist die Grundlage, auf der Eure durchlauchtigste Hoheit eines Tages den bedeutenden Plan für eine Gesellschaft zur Förderung der Wissenschaften aufbauen kann, deren Fortbestand gesichert ist und die von nachfolgenden Generationen weitergeführt werden kann.*) Leibniz an Herzog Johann Friedrich, Herbst 1678. AA II, 1 S. 159ff. Zitiert nach Böger S. 135.

[206] Leibniz an Herzog Johann Friedrich, Herbst 1678, AA I, 2 S. 81f und Leibniz an Herzog Johann Friedrich, Februar ? 1679, AA I, 2 S. 121ff. Vgl. Böger S. 135.

[207] Am 24. April 1680 bestimmte Herzog Ernst August, dass wegen der geringen Erfolge die Kosten zu je einem Drittel vom Herzog selbst, von Leibniz und den Clausthaler Werken getragen werden sollten. Müller-Krönert S. 61.Vgl. Müller-Krönert S. 62. Am 6. Dezember 1683 teilte Herzog Ernst August Leibniz mit, dass die Zahlungen des Hofes für die Entwicklung seiner „Windkunst" gesperrt wurden. Müller-Krönert S. 71. Leibniz setzte die Versuche auf eigene Kosten fort. Im Jänner 1684 bewilligte Herzog Ernst August Leibniz noch eine Unterstützung für die Entwicklung der „Horizontal-Windkunst". Müller-Krönert S. 72.

[208] G. Scheel: Leibniz als Historiker des Welfenhauses, in: Totok-Haase S. 243.

[209] A. Auwers: Leibniz Tätigkeit für die Preußische Akademie. Rede zum Leibniztag 1900, in: Sitzungsber. der Preuß. Akademie der Wissenschaften zu Berlin 1900, 1, S. 657ff. Böger S. 354ff. H. St. Brather (Hg.): Leibniz und seine Akademie. Ausgewählte Quellen zur Geschichte der Berliner Societät der Wissenschaften 1697-1716, Berlin 1993. H. St. Brather: Leibniz und das Konzil der Berliner Societät der Wissenschaften, in: Studia Leibnitiana, Sonderheft 16, 1990, S. 218ff. W. Dilthey: Die Berliner Akademie der Wissenschaften, ihre Vergangenheit und ihre gegenwärtigen Aufgaben, in: Deutsche Rundschau 103, Juni 1900, S. 420ff. G. Dunken: Die deutsche Akademie der Wissenschaften zu Berlin in Vergangenheit und Gegenwart, Berlin 1958. Joh. H. S. Formey : Histoire de l'Académie Royale des Sciences et Belles Lettres, depuis son origine jusqu'à présent. A Berlin chez Haude et Spener etc. 1750. E. Knobloch (Hg.): Die Akademie der Wissenschaften zu Berlin, in: Philosophie und Wissenschaft in Preußen. F. Rapp u. H. W. Schütt, Berlin 1982, S. 115ff.

[210] Zitiert nach Harnack II S. 76.

ca exemplo Regiarum Londinensis et Parisiensis", der nicht weiter beachtet wurde.[211] Ab 1697 hatte Leibniz Kontakt zu Kurfürstin Sophie Charlotte von Brandenburg[212], die ein ausgeprägtes Interesse für Philosophie und Theologie[213] hatte und sich ebenso wie ihre Mutter Kurfürstin Sophie von Hannover[214] für die Förderung der Wissenschaften einsetzte[215]. Leibniz an Sophie Charlotte: *In der Tat habe ich schon oft gedacht, daß Damen von geistiger Bildung sich besser eignen als Männer, die Wissenschaften und Künste voran zu bringen. Die Männer, ganz von ihren Geschäften eingenommen, denken meist nur an das Notwendige, während die Frauen, die ihr Stand über Sorgen und Nöte erhebt, unbefangen und fähiger sind, an das Schöne zu denken.*[216]

Die Fürsprache von Kurfürstin Sophie Charlotte war für die Gründung der Berliner Societät mitbestimmend. Auf Wunsch von Sophie Charlotte nahm Leibniz brieflichen Kontakt mit dem Theologen und Hofprediger Daniel Ernst Jablonski auf, der sich wesentliche Verdienste um die Berliner Societät erworben hat.[217] Die Anregung von Sophie Charlotte, in Berlin ein Observatorium nach dem Vorbild der Pariser Sternwarte zu errichten,[218] wurde von Leibniz zur Gründung einer Societät mit naturwissenschaftlichem Schwerpunkt erweitert: *Ist demnach solches [das Observatorium] zu considiren als ein schönes Accessorium und nicht als das Principale, mithin wäre meines Ermessens das Project ... auf etwas wichtigeres und grösseres zu richten.*[219] Im November 1699 machte Leibniz den Vorschlag, weitere *curiöse* Wissenschaften einzubeziehen. *L´*

---

[211] Leibniz, „Pro Memoria für einen brandenburgischen Staatsmann", wahrscheinlich Spanheim, nicht datiert, einzuordnen 1694. Vgl. Harnack II S. 35ff Nr. 7, 8, 9, 10. Harnack I/1 S. 42f. Klopp Werke Bd. 9 S. 19ff.

[212] Kurfürstin Sophie Charlotte, ab 18. Januar 1701 Königin in Preußen, ist jahrelang die wichtigste Gesprächspartnerin, Fürsprecherin und Schülerin von Leibniz. ... *diese Königin besaß eine unglaubliche Kenntnis auch auf abgelegenen Gebieten und einen außerordentlichen Wissensdrang, und in unseren Gesprächen trachtete sie danach, diesen immer mehr zu befriedigen, woraus eines Tages ein nicht geringer Nutzen für die Allgemeinheit erwachsen wäre, wenn der Tod sie nicht dahingerafft hätte.* Leibniz an Henriette Charlotte von Pöllnitz, erste Staatsdame und Vertraute von Sophie Charlotte, 2. Februar 1705. Klopp Werke Bd. 10 S. 287. Zitiert nach Müller-Krönert S. 195.

[213] Kurfürstin Sophie Charlotte, die mit dem Philosophen Pierre Bayle korrespondierte und ihn in Holland aufsuchte, ermunterte Leibniz, seine Kritik an Pierre Bayles „Dictionnaire Historique et Critique" niederzuschreiben. Die Diskussionen von Leibniz mit Sophie Charlotte über Bayles „Dictionnaire" und die Wechselwirkung zwischen Philosophie und Theologie hatten großen Einfluss auf das Entstehen von Leibniz´ „Essai de Théodicée sur la bonté de Dieu, la liberté de l´homme et l´origine du mal" („Abhandlung von der Güte Gottes, der Freiheit des Menschen und dem Ursprung des Übels"), erschienen 1710 in Amsterdam bei Isaac Troyel. Mit Argumenten vor allem der Philosophie und Theologie versucht Leibniz zu zeigen, dass die Existenz des Bösen in der Welt der Allmacht und der Allgüte Gottes nicht widerspricht. Leibniz versucht, Physik und Metaphysik zu vereinigen und Philosophie und Theologie in Einklang zu bringen. Die „Theodicée" war im 18. Jahrhundert weit verbreitet und wurde als „Lesebuch des gebildeten Europas" bezeichnet.

[214] L. A. Foucher de Careil : Leibniz et les deux Sophies, compte-rendu de l´Académie des Sciences morales et politiques, Paris 1876.

[215] Vgl. Leibniz an Sophie Charlotte: November 1697, Harnack II S. 44f und 4. December 1697, Harnack II S. 45f und 14. December 1697, Harnack II S. 46 und 29. December 1697, Harnack II S. 47 und 11. August 1698, Harnack II S. 54. Vgl. Harnack I/1 S. 36ff. Fischer S. 261ff. Böger S. 375ff. J. Mittelstraß: Der Philosoph und die Königin, in: Studia Leibnitiana, Zeitschrift für Geschichte der Philosophie der Wissenschafften, Sonderheft 16 1990, S. 11.

[216] Leibniz an Kurfürstin Sophie Charlotte, Ende November/Anfang Dezember ? 1697. AA I, N.14, S. 772. Vgl. G. Utermöhlen: Leibniz im Briefwechsel mit Frauen, Niedersächsisches Jahrbuch für Landesgeschichte, 52, 1980, S. 219ff.

[217] G. E. Guhrauer (Hg.): Gottfried Wilhelm Leibniz, Deutsche Schriften, Bd.1-2, Berlin 1838-1840, Hildesheim 1966, Bd. 2, S. 59ff. Harnack I/1 S. 112f. Harnack II u. a. S. 58ff, S. 65ff, S. 70ff. J. E. Kapp: Sammlung einiger vertrauter Briefe zwischen ... G. W. von Leibnitz und ... Daniel Ernst Jablonski, auch andern Gelehrten ... gewechselt worden sind, Leipzig 1745. J. Kvacsala: D. E. Jablonsky´s Briefwechsel mit Leibniz nebst anderen Urkunden, Acta et comment, Imp. Univers. Jurievensis 1897.

[218] Unvollendete eigenhändige Denkschrift Leibnizens (wegen eines Observatoriums in Brandenburg) von Ende April oder Anfang Mai 1700. Harnack II S. 86f. Vgl. Harnack II S. 58ff, S. 65ff. Leibniz an D. E. Jablonski, 26. März 1698 (Concept). Harnack II S. 51ff.

[219] Leibniz an D. E. Jablonski, 12. März 1700. Zitiert nach Harnack II S. 69. Ab 1698 beschäftigte sich Leibniz neben historischen Studien wieder intensiv mit naturwissenschaftlichen, vor allem physikalisch-mechanischen Problemen. Es entstand u. a. die Auseinandersetzung mit Descartes „Brevis demonstratio erroris memorabilis Cartesio" (acta eruditorum 1699). Vgl. Leibniz an Kurfürstin Sophie-Charlotte, November/Anfang Dezember ? 1697: *Je m´asseure même, qu´Elle étend sa curiosité encore aux autres matieres qui ne sont pas moins belles que celles de l´Astronomie, et qui pouvoient estre, aussi bien que cette science, l´object d´une Academie Electorale des Sciences capable de tenir teste avec le temps à celles de Paris et Londres, pour faire honneur non seulement à l´Electeur maistre et fondateur, mais encor à toute Allemagne.* (Ich bin mir sogar sicher, daß sie [die Kurfürstin] ihre Neugier auf andere Gebiete ausdehnt, die nicht weniger bedeutend sind als die Astronomie, und die genau so gut wie diese Wissenschaft Gegenstand einer kurfürstlichen Akademie sein können und mit der Zeit mit denen von Paris und London standhalten können, und die nicht nur dem Kurfürsten und Gründer Ehre bringen, sondern ganz Deutschland.) AA I, 14 N.440 S. 773. Zitiert nach Böger S. 376f.

Astronomie contribue à la gloire des grands Princes. Cela vous pourra engager cependant à aller plus loin et penser encore d'autres sciences curieuses. Tant mieux. Si je puis contribuer quelque chose en tant cela de mes petits avis, je le ferai de tout mon coeur. Car toutes mes vues ne tendent depuis longtemps qu'au bien public et je me fais tout mon plaisir de ce devoir. La France (entre nous) a maintenant gens pour la plupart assez médiocres dans les sciences. Ainsi si nous pouvons mettre les Allemands en train, ils tiendront peut-être tête en cela de toute l'Europe.[220]

Am 18. März 1700 genehmigte Kurfürst Friedrich III[221] zu Oranienburg die Gründung einer „Académie des sciences" und den Bau eines Observatoriums. Leibniz erhielt die offizielle Einladung nach Berlin zu kommen, um die Stiftungsurkunde zu verfassen. Während seines Berliner Aufenthalts von Mai bis August 1700 bereitete Leibniz die Gründung der Societät vor.[222] Er plante eine vollständige, alle naturwissenschaftlichen Disziplinen unter dem Gesichtspunkt der Anwendung umfassende Anstalt einschließlich Botanik und Anatomie, die mit geeigneten Räumen wie Laboratorien ausgestattet werden sollte. *Observatorio, Laboratorio, Bibliotec, Instrumenten, Musaeo, und Rariteten-Cammer oder Theatro der Natur und Kunst, auch andern ober- und unterirdischen Behaltnüßen, Plätzen und gelegenheiten, auch dazu dienlichem apparatu naturalium et artificialium und allem dem, so zur untersuchung derer drey Reiche, der Natur- und Cunstwerke, auch sonst zu neüen und größeren wachsthum nützlicher Studien ...*[223]

Nach dem Vorbild der Royal Society in London nannte er die neue Gesellschaft „Societas scientiarum" und formulierte den Leitspruch der Akademie mit „theoria cum praxi". Leibniz betonte die Notwendigkeit, wissenschaftliche Erkenntnisse in die Praxis umzusetzen. *Solche Churf. Societät müste nicht auf bloße Curiosität oder Wissensbegierde und unfruchtbare Experimenta gerichtet seyn, oder bey der bloßen Erfindung nützlicher Dinge ohne Application und Anbringung beruhen, wie etwa zu Paris, London und Florenz geschehen ... sondern man müste gleich Anfangs das Werck sammt der Wissenschaft auf den Nucen richten, und auf solche specimina denken, davon der hohe Urheber Ehre und das gemeine Wesen ein Mehrers zu erwarten Ursach habe ...*[224]

Am 11. Juli 1700 wurde die Stiftungsurkunde von Friedrich III, Kurfürst von Brandenburg genehmigt und erlassen.[225] Leibniz wurde zum Präsidenten auf Lebenszeit und zum Kurfürstlichen Brandenburgischen Geheimen Justizrath ernannt. Eine jährliche Besoldung und Entschädigung für Reise- und Korrespondenzkosten wurden Leibniz zugesagt.[226]

2. Organisation und Aufgaben

Die Societät sollte aus dem „Consilio societatis"[227], den ordentlichen Mitgliedern und aus den mitarbeitenden oder correspondierenden Mitgliedern innerhalb und außerhalb Berlins und des Landes sowie aus Ehrenmitgliedern bestehen. *Könnte demnach die Societät bestehen aus innern Membris und Associatis. Die innern*

---

[220] *(Die Astronomie trägt zum Ruhm bedeutender Herrscher bei. Das könnte Sie indessen ermuntern, noch weiter zu gehen und darüberhinaus an andere interessante Wissenschaften zu denken. Umso besser. Wenn ich mit meiner unbedeutenden Meinung zu dem Ganzen etwas beitragen kann, werde ich es aus vollem Herzen tun. Denn alle meine Bestrebungen zielen seit langem auf das Gemeinwohl hin. Und ich bringe all meine Freude in diese Aufgabe ein. Frankreich hat (unter uns bemerkt) gerade jetzt in den meisten Wissenschaftsdisziplinen ziemlich mittelmäßige Leute. Wenn es uns also gelingt, die Deutschen zu motivieren, werden sie an der Spitze von ganz Europa stehen.)* Leibniz an Johann Jacob Julius Cuno, auch Cuneau, Brandenburgischer Geheimer Kabinettssekretär, November 1698. Zitiert nach Harnack I/1 S. 47f.

[221] Friedrich III, Kurfürst von Brandenburg 1668-1701, Selbstkrönung zu Friedrich I, König in Preußen 1701-1713.

[222] Leibniz, „Denkschrift in Bezug auf die Einrichtung einer Societas Scientiarum in Berlin" vom 24./26. März 1700. Harnack II S. 76ff. Vgl. Leibniz, „Eigenhändiges Concept betreffend die Einrichtung der Societät", Juli oder August 1700. Harnack II S. 112ff.

[223] Leibniz, „General-Instruction für die Societät der Wissenschaften" vom 11. Juli 1700. H. St. Brather (Hg.),: Leibniz und seine Akademie. Ausgewählte Quellen zur Geschichte der Berliner Sozietät der Wissenschaften 1697-1716, Berlin 1993, S. 104. Zitiert nach Bredekamp S. 226. Vgl. Bredekamp S. 170.

[224] Leibniz, „Denkschrift in Bezug auf die Einrichtung einer Societas Scientiarum in Berlin" vom 24./26. März 1700. Zitiert nach Harnack II S. 76.

[225] Leibniz, „General-Instruction für die Societät der Wissenschaften" vom 11. Juli 1700. Harnack II S. 103ff. Vgl. Harnack I/1 S. 92f.

[226] Actenstücke zu Leibnizens Bestallung als Präsident der Societät vom 12. Juli 1700. Harnack II S. 115ff.

[227] Böger S. 386ff und S. 389.

Membra formen eigentlich das Collegium Societatis; die Associati wären theils münd- und thätlich, theils, wenn sie abwesend, mit Correspondenz behülflich ...[228] *Es soll auch der Societaet unbenommen seyn, Ausländer, auch Persohnen von anderer Religion nach Befinden der anständigen Beschaffenheiten und Umbstände herbeyzuziehen und zu Mitgliedern aufzunehmen.*[229]

Die Einteilung der Societät erfolgte in drei Klassen:[230]
1. mathematisch-physikalische Klasse,[231]
2. Klasse Linguae Germanicae und
3. literarische Klasse.

Zu den Aufgaben der drei Klassen gehörten:

Ad 1: *Die Beförderung der nützlichen Wissenschaften und Künste.*[232]
Die *realen* Wissenschaften Mathematik und Physik sollten die Grundpfeiler der Societät sein.

Die Mathematik umfasste: Geometrie, Astronomie, Architektonik, Mechanik; die Physik: Chemie, Regnum minerale, Regnum Vegetabile, Regnum Animale. Um die Arbeit der beiden Klassen zu ermöglichen, sollten Laboratorien, Bibliotheken, Kunst- und Raritätenkammern, Zeug- und Rüsthäuser, Pflanzen- und Tiergärten eingerichtet werden.[233] Vordringlich war Leibniz die Förderung der Medizin für Menschen und Nutztiere.[234] Die Ausbildung der Ärzte und die Versorgung der Kranken sollten dringend verbessert werden. Alle Krankheiten sollten registriert werden. ... *daß man wohl beobachte und durch fleißige Communication der Herren Medicorum zusamenbringe, was bey denen menschlichen Leibern, der Gesundheit, Krankheiten und Zufällen sich merckliches spühren laßen; sonderlich der grassirenden Kranckheiten signa, symptomata et eventus, wie sie sich in crisibus regiret, ... was darinn die Natur gethan, wenn man sie gewehren laßen; welche Methodi oder Medicamenta schädlich oder guth befunden worden ...*[235] Bereits 1701 bewirkte Leibniz ein Edikt, das alle Ärzte im Lande verpflichtete, jedes Jahr ihre Beobachtungen als Beitrag einer *physikalisch-medicinisch Geschichte des Reiches* einzusenden.[236] Im gesamten Reich sollten meteorologische Beobachtungen erstellt werden.[237] Auch der Zusammenhang zwischen Witterung und Krankheiten sollte erforscht werden. Leibniz erkannte „Wetter" und „Klima" als überregionales raumzeitliches Phänomen und betonte die notwendige internationale Zusammenarbeit.

Ad 2: *Die Beförderung der deutschen Sprache und Geschichte:*[238]
Auf Anordnung des Kurfürsten war die Societät für „Reinigkeit und Selbststand" der deutschen Sprache verantwortlich. Ein vollständiges deutsches Wörterbuch sollte herausgegeben werden: *Damit auch die uhralte teutsche Hauptsprache in ihrer natürlichen, anständigen Reinigkeit und Selbststand erhalten werde, und nicht endlich ein ungereimdes Mischmasch und Unkäntlichkeit daraus entstehe, so wollen Wir die vormahlige fast in*

---

[228] Leibniz, „Denkschrift in Bezug auf die Einrichtung einer Societas Scientiarum et Artium in Berlin" vom 26. März 1700, bestimmt für den Kurfürsten. Harnack II S. 80.

[229] Leibniz, „General-Instruction für die Societät der Wissenschaften" vom 11. Juli 1700. Harnack II S. 106. Zitiert nach Harnack I/1 S. 96f.

[230] Böger S. 385. Harnack I/1 S. 97. Die Einteilung in vier Klassen ein Jahrzehnt nach der Stiftung geschah ohne Einfluss von Leibniz.

[231] Mit der Zusammenfassung der mathematischen und naturwissenschaftlichen Disziplinen folgte Leibniz der Einteilung der Pariser „Académie des Sciences". Leibniz wollte damit auch den Grundsatz der Vereinigung von Theorie und Praxis betonen. Vgl. Böger S. 385.

[232] Leibniz, „Denkschrift in Bezug auf die Einrichtung einer Societas Scientiarum et Artium in Berlin" vom 24./26. März 1700. Harnack II S. 76ff. Leibniz, „Denkschrift in Bezug auf die Einrichtung einer Societas Scientiarum et Artium in Berlin", bestimmt für den Kurfürsten vom 26. März 1700. Harnack II S. 78ff. Vgl. Harnack I/1 S. 83f.

[233] Bredekamp S. 170ff.

[234] U. a. Leibniz, „Summarische Punctation, die medicinalischen Observationes betreffend, so durchgehend anzustellen und beständig fortzusetzen sein möchten", Winter 1701. Harnack II S. 138ff.

[235] Leibniz, „Summarische Punctation, die medicinalischen Observationes betreffend, so durchgehend anzustellen und beständig fortzusetzen sein möchten", Winter 1701. Zitiert nach Harnack II S. 139.

[236] Guhrauer II S. 200ff. Der berühmte Arzt Friedrich Hoffmann, Schüler und Freund von Leibniz, begann bereits 1700 mit diesen Aufzeichnungen.

[237] Harnack II S. 138f. St. Venzke, T. Hauf: Leibniz´ Spuren in der Meteorologie, in: Leibniz – auf den Spuren des großen Denkers, Unimagazin Hannover, Zeitschrift der Leibniz Universität Hannover, Nr. 3/4 , 2006, S. 64ff. Harnack I/1 S. 128 Anm. 1. AA II, 2 und 3 Sachregister Wetterbeobachtungen.

[238] Vgl. Böger S. 307

Abgang und Vergeß gekommene Vorsorge durch mehrgedachte Unsere Societaet und andere dienliche Anstalten erneuern laßen.[239] Eine weitere wichtige Aufgabe der Societät war das Sammeln und Dokumentieren aller bereits existierenden Kenntnisse, nicht nur von Gelehrten, sondern auch von Handwerkern; alle Erkenntnisse sollten in einer Universalenzyklopädie in deutscher Sprache zusammengefasst werden. Leibniz plante, wissenschaftliche Vorträge in deutscher Sprache einzurichten.[240]

Ad 3: *Die Beförderung des evangelischen Glaubens durch ausländische Missionen.*[241]

Zu den Aufgaben der literarischen Klasse gehörten: Kirchengeschichte, orientalische Sprachen und Missionen; die Societät sollte Missionen vor allem in China, aber auch in Persien und Indien durchführen, … *daß der rechte Glaube, die Christliche Tugend und das wahre Christenthumb so woll in der Christenheit, als bey entlegenen, noch unbekehrten Nationen … zu befordern … So wollen Wir, daß Unsere Societet der Wißenschafften sich auch die Fortpflanzung des Wahren Glaubens und deren Christlichen Tugenden unter Unserer Protection angelegen seyn laßen solle …*[242] Leibniz versuchte, zwischen verschiedenen Kulturen und Religionen zu vermitteln.[243] Für die Erschließung fremder Länder für die christliche Kultur war eine enge Zusammenarbeit mit der mathematisch-physikalischen Klasse notwendig.

Die Missionstätigkeit sollte gleichzeitig Wissenschaft und Handel fördern. Leibniz plante eine von der Societät geleitete Ausbildung junger Missionare, die als Mathematiker, Astronomen, Physiker, Ärzte, vor allem als Chirurgen eingesetzt werden sollten.[244] Leibniz war weniger die Christianisierung der fernen Länder wichtig, sondern vor allem das für die Societät neu gewonnene Wissen.

Jurisprudenz und Theologie fielen nicht in den Aufgabenbereich der Societät.

3. Finanzierung

Da die Societät ohne Belastung der Staatskasse finanziert werden sollte, mussten Monopole und Geldquellen geschaffen werden. *Car la societé ne doit rien couster à l'Electeur. Elle se doit faire son propre fonds …*[245] Im Juni 1700 verfasste Leibniz eine Aufstellung seiner Finanzierungsvorschläge.[246] Dazu gehörten:

Calenderwesen - pro re Astronomica

Die Einführung des gregorianischen Kalenders am 23. September 1699 erforderte eine Umstellung der Kalender.[247] Herstellung und Verkauf von Kalendern wurde als Monopol der Societät eingesetzt. Unter Androhung von Geldstrafen durften ausschließlich Kalender der Societät in den Verkauf gelangen.

Bedingte Indulgenz der Reisen

Da die Societät „als teutsch-liebende und -pflegende Gesellschaft"[248] geplant war, sollte die Societät bei Reisen ins Ausland eine Steuer einheben. Am 8. Juli 1700 wurde ein kurfürstliches Edikt erlassen, wodurch

---

[239] Leibniz, „General-Instruction für die Societät der Wissenschaften" vom 11. Juli 1700. Zitiert nach Harnack II S. 107.

[240] Leibniz, „General-Instruction für die Societät der Wissenschaften" vom 11. Juli 1700. Harnack S. 107. Harnack II S. 121f.

[241] Vgl. Leibniz „Novissima Sinica", 1697. E. Ravier, Bibliographie des Œuvres de Leibniz, Paris 1937, Nr. 39, Nachdruck Hildesheim 1966. F. R. Merkel: Leibniz und die Chinamission, Leipzig 1920. Fleckenstein Politik S. 90f. Harnack I/1 S. 81f. W. Totok: Leibniz als Wissenschaftsorganisator, in: Totok-Haase S. 310. Fischer S. 224f. Guhrauer II S. 97f.

[242] Leibniz, „Stiftungsbrief" vom 17. Juli 1700. Zitiert nach Harnack I/1 S. 94.

[243] Leibniz´ Interesse für die Entwicklung der Wissenschaft in China und die Kultur Chinas wurde durch den Jesuiten Claudio Philippo Grimaldi, der eine Missionarstätigkeit in China plante, bestärkt. Leibniz hatte Grimaldi 1689 in Rom kennengelernt.

[244] Die Missionstätigkeit wurde von Leibniz in seinen frühen Akademieentwürfen und auch in seinen später verfassten Denkschriften für Wien nicht berücksichtigt. Fischer S. 224. Guhrauer II S. 98ff. Harnack I/1 S. 82 Anm. 2.

[245] *(Da die Societät dem Kurfürsten keine Kosten verursachen soll, muß sie sich ihren eigenen Fonds schaffen.)* Leibniz an Kurfürstin Sophie, 29. Juni 1700. Klopp Werke Bd. 8 S. 191.

[246] U. a. Leibniz, „Einige Vorschläge pro fundo Societatis Scientiarum", Juni 1700. Harnack II S. 92ff und Klopp Werke Bd. 10 S. 311ff. Harnack I/1 S. 90ff. Vgl. Leibniz an M. von Wedel, 15. Juni 1700. Harnack II S. 92. Bei seinen Akademieplänen für Wien mehr als 10 Jahre später verwendete Leibniz ähnliche Möglichkeiten der Finanzierung.

[247] *… daß durch einen unter denen Evanglischen Reichs-Ständen gefasseten einmüthigen Schluß das Calender-Wesen auf einen verbesserten Fuß gerichtet und daneben dahin abgezielet worden, wie künftig die Zeit-Rechnung nach dem Astronomischen Calculo und Observatorium des Himmels geführt und wie billig verbessert werden möchte.* Zitiert nach Harnack I/1 S. 90 Anm. 1. Vgl. Leibniz, „Kalenderpatent" vom 10. Mai 1700. Harnack II S. 87ff. Vgl. Leibniz an D. E. Jablonski, 26. März 1700. Joh. E. Kapp: Sammlung einiger vertrauter Briefe zwischen … G. W. von Leibnitz und … Daniel Ernst Jablonski, auch andern Gelehrten … gewechselt worden sind, Leipzig 1745, S. 158. Vgl. Böger S. 378ff.

[248] Harnack I/1 S. 90f.

das Reisen der Jugend in auswärtige Provinzen verboten war.[249] *Und diejenigen, die so ansehnliche summen außer Landes verzehren, werden sich etwas gar leidliches allhier zu erlegen, gar nicht entgegen sein lassen.*[250]

Feuerspritzen mit ander Anstalt - pro re mechanica

Die neu gewonnenen Erkenntnisse der mechanischen Wissenschaften sollten zur Entwicklung von Feuerspritzen zur Brandbekämpfung eingesetzt werden. *... in dem selbige nicht allein in einem beständigen Strahl und mit großer Gewalt gehen, ... sondern auch solche Sprützen vermittelst lederner Schlangen oder Röhren, die man in alle Winckel der Häuser herumb und hinein führen kan, auf den rechten Sitz des Feuers gerichtet werden, ...*[251] Die Societät erhielt das Monopol, es wurde aber durch die Gründung einer *obligatorischen Feuerkasse* hinfällig.[252]

Cleri et ecclesiarum concursus - pro Missionibus

Die Societät sollte Missionen in heidnischen Ländern durchführen, zu denen der Klerus seinen finanziellen Beitrag leisten sollte. *... auff Mittel und Wege zu dencken, entschloßen, wie rechtes Christenthum, und reines Evangelium durch wohl gefaßete Missiones zu entlegenen und noch in Finsterniß sitzenden Völckern mehr und mehr gebracht, auch all der durch Gottes Seegen und Gedeihen eingeführet, gepflanzet und ausgebreitet werden möge, damit der christlichen Liebe und Schuldigkeit ein Genügen gethan ...*[253]

Bücher-Commissariat und Aufsicht, mit einem Gewißen auf die Ballen - pro re literaria

Die Societät hatte die Verantwortung für die Herausgabe aller Bücher *... daß den Studien ferner ausgeholffen, guthe Bücher in Unsern Bibliotheken und sonst angeschaffet, nüzliche Wercke zum Druck beför-dert, den Autoribus, so etwas Nüzliches in Händen haben, unter der Arme gegriffen, ...*[254] Das zu gründen-de „Büchercommissariat" sollte die Leitung und Kontrolle des Buchhandels übernehmen; die Einnahmen aus dem Buchhandel sollten der Societät zugute kommen, *... weil ein großer Mißbrauch in dem Bücher-wesen, in dem die Buchhändler oft bloß und allein auf ihren Vortheilen stehen ... auch falsche, schädliche und ärgerliche Schriften zu verlegen, einzuführen und zu vertreiben.*[255] Jeder ins Land kommende *Bücher-ballen* war mit einer Steuer zu belegen. Da das Unterrichtswesen in den Aufgabenbereich der Societät fiel, sollten die Erlöse aus dem Verkauf von Schulbüchern und gemeinnützigen Schriften von der Societät ver-waltet werden.

Lotterie oder Verlosung

Leibniz sah die Besteuerung von Glücksspielen aller Art vor. *... ob nicht dergleichen auch hie mit nuzen geschehen könnte. Es wird Niemand wie bei denen gemeinen in guter Policey verbotenen Glückshafen über-schnellet... und werden die Leute durch Hoffnung eines guten Zugs sowohl als durch die Lust gleichsam eines Spiels angelocket.*[256]

Zucht der weißen Maulbeerbäume[257]

Leibniz bemühte sich intensiv um die Pflanzung von weißen Maulbeerbäumen *zum Zwecke der Seidencul-tur. ... Wiewohl der Nuzen der Seiden-Zielung als eines neuen und Niemand zu nahe gehenden Werckes nicht*

---

[249] Kurfürstliches Edikt, wodurch das Reisen der Jugend in auswärtige Provintzien verbothen, 8. Juli 1700 (nach einem Entwurf von Leibniz). Zitiert nach Harnack II S. 95.

[250] Leibniz, „Einige Vorschläge pro fundo Societatis-Scientiarum", Juni 1700. Zitiert nach Harnack II S. 93.

[251] Leibniz, „Entwurf eines Privilegiums für die Societät der Wissenschaften auf Feuerspritzen". Zitiert nach Harnack II S. 96. Siehe Leibniz, "Einige Vorschläge pro fundo Societatis-Scientiarum", Juni 1700. Harnack II S. 93.

[252] Harnack I/1 S. 91 Anm. 3.

[253] Leibniz, „Entwurf des Versuchs einer Besteuerung der milden Stiftungen zum Zwecke von Missionen", Juni 1700. Zitiert nach Harnack II S. 97f.

[254] Leibniz, „Entwurf des Auftrages eines Bücher-Commissariates ... für die Societät der Wissenschaften", Juli 1700. Zitiert nach Harnack II S. 99.

[255] Leibniz, „Einige Vorschläge pro fundo Societatis-Scientiarum", Juni 1700. Zitiert nach Harnack II S. 94.

[256] Leibniz, „Entwurf eines Kur-Brandenburgischen Befehls, kraft welches der Societät der Wißenschaften freistehen soll, eine oder mehrere Lotterien ohne oder in ihrem Namen anzustellen", Juli 1700. Zitiert nach Harnack II S. 101f.

[257] Leibniz, „Instruction pour la graine des meuriers blancs" (Anweisung für die Samen des weißen Maulbeerbaumes). Klopp Bd. 10 S. 246ff. Müller-Krönert S. 190. Im Februar 1704 teilte Leibniz der preußischen Königin mit, die Samen der Maulbeerbäume aus Italien erhalten zu haben. Hofrat Schleger schreibt in seinen Erinnerungen aus seiner Kindheit über das Jahr 1714: „Seinen [Leib-niz] Garten, der vor dem Egydien Thore lag und mit Maulbeerbäumen angefüllet war, habe ich einigemal besucht, um die Seiden-würmer entstehen, fressen, spinnen etc. zu sehen." In: C. G. von Murr (Hg.): Journal zur Kunstgeschichte und zur allgemeinen Literatur 7, Nürnberg 1779, S. 225.

beßer anzuwenden als zur Beförderung der Wißenschafften, …[258] Die Societät hatte das alleinige Privileg, im ganzen Land Rohseide herzustellen. Leibniz plante, die Pflanzung von Maulbeerbäumen auf weitere Teile des Landes auszudehnen, doch der Erfolg war zunächst gering.[259]

Wegen der schlechten finanziellen Lage versuchte Leibniz 1711, die Besteuerung des „Branntweinbrennens" einzuführen. *Weil es ein Getränk, welches als Artzeney wohl nützlich, aber zum ordentlichen Gebrauch alß ein Aliment höchst schädlich, und gewiß viel Tausend Menschen dadurch ihr Leben verkürtzen, solchem nach billig zu belegen ist.*[260]

4. Aktivitäten

In den ersten Jahren nach ihrer Gründung war die Akademie keineswegs erfolgreich; es fehlte an Mitgliedern und an wissenschaftlichen Beiträgen.[261] In den Jahren 1700-1709 verbrachte Leibniz einige Monate pro Jahr in Berlin.[262]

In seiner Abwesenheit leiteten der Theologe und Hofprediger Daniel Ernst Jablonski[263] und sein Bruder Johann Theodor Jablonski[264] als Sekretär die Societät. 1705 nach dem Tod von Königin Sophie Charlotte wurde der Einfluss von Leibniz immer geringer. Ohne sein Wissen wurden Mitglieder gewählt, Neuorganisationen vorgenommen[265] und 1710 die Statuten der Akademie geändert.[266]

Die Kommunikation zwischen den Mitgliedern war unzureichend, einflussreiche Hofbeamte waren Gegner der Akademie, die Anzahl der gemeinsamen Sitzungen war zu gering. Leibniz versuchte zu intervenieren. Einer seiner Vorschläge war, Mitglieder für ihre Leistungen durch die Erhöhung ihres Ranges auszuzeichnen, andere … *so künfftig in gewißen Jahre nichts Anständiges beytragen, nach Befinden aus dem Catalogo membrorum streiche.*[267]

Zehn Jahre nach der Gründung erschien 1710 die erste und einzige Veröffentlichung während der Präsidentschaft von Leibniz: *Miscellanea Berolinensia ad Incrementum Scientiarum*[268].

---

[258] Leibniz, „Vorschlag der Seidencultur", December 1702. Zitiert nach Harnack II S. 150. Dieses Monopol wurde von Königin Sophie Charlotte am 8. Jänner 1703 erteilt: „… daß Wir Unserm lieben besondern, Gottfried Wilhelm von Leibniz, Churfürstl. Braunschwg. Lünebg. Geheimten Rath, und Praesident der hiesigen königlichen Societät der Wißenschafften, Vollmacht hiemit ertheilen, von Unsertwegen und zum Besten besagter Societät, die Einführung der Seidenzielung in diesen Landen gehörigen Orths zu suchen und so viel an ihm, zu Richtigkeit zu bringen." Vollmacht der Königin für Leibniz, betreffs des Seidenbaues, 8. Januar 1703. Harnack II S. 151. Kurt Fischer gibt den 8. Januar 1702 an. Fischer S. 227 Anm. 1. Vgl. Vertrag zwischen Leibniz und Jakob Heinrich Graf von Fleming, Berlin, 12. März 1703, in: Fleckenstein Faksimiles S. 50. Vgl. Leibniz, „Das Maulbeerprivileg", 28. März 1707. Harnack II S. 169f. Harnack I/1 S. 133f.

[259] Ab 1746 konnte Friedrich der Große dieses Projekt erfolgreich nutzen.

[260] Leibniz, „Antrag auf Besteuerung des Branntwein-Brennens zu Gunsten der Berliner Societät", 3. April 1711. Zitiert nach Harnack II S. 220. Fischer S. 227 Anm. 1.

[261] Böger S. 389f. H. St. Brather: Leibniz und das Konzil der Berliner Sozietät der Wissenschaften, in: Studia Leibnitiana, Sonderheft 16, 1990, S. 219. Harnack II S. 148f. Harnack I/1 S. 128f.

[262] Ines Böger: „Als verhängnisvoller Mißgriff sollte sich die Ernenung des Philosophen zu ihrem 1. Präsidenten erweisen … Leibniz hatte sich indes nicht entschließen können, sein Arbeitsverhältnis zu wechseln und führte die Präsidialgeschäfte größtenteils brieflich von Hannover aus." Böger S. 387. H. St. Brather ist der Ansicht, dass Leibniz sich bei seinen Aufenthalten in Berlin nicht ausschließlich den Interessen der Akademie gewidmet hat. Böger S. 388.

[263] Harnack I/1 S. 112f.

[264] Harnack I/1 S. 113f und S. 105.

[265] Staatsminister M. L. von Printzen wurde zum „Praeses honorarius" ernannt, während Leibniz den Titel „Praeses ordinarius" innehatte. Vgl. Statut der Königlichen Societät der Wissenschaften vom 3. Juni 1710. Harnack II S. 192ff. Neuordnung des Präsidentensitzes, 27. Juni 1710. Harnack II S. 191. Bestallung des Hrn von Printzen als Praeses honorarius der Societät, 7. August 1710. Harnack II S. 192. Fischer S. 228ff.

[266] Statut der Königlichen Societät der Wissenschaften vom 3. Juni 1710. Harnack II S. 192ff. Vgl. Harnack I/1 S. 168. Im Jahre 1710 hatte die Akademie 67 Mitglieder, davon 26 ständig anwesende. Großen Einfluss hatte der Staatsarchivar Johann Jakob Chuno (auch Cuneau). Nach Eröffnung der Societät 1710 und der endgültigen Einteilung in vier Klassen übernahm Chuno das Direktorat der mathematischen Klasse. Böger Teil 2 Anmerkungen S. 143 Nr. 236.

[267] Leibniz an D. E. Jablonski, 9. Januar 1711. Harnack II S. 203.

[268] Von den 60 Beiträgen stammen zwölf von Leibniz, aus den Gebieten Philologie (gemeinsame Ursprache des Menschen), Physik (u. a. Nordlicht), Geschichte (Oedipus chymicus), Mathematik (Rechenmaschine, dyadisches System, höhere Differentiale). Weitere Autoren sind die Astronomen Gottfried Kirch, John Flamsteed, Johann Jakob Scheuchzer. Der Band enthält vorwiegend mathematisch-mechanische und physikalische Aufsätze. Leibniz, Vorrede zum I. Band der Miscellanea. Harnack II S. 197. Ein zweiter Band, für den Leibniz bereits im Jahre 1711 acht Beiträge verfasste, erschien erst 1723, sieben Jahre nach Leibniz' Tod.

Nach Fertigstellung des Observatoriums fand am 19. Jänner 1711, elf Jahre nach ihrer Gründung, die feierliche Eröffnung der Societät statt, an der Leibniz aus Enttäuschung über die Entwicklung der Societät nicht teilnahm.[269] Anfang des Jahres 1711 hatte die Societät einen kurzfristigen Aufschwung: Regelmäßige Klassensitzungen wurden abgehalten, die mathematische Klasse erwarb Instrumente, darunter eine Luftpumpe, und bereitete Experimente zur Beobachtung des Erdmagnetismus vor.[270]

Der Bau eines anatomischen Theaters wurde geplant. Auf ausdrücklichen Wunsch des Königs wurde mit der Abfassung eines vollständigen deutschen Wörterbuchs begonnen; das Projekt wurde nicht vollendet.[271]

Im März 1711 intervenierte Leibniz bei König Friedrich I ein letztes Mal für den Fortgang der Societät und verteidigte seine eigenen Leistungen.[272] Er versuchte den König zu überzeugen, Preise für deutschsprachige Forschungen und naturwissenschaftliche Untersuchungen zu verleihen und eine neue Kommission zur Kontrolle der Societät einzuführen. Zwei Monate später versuchte Leibniz die Mängel der Societät aufzuzeigen,[273] das Interesse und die Mitarbeit der Mitglieder waren gering; die finanziellen Mittel waren unzureichend.

Mit der Thronbesteigung von Friedrich Wilhelm I im Jahre 1713[274] verlor die Societät weiter an Ansehen. Friedrich Wilhelm I sah ihren Nutzen ausschließlich in der Ausbildung von guten Wundärzten und hätte die Societät am liebsten abgeschafft.

1715 wurde die Auszahlung des Gehaltes an Leibniz mit der Begründung unterlassen, dass Leibniz sich seit Mai 1711 nicht mehr in Berlin aufgehalten hätte.[275] Doch Leibniz behielt bis zu seinem Lebensende 1716 das Amt des Präsidenten der Akademie.

30 Jahre nach dem Tod von Leibniz kam es 1746 durch Friedrich II zu einer Reorganisation. Die Societät gewann wieder an Bedeutung und Ansehen.[276]

Harnack I/1 S. 159ff. Joachim Fleckenstein gibt an, dass 12 von 37 Beiträgen von Leibniz stammen. J. O. Fleckenstein, Leibniz und die Wissenschaftlichen Akademien, in: Fleckenstein Faksimiles S. 50. Adolf Harnack über die „Miscellanea": „Der Band ist ein Beweis dafür, dass die neue Wissenschaft der 2. Hälfte des 17. Jahrhunderts eine Stätte gefunden hatte. Der besondere Geist des 18. Jahrhunderts kündigt sich noch nicht an." Harnack I/1 S. 165.

[269] Ceremoniell der Niedersetzung der Societät, Januar 1711. Harnack II S. 204f. Kurze Erzählung von der Königlich-Preußischen Akademie der Wissenschaften. Harnack II S. 205ff. Harnack I/1 S. 173f. Anstelle des Präsidenten Leibniz hielt Staatsminister M. L. von Printzen den Eröffnungsvortrag.

[270] 20 Jahre früher, im Jahre 1681, versuchte Leibniz durch die Gründung einer Magnetisch-Mathematischen Societät Messungen des Erdmagnetismus anzuregen. W. Totok: Leibniz als Wissenschaftsorganisator, in: Totok-Haase S. 299. Harnack I/1 S. 35. Leibniz verwarf die Meinung Descartes', dass die Deklination der Magnetnadel nur durch zufällige und lokale Ursachen bedingt sei. Eine wichtige Aufgabe der Societät sollte die Messung des Erdmagnetfeldes sein. Die Messanordnung (Deklinatorium) bestand aus Kompassnadel mit vertikaler Achse und horizontalem Teilkreis und einem Fernrohr, das zur Nord-Süd-Richtung des Teilkreises parallel stand. Die magnetische Deklination, in der Seefahrersprache Missweisung, ist der Winkel zwischen magnetischem Meridian (Richtung einer Kompassnadel) und dem astronomischen Meridian (die wahre geographische Nord-Süd-Richtung). Die Deklination ist von Ort zu Ort verschieden und periodischen zeitlichen Schwankungen unterworfen, da sich das magnetische Erdfeld ständig ändert. Ein Netz von Beobachtungsstationen mit Deklinatorien im gesamten Reich sollte eingerichtet werden. Durch eine große Anzahl von Messungen an verschiedenen Orten wollte Leibniz eine Gesetzmäßigkeit nachweisen. *Denn ich zweifle kaum mehr, dass durch die wunderbare Güte der Vorsehung das Geheimnis der Auffindung der Länge beschlossen liege in der Declination der Magnetnadel.* Zitiert nach Klopp S. 170. Auch bei der Gründung einer wissenschaftlichen Gesellschaft im Russischen Reich forderte Leibniz die Messung des Erdmagnetfeldes als wichtige Aufgabe.

[271] Harnack I/1 S. 176f.

[272] Leibniz an König Friedrich I, Ende März 1711. Harnack II S. 212ff und Klopp Werke Bd. 10 S. 446ff. Harnack I/1 S. 181.

[273] Leibniz verfasste die Schrift „Kurzes wohl gemeyntes Bedencken von dem Abgang der Studien und wie denenselben zu helffen" am 14. Mai 1711. Harnack II S. 216ff und Klopp Werke Bd. 10 S. 435ff.

[274] Leibniz hielt sich 1713 in Wien auf, um Karl VI die Pläne zur Gründung einer kaiserlichen Akademie der Wissenschaften nahezubringen und seine Kontakte zu Zar Peter I zu verstärken.

[275] Fischer S. 228f.

[276] Harnack I/1 S. 247ff. Als Friedrich der Große 1746 die mit der „Nouvelle Société Littéraire" vereinigte „Académie Royale des Sciences et Belles-Lettres" eröffnete, wurde die französische Sprache zur Akademiesprache erklärt; die Pflege und Förderung der deutschen Sprache wurde eingestellt. Doch Friedrich II wies ausdrücklich auf Leibniz als Gründer und Schöpfer der Societät hin. Er berief sich auf Leibniz' Leitspruch „theoria cum praxi" und förderte die Anwendungen der theoretischen Wissenschaften, vor allem der Mathematik. Zum Nutzen der Allgemeinheit sollten vor allem Mechanik und Navigation gefördert werden. Auch Leibniz' philosophische Schriften, vor allem die Monadenlehre, wurden in der Akademie diskutiert. U. a. Fleckenstein Faksimiles S. 8f.

V. DIE GEPLANTE SÄCHSISCHE AKADEMIE IN DRESDEN, 1704[277]

Das objectum dieser Unsrer Societät der wissenschafften soll ganz unbeschrenket seyn, also verschiedener anderswo fundirter Societäten oder genannter Academien objecta zusammenfassen und sich alle andern nachrichtungen, künste und übungen in sich begreifen .... also nicht allein auf physica und mathematica gerichtet seyn, sondern auch dahin trachten, dass was bey menschlichen studien, künste, lebensarth oder profession und facultät zu wissen auszuzeichnen zu erfinden dienlich, zusammenbracht. (G.W. Leibniz an Kurfürst Friedrich August von Sachsen, Stiftungsurkunde für eine Sächsische Societät, zweite Hälfte August 1704)[278]

Trotz der enttäuschenden Entwicklung der Berliner Akademie und der gescheiterten Bemühungen, eine Societät in Hannover zu gründen, plante Leibniz weitere Societäten in Europa. Sein nächstes Ziel war die Gründung einer sächsischen Akademie in Dresden.

1. Versuch der Gründung

Die Voraussetzungen für die Gründung einer Societät der Wissenschaften in Dresden waren einerseits günstig, da Friedrich August I, Kurfürst von Sachsen, seit 1697 als August II der erste sächsische König von Polen, genannt August der Starke, zu den aufgeklärtesten Fürsten Europas zählte.[279] Andererseits stand Sachsen im Nordischen Krieg.[280]

In einem Brief an den Beichtvater des Kurfürsten, den Mathematiker Moritz Vota, gab Leibniz die Anregung, eine Akademie der Wissenschaften in Sachsen zu gründen.[281] Der Kursächsische Kabinettsminister und Generalfeldmarschall Jakob Heinrich Graf Flemming und Vota unterstützten den Akademieplan. Auch der einflussreiche russische Gesandte in Sachsen und Polen Johann Reinhold von Patkul[282] vermittelte für Leibniz.[283] Leibniz ersuchte mit der Gründung der Akademie in Dresden betraut zu werden[284] und legte Patkul seine Pläne vor.[285] Zur Finanzierung empfahl Leibniz im Besonderen die Seidenraupenzucht.[286]

---

[277] Bodemann Sachsen S. 177ff. O. Rüdiger: Leibniz′ Projekt einer Sächsischen Akademie im Kontext seiner Bemühungen um die Gründung gelehrter Gesellschaften, in: Gelehrte Gesellschaften im mitteldeutschen Raum (1650-1820). D. Döring u. K. Nowak (Hg.), Bd. 1, Stuttgart und Leipzig 2000, S. 53ff. Dutens Bd. 5 S. 175ff. Fischer S. 235f. Klopp S. 175. Guhrauer II S. 202ff. Bredekamp S. 174ff. Foucher de Careil Œuvres Bd. 7 S. 218ff. Böger S. 407ff.

[278] Stiftungsurkunde, Foucher de Careil Œuvres Bd. 7 S. 220. Vgl. Decret betr. Einrichtung und Unterhaltung der Societät, Foucher de Careil Œuvres Bd. 7 S. 249ff. Decret betr. Ernennung zum Präsidenten der Societät, Foucher de Careil Œuvres Bd. 7 S. 234ff.

[279] *Le roy est luy même un des plus ... princes de l′Europe (Der König [August II = Kurfürst Friedrich August] ist einer der herausragendsten ... Fürsten Europas)* Leibniz an J. R. Patkul, 30. Januar 1704. Zitiert nach Bodemann Sachsen S. 81. Böger Teil 2 Anmerkungen S. 151 Nr. 7.

[280] 1700-1721 Angriffskrieg der Tripelallianz Polen-Russland-Dänemark gegen Schweden.

[281] Leibniz an M. Vota, 4. September 1703, Leibniz Briefwechsel, 968 Bl. 15.16. Böger Teil 2 Anmerkungen S. 151 Nr. 12. Leibniz hielt sich vom 30. Januar bis 2. Februar 1704 in Dresden auf. Müller-Krönert S. 188.

[282] J. R. von Patkul bis 1704 in sächsischen Diensten, ab 1704 als Gesandter von Zar Peter I in Sachsen und Polen in Dresden stationiert. Vgl. C. Schirren: Patkul und Leibniz, in: Mittheilungen aus dem Gebiete der Geschichte Liv-, Est- und Kurlands 13, 1886, S. 435ff.

[283] Patkul empfahl 1703 dem Kurfürsten Friedrich August I die Denkschrift von Leibniz „Lettre sur l′ Éducation d′un Prince" („Schrift über die Prinzenerziehung") aus den Jahren 1685/86. AA IV, 3 N.68 S. 542ff. Die Schrift wurde vom Kurfürsten positiv aufgenommen. Bereits 1696 hatte Leibniz über Vermittlung des Cabinettssekretärs J. J. Chuno (Cuneau) in Berlin versucht, dem Kurfürsten Friedrich Wilhelm diese Schrift zur Erziehung seines Sohnes zu empfehlen. R. Grieser: Leibniz und das Problem der Prinzenerziehung, in: Totok-Haase S. 511ff u. S. 530 Anmerkung 16. Guhrauer II S. 205ff.

[284] Ende Jänner 1704 hielt sich Leibniz für einige Tage in Dresden auf, um sich persönlich für die Gründung einer Sächsischen Sozietät der Wissenschaften und den für Sachsen privilegierten Seidenbau einzusetzen. Müller-Krönert S. 188. Bodemann Sachsen S. 182f.

[285] Leibniz, „Promemoria betr. die Gründung einer Sozietät der Wissenschaften in Sachsen", 30. Januar 1704, gerichtet an J. R. von Patkul. Bodemann Sachsen S. 181. Vgl. Leibniz, „Einige Puncta, die aufrichtung einer Sozietät der Wissenschafften btr." für J. R. von Patkul, 2. Feburar 1704. Foucher de Careil Œuvres Bd. 7 S. 237ff. Leibniz „Specimen einiger Puncten, darinnen Moscau denen Scienzen beförderlich seyn köndte", in: Mitteilungen aus dem Gebiet der Geschichte Liv-, Est- und Kurlands 13, 1886, S. 439ff. Müller-Krönert S. 188.

[286] Kurfürst Friedrich August von Sachsen gewährte am 11. Mai 1703 Jakob Heinrich von Flemming und Leibniz ein Privileg für den Aufbau einer Seidenkultur. Vgl. Th. Distel: Berichte über die Verhandlungen der Kgl. Sächs. Ges. d. Wiss. zu Leipzig, Phil.- Hist. Klasse Bd. 31, Leipzig 1879, S. 130ff.

2. Die Akademie des Walther von Tschirnhaus

Der Mathematiker, Philosoph, Naturwissenschaftler und Techniker E. Walther von Tschirnhaus verfolgte von 1682 bis zu seinem Tod 1708 den Plan der Gründung einer Gelehrten-Gesellschaft, einer mathematisch-physikalischen Akademie in Dresden.[287] 1679/80 errichtete Tschirnhaus zunächst das „Museum", ein Forschungslabor bestehend aus Schleifmühle und Glashüttenbetrieb, in dem technische Verfahren entwickelt wurden wie die Herstellung von Porzellan.[288] Tschirnhaus finanzierte das Forschungslabor mit seinen Einnahmen und seinem Privatvermögen. Auf Betreiben von Tschirnhaus entstand eine „mathematisch-physikalische Akademie", der namhafte Gelehrte wie der Astronom Kirch, der Arzt Paullini als Mitglieder angehörten.[289] Wie Leibniz forderte Tschirnhaus die Umsetzung wissenschaftlicher Ergebnisse in die Praxis. Das Konzept von Tschirnhaus wurde von Kurfürst Friedrich August I positiv aufgenommen, da die geplante wissenschaftliche Gesellschaft vom Hof finanziell unabhängig war. Der Kurfürst sprach sich für eine enge Zusammenarbeit zwischen Tschirnhaus und Leibniz aus.[290] Tschirnhaus informierte Leibniz regelmäßig über seine Pläne und Erfahrungen.[291]

Die Pläne von Leibniz für die Gründung einer sächsischen Societät sind universeller, gehen weit über die Bereiche Mathematik, Physik und Technik hinaus und umfassen alle Wissenschaftsdisziplinen. Leibniz distanzierte sich immer mehr von Tschirnhaus, je konkreter seine eigenen Pläne für Dresden wurden.[292]

1704 war das Diplom der Stiftung einer wissenschaftlichen Societät in Sachsen[293] in allen Details vollständig fertiggestellt. Die Societät sollte entscheidende Funktionen des Staates übernehmen, um Forschung und Bildung in allen Lebensbereichen zu fördern. ... *dass wir zu Beförderung der Ehre Gottes und des gemeinsamen Nutzens, insbesonderheit im Lande zu Sachsen, entschlossen sind, eine Societät der Wissenschaften aufzurichten, welche sich die aufnahme und das wohlsein guter Studien, des informations- und bücherwesens, der Kunst und Wissenschaften und alles dessen, so von denselben in publicis und privatis, civilibus und militaribus, sonderlich auch in policey und oeconomischen sachen dependiret, angelegen seyn lassen ...*[294]

Die Pläne für Dresden sind in manchen Punkten umfassender als die für die Berliner Societät, vor allem in der Wechselwirkung von Grundlagenforschung und praktischer Anwendung. *Weil auch dieses land mit bergwercken und andern naturalien von Gott wohl begabt, die leute hurtig, die studien und künste bey ihrem blühen, der kunstcammer, menagerie, gewächsgartens und dergleichen zu geschweigen, fürnehmlich aber weil Königl. Mt. selbst habenden großen liecht auch ohngemeine neigung hiezu zeigen, so ist ein großer grund bereits zum anfang geleget.*[295] Leibniz plante eine weit über die Konzeption von Tschirnhaus hinausgehende wissenschaftliche Gesellschaft.[296]

---

[287] 1682 wurde Tschirnhaus als erstes auswärtiges Mitglied in die Académie des Sciences in Paris aufgenommen (18 Jahre vor Leibniz). Die Aufnahme war mit einer beträchtlichen jährlichen Geldsumme verbunden, die Tschirnhaus so wie sein übriges Privatvermögen in die Gründung einer wissenschaftlichen Gesellschaft investierte. Vgl. E. Winter: E. W. von Tschirnhaus, Ein Leben im Dienste des Akademiegedankens, Berlin (Ost) 1959, Sitzungsber. der Deutschen Akademie der Wissenschaften zu Berlin, Klasse für Philosophie, Geschichte, Staatsrechts- und Wirtschaftswissenschaften, Jg. 1959 Nr. 1. C. I. Gerhardt: Tschirnhaus' Beteiligung an dem Plane, eine Akademie der Wissenschaften in Sachsen zu begründen, in: Berichte über Verhandlungen der Königlich Sächsischen Gesellschaft der Wissenschaften zu Leipzig, Phil.-Hist. Classe 10, 1858, S. 88ff. Böger S. 409ff.

[288] Ab 1705 arbeitete Tschirnhaus mit dem ehemaligen Berliner Apothekergehilfen Friedrich Böttger zusammen. Böttger versuchte ergebnislos Gold herzustellen. Ines Böger: Es ist erwiesen, daß nicht Böttger, sondern Tschirnhaus die Produktionsgrundlagen für die Meissener Porzellanherstellung geschaffen hat. Böger Teil 2 Anmerkungen S. 152 Nr. 36.

[289] Tschirnhaus stellte an die Mitglieder hohe ethische Anforderungen, die er in seiner „Medicina mentis" niederlegte. Leibniz hatte Bedenken: *Leute so alle qualitäten hätten, so M.H.H. meldet, sind hienieden nicht zu finden. Muß man also mit einem theil zufrieden seyn ... und muß man ihnen den stimulum gloriae dabey laßen ...* Leibniz an Tschirnhaus, 21. März 1694. C. I. Gerhardt (Hg.): Der Briefwechsel von Gottfried Wilhelm Leibniz mit Mathematikern, Berlin 1899, Bd. 1, N. XXXI, S. 495. Zitiert nach Böger S. 411.

[290] Böger S. 415.

[291] Tschirnhaus stellte die von ihm entwickelten Schleifmaschinen Leibniz 1700 kostenlos für die Grundausstattung der Berliner Akademie zur Verfügung.

[292] Böger S. 411 und S. 415.

[293] Bodemann Sachsen S. 191.

[294] Zitiert nach Klopp S. 175f. Die Entwürfe für eine Societät in Dresden sind von Leibniz selbst mundirt, es fehlen nur die Unterschriften von Friedrich August I.

[295] Leibniz, „Plan zur Gründung der Sächsischen Societät der Wissenschaften", Dezember 1704. Foucher de Careil Œuvres Bd. 7 S. 247f. Zitiert nach Bredekamp S. 229 Nr. 48.

[296] *... auch dahin trachten, daß, was bey allen andern menschlichen Studien, Lebensarten oder Professionen und Fakultäten zu Wißen, aufzuzeichnen und zu erfinden dienlich, zusammenbracht und untersuchet werde.* Bodemann Sachsen S. 191. Zitiert nach Böger S. 416.

3. Aufgaben und Organisation

Zu den Aufgaben der Societät gehörten die Aufarbeitung der Geschichte mit Schwerpunkt der deutschen und sächsischen Gesetzgebung, Politik und Ökonomie. Wichtig waren Leibniz alle Bereiche der Naturwissenschaften und Technik sowie die Förderung der deutschen Sprache. Die Societät sollte die Verantwortung für die Ausbildung der Jugend haben, ... *die erziehung und information der jugend ..., an welchen beiden dem staat so viel gelegen.*[297] Die Societät hätte als oberste Schulbehörde ein Privileg auf die Schulbücher.[298] Leibniz machte eine Reihe von Vorschlägen. *Comme l'enfance est un âge, où regne l'imagination, il en faut profiter, et la remplir de milles belles idées. J' approuverois merveilleusement les Tableaux des arts ... Cabinets de l'art et de la nature ... un Théâtre de la Nature et de l'Art... des Cartons de Geometrie... des machines, qui repondent à nos questions ... Jusqu' icy la raison s'est servi de l'escorte de l'imagination ... On a aussi déja jetté les fondements de la veritable Physique par le theatre de la nature et de l'art ...*[299] Leibniz war überzeugt, die Jugend für die Wissenschaft begeistern zu können. Das Hauptgewicht des Unterrichts sollte auf *Anschaulichkeit*, das heißt auf Bilder, Modelle und Landkarten gerichtet sein; ein Kunst- und Naturalienkabinett sollte den Schülern zur Verfügung stehen.[300] Leibniz warnte vor zu großer Betonung der *Schulwissenschaften*, wie Rhetorik und Philosophie, die Ende des 17. Jahrhunderts den Unterricht stark bestimmten.

Weiters plante Leibniz die Einführung eines Patentamtes.[301] Leibniz forderte die Errichtung eines „Intelligenzamtes"[302], wie es bereits in London und Paris eingerichtet war, um das Anwachsen der Wirtschaft in Sachsen zu fördern und neue Arbeitsplätze zu schaffen.

Wie in allen seinen Gründungsplänen setzte sich Leibniz für die Förderung der Heilkunde ein. Ärzte, Apotheker, Sanitäter sollten ihre statistisch aufgezeichneten Erfahrungen zur Erstellung einer „Medizinalstatistik" an die Societät weiterleiten. Die Akademie sollte die Funktion einer staatlichen Gesundheitsbehörde haben.[303] Auch hier versuchte Leibniz möglichst vielen Menschen Arbeit zu verschaffen. ... *wären auch die krüpel oder invalides zu gewißen bequemen laboribus nützlich zu gebrauchen und also dadurch die armen Soldaten beßer zu encouragiren.*[304]

Die wissenschaftliche Societät sollte wie die Berliner Akademie von einem Präses und einem Vize-Präses geleitet werden. Das Direktorium sollte mindestens einmal jährlich erneuert werden, ... *damit auch andere membra etwa in das concilium gelangen.*[305]

---

[297] Foucher de Careil Œuvres Bd. 7 S. 243. Zitiert nach Böger S. 417.

[298] Bodemann Sachsen S. 195. Böger S. 417. Vgl. Leibniz, „Stiftungsdiplom", Foucher de Careil Œuvres Bd. 7 S. 221f.

[299] *(Da die Kindheit eine Zeit ist, in der die Phantasie vorherrscht, sollte daraus Nutzen gezogen werden, und diese Zeit sollte mit unzähligen wertvollen Ideen erfüllt werden. Ich würde Darstellungen der schönen Künste ... Kunst- und Naturkabinette ... ein Theater der Natur und der Kunst ... gutheißen, Papiermodelle geometrischer Körper ... Maschinen, die auf unsere Fragen Antwort geben... Bis zu diesem Punkt hat sich die Vernunft von der Phantasie anleiten lassen... Aber man hat dadurch auch die Grundlagen der wahren Physik geschaffen durch ein Theater der Natur und der Kunst ...)* Leibniz, Schrift über die Prinzenerziehung ("Lettre sur l'Education d'un Prince") 1685/86. AA IV, 3 Nr. 68. Zitiert nach Bredekamp S. 220f Nr. 24.

[300] Leibniz plädierte für die Einbindung der seit 1560 bestehenden Kunstkammern in Dresden, um den Schülern Anschauungsmaterial zur Verfügung zu stellen.

[301] Leibniz dachte u. a. an militärtechnische Erfindungen, die sehr oft eine Folge von mathematisch-physikalischen Entdeckungen sind. Durch seine Vorschläge, die Militärtechnik zu fördern, kam Leibniz dem kriegsführenden Monarchen Kurfürst Friedrich August I und General Flemming entgegen. Böger S. 418. Leibniz dachte an die Schaffung von Arbeitsplätzen. Dutens Bd. 5 S. 177.

[302] Das Intelligenzamt sollte Mitteilungen und Bekanntmachungen aller Art entgegennehmen und weiterleiten. Böger S. 417.

[303] Böger S. 418. Vorbild für die Medizinalstatistik waren die Bills of Mortality, London.

[304] Leibniz, „Plan zur Gründung der sächsischen Societät der Wissenschaften", Dezember 1704. Foucher de Careil Œuvres Bd. 7 S. 246. Zitiert nach Böger S. 419.

[305] Zitiert nach Böger S. 421. Leibniz wollte durch Einberufung kurz aufeinander folgender Sitzungen den Kontakt der Mitglieder intensivieren und dadurch Fehler, die bei der Gründung der Berliner Societät gemacht wurden, vermeiden.

Im August 1704 schickte Leibniz seinen Mitarbeiter Johann Georg Eckhart mit genauen Instruktionen nach Dresden.[306] Eckhart sollte beim Kurfürsten sicherstellen, dass Leibniz als Präsident der Akademie, Tschirnhaus[307] als Vicepräsident oder Bergrat berufen würde.[308]

Nach seinen schlechten Erfahrungen bei der Berliner Akademie suchte Leibniz nach neuen Möglichkeiten der Finanzierung. Er machte den Vorschlag, die Societät *gegen einen sehr moderirten Erbzins* mit der Erschließung von Bauland zu betrauen.[309] Weiters plante er die Einführung einer Tabaksteuer[310] im Hinblick auf die Gesundheit aller. Ein Drittel der Steuer sollte an die Societät abgegeben werden. Auch die Einnahmen aus Schulbüchern und weiteren Schriften sollten der Societät zugute kommen. Von der Berliner Societät übernahm Leibniz das Monopol des Kalenderverkaufs.[311] Die Societät könnte auch zur Verbesserung der *music und Spectacel* als Aufsicht *auff die Spieler und Spielleute dienlich seyn*.[312]

Es ist anzunehmen, dass der Nordische Krieg das große Hindernis für die Gründung einer sächsischen Societät war.

Anlässlich des 200. Geburtstages von Leibniz im Jahre 1846 wurde die Sächsische Gesellschaft der Wissenschaften zu Leipzig am 21. Juni 1846 eröffnet.

VI. FÖRDERUNG DER WISSENSCHAFTEN IM RUSSISCHEN REICH, 1697-1716[313]

Ich weiss nicht, wie ein grosser Fürst sich ein schöneres Ziel stellen kann, als das, seinen Staat blühend zu machen und die Pflanzung die ihm Gott anvertraut hat, zu bebauen ... (G. W. Leibniz, Denkschrift für François Lefort, 1697)[314]

Ich bin nicht von denen, die auf ihr Vaterland oder sonst auf eine Nation erpicht seyn, sondern ich gehe auf den Nutzen des ganzen menschlichen Geschlechts; denn ich halte den Himmel für das Vaterland und alle wohlgesinnte Menschen für dessen Mitbürger und ist mir lieber, bei den Russen viel Gutes auszurichten als bei den Teutschen oder andern Europäern wenig, wenn ich gleich bei diesen in noch so großer Ehre, Reichthum sitze, aber andern nicht viel nützen sollte, denn meine Neigung und Lust geht aufs gemeine Beste. (G. W. Leibniz an Zar Peter I, Januar 1712)[315]

1. Reformgedanken 1697, 1704 und 1708

Russland war für Leibniz Durchgangsland zum geheimnisvollen China[316]: *Comme la Chine est presque un autre monde / différent du nostre en un infinité de choses, ma curiosité est fort tournée de costé là, et je consi-*

---

[306] „Den 18. Aug. gab mir der Hr L(eibniz) plötzlich Ordre mich nach Sachsen zu verfügen und alda wegen Aufrichtung einer Academie der Wißenschaften zu negotiiren, wozu er mir denn allerley Instructionen mitgab", J. G. Eckhart. Bodemann Sachsen S. 189f. Müller-Krönert S. 91.

[307] Tschirnhaus hatte den Kurfürsten-König bereits von seinem Modell einer sich selbst erhaltenden Akademie überzeugt und verfügte über ein beträchtliches Kapital, das er durch seine eigenen optischen und chemischen Arbeiten verdient hatte. Tschirnhaus´ Akademiepläne waren weit fortgeschritten. Tschirnhaus dachte bereits an die Berufung der ersten Mitglieder, darunter Johann Bernoulli.

[308] Tschirnhaus teilte Leibniz im Februar 1705 mit, dass die Gründung der Societät knapp bevorstünde. Tschirnhaus an Leibniz, 6. Februar 1705. Das ist das letzte Schreiben in der Korrespondenz zwischen Tschirnhaus und Leibniz, in dem die Gründung einer Societät erwähnt ist. Böger S. 415. Nachdem 1708 die Gründung durch Einnahmen aus der Porzellanherstellung gesichert war, an deren technischer Entwicklung Tschirnhaus beteiligt war, starb Tschirnhaus völlig verarmt 1708 in Dresden.

[309] Böger S. 420. Foucher de Careil Œuvres Bd. 7 S. 262f.

[310] Ausnahmeregelungen waren für Soldaten vorgesehen. Foucher de Careil Œuvres Bd. 7 S. 254.

[311] Am 1. November 1704 wurde durch einen königlichen Erlass bestimmt, die zu gründende Akademie durch die Herausgabe einer eigenen Zeitung und durch das Monopol des Kalenderverkaufes zu finanzieren. Bodemann Sachsen S. 206f.

[312] C. Schirren: Patkul und Leibniz, in: Mittheilungen aus der Geschichte Liv-, Est- und Kurlands, 13, 1886, S. 444. Zitiert nach Böger S. 417.

[313] Guerrier. Böger S. 149ff. M. von Boetticher: Leibniz und Zar Peter, 3. Leibniz Festtage 2006, Leibniz und Europa, Neustädter Hof- und Stadtkirche, Hannover 2006. Bredekamp S. 179ff. Fischer S. 237ff. Guhrauer II S. 276ff. L. Richter: Leibniz und sein Russlandbild, Berlin 1946. M. C. Posselt: Peter der Große und Leibniz, Dorpat 1843. E. Benz: Leibniz und Peter der Große. Der Beitrag Leibnizens zur russischen Kultur-, Religion- und Wirtschaftspolitk seiner Zeit, Berlin 1947. R. Wittram: Peter der Große, Der Eintritt Rußlands in die Neuzeit, Berlin 1954, S. 8ff.

[314] Zitiert nach Guerrier Nr. 13 S. 14.

[315] Zitiert nach Fischer S. 239.

[316] Guerrier Teil I S. 14ff.

dère l'Empire du Czar comme pouvant établir une liaison entre la Chine et l'Europe, puisque en effect son Empire touche toutes les deux.[317]

In den Jahren 1697/98[318] besuchte Zar Peter I bei seiner ersten Europareise[319] mit großer Gefolgschaft die Kunstkammern von London, Oxford, Amsterdam, Leiden, Utrecht und Dresden. Der Zar erwarb Maschinen, Automaten, Kunstwerke und anatomische Präparate für eine geplante Kunstkammer in Moskau.[320] Es gelang Leibniz nicht, persönlichen Kontakt zum Zaren und zu General François Lefort, einem der einflussreichsten Strategen Russlands, aufzunehmen.[321] Bereits im Jahre 1697, dreizehn Jahre vor der ersten Audienz in Torgau, hatte Leibniz in der Denkschrift für François Lefort seine Reformvorschläge für das russische Reich formuliert.[322]

Als Grundlage für seine geplanten Reformen und für die Gründung wissenschaftlicher Akademien in Russland schlug Leibniz vor, die einzelnen Gebiete des russischen Reiches systematisch zu erforschen und zu dokumentieren, zunächst durch möglichst genaue Landkarten. Leibniz' Interesse richtete sich auf linguistische und ethnologische Fragen im Völkergemisch des riesigen russischen Reiches. Er plante eine Aufzeichnung aller Volkssprachen. 1697 nahm Leibniz in Minden Kontakt zu Peter (Pierre) Lefort[323], der zum Gefolge des Zaren gehörte, auf, vor allem, um Sprachproben russisch-europäischer und asiatischer Völkergruppen zu erhalten. Das Projekt blieb im Anfangsstadium.

In der Denkschrift für General François Lefort[324] 1697 regte Leibniz an, in Moskau ein Institut für Wissenschaft und Künste zur Förderung der Wissenschaft und Kultur und zum Wohl des russischen Volkes zu

---

[317] *(Da China in unendlich vielen Dingen fast eine andere / zu unserer verschiedene Welt ist, ist meine Neugierde stark dorthin gerichtet und ich denke, das Zarenreich könnte eine Verbindung zwischen China und Europa herstellen, da es tatsächlich an beide angrenzt.)* Leibniz an H. von Huyssen, 11. Oktober 1707. Zitiert nach Guerrier Nr. 59 S. 69. Im Jahr 1696 klagte Leibniz seinem Freund Hiob Ludolf, dass die Russen den jesuitischen Missionaren die Durchreise durch ihr Land hartnäckig verweigerten. *Man muß hoffen, daß sie[die Russen] allmählich freundlicher werden ... Wenn die so mächtige Wucht jenes Reiches nach den Sitten des zivilisirteren Europa's würde regiert werden, so würde das Christenthum grösseren Nutzen daraus ziehen. Doch es ist Hoffnung, dass die Russen allmählich erwachen. Es ist gewiß, dass der Czar Peter die Mängel der Seinigen einsieht; möchte er ihre Rohheit allmählich tilgen. Er soll lebhaften Geistes sein, aber etwas zu hitzig.* Leibniz an Hiob Ludolf 1696. Zitiert nach Guerrier Teil I S. 10.

[318] 1697 verfasste Leibniz die „Novissima Sinica" ... *daß die Russen, die ihr riesiges Reich China mit Europa verbinden den äußersten Norden des unzivilisierten Gebiets entlang den Küsten des Eismeeres beherrschen, unter dem tatkräftigen Bemühen des jetzt regierenden Herrschers selbst ... dazu angehalten werden, unseren Errungenschaften nachzueifern.* Leibniz, „Novissima Sinica" 1697. E. Ravier: Bibliographie des Œuvres de Leibniz, Paris 1937, Nr. 39, Hildesheim 1966. Zitiert nach Böger S. 461. Die Begegnung mit dem Jesuiten Claudio Philippo Grimaldi in Rom 1689 und der Kontakt mit den Jesuitenmissionaren in China machte Leibniz die Funktion Russlands als Verbindung zwischen dem europäischen Westen und dem fernen Osten bewusst.

[319] Am 26. Juni 1698 kam Zar Peter der Große nach Wien und nahm Quartier im ehemaligen und nicht erhaltenen Königsegg'schen Gartenpalais (im Bereich Gumpendorferstraße 68-76), das Kaiser Leopold I mit kostbaren Möbeln und exotischen Gewächsen ausschmücken ließ. Wihelm Kisch: Die alten Straßen und Plätze von Wien's Vorstädten, Wien Oskar Frank's Nachfolger, Heft 37, S. 294ff.

[320] 1698 eröffnete der Zar im Moskauer Haus der Apothekerkunst die erste Kunstkammer des russischen Reiches. Bredekamp S. 182.

[321] Am 4. August 1697 kam Zar Peter I inkognito mit einer russischen Gesandtschaft auf dem Weg von Berlin nach den Niederlanden nach Coppenbrügge. Es war Leibniz nicht möglich, Zar Peter persönlich zu treffen. Kurfürstin Sophie gelang es, im August 1697 eine Begegnung mit dem Zaren in Coppenbrügge zu organisieren. Da der Zar die Anzahl der Gäste begrenzte, konnte Leibniz nicht teilnehmen; Leibniz beobachtete aus der Ferne das Vorbeiziehen der russischen Gesandtschaft. W. Mediger: Die Begegnung Peters des Großen und der Kurfürstin Sophie von Hannover in der Darstellung A. N. Tolstojs, in: Niedersächsisches Jahrbuch für Landesgeschichte 26, 1954, S. 369ff. M. von Boetticher: Leibniz und Zar Peter, 3. Leibniz Festtage 2006, Leibniz und Europa, Neustädter Hof- und Stadtkirche St. Johannis, Hannover 2006, S. 63. Guerrier Teil 1 S. 10ff. Müller-Krönert S. 147. Böger S. 467. E. Guhrauer II S. 272ff und K. Fischer S. 238 Anm. 1 erwähnen ein Treffen 1697 auf „Schloß Koppenbrück" bei Hannover.

[322] Leibniz, Denkschrift für François Lefort, 1697. Guerrier Nr. 13 S. 14ff. Eine große Hilfe war Leibniz die Korrespondenz mit dem Juristen Heinrich von Huyssen, dem Erzieher des russischen Thronfolgers. Von Huyssen lieferte Leibniz wertvolle Informationen über Russland. Huyssen war intensiv bemüht, das negative Russlandbild zu korrigieren. Huyssen versprach Leibniz „.... a list of the languages which are used in the countries that belong to this vast Empire, and an exact description of the countries themselves", Huyssen, Moskau an Leibniz, 23. Dezember 1703. Guerrier Nr. 49 S. 53. Vgl. Leibniz an Huyssen, Guerrier Nr. 48 S. 51f, Nr. 55 S. 62ff und Nr. 59 S. 68ff. Weiters Huyssen an Leibniz, Guerrier Nr. 49 S. 53f, Nr. 50 S. 55f, Nr. 52 S. 57ff, Nr. 54 S. 61f. H. H. von Huyssen hatte die Aufgabe, westeuropäische Fachleute anzuwerben. Huyssen wurde 1710 als erstes russisches Mitglied in die Berliner Societät aufgenommen. 1706/7 war Huyssen russischer Gesandter am Kaiserhof in Wien.

[323] Peter Lefort, ein Neffe des Generals François Lefort, war 1694 im Alter von 18 Jahren auf Einladung seines Onkels nach Russland gekommen. Guerrier Teil 1 S. 14.

[324] Leibniz, Denkschrift für François Lefort, 1697. Guerrier Nr. 13 S. 14ff.

gründen. ... *Ainsi il faudra des bibliothèques, boutiques de libraires et imprimeries, des cabinets de raretés de la nature et de l'art, des jardins des simples et ménageries des animaux, des magazins de toute sorte de matériaux et des officines de toute sorte de travaux.*[325] Wichtig war es Leibniz, fähige Wissenschaftler und erprobte wissenschaftliche Geräte nach Russland zu bringen. Leibniz plante die Schaffung einer russischen Enzyklopädie[326] mit Landkarten, Abbildungen, Tabellen und Statistiken sowie eine Kartierung der noch unbekannten Teile von Sibirien. Er schlug eine Nordkapexpedition vor, um zu erforschen, ob zwischen Asien und Amerika eine Landbrücke bestand.[327] Messungen der magnetischen Deklination sollten durchgeführt werden, die der Schifffahrt durch Aufzeichnung in einem „magnetischen Kalender" zugute kommen sollten.[328]

Im Jahre 1704 entwickelte Leibniz ähnliche Pläne für das russische Reich wie für die geplante Akademie in Dresden. Er verfasste mehrere Denkschriften für den Zaren und seine Minister: ... *ob nicht rahtsam, dass Seine Majestät auch Bibliothecken, Kunst-Cammern und dergleichen aufrichten, schöne und nützliche intentiones, so hin und wieder in diesem Europa entdecket werden, zusammen bringen und andere dienliche Veranstaltungen machen liessen, damit Moscau dermahleins auch in diesem stück florieren möge.*[329]

Auf Anregung des russischen Gesandten Johann Christoph von Urbich verfasste Leibniz bei seinem Aufenthalt in Wien im Dezember 1708 eine Denkschrift zur Entwicklung und Förderung der Wissenschaften in Russland.[330] Für Leibniz war Russland ein riesiges unerschlossenes Land, ... *zumal da das Reich dieses Monarchen einen großen Theil des Erd-Creises... begreiffet. Ich stehe auch in dem gedanken, nach dem es meist alda noch Tabula Rasa ist und als ein neuer Topf, so noch nicht fremden Geschmack in den Studien aufgenommen, es werden viele bey uns eingeschlichene Fehler verhütet und verbessert werden können, sonderlich weil alles durch das Haupt eines weisen Herrn gehet, ...*[331]

Leibniz plante eine Societät mit umfassenden Aufgaben, die alle Wissenschaftsdisziplinen einbezog. *Der wahre Zweck der Studien ist die menschliche Glückseligkeit, soviel bei Menschen thunlich, dass sie nicht in müssiggang und üppigkeit leben, sondern ... zur Ehre Gottes und gemeinem Nutzen das ihrige nach eines jedem Talent beytragen. Das Mittel die Menschen auff diesen Tugend- und glücksweg zu bringen ist eine guthe Erziehung der Jugend ... und man die Jugend gewöhnen kann dass sie selbst Freude und Lust bei Tugend und Wissenschaft empfindet.*[332] Wieder regte Leibniz die Einrichtung von Bibliotheken mit einer großen Zahl von illustrierten Büchern an, weiters ein Theater der Natur und Kunst, dem auch ein Laboratorium und ein Observatorium angeschlossen sein sollten.[333] Zur Verbesserung der Lebensbedingungen des russischen Volkes sollten wissenschaftliche Erkenntnisse praktisch angewendet werden.

Wichtig waren Leibniz die Kontakte mit in- und ausländischen Wissenschaftlern. *Die Berufung dienlicher und tüchtiger Leute betreffend, zweifle ich nicht, dass man bereits mit vielen wackern Personen versehen, doch*

---

[325] *(Daher bräuchte man Bibliotheken, Buchgeschäfte und Druckereien, Raritätenkabinette für Natur und Kunst, Gärten für Heilpflanzen, Menagerien, Speicher für Materialien aller Art und Laboratorien für Arbeiten aller Art.)* Leibniz, Denkschrift für François Lefort 1697. Zitiert nach Guerrier Nr. 13 S. 17.

[326] Vgl. Teil 1/I/7 und Leibniz, „Concept einer Denkschrift über die Verbesserung der Künste und Wissenschaften im Russischen Reich", 1716. Guerrier Nr. 240 S. 357f.

[327] Der dänische Kapitän Vitus Bering (Behring) durchquerte 1728 die Wasserstrasse zwischen Asien und Amerika, später als Beringstraße bezeichnet.

[328] Anfang des 19. Jahrhunderts, also 100 Jahre später, wurden auf Anregung von Alexander von Humboldt, der den Vorschlag von Leibniz wieder aufnahm, Messstationen zur Messung des Erdmagnetfeldes eingerichtet.

[329] Leibniz, „Specimen Einiger Puncten, darinnen Moscau denen Scienzen beförderlich seyn könnte", 2. Februar 1704. C. Schirren: Patkul und Leibniz, in: Mittheilungen aus der livländischen Geschichte 1884, Bd. 13, Nr. 3, S. 439. Zitiert nach Bredekamp S. 227f. Vgl. Pläne für die sächsische Akademie in Dresden 1704: Leibniz, „Einige Puncta, die aufrichtung einer Societät der Wissenschafften betr. für J. R. von Patkul". Foucher de Careil Œuvres Bd. 7 S. 237ff.

[330] Leibniz, „Concept einer Denkschrift für den Czaren Peter", December 1708 (verfasst in Wien). Guerrier Nr. 73 S. 95ff. Foucher de Careil Œuvres Bd. 7 S. 468ff. Leibniz überlegte, Urbich dem Zaren für die Leitung der geplanten Akademie der Wissenschaften und Künste in Russland zu empfehlen.

[331] Leibniz, „Concept einer Denkschrift für den Czaren Peter", December 1708. Zitiert nach Guerrier Nr. 73 S. 95. Vgl. W. Totok: Leibniz als Wissenschaftsorganisator, in: Totok-Haase S. 302. Böger S. 464.

[332] Leibniz, „Concept einer Denkschrift für den Czaren Peter", December 1708. Zitiert nach Guerrier Nr. 73 S. 95ff.

[333] *Die Beybringung der Kunst- und wissenschafften geschieht durch berufung der Leute, die sie wohl verstehen und durch anschaffung der dazu dienlichen Nothwendigkeiten da sie fürnehmlich bestehen in Büchern, Naturalien und Kunstwerken. Wenn dann nöthig bibliothec, theatrum, naturae et artis (darunter Kunst und raritäten Cammern begriffen), Thier und Pflanz-gärten, Observatoria, Laboratoria.* Guerrier S. 97 Nr. 73.

aber auch nicht wenig annoch abgehen möchte; auff allen fall würde eine gewiße ordnung, verständniss cor-respondenz (in – und auswärtig), auch connexion und direction unter ihnen nöthig seyn damit die künste und Wissenschafften wohlgefasset, wohl beschrieben auch wohl gelehret, richtige communication und ein gewisser Methodus gehalten mithin die Harmonie unter verschiedenen Wissenschafften und deren Lehren beobachtet werde, damit die lehren wohl aneinander hengen, ein ander nicht wiederstreiten, sondern vielmehr erleutern mögen.[334]

Um die Gründung realisieren zu können, hoffte Leibniz auf die Beendigung des Nordischen Krieges.[335]

2. Erste Audienz bei Zar Peter I, Torgau 1711

Im September 1711 ersuchte Leibniz Herzog Anton Ulrich von Wolfenbüttel[336], einen persönlichen Kontakt zum Zaren herzustellen, vor allem, um dem Zaren die Gründung einer wissenschaftlichen Societät im russi-schen Reich zu empfehlen. Im Oktober 1711 begleitete Leibniz Herzog Anton Ulrich nach Torgau zur Hoch-zeit von dessen Enkelin Charlotte Christine von Braunschweig-Wolfenbüttel mit dem Großfürsten Alexei, dem Sohn Zar Peters I.[337]

Am 30. Oktober 1711 hatte Leibniz seine erste Audienz bei Zar Peter I in Torgau.[338] Leibniz machte dem Zaren eine Reihe von Vorschlägen zur Verbesserung des Handels, zum Austausch wissenschaftlicher Erkennt-nisse zwischen Europa und China. Leibniz stellte dem Zaren seine Ideen zur Gründung einer Akademie in St. Petersburg vor. *Es ist eines von den Haupt-absehen des Czars in seinem grossen Reich die wissenschaften blühen zu machen ... Seine Cz. Maj. fundiert ein Collegium welches in dero nahmen die direction der Studien, Künste und Wissenschaften im Czarischen Reich haben soll, und worinn verschiedene Nationen plaz finden mögen. Dieses Collegium soll die Aufsicht haben über alle Schuhlen und Lehrende, Druckereyen, das ganze Buchwesen und den Papierhandel, auch Arzney, Apotheke , dergleichen über die Salz- und Bergwercke, und endlich über die inventionen und Manufacturen, und introduction neuer cultur der vegetabilien, neuer fa-briquen, und neu einführender Commercien, also ein Collegium sanitatis, Bergcollegium und Vorstehen auch zu Nahrungs Sachen in sich halten, und soll jeder Czarische Unterthan bei schwehrer straffe schuldig seyn, diesem Collegio zu obigem Zweck mit allem Dienlichen nach billigkeit an Hand zu gehen.*[339]

Leibniz plante eine Vielfalt von Projekten: *... dass die Jugend wohl erzogen, guthe Lehrer und Bücher angeschafft, die freyen und andern Künste und Wissenschaften befördert, guthe Anstalten zu menschlicher Ge-sundheit gemacht, die Berg- und Salz und Seiffen-werke untersuchet und gebessert, observationes physicae et technica, in specie astronomice et magnetice behuf der Schiffahrt angestellet, was sonst zu derselben auf See und Ströhmen dienlich ausgedacht und zu werk gerichtet, Bibliothec, und Kunst Cammern angeschaffet und*

---

[334] Leibniz, „Concept einer Denkschrift für den Czaren Peter", December 1708. Zitiert nach Guerrier Nr. 73 S. 96.

[335] *... pour moy je souhaiterois la paix du Nord pour que la désolation cesse, et que le dessein louable du Czar de cultiver ses sujets particulièrement par la doctrine et les sciences soit mieux poussé (Was mich betrifft, würde ich mir den Frieden im Norden [Nordi-scher Krieg] wünschen, um die Verwüstungen zu beenden und um die lobenswerte Absicht des Zaren, seine Untertanen vor allem in der Lehre und Wissenschaft zu bilden, besser zu fördern.)* Leibniz an J. C. von Urbich, 12. April 1708. Zitiert nach Guerrier Nr. 64 S. 81f. Vgl. Guerrier Nr. 59 S. 69 und Nr. 61 S. 76.

[336] 1711 schlug Leibniz Herzog Anton Ulrich die Prägung einer Medaille vor. *... habe ich vermeynet es köndte das Wappen der dop-pelte braunschw. löwe nicht übel zwischen dem Römischen Kayserlichen und Czarischen Russischen doppelten adler auff einer Medaille stehen?* Leibniz an Herzog Anton Ulrich, 1711. Zitiert nach Guerrier Nr. 128 S. 183.

[337] In Torgau machte Leibniz die Bekanntschaft mit dem bedeutenden Naturwissenschaftler und Kartographen, Generalfeldzeugmes-ser und Vertrauten des Zaren, Jakob Bruce. Leibniz ersuchte Bruce, beim Zaren wegen des Aufbaus einer Societät der Wissen-schaften zu intervenieren. Vgl. C. Grau: Petrinische kulturpolitische Bestrebungen und ihr Einfluß auf die Gestaltung der deutsch-russischen wissenschaftlichen Beziehungen im ersten Drittel des 18. Jahrhunderts. Phil. Habilschrift Humboldt-Universität Berlin 1966, S. 126ff. Vgl. Konzept eines Briefes von Leibniz an Bruce, Wolfenbüttel 23. September 1712. Guerrier Nr. 157 S. 236f.

[338] Leibniz traf Zar Peter I im Oktober 1711 in Torgau, im Herbst 1712 in Karlsbad, im Juni 1716 in Pyrmont und im Juli 1716 in Herrenhausen. Vgl. M. von Boetticher: Leibniz und Zar Peter, 3. Leibniz Festtage 2006, Leibniz und Europa, Neustädter Hof- und Stadtkirche, Hannover 2006. Über die erste Audienz in Torgau gibt es keine direkte Aufzeichnung. Die von Leibniz vorgetragenen Themen sind aus späteren Briefen und Denkschriften von Leibniz ersichtlich. Vgl. Leibniz, Denkschrift für Zar Peter I, während eines Treffens in Torgau verfasst. Guerrier Nr. 127 S. 180ff. Vgl. Leibniz, „Specimen einiger Puncte, darinn Moskau denen Scien-zen beförderlich sein könnte". Foucher de Careil Œuvres Bd. 7 S. 395ff.

[339] Leibniz, „Concept einer Denkschrift zur Gründung einer wissenschaftlichen Gesellschaft für Zar Peter I", verfasst in Torgau 1711. Zitiert nach Guerrier Nr. 127 S. 180.

allerhand nützliche Nachrichtungen aus Europa und China zusammen bracht, Erfahrne Leute und Künstler angelocket und summa die Wohlfahrt, Nahrung und Flor der Czarischen Lande und Leute durch Künste und Wissenschaften beobachtet und befördert werden.[340] Das Zentrum der Akademie sollte eine *Hauptanstalt* zur Beförderung der Studien, Künste und Wissenschaften sein.[341] Um die Grenzen zwischen Asien und Europa festzusetzen, sollten von der Societät organisierte wissenschaftliche Forschungsreisen nach Sibirien und China durchgeführt werden,[342] Beobachtungsstationen für die Vermessung des Erdmagnetismus sollten errichtet werden.[343] Wichtig war Leibniz die Sammlung von Sprachproben im gesamten Reich *zum Zwecke der vergleichenden Sprachforschung.*[344]

Die Zusammenfassung aller wissenschaftlichen und praktischen Erkenntnisse sollte in einer Enzyklopädie erfolgen, an der Leibniz selbst mitarbeiten wollte.[345]

Leibniz war bereit, dem Zaren mit all seiner Kraft zu dienen; Zar Peter I war für Leibniz gleichzeitig Vertreter der Macht und Werkzeug Gottes. *Pour moy qui suis pour le bien du genre humain ... je considère le Czar en cela comme une personne que Dieu a destinée a de [ce] grand ouvrage ... et je sera ravi si je pouvois contribuer à son dessein de faire fleurir les sciences chez luy. Je tiens même qu'il pouvoit faire en cela des plus belles choses que tout ce que d'autres princes ont jamais fait dans ce genre.*[346]

Nach der Audienz war Leibniz vom Interesse des Zaren beeindruckt;[347] er hoffte, seine Pläne mit Unterstützung des Zaren realisieren zu können. Doch trotz des Wohlwollens des Zaren in Torgau konnte Leibniz nur die konkreten Zusicherungen für die Erstellung des linguistischen Materials und die Beobachtungen der Deklination der Magnetnadel erhalten.[348] Anfang des Jahres 1712 stagnierte der Kontakt zwischen Leibniz und dem Zaren für einige Monate.[349]

---

[340] Leibniz, „Concept einer Denkschrift zur Gründung einer wissenschaftlichen Gesellschaft für Zar Peter I", verfasst in Torgau 1711. Zitiert nach Guerrier Nr. 127 S. 182. Vgl. Leibniz, „Specimen einiger Puncte darinn Moskau denen Scienzen beförderlich seyn köndte". Foucher de Careil Œuvres Bd. 7 S. 395ff. Leibniz entwarf ein Bestallungsschreiben im Namen des Zaren für sich selbst. E. Bodemann: Die Leibniz-Handschriften der Königlichen Öffentlichen Bibliothek zu Hannover, Hannover und Leipzig 1895, Nachdruck Hildesheim 1966, S. 260. Außerdem machte Leibniz Vorschläge zur Verbesserung der Militärtechnik und des Transportwesens. Müller-Krönert S. 226.

[341] Harnack I/1 S. 181f.

[342] Leibniz machte den Vorschlag, eine plastische Landkarte von Russland zu erstellen. Vgl. Leibniz an Herzog Anton Ulrich, 1711, „Concept eines dem Zaren vorzulegenden Papieres zur Förderung der Wissenschaften in Russland". Guerrier S. 173.

[343] Leibniz, „Concept einer Denkschrift über die Untersuchung der Sprachen und Beobachtung der Variation des Magnets im russischen Reich", 1712. Guerrier Nr. 158 S. 243ff.

[344] Auch für die Bekehrung der Ungläubigen war Leibniz die Sprachforschung wichtig. Zar Peter I förderte die Mission der russisch-orthodoxen Kirche. Für Leibniz war der Fortschritt von Wissenschaft und Zivilisation gleichbedeutend mit der Verbreitung des Christentums und der christlichen Frömmigkeit.

[345] *Wenn ich eine Person in der nähe wüsste, die zu translationen in Russisch [zu] gebrauchen, auch sonst beystand hätte, hoffte ich es dahin zurichten, dass eine rechte Encyclopaedi und alle Wissenschafften in die Russische Sprache gebracht möchte werden, welche vielleicht dasjenige übertreffen sollte so in andern Sprachen.* Leibniz an Jakob Bruce, 22. November 1712. Zitiert nach Guerrier Nr. 185 S. 280. Leibniz wies im Hinblick auf die von Zar Peter I geförderte Mission der russisch-orthodoxen Kirche auf die Bedeutung der Sprachforschung für die Ungläubigen hin. Vgl. Leibniz, „Eine Denkschrift über die Untersuchung der Sprachen und Beobachtung der Variation des Magnets im Russischen Reich", 1712. Guerrier Nr. 158 S. 242. *Es wird sich auch ergeben, ob und wo am dienlichsten zu besserer bekehrung und Cultivirung der Völcker Catechismos und andere geistliche Bücher, auch wohl endlich Grammatiken, dictionaria und andere Wercke in einer oder andern sonderlich Hauptsprache verfertigen zu lassen, und zu unterweisung der jugend des orthes damit und sonst anstalt zu machen.* Zitiert nach Guerrier Nr. 158 S. 242.

[346] *(Für mich, der ich mich für das Wohl der Menschen einsetze ... ich betrachte den Zaren als Person, die Gott zu diesem bedeutenden Werk ausersehen hat ... und ich werde begeistert sein, wenn ich zu seinem großen Werk beisteuern kann, die Wissenschaften in seinem Sinne in seinen Landen erblühen zu lassen. Ich halte fest, dass er dabei Besseres erreichen könnte als all die anderen Fürsten jemals in diesem Bereich geleistet haben.)* Leibniz an J. C. Urbich, 27. August 1709. Guerrier Nr. 88 S. 120.

[347] *Denn außerordentliche Eigenschaften besitzt dieser Fürst. Auf meinen Vorschlag hin wird er dafür sorgen, daß in seinem riesigen Reiche Beobachtungen über die magnetische Deklination angestellt werden.* Leibniz an Johann Fabrizius, 8. Dezember 1711. Dutens Bd. 5 S. 294. Zitiert nach Müller-Krönert S. 226.

[348] Vgl. Leibniz, „Concept einer Denkschrift über die Untersuchung der Sprachen und Beobachtung des Magnets im Russischen Reiche", verfasst nach der Audienz in Torgau. Guerrier Nr. 158 S. 239ff. Leibniz betonte die Bedeutung des Erdmagnetfeldes für die Schifffahrt im Sinne von Zar Peter und regte die Einrichtung von Beobachtungsstationen an. Vgl. Guerrier Nr. 239 S. 346.

[349] Böger S. 470.

Mit Hilfe von Hans Christian von Schleiniz (Schleinitz)[350], dem russichen Gesandten an welfischen Höfen, gelang es Leibniz, wieder Kontakt zum Zaren aufzunehmen. Leibniz ließ dem Zaren in Greifenwald Anfang September 1712 eine Denkschrift überreichen, in der er auf rasche Gründung der wissenschaftlichen Gesellschaft drängte.[351]

3. Zweite Audienz, Karlsbad 1712

Von Zar Peter I um eine Unterredung gebeten, reiste Leibniz im Spätherbst 1712 nach Karlsbad.[352] Die Reise wurde in Zeitz unterbrochen, wo Leibniz das für den Zaren bestimmte Modell der von ihm entwickelten Rechenmaschine abholte. Wie im Jahr zuvor in Torgau unterbreitete Leibniz dem Zaren Vorschläge über Gesetzgebung und Justizwesen sowie Pläne zur Förderung der Wissenschaften und zur Verbesserung der Militärtechnik. Leibniz drängte auf eine Anhebung der Bildung für alle Untertanen. Nur durch Einrichtung von Bildungsstätten könnten bessere Lebensbedingungen für alle geschaffen werden. Leibniz forderte die Einrichtung von Schulen für alle Untertanen des Reiches. Die Ausbildung der staatlichen Beamten sollte in den Universitäten nach westlichem Vorbild ablaufen.[353]

Durch seine Misserfolge vor allem in Berlin war Leibniz intensiv bemüht, Fehler anderer Länder zu vermeiden: *Denn weil in dero Reich, grossen Theils noch alles die Studien betreffend neu und gleichsam ein weiss papier, so können unzehlich viele Fehler vermieden werden, die in Europa allmählig und unbemerkt eingerissen und weiß man, dass ein Palast, der ganz von Neuem aufgeführet wird besser heraus kommt, als wenn daran viele secula über gebauet, gebessert, auch viel geändert worden.* [354] Leibniz betonte die Notwendigkeit, ein Zentrum, „einen Kunstbau" zu errichten, der von Bibliotheken, Laboratorien und weiteren nützlichen Einrichtungen umgeben sein sollte. *Es gehören zwar zu diesem neuen und grossen Kunstbau Bibliotheken, Musea oder Raritätenkammern, Werkhäuser zu Modellen und Kunstsachen, Laboratoria chymica und observatoria astronomica, allein man hat nicht alles auf einmal nöthig, sondern gehet stuffenweise und wären Vorschläge zu thun, wie zum nützlichsten gar bald ohne sondre Kosten zu gelangen ...*[355]

Die Finanzierung der Societät sollte durch Handelsprivilegien, indirekte Steuern auf Bücher, Kalender, Zeitungen und staatliche Formulare, aber hauptsächlich von den Einnahmen der von der Akademie selbst durchgeführten Wirtschaftsprojekte erfolgen. Die erste Akademiegründung sollte in St. Petersburg erfolgen, weitere wissenschaftliche Gesellschaften sollten folgen.[356] Immer wieder bot Leibniz dem Zaren seine Dienste an und drängte trotz bestehender Kriege, eine Societät der Wissenschaften zu begründen. Leibniz erwähnte aber auch seine Verpflichtungen in Wien; *... so hoffe ich darum auch nützlich an Hand zu gehen, da man allhier dergleichen auch von wegen des Römischen Kaysers mir aufträget. Im übrigen fehlet mir nichts andres als Gelegenheit meinen Eifer zu E M Dienst mehr und mehr zu zeigen. Und möchte wünschen, dass Sie durch einige allgn. Befehle nur den Weg dazu bahnen ...*[357]

---

[350] Zunächst Wolfenbüttelscher Minister, seit 1711 Gesandter an den welfischen Höfen in russischen Diensten, Förderer von Leibniz´ Akademieplänen.

[351] Guerrier Nr. 148 S. 217f. Vgl. Guerrier Nr. 147 S. 214ff und Nr. 149 S. 219f. Böger S. 470.

[352] Leibniz informierte Herzog Anton Ulrich über seine Einladung zu einer Audienz beim Zaren in Karlsbad und erhielt von Anton Ulrich den Auftrag, ein Bündnis zwischen Russland und Österreich gegen Frankreich zu bewirken. Leibniz entwarf eine Instruktion für seine Missionen in Karlsbad und Wien. Müller-Krönert S. 231. Bodemann S. 216f. Außerdem verfasste Leibniz im Namen des Herzogs zwei Empfehlungsschreiben an Zar Peter I und Kaiser Karl VI, einzuordnen September-Oktober 1712. Klopp S. 212f Anl. V Nr. 1 und Nr. 2. Vgl. Klopp S. 182. Bodemann S. 218f. Teil 2/VII/1. Böger S. 471. Die Abreise von Wolfenbüttel erfolgte vernutlich am 27. Oktober 1712. Müller-Krönert S. 231.

[353] Die Studenten sollten nach Ansicht von Leibniz *... nicht sofort in eine unbeschränkte Freiheit* treten *wie dieser schädliche Missbrauch bei den Teutschen Unversitäten und Akademien eingerissen* die Lehrenden *sollten nicht, wie oft bey Teutschen Universitäten und Schuhlen geschiet in Armut und Verachtung leben.* Zitiert nach M. von Boetticher: Leibniz und Zar Peter, 3. Leibniz Festtage 2006, Leibniz und Europa, Neustädter Hof- und Stadtkirche St. Johannis, Hannover 2006, S. 68.

[354] Leibniz an Zar Peter I, 16. Januar 1712. Zitiert nach Guerrier Nr. 143 S. 207f.

[355] Leibniz an Zar Peter I, 16. Januar 1712. Zitiert nach Guerrier Nr. 143 S. 208.

[356] St. Petersburg, 1703 von Zar Peter I an der Neva begründet, repräsentierte das moderne Russland des Zaren. Weiters sollten in Moskau, in Astrachan als wichtigster Handelsmetropole und in der Grenzstadt Kiew wissenschaftliche Gesellschaften gegründet werden.

[357] Leibniz an Zar Peter I, 22. Januar 1715. Zitiert nach Guerrier Nr. 218 S. 322.

Am 1. November 1712 wurde Leibniz von Peter I zum „Russischen Geheimen Justizrat", ein in Russland erstmals vergebener Titel, ernannt und mit der Pflege der mathematischen und anderer Wissenschaften betraut mit einem jährlichen Gehalt von 1.000 Albertusthalern[358]. Doch die zugesagten Zahlungen wurden nicht durchgeführt.[359] Die von Leibniz gewünschte Zusammenarbeit mit russischen Wissenschaftlern erfolgte nicht. Dennoch war das Treffen in Karlsbad für Leibniz das erfolgreichste der Treffen mit Zar Peter I. Es gelang Leibniz, den Zaren von der Notwendigkeit der Gründung einer wissenschaftlichen Societät zu überzeugen.

Am 11. November 1712 begleitete Leibniz den Zaren nach Dresden. Nach einigen Tagen verließ Leibniz Dresden, um nach Wien zu reisen.[360]

4. Die letzten Audienzen, Bad Pyrmont und Herrenhausen 1716

Die letzten Begegnungen mit Zar Peter I hatte Leibniz im Juni und Juli 1716 in Bad Pyrmont und Herrenhausen, einige Monate vor seinem Tod.[361] Leibniz hielt sich eine Woche im Gefolge Peters des Großen auf und begleitete die russische Hofgesellschaft anschließend in die kurfürstlich hannoversche Residenz nach Schloss Herrenhausen. *Ich kann die Lebhaftigkeit und den Geist dieses großen Fürsten nicht genug bewundern. Von allen Seiten versammelt er um sich erkenntnisreiche Leute, und wenn er mit ihnen redet, so staunen sie, denn soviel Sinn ist in seiner Rede ...*[362] Leibniz traf den Zaren mehrfach in Sonderaudienzen. Bei diesen letzten Begegnungen hatte Leibniz Gelegenheit, mit dem Zaren ausführlich über die Reformpläne im russischen Reich zu diskutieren.[363] Leibniz überreichte dem Zaren die „Denkschrift über die Magnet-Nadel"[364] und eine ausführliche „Denkschrift über die Verbesserung der Künste und Wissenschaften im Russischen Reich"[365] sowie eine „Denkschrift über die Collegien"[366]. In letztgenannter Denkschrift machte Leibniz Angaben zur Schaffung von neun Collegien oder Behörden, die heutigen Ministerien entsprechen: ein Etats-, Kriegs-, Finanzen-, Policey-, Justic-, Commerc-, Religions-, Revisions- und Gelehrt-Collegium sollte geschaffen werden. *Die Erfahrung hat bissher sattsam bezeuget, dass die Reiche und länder in keine bessre Verfassung gebracht werden, als durch aufrichtung guter Collegiorum.*[367] Leibniz verwendete für das künftige, moderne Russland das Bild einer „Staatsuhr". *Denn wie in einer Uhr ein rad von den andern sich muss treiben lassen, also muss in der grossen Staats-Uhr ein Collegium das andere treiben, und wofern alles in einer accuraten proportion und genauen Harmonie steht, kann nicht anders folgen, als daß der Zeiger der Klugheit dem Lande glückliche Stunden zeigt.*[368] Die Collegien, also die Ministerien sind die „Haupträder" der Uhr, die wiederum Nebenräder antreiben. Durch Zusammenwirken dieser Collegien sollte das *Uhrwerk des Staats* in Gang gebracht und erhalten werden. *... gleichwie aber die Uhren differiren, indem eine mehr, die andere weniger Räder erfodert [sic], also differiren hierrinn die reiche auch, und lässt sich kein gwisser numerus derer Collegiorum definiren.*[369] In diesem Schreiben beschränkte

---

[358] Guerrier Nr. 176 S. 270f. K. Müller: G. W. Leibniz, in: Totok-Haase S. 57: 1000 Joachims-Thaler. Bergmann Reichshofrath S. 189: 1000 Albertus-Thaler.

[359] M. von Boetticher: Leibniz und Zar Peter, 3. Leibniz Festtage 2006, Leibniz und Europa, Neustädter Hof- und Stadtkirche St. Johannis, Hannover 2006, S. 66. L. Richter: Leibniz und sein Russlandbild, Berlin 1946, S. 55f.

[360] Onno Klopp: „Und zwar lagen die Wienerischen Pläne ihm [Leibniz] näher als die entfernteren für die Civilisation von Russland. In der Entwicklung jener entfaltete der damals 66-jährige Mann seine volle geistige Kraft. Wir haben sie kennen zu lernen". Klopp S. 183. Böger S. 474.

[361] Vom 26. Mai 1716 bis zum 15. Juni 1716 hielt sich Zar Peter I zur Erholung in Pyrmont auf. Leibniz traf den Zaren in der zweiten Hälfte Juni 1716 in Pyrmont und Herrenhausen, einem nahe gelegenen Lustschloss, wo sich der Zar zwei Nächte aufhielt. Müller-Krönert S. 259.

[362] Leibniz an Louis Bourguet, 2. Juli 1716. Zitert nach Guerrier Teil 1 S. 174. Vgl. M. von Boetticher: 3. Leibniz Festtage 2006, Leibniz und Europa, Neustädter Hof- und Stadtkirche St. Johannis, Hannover 2006, S. 67.

[363] Böger S. 471.

[364] Guerrier Nr. 239 S. 346ff.

[365] Guerrier Nr. 240 S. 348ff.

[366] Guerrier Nr. 244 S. 364ff. Leibniz „Denkschrift über die Collegien" an Zar Peter den Großen, nicht datiert, einzuordnen Dezember 1715/Jänner 1716.

[367] Zitiert nach Guerrier Nr. 244 S. 365.

[368] Zitiert nach Guerrier Nr. 244 S. 365.

[369] Zitiert nach Guerrier Nr. 244 S. 365. Vgl. Guhrauer II Anmerkungen S. 77.

sich Leibniz auf die genaue Ausführung des *Gelehrt-Collegiums*, der eigentlichen wissenschaftlichen Societät, und auf die Organisation des Schulwesens.[370]

Der Aufbau des Collegiums sollte in drei Schritten erfolgen: Erstens: Bildungsstätten aller Art wie Bibliotheken, Laboratorien, Museen, Tier- und Pflanzengärten sollten geschaffen werden; diese wären von allen kostenlos benützbar. Zweitens: wissenschaftliche Erkenntnisse aus westlichen Ländern sollten übernommen, ausländische Gelehrte berufen werden. Ein Schulsystem von der Grundschule bis zu den Universitäten gegliedert nach Alter und Berufsziel war geplant. Drittens: Alle wissenschaftlichen Erkenntnisse, auch das Volkswissen, sollten inventarisiert werden.[371]

Im Zentrum von Leibniz' Plänen stand aber die Gründung einer Akademie der Wissenschaften und Künste mit allen wissenschaftlichen Disziplinen, die für sämtliche Universitäten und Schulen des Landes zuständig sein sollte. Die Akademie sollte die Aufsicht über Handel, Landwirtschaft, Buchwesen, Bergwerke, Manufakturen, Apotheken übernehmen. Zur Unterstützung sollten ausländische Fachkräfte nach Russland geholt werden. Die Ausbildung von russischen Untertanen im Ausland sollte von der Akademie unterstützt werden.

In einer Denkschrift[372] für den Zaren, einige Monate vor seinem Tod verfasst, regte Leibniz eine Dreigliederung des Schulwesens entsprechend dem Alter und den Berufszielen der Lernenden an. Wieder betonte er die Bedeutung der „Realia", d.h. der Mathematik, Technik und Physik, und forderte die Verbindung von Theorie und Praxis. Leibniz setzte sich aber auch für die modernen Sprachen im Unterricht ein. Grundlegend waren nicht nur theoretische, sondern auch praktische Erfahrungen; so sollten Studierende der Theologie auch eine Ausbildung als Missionar machen, angehende Mediziner unter Leitung von ausgebildeten Ärzten arbeiten usw. Auch die Klöster mit ihren umfangreichen Bibliotheken sollten einbezogen werden.

In einem Brief an Vize-Canzler Schafirov vom 26. Juni 1716 gab Leibniz eine Aufstellung der wichtigsten Forschungsanliegen, die Russland in Zusammenarbeit mit anderen europäischen Akademien und durch Austausch von Wissenschaftlern durchführen könnte. *Es können Seine Gross Czarische Mt. mit dero Glori und Nuzen ein grosses beytragen:*[373]

1. *Zum liecht in der alten Histori* – (Sammlung linguistischen Materials zur Erforschung der alten Geschichte und der Ethnographen.)

2. *Zu Ausbreitung der Christlichen Religion* – (Ausbildung von Missionaren zur Ausbreitung des Christentums).

3. *Zu verbesserung der Schifffahrt* – (Erforschung des Erdmagnetismus und der Deklination der Magnetnadel zur Verbesserung der Seefahrt, wobei es notwendig ist, sich mit England in Verbindung zu setzen.)

4. *Zur beförderung der Astronomi* – (Systematische Beobachtungen zur Weiterentwicklung der Astronomie.)

5. *Zur verbesserung der geographi* – Erforschung der Grenzen zwischen Asien und Amerika.

6. *Zu vermehrung der physik oder Natur-kunde* – (Sammlung von Pflanzen, Tieren, Mineralien, die in Russland und den angrenzenden östlichen Ländern vorkommen.)

7. *Zu verbesserung aller Künsten und Wissenschafften* – (Übersetzung des gesamten Wissens ins Russische, Erstellung einer Enzyklopädie aller Wissenschaften in russischer Sprache mit gründlicher Beschreibung aller Künste und Handwerke.)

Trotz der Absicht des Zaren, eine Akademie der Wissenschaften in St. Petersburg zu begründen, ging die Realisierung der von Leibniz vorgeschlagenen Projekte und Pläne nur langsam voran. In den Jahren 1716 und 1717 erwarb Zar Peter I bei einer Reise nach Deutschand und in die Niederlande wertvolle Sammlungen für die geplante Societät.[374]

Mehr als sieben Jahre nach dem Ableben von Leibniz unterzeichnete Zar Peter I im Januar 1724 das Stiftungsdiplom, das ausschließlich Ideen und Pläne von Leibniz enthält. Der Zar erlebte die Eröffnung der von

---

[370] Leibniz erklärte sich bereit, Entwürfe für die anderen Collegien zu erstellen, mit Ausnahme des Etats- und des Kriegscollegiums.

[371] Die Kenntnisse und Erfahrungen von Handwerkern sollten berücksichtigt werden. Zar Peter war selbst in verschiedenen handwerklichen Berufen, u. a. als Zimmermann und Schiffbauer ausgebildet.

[372] Leibniz, „Denkschrift über die Verbesserung der Künste und Wissenschaften im Russischen Reich", 1716. Guerrier Nr. 240 S. 348ff.

[373] Guerrier Nr. 238 S. 345f. Vgl. Guerrier Teil 1 S. 176. Böger S. 479f.

[374] Bredekamp S. 184. Böger S. 473. Zar Peter I erwarb u. a. die Mineralien des Danziger Naturforschers Johann Christof Gottwald sowie „Monstra" und andere anatomische Präparate des Frederic Ruysch.

ihm begründeten Societät nicht. Nach dem Tod von Zar Peter I am 8. Februar 1725 übernahm seine zweite Ehefrau als Katharina I[375] die Regentschaft. Am 27. Dezember 1725 wurde die Russische Akademie der Wissenschaften eröffnet. Die Akademie verfügte über eine reichhaltige Bibliothek, ein angeschlossenes Gymnasium, ein gut ausgestattetes Naturalienkabinett[376], eine Münzsammlung, eigene Druckereien u. a.[377] Im ersten halben Jahrhundert nach der Gründung der russischen Societät bestanden enge Kontakte zur Berliner Societät.[378] Mitglieder der Basler Mathematiker-Schule, darunter Daniel, Nikolaus II, Johann II und Jakob II Bernoulli, Jakob Hermann und vor allem Leonhard Euler wirkten in St. Petersburg.

---

[375] Katharina wurde 1724 von Zar Peter I zur Mitregentin ernannt, übernahm 1725 den Thron. Ihre Regentschaft dauerte von 1725 bis 1727.

[376] Bredekamp S. 184ff.

[377] S. Werrett: An Odd Thought of Exhibition: the Petersburg Academy of Sciences in Enlightened Russia. Phil. Dissertation, University of Cambridge, 2000.

[378] E. Winter: Die deutsch-russische Begegnung und Leonhard Euler. Beiträge zu den Beziehungen zwischen der deutschen und russischen Wissenschaft und Kultur im 18. Jahrhundert, Berlin 1958, Quellen und Studien zur Geschichte Osteuropas Bd. 1. Harnack I/1 S. 26 Anm. 3. Fleckenstein Faksimiles S. 10.

TEIL 2.

DIE REISEN NACH WIEN UND DIE GEPLANTE KAISERLICHE AKADEMIE
DER WISSENSCHAFTEN IN WIEN

Weil ich nun unter andern sehr mein Werk daraus mache, dass die Entdeckung der Natur durch die scienzen zu Prüfung der Wunder Gottes mehr und mehr befördert werden möchte, so habe ich oft gewundschet, dass in den grossen Landen Kayserl. Mt. dergleichen mesuren genommen werden möchten, zu geschweigen was dermahleins in der mächtigen spanischen Monarchie zu thun ... (G. W. Leibniz, Memoriale an den Kurfürsten Wilhelm von der Pfalz, 2. Oktober 1704)[379]

I. ERSTER AUFENTHALT IN WIEN, 1688/1689[380]

1. Bemühungen um eine Stellung am Kaiserhof

Die Mayestät unsres Kaisers und der deutschen Nation Hoheit wird von allen Völkern noch anerkannt; bei Konzilien, bei Versammlungen wird ihm und seinen Botschaften der Vorzug nicht bestritten ... So groß nun des Kaisers Mayestät, so gelind und süß ist seine Regierung, die Sanftmut ist dem Haus Österreich angeerbt und Leopold hat auch die Ungläubigsten und Argwöhnischsten anzuerkennen gewonnen, daß er´s mit dem Vaterland wohl gemeint. (G. W. Leibniz, Ermahnung an die Deutschen, ihren Verstand und ihre Sprache besser zu üben, samt beigefügtem Vorschlag einer deutschgesinnten Gesellschaft; nicht datiert, einzuordnen 1678)[381]

Durch die Abhandlung „Dissertatio de Arte combinatoria"[382] war Leibniz seit 1666 Kaiser Leopold I bekannt. In dieser Schrift postulierte Leibniz die Mathematik als Grundlage aller Wissenschaften und versuchte, alle Wissenschaftsdisziplinen auf *die Mathesis universalis* zurückzuführen. Der Kaiser ordnete 1666 an, dass ein Gelehrter seines Hofes mit dem zwanzigjährigen Leibniz in Korrespondenz stehen solle.

Ab 1668, seinem 22. Lebensjahr, war Leibniz um Kontakte zum Kaiserhof in Wien bemüht, um als wissenschaftlicher und politischer Berater des Kaisers Einfluss zu gewinnen und in den Kreis der Reichshofräthe auf der Gelehrten-Bank aufgenommen zu werden. Leibniz stand in Diensten des Mainzer Erzbischofs und Erzkanzlers Johann Philipp von Schönborn, als er sich 1668 erstmals mit der Denkschrift „De Scopo et Usu Nuclei Librarii Semestralis"[383] an Kaiser Leopold I wandte, mit der er eine Reorganisation und Kontrolle des Büchermarktes bewirken wollte. Diese Vorschläge wurden vom Kaiser nicht realisiert.

Drei Jahre später, 1671, machte Leibniz dem Kaiser das Angebot, an der Überarbeitung des „Corpus iuris", des Reichsgesetzbuches[384], mitzuarbeiten. Das Ansuchen von Leibniz wurde nicht berücksichtigt.[385]

---

[379] Memoriale S. 7.

[380] Mai 1688 – Februar 1689

[381] Zitiert nach Heer S. 80.

[382] AA VI, 1 N.8. Vgl. E. Ravier : Bibliographie des œuvres de Leibniz, Paris 1937, Nr. 5, S. 70, Hildesheim 1966. Guhrauer I Anmerkungen S. 78f. Vgl. F. Exner: „Ueber Leibnizens Universal-Wissenschaft" Abhandlung der k. böhmischen Gesellschaft der Wissenschaften, 5. Folge, Bd. 3, Prag 1843, S. 39. Müller-Krönert S. 8.

[383] Leibniz an Kaiser Leopold I, „De Scopo et Usu Nuclei Librarii Semestralis" (Für einen kritischen Bücherkatalog gegen die Inflation des Geschriebenen) 22. Oktober 1668, Ergänzung 18. November 1668. Vgl. Anhang Nr. 1.

[384] AA I, 1 N.26, N.28, N.29. In Wien wurde Leibniz durch den kurfürstlich-mainzischen Rat Johann Lincker von Lützenwick und den kurmainzischen Residenten Christoph Gudenus unterstützt.

[385] Johann Albert Portner, Reichshofrath an Leibniz, 3. September 1671. AA I, 1 N.32. Auch 1673 während seines Aufenthaltes in Paris bemühte sich Leibniz, Kaiser Leopold I auf einige seiner politischen Schriften aufmerksam zu machen. Auch bei diesem Ansuchen wurde Leibniz von Lincker unterstützt. Böger S. 424.

Abb. 5: Wien zur Zeit der Türkenbelagerung, 1683

Im Jahr 1677 versuchte Leibniz mit Hilfe des Arztes und Chemikers Johann Daniel Crafft[386] Kontakt zum Kaiserhof in Wien aufzunehmen. Crafft sollte Leibniz dem einflussreichen Bischof von Wiener Neustadt Christobal de Rojas y Spinola empfehlen.[387] Wie bereits sieben Jahre früher schlug Leibniz 1678 dem Kaiser seine Mitarbeit an dem Reichsgesetzbuch vor.[388] Er bot dem Kaiser an, einen „Codex Leopoldinus", eine Leopoldinische Zeitgeschichte, zu verfassen. Doch wieder wartete Leibniz vergebens auf eine Aufforderung des kaiserlichen Hofes, nach Wien zu kommen.

Bestärkt von Crafft bemühte sich Leibniz im Sommer 1680[389] um die Nachfolge des 1680 verstorbenen Bibliothekars Peter Lambeck[390] als Leiter der kaiserlichen Bibliothek in Wien und um die Ernennung zum Reichshofrath auf der Gelehrten-Bank: *Da ich in der Tat schon im Rate meines Fürsten sitze, werden Sie wohl verstehen, daß ich von dieser Stufe nicht gern herabsteige. Dies wäre aber der Fall, wenn ich das bloße Amt eines Bibliothekars und Historiographen übernähme und auf diese Weise von dem Glanz der Geschäfte in das Dunkel zurückträte. Wenn mich aber der Kaiser in den Kreis seiner Hofräte aufnähme und damit das Amt und die Einkünfte eines Bibliothekars verbände, wie es auch unser Herzog Johann Friedrich hier getan hat, hätte ich Gelegenheit zur Entfaltung meiner Tatkraft.*[391] Lincker sollte das Ansuchen für die Stelle des Bibliothekars am Kaiserhof vorlegen. Doch die Bemühungen von Leibniz waren vergeblich.[392]

---

[386] Seit 1671 war Leibniz mit dem vielseitigen und kreativen „Projektemacher und Reisenden von Hof zu Hof" bekannt. Zwischen Leibniz und Crafft entwickelte sich eine enge Freundschaft. Bei den Gründungsplänen für eine Societät in Wien wurde Leibniz von Crafft unterstützt. Andererseits versuchte Leibniz, Crafft eine feste Anstellung in Hannover oder Wolfenbüttel zu verschaffen. Zwischen Juli 1671 und März 1697 bestand ein intensiver Briefwechsel zwischen Leibniz und Crafft (einige hundert Briefe), Leibniz Briefwechsel 501. Vgl. R. Forberger, Johann Daniel Crafft. Notizen zu einer Biographie. In: Jahrbuch für Wissenschaftsgeschichte Berlin 1964, Tl. II/III, S. 63ff.

[387] Spinola sollte für Leibniz am kaiserlichen Hof intervenieren und den Kaiser auf eine *person* aufmerksam machen, die ... *den Kayserl. und Reichs interessen mit allunterthänigster devotion und inniglicher affection zugethan sey* und dem Bischof *trefflich künfftig an die hand gehen könne.* Leibniz an J. D. Crafft, 24. Mai 1677. AA I, 2 S. 247. Zitiert nach Müller-Krönert S. 49. Vgl. Böger S. 425. Auch die Korrespondenz zwischen Leibniz und Lincker in den Jahren 1673-1680 zeigt, dass Leibniz eine Stellung in Wien anstrebte, die mit seiner Tätigkeit in Hannover vereinbar sein sollte. Um Leibniz die Stelle eines kaiserlichen Historiographen zu verschaffen, versuchte Lincker in Wien, Hofkanzler Johann Paul Freiherr von Hocher auf Leibniz aufmerksam zu machen. J. Lincker, Wien an Leibniz, Paris 27. Juli 1673. AA I, 1 N.243. Klopp Werke Bd. 3 S. XXXff und S. 59, Bd. 5 S. XI und S. 13. Vgl. Fischer S. 198.

[388] J. P. von Hocher an Leibniz, 7. Juli 1678. AA I, 2 N.332. Böger S. 425.

[389] Bei einem Treffen 1680 in Dresden planten Leibniz und Crafft, Kontakte zu Kaiser Leopold I aufzunehmen. Im Juli 1680 verfasste Leibniz zwei Denkschriften für Kaiser Leopold I, die wirtschaftliche und politische Fragen behandeln. AA I, 3 N.328 u. N.329. Vgl. Leibniz an J. D. Crafft, Juli 1680: *Deliberation, wie die zu aufnahme, ja wohlfarth und Conversation des Kaysers und Reichs gehabte gedancken, am nachdrückligsten bey Kayserl. Mayt. anzubringen, damit sie wohl gefaßet und kräfftig auch schleunig vollstrecket werden.* AA I, 3 N.327. Müller-Krönert S. 62.

[390] Vgl. G. König: Peter Lambeck (1628-1680), Leben und Werke mit besonderer Berücksichtigung seiner Tätigkeit als Präfekt der Hofbibliothek in den Jahren 1663-1680, Dissertation, Philosophische Fakultät, Universität Wien, 1975.

[391] Leibniz an J. Lincker, Sommer 1680. AA I, 3 S. 413. Zitiert nach Müller-Krönert S. 62.

[392] Die Stelle des Bibliothekars wurde kurzfristig mit Peter Strelmeyer und dann mit Daniel Johann Nessel besetzt. Im Reichshofrath war 1680 keine Vakanz.

In den folgenden Jahren unternahm Leibniz keine weiteren Schritte, um am Kaiserhof in Wien Fuß zu fassen, gab aber den Wunsch, dem Kaiser in beratender Funktion zu dienen, nicht auf.

2. Reise nach Wien

Also habe auff E. Majestät ich vornehmlich mein absehen gerichtet gehabt, nicht allein dieweil ein jeder Teütscher dem höchsten oberhaupt am meisten verbunden, sondern auch dieweil ich von dero großen liecht in den wißenschafften und ungemeiner affection zu denselbigen vorlängst wunder gehöhret habe. (G. W. Leibniz, Ansuchen um eine Audienz bei Kaiser Leopold I, Oktober 1668)[393]

Im Oktober 1687 verließ Leibniz Hannover.[394] Bestrebt um eine auf wissenschaftlichen Quellen basierende ausführliche Dokumentation der Geschichte des Welfenhauses, plante Leibniz, in möglichst viele Archive Einsicht zu nehmen. Wichtige Reiseziele waren die fürstliche Bibliothek in München und die kaiserliche Bibliothek in Wien. Er reiste mit seinem Sekretär Friedrich Heyn[395] und einem Kutscher.

Die ersten Stationen der Reise waren Hildesheim, Kassel und der hessische Bergwerksort Frankenberg. Im Dezember 1687 traf Leibniz in Frankfurt/Main ein,[396] um mit dem Sprachgelehrten Hiob Ludolf über die Gründung einer wissenschaftlich historischen Gesellschaft, dem „Collegium Imperiale Historicum"[397] zu verhandeln.

Das „Collegium" sollte die Geschichte des gesamten Reiches erforschen und aufzeichnen und eine historisch-quellenkundliche Zeitschrift herausgeben. An verschiedenen Orten des Reiches sollten Gelehrte in Gruppen zusammenarbeiten;[398] der Leiter der Gruppe, der Adjunkt, sollte die Kommunikation mit dem Präsidium in Frankfurt/Main herstellen. Von Anfang an prägte Leibniz das „Collegium" durch seine Methode der historischen Quellenforschung[399] und plante, das zunächst der Erforschung der Geschichte gewidmete „Collegium Historicum" in eine Societät der Wissenschaften zu erweitern, die alle Wissenschaften, besonders die Naturwissenschaften umfassen sollte. Nach Absprache mit Ludolf wollte Leibniz den Entwurf in Wien Kaiser Leopold I vorlegen. Das „Collegium" sollte unter dem Protektorat des Kaisers stehen.[400]

Von Frankfurt reiste Leibniz Ende Dezember 1687 nach Aschaffenburg, Würzburg und Nürnberg. Er forschte in den Bibliotheken der Klöster: *Didici in mathematicis ingenio, in natura experimentis, in legibus divinis humanisque autoritate in historia testimoniis nitendum esse.... Historiam antiquam rerum Brunsvicensium molior.*[401]

---

[393] AA I, 5 N.149 S. 270. Zitiert nach Müller-Krönert S. 92.

[394] Die Reise dauerte zwei Jahre und neun Monate; im Juni 1690 kehrte Leibniz nach Hannover zurück.

[395] Heyn, sieben Jahre jünger als Leibniz, hatte keine wissenschaftliche Ausbildung, aber jahrelange Praxis im Bergbau. Heyn verfasste für Leibniz Auszüge aus Büchern und Handschriften.

[396] Aufenthalt in Frankfurt/Main vom 17. bis 20. Dezember 1687.

[397] Der Universalgelehrte und Arzt Franz Christian Paullini war der Initiator dieses Collegiums. Paullini forderte zunächst den Sprachgelehrten und Begründer der Äthiopistik Hiob Ludolf zur Mitarbeit auf. Gemeinsam nahmen sie mit Leibniz Kontakt auf. R. E. v. Wegele: Das historische Reichskolleg, in: Im neuen Reich, 11. Jg. Bd. I, Leipzig 1881, S. 941ff. Böger S. 430. Leibniz an Ph. W. Hörnigk, einzuordnen April/Mai 1709. Klopp S. 170f. Vgl. Klopp S. 210ff Anl. IV.

[398] Jeder Wissenschaftler sollte einen gewissen Zeitabschnitt der Geschichte bearbeiten. *Es wäre eine langwierige und mühevolle Arbeit, die vollständige Geschichte irgendeiner Provinz oder eines Jahrhunderts zu geben. Während also die Mitglieder an ihren Aufgaben arbeiten, gebe man täglich, zum Nutzen der Mitglieder und des ganzen Gemeinwesens, die Materialien heraus. Manchem kommen Urkunden, Chroniken und Fragmente in die Hand, welche den andern Mitgliedern ein Licht anzünden könnten; und dieses wissen nicht immer die Besitzer, welche die Folgerungen nicht ziehen, wie sie nur der in einem Gegenstand Eingearbeitete aufstellen kann. Der Umlauf dieser Sachen unter allen Mitgliedern lasse sich aber nur durch den Druck bewerkstelligen.* Zitiert nach Guhrauer II S. 71f. Vgl. Böger S. 430f.

[399] Um eine kritische wissenschaftlich fundierte Geschichtsschreibung zu betreiben, forderte Leibniz eine methodische Sammlung und Aufzeichnung historischer Quellen nach dem Vorbild der „Annales ecclesiastici", den Annalen der Kirchengeschichte von Baronius. *Denn ein anderes ist es, ein zierliches und blühendes Geschichtsbuch liefern, und ein anderes ein umfassendes Werk (vastum corpus), das nicht zum Zeitvertreib der Leser ausgearbeitet wird, sondern damit das gegenwärtige Zeitalter der Nachwelt einen sicheren Schatz hinterlasse, aus welchem nachher jedermann mit Gewißheit die Grundlagen der Geschichte entnehmen könne. So werde man mit mehr Sicherheit schreiben, und mit mehr Gewißheit für die Wahrheit kämpfen. Die Arbeit werde so auch nicht allein, desto leichter, sondern auch desto genauer.* Zitiert nach Guhrauer II S. 72. Vgl. Harnack I/1 S. 35. Hamann Akademie S. 165ff.

[400] Vgl. Teil 2/I/4

[401] *Ich weiß, dass man sich in der Mathematik auf die Kraft der Erfindung, in der Naturwissenschaft auf Experimente, in Sachen des göttlichen und menschlichen Rechts auf die Autorität, in der Geschichte auf Urkunden zu stützen hat. ... Mein Thema ist die Ge-*

Abb. 6: Der Steyrerhof in Wien, Quartier von Leibniz im Jahre 1688, heute Griechengasse 4, Steyrerhof 2, einzelne Bauteile erhalten

Im Jänner 1688 unterbrach Leibniz die Reise in Graupen nahe Pilsen, um Johann Daniel Crafft zu treffen. Leibniz und Crafft diskutierten über Erzförderung, Goldwäscherei, Keltern von Wein, Herstellung von Farben, Errichtung von Textilmanufakturen sowie über eine Münzreform für das gesamte Reich.[402] Diese Projekte wollte Leibniz in Wien Kaiser Leopold I vortragen. Dazu gehörte auch der Vorschlag, die Straßenbeleuchtung in Wien von Unschlitt auf mit Rübsamenöl betriebene Öllampen umzustellen.[403] Ein weiterer Plan, den Leibniz gemeinsam mit Crafft und Heyn zu realisieren beabsichtigte, war die verbesserte Ausnützung der ungarischen Bergwerke.[404] Die Einnahmen sollten der Gründung einer wissenschaftlichen Societät in Wien zugute kommen.

Leibniz reiste weiter nach Regensburg[405], um den Nationalökonomen Philipp Wilhelm von Hörnigk[406] zu ersuchen, bei Kaiser Leopold I zu intervenieren.[407] Die nächste Station war München.[408] Es wurde Leibniz gestattet, die kurfürstliche Bibliothek zu benützen. Leibniz fand in dem Weingartner Codex „Historia de Guelfis principibus" wertvolle Hinweise über die Abstammung der Welfen.[409] Bei der Überprüfung dieser Urkunden im Kloster S. Udalricus et Afra in Augsburg erbrachte Leibniz den Nachweis des gemeinsamen Ursprungs der Welfen und des oberitalienischen Geschlechts der Este.[410] Leibniz plante eine Verifizierung dieser Dokumente in den Archiven in Modena.[411]

Nachdem er von Augsburg nach München zurückgekehrt war, wurde Leibniz der Zugang zur kurfürstlichen Bibliothek verweigert.[412] Leibniz wurde verdächtigt, in Vergessenheit geratene Ansprüche des Welfenhauses an Gebieten des Reiches zu erforschen. Verärgert und enttäuscht verließ Leibniz München[413], um nach Wien zu fahren. Er wählte seine Reiseroute über das Inntal; er suchte in den Klosterbibliotheken nach Urkun-

---

schichte des Hauses Braunschweig. Leibniz an den kaiserlichen Hofrat H. J. von Blum, Ende Dezember 1687. Klopp Werke Bd. 5 S. 367f.

[402] Leibniz, „Denkschrift betr. Münzreform", Ende Januar 1688. AA I, 5 N.18. Müller-Krönert S. 86.

[403] Unschlitt ist aus Wiederkäuern gewonnenes, festes Körperfett (Rindertalg). Leibniz plante, das in den großflächigen Nutzflächen des zurückeroberten Ungarns gewonnene Rübsamenöl (Rapsöl) zu nützen. K. Müller: Gottfried Wilhelm Leibniz, in: Totok-Haase S. 41. AA I, 5 N.223. Vgl. Leibniz, „Vorschläge betr. das Beleuchtungswesen der Stadt Wien", Jänner 1689. AA I, 5 N.223. Müller-Krönert S. 94.

[404] Im Februar 1688 besuchte Leibniz verschiedene Bergwerksorte, darunter Schlackenwalde, Johanngeorgenstadt, St. Joachimsthal, um sich über den Stand der Bergwerkstechnik zu informieren.

[405] Aufenthalt in Regensburg vom 12. bis 26. März 1688. Leibniz hinterlegte einen Teil seines Gepäckes bei Ph. W. von Hörnigk.

[406] Durch Vermittlung von Rojas y Spinola lernte Leibniz den Nationalökonomen, Kameralisten und Alchimisten Philipp Wilhelm von Hörnigk 1679 in Hannover bei Reunionsgesprächen kennen. 1680 intervenierte Hörnigk für Leibniz am Kaiserhof in Wien.

[407] K. Müller: Gottfried Wilhelm Leibniz, in: Totok-Haase S. 41.

[408] Leibniz hielt sich vom 30. März bis 11. April 1688 in München auf. Am 5. und 6. April 1688 führte Leibniz in der kurfürstlichen Bibliothek Recherchen durch. Bei der Benützung der Bibliothek wurde Leibniz zunächst unterstützt.

[409] Leibniz stellte fest, dass Johann Turmair, genannt Aventinus, seine Angaben über die Herkunft der Welfen aus einem Augsburger Codex bezogen hatte. Müller-Krönert S. 88.

[410] Bei seinem Aufenthalt in Augsburg vom 12.-15. April 1688 fand Leibniz im Benediktiner Kloster S. Udalricus et Afra (St. Ulrich und Afra) den Weingartner Codex der „Historia de Guelfis principibus" (Handschrift jetzt München, Bayr. Staatsbibl. clm 4352) „... also numehr der zweifel aufgehoben, und der Estensische ursprung behauptet bleibt." AA I, 5 S. 119. Vgl. K. Graf: Gottfried Wilhelm Leibniz, Ladislauf Suntheim und die süddeutsche Welfen-Historiographie, Vortrag auf dem Kolloquium der Herzog August Bibliothek „Leibniz als Sammler und Herausgeber historischer Quellen", 2007.

[411] Leibniz wandte sich an den Braunschweig-Lüneburgischen Residenten in Venedig Francesco de Floramonti, um Kontakte mit dem Archiv in Modena herzustellen. Leibniz an F. de Floramonti, 15. April 1688. AA I, 5 N.50 S. 664f. Müller-Krönert S. 88. Am 16. April traf Leibniz wieder in München ein. Fischer S. 193f. K. Müller: Gottfried Wilhelm Leibniz, in: Totok-Haase S. 42.

[412] Am 6. April 1688 richtete Leibniz ein Gesuch an den Kurfürsten, um die Handschriften der Kurfürstlichen Bibliothek in München benützen zu dürfen. Das Ersuchen wurde abgelehnt, der Zutritt zur Bibliothek verwehrt. Müller-Krönert S. 88.Vgl. Leibniz an Herzog Ernst August, 24. April 1688. AA I, 5 N.49.

[413] Leibniz verließ München am 29. April 1688. AA I, 5 N.49.

den für die Geschichte des Welfenhauses und machte Zeichnungen von Statuen der Welfen in den Klöstern.[414] In Passau bestieg Leibniz ein Schiff, um donauabwärts bis Tulln und von dort auf dem Landweg nach Wien zu reisen.

Am Nachmittag des 8. Mai 1688 traf Leibniz zum ersten Mal in Wien ein[415]. Mit Friedrich Heyn und dem Kutscher nahm er Quartier beim Gastwirt Martin Altenburg im „Steyrer Hof am Roten Tor"[416]. *Nachmittags in Wien angekommen logiret in der Rossau.*[417]

Sein erster Besuch galt dem hannoverschen und celleschen Gesandten in Wien Hofrat Christoph von Weselow, den Leibniz in juristischen Fragen, vor allem bei der Begründung der Ansprüche Braunschweig-Lüneburgs auf das Herzogtum Ostfriesland, unterstützte.[418]

3. Recherchen in der kaiserlichen Hofbibliothek[419]

Eine Teutsche Bibel in 3 vol. in folio auff bergament durch anordnung Wenceslai Königs in Böhmen, geschrieben; ...- Lutheri Lateinische Bibel worinne er viel observationes so wol Teutsch als Lateinisch auf dem rand von ihm geschrieben. - Zwey folianten, worinnen in Sinesischer sprach von Mathematicis gehandelt wird mit vielen figuren auff seide gedruckt (G. W. Leibniz nach seinem ersten Besuch in der Kaiserlichen Hofbibliothek in Wien am 17. Mai 1688)[420]

Für die Dokumentation der Welfengeschichte erhielt Leibniz die Erlaubnis, in der kaiserlichen Bibliothek zu recherchieren.[421] Da Leibniz in Wien keinen geeigneten Kopisten zur Verfügung hatte, machte er eigenhändig die Abschrift des Codex Hebraicus 13 für Hiob Ludolf und weitere Abschriften für Etienne Baluze, den Bibliothekar Minister Colberts.[422] In seinen historischen, genealogischen und sprachgeschichtlichen Forschungen wurde er von dem kaiserlichen Bibliothekar Daniel von Nessel unterstützt. Im Winter 1688 konnte Leibniz wegen einer Erkrankung der Atemwege sein Gastzimmer nicht verlassen. Nessel schickte Leibniz die gewünschten Bücher, Handschriften und Kataloge der kaiserlichen Bibliothek zur Bearbeitung in sein Gastzimmer.[423] Leibniz arbeitete intensiv an der Geschichte des Welfenhauses. *Ich habe viele Manuskripte gelesen und dabei oft die Nacht zum Tage gemacht, um keine Gelegenheit zu versäumen. Denn es ist nicht notwendig, daß man lebt, sondern es ist notwendig, daß man arbeitet und seine Pflicht erfüllt. Wenn jemand glaubt, ich habe meine Zeit mißbraucht, tut er mir sehr unrecht.*[424]

---

[414] Am 30. April 1688 war er mittags in Mühldorf, abends in Neu-Öttingen. Am 1. Mai reiste Leibniz über Braunau nach Mauerkirchen. Am 3. Mai bestieg er in Passau das Schiff, passierte am 5. Mai Linz, traf am 6. Mai in Ybbs ein. Am 7. Mai bei Tulln verließ er das Schiff und reiste über Land bis Killingen weiter und von dort nach Wien. Müller-Krönert S. 89.

[415] Bergmann Wien S. 41f. K. Müller: Gottfried Wilhelm Leibniz, in Totok Haase S. 42. Guhrauer II S. 76ff.

[416] Heute Griechengasse 4/Steyrerhof 2 im 1. Wiener Gemeindebezirk. Wiener Stadt- und Landesarchiv, Alte Ziviljustiz 98/39. Der Steyrerhof war von 1677 bis 1726 im Besitz der drei Kinder des Gastwirtes Sebastian Dillmann und seiner Frau Regine. Nach dem Tod Sebastian Dillmanns heiratete Regine (gest. 25.12.1731 im Steyrerhof) in zweiter Ehe Martin Altenburger (gest. 25.3.1729 im Steyrerhof), der als Gastwirt 1688 bei dem Aufenthalt von Leibniz in Wien den Steyrerhof führte.

[417] Zitiert nach Müller-Krönert S. 89.

[418] Besuch bei Ch. Weselow am 9. oder 10. Mai 1680. Müller-Krönert S. 90.

[419] Unter Kaiser Leopold I wurde vom Hofbibliothekar Peter Lambeck die Neuordnung von 80.000 Bänden durchgeführt. Die Nachfolger Lambecks waren: Daniel Nessel, Leiter von 1680-1700, und Johann Benedict Gentilotti von Engelsbrunn, späterer Bischof von Trient, der die von Lambeck begonnene Katalogisierung von 1704-1723 fortsetzte. Heute Österreichische Nationalbibliothek. Vgl. Teil 2/VII/8.

[420] Zitiert nach Müller-Könert S. 90.

[421] Am 17. Juni 1688 verschaffte sich Leibniz die Erlaubnis zur Benützung der kaiserlichen Bibliothek. Müller-Krönert S. 90. Am 8. Juli 1688 studierte Leibniz in der Hofbibliothek Urkunden des Erzbistums Magdeburg und des Bistums Halberstadt. Er nahm Einsicht in eine Abschrift des Testaments Heinrichs des Jüngeren von Braunschweig. Müller-Krönert S. 91. In der Hofbibliothek in Wien fand Leibniz eine Aufzeichnung über den Welfenstammbaum des Wiener Humanisten Ladislaus Suntheim.

[422] Leibniz kritisierte, ... *daß in diesen Landen die griechische Literatur und überhaupt die tiefern Studien (studia interiora) weniger im Ganzen betrieben werden, als man leicht glauben sollte. Die studirende Jugend legt sich auf die scholastische Philosophie, oder die praktische Rechtswissenschaft.* Zitiert nach Guhrauer II S. 86f.

[423] Vgl. AA I, 5 N.170, N.177 und N.197. Müller-Krönert S. 93.

[424] Leibniz an Otto Grote, 30. Dezember 1688. AA I, 5 N.185. Zitiert nach Müller-Krönert S. 93.

4. Audienz bei Kaiser Leopold I

Abb. 7: Kaiser Leopold I (1640-1705)

Ich habe den tag nunmehr erlebet, den ich vor vielen jahren schohn gewündschet habe, E [uer] K[aiserl.] Majestät meine allerunterthänigste devotion Persönlich anzutragen. Gleich wie ich von jugend auff mein gemüth auf labores Reipublicae profuturos gerichtet gehabt, mit hindansezung eitler delectationen, so sonst denen Menschen die zeit weg zu nehmen pflegen, und sonderlich dahin bedacht gewesen bin, wie ich etwas außfinden und praestiren möchte, durch deßen evidenten und großen Nuzen ein hohes Haupt zur protegirung guther gedancken inflammiret werden möchte. (G. W. Leibniz, Ansuchen um eine Audienz bei Kaiser Leopold I, Ende Oktober 1688)[425]

Unterstützt von Spinola, Hörnigk und Crafft[426] bereitete Leibniz seine erste Audienz bei Kaiser Leopold I vor. In einigen Denkschriften formulierte Leibniz seine Pläne, die er dem Kaiser vortragen wollte.[427] Diese ausführlichen Aufzeichnungen zeigen die Vielfalt der Vorschläge für den Kaiser.

Bereits im Juli 1688 entwarf Leibniz ein Promemoria betreffend die Einsetzung des „Collegium Imperiale Historicum"[428], zu dessen Aufgaben die Aufzeichnung der Leopoldinischen Zeitgeschichte und die Kontrolle aller historischen Arbeiten gehören sollte. Bischof Spinola sowie der Vizekanzler des Reiches Leopold Wilhelm Graf von Königsegg[429] und Bibliothekar Daniel Nessel[430] unterstützten die Gründung des „Collegiums".

Ende Oktober 1688 hatte Leibniz in der Audienz bei Kaiser Leopold I[431] Gelegenheit, dem Kaiser seine Ideen vorzutragen. Dazu gehörten Pläne zur Förderung wissenschaftlicher Forschung, zur Entwicklung der Wirtschaft und zur Verbesserung des Handels und der Leinenmanufaktur, zur Einhebung einer freiwilligen „Christlichen Türkensteuer", zur Finanzierung des Reichskrieges gegen die Türken. Leibniz schlug eine Reform des

[425] AA I, 5 N.149. Zitiert nach Müller-Krönert S. 92.

[426] Crafft traf in der ersten Augusthälfte 1688 in Wien ein. Gemeinsam wandten sich Leibniz und Crafft an Kaiser Leopold I, um eine bessere Nutzung der Bergwerke anzuregen: *... sondern auch ein recht vollkommenes Cabinet der Kayserlichen Mineralien, dann auch eine Kunstkammer vieler herrlichen mechanischen inventionen, die in Bergwercken vnd bey Metallischen Manufacturen, hämmern, Mühlen, Saltzpfannen, Stampen, waschwercken etc. gebreuchlich oder ins kunfftige mit Nutzen einzufuehren, zusammen gebracht werden.* Leibniz und J. D. Crafft an Kaiser Leopold I, Herbst 1688. AA III, 4 N.204 S. 391. Zitiert nach Bredekamp S. 221. Leibniz und Crafft planten die verstärkte Ausnützung vor allem der ungarischen Bergwerke.

[427] U. a. Leibniz, „Gedanken zur Geschichtsschreibung", AA I, 5 N.150. Leibniz, „De usu collegii imperialis historici arcaniore cogitatio". AA I, 5 N.153. Leibniz, „Vorschläge betr. Kleider-Accise" (Besteuerung luxuriöser Bekleidung zur Sanierung des Staatshaushaltes). AA I, 5 N.192. Leibniz, „Notata Kayserl. Mt. und des Reiches recht auff die Judenschafft zu Francfurt". Klopp Werke Bd. 5 S. 463ff.

[428] Vgl. Teil 2/I/2. Böger S. 430ff und S. 190ff.

[429] Leibniz wollte W. Königsegg als Vermittler beim Kaiser gewinnen; nachdem er zunächst ergebnislos versucht hatte, ein persönliches Gespräch mit Königsegg zu erreichen, wandte er sich in einer Denkschrift an Königsegg: „De usu collegii imperialis historici arcaniore cogitatio", November 1688. AA I, 5 N.79, N.80, N.82 und N.153. Böger S. 430ff. Leibniz betonte die Vorteile der Gründung des „Collegiums".

[430] Daniel Nessel leitete das Manuskript an den Kaiser weiter und sicherte den Mitgliedern des „Collegiums" freien Zugang zur Hofbibliothek zu. Böger S. 432.

[431] Böger S. 429. Spinola intervenierte am Kaiserhof, damit Leibniz von Leopold I empfangen wurde.

Geldwesens vor, um den Wert der Münzen zu stabilisieren, den Silberpreis zu stützen und die Steuereinnahmen des Staates zu reformieren. Leibniz plante den Aufbau eines zentralen Reichsarchivs und einer zentralen Handbibliothek. Auch eine Neuordnung des Verkehrswesens durch Einsatz neuer Verkehrsmittel sollte durchgeführt werden. Leibniz regte an, eine wirtschaftsgeographische und physikalische Beschreibung der zum Reich gehörenden Länder durch Erstellen von Landkarten und Errichten von Wetterstationen durchzuführen. Weiters präsentierte Leibniz Vorschläge zur Ausnutzung der Windkraft in den Bergwerken in Böhmen und Ungarn.[432]

Ein weiteres Projekt war die Gründung einer Farbenfabrik zur Imprägnierung von Holzhäusern. Im Gebiet des Schneebergs informierten sich Leibniz und Heyn, der als Experte fungieren sollte, über die Herstellung von Mineralfarben aus Kobalt. Die Gründung der Farbenfabrik sollte Grundlage für ein zu gründendes kaiserliches „Bergkollegium" zur Koordinierung von bergwerkstechnischen Forschungen sein. Das Projekt wurde nicht durchgeführt.

Leibniz überreichte dem Kaiser den Entwurf des „Collegium Imperiale Historicum". Dem mit Hiob Ludolf erstellten Text fügte Leibniz eigene Überlegungen hinzu. Er plante die Aufzeichnung der Zeitgeschichte, der „Historia Leopoldina"[433]. *Und da hat sich meiner Beobachtung die Erfahrung aufgedrängt, dass die mangelhafte Kenntniss der Geschichte den Rechten des Reiches öfters zum Schaden gereicht hat. Die Rechte des Kaisers und des Reiches sind mannigfach verdunkelt, weil den Schriftstellern, die davon handeln, allzuoft die Archive nicht geöffnet gewesen sind. Diese Rechte sind festzustellen, sowohl nach innen, als namentlich nach aussen; gegenüber den fremden Nationen in Italien und sonst.*[434] Bei der Abfassung der Statuten des „Collegiums" dachte Leibniz bereits an eine wissenschaftliche Gesellschaft, die alle Disziplinen, vor allem die Naturwissenschaften umfassen sollte. Er machte Kaiser Leopold I erstmals den Vorschlag, eine Kaiserliche Akademie der Wissenschaften zu gründen.

Obwohl der Kaiser Interesse für das „Collegium" zeigte, gelang es Leibniz nicht, die kaiserliche Bestätigung für das „Collegium Imperiale Historicum" zu erhalten.

Trotz fehlender finanzieller Mittel wurde das „Collegium" ohne kaiserliche Bestätigung ins Leben gerufen.[435]

Nur durch einen organisierten Zusammenschluss von Gelehrten kann Wissenschaft betrieben werden. Der Herrscher – in diesem Fall Leopold I – und die Gelehrten als Mitglieder der Societät sind verpflichtet, die wissenschaftliche Forschung zu fördern, zu betreiben und umzusetzen. Leibniz kritisierte, dass die meisten Gelehrten das menschliche Wissen nur unwesentlich vergrößerten, sie seien nur *als Wechseler zu achten*[436]. „Sie geben weiter, münzen um, aber sie prägen nicht".[437] Leibniz erkannte, dass Wissenschaft nicht mehr von Einzelnen, sondern von einer Gemeinschaft von Gelehrten betrieben werden müsse. Er forderte, dass kreative Forscher, deren Arbeit neue Erkenntnisse versprach, finanziell abgesichert ihre Ideen verwirklichen.

In einem Universallexikon in deutscher Sprache, der „Encyclopaedia realis", sollte der Stand der Forschung aller Wissensgebiete aufgezeichnet werden. Eine international verständliche Wissenschaftssprache nach dem Vorbild der Mathematik sollte eingeführt werden.

---

[432] *Sonderlich aber sind die bergwercke und Metallen ein hauptmittel und großen theils ein fundament der Nahrung und [hat] man dabey herrliche gelegenheit, ja obligation die Natur und Kunst zu untersuchen laboratoria ...* Leibniz, „Kürzere Fassung der Aufzeichnung des Vortrages für Kaiser Leopold I", August-September 1688. AA IV, 4 N.9 S. 86. Zitiert nach Bredekamp S 223. Wegen seiner Krankheit im November/Dezember 1688 musste Leibniz die geplante Reise zu den ungarischen Bergwerken absagen. *Ich hatte geglaubt, noch die Bergwerke Ungarns sehen zu können, aber ich fürchte, daß mir das wegen der kalten Witterung versagt sein wird. Ich denke nur an die Rückreise.* Leibniz an Otto von Grote, 30. Dezember 1688. AA I, 5 N.185. Zitiert nach Müller-Krönert, S. 93.

[433] Böger S. 430.

[434] Zitiert nach Klopp S. 171.

[435] Hiob Ludolf, „Imperialis Collegii Historici Leges à Caes. Maj. confirmandae". Abschrift unter der Signatur, Leibniz Briefwechsel, LH XIII 21, Bl. 178/179. Vgl. K. F. Paullini: Kurzer Bericht vom Anfang und bisherigen Fortgang des vorhabenden historischen Reichscollegii, Frankfurt/Main. Böger S. 432ff. Ludolf wurde zum Präsidenten gewählt. Leibniz erklärte sich bereit, an der Gesellschaft mitzuarbeiten, aber nicht als aktives Mitglied. „... ohne die Adjunktur im Niedersächsischen Kreis zu übernehmen." W. Totok: Leibniz als Wissenschaftsorganisator, in: Totok-Haase S. 300 . Allerdings war Leibniz bereit, die Interessen und Pläne der Gesellschaft bei seinen eigenen Arbeiten zu berücksichtigen. Wegen unzureichender Finanzierung und zu geringer Kommunikation der Mitglieder wurde das Collegium ab ca. 1695 nicht weiter geführt. Böger S 432. J. Bergmann: Das Collegium kam nicht zustande wegen „... mangelnden Gemeingeistes der Mitglieder und Fehlen der nötigen Geldmittel." Bergmann Wien S. 42.

[436] Zitiert nach K. Müller: Gottfried Wilhelm Leibniz, in: Totok-Haase S. 44.

[437] K. Müller: Gottfried Wilhelm Leibniz, in: Totok-Haase S. 44.

Doch am wichtigsten und dringendsten war Leibniz die Förderung, Anwendung und Verbreitung der Wissenschaften. Leibniz schlug dem Kaiser die Schaffung eines Großatlas, des „Atlas universalis Major", wie auch eines besonders nützlichen Kleinatlas, des „Atlas universalis minor", vor.[438] *Könnte man einen Kern ziehen, und alles Besondere und Wissenswerte der Natur, Kunst und Geschichte in Figuren vorstellen und diese auch mit dienlichen Worten erläutern.*[439] Im Kleinatlas sollten die wichtigsten nützlichsten Texte, Erklärungen und Figuren enthalten sein, ... *ein kleines Handbuch für das tägliche Leben.*[440]

Nach der Audienz verfasste Leibniz eine Reihe von Denkschriften, die u. a. Vorschläge zur Verbesserung der finanziellen und wirtschaftlichen Lage Österreichs enthielten. Leibniz versicherte dem Kaiser in einem Dankschreiben, er sei bestrebt, Außerordentliches zu leisten, ... *durch dessen evidenten und großen nuzen ein hohes haupt zu protegirung guther gedancken inflammiret werden möchte.*[441] Leibniz habe die Absicht, dem Kaiser zu dienen ... *dieweil ich von dero großen liecht in den wißenschafften und ungemeiner affection zu denselbigen vorlängst wunder gehöret habe.*[442]

Leopold I ließ Leibniz durch Theodor Althet Heinrich von Strattmann sowie durch Reichsvizekanzler Leopold Wilhelm Graf Königsegg das Amt eines Hofhistoriographen anbieten.[443] In Aussicht gestellt wurde eine Pension in Höhe von zunächst 2000 Gulden.[444] Es scheint, dass Leibniz zu diesem Zeitpunkt eine Übersiedlung nach Wien nicht in Erwägung zog; er fühlte sich dem Hause Hannover verpflichtet, vor allem wegen der Verfassung der Geschichte des Welfenhauses. Dennoch versuchte Leibniz in den folgenden Jahren, die Kontakte zum Wiener Kaiserhof aufrecht zu erhalten.[445] Leibniz war permanent um eine Stelle im Reichshofrath bemüht, andererseits war Leibniz durch die Reunionsverhandlungen an Wien gebunden.

5. Reunion der Katholiken mit den Protestanten

Lange und oft habe ich die Hilfe Gottes angerufen und die Parteilichkeit, soweit es einem Menschen möglich ist, abgelegt; wie wenn ich als Neugeborener, der sich noch keiner Partei angeschlossen hat, aus einer neuen Welt käme, habe ich die Kontroversen studiert; ich habe mich schließlich bei mir selbst für dasjenige entschieden und in Erwägung aller Umstände dasjenige als maßgeblich erachtet, was die Heilige Schrift, das fromme [kirchliche] Altertum, die rechte Vernunft selbst und die zuverlässige Geschichtskenntnis einem unbefangenen Menschen nahelegen (G. W. Leibniz, Systema Theologicum, einzuordnen Anfang 1684)[446]

---

[438] AA IV, 4 Nr. 7 S. 44. Bredekamp S. 158f. Leibniz war durch Joan Blaeus´ elfbändiges Werk „Atlas maior sive Geographica" sowie durch Kupferstichsammlungen, die in Privatbänden zusammengefasst waren, inspiriert worden.

[439] AA IV, 4 N.8 S. 64.

[440] AA IV, 4 N.6 S. 25. Bredekamp S. 158f. *Hierauß wäre nun eine Encyclopaedia Realis zu faßen, und sonderlich per modum Atlantis cujusdam universalis mit vielen figuren und genauen beschreibungen der dinge außzuzieren, dabey aber wohl ein Atlas Minor Universalis, als auch ein kleines Manual ad usum commune vitae, darin der Kern deßen so die Menschen zu wißen und am nothigsten zubrauchen haben, in gewissen figuren, tabellen und haupt maximen zu begreiffen. ... Würde trefflich sein, junge herren, so hohe Personen mit deren uberauß großer lust und Satisfaction gleichsam spielend zu dem grund aller wißenschafften zu führen. Und denn auch mit der Zeit jedermann die Wißenschafften leicht zu machen. Denn man nicht sorgen darff, daß die Menschen alzu viel wißen werden noch derowegen Ursach hat die wißenschafften geheim zu halten.* Leibniz, „Aufzeichnungen für die Audienz bei Kaiser Leopold I", August-September 1688. AA IV, 4 N. 6 S. 25. Zitiert nach Bredekamp S. 222.

[441] AA I, 5 N.149. Zitiert nach Böger S. 429. Im November 1694 erinnerte sich Leibniz in einem Arbeitsbericht für Kurfürst Ernst August: *Lange Audienzen bey Kayser, Graf von Windischgrätz war ganz familiär, Kaysers BeichtVater Pater Menegatti intime.* AA I, 10 N.67 S. 82. Zitiert nach Böger Teil 2 Anmerkungen S. 156 Nr. 50.

[442] AA I, 5 N.149. Zitiert nach Böger S. 429.

[443] Leibniz an Johann F. von Linsingen, 30. Dezember 1680. AA I, 5 N.274 S. 495, Z. 24/25. Leibniz an G. von Windischgrätz, 31. Dez/10. Jan. 1692. AA I, 7 N.280 S. 508, Z. 27ff. In einer Eingabe an den Kaiser von Anfang Mai 1619 bezieht sich Leibniz auf dieses Angebot. AA I, 5 N.331 S. 574, Z. 18ff. Siehe Böger S. 433.

[444] AA I, 7 N.246. Müller-Krönert S. 91f.

[445] Leibniz an Johann F. von Linsingen, 30. Dezember 1689. AA I, 5 N.274 S. 496.

[446] Zitiert nach Leibniz Reunion, S. 24f. Vgl. F. Kircher: Leibniz´ Stellung zur Katholischen Kirche mit besonderer Berücksichtigung seines sogenannten Systema theologicum, Berlin 1874. In seinem „Systema theologicum" aus dem Jahre 1684 betrachtete Leibniz die Reunion vom Standpunkt eines Katholiken. Er befasste sich mit der Lehre von der Schöpfung, Erbsünde, Offenbarung, Dreifaltigkeit, Inkarnation und Erlösung. Leibniz war bemüht, in vielen Bereichen auszugleichen und bezeichnete sich selbst als „Pacidius" - Friedensstifter.

Obwohl selbst in der Ausübung religiöser Pflichten nachlässig, unterstützte Leibniz von 1673 bis 1702 die Bestrebungen zur Wiedervereinigung der katholischen Kirche mit den Protestanten.[447] Trotz massiver Schwierigkeiten hielt Leibniz von Anfang an eine Reunion für möglich. Dank seiner umfangreichen theologischen Kenntnisse, seinem diplomatischen Geschick, seinem einfühlsamen Vorgehen und seiner Toleranz gegenüber Andersdenkenden förderte Leibniz in Denkschriften, Briefen und persönlichen Gesprächen die Reunion der Kirchen.[448]

Im September 1683 versuchte Landgraf Ernst von Hessen-Rheinfels, den 37-jährigen Leibniz zum Übertritt zum katholischen Glauben zu bewegen.[449]

Doch Leibniz bewahrte sein lutherisches Glaubensbekenntnis sein Leben lang, trotz der Vorteile, die ihm der Übertritt zum katholischen Glauben in Rom[450], Paris[451] und möglicherweise auch in Wien verschafft hätte.

Bei seinem ersten Aufenthalt in Wien 1688 beabsichtigte Leibniz, die in Hannover begonnenen Reunionsgespräche mit Bischof Christobal de Rojas y Spinola[452] fortzusetzen. Leibniz hatte Spinola im Januar 1679 in Hannover kennengelernt.[453] Mit einem Empfehlungsschreiben von Papst Innocenz XI war Spinola 1679 nach Hannover gekommen, um mit dem Abt von Loccum, dem Theologen und Mathematiker Gerhard Molanus[454],

---

[447] F. X. Kiefl: Leibniz und die religiöse Wiedervereinigung Deutschlands, Seine Verhandlungen mit den europäischen Fürstenhöfen über die Versöhnung der christlichen Konfessionen, Regensburg 1925. F. X. Kiefl: Der Friedensplan des Leibniz zur Wiedervereinigung der getrennten christlichen Kirchen aus seinen Verhandlungen mit dem Hof Ludwigs XIV, Leopold I und Peter dem Großen, Paderborn 1903. P. Eisenkopf: Leibniz und die Einigung der Christenheit, Überlegungen zur Reunion der evangelischen und katholischen Kirche, München, Paderborn, Wien 1975. G. J. Jordan: The Reunion of the Churches - A Study of G. W. Leibnitz and his great attempt, London 1927, S. 36ff. J. Baruzi : Leibniz et l´organisation religieuse de la terre d´après des documents inédits, Paris 1907. Foucher de Careil S. 131ff. Böger S. 224f. P. Hazard: The European Mind, The Critical Years 1680-1715, Yale University Press 1953, S. 230ff. Klopp: Kurzer Bericht die Religions-Handlungen betreffend, 1713, Anl. II S. 207ff. Vgl. O. Klopp: Das Verhältnis von Leibniz zu den kirchlichen Reunionsversuchen in der zweiten Hälfte des 17. Jahrhunderts, in: Zeitschr. des Historischen Vereins für Niedersachsen, 1860, S. 246ff. Guhrauer I S. 340ff. F. Heer gibt an, dass sich Leibniz von 1671-1707 mit der Reunion der Kirchen auseinandersetzt. Heer S. 47.

[448] Als Protestant fühlte sich Leibniz in den Diensten des katholischen Herzogs Johann Friedrich 1676-1679 akzeptiert und gefördert: *... Dieser Fürst, welcher mich ins Land berufen hat, bekannte sich zur römischen Religion und ohne Zweifel im guten Glauben; bewies aber dabei eine bewunderungswürdige Mäßigung ...* Leibniz an Thomas Burnett 1697. Zitiert nach Guhrauer I S. 192.

[449] Leibniz verfasste für den 1652 zum Katholizismus konvertierten Landgrafen Ernst von Hessen-Rheinfels das „Promemoria für Ernst von Hessen-Rheinfels zur Frage der Reunion der Kirchen", November 1687. AA I, 5 N.6 S. 15.Vgl. Ch. Rommel: Leibniz und Landgraf Ernst von Hessen-Rheinfels, Ein ungedruckter Briefwechsel über religiöse und politische Gegenstände, 2 Bde., Frankfurt/Main 1848. Landgraf Ernst von Hessen-Rheinfels an Leibniz: „Suegiarino al mio tanto carissimo quanto capacissimo Signore Leibnitz" („Bußwecker für meinen ebenso teuren wie fähigen Leibniz"). AA I, 3 N.250. Müller-Krönert S. 71. Leibniz antwortete: *... ich bekenne Ihnen sehr gern, daß ich um jeden möglichen Preis in der Gemeinschaft der römischen Kirche sein möchte, wenn ich es nur mit einer wahren Ruhe des Geistes und mit diesem Frieden des Gewissens vermag, den ich gegenwärtig genieße ...* Leibniz an Landgraf Ernst von Hessen-Rheinfels, 11. Januar 1684. AA I, 4 S. 321. Zitiert nach Müller-Krönert S. 72.

[450] Unter der Bedingung, dass Leibniz zum katholischen Glauben konvertiere, wurde ihm in Rom 1689 die Ernennung zum Kustos der Vatikanischen Bibliothek angeboten. Leibniz lehnte ab. Im Juli 1689 wurde Leibniz zum Mitglied der „Accademia fisico-matematica" ernannt. In dieser Funktion unternahm er einen mutigen Vorstoß für die Aufhebung der gegen Kopernikus und Galilei gerichteten kirchlichen Erlässe und betonte die grundsätzliche Vereinbarkeit der katholischen Kirche mit dem kopernikanischen Weltsystem.

[451] 1698 erhielt Leibniz ein Angebot, als königlicher Bibliothekar nach Paris zu übersiedeln. Auch diesmal konvertierte Leibniz nicht zum katholischen Glauben. *Sie wissen, daß dabei eine Bedingung [die der Konversion] erfüllt werden müßte, welche die Sache unmöglich macht ... ich brauche Ihnen nur zu sagen, daß ich auf die Leitung der vatikanischen Bibliothek verzichtete, also einen Posten ablehnte, über den man leicht bis zum Kardinal aufsteigt.* Leibniz an Abbé Le Thorel, 5. Dezember 1698. Zitiert nach Müller-Krönert S. 155.

[452] Seit 1643 versuchte Spinola im Einverständnis mit Papst Innozenz XI und im Auftrag Leopolds I die deutschen Protestanten zurückzugewinnen, um das Reich politisch und wirtschaftlich, vor allem gegen Frankreich zu stützen. Spinola nahm Verbindungen zu protestantischen Fürstenhöfen auf und stieß in Hannover auf großes Interesse. Vgl. G. Menge: Zur Biographie des Irenikers Spinola, in: Franziskanische Studien 2, 1915, S. 1ff. S. J. T. Miller, J. P. Spielman: Christobal Rojas y Spinola, Cameralist and Irenicist 1626-1695, Philadelphia 1962, Transactions of the American Philosophical Society, N. S. Vol. 52, part 5, 1962.

[453] AA I, 2 S. 408. Müller-Krönert S. 55. Im Januar 1679 machte Leibniz auch die Bekanntschaft Philipp Wilhelm Hörnigks, der sich gemeinsam mit Spinola in Hannover aufhielt.

[454] H. Weidemann: Gerhard Wolter Molanus, Abt zu Loccum, Eine Biographie, Studien zur Kirchengeschichte Niedersachsens, Bd. 3 u. 5, Göttingen 1929. H. W. Krumwiede: Molanus´ Wirken für die Wiedervereinigung der Kirchen, in: Jahrbuch für Niedersäch-

Reunionsgespräche zu führen.[455] Vier Jahre später, im März 1683, kam Spinola wieder nach Hannover und ver-handelte mit Molanus und Leibniz, der Molanus bei den Reunionsgesprächen unterstützte.[456] Trotz verschie-dener Glaubensbekenntnisse bestand zwischen Leibniz und Spinola von Anfang an ein gutes Einvernehmen: *Von allen Methoden, die man vorgeschlagen hat, um das große, noch jetzt herrschende Schisma des Westens zu betreiben, das ein so großes Vorurteil gegen die Christenheit geschaffen und so viel geistliche und weltliche Übelstände verursacht, finde ich die des Herrn Bischof von Tina, jetzt von Neustad, über die er mit einigen protestantischen Theologen verhandelt hat, am vernünftigsten.*[457]

1683 vermittelte Leibniz für Spinola bei Jacques-Bénigne Bossuet[458], Bischof von Meaux, dem ein-flussreichsten katholischen Theologen am französischen Hof. Bossuet, ein leidenschaftlicher Verfechter des Tridentinums, das die Protestanten zu Ketzern erklärte, reagierte zunächst nicht.[459]

Bei seinem ersten Aufenthalt in Wien im Juni 1688 nahm Leibniz die Kontakte mit Spinola wieder auf. Bei seinem Besuch 1688 in Wiener Neustadt[460] konnte Leibniz den betagten Spinola überzeugen, die Reunionsbe-strebungen weiter zu verfolgen. Fünf Tage diskutierten Leibniz und der Bischof über die Wiedervereinigung der Protestanten mit den Katholiken. Leibniz nahm Einsicht in die ausgedehnte Korrespondenz Spinolas mit Papst Innocenz XI.[461] *Der Papst hat die Pläne des Bischofs von Neustadt im höchsten Grade gebilligt; ich habe die Originalbriefe des Jesuitengenerals und andrer römischer Theologen gesehen ...*[462]

Leibniz und Spinola erörterten die Projekte, die Leibniz dem Kaiser vortragen wollte, darunter die Gründung einer wissenschaftlichen Gesellschaft. Spinola vermittelte Leibniz Kontakte zu Hofkanzler Theodor Althet Heinrich von Strattmann und dem späteren Vizekanzler Gottlieb Amadeus von Windischgrätz. Ab Dezember 1688 wurde der kaiserliche Beichtvater Pater Francesco Menegatti in die Reunionsverhandlungen mit Spinola einbezogen. Der Kontakt zwischen Leibniz und Spinola blieb auch in den kommenden Jahren bestehen.[463]

Anfang der neunziger Jahre suchte Leibniz auch den Kontakt zu Paul Pellisson-Fontanier, Staatsrat und Historiograph Ludwigs XIV, einem konvertierten Hugenotten. Pellisson war bemüht, in seinen Briefen Leibniz auf freundschaftliche Weise zur Konversion zu bewegen.[464] 1691 nahm Leibniz den Briefwechsel mit Bossuet wieder auf.[465] Leibniz ersuchte Bossuet, das Tridentinum nochmals zu überdenken und bat um Mäßigung und

sische Kirchengeschichte 61, 1963, S. 72ff. Leibniz und Molanus diskutierten in vielen persönlichen Treffen die Reunion der Kirchen, daher sind wenige Briefe vorhanden. Leibniz war Molanus in Freundschaft verbunden.

[455] Guhrauer I Anmerkungen S. 79. Ines Böger: Leibniz hat Spinola „vermutlich erst im März 1683 kennengelernt, als sich dieser nach 1676 und 1678 zum dritten Mal in Hannover aufhielt, ... um Reunionsgespräche zu führen". Böger Teil 2 Anmerkungen S. 155 Nr. 19. Vgl. Böger S. 428.

[456] Böger S. 428. AA I, 3 S. 280.

[457] Leibniz, „Systema theologicum", einzuordnen 1684. Zitiert nach Leibniz Reunion S. 31f. Der Briefwechsel zwischen Leibniz und Spinola bestand zwischen 1683 und 1695, dem Todesjahr Spinolas (Unterbrechungen 1684 bis Mitte 1688). Müller-Krönert S. 70.

[458] E. Herzog: Leibniz und Bossuet über kirchliche Wiedervereinigung, in: Internationale kirchliche Zeitschrift 12, 1923, S. 209ff. F. Gaquere : Le dialogue irénique, Bossuet - Leibniz, La réunion des Eglises en échec (1691-1702), Paris 1966. Fischer S. 167ff. J. B. Bossuet : Correspondance T 1-14, Paris 1909-1923.

[459] Vgl. Briefwechsel Leibniz - Bossuet zwischen 1679-1702. AA I, S. 2ff. H. Müller (Hg.): Gottfried Wilhelm Leibniz–Jacques Béni-gne Bossuet, Briefwechsel, Dissertation, Göttingen 1968. F. Gaquere : Le dialogue irénique Bossuet-Leibniz en échec (1691-1702) Paris 1966.

[460] 1685 wurde Spinola von Kaiser Leopold I das Bistum Wiener Neustadt zugesprochen. Leibniz hielt sich vom 8. bis 12. Juni 1688 bei Spinola in Wiener Neustadt auf.

[461] ... Er [Spinola] hat mir authentische Schriftstücke gezeigt, die den Beweis liefern, daß der Papst, die Kardinäle, der Jesuitenge-neral, der Magister Sacri Palatii und andere, die vollkommen über seine Verhandlungen und Pläne unterrichtet worden sind, sie gebilligt haben. Ich denke mir, sein [Spinola] Ziel ist zweifellos, die Protestanten eines Tages zur Annahme des Konzils von Trient zu bewegen. Leibniz, Wien an den Landgrafen Ernst von Hessen-Rheinfels, Sommer 1688. Zitiert nach Leibniz Reunion S. 54f.

[462] Leibniz an den Landgrafen Ernst von Hessen-Rheinfels, 22. August 1688. Zitiert nach Leibniz Reunion S. 54.

[463] Spinola kam im September 1690 zum vierten Mal zu Reunionsverhandlungen nach Hannover.

[464] AA I, 6 N.75 S. 145. AA I, 8 N.86 S. 119. F. X. Kiefl: Leibniz und die religiöse Wiedervereinigung Deutschlands, Regensburg 1925, S. 49ff. P. Eisenkopf: Leibniz und die Einigung der Christenheit, München-Paderborn-Wien 1975, S. 66ff. Böger Teil 2 Anmerkun-gen S. 82 Nr. 105.

[465] Foucher de Careil Œuvres Bd. I S. 299ff, S. 338f, S. 353ff, S. 370ff, S. 384f, S. 387ff, S. 418ff, S. 504f. Eine wichtige Rolle bei der Vermittlung dieser Briefe hatte Marie de Brinon, die einflussreiche Sekretärin der Pfalzgräfin Louise Hollandine, die Leibniz drängte, zum Katholizismus zu konvertieren. Leibniz an M. de Brinon: Es ist kein Zweifel daß die Liebe zu Gott und zum Nächsten alle Christen dazu bringen müßte, ihren Sonderlehren abzusagen und sich wieder zu vereinigen, ... Leibniz an Marie de Brinon, 9. Mai 1691. Zitiert nach Leibniz Reunion S. 60. Für Bossuet war die Reunion nur auf Grundlage der Glaubenseinigung möglich,

Einsicht. Durch die abweisende Antwort von Bossuet fühlte sich Leibniz zurückgestoßen und mißverstanden.[466]

6. Diplomatische Missionen

Quoyque du reste tous mes souhaits ne tendoient qu' à servir Sa Mté Imperiale (G. W. Leibniz an Philipp Wilhelm von Boineburg, 5. Dezember 1691)[467]

Leibniz vertrat die diplomatischen und politischen Interessen des Hauses Hannover in Wien wirkungsvoller als der hannoversche und cellesche Gesandte in Wien, Hofrat Christoph von Weselow. Leibniz unterstützte Weselow in Rechtsfragen, vor allem bei der Begründung der Ansprüche Braunschweig-Lüneburgs auf das Herzogtum Ostfriesland.[468]

Leibniz, der in regem Briefwechsel mit Herzogin Sophie von Hannover stand, vertrat die Familieninteressen des Hauses Hannover. In einem Brief vom 4. November 1688 bat Herzogin Sophie Leibniz, sich für ihren zweitgeborenen Sohn Prinz Friedrich August, der in kaiserlichen Diensten stand, zu verwenden.[469] Leibniz wurde ersucht, bei Hofkanzler von Strattmann zu intervenieren, um den Prinzen in den Rang eines Generals zu befördern.[470]

Durch seine diplomatische Tätigkeit versuchte Leibniz seine vom hannoverschen Hof nicht bewilligte Reise nach Wien zu erklären. Im November 1688 forderte Kammerpräsident Otto von Grote aus Hannover Leibniz auf, seinen mehr als halbjährigen Wienaufenthalt zu rechtfertigen. Leibniz entschuldigte sich mit Krankheit und intensiver Arbeit an der Geschichte des Welfenhauses und kündigte seine Abreise nach Hannover für Januar 1689 an.

Um zwischen Kaiser Leopold I und seinem Dienstherrn Herzog Ernst August zu vermitteln führte Leibniz Anfang Jänner 1689 ein Gespräch mit Graf von Windischgrätz auf dessen Gut in Trautmannsdorf bei Wien.[471]

---

die von seiten der Protestanten die unbedingte Anerkennung des Tridentinischen Konzils in allen dogmatischen Punkten forderte. Das Konzil von Trient (Tridentinum), von der römisch-katholischen Kirche als 19. ökumenisches Konzil bezeichnet, fand in drei Sitzungsperioden zwischen 1545 und 1563 statt. Es war die Antwort auf die Reformation; die Protestanten wurden aus der römisch-katholischen Kirche ausgeschlossen. Das Konzil präzisierte die katholische Lehre in verschiedenen Punkten und veröffentlichte Lehrdokumente. Vgl. G. Heß: Leibniz korrespondiert mit Paris, Einleitung und Übertragung von G. Heß, Hamburg 1940, in: Geistiges Europa, A. E. Brinckmann (Hg.), S. 65.

[466] Im Briefwechsel mit Bossuet wurden Fragen zur Reunion der christlichen Kirchen, zur Berufung eines Reformkonzils, das die Ergebnisse erneut überprüfen sollte, zum neuesten Stand der Wissenschaft seit Descartes und ihrer Vereinbarkeit mit den kirchlichen Lehren intensiv und dialektisch erörtert. Bossuet bezeichnete Leibniz als „verstockt und als Häretiker" und verteidigte wieder die Beschlüsse des Tridentinums. *Es hat mich auch überrascht, dass er [Bossuet] sich über mich mit harten Worten geäußert hat ... während ich nach meinem ungewöhnlichen Entgegenkommen auf Zeichen der Güte gehofft hatte. Aber das ist das Schicksal der Gemäßigten.* Leibniz an P. Pellisson-Fontanier, 8. Dezember 1692. Foucher de Careil Bd. 1 S. 411ff. Zitiert nach Leibniz Reunion S. 82. Resigniert wandte sich Leibniz 1695 an Marie de Brinon: *Die Frage ist nicht die, ob man sich nie täuscht, sondern die Frage ist die, ob der Irrtum verwerflich und mit Verstocktheit verbunden ist. Ich kann sagen, daß es nicht meinem Charakter entspricht, nie Unrecht haben zu wollen; ich habe gern etwas öffentlich zurückgenommen, wenn ich bessere Einsicht erlangt hatte. Und was den philosophischen Geist betrifft, von dem man sich, wie Ihr Freund [Bossuet] Ihnen sagte, losmachen müsse, so wäre das etwa so, wie wenn jemand sagte, man müsse sich von der Liebe zur Wahrheit losmachen: denn die Philosophie bedeutet nichts als dies. Er [Bossuet] hat vielleicht eine sektenhafte Philosophie gemeint, aber ich bin von dieser Art zu philosophieren sehr weit entfernt; man ist dann eigentlich in einer Sekte, wenn man zu viel auf menschliche Autorität und auf das Interesse einer einzelnen Partei gibt.* Foucher de Careil Bd. 2 S. 82. Zitiert nach Leibniz Reunion S. 89f.

[467] *(Überdies sind alle meine Wünsche darauf ausgerichtet seiner Kaiserlichen Majestät zu dienen.)* AA I, 7 N.246 S. 453.

[468] Kurfürst Ernst August von Hannover hatte mit Ludwig XIV ein gegen Dänemark gerichtetes Bündnis geschlossen, das Kaiser Leopold I verstimmte. Leibniz, Gegner Ludwigs XIV, versuchte im Interesse seines Kurfürsten zu intervenieren und verfasste das „Kaiserliche Gegenmanifest vom 18. Oktober 1688 wider Ludwig XIV". AA I, 5 N.59. Guhrauer II S. 84f. Fischer S. 195f. Bergmann Wien S. 41. Klopp Werke Bd. 5 S. 433ff.

[469] Das Haus Braunschweig unterhielt in Ungarn ein Heer von 10.000 Mann unter dem Oberbefehl des Erbprinzen von Hannover Georg Ludwig. Ein Regiment von 1.000 Mann stand in kaiserlichen Diensten unter dem zweitgeborenen Prinzen des Hauses Friedrich August, das einen bedeutenden Anteil an der Eroberung von Neuhäusl 1685 und an dem Sieg über die Türken bei Gran hatte. Guhrauer II S. 11f.

[470] AA I, 5 N.155 S. 167. Müller-Krönert S. 93. Guhrauer II S. 85: Rang eines Generalmajors. Fischer S. 196: Rang eines Generals. E. Ch. Hirsch: Der berühmte Herr von Leibniz, C. H. Beck, München 2000, S. 225: Rang eines kaiserlichen Generalwachtmeisters.

[471] AA I, 5 N.219. Müller-Krönert S. 94. Leibniz bereitete zugleich einen Besuch seines Freundes Crafft bei Windischgrätz vor; Leibniz stellte Windischgrätz auch seine Vorschläge für ein neues „Konkordat" und „Propositiones quaedam ad jus Imperii pertinentes

Wenige Tage vor der geplanten Abreise nach Hannover erhielt Leibniz eine Nachricht des braunschweig-
lüneburgischen Residenten in Venedig Franceso de Floramonti[472]: Herzog Franz II von Modena gestatte Leibniz, die Archive in Modena für historische und genealogische Forschungen zu benützen. Leibniz entschloß
sich, nach Modena zu reisen. Vor seiner Abreise übergab Leibniz dem Kaiser und seinen Ministern weitere
Denkschriften.[473] Er ersuchte den Kaiser um finanzielle Entschädigung für seinen Aufenthalt in Wien für seine
Auslagen, für *eine Person, so wegen der intendirenden Mineralischen Fabric an mich gezogen,*[474] also für seinen Sekretär Heyn, und weiters für sich selbst, den Kutscher und ein paar Pferde. Ohne die offizielle Erlaubnis
aus Hannover abzuwarten, trat Leibniz seine Reise nach Italien an.[475]

7. Von Wien nach Italien und wieder zurück nach Wien

*Da diese Reise, zum Theil gedient hat, mich von den gewöhnlichen Beschäftigungen zu befreien, um meinem
Geiste Erholung zu geben, so habe ich die Genugthuung gehabt, mit mehrern geschickten Personen über Wissenschaft und Gelehrsamkeit Unterredungen zu pflegen, ... um von ihren Zweifeln und Schwierigkeiten zu lernen; mehrere von ihnen, welchen die gemeinen Lehren nicht genug thaten, haben in einigen meiner Ansichten
außerordentliche Befriedigung gefunden.* (G. W. Leibniz an Antoine Arnauld, 23. März 1690)[476]

Mit der Genugtuung, am kaiserlichen Hof in Wien geschätzt und anerkannt zu werden, verließ Leibniz
Mitte Februar 1689 Wien, um in den herzöglichen Archiven in Modena nach den gemeinsamen Wurzeln der
Häuser Braunschweig und Este zu forschen.[477] Leibniz fuhr zunächst nach Wiener Neustadt, um seinen Reise-
wagen, Pferde und Kutscher bei Bischof Spinola zurückzulassen. Spinola gab Leibniz ein Empfehlungsschreiben für Kardinal Decio Azzolini in Rom mit.[478] Die Reise führte zunächst über Graz nach Istrien, wo Leibniz
die Quecksilberbergwerke besuchte[479] und von dort nach Venedig. Da Leibniz vergeblich auf die Erlaubnis
wartete, die herzöglichen Archive in Modena benützen zu dürfen,[480] entschloss er sich im April 1689, nach
Rom zu reisen. Der halbjährige Aufenthalt in Rom war ausgefüllt mit Arbeiten in der Bibliotheca Vaticana
und Archiven, vor allem mit dem Studium mittelalterlicher Handschriften. Leibniz wurde als Mitglied in die
„Accademia fisico-matematica" aufgenommen, die unter dem Protektorat der schwedischen Königin Christine
begründet wurde.[481] In Diskussionen mit dem Jesuiten Claudio Filippo Grimaldi, der im Begriff war Rom zu
verlassen, um als Präsident des Tribunale mathematicum nach Peking zu reisen, lernte Leibniz Möglichkeiten

          circa Electiones Episcoporum" vor.
[472]   F. de Floramonti an Leibniz, 1. Januar 1689. AA I, 5 N.194. Leibniz erhielt die Nachricht am 16. Januar 1689. Müller-Krönert S. 94.
[473]   U. a. Leibniz, „Cogitationes quaedam ad jura pertinentes". AA I, 5 N.221. Leibniz, „Vorschläge betreffend das Beleuchtungswesen
          der Stadt Wien". AA I, 5 N.223.
[474]   Zitiert nach K. Müller: Gottfried Wilhelm Leibniz, in: Totok-Haase S. 45f.
[475]   *So Gott will, werde ich in drei Tagen abreisen. Ich muß mich beeilen, um die Alpen zu durchqueren, bevor die Schneeschmelze
          beginnt und die Wege schlammig werden.* Leibniz an A. Ph. v. d. Bussche, 5. Februar 1689. AA I, 5 N.224. Müller-Krönert S. 94.
          Ein Teil seines Gepäckes wurde im Steyrerhof bis zu seiner Rückkehr nach Wien aufbewahrt.
[476]   Zitiert nach Guhrauer II S. 108.
[477]   *Weil mir der Herzog von Modena ... die Benutzung seines Archivs gestattet soweit es die Möglichkeit bietet, den gemeinsamen
          Ursprung der Häuser Braunschweig und Este festzulegen, habe ich nicht geschwankt davon zu profitieren. Ich bin im Begriff nach
          Italien abzureisen.* Leibniz an Herzogin Sophie von Hannover, 23. Januar 1689. AA I, 5 N.210. Zitiert nach Müller-Krönert S. 94.
          Vgl. Fischer S. 199ff. K. Müller: Gottfried Wilhelm Leibniz, in: Totok-Haase S. 46ff. Guhrauer II S. 87ff. K. Fischer und G. E.
          Guhrauer geben als Abreisedatum Januar 1689, K. Müller Mitte Februar 1689 an.
[478]   AA I, 5 N.264a. Müller-Krönert S. 95
[479]   AA I, 5 S. 410.
[480]   In der Wartezeit begann Leibniz mit der Aufzeichnung eines Bibliotheksplanes für die kaiserliche Bibliothek in Wien. Leibniz ver-
          fasste ein thematisch gegliedertes Titelverzeichnis von Büchern, die in der kaiserlichen Hofbibliothek in Wien aufgestellt werden
          sollten. Müller-Krönert S. 95. Leibniz hielt sich vom 4. bis 30. März 1689 in Venedig auf. Von Venedig reiste Leibniz über Bologna
          und Loreto mit dem Postwagen nach Rom und traf am 14. oder 15. April in Rom ein. Anfang Mai fuhr er weiter nach Neapel, wo
          er sich ungefähr eine Woche aufhielt. Beobachtungen der vulkanischen Erscheinungen des Vesuvs beeinflussten seine Arbeit über
          die Entstehung der Erde.
[481]   Es gelang Leibniz im November 1689, Zugang zu den Handschriften aus dem Nachlass von Königin Christine von Schweden zu
          erhalten, die kurz nach der Ankunft von Leibniz in Rom am 19. April 1689 überraschend verstorben war. Müller-Krönert S. 94. In
          Rom las Leibniz erstmals Newtons „Philosophiae naturalis principia mathematica" aus dem Jahre 1686. Leibniz versah das Buch
          mit Korrekturen, eigenen Anmerkungen.

des Kulturaustausches zwischen Europa und China kennen.[482] Leibniz befürwortete die Einführung des Christentums in China: ... *nam praestat inquinatam de Christo doctrinam illic introduci, quam nullam* ...[483]

Von Rom reiste Leibniz nach Florenz.[484] Antonio Magliabecchi, der universell gebildete Leiter der großherzoglichen Bibliothek in Florenz, unterstützte Leibniz bei seinen Nachforschungen maßgeblich.[485] Diskussionen mit Magliabecchi bestärkten Leibniz in seinen Bemühungen, die Erforschung der Naturwissenschaften in den Klöstern intensiv und systematisch zu betreiben.[486]

Am Tag seiner Ankunft in Modena, am 30. Dezember 1689, wandte sich Leibniz brieflich an den Reichshofrat Johann Friedrich von Linsingen, um endlich die Reichshofrathstelle in Wien zu erhalten: *Wiewohl ich so gleich wegen habenden engagemens, dem ich genüge zu thun ehr und schuldigkeit halben verpflichtet, dero gnade nicht genießen kan. Möchte inzwischen gleichwohl wündschen daß solche pro futuro auf gewiße maße festgestellet werden möchte, damit ich meine Mesuren danach nehmen köndte,* ...[487]

Leibniz erhielt die Erlaubnis, die herzöglichen Archive in Modena zu benützen.[488] Nach mehr als zwei Monaten intensiver Recherchen nach dem vermuteten gemeinsamen Stammvater der Welfen und Este entdeckte Leibniz wichtige mittelalterliche Urkunden.[489] In der Benediktinerabtei La Badia della Vangadizza fand Leibniz die alten Sarkophage der Este. Die Inschriften waren nach 600 Jahren unleserlich, doch im Klosterarchiv waren die Abschriften erhalten. Leibniz gelang damit der Nachweis, dass das Haus Braunschweig mit dem oberitalienischen Geschlecht der Este in dem 1097 verstorbenen Adalbert Azzo II einen gemeinsamen Stammvater hat. Azzos Frau Kunigunde war eine Welfin.[490] Viele Irrtümer in der Geschichtsschreibung konnten von Leibniz berichtigt werden.

Die Monate Februar und März 1690 verbrachte Leibniz in Venedig.[491]

---

[482] Fleckenstein Politik S. 91ff. Fischer S. 201f. Guhrauer II S. 88f.

[483] *(... weil es besser sei, das veruneinigte Christenthum dort einzuführen als gar keines.)* Leibniz, Wien an Annibal Marchetti, Florenz, 29. Oktober 1700. Zitiert nach Guhrauer II S. 99. Der Jesuit Marchetti kritisierte vehement das Eintreten von Leibniz für das Christentum.

[484] Leibniz verließ Rom am 21. November 1689 und traf Anfang Dezember 1689 in Florenz ein. Müller-Krönert S. 98.

[485] Durch Antonio Magliabecchi lernte Leibniz Mitglieder der „Accademia del Cimento", darunter den Mathematiker Vincenzo Viviani, den letzten Schüler Galileis, kennen. V. Reumond: Magliabecchi, Muratori und Leibnitz, Allgemeine Monatsschrift für Wissenschaft und Literatur, Braunschweig 1854, S. 202ff. Ein jahrelanger Briefwechsel von Leibniz mit Viviani und Magliabecchi nahm seinen Ursprung.

[486] *Was ist doch der Frömmigkeit gemäßer, als die Betrachtung der bewunderswürdigen Werke Gottes und der Vorsehung, welche nicht weniger in der Natur, als in dem Reiche der Geschichte, und in der Regierung der Kirche und des menschlichen Geschlechts hervorleuchtet?* Leibniz an A. Magliabecchi, Mai 1692. Zitiert nach Guhrauer II S. 93. Vgl. Leibniz an Magliabecchi, 31. Dezember 1689. Guhrauer II S. 92.

[487] AA I, 5 N.274. Müller-Krönert S. 100.

[488] Francesco de Floramonti, braunschweig-lüneburgischer Resident in Venedig an Leibniz, 1. Januar 1689. AA I, 5 N.194. Böger S. 433.

[489] *Habe viele Wochen alda von morgens bis abends ... in vielen theils fast unleßerlichen Manuscriptis nicht ohne Überanstrengung meiner Augen gearbeitet ... ehe ich was rechtes angetroffen. Doch hat mir endtlich das glück gefüget... Habe demnach die wahre Connexion der beiden Durchleuchtigsten Häuser Braunschweig und Este vollkommlich ausgemacht, und gefunden.* AA I, 5 S. 666. Zitiert nach Müller-Krönert S. 100. Es gelang Leibniz, die Vermählung von Charlotte Felicitas von Braunschweig-Wolfenbüttel mit Rinaldo d'Este, dem regierenden Herzog von Modena, zu vermitteln. Die Hochzeit fand sechs Jahre später am 28. November 1695 im Beisein von Leibniz in Herrenhausen statt.

[490] Guhrauer II S. 103ff. K. Müller: Gottfried Wilhelm Leibniz, in: Totok-Haase S. 49.

[491] Leibniz hielt sich vom 11. Februar bis 25. März in Venedig auf. Leibniz hatte anregende und wertvolle Diskussionen mit dem Astronomen und Franziskaner Michel Angelo Fardella, einem Vertreter der cartesianischen Philosophie, den Leibniz später nach Wolfenbüttel verpflichten wollte. Weiters machte Leibniz die Bekanntschaft des Sprachforschers Johann Peter Ericus, des Geographen P. Vincenzo Coronelli und des Chirurgen J. M. B. Bouquet.

II. ZWEITER AUFENTHALT IN WIEN, 1690[492]

Bestreben nach einer Stellung am Kaiserhof

J'espère qu' Elle [Sa Majesté Leopold I] *m'aura conservé quelque part dans ses bonnes graces, et qu'il y aura lieu de venir un jour à quelque effect* ... (G. W. Leibniz an Philipp Wilhelm von Boineburg, 5. Dezember 1691)[493]

Von Venedig reiste Leibniz Ende März 1690 über Innsbruck nach Passau,[494] um Philipp Wilhelm Hörnigk zu treffen, der zum Archivar des Fürstbischofs von Passau avanciert war. Leibniz und Hörnigk diskutierten über die in Wien geplanten Reunionsverhandlungen. Ende April 1690 traf Leibniz in Wien ein und nahm wieder Quartier im Steyerhof.[495] Kurz nach seiner Ankunft wandte sich Leibniz Anfang Mai an Kaiser Leopold I mit einer *Eingabe betr. Anstellung in Kaiserl. Diensten*[496]. Er wies darauf hin, dass Hofkanzler von Strattmann ihm bei seinem ersten Aufenthalt in Wien 1688 die mündliche Zusage zur Ernennung zum Hofhistoriographen gegeben hatte.[497]

Die Stelle des Hofhistoriographen wurde Leibniz sowohl durch Hofkanzler Strattmann als auch durch Reichsvizekanzler Königsegg übermittelt.[498]

Leibniz führte eine Reihe von Unterredungen mit Bischof Spinola, um die am Hof von Hannover vorgesehenen Reunionsgespräche vorzubereiten.[499]

Mitte Mai 1690 verließ Leibniz Wien.[500] In der ersten Hälfte Juni 1690 traf Leibniz in Hannover ein.

Zwei Jahre und sieben Monate hatte seine Reise gedauert.

Nach seiner Rückkehr versuchte Leibniz seine Kontakte zum Wiener Kaiserhof aufrecht zu erhalten. Es war sein Wunsch, von Kaiser Leopold I ein konkretes Angebot für die Stelle eines Hofhistoriographen in Wien zu erhalten sowie zum Reichshofrath auf der Gelehrten Bank ernannt zu werden. In den Jahren 1691/92 wandte sich Leibniz mehrfach an Gottlieb Amadeus Windischgrätz, an seinen ehemaligen Schüler Reichsrath Philipp Wilhelm von Boineburg sowie an den Sekretär des Kaisers Caspar Florenz von Consbruch.[501] Aus dieser Korrespondenz ist ersichtlich, wie sehr Leibniz eine Stellung am kaiserlichen Hof und die Würde eines Reichshofrathes in Wien anstrebte und wie gewogen ihm der Kaiser war: „... Kay. Mt. annoch, wie vor, g dst. gesinnet bleiben M. hochgeehrten Herre zu employren wan derselbe sich anhero begeben wolte".[502]

Andrerseits fühlte sich Leibniz dem Hof von Hannover verpflichtet, *puisque j'étois engagé à un travail historique pour la Sme Maison der Bronsvic et qu'on m'avoit fait aller expres en voyage pour cela, je ne pouvois pas l'abandonner un sujet legitime de plainte. Peutestre que d'autres n'auroient pas esté si scrupuleux.*[503]

---

[492] April 1690 – Mai 1690

[493] *(Ich hoffe, dass seine Majestät etwas von seiner gütigen Gewogenheit für mich bewahrt hat und dass es eines Tages wirklich zu einer Lösung kommen wird ...)* AA I, 7 N.246 S. 453.

[494] Leibniz verließ Venedig am 24. oder 25. März und erreichte Innsbruck am 30. März 1690. In Augsburg erhielt Leibniz die Weisung von Herzog Ernst August über Wien nach Hannover zurückzukehren. Müller-Krönert S. 103.

[495] „...um dann Ende April zum zweiten Male die Kaiserstadt zu betreten, die das Ziel seiner Sehnsucht bis zum Lebensende blieb". Müller-Krönert S. 103. Vgl. K. Müller: Gottfried Wilhelm Leibniz, in: Totok-Haase S. 50. Fischer S. 201.

[496] Leibniz an Kaiser Leopold I, Anfang Mai 1690. AA I, 5 N.331. Böger S. 433.

[497] Außerdem wandte sich Leibniz im Mai 1690 mit zwei Briefen an Vizekanzler Gottlieb Amadeus von Windischgrätz. AA I, 5 N.330 und N.333.

[498] Böger S. 433 und Böger Teil 2 Anmerkungen S. 158 Nr. 84. Vgl. Leibniz an J. F. von Linsingen, 30. Dezember 1690. AA I, 5 N.274 S. 495, und Leibniz an Gottlieb von Windischgrätz, 10. Jänner und 31. Dezember 1692, AA I, 7 N.280 S. 508.

[499] AA I, 5 N.335. Ein letztes Gespräch fand knapp vor Leibniz' Abreise Mitte Mai statt.

[500] Leibniz reiste über Prag, Dresden, Leipzig nach Hannover. Müller-Krönert S. 103.

[501] Leibniz an Minister Bernstorff, 24. Juni, 4. Juli 1690. AA I, 5 N.347. Leibniz, „Reisebericht über die für die Welfengeschichte erzielten Forschungsergebnisse" für den Kurfürsten Ernst August, Herbst 1690. AA I, 5 N.396. Müller Krönert S. 105. Böger S. 433. Faak S. 25.

[502] C. F. Consbruch an Leibniz, 3. April 1692. AA I, 7 N.365. Zitiert nach Böger S. 434.

[503] *(weil ich für eine historische Arbeit das allerdurchlauchtigste Haus Braunschweig betreffend in Dienst genommen wurde und man mich ausdrücklich aus diesem Grunde reisen ließ, konnte ich eine Arbeit, zu der ich mich verpflichtet habe, nicht im Stich lassen, vielleicht wären andere nicht so gewissenhaft gewesen.)* Leibniz an Philipp Wilhelm Boineburg, 2. Hälfte Januar 1692. AA I, 7 N.308 S. 548f. Zitiert nach Böger S. 434.

Da Leibniz der Überzeugung war, bei der Verfassung der Geschichte des Welfenhauses bereits den Großteil seiner Arbeit geleistet zu haben, plante er mit der Aufzeichnung der leopoldinischen Zeitgeschichte zu beginnen. Leibniz wollte nicht den Anschein erwecken, Hannover aus eigenem Wunsch zu verlassen. Andererseits wollten die Berater des Kaisers Leibniz nicht gegen den Willen des Hofes Hannover nach Wien verpflichten. Leibniz gab den Wunsch, in die Dienste des Kaisers zu treten, niemals auf.[504]

III. DRITTER AUFENTHALT IN WIEN, 1700[505]

1. Reunionsverhandlungen

„Daß Ew. Liebden, auf mein Ansuchen den Geheimen Justiz Rath Leibniz erlauben wollen, sich in dem bewußten negotio [Verhandlungen über die Reunion der Kirchen] ferner gebrauchen zu lassen, solches gereicht mir zu besonderem Wohlgefallen. Und nach dermalen mir derselbe darin durch seine vernünftigen Gedanken, ohngesparten Fleiß und beywohnende ohngemeine Wissenschaft ein sattsames Vergnügen gegeben". (Kaiser Leopold I an Kurfürst Georg Ludwig, 11. Dezember 1700)[506]

Im Mai 1700 verlegte Kaiser Leopold I den Verhandlungsort der Reunionsgespräche nach Wien. Der Kaiser ersuchte Kurfürst Georg Ludwig, Leibniz nach Wien zu entsenden, da Leibniz „als ein wohlerfahrener, discreter und qualificirter Mann zu Facilitirung dieses Werkes höchst tauglich sei"[507]. Doch Kurfürst Georg Ludwig, der seit 1701 zu den Anwärtern auf den englischen Thron zählte[508], wollte Schwierigkeiten mit der anglikanischen Kirche vermeiden und verweigerte die Reiseerlaubnis.[509]

Kurfürst Georg Ludwig war über die langen Abwesenheiten von Leibniz verstimmt[510] und drängte auf die Beendigung der Geschichte des Hauses Braunschweig.[511] Leibniz fühlte sich unverstanden und in seiner Arbeit unterschätzt.[512] Das verstärkte den Wunsch von Leibniz nach einer festen Stelle am Wiener Kaiserhof

---

[504] Vgl. Leibniz an Philipp Wilhelm Boineburg, 5. Dezember 1691. AA I, 7 N.246 S. 453.

[505] Am 22. August 1700 reiste Leibniz von Berlin über Wolfenbüttel, Braunschweig nach Teplitz in Nordböhmen und von dort nach einwöchigem Kuraufenthalt nach Wien. Es ist wahrscheinlich, dass Leibniz am 29. Oktober 1700 in Wien eintraf. Müller-Krönert S. 167. Leibniz blieb ca. acht Wochen in Wien und ist am 17. Dezember 1700 noch in Wien nachweisbar. Am 30. Dezember 1700 kehrte er nach Hannover zurück. Müller-Krönert S. 169.

[506] Handschreiben, Klopp Werke Bd. 8 S. XXXI.

[507] Kaiser Leopold I an Kurfürst Georg Ludwig, 17. Mai 1700. Klopp Werke Bd. 8 S. XXX.

[508] 1701 wurde Kurfürstin Sophie von Hannover, Mutter des Kurfürsten Georg Ludwig, vom englischen Parlament durch den „Act of Settlement" zur Nachfolgerin der englischen Thronfolge in der protestantischen Linie bestimmt.

[509] Böger S. 435. Georg Ludwig befürchtete, Schwierigkeiten in den Reunionsverhandlungen zwischen Vertretern des protestantischen Hannover und des katholischen Wien könnten die Folge sein. Fischer S. 222 schreibt unrichtigerweise, dass Leibniz von Kurfürst Georg Ludwig beurlaubt wurde, um nach Wien zu reisen.

[510] Ab dem Jahre 1700 verließ Leibniz Hannover immer häufiger. Er reiste nach Wolfenbüttel, Braunschweig, Berlin, Celle, Gandersheim, Hamburg, Altranstädt, Torgau usw. In seinen letzten 16 Lebensjahren verbrachte Leibniz mehr als drei Jahre in Berlin und mehr als zwei Jahre in Wien. Johann Georg Eckhart, seit 1698 Sekretär und ab 1717 Nachfolger von Leibniz als Bibliothekar in Hannover, beschreibt die intensive Reisetätigkeit von Leibniz: „Wenn er ausreiste, welches er öfters that, um große Herren zu besuchen, und allerlei Neues zu entdecken, trat er die Reise stets des Sonn- oder Feiertags an, und unterwegs machte er seine mathematischen Entwürfe, so er hernach in den gelehrten Journalen drucken ließ. Man sah ihn allzeit munter und aufgeräumt, und er schien sich über nichts sonderlich zu betrüben. Er redete mit Soldaten, Hof- und Staatsleuten, Künstlern und dergleichen, als wenn er von ihrer Profession gewesen wäre, weswegen er auch bei jedermann beliebt war, ausgenommen bei denen nicht, so dergleichen nicht verstunden." Guhrauer II S. 336.

[511] Im Januar 1699 wurde Leibniz vom Kurfürsten verwehrt, einer Einladung der Kurfürstin Sophie Charlotte nach Berlin Folge zu leisten. Klopp Werke Bd. 10 S. 52f. Müller-Krönert S. 157.

[512] Leibniz ersuchte 1699 Eleonore d'Olbreuse Herzogin von Celle, für ihn beim Kurfürsten zu intervenieren, um die vom Kurfürsten gestrichene Gehaltszulage wieder zu erhalten. *Ich habe nach eigenen Forschungen arbeiten wollen, um alle zufriedenzustellen, die solide Belege fordern, was bisher in der Geschichtsschreibung Deutschlands und Italiens ohne Vorbild ist. Indessen will ich wohl zugeben, daß ich mich niemals nur zu einer einzigen Art von Arbeit habe zwingen lassen. Wechsel hat mich an Stelle von Ruhe erhalten. Wenn es den meisten Menschen erlaubt wird, sich Stunden allgemeinen Vergnügens hinzugeben, wird es mir erlaubt sein, für den Fortschritt der Wissenschaften zu arbeiten und für andere Aufgaben, die bisher Beifall in der Öffentlichkeit gefunden haben, ohne daß ich dem Lande Braunschweig oder unseren Höfen Schande gemacht habe.* Leibniz an Eleonore d'Olbreuse Herzogin von Celle, 13. Januar 1699. E. Bodemann: Nachträge zu „Leibnitzens Briefwechsel …", in: Zeitschrift des Vereins für Niedersachsen 1890, S. 140. Zitiert nach Müller-Krönert S. 145.

verbunden mit der Ernennung zum Reichshofrath.[513] Weiters kam Leibniz dem Anliegen des Kaisers entgegen, die Reunionsgespräche wieder aufzunehmen. Nach dem Tod von Bischof Spinola im Jahre 1695 setzte der Kaiser Graf Franz Anton von Buchhaim als Bischof von Wiener Neustadt ein. Leopold I betraute Buchhaim mit der Weiterführung der Reunionsverhandlungen, die drei Jahre unterbrochen waren.[514] Buchhaim, fasziniert von den umfassenden Kenntnissen und den vielseitigen Ideen, die Leibniz in die Verhandlungen einbrachte, intervenierte für Leibniz bei Kaiser Leopold I. Mithilfe seines freundschaftlichen Kontaktes zu Buchhaim plante Leibniz, seine Aufnahme in den Reichshofrath voranzutreiben. Eine intensive Korrespondenz zwischen Leibniz und Buchhaim[515] begann.

Obwohl Kurfürst Georg Ludwig Leibniz die Reiseerlaubnis nach Wien verweigerte, reiste Leibniz im September 1700 zu einer angeblich gesundheitsbedingten einwöchigen Badekur nach Teplitz in Böhmen. Von dort kündigte er Buchhaim seine Ankunft in Wien an.[516] Ende Oktober traf Leibniz in Wien ein.

Da Leibniz seine Reise anonym durchgeführte, war es für ihn unmöglich, in der Nähe des Kaiserhofes abzusteigen. Es ist wahrscheinlich, dass Leibniz in der Buchhaimschen Mühlburg nahe Göllersdorf, der Sommerresidenz Buchhaims, Quartier bezog.[517] In Zusammenarbeit mit Buchhaim erarbeitete Leibniz ein umfangreiches Konzept für eine Initiative des Kaisers beim zukünftigen Papst.[518] Leibniz und Buchhaim beabsichtigten mit dieser Schrift in Rom eine Erweiterung der Befugnisse für Buchhaim zu erwirken, um die Annäherung der Katholiken an die Protestanten zu verstärken. Da sich Leibniz anonym in Wien aufhielt, konnte er nicht offiziell

---

[513] Leibniz hatte gute Voraussetzungen, obwohl seine wichtigsten Fürsprecher Windischgrätz, Strattmann und Königsegg gestorben waren. Das Erscheinen seines „Codex juris gentium diplomaticus" im Jahr 1693 und des 1700 publizierten Ergänzungsbandes, der „Mantissa Codicis juris gentium", war eine wichtige Grundlage für seine Aufnahme in den Reichshofrath. 1693 wurde Leibniz für den von ihm verfassten „Codex juris gentium diplomaticus" das kaiserliche Druckprivileg erteilt. Leibniz bedankte sich mit einem Schreiben bei Kaiser Leopold I. 1700 publizierte Leibniz den Ergänzungsband der „Mantissa Codicis juris gentium diplomatici" für den Präsidenten des Reichshofrathes. Leibnitii codex Juris gentium impressorii, 16. Februar 1693, Österr. Staatsarchiv Fasz. 41. Bl. 108. Leibniz an Kaiser Leopold I, 16. Februar 1693, Österr. Staatsarchiv, Fasz. 41, Bl. 109. W. Bertram, Sekretär des Reichshofrathes an Leibniz, 26. November 1668, Leibniz – Briefwechsel 60, B. 12-13. Vgl. Böger S. 434f. M. Faak: Leibniz´Bemühungen um die Reichshofratswürde in den Jahren 1700-1701, in: Studia Leibnitiana, 12, 1980 S. 115.

[514] 1698 wurde Buchhaim, der die Interessen der Katholiken vertrat, von Kaiser Leopold I in geheimer Mission zu Reunionsgesprächen nach Hannover geschickt. Leibniz hatte Buchhaim 1698 in Hannover kennengelernt. Foucher de Careil S. 132ff. Bergmann Wien S. 2f. Guhrauer II S. 35 u. S. 218f. Klopp S. 178. Harnack I/1 S. 20. Buchhaim reiste unter dem Pseudonym Baron von Lichtenwert, das auch in der Korrespondenz mit Leibniz mehrfach verwendet wurde. Im März 1699 verfasste Leibniz für Kurfürst Georg Ludwig eine Denkschrift über den Stand der irenischen Reunionsverhandlungen. Foucher de Careil Bd. 2 S. 251ff. Müller-Krönert S. 157. Im Kloster Loccum bei Hannover verhandelte Buchhaim mit Abt Molanus und Leibniz. Buchhaim vertrat die Interessen der Katholiken, Molanus und Leibniz die der Protestanten. Vgl. Leibniz, Declaration de Loccum, 1698, Foucher de Careil Bd. 2 S. 168ff. Müller-Krönert S. 153f. Molanus und Leibniz „Unvorgreiffliches Bedencken über die Schrifft genandt Kurtze Vorstellung der Einigkeit und des Unterschieds im Glauben beider protestirenden Kirchen", in: G. W. Leibniz, Textes inédits, pub. par G. Grua Bd. I, II, Paris 1948, S. 4328ff. Müller-Krönert S. 156.

[515] In der Korrespondenz verwendete Leibniz für sich das Pseudonym „von Hülsenberg" immer dann, wenn es sich um Kontakte mit dem Wiener Kaiserhof handelte. In Schreiben seiner Briefpartner machte Leibniz Stellen unkenntlich, die sich auf diese Kontakte bezogen. Faak S. 34, S. 42, S. 45f. Bereits mehr als 30 Jahre früher, 1669, verfasste Leibniz unter dem Pseudonym „Georgius Ulicovius Lithuanus" die Denkschrift: „Specimen demonstrationis policarum pro elegendo rege polonorum". 1671 verwendet Leibniz erstmals das Pseudonym „Wilhelmus Pacidius".

[516] Leibniz verwendete wieder die Pseudonyme Baron von Lichtenwert für Buchhaim und Herr von Hülsenberg, Rechtsgelehrter, für sich selbst. Die Abreise von Teplitz erfolgte vermutlich am 29. September 1700. Leibniz reiste über Prag, Kolin, Iglau, Znaim nach Wien. Während der Reise erkrankte Leibniz. Es ist anzunehmen, dass er am 29. Oktober 1700 in Wien eintraf. Müller-Krönert S. 168. Vgl. J. E. Kapp: Sammlung einiger vertrauter Briefe, Leipzig 1745, S. 209f.

[517] Es ist zu vermuten, dass Leibniz in der „Buchhaimschen Mühlburg", der Sommerresidenz von Bischof A. Buchhaim, südöstlich des Ortes Göllersdorf, 25 km nördlich von Wien, Quartier bezog. 1503 kaufte Hans von Puchheim zu Horn Zehentrechte zu Niedergrub nahe Göllersdorf und ließ die Buchheimsche Mühlburg errichten. Da Franz Anton Bischof Buchhaim keine leiblichen Nachkommen hatte, überließ er 1710 den Besitz Friedrich Graf von Schönborn, Reichsvizekanzler und Fürstbischof von Würzburg und Bamberg. 1710 wurde die Buchheimsche Mühlburg bis auf die Grundmauern abgerissen. Von Baumeister Johann Lukas von Hildebrandt wurde unter Eingliederung der Grundmauern das barocke Schloß Schönborn errichtet. Das heutige Schloß Schönborn ist eine Dreiflügelanlage mit weitläufigem Park, Orangerie und Schloßkapelle. Ende Oktober 1700 verfasste Leibniz im Namen Bischof Buchhaims eine Schrift, in der Reunionsfragen erörtert werden: Leibniz im Namen Bischof Buchhaims an den Kaiser, Ende Oktober 1700, Handschreiben abgefasst in Göllersdorf. Müller-Krönert S. 168.

[518] Am 23. November 1701 wurde Papst Clemens XI gewählt. Der Entwurf von Leibniz wurde noch vor diesem Termin verfasst. AA I, 19 N.116. Vgl. Sellschopp S. 71.

Abb. 8: Die Buchhaimsche Mühlburg bei Göllersdorf, Niederösterreich

Abb. 9: Darstellung des Stiftes Melk in Niederösterreich mit Porträt des Abtes
Berthold Dietmayr, Wien 1747 heute Stift Melk Bibliothek

am Kaiserhof auftreten. Es ist daher anzunehmen, dass Buchhaim die von Leibniz erarbeiteten Vorschläge in einer Audienz bei Kaiser Leopold I im Dezember 1701 vorstellte.

In der ersten Novemberhälfte 1700 durchforschte Leibniz den Nachlass des verstorbenen Spinola in Wiener Neustadt. Leibniz machte Abschriften von Briefen und Verzeichnissen, vor allem aus der Korrespondenz mit Papst Innozenz XI, die für die Reunionsgespräche von Nutzen waren, erhielt aber nicht die erhofften Informationen.[519]

Leibniz führte einige Gespräche mit dem apostolischen Nuntius Giovanni Antonio Davia über die Bedingungen einer möglichen Reunion.[520]

Im November 1700 unternahm Leibniz von Wien aus eine Reise zum Benediktinerkloster Melk an der Donau, um in der Klosterbibliothek zu recherchieren.[521] Es ist anzunehmen, dass Leibniz Kontakt zu Abt Berthold Dietmayr[522] hatte.

Mit den Ergebnissen der Reunionsgespräche zufrieden,[523] wünschte der Kaiser eine Weiterführung der Verhandlungen zwischen Buchhaim und Leibniz. Leibniz war der Ansicht, dass die Reunionsverhandlungen einen positiven Abschluss nehmen würden.[524]

---

[519] Das Konzept von Leibniz für ein Schreiben des Kaisers an den Papst wurde in der Reichshofkanzlei unter dem Datum des 16. Februar 1701 geringfügig abgeändert und als zur Expedierung bestimmtes Konzept in die Korrespondenzakten mit Rom eingetragen. Sellschopp S. 71.

[520] Die Gespräche fanden im November und Dezember 1700 statt. Ph. Hiltebrandt: Eine Relation des Wiener Nuntius über seine Verhandlungen mit Leibniz (1700), in: Quellen und Forschungen aus italienischen Archiven und Bibliotheken, Rom 1907, Bd. 10, S. 238ff. Vgl. AA I, 19 N.124 u. N.391.

[521] Müller-Krönert S. 168.

[522] B. Dietmayr wurde am 18. November 1700 im Alter von 30 Jahren zum Abt des Benediktinerstiftes Melk gewählt.

[523] Kaiser Leopold I an Kurfürst Georg Ludwig, 11. Dezember 1700. Klopp Werke Bd. 8 S. XXXI.

[524] *Ich verzweifle nicht, dass dieses heilsame Ziel einst doch noch erreicht werden wird. Denn sollte nicht nach Karl und Otto dem Großen ein dritter großer Kaiser aus dem zur Aufklärung der Völker berufenen Deutschland erstehen können, der Rom wieder katholisch und apostolisch mache. Wenn zwei oder drei mächtige Könige das Unternehmen desselben unterstützen, so ist, glaube ich, die Sache geschehen, verscheucht ist die Finsterniss der Welt durch das Licht der Wissenschaften und der Geschichte; und wie nothwendig diese Reform sei, wird von den meisten durch Gelehrsamkeit und Erfahrung hervorragenden Katholiken selbst mehr verschwiegen als geleugnet. Aber sie wird kommen, gewiss wird sie kommen die Zeit, wo diese segensreiche Wahrheit überall sich wird äussern dürfen.* E. Bodemann: Leibnizens Plan einer Societät der Wissenschaften in Sachsen (1704), in: Zeitschrift d. Histor. Vereins für Niedersachsen 1888, S. 86.

2. Diplomatische Missionen

„Durchdrungen von dem Rechte der österreichischen Erbfolge, empört über die Politik Ludwigs XIV ... steht Leibniz entschieden auf seiten des Kaisers Leopold I wider Ludwig XIV, auf seiten Karls III wider Philipp V. Es handelt sich um den Sieg der österreichischen Thronfolge in den spanischen Kronländern, um eine Abrechnung mit Frankreich, welche dessen Machtverhältnisse auf den Fuß des westfälischen Friedens zurückführt" (Kuno Fischer, Gottfried Wilhelm Leibniz. Leben, Werke und Lehre, 1902).[525]

Während der Anwesenheit von Leibniz in Wien starb König Karl II von Spanien[526], der letzte in der spanischen Linie der Habsburger. Leibniz verfasste ein Manifest zu Gunsten der Erbansprüche König Karls III auf die spanischen Reiche: „Manifeste contenant les Droits de Charles III, Roi d´ Espagne, et les justes motifs de son Expédition, publié en Portugal le 9 Mars 1704"[527].

Ende 1700 setzte sich Buchhaim für Leibniz bei Reichsvizekanzler Dominik Andreas Graf von Kaunitz ein, um Leibniz eine besoldete Stelle im Reichshofrath zu vermitteln.[528] Um dieses Ansuchen zu verstärken, wies Leibniz auf eine von ihm verfasste Streitschrift hin, in der er sich eindeutig auf die Seite des Kaiserhauses und gegen die Bourbonen stellte.[529] Die Ernennung zum Reichshofrath sollte zunächst geheim erfolgen, da Leibniz nicht als Initiator erkennbar sein wollte. Die Introduktion sollte wegen bestehender Verpflichtungen von Leibniz auf einen späteren Zeitpunkt verschoben werden.[530]

In der zweiten Dezemberhälfte verließ Leibniz Wien, um nach Hannover zurückzukehren.[531]

IV. VIERTER AUFENTHALT IN WIEN, 1701[532]

Bemühungen um die Reichshofrathswürde

... si l'affaire estoit conclue, je ferois bientot un tour à Vienne pour des raisons de consequence (G. W. Leibniz an Bischof Buchhaim, 20. März 1701)[533]

Bei dieser Reise nach Wien war Leibniz die unbedingte Geheimhaltung wichtig.[534] Das Ziel dieser Reise war es, die Ernennung zum Reichshofrath voranzutreiben,[535] wie aus dem Briefwechsel mit Bischof Buchhaim

---

[525] Fischer S. 137f.

[526] Nach dem Tod des kinderlosen Königs Karl II am 1. November 1700, des letzten Habsburgers auf dem spanischen Thron, kam es zum Ausbruch des Spanischen Erbfolgekrieges, (1701-1714). König Karl III von Spanien wurde nach dem Tod seines Bruders Joseph I am 22. Dezember 1711 als Karl VI zum Kaiser des Heiligen Römischen Reiches Deutscher Nation gekrönt.

[527] (*Manifest, beinhaltend die Erbansprüche von Karl III, König von Spanien und die berechtigten Gründe seiner Einsetzung, am 9. März 1704 in Portugal veröffentlicht.*) Dieses von Leibniz zunächst anonym verfasste Manifest wurde Leibniz erst Mitte des 19. Jahrhunderts offiziell als Verfasser zugeschrieben. Josef Bergmann: „Mehr Dienste leistet Leibnitz dem Kaiser im diplomatischen als im theologischen Gebiet". Bergmann Wien S. 43. Vgl. Fischer S. 139. Guhrauer II S. 218f.

[528] M. Faak: Leibniz Bemühungen um die Reichshofratswürde in den Jahren 1700-1701, in: Studia Leibnitiana 12, 1980, S. 14ff.

[529] Leibniz, „La justice encouragée contre les chicanes et les menaces d´un partisan des Bourbons (oder) Die Aufgemunterte Gerechtigkeit gegen die Drohungen und Verdrehungen eines Anhängers der Bourbonischen Parthey". Seconde édition 1701. Foucher de Careil Œuvres Bd. 3 S. 313ff. Böger S. 436.

[530] Leibniz an F. A. Buchhaim, Eingabe für den Reichsvizekanzler, D. A. V. Kaunitz, Mai 1701. Leibniz Handschriften I, 11 Bl. 28-29. Zitiert nach Böger S. 436.

[531] Am 17. Dezember 1700 war Leibniz in Wien, am 22. Dezember 1700 in Prag nachweisbar. Am 30. Dezember 1700 kehrte Leibniz nach Hannover zurück; er hatte Schwierigkeiten, die Reise zu rechtfertigen. Müller-Krönert S. 169.

[532] Leibniz hielt sich im Mai 1701 in Wien auf. Sellschopp S. 68ff. In Müller-Krönert wird diese Reise nicht erwähnt: Aufenthalte von Leibniz: 1. Mai 1701 Celle, 3. Mai 1701 Hannover, 7.-17. Mai 1701 Wolfenbüttel, 19. Mai 1701 Hannover, von Mai bis Juli 1701 Hannover. Müller-Krönert S. 17f.

[533] (*... wenn die Angelegenheit abgeschlossen ist, werde ich bald eine Reise nach Wien unternehmen, um Verschiedenes zu bewirken, ...*) Leibniz an Buchhaim, 20. März 1701. Zitiert nach Sellschopp S. 70. Leibniz meinte mit „affaire" seine Ernennung zum Reichshofrat.

[534] Vgl. Leibniz, Wolfenbüttel an seinen Mitarbeiter Johann Georg Eckhart, Hannover, 17. Mai 1701: *Ich verreise wieder von hier nach Zell [Celle] und durffte vielleicht von dannen eine kleine tour nach Hamburg incognito thun. Weil es nun auff eine kurze Zeit, so hat Mons. Eckard eben nicht nöthig da von zu erwehnen.* AA I, 19, 112 N.68. Sellschopp S. 69. Es gibt keinerlei Nachweise für Aufenthalte in Celle und Hamburg. Auch eine Reise nach Berlin auf Einladung von Königin Sophie Charlotte wurde von Leibniz zwar vorbereitet, aber nicht durchgeführt.

[535] In der Korrespondenz zwischen Leibniz und Buchhaim im Jahr 1701 sind mit *l'affaire particulière*, also der speziellen Angelegenheit, die Aufnahme von Leibniz in kaiserliche Dienste und mit *l'affaire générale*, also mit allgemeiner Angelegenheit, die

ersichtlich ist.[536] Die Briefe wurden über verschiedene Mittelspersonen und über unterschiedliche Orte umgeleitet, das Pseudonym „von Hülsenberg" für Leibniz wurde mehrfach verwendet. Wieder wies Leibniz auf seine Denkschrift[537] hin, in der er sich vehement für den Anspruch der Habsburger auf den spanischen Thron einsetzte. Leibniz versuchte dadurch, das Interesse für seine Person am kaiserlichen Hof zu verstärken und Reichsvizekanzler Kaunitz für sich zu gewinnen.[538] Leibniz war der Ansicht, von Buchhaim zu wenig unterstützt zu werden.[539]

Die Reise von Hannover nach Wien unterbrach Leibniz in Krems. Vom 29. Mai 1701 sind zwei in Krems verfasste Dokumente erhalten.[540] Eines dieser Schreiben ist mit „Walendorp", einem weiteren Pseudonym von Leibniz, das er hier vermutlich erstmals verwendete, unterzeichnet. Dieser Brief ist an einen ungenannten Adressaten gerichtet und enthält die Bitte, in Wien am nächsten Tag mit dem Verfasser des Briefes zusammenzutreffen, der Nachrichten von M. de Hülsenberg übermitteln werde. Das zweite Schreiben ist mit „Hans Zehenthaler, Bürger in Crems" unterschrieben. Sellschopp vermutet, dass dieses Schreiben Auskunft über den Aufenthalt von Leibniz und Buchhaim geben soll.[541] Beide Entwürfe wurden von Leibniz für den Hofmeister, Sekretär und Vertrauten Buchhaims Jean de Florenville verfasst.

Um seine Reise geheim zu halten, bezog Leibniz vermutlich wieder Quartier in der Buchhaimschen Mühlburg bei Göllersdorf. Das zeigt ein Brief von Florenville an Leibniz vom 5. September 1701: „Lettre que Mr. le comte de Cauniz m´a fait écrire pour me faire scavoir que l´Empereur me declare Conseiller Aulique effectif. ... à Mr. le Baron de Leibniz, Gollers(dorf) le 5 Septbre 1701. Monsieur. Celle-cy vous apprendra que Mr. mon Maistre a receu la vostre du 12 du mois passé avec … que Mr. le comte de Kaunitz luy a dit que S. M^té. estoit bien aise d´honnorer ses merites, les prenant dans son conseil Imp. Aulique, et de luy donner les gages ordinaires qui sont de 2000 florins avec le quartier franc … de luy marquer ses sentiments pour les pouvoir relationner au dit Mr. comte de Kaunitz. Pour la grande affaire, dum arma vigent, leges silent: il faut se donner patience et attendre l´issue de la guerre d´ Italie. Voilà, Monsieur, ce que j´ay à vous marquer de la part de Mr. mon Maître, qui vous fait ses compliments etc.[542]

Reunionsverhandlungen gemeint. Die Korrespondenz von Jänner 1701 bis Anfang Mai 1701 ist durch 15 Briefe von Leibniz an Buchhaim und vier Briefe von Buchhaim an Leibniz belegt. Buchhaim ließ Leibniz auch durch Personen seines Umfelds, wie seinen Hofmeister Jean de Florenville und seinen Offizier Reiner von Vlostorff Information zukommen, daher sind nur wenige Briefe von Buchhaim an Leibniz erhalten. Sellschopp S. 72 Anm. 23.

[536] M. Faak: Leibniz´ Bemühungen um die Reichshofratwürde in den Jahren 1700-1701, in: Studia Leibnitiana 12, 1980, S. 114ff.

[537] Leibniz, „La justice encouragée contre les chicanes et les menaces d´un partisan des Bourbons (oder) Die Aufgemunterte Gerechtigkeit gegen die Drohungen und Verdrehungen eines Anhängers der Bourbonischen Parthey", Seconde édition 1701. Foucher de Careil Œuvres Bd. 3 S. 313ff.

[538] Die Streitschrift wurde von K. F. Consbruch, Sekretär Leopolds I, im Reichshofrat positiv beurteilt. Consbruch empfahl allerdings, die Drucklegung vom Autor selbst in die Wege zu leiten und nicht direkt von Wien aus, wie es Leibniz wünschte.

[539] Böger S. 426. Sellschopp S. 75.

[540] Sabine Sellschopp: „Als Schlüsseldokumente für Leibniz´ geheimgehaltene Unternehmung erweisen sich zwei auf demselben Blatt überlieferte kurze Brieftexte von seiner Hand, die beide vom 29. Mai 1701 in Krems datiert sind". Sellschopp S. 78. AA I, 19 N.384 und N.385.

[541] Sellschopp S. 79.

[542] („Ein Brief, den Monsieur der Graf von Kaunitz an mich schreiben ließ, um mich wissen zu lassen, daß der Kaiser mich zum wirklichen Hofrat ernennen läßt … gerichtet an Mr. le Baron de Leibniz, Göllersdorf 5. September 1701." „Monsieur. Durch diesen Brief werden Sie erfahren, dass Monsieur mein Vorgesetzter Ihren [Brief] vom 12. des vergangenen Monats erhalten hat, … dass Monsieur der Graf von Kaunitz ihm anvertraut hat, dass Seine allerdurchlauchtigste Majestät geneigt ist, durch die Aufnahme in den kaiserlichen Reichshofrat seine Verdienste auszuzeichnen, und ihm die übliche Besoldung, das sind 2000 Florins in freier Quartalszahlung, zu gewähren … um ihm sein Wohlwollen zu bezeugen und sie mit den Ansichten von Monsieur Graf Kaunitz zu verbinden. Was die wichtige Angelegenheit [Gründung der Societät] betrifft, ruhen in Kriegszeiten die Gesetze: man muss sich gedulden und den Ausgang des Krieges in Italien abwarten. Das ist es, Monsieur, was ich Ihnen von meinem Herrn übermitteln soll, der Ihnen seine Empfehlungen etc. übermitteln läßt.") Die Lücken des Briefes stammen von Leibniz selbst. Klopp S. 210 Anl. III.

V. FÜNFTER AUFENTHALT IN WIEN, 1702

Eine kurze diplomatische Mission

Um die Interessen des Hauses Hannover zu vertreten, kam Leibniz im März 1702 im Auftrag von Kurfürst Georg Ludwig in diplomatischer Mission zu einem kurzen Besuch nach Wien. Leibniz war beauftragt, den in kaiserlichen Kriegsdiensten stehenden Maximilian Wilhelm, den dritten Sohn des regierenden Kurfürsten Ernst August von Hannover und der Kurfüstin Sophie zu bewegen, das väterliche Testament anzuerkennen.[543]

VI. SECHSTER AUFENTHALT IN WIEN, 1708[544]

1. Memoriale an den Kurfürsten Johann Wilhelm von der Pfalz, 1704

In Kayserliche Dienste mich zu ziehen hat man bereits in meiner ersten jugend getrachtet, wobei aber wegen Entfernung der örther Hinderniss vorgefallen. (G. W. Leibniz, Memoriale an den Kurfürsten Johann Wilhelm von der Pfalz wegen Errichtung einer Akademie der Wissenschaften in Wien, verfasst in Lützenburg, 2. Oktober 1704)[545]

1704 wandte sich Leibniz mit einer Denkschrift an den Kurfürsten Johann Wilhelm von der Pfalz[546]. Er ersuchte den Kurfürsten, die Gründung einer Societät der Wissenschaften in Wien, die eine zentrale Bedeutung für das gesamte Reich haben sollte, bei Kaiser Leopold I zu unterstützen. Leibniz hoffte auf eine dauerhafte Stellung am Kaiserhof und betonte seine Verdienste in Wissenschaft und Diplomatie. Leibniz erinnerte an die bei seinem ersten Besuch in Wien von Graf Kaunitz versprochene Reichshofrathstelle.[547] Er erwähnte die Akademien in London, Paris und Berlin und wies auf die Finanzierung dieser Societäten hin.[548] Weiters führte Leibniz seine Erfahrungen im Bergbau an, die er in der geplanten Societät einsetzen könnte.[549] Die Denkschrift wurde durch den Beichtvater des Kurfürsten, den Jesuiten Ferdinand Orban, übermittelt. Obwohl Kaiserin Eleonore, die Gattin Leopolds I, die Pläne von Leibniz unterstützte, hatten sie keine Aussicht auf Realisierung; die Auseinandersetzungen mit Frankreich um die Krone Spaniens waren für Leopold I prioritär.

1705 starb Kaiser Leopold I im Alter von 65 Jahren nach 47-jähriger Regierungszeit. Sein Nachfolger war sein Sohn Joseph I.

2. Von Herzog Anton Ulrich nach Wien entsendet

„Weilen der Geheimte Rath von Leibniz eine Reise wiewohl inkognito nach Wien thut, so habe nicht unterlaßen sollen bey dieser gelegenheit gegen E. Kayserl. Mt. meine … devotion zu bezeigen. … Immaßen wegen seines zeli [Eifer], treue und capacität … E. Mt. ihn zu recommendiren die freyheit nehme" (G. W. Leibniz,

---

[543] Kurfürst Georg Ludwig, erster Sohn und Nachfolger von Kurfürst Ernst August, erbte alle Besitzungen seines Vaters ungeteilt. Seine vier jüngeren Brüder erhielten ausschließlich Apanagen. Der zweite Sohn Friedrich August fiel 1690 in Siebenbürgen. Sein Bruder Maximilian Wilhelm (1666-1742), in Wien zur römischen Kirche konvertiert, nahm im Testament die Stelle seines gefallenen Bruders ein. Maximilian Wilhelm, dem väterlichen Haus verfeindet und schwer verschuldet, verhandelte mit Leibniz. Vgl. Guhrauer II S. 145 und S. 11. Bergmann Wien S. 43.

[544] Ankunft in Wien 1., 2., oder 3. Dezember 1708, Abreise aus Wien 28. Dezember 1708. Müller-Krönert S. 211f.

[545] Memoriale S. 5. J. Bergmann vermutet, dass sich Leibniz bereits 1670 gemeinsam mit seinem Mentor Johann Christian von Boyneburg in Wien niedergelassen hätte, wäre Boyneburgs Bewerbung in Wien nicht abgelehnt worden. Memoriale S. 10 Anm. 3.

[546] Memoriale S. 4ff. Kurfürst Johann Wilhelm war ein Schwager von Kaiser Leopold I. Kaiserin Eleonore Magdalena, die älteste Schwester des Kurfüsten Johann Wilhelm, war die drittte Gattin Leopolds I und Mutter von Joseph I und Karl VI. Maria Anna Josepha, die erste Gattin Johann Wilhelms, war eine Halbschwester von Leopold I (gemeinsamer Vater Ferdinand III)

[547] Memoriale S. 6.

[548] *Damit aber bey diesen schwehren Zeiten keine sonderbare neue kosten deswegen zu verursachen nöthig, so köndten allerhand nützliche Vorschläge gethan werden, wie denn auch die Königlich Preussische Cammer durch die Fundirung der neuen societät nicht beschwehret worden.* Memoriale S. 7

[549] *… da seine kaiserl. Mt. … die meisten und besten Europäischen Bergwerke haben, wobei zweifelsohne zumal durch Auffrichtung eines General-Berg-Collegii und Conformitets-Arbeit viel guthes zu thun, so köndte auch vielleicht meines wenigen Ohrts etwas nützliches dazu beygetragen werden.* Memoriale S. 8.

im Namen Herzog Anton Ulrichs an Kaiser Joseph I, 13. November 1708. Empfehlungsschreiben für die Reise von G. W. Leibniz nach Wien)[550]

Abb. 10: Herzog Anton Ulrich von Wolfenbüttel (1673-1714)

Im Frühherbst 1708 wurde Leibniz von Herzog Anton Ulrich[551] gebeten, in geheimer Mission nach Wien zu reisen,[552] um einen Teil des Stiftes Hildesheim für das Haus Braunschweig-Lüneburg zu gewinnen.[553] Der politisch ehrgeizige Herzog suchte die kaiserliche Unterstützung von Joseph I und nützte dafür seine durch Heirat zweier Enkelinnen entstandenen Kontakte zu Zar Peter I und Kaiser Karl III von Spanien.[554]

Um die Arbeit an der Geschichte des Welfenhauses zu beschleunigen und die Bibliothekarstätigkeit von Leibniz einzuschränken, führte Kurfürst Georg Ludwig 1705 ein mehrjähriges Verbot des Bücherankaufes ein.[555] Es war Leibniz untersagt, ohne Genehmigung des Kurfürsten Hannover zu verlassen.[556] Leibniz, der sich von Kurfürst Georg Ludwig unverstanden und in seiner Funktion als Bibliothekar eingeengt fühlte, bereitete die Reise vor. Knapp vor seiner Abreise nach Wien verfasste Leibniz im Namen Anton Ulrichs im November 1708 die herzogliche Vollmacht für seine Reise nach Wien.[557] In Wien wollte Leibniz auch seine eigenen Interessen vertreten und sich in einer Audienz bei Kaiser Joseph I für die Gründung einer kaiserlichen Akademie der Wissenschaften einsetzen.[558] Diesmal hoffte Leibniz auf die Unterstützung der Gattin Josephs I, Kaiserin Amalia Wilhelmine, einer Tochter Herzog Johann Friedrichs, seines ersten Dienstherren in Hannover.

Um Schwierigkeiten mit dem Kurfürsten zu vermeiden, gab Leibniz vor, einen dreiwöchigen gesundheitsbedingten Aufenthalt in Karlsbad zu verbringen und anschließend in der kurfürstlichen Bibliothek in München Recherchen für die Welfengeschichte durchzuführen. Im Juli 1708 bewilligte Georg Ludwig die Aufenthalte in

[550] Bodemann S. 184. Zitiert nach Müller-Krönert S. 211. Ebenfalls im November 1708 verfasste Leibniz eine Denkschrift für Karl Theodor Fürst von Salm in Wien, in der Vorschläge für die Finanzierung einer Sammlung aller Reichsrechte und die Neuordnung der Manuskripte der kaiserlichen Bibliothek enthalten sind. Faak S. 51.

[551] Seit 1704 stand Leibniz als Bibliothekar in Wolfenbüttel in Diensten des hochgebildeten Herzogs Anton Ulrich, der Leibniz in seinen wissenschaftlichen, diplomatischen und politischen Plänen unterstützte und ihm viele Jahre freundschaftlich verbunden war. Um Leibniz für politische und diplomatische Missionen einzusetzen und ihm Zeit für seine wissenschaftliche Arbeit zu geben, stellte ihn der Herzog ab 1706 vom Bibliotheksdienst frei. Auch die Reisen im Spätherbst des Jahres 1712 zu Zar Peter I von Russland nach Karlsbad und zu Kaiser Karl VI nach Wien wurden von Anton Ulrich initiiert. Vgl. Bodemann S. 73ff.

[552] Vgl. G. Schnath: Geschichte des Hauses Hannover, Hildesheim 1938-1982, Bd. III, S. 563ff. W. Ohnsorge: Leibniz als Staatsbediensteter, in: Totok-Haase S. 183ff. Fischer S. 288f. Böger Teil 2 Anmerkungen S. 147 Nr. 349.

[553] Leibniz, „Abhandlung über eine geheime Mission in Wien", Leibniz für Herzog Anton Ulrich von Braunschweig-Wolfenbüttel, 26. Oktober 1708. Müller-Krönert S. 210f. Leibniz hielt sich von Ende Oktober 1708 bis Ende November 1708 in Braunschweig auf.

[554] Elisabeth Christine von Braunschweig-Wolfenbüttel war seit 1708 die Gattin Karls III (von 1703-1711 Kaiser Karl III von Spanien, 1711 nach dem Tod seines Bruders Joseph I zum römisch-deutschen Kaiser Karl VI gekrönt). Ihre jüngere Schwester Charlotte Christine wurde 1711 in Torgau mit Großfürst Alexei von Russland verheiratet. Klopp S. 181f. Johann Christoph von Urbich, ehemaliger Kammersekretär in Hannover, seit Sommer 1707 als russischer Gesandter in Wien, versuchte, die Heiraten der beiden Wolfenbütteler Prinzessinnen zu vermitteln.

[555] Rescript des Kurfürsten Georg Ludwig für Leibniz, 6. Juni 1705. Müller-Krönert S. 197. Doebner S. 228.

[556] Vgl. Kurfürstin Sophie an Leibniz, 20. September 1704. Der Kurfürst „… scheint sich zu beklagen, daß Ihr Verdienst, das er unendlich hoch einschätzt, ihm zu nichts dient, daß er Sie selten sieht und von dem Geschichtswerk, das Sie schreiben wollten, rein gar nichts erblickt …", Klopp Werke Bd. 9 S. 101f. Zitiert nach Müller-Krönert S. 192.

[557] Leibniz im Namen Anton Ulrichs, Introduktion für Kaiser Joseph I, 13. November 1708. Bodemann S. 184f.

[558] Im Mai 1708 wandte sich Leibniz über Vermittlung von Philipp Wilhelm Hörnigk an den Kardinal und Fürstbischof von Passau Johann Philipp Graf von Lamberg. Böger S. 437f. Vgl. Ph. W. Hörnigk, Regensburg an Leibniz, 6. Juni 1709. Klopp S. 210f Anl. IV und Klopp S. 179f. Foucher de Careil Œuvres Bd. 7 S. 266f. Obwohl Hörnigk von der Realisierung einer Societät nicht überzeugt war, unterstützte er Leibniz. Hörnigk war der Ansicht, dass die „… Particular-Interessen Vieler eine grossartige Stiftung solcher Art, wie Leibniz sie beabsichtige, nicht aufkommen lassen würden." Klopp S. 180.

Karlsbad und München unter der Bedingung, dass Leibniz Kosten für Reise und Aufenthalt selbst aufbringe, und grenzte die Zeit der Abwesenheit von Hannover ein.[559] Leibniz war verärgert.[560]

3. Aufenthalt in Wien

Abb. 11: Kaiser Joseph I
(1678-1711)

Abb. 12: Kaiserin Amalia Wilhelmine (1673-1742)

Anfang Dezember 1708 traf Leibniz in Wien ein.[561] Er wohnte bei dem Leibarzt des Kaisers Pius Nicolaus Garelli[562]. Der ungefähr vierwöchige Aufenthalt in Wien erfolgte unter strengster Geheimhaltung.[563] In der Korrespondenz mit Minister Bernstorff erwähnte Leibniz nur die fingierten Reisen nach Karlsbad und München.

In Wien versuchte Leibniz zunächst seine eigenen Interessen zu vertreten. Unterstützt von Kaiserin Amalia Wilhelmine versuchte Leibniz, Kaiser Joseph I von der Gründung einer wissenschaftlichen Societät in Wien zu überzeugen. Wie schon Leopold I bot Leibniz auch Kaiser Joseph I eine erweiterte Form des aus dem Jahre 1688 stammenden „Collegium Historicum Imperiale"[564] an, das Leibniz in eine wissenschaftliche Societät, die alle Wissenschaftsdisziplinen umfasste, erweitern wollte. Er machte den Vorschlag, eine „vielgliedrige Historische Societät mit Einschluss der Hilfswissenschaften, Quellenkunde und Literaturwissenschaften - dabei aber offen für andere verwandte Wissenschaften" zu gründen.[565] Die neue Societät sollte sich auch mit Geschichte der Erfindungen, historischer Geographie, Handels- und Verkehrsgeschichte befassen und einen eigenen Programmpunkt „Austriaca" enthalten, wovon Leibniz selbst *ein ansehnliches volumen... aus diplomatibus und monumentis* beisteuern könnte.[566] Er machte dem Kaiser Vorschläge zur Finanzierung einer Sammlung aller Reichsrechte sowie für eine Neuordnung der in der Hofbibliothek vorhandenen Manuskripte[567]. Leibniz wollte die Oberaufsicht über das Reichsarchiv verbunden mit der Würde eines Reichshofrathes erreichen.

In der „Causa Hildesheim" verhandelte Leibniz mehrfach mit Karl Theodor Fürst von Salm[568], war aber nicht erfolgreich. *In der Hauptsach hat sich der Fürst noch zu nichts resolviren können, verlangt, daß das werck formlich und judicaliter tractiret werde, wenn es vorgenommen werden solle.*[569] Obwohl Herzog Anton Ulrich dem Kaiser für seine mögliche Intervention militärische Unterstützung im Spanischen Erbfolgekrieg versprach, erhielt Leibniz bei seinen Verhandlungen keinerlei konkrete Zusagen.

---

[559] Doebner S. 244f.

[560] *... ich bin nicht wohlhabend genug um es wie der Herzog de la Feuillade zu machen, der auf eigene Kosten dem Ruhme des Königs von Frankreich ein Denkmal setzte. Ich werde die bayerischen Welfen ruhen lassen, bis ich reicher bin.* Leibniz an Friedrich Wilhelm von Goertz, Geheimer braunschweigisch-lüneburgischer Kammerpräsident, 30. Juli 1708. Zitiert nach Doebner S. 245.

[561] In der zweiten Hälfte November 1708 verließ Leibniz Hannover. Er reiste über Erfurt, Eger, Karlsbad nach Regensburg, wo er am 28. November 1708 eintraf. Am 29. November 1708 sendete Leibniz einen genauen Reisebericht an Herzog Anton Ulrich. Ab 30. November reiste Leibniz per Schiff von Regensburg nach Wien.

[562] Müller-Krönert S. 212. Die Adresse ist bis dato nicht nachweisbar.

[563] J. Bergmann, E. Guhrauer und G. Hamann erwähnen den Aufenthalt von Leibniz in Wien 1708 nicht. J. Bergmann: fünf Aufenthalte in Wien: 1688, 1690, 1700, 1702 und 1713/1714, Bergmann Wien S. 40f. G. Hamann: vier Aufenthalte:1688/89, 1690, 1700 und 1712-1714, Hamann Akademie S. 162ff. K. Fischer: fünf Aufenhalte: 1688, 1690, 1700, 1708, 1713/1714. Fischer u. a. S. 195f, S. 239ff.

[564] Vgl. Teil 1/II/2 und 4.

[565] Hamann Akademie S. 169.

[566] Zitiert nach Böger S. 437.

[567] Böger S. 437. Vgl. Leibniz, „Pro Memoria für Kaiserin Amalia", 22. September 1710, Niedersächsische Landesbibliothek Hannover, Leibniz Handschriften XI 6 B, Bl. 13-14.

[568] Leibniz, „Concept für die Audienz bei Salm", Anfang November 1708. Leibniz Briefwechsel, F 1, Bl. 102. Leibniz, „Denkschrift für Kaiserin Amalia die Causa Hildesheim betreffend", Dezember 1708.

[569] Leibniz an Herzog Anton Ulrich, Anfang 1709. Bodemann S. 187.

Durch den russischen Gesandten in Wien Christoph Freiherr von Urbich versuchte Leibniz Kontakt zu Zar Peter I von Russland aufzunehmen. Auf Wunsch von Urbich verfasste Leibniz eine Denkschrift zur Entwicklung und Förderung der Wissenschaften in Russland.[570] Urbich versuchte zu intervenieren, doch sein Einfluss war gering und die Zeit ungünstig, da der Zar im Nordischen Krieg stand.

Es ist anzunehmen, dass bei diesem Aufenthalt in Wien keine Reunionsverhandlungen stattgefunden haben. *Wie jetzt der Stand der Dinge ist erwarte ich nichts mehr von dem Vereinigungsgeschäfte. Die Sache wird sich einmal selbst vollziehen.*[571]

4. Rückkehr nach Hannover

„Ich habe aber ihn nirgends erfragen können und endlich eine gute Zeit nach seiner Abreise erfahren, daß er auffs sorgfaltigste seine Herkunft vor mich zu verhelen getrachtet aber bey Ihr Maye. der regierenden Kayserin gantz geheime audienz gehabt auch bey dem Moscovitischen Ministro Baron von Urbich nebst jemand gespeiset habe, durch welchem dieses geheimnüs außgekommen ist." (Daniel Erasmi Freiherr von Huldenberg, Außerordentlicher Gesandter des Kurfürsten von Hannover in Wien, an Kurfürst Georg Ludwig von Hannover, 26. Januar 1709)[572]

Ende Jänner 1709 berichtete der hannoversche Gesandte in Wien Daniel Freiherr von Huldenberg Kurfürst Georg Ludwig, dass Leibniz in geheimer Mission in Wien gewesen sei.

Begleitet von Urbich verließ Leibniz Wien Ende Dezember 1708, um nach Berlin zu reisen.[573] Unzufrieden über die geringe Aktivität der Berliner Societät wandte sich Leibniz verstärkt der Geschichte des Welfenhauses zu. Aus Berlin schrieb er an Kurfürstin Sophie, dass er … *eine Reise nach Böhmen und Sachsen unternehme, um einen Gehülfen für seine historischen Arbeiten zu finden, welche er mit aller möglichen Kraft zu betreiben wünschte, um endlich herauszukommen.*[574] Am 9. März 1709 kehrte Leibniz nach Hannover zurück. Der Kurfürst kritisierte die „wiederholten Reisen" und vor allem den „geringe[n] Fortschritt in dem unsichtbaren Werke".[575] Kurfürst Georg Ludwig plante bereits, Leibniz durch eine öffentliche Ausschreibung suchen zu lassen.[576] Da der Kurfürst deutlich seinen Unwillen über die geheime Reise nach Wien zum Ausdruck brachte, fühlte sich Leibniz verpflichtet, eine Schrift zu seiner Rechtfertigung zu verfassen.[577]

---

[570] Guerrier S. 95ff. Müller-Krönert S. 212.

[571] Leibniz an Johann Fabricius, 28. Januar 1708. Zitiert nach Guhrauer II S. 237. Die Beendigung der Reunionsverhandlungen könnte auch durch den öffentlichen Übertritt von Herzog Anton Ulrich zum katholischen Glauben 1710 beeinflusst worden sein. Ein weiterer Grund könnte sein, dass bei der Heirat des Kronprinzen von Preußen Friedrich Wilhelm mit Sophie Dorothee, der Tochter des Kurfürsten von Hannover, die das lutherische Bekenntnis hatte, der Braut vom Preußischen König Religionsfreiheit zugestanden wurde.

[572] Zitiert nach Müller-Krönert S. 213. Mit „regierender Kayserin" ist Amalia Wilhelmine, die Gattin Josephs I, gemeint.

[573] Die Abreise von Leibniz und Urbich aus Wien erfolgte am 28. Dezember 1708. Leibniz hielt sich in Leipzig Anfang Jänner 1709, in Berlin von Mitte Jänner bis Anfang März 1709 auf. Müller-Krönert S. 212.

[574] Leibniz, Berlin an Kurfürstin Sophie, Hannover, 18. Januar 1709. Klopp Werke Bd. 9 S. 291. Zitiert nach Guhrauer II Anmerkungen S. 95. Am 15. Januar 1709 teilte Leibniz aus Hannover Minister Bernstorff mit, dass er nach Beendigung einer dreiwöchigen Badekur in Karlsbad eine Reise zu den sächsischen Universitäten gemacht habe, um einen geeigneten Mitarbeiter für seine historischen Arbeiten zu finden. Müller-Krönert S. 213. Doebner S. 247.

[575] Guhrauer II Anhang S. 95. Mit „unsichtbarem Werke" ist die Geschichte des Welfenhauses gemeint. Vgl. W. Ohnsorge: Leibniz als Staatsbediensteter, in: Totok-Haase S. 182 und G. Scheel: Leibniz als Historiker des Welfenhauses, in: Totok-Haase S. 238ff und S. 227.

[576] Kurfürstin Sophie, Hannover an Leibniz, Berlin, 23. Januar 1709: „Der Kurfürst, ihr Sohn, habe gesagt, er wolle in den Zeitungen denjenigen, der Leibniz wiederfinde, eine Belohnung aussetzen. Man wisse erst seit einigen Tagen, daß Leibniz sich in Berlin aufhalte". Zitiert nach Müller-Krönert S. 213. Vgl. Klopp Werke Bd. 9 S. 294. Guhrauer II Anhang S. 95f. W. Ohnsorge: Leibniz als Staatsbediensteter, in: Totok-Haase S. 185.

[577] Klopp Werke Bd. 9 S. 297ff. Müller-Krönert S. 213.

VII. SIEBENTER AUFENTHALT IN WIEN, 1712-1714[578]

1711 starb Joseph I nach nur sechsjähriger Regierungszeit an den Blattern. Sein Nachfolger war sein Bruder Karl VI.

1. Reise nach Wien

Und erfreüe mich von herzen, dass ich noch endtlich das glück erlebet, einen hohen potentaten auffzuwarten, bei dem macht, liecht und güthe mit gleichen Schritten gehen, zu dessen dienste ich alle arbeit, die ich zeit meines lebens gethan, zu wiedmen verlange. (G. W. Leibniz an Kaiser Karl VI, Anfang Januar 1713)[579]

Im Herbst 1712 erhielt Leibniz von Herzog Anton Ulrich den Auftrag nach Wien zu reisen. Leibniz sollte ein gegen Frankreich gerichtetes Bündnis zwischen Russland und Österreich bewirken,[580] das u. a. Kaiser Karl VI die Fortführung des spanischen Erbfolgerkrieges ermöglichen sollte. Leibniz stimmte der Reise zu. Wie im Jahre 1708 wollte er den Kaiser von der Gründung einer *Societät zu wissenschaftlichen-praktischen Zwecken* überzeugen und endlich seine Stelle als Reichshofrath antreten.

Durch an Zar Peter I[581] und Kaiser Karl VI[582] gerichtete Empfehlungsschreiben, die von Leibniz verfasst und von Anton Ulrich unterzeichnet wurden, sollten die Kontakte zu Zar Peter I und Kaiser Karl VI verstärkt werden. ... *damit ein vollkommenes guthes verständniss zwischen diesen beiden Monarchen zu gemeinem bestem walten möge.*[583] Leibniz empfahl sich im Namen Anton Ulrichs dem Kaiser: ... *den geheimten Justiz-Rath von Leibniz recommendiret, der wegen seinen Wissenschaften in historia scientiis et jure tam privato quam publico berühmt, und bereits vor vielen Jahren von denen Grafen Koenigseck und Stratemann zu eben diesem officio vorgeschlagen worden.*[584] Aus der Denkschrift geht hervor, dass sich Leibniz nicht völlig von Hannover lösen wollte. *Und zweiffele ich nicht, es werde die Sach zur würcklichkeit nunmehr gelangen, doch verhoffentlich also, dass er den diensten des hauses Braunschweig nicht gänzlich entrissen werde. Er hat bey gelegenheit der histori dieses Hauses, die er untersuchet, nicht wenig ans licht bracht, ...*[585]

Im November 1712 hatte Leibniz eine Audienz bei Zar Peter I in Karlsbad.[586] Leibniz verfasste die „Denkschrift über ein zu errichtendes Bündnis zwischen dem Zar Peter dem Großen und dem Kayser Karl".[587] Leibniz begleitete den Zaren nach Dresden und reiste von dort nach Wien. ... *überdies bot sich mir eine schöne Gelegenheit dar, bequem, beinahe ohne Kosten, nach Wien zu gehen, und zwar in Gesellschaft eines Edelmanns,*

---

[578] Leibniz hielt sich vom 15. Dezember 1712 bis 3. September 1714 in Wien auf. Bergmann Wien S.43ff. Heinekamp S. 542ff. Klopp S. 184ff. Guhrauer II S. 276ff. Fischer S. 239ff. Hamann Akademie S. 169ff. Hamann Prinz Eugen S. 62ff. Böger S. 438ff. Als Leibniz Ende 1712 in Wien eintraf, tagte der Kongress in Utrecht (Utrechter Friedensverhandlungen). Leibniz erlebte während seines letzten Aufenthaltes in Wien das von Karl VI erlassene Gesetz der pragmatischen Sanktion und das Ende des spanischen Erbfolgekrieges. Als Leibniz nach 20 Monaten im Herbst 1714 nach Hannover zurückkehrte, wurde der Friede von Utrecht geschlossen.

[579] Zitiert nach Roessler S. 271.

[580] Leibniz entwarf eine „Instruction" für seine Mission in Wien und die geplante Audienz bei Zar Peter I in Karlsbad. *Nachdem nun ich zu dem Czar anjezo beruffen worden, haben Se. D. dafür gehalten, dass Sie durch mich solches mit confidenz umb so viel mehr zu insinuiren und vorzustellen gelegenheit finden weil ich ferner nach Wien gehen werde, und also auch des Czars gedancken ohne weitläuffigkeit bey dem Kayserl. Hoffe vorstellen, und bey Kayserl. Mt. selbst, vermittelst Sr. D. mir mitgegebenen Schreibens, einen näheren Zutritt als sonst, zumahl anderwegen Ministris gegeben wird, zu hoffen habe.* Instruction für Leibniz, von ihm selbst verfasst, ohne Datum, einzuordnen Ende September 1712. Zitiert nach Klopp S. 214 Anl. V Nr. 3.

[581] Creditiv für Leibniz bei dem Czaren Peter, von ihm selbst geschrieben. Der Herzog Anton Ulrich von Braunschweig-Wolfenbüttel an den Czaren Peter I. Nicht datirt, einzuordnen ca. September/Oktober 1712. Klopp S. 212, Anl. V Nr 1.

[582] Creditiv für Leibniz bei dem Kaiser Karl VI, von ihm selbst geschrieben. Der Herzog Anton Ulrich von Braunschweig-Wolfenbüttel an Karl VI. Nicht datirt, einzuordnen ca. September/Oktober 1712. Klopp S. 213 Anl. V Nr. 2.

[583] Instruction für Leibniz von ihm selbst verfasst, ohne Datum, einzuordnen ca. September 1712. Zitiert nach Klopp S. 214 Anl. V Nr. 3. Vgl. Leibniz, „Denkschrift über ein zu errichtendes Bündnis zwischen dem Zaren und dem deutschen Kaiser", 6. November 1712. Guerrier S. 264ff.

[584] Creditiv für Leibniz bei dem Kaiser Karl VI, von ihm selbst geschrieben. Der Herzog Anton Ulrich von Braunschweig-Wolfenbüttel an Karl VI. Nicht datirt, einzuordnen ca. September 1712. Klopp S. 212 Anl. V Nr. 2.

[585] Creditiv für Leibniz bei dem Kaiser Karl VI, von ihm selbst geschrieben. Der Herzog Anton Ulrich von Braunschweig-Wolfenbüttel an Karl VI nicht datiert, einzuordnen ca. September 1712. Zitiert nach Klopp S. 213 Anl. V Nr. 2.

[586] Vgl. Teil 1/VI/3.

[587] Guerrier Nr. 171 S. 264ff. Leibniz, Denkschrift vom 6. November 1712.

Abb. 13: Großer Federlhof, Wien, Quartier von Leibniz im Jahre 1712, heute Eckhaus Lugeck 7/Rotenturm-straße 6

welchem es sehr angenehm war, ...[588] Von Prag aus kündigte Leibniz Bischof Buchhaim seine Ankunft in Wien an,[589] die geheim bleiben sollte, da Leibniz ohne Genehmigung seines Dienstherrn Kurfürst Georg Ludwig nach Wien reiste. Er ersuchte um Kontakt zu Reichsvizekanzler Friedrich Karl Graf von Schönborn, um in seiner Stellung als Reichshofrath bestätigt zu werden.

Einige Tage vor seiner Ankunft in Wien wandte sich Leibniz brieflich von Königseck in Böhmen an den Jesuiten Ferdinand Orban. Er ersuchte Orban, die Gründung einer kaiserlichen Akademie der Wissenschaften dem Beichtvater des Kaisers, dem Jesuiten Caspar Florentin von Consbruch, zu empfehlen. Leibniz versicherte Orban, sich mit der Aufklärung der Reichsgeschichte und der Förderung der Wissenschaften zu befassen. ... *ut dubitari non possit, quin circa justitiae administrationem, eruenda ex monumentis imperatoris et imperii jura, historiam lumen, scientiarum denique propagationem, opera mea Caesareae Majestati utilis sit futura.*[590]

---

[588] Zitiert nach Guhrauer II S. 277. Der Name des Begleiters von Leibniz ist nicht bekannt.

[589] Leibniz an F. A. Buchhaim, 8. Dezember 1712. Müller-Krönert S. 232. Vgl. Faak S. 61. In diesem Brief erwähnte Leibniz die Zustimmung Karls VI zu seiner Ernennung zum Reichshofrath. Durch Vermittlung von Anton Ulrich wurde bei der Wahl und Krönung Karls VI zum römisch-deutschen Kaiser am 22. Dezember 1711 in Frankfurt am Main die Zusicherung der Ernennung zum Reichshofrath für Leibniz erneuert. Am 2. Jänner 1712 wurde Leibniz in Frankfurt zum „Wirklichen Reichshofrath auf der Gelehrten-Bank" ernannt. Bergmann Reichshofrath S. 188f. Vgl. Teil 2/VII/5.

[590] Leibnitius Orbano S. J. confessario Electoris palatini Koenigseck ad Moraviae fines 12. Decbr. 1712. Zitiert nach Klopp S. 215 Anl. VI.

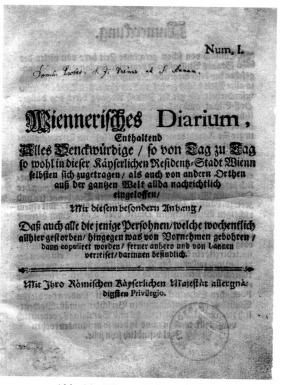

Abb. 14: Wiennerisches Diarium

Wieder erwähnte Leibniz seine Ernennung zum Reichs-hofrath: *Cum enim nuper Francoforti magnus Carolus (Karl VI) Ser^mo Duci Antonio Ulrico me commendante annuisset, ut Consilarii Imperialis aulici dignitatem haberem, mihi vero nudi tituli magni cura non sit, tentabo, an efficere possim, ut fructur honoris accedat.*[591]

Als Leibniz um den 15. Dezember 1712 in Wien eintraf, bezog er Quartier im „Großen Federlhof"[592].

Im Jahre 1713 forderte die Pest Tausende Todesopfer in Wien.[593] Wegen eines Pestfalles war Leibniz gezwungen, nach einigen Monaten den Federlhof zu verlassen. Er über-siedelte in das nahe gelegene „Wolfgramische Haus"[594].

Durch Vermittlung der aus Hannover stammenden ersten Hofdame Marie Charlotte von Klencke[595] hatte Leibniz Kon-takt zu Kaiserin Amalia, der Witwe Josephs I. Kurz nach sei-ner Ankunft in Wien wandte sich Leibniz an die Kaiserin[596] und ersuchte sie, die Gründung einer kaiserlichen Akademie der Wissenschaften zu unterstützen: *Sacrée Majesté. La de-moiselle de Klenck [sic] m'a fait savoir que V.M.I. [Votre Majesté Imperiale] avoit dessein de parler à la Majesté de l'Empereur en faveur d'une societé des sciences. S'il y a moyen d'en venir à bout, ce sera une chose des plus glo-rieuses, des plus utiles, et j'ose adjouter, des plus meritoires.*

[591] Leibnitius Orbano S. J. confessario Electoris palatini Koenigseck ad Moraviae fines 12. Decbr. 1712. Zitiert nach Klopp S. 215f Anl. VI. Vgl. Klopp S. 183f. Guhrauer II Anmerkungen S. 29. Orban, Beichtvater des Kurfürsten Wilhelm von der Pfalz, hatte bereits 1704 Leibniz' Vorschlag, eine Societät der Wissenschaften in Wien zu gründen, Kaiser Leopold I übermittelt. Leibniz er-wähnte seine von Herzog Anton Ulrich aufgetragene politisch-diplomatische Mission nicht. Als Zweck der Reise gibt Leibniz die Ernennung zum Reichshofrath an.

[592] Heute Bäckerstraße 2, Eckhaus Rotenturmstr. 6/Lugeck 7 im 1. Wiener Gemeindebezirk. Das Quartier wurde von Leibniz bereits am 27. Juli 1712 aus Hannover bestellt. Der Federlhof gehörte 1712 zu den stattlichsten Gebäuden der Stadt. Der „Große Federl-hof", auch Tyrnaer Haus, ist nach dem äußeren Rat und Handelsmann Georg Federl (auch Föderl) benannt, der dieses Haus 1590 kaufte und den gegen die Bischofgasse (heute Rotenturmstraße) gelegenen Trakt umbauen ließ. Später ging das Haus in den Besitz der Familie Edlasberg über. Der Überlieferung nach haben auch Paracelsus und Philippine Welser im Federlhof gewohnt. Wal-lenstein soll 1633 bei einem Besuch in dem damaligen sechsstöckigen Turme astronomische Beobachtungen durchgeführt haben. 1845/1846 wurde das Gebäude abgebrochen. In den Jahren 1846-1847 errichtete Georg Simon Freiherr von Sonn (bei Bergmann unrichtig Sina, Bergmann Wien S. 46, vgl. Anm. 9 S. 59) an dieser Stelle ein neues großes Wohngebäude. Der Name „Federlhof" blieb erhalten. Ein Brief von Leibniz an den Reichshofrath ist mit *Federlehof, den 21. April 1714* unterzeichnet und dokumentiert, dass Leibniz mindestens bis zu diesem Zeitpunkt dort gewohnt hat P. Harrer: Wien - seine Häuser, Menschen und Kultur, Manu-skript, Wiener Stadt- u. Landesarchiv 1954, 4. Bd. 1. Teil, S. 13f. Bergmann Wien S. 46 und S. 59 Anm. 9.

[593] Es scheint, dass sich Leibniz keineswegs vor der Pest fürchtete. In einem Brief an Minister Bernstorff, in dem er seine Rückkehr nach Hannover ankündigte, betonte er: *Unterdessen pflege ich den Herren von Wien zu sagen, daß ich vor meiner Abreise vor einem Notar protestiren will, daß nicht die Furcht mich fortgehen heißen wird: denn bis jetzt glaube ich nicht, daß hier irgend eine Pest herrsche.* Leibniz, Wien an Minister A. G. von Bernstorff, Hannover, 10. Mai 1713. Zitiert nach Guhrauer II S. 283f.

[594] Heute Wollzeile 16, im 1. Wiener Gemeindebezirk. Wieder trug er sich nicht in die Gästeliste ein, da er anonym bleiben wollte. P. Harrer: Wien - seine Häuser, Menschen und Kultur Manuskript, Wiener Stadt- u. Landesarchiv 1954, 4. Bd., 3. Teil, S. 534. Johann Ludwig Edler von Wolfskron kaufte 1694 das sogenannte Wolfgramische Haus, das im Jahr 1700 in Schimmers Häuserchronik nach einem Vorbesitzer auch das Hollerische Haus genannt wird, später wurde es durch einen Neubau ersetzt.

[595] Marie Charlotte von Klencke, bis dato in der Literatur als „Klenck" zitiert, hochgebildet und an verschiedenen Wissenschaftsdis-ziplinen interessiert, stammte aus Hannover. M. Ch. von Klencke, eine Tochter des Hannoverischen Oberkammerherrn Wilken Klencke, begleitete Amalia Wilhelmine von Braunschweig-Lüneburg 1699 bei ihrer Heirat mit Joseph I als erste Hofdame von Hannover nach Wien. Klencke wurde zur engsten Vertrauten der Kaiserin, „… so daß von der Kaiserin nichts ohne ihren Rat getan und … der ganze Hof von ihr regiert worden ist". G. Schnath: Geschichte Hannovers im Zeitalter der 9. Kur und der englischen Sukzession 1674-1714, Hildesheim 1978, Bd. III, S. 230.Vgl. H. H. von Reden: Fürstenporträts der Barockzeit in Schloß Hämel-schenburg, in: Niederdeutsche Beiträge zur Kunstgeschichte, Bd. 5, 1966, S. 184.

[596] Leibniz an Kaiserin Amalia, 21. Dezember 1712. Klopp S. 185.

Car par des nouvelles decouvertes on facilitera aux hommes les manieres de subsister, et donnera du pain aux pauvres; on perfectionnera les machines de guerre qui serviront à soumettre les infideles à Jesus Christ, et on sauvera bien des malades et des blessés qui perissent à present à cause de l'imperfection presente de la science, et l'on penetrera de plus en plus dans la connoissance des merveilles de Dieu, comme on a commencé de faire par la decouverte des veritables systemes de l'univers dans la nouvelle astronomie, et de l'animal dans la nouvelle anatomie, ce qui sert à adorer avec plus de connoissance de cause la grandeur, la sagesse et la bonté de Dieu. Ces connoissances serviront encore aux missions chez les infideles, car en leur faisant part des lumieres naturelles, on donnera du-credit aux surnaturelles que nous leur devons enseigner. C'est ce qu'on a experimenté aujourd'huy à la Chine, et autresfois chez les Abissins, où les monarques éblouis par la beauté des sciences des Europeens ont été portés à embrasser ou du moins à admettre nos doctrines salutaires. Ainsi la pieté, la charité, la gloire et l'interest vont icy de compagnie.[597]

Am Ende des Briefes drängte der 66-jährige Leibniz auf eine baldige Gründung einer kaiserlichen Akademie der Wissenschaften: *A l'age où je suis, je ne jouiray guere du bien, qui en resultera, et ce n'est pour moy qu'une belle perspective, mais mon zele pour la gloire de Dieu, le service et l'honneur de l'Empereur, et l'utilité du prochain me fait y prendre part comme si j'y trouvois mon utilité particuliere.*[598]

Leibniz berichtet Kurfürstin Sophie über seinen Aufenthalt in Wien, über das Treffen mit der geistreichen Hofdame von Klencke, den reizenden Töchtern der Kaiserin Amalia und von seinen Einladungen bei Generalfeldmarschall Graf Anton Joseph von Schlick und dem kaiserlichen Kämmerer Carl Ernst von Rappach.[599]

Nicht nur Kaiserin Amalia[600], sondern auch Kaiserin Eleonore, die Mutter Karls VI, und die regierende Kaiserin, die junge Elisabeth Christine unterstützten die Gründungspläne für eine kaiserliche Akademie.[601]

---

[597] *(Geheiligte Majestät, Hoffräulein von Klenck [sic] hat mich wissen lassen, dass Eure Kaiserliche Majestät die Absicht hat, sich bei Seiner Majestät dem Kaiser für eine Societät der Wissenschaften einzusetzen. Wenn das möglich ist, wird das eine der ruhmvollsten und der nützlichsten Angelegenheiten und ich wage hinzuzufügen eine der verdienstvollsten sein. Denn durch die neuen Entdeckungen wird man die Lebensbedingungen der Menschen verbessern und man wird imstande sein den Armen Brot zu geben; man wird die Kriegsmaschinen weiter entwickeln, die dazu dienen, die Ungläubigen Jesus Christus untertan zu machen, und man wird Kranke und Verwundete retten, die derzeit wegen der herrschenden Unzulänglichkeit der wissenschaftlichen Kenntnisse sterben, und man wird mehr und mehr die Wunder Gottes begreifen, so wie man begonnen hat, die wahren Systeme des Universums in der neuen Astronomie zu entdecken, sowie die Lebewesen in der neuen Anatomie, und dadurch, mit besserem Verständnis die Größe, Weisheit und Güte Gottes zu bewundern. Diese Kenntnisse werden weiters dazu dienen, die Ungläubigen zu missionieren, denn indem man sie an der Aufklärung der Natur teilnehmen läßt, wird man sie an der Welt Gottes teilhaben lassen, die wir zu lehren verpflichtet sind. Das, was man heute in China erfahren hat und ehemals bei den Abessiniern, wo die Monarchen, geblendet von der Großartigkeit der Wissenschaften der Europäer, verleitet wurden sie anzunehmen oder wenigsten unsere heilsamen Lehren gelten zu lassen. So werden die Frömmigkeit, die Nächstenliebe, die Herrlichkeit Gottes und das Nützliche hier zusammenwirken.)* Leibniz à l'impératrice Amalie veuve de l'Empereur Josèphe I (Sans date), (Leibniz an Kaiserin Amalia, Witwe von Kaiser Joseph I) (Undatiert), einzuordnen Ende Dezember 1712/Anfang Jänner 1713. Klopp S. 216 Anl. VII.

[598] *(In meinem Alter werde ich mich kaum an den Erfolgen erfreuen können, die daraus hervogehen und es ist für mich nicht mehr als ein schöner Blick in die Zukunft, aber mein Eifer für den Ruhm Gottes, dem Dienen für die Ehre des Kaisers, sowie dem zu erwartenden Nutzen läßt mich daran teilhaben, als ob ich darin meinen ganz eigenen besonderen Nutzen gefunden hätte.)* Leibniz à l'impératrice Amalie veuve de l'Empereur Josèphe I (Sans date), (Leibniz an Kaiserin Amalia, Witwe von Kaiser Joseph I) (Undatiert), einzuordnen Ende Dezember 1712, Klopp S. 217 Anl. VII.

[599] Leibniz, Wien an Kurfürstin Sophie, Hannover, 21. Januar 1713. Klopp Werke Bd. 9 S. 382f.

[600] Leibniz an Herzog Anton Ulrich, 7. Januar 1713. *Ich habe guthe hofnung etwas auszurichten; der Kayserin Amalie Mt nehmen sich meiner gar gnädig an ...* Bodemann S. 223. Zitiert nach Böger Teil 2 Anmerkungen S. 160 Nr. 144.

[601] Sein Leben lang vermochte Leibniz das Interesse und die Freundschaft gebildeter und gesellschaftlich hochgestellter Damen zu gewinnen (u. a. Heer S. 22f). Den bedeutendsten Einfluss auf sein Leben hatten Sophie von Hannover (u. a. Fischer S. 250ff) und ihre Tochter Sophie Charlotte (u. a. Fischer S. 261ff). Sophie war jahrzehntelang Leibniz' Gönnerin und Vertraute und unterstützte seine wissenschaftlichen und diplomatischen Pläne. Die Entstehung der „Theodicée" war durch Gespräche mit Sophie Charlotte geprägt, die die Gründung der Berliner Akademie wesentlich mitbestimmte. Louise Hollandine, die zum katholischen Glauben konvertierte Äbtissin von Maubuisson, eine Schwester von Kurfürstin Sophie, unterstützte Leibniz in seinen Bestrebungen um die Reunion der Konfessionen. Sie wurde von ihrer einflussreichen „Sekretärin" Madame Marie de Brinon unterstützt, die vor allem zwischen Leibniz und J. B. Bossuet zu vermitteln versuchte. Auch Elisabeth Charlotte, Herzogin von Orleans (Liselotte von der Pfalz), eine Nichte von Sophie und Schwägerin Ludwigs XIV, stand mit Leibniz im Briefwechsel. Leibniz ersuchte sie, für die französischen Protestanten zu intervenieren (u. a. Fischer S. 282f). Louise, Raugräfin zu Pfalz, Großhofmeisterin ihrer Tante Sophie von Hannover, gebildet und politisch interessiert, korrespondierte mit Leibniz u. a. über die Erbfolge in Großbritannien (u. a. Guhrauer II Anhang S. 92f). Von 1699 bis 1714 korrespondierte Leibniz mit Eleonore d'Olbreuse, Herzogin von Celle. Eine weitere Briefpartnerin ist die Dichterin Madeleine de Scudery (1699 verfasste Leibniz das bekannte Gedicht über den Tod ihres Papageien).

Eine Woche nach seiner Ankunft in Wien verständigte Leibniz Minister Bernstorff in Hannover von seiner Reise nach Wien und versuchte seinen Aufenthalt zu begründen. *Ich habe von Seiner Majestät [Zar Peter] in Dresden Abschied genommen und mein Vorhaben war, nach Hause zurückzukehren: als ich ein wenig durch mein Leiden am Fuße aufgehalten wurde. Unterdessen erhielt ich eine Nachricht, daß der Kaiser selbst geneigt wäre, die historischen Untersuchungen [Geschichte des Welfenhauses] zu begünstigen, ... Gegenwärtig bezeugt mir der Herr Reichs-Vice-Kanzler [Philipp Ludwig W. Graf Sinzendorf] viel Zuvorkommenheit, unser Vorhaben für historische Untersuchungen zu befördern. Man wünscht sehr den ersten Teil meiner Annalen gedruckt zu sehen. Ich werde mich daher beeilen, zurückzukehren, um sie abzuschließen.*[602] Leibniz dachte aber nicht an eine baldige Rückkehr nach Hannover und blieb noch mehr als eineinhalb Jahre in Wien.[603]

Im Februar 1713 wandte sich Leibniz schriftlich an den kaiserlichen Bibliothekar Johannes-Benedikt Gentilotti, um die Handschriften der Bibliothek benützen zu dürfen. Die positive Antwort Gentilottis erfolgte einen Tag später.[604]

2. Vorbereitung auf die erste Audienz

Es ist bereits vor vielen jahren ein entwurff von einer societät in vorschlag kommen, so die deutsche Histori erläutern sollen;[605] *es hat aber auff viele weise an nöthiger anstalt und zulänglicher untersuchung gefehlet. Anjezo aber da ein ansehnlicher apparatus bereits zusammen bracht, und solche specimina dargelegt worden, welche hofnung zu einem mehrern geben, auch viele gelehrte leute hin und wieder in diesen gustum eingangen, solte zeit seyn auff verfassung einer rechten societatis imperialis Germanicae zu gedencken. Zumahl die Kayserl. Mt. bey habenden grossen liecht, auch zu diesen studiis keine geringe neigung zeigen ... (G. W. Leibniz, Denkschrift vom 23. Dezbr 1712)*[606]

Als Leibniz Ende des Jahres 1712 in Wien eintraf, war der 27-jährige Kaiser Karl VI seit einem Jahr an der Macht. Karl VI war nach Leopold I und Joseph I der dritte Herrscher, dem Leibniz in Wien seine Dienste anbot. Allen drei Herrschern versuchte Leibniz seine Pläne für die Gründung einer kaiserlichen Akademie der Wissenschaften in Wien näherzubringen,[607] doch am intensivsten waren seine Bestrebungen unter der Regentschaft Karls VI. In mehreren an den Kaiser gerichteten Denkschriften gab Leibniz detaillierte Angaben über Aufgaben und Aufbau der Akademie.[608] Von Angehörigen des Hofes, darunter Prinz Eugen von Savoyen, wurde Leibniz über die Absicht des Kaisers informiert, die deutsche Sprache zu fördern und gegenüber der

---

1704 ersuchte Leibniz Prinzessin Luise von Hohenzollern-Hechingen um Unterstützung für die Gründung einer „Academie des dames de qualité". Vgl. G. Utermöhlen: Leibniz im Briefwechsel mit Frauen, Niedersächsiches Jahrbuch für Landesgeschichte, 52, 1980, S. 243f. Leibniz schätzte die hochbegabte Frau des langjährigen russischen Gesandten in Holland Bojarin Matwejew. Vgl. Leibniz, Verse zum Namenstage, verfasst in Wien 1714: *Votre soleil Madame est extraordinaire ... L'orient prend icy part à votre lumière, Vienne en ce beau jour célèbre votre nom,* (Ihre Sonne, Madame, strahlt außergewöhnlich ... der Orient hat hier einen Anteil an Ihrem Strahle; Wien feiert an diesem wunderbaren Tag Ihren Namen). Zitiert nach Guerrier Teil 1 S. 38. Fürsprecherin in seinen letzten Lebensjahren war Kurprinzessin Karoline, geb. Prinzessin von Ansbach, spätere Prinzessin von Wales, die versuchte, im Prioritätsstreit zwischen Leibniz und Newton zu vermitteln und eine Übersetzung der „Théodicée" ins Englische zu erreichen. U. a. Fischer S. 275ff.

[602] Leibniz an A. G. von Bernstorff, 23. Dezember 1712. Zitiert nach Guhrauer II S. 277. Vgl. Heinekamp S. 544.

[603] Einige Tage später wandte sich Leibniz nochmals an Minister Bernstorff und beteuerte, dass der Aufenhalt in Wien die Weiterarbeit an der Geschichte des Welfenhauses keineswegs verzögere. Er erwähnte die Notwendigkeit der Badekur in Karlsbad für sein krankes Bein. Um seine vom Kurfürsten nicht genehmigte Reise zu rechtfertigen, unterstützte Leibniz den außerordentlichen Gesandten des Kurfürsten von Hannover in Wien, Daniel Freiherr von Huldenberg, bei diplomatischen Missionen. Vgl. Leibniz an A. G. Bernstorff, 27. Dezember 1712. Doebner S. 262. Müller-Krönert S. 233.

[604] Leibniz an J. B. Gentilotti, 18. Februar 1713. Müller-Krönert S. 235. Leibniz informierte Gentilotti, dass er seine Abreise für den Frühling plane. Doch Leibniz verschob seine geplante Abreise. Bergmann Wien S. 44 Anm.*.

[605] Leibniz bezog sich auf das „Collegium Historicum Imperiale" aus dem Jahre 1688, das er bereits Kaiser Leopold I und Joseph I zur Kenntnis gebracht hatte. Leibniz hatte die Absicht, das „Collegium" zu einer alle Wissenschaftsdisziplinen umfassenden Societät zu erweitern.

[606] Klopp S. 218 Anl. VIII.

[607] Leibniz hatte 1688 seine erste Audienz bei Kaiser Leopold I. 1705 bot ihm Leopold I an, in kaiserliche Dienste zu treten. Anfang des Jahres 1709 schlug Leibniz Kaiser Joseph I die Gründung einer wissenschaftlichen Societät vor.

[608] Teil 2/VII/3 und 4.

französischen Sprache aufzuwerten. Daher verfasste Leibniz Briefe und Denkschriften, in denen er sich an den Kaiser wandte, vorwiegend in deutscher Sprache.[609]

Die für Ende Dezember 1712 geplante Audienz bei Karl VI konnte Leibniz wegen Krankheit nicht wahrnehmen.[610] Durch den Leibarzt Pius Nicolaus Garelli ließ Leibniz dem Kaiser mehrere Denkschriften[611] überreichen, die Karl VI auch die Gründung einer kaiserlichen Akademie nahebringen sollten.

Leibniz schrieb ausführlich über seine bisherigen Leistungen und Erfahrungen; er ersuchte um die Verleihung der ihm bereits zugesagten Reichshofrathwürde.[612] Leibniz definierte die Aufgaben der Societät, die auf *wissenschaftlichem und historischem Gebiet* durchgeführt werden sollten.[613] Leibniz forderte die Schaffung von Laboratorien und Archiven. Er erinnerte an den Plan des „Collegium Imperiale Historicum" aus dem Jahre 1688.[614] Er betonte die Notwendigkeit der Pflege und Förderung der deutschen Sprache, die auch dem Kaiser ein wichtiges Anliegen war. Leibniz schlug die Herausgabe von drei verschiedenen Lexika in deutscher Sprache vor.[615]

Leibniz war sich bewusst, dass die von ihm vorgeschlagenen Projekte nur von einer Gruppe miteinander kommunizierender Wissenschaftler durchgeführt werden konnten. *Eine Person, so bey mir gewesen, habe ich zu dieser arbeit aufgemuntert, und die wird hierin verhoffentlich ein ansehnliches leisten. Doch gehöhren mehr hände zu einem so grossen gebäude.*[616] Leibniz war zuversichtlich: *Einige gelehrte Leute haben bereits einen guthen anfang darin gemacht.*[617]

Leibniz beschrieb seine Ausbildung, seine Verdienste in der Wissenschaft, vor allem in Mathematik, Geschichte, seine Erfahrungen im Bergwerkwesen.[618] Er erwähnte die Gründung der Berliner Societät, die Reunionsverhandlungen[619], seine Korrespondenz mit den Jesuiten in China. *Aus diesem allen nun, weil ein mehreres anzuführen zu lang fallen wollte, können E. M. am besten urtheilen, ob und warinn ich etwa dienlich seyn köndte.*[620]

---

[609] Die Korrespondenz mit Angehörigen des Hofes wie Obersthofmeister Graf Sinzendorf oder Kaiserin Amalia ist in französischer Sprache verfasst. In Briefen an Vertreter der Kirche wie an die Jesuiten Orban und Vota verwendet Leibniz meist die lateinische Sprache.

[610] *Es hat der Zustand meines halses, der mir fast das reden verbothen, nicht zugelassen, daß ich ehe umb die allergnädigste Audienz ansuchen dürffen, die ich doch so lange gewünschet habe, und umb deren willen ich bey dieser jahreszeit eine grosse reise übernommen.* Leibniz an Kaiser Karl VI, Januar 1713. Zitiert nach Roessler S. 271.

[611] U. a. Leibniz, Denkschrift vom 18. Dezember 1712, Konzept und Reinschrift, Niedersächsische Landesbibliothek Hannover, Leibniz Handschriften, XLI, 9, Bl. 9-10, 11-14. Gedruckt bei C. L. Grotefend, Leibniz Album, Aus den Handschriften der Kgl. Bibliothek zu Hannover 1846, S. 18ff. Leibniz, Denkschrift vom 23. Dezember 1712. Klopp S. 217 Anl. VIII. Die Denkschrift ist nicht an eine bestimmte Person adressiert; da sie in deutscher Sprache verfasst ist, ist anzunehmen, dass sie an den Kaiser gerichtet ist. Leibniz, "Societatis Imperialis Germanicae designatae Schema - Caesar Fundator et Caput" Viennae 2. Januarii 1713. Klopp S. 222ff Anl. IX. Leibniz an Kaiser Karl VI, erste Hälfte Januar 1713. Roessler S. 271ff.

[612] Leibniz, Denkschrift vom 18. Dezember 1712. C. L. Grotefend, Leibniz – Album, Aus den Handschriften der Kgl. Bibliothek zu Hannover 1846, S. 18ff.

[613] Leibniz, Denkschrift vom 23. Dezember 1712. Klopp S. 217ff Anl. VIII.

[614] Teil 1/I/4.

[615] Klopp S. 220f Anl. VIII. Neben einem Lexicon usuale und einem Lexicon Technicum für Handwerker und Künstler schlug Leibniz ein Glossarium Germanicum vor: *... aber ein recht Glossarium Germanicum würde weit übergehen alles, was andere nationen hierin thun können. Denn fast alle Verfassungen, gebräuche, Adel von Europa, und was vom Alt-Römischen abgehet, ist von den Teutschen kommen, als sie unter den nahmen der Franken, Gothen, Langobarden und dergleichen völcker das alte Römische Reich übern hauffen geworffen. Eine Person so bey ...* Klopp S. 221 Anl. VIII.

[616] Klopp S. 221 Anl. VIII. Die „Person" wird von Leibniz namentlich nicht erwähnt.

[617] Klopp S. 222 Anl. VIII.

[618] Roessler S. 271ff.

[619] *Als auch der vorige sowohl der iezige Bischoff zu Neustad auff des glorwürdigsten Keysers Leopoldi anregung dahin sich bedenken wollte, wie eine mässigung der Religions-controversionen und der daraus entstehenden verbitterung getroffen werden möchte ... ist alles durch meine Hand gangen und wird der noch lebende Bischoff Graf zu Buchhaim bezeugen, daß der primariat Theologus des orths alles mit mir communiciret.* Leibniz an Kaiser Karl VI, Januar 1713. Zitiert nach Roessler S. 273. Mit *primariat Theologus* ist der Beichtvater des Kaisers Ferdinand Orban gemeint.

[620] Leibniz an Kaiser Karl VI, Januar 1713. Zitiert nach Roessler S. 274.

Abb. 15: Kaiser Karl VI (1685-1740)

Abb. 16: Elisabeth Christine
(1691-1750)

In einer weiteren, bereits vor der ersten Audienz verfassten Denkschrift[621], gab Leibniz an, wie der personelle Aufbau der Akademie zu erfolgen hatte.[622] Als Ehrenmitglied der Societät stellte Leibniz zunächst den Erzbischof von Mainz, den ersten Kurfürsten des Reiches, an die Spitze, ein Vorschlag, den er später revidierte. Neben der Errichtung eines zentralen Reichsarchivs schlug Leibniz die Gründung *einer rechten societatis imperialis Germanicae* vor. Bemerkenswert ist, dass Leibniz genaue Angaben über die Finanzierung machte.[623]

3. Erste Audienz bei Kaiser Karl VI

Habe mich zuförderst in unterthänigkeit zu bedancken, dass Ew. Kayserliche Majestät den grund zu erfüllung meines Wundsches legen wollen, welcher darinn bestehet, dass ich als treuer patriot Ew. Majestät als dem oberhaupt des Vaterlandes mit denen früchten meiner vieljährigen meditationen und erfindungen die wenige übrige Zeit meines lebens dienen möge (G. W. Leibniz an Karl VI, nicht datiert, einzuordnen Februar 1713)[624]

„Leibniz dehnt seine Entwürfe weit aus. Er deutet, wie auch später einige Male, dem Kaiser an, dass nicht das Hinabsteigen in die Einzelheiten der Acten die Aufgabe des Monarchen sei, sondern der leitende Gedanke und die Übersicht des Ganzen. Er [Leibniz] selbst entbietet sich als das Repertorium zu dienen, welches dem Kaiser sich erschließe nach seinem Belieben." (Onno Klopp, Leibniz' Plan der Gründung einer Societät der Wissenschaften in Wien, 1869)[625]

Im Januar 1713 wurde Leibniz zum ersten Mal von Kaiser Karl VI empfangen. Es war sein leidenschaftlicher Wunsch, dem Kaiser mit seiner ganzen Kraft zu dienen. Leibniz zählte seine Kenntnisse und Erfahrungen auf, die er für die Gründung einer kaiserlichen Akademie einsetzen wollte: *Vielfältige öffentliche Schrifften der Gelehrtesten Leute in Europa geben Zeugniss, dass ich viel neues und wichtiges entdecket circa jura imperii, circa Historiam, in jurisprudentia, in physica, in Mathesi. Ich habe aber noch viele andere, so ich nicht bekand gemacht, betreffend staats-, policey- und Kriegessachen: wie ein grosser potentat zu einer gründlichen information des zustandes seiner lande, und folglich dero vermögens und der mängel gelangen, ...*[626]

In einer ausführlichen Denkschrift, in der er seine Vorschläge und Pläne zusammenfasste, dankte Leibniz dem Kaiser.[627] Leibniz bot dem Kaiser an, die wissenschaftliche Gesellschaft nach dem Vorbild der englischen, französischen und preußischen Societät zu planen, damit ... *das beste darauss genommen, und Verschiedenes verbessert werden* kann.[628] *Solche societät köndte dienen:*

---

[621] Leibniz, „Societatis Imperialis Germanicae designatae Schema - Caesar Fundator et Caput" Viennae 2. Januarii 1713. Klopp S. 222ff Anl. IX.

[622] Klopp S. 222f Anl. IX. *Ordinarii gaudebunt omnes gratia aliqua praerogative. Praeses in his erit a Sac. Caesarea Majestate nominandus. Concilium, compositum ex Assessoribus et Secretariis ... Collaboratores ... et Subscribentes.* Zitiert nach Klopp S. 222f Anl. IX.

[623] Teil 2/VII/9.

[624] Leibniz an den Kaiser Karl VI, nicht datiert, einzuordnen Februar 1713. Zitiert nach Klopp S. 224 Anl. X.

[625] Klopp S. 191.

[626] Zitiert nach Klopp S. 224 Anl. X.

[627] Leibniz an den Kaiser Karl VI, nicht datiert, einzuordnen Februar 1713. Klopp S. 224ff Anl. X. Vgl. Roessler S. 275ff.

[628] Zitiert nach Klopp S. 227 Anl. X.

1. die bissherige wissenschafft der menschen, so in büchern vorhanden, zu concentriren; ...

2. die wissenschafften, die bey den Menschen vorhanden, aber nicht in bücher bracht, auch ad perpetuam rei memoriam in schrifften zu fassen, durch beschreibung der Künste, Handwercke und professionen samt den terminis Artium

3. neue experimente, observationes und entdeckungen anzustellen, ...

4. allerhand propositiones zu examiniren, damit Ew. Majestät die proponenten dahin weisen köndte, wie der König in Franckreich mit der Academie der scienzen zu thun pfleget.

5. Es köndten auch gewisse praemia inventoris gesezet und zu dem ende nüzliche problemata proponirt werden, cum praemio vor die, so sie leisten würden.[629]

Leibniz wusste, dass die Finanzierung ein wesentliches Hindernis für die Gründung der Societät war. *Den rechten grund aber dazu zu legen wäre nöthig ein fundus, welcher von der Hofcammer nicht dependire. Solches würde durch gewisse privilegia und andere dergleichen EW. Majestät unschädliche concessiones geschehen können.*[630]

Um die Unabhängigkeit von der Staatskassa zu gewährleisten, regte Leibniz nach dem Vorbild der Königlich Preußischen Societät das Privileg des Kalenderverkaufs an. In allen Erbländern sollte die Durchführung der Längen- und Massenbestimmungen sowie die Brandbekämpfung durch neu entwickelte technische Geräte zu den Aufgaben der Societät gehören und kostenpflichtig sein. Weitere Einnahmen sollten aus der Verbesserung des Gesundheitswesens, der Einrichtung einer Gesundheitsbehörde, des „Collegium sanitatis", erzielt werden. Auch die Besteuerung von Alkohol und Glücksspiel sollte der Societät zugute kommen.[631] Leibniz regte die Vermessung des gesamten Reiches und die Aufzeichnung von Landkarten an. Er erhoffte eine Verbesserung von *polizey und finanzen, das ist nahrungs- und Cameral - sachen, als auch die scienzen dadurch befördert würden.*[632]

Leibniz setzte sich für die Förderung der deutschen Sprache ein; er betonte die Notwendigkeit der Registrierung des gesamten Wissens in einem Universallexikon.

Die Mitarbeiter der Akademie sollten aus verschiedenen wissenschaftlichen Bereichen ausgewählt werden. *Ew. Kayserliche Majestät haben selbst ein grosses Liecht in allen Dingen, Sie haben aber Leute nöthig, die Ihnen die arbeit erleichtern und die materien in kurze extracte und quintessenzen bringen, damit Sie alles besser aber sehen und sich entschliessen können.*[633] Auch Angehörige verschiedener kirchlicher Orden, wie Jesuiten und Dominikaner, sollten mit Aufgaben der Akademie betraut werden.[634] *Es köndten auch membra honoria seyn wie in Frankreich, nehmlich vornehme praelaten und Cavallieri und feine leute in studien ...*[635]

Die Einteilung der Akademie in verschiedene Klassen ist in diesem Entwurf nicht enthalten.

Leibniz ersuchte um wöchentliche Audienz beim Kaiser. *... so bedüncket mich nöthig zu sein, dass ich einen gewissen zutritt bei Ew. Majestät hätte und etwa wöchentlich einmahl wenigstens zu gewisser zeit erscheinen dürfte ...*[636] Es wurde Leibniz gewährt, ohne Anmeldung beim Kaiser vorzusprechen.

Leibniz wies darauf hin, dass es sein Wunsch sei, eine feste Position am Kaiserhof inne zu haben: *Ew. Majestät auch vielleicht so wohl meinen guthen willen, als auch mein geringes vermögen, wo nicht in capacität, doch in laboriosität und fleiss aus den bisherigen gehabten aller gnädigsten audienzen spühren können: so wäre es nun an dem, ob bey dieser Audienz zu gewissen allergnädigsten resolutionen zu gelangen und etwas fest zu stellen, damit ich gewisse mesuren nehmen und meine Sachen darnach einrichten und förderlichst zu meinem zweck gelangen könne, Ew. Majestät würckliche Nüzliche Dienste zu leisten.*[637]

Da Leibniz nicht über ein ausreichendes Privatvermögen verfügte, um unabhängig leben zu können, war er immer wieder bemüht, ein festes Gehalt für sich zu erreichen. Der 67-Jährige hatte Angst im Alter zu verar-

---

[629] Zitiert nach Klopp S. 227 Anl. X.

[630] Zitiert nach Klopp S. 227 Anl. X.

[631] Vgl. Teil 2/VII/9.

[632] Zitiert nach Klopp S. 227 Anl. X.

[633] Zitiert nach Klopp S. 225 Anl. X.

[634] Klopp S. 228 Anl. IX.

[635] Zitiert nach Klopp S. 228 Anl. IX.

[636] Klopp S. 226 Anl. X. Es ist anzunehmen, dass Leibniz die wöchentliche Audienz in einer mündlichen Vereinbarung gewährt wurde. Klopp S. 190.

[637] Leibniz an Kaiser Karl, nicht datiert, einzuordnen Februar 1713. Zitiert nach Klopp S. 225 Anl. X.

men, Gichtanfälle behinderten seine Arbeit. Daher wies Leibniz darauf hin, dass sein Gehalt als Reichshofrath, also die bewilligten 2.000 Gulden pro Jahr, nicht ausreichten. Leibniz gab eine genaue Aufstellung seiner Einkünfte in Hannover, Wolfenbüttel und Berlin an, sowie die detaillierten Zahlenangaben der Ausgaben für *Pferde-Kostgeld, Diener – Hausmiethen - Holz und liecht … … zu hause, als wenn ich in meiner bisherigen ruhe verbliebe, hätte ich fast 5.000 Gulden. Daher kan nicht wohl mich hieher transplantiren, noch mit decoro hier subsistiren, als wenn Ew. Majestät mir zuförderst besoldung in gnaden verwilligen wollen.*[638]

Am Ende der Denkschrift erwähnte Leibniz seine bevorstehende Abreise; er ersuchte den Kaiser, Kurfürst Georg Ludwig zu informieren, dass seine Anwesenheit in Wien auch für den Kurfürsten von Nutzen sei. *… solches zu befördern, würde ohnmassgeblich ein Handschreiben von Ew. Kayserlichen Majestät an den Kurfürsten von Braunschweig nöthig seyn, dadurch der Churfürst abnehmen könne, dass meine subsistenz alhier nicht allein Ew. Majestät lieb seyn, sondern auch dem Kurfürsten selbst zu dienst gereichen köndte.*[639]

Enttäuscht über die geringen Aktivitäten der Preußischen Akademie, ersuchte Leibniz Karl VI zu intervenieren. *… dass noch Zeit wäre, bey dem König von Preussen was fruchtbarliches auszurichten und vermittelst desselben und den bereits gewissen die übrigen alle zur Leistung des contigents zu bringen. Ich bin mit dem König selbst und seiner Gemahlin familiar … Vielleicht köndte auff solchen fall auch einen nachdrücklichen handbrief von Ew. Majestät nach Berlin überbringen und vielleicht mehr ausrichten als eine kostbare Ambassade.*[640]

In einer kurz darauf folgenden Ergänzung[641] betonte Leibniz, dass die geistlichen Orden in den Aufgabenbereich der Societät einbezogen werden sollten. *… die Geistlichkeit davon nicht auszuschliessen, sondern vielmehr dienlichst heranzuziehen … So ist auch bekand, dass vor alters die studien allein in der geistlichkeit händen gewesen, und obschon solches billig geändert worden, so ist doch noch ein grosses Theil davon unter aufsicht der geistlichkeit, und die Universitäten selbst werden auch an protestirenden orthen unter die praelaten gerechnet.*[642] Vor allem durch die Öffnung der Klosterbibliotheken und den verstärkten Einsatz der geistlichen Orden im Unterrichtswesen erwartete sich Leibniz Vorteile für die Societät.[643] Leibniz hoffte auf zusätzliche finanzielle Zuwendungen: *So würden sich auch dadurch fromme, wohlgesinnte Leute vielleicht mit der Zeit bewegen lassen mit vermächtnissen oder legatis diesem guthen Werck zu helffen.*[644]

Es ist anzunehmen, daß der Kaiser Leibniz bereits bei dieser ersten Audienz sein mündliches Einverständnis für die Gründung einer Kaiserlichen Akademie der Wissenschaften gab.[645]

4. Weitere Audienzen und Denkschriften

Der Kaiser hat mir die Auszeichnung gewährt, mich wie einen seiner Minister oder Personen mit besonderem Zutritt zu seinen Privatgemächern zu empfangen. Er gewährt ihn weder ausländischen Gesandten noch kaiserlichen Hofräten (G. W. Leibniz an Kurfürstin Sophie, 29. November 1713)[646]

---

[638] Zitiert nach Klopp S. 226 Anl. X.

[639] Zitiert nach Klopp S. 229 Anl. X.

[640] Zitiert nach Klopp S. 229 Anl. X.

[641] Klopp S. 230f Anl. XI, einzuordnen Ende Februar/Anfang März 1713, in deutscher Sprache, daher mit grosser Wahrscheinlichkeit an den Kaiser gerichtet.

[642] Klopp S. 230 Anl. XI.

[643] *Es ist auch bey stifftung der Clöster und Canonicaten zu uralten zeiten hauptsächlich dahin gesehen worden, dass darin schuhlen und seminaria gelehrter leute seyn sollten.* Zitiert nach Klopp S. 230 Anl. XI.

[644] Zitiert nach Klopp S. 230 Anl. XI.

[645] Onno Klopp: „Wir haben aber Berichte von ihm [Leibniz] aus dem Monate März 1713, in welchen die Sache der Societät als eine dem Plane nach beschlossene erscheint", Klopp S. 189. Weiters schreibt Klopp: „… dennoch kann nach den folgenden Schritten von Leibniz kein Zweifel darüber sein, dass er bereits damals gleich die mündliche Zustimmung des Kaisers erhalten hat". Klopp S. 191. Ines Böger: „Dabei dürfte den kriegführenden Kaiser aber nicht zuletzt jenes Argument überzeugt haben, … in dem er nämlich die Vorteile des durch die wissenschaftliche Societät zu fördernden mathematischen Fortschritts für die Entwicklung der Kriegstechnik hervorhob." Böger S. 441.

[646] Zitiert nach Klopp Werke Bd. 9 S 414. Vgl. Leibniz an Charles Ancillon, 13. Dezember 1713: *Le plus grand que j'y trouve, c'est l'accès que l'Empereur m'a fait la grace de me donner; puisque je n'ai besoin de la voye de l'audience ordinaire pour être admis*

Kurz nach der ersten Audienz beim Kaiser informierte Leibniz Minister Bernstorff, dass der Kaiser ihn wie einen Minister behandelt habe und großes Interesse für seine historischen Untersuchungen gezeigt habe.[647] Der Kaiser sei der Meinung, dass eine Geschichte des Hauses Braunschweig nicht ohne Berücksichtigung der Reichsgeschichte geschrieben werden könnte. Karl VI habe Leibniz gegenüber auch gnädig seine sonst eifersüchtig gehütete Bibliothek erwähnt, die er aber wegen der kalten Jahreszeit noch nicht benützt habe.

Weitere Audienzen folgten in den nächsten Wochen. Leibniz erhielt das Recht auf „ständigen Zutritt zur Majestät, ohne Anmeldung durch einen Minister"[648]. Immer wieder empfing der junge Kaiser den vierzig Jahre älteren Gelehrten in Privataudienzen: „Wir beyde sindt schon ganz bekandt mit einander und guthe freunde geworden"[649]. Durch die Privataudienzen und den unmittelbaren Zugang zum Kaiser erwarb Leibniz ein hohes gesellschaftliches Ansehen.[650]

Im Mai 1713 wurde Leibniz zweimal vom Kaiser in Laxenburg[651], der Sommerresidenz der Habsburger, empfangen, wo Leibniz in einer der Audienzen über seine historischen Arbeiten referierte. Gemeinsam mit dem hannoverschen Gesandten Daniel Erasmi von Huldenburg besuchte Leibniz im Mai 1713 Kaiserin Amalia, die sich im kaiserlichen Lustschloss Ebersdorf aufhielt.

Leibniz verfasste für den Kaiser mehrere Denkschriften über die Fortsetzung des Reichskrieges[652]. *Die heroische Entschließung kayserlicher Mt. den krieg mit dem Reich gegen Frankreich fortzusezen, damit die Ehre Teütscher Nation und die wohlfahrt des vaterlandes erretet werde, ist höchlich zu loben. Sie erfordert Muth und verstand zu hohem Grad.*[653]

Neben konkreten Anweisungen für die Aufgaben der geplanten Societät der Wissenschaften[654] machte Leibniz „Vorschläge zur Hebung der gesammten materiellen Verhältnisse des Staates, die Beurtheilung einzelner Finanzmassregeln, Vorschläge einer zweckmässigen Besteuerung, einer Verbesserung der Kriegs-Verfassung, Gedanken über die Änderung der Urbarial-Verhältnisse, Aufhebung der Frohnen und Leibeigenschaft."[655]

(Das Beste, was ich hier vorfinde, ist der Zugang, den mir der Kaiser in seiner Gnade gewährt; dadurch brauche ich nicht die Erlaubnis, die bei Audienzen üblich ist, um vorgelassen zu werden.) Zitiert nach Böger S. 440.

[647] Leibniz an Minister A. G. Bernstorff, 18. Januar 1713. Doebner S. 264. Vgl. Leibniz an Kurfürstin Sophie, 29. November 1713. Klopp Werke Bd. 9 S. 414.

[648] Onno Klopp: „… glaube ich an die mündliche Gewährung dieser Bitte für den damaligen Zwischenstand, wo Leibniz nicht offiziell in kaiserliche Dienste getreten war". Klopp S. 190.

[649] Zitiert nach Heinekamp S. 543.

[650] Zufrieden über die Erfolge von Leibniz am kaiserlichen Hof in Wien schrieb Herzog Anton Ulrich am 3. März 1713 an Leibniz, dass es ihn freue, „… daß S. K. Maj. seine [Leibniz] meriten so wohl erkennen und, wenn ich es sagen darf, beßer als an den ohrten, da es heißet: kein Profett gilt in seinem Vatterlande." Herzog Anton Ulrich an Leibniz, 3. März 1713. Bodemann S. 228f. Müller-Krönert S. 235.

[651] Am 14. und am 28. Mai 1713 war Leibniz in Laxenburg. Am 29. Mai 1713 ist Leibniz wieder in Wien nachweisbar.

[652] Vgl. Leibniz, „Denkschrift über die Fortsetzung des Reichskrieges gegen Frankreich". Roessler S. 281ff. Weiters Leibniz, „Considérations relatives à la paix ou à la guerre". Foucher de Careil Œuvres Bd. 4 S. 189ff. Vgl. Foucher de Careil Œuvres Bd. 4 S. 255ff, S. 315ff und S. 338ff. Leibniz, „Denkschrift für den Kaiser Karl VI", 15. Juli 1713, „Projet d'alliance avec les puissances du nord" (Über die Verständigung mit den nordischen Verbündeten) Foucher de Careil Œuvres Bd. 4 S. 214ff. Müller-Krönert S. 239. Leibniz, „Genethliacum in Carolum VI", 1. Oktober 1713. G. H. Pertz (Hg.): Leibnizens Gesammelte Werke, Folge I: Geschichte, Hannover 1847, Bd. 4, S. 171f, S. 338ff, S. 346ff. Müller-Krönert S. 240. Leibniz, „Moyens"- Denkschrift über politische, ökonomische und militärische Mittel zur Fortsetzung des Krieges gegen Frankreich und zur Sicherung und Stärkung des Staates, 23. Februar 1714. Foucher de Careil Œuvres Bd. 4 S. 48ff. Leibniz, „Num dentur territoria clausa". Klopp Werke Bd. 4 S. 347ff. Leibniz, „In pacem in fidam", Verse auf die Rastatter Unterhandlungen, in: G. H. Pertz (Hg.): Leibnizens Gesammelte Werke, Folge I: Geschichte, Hannover 1847, Bd. 4, S. 346f. Leibniz, „Apollo fatidicus" anno 1713, ebenda S. 338ff.

[653] Leibniz an Kaiser Karl VI, Frühjahr 1713, Denkschrift über die Fortsetzung des Reichskrieges gegen Frankreich. Zitiert nach Roessler S. 281. In dieser Denkschrift befasste sich Leibniz u. a. mit den politischen Zuständen im Reich, der möglichen Unterstützung von England und Holland und einer Allianz mit Rußland. Er führte finanzielle Hilfsquellen, neue Steuern, Möglichkeiten der Beschaffung von Getreide, Branntwein, Bekleidung, Munition an und betonte die Notwendigkeit von Feldchirurgen und Apothekern.

[654] Leibniz, „Promemoria über die Errichtung der geplanten Sozietät der Wissenschaften", Mai 1713. Foucher de Careil Œuvres Bd. 7 S. 345ff. Leibniz, „Entwurf zu einem Kaiserlichen Diplome der Stiftung einer Societät der Wissenschaften zu Wien", nicht datiert, einzuordnen Ende Mai 1713. Vgl. Teil 2/VII/4. Leibniz, „Denkschrift über die Fundierung der Societät der Wissenschaften auf ein Notizbuch". Foucher de Careil Œuvres Bd. 7 S. 358ff.

[655] Roessler S. 269.

Abb. 17: Sitzung des Reichshofraths um 1700

Leibniz legte dem Kaiser eine Reihe von Denkschriften und Entwürfen vor, die nicht nur außerpolitische, sondern auch innerösterreichische Probleme betrafen[656], wie das *Schuldenwesen* der österreichischen Monarchie, die Organisation und Verbesserung der Schulen, Vorschläge zur Organisation des Kornhandels, die Bekämpfung der Pest, weiters Maßnahmen zur Eindämmung des Hochwassers und zur Regulierung der Donau, Entwicklung einer kaiserlichen Kriegsflotte. Leibniz befasste sich auch mit Fragen der Marktforschung, Wirtschaftsstatistik und plante eine Hebung des Nationaleinkommens. Ein Großteil dieser Themen sollte in den Aufgabenbereich der zu gründenden Akademie fallen und in dafür eingerichteten Instituten bearbeitet werden.[657]

Im Januar 1714 kam der schottische Ritter Ker of Kersland in politischer Misssion nach Wien und kontaktierte Leibniz kurz nach seiner Ankunft. Im Auftrag englischer Protestanten sollte Karl VI einen privat finanzierten Kaperkrieg gegen Frankreich und Spanien in Westindien führen, um die protestantische Thronfolge in England zu sichern. Karl VI sollte einen Teil der Gewinne erhalten. Leibniz hatte mehrere Unterredungen mit Kersland und unterstützte ihn.[658]

5. Die Reichshofrathstelle

... endlich vor weniger Zeit als ich auff Kayserl. ordre etwas ausgerichtet, hat mir Herr Graff von Kaunitz Kaiserl. Reichs Vice Chanceler ausdrücklich wissen lassen, das Kayserl. Mt. mir eine Reichshofrathstelle mit dem gewöhnlichen gehalt und Quartier wie es vor vielen Jahren bereits die meynung gehabt allergnädigst verwilligt, und also ich nachher Wien, solchen Dienst anzutreten mich erheben kan, so bald es thunlich, hat aber bisher wegen einiger der eingefallenen Hindernisse unterbleiben müssen. Ich habe inzwischen zu Dienst. Kayserl. Mt. dero Erzhauses und des Reichs meinen eiffer durch unterschiedene labores ferner bezeiget ...(G. W. Leibniz, Memoriale an den Kurfürsten Johann Wilhelm von der Pfalz wegen Errichtung einer Akademie der Wissenschaften in Wien vom 2. Oktober 1704)[659]

---

[656] Leibniz, „Notata bey H. von Schirendorffs Vorschlag betr. Errichtung und Einrichtung eines Kaiserl. Heroldsamtes in Wien", 22. April 1713. E. Bodemann: Der Deutsche Herold, Jg. 13, 1882, S. 74f. Müller-Krönert S. 237. Leibniz, „Kurzes bedencken betr. die Jura Caesaris et Imperii, zumahl circa concordata nationis Germanicae cum curia Romana", 2. Oktober 1713. E. Bodemann: Die Leibniz-Handschriften in der Königlichen öffentlichen Bibliothek zu Hannover. Hannover und Leipzig 1895, S. 208, Nachdruck Hildesheim 1966. Leibniz, „Edikt für den Fremdenverkehr" (Handschrift), Dezember 1713. Leibniz," Promemoria zur Errichtung von Barracken für ansteckende Kranke", Dezember 1713. Müller-Krönert S. 242. E. Bodemann: Die Leibniz-Handschriften der Königlichen Öffentlichen Bibliothek zu Hannover, Hannover und Leipzig 1895, S. 273f, Nachdruck Hildesheim 1966. Leibniz, „Promemoria zur Erforschung und Erhaltung der Reichsrechte", Dezember 1713. Müller-Krönert S. 242. G. E. Guhrauer: Gottfried Wilhelm Leibniz, Deutsche Schriften, Berlin 1838-1840, Bd. 2, S. 447ff. Leibniz, „Memoriale über die Erbfolge in der Toskana", Erste Hälfte 1713. Doebner S. 27ff. Weitere Denkschrift über die Erbfolge, 18. Dezember 1713. Klopp Werke Bd. 10 S. 453ff. Nach dem Aussterben der männlichen Erben des Hauses Medici bot Leibniz dem Kaiser an, im Interesse der kaiserlichen Ansprüche die Unzulässigkeit der weiblichen Erbfolge in Florenz aufgrund von Urkunden von Karl V nachzuweisen. Müller-Krönert S. 241. Leibniz, „Aufzeichnung zur Rentabilität einer Bank", Dezember 1713. E. Ravier: Bibliographie des Œuvres de Leibniz, Paris 1937, Nachdruck Hildesheim 1966. Müller-Krönert S. 242. Leibniz, Decret für Karl VI, „Über die Sammlung aller Archivalien zur Begründung der Rechte des Kaisers und des Reiches" (Handschrift), 11. Dezember 1713. Müller-Krönert S. 241.

[657] Hamann Prinz Eugen S. 66. Klopp S. 190ff.

[658] Müller-Krönert S. 242.

[659] Memoriale S. 6.

Der Reichshofrath war der geheime Rath des römisch-deutschen Kaisers in Rechts-, Gnaden- und politischen Sachen. Bis zur Auflösung des Heiligen Römischen Reiches 1806 bildete der Reichshofrath neben dem Reichskammergericht die oberste Jusitzbehörde, deren Funktion nicht auf die Rechtsprechung beschränkt war.[660]

Seit seinem ersten Aufenhalt in Wien 1688 strebte Leibniz die Würde eines Reichshofraths auf der Gelehrten-Bank an[661]. Kaiser Leopold I sagte ihm 1688 mündlich die Ernennung zum Reichshofrath zu. Zehn Jahre später war Leibniz bemüht, mit Hilfe von Bischof Buchhaim die Aufnahme in den Reichshofrath zu erreichen.[662] Auch als Leibniz 1700 zu Reunionsgesprächen in Wien war, versuchte er, seine Ernennung zum Reichshofrat, die zunächst geheim bleiben sollte, durchzusetzen.[663]

Buchhaim verwendete sich erfolgreich für Leibniz bei Reichsvizekanzler Andreas Dominik Graf von Kaunitz. Bei einem kurzen streng geheim gehaltenen Aufenthalt in Göllersdorf[664] nahe von Wien erhielt Leibniz die Nachricht über seine Aufnahme in den Reichshofrath[665]. Doch es blieb Leibniz verwehrt, die Reichshofrathstelle offiziell anzutreten.

Auf Intervention von Herzog Anton Ulrich wurde die Zusage aus dem Jahre 1701 bei der Krönung Karls VI in Frankfurt/Main am 22. Dezember 1711 erneuert.[666] Am 2. Jänner 1712 wurde Leibniz in Frankfurt als „Wirklicher Reichshofrath auf der Gelehrten Bank" decretiert: "Von der Röm. Kay\ᵑ. May. unszers allergnädigsten Herren wegen, dero Löbl. Kaysl. Hoff Cammer in gnaden anzuzeigen: Demnach allerhöchst g(meldte) Ihre Kays. May. die dem Curfürstl. Braunschweig Lüneburg. geheimben Justitzrath Gottfried Wilhelm Leibnitz beywohnendte vnd Ihro verschiedentlich angerühmbte, auch von Selbst wahrgenommene stattliche qualiteten, Vernunfft, gelehrt- und geschicklichkait, auch im Reichs- Rechts- und anderen Welt-Sachen erworbene Wissenschafft und Erfahrenheit, allermildest betrachtet, und dan, in deren ansehung, zumahlen auch, dass dessentwegen weylandt dero in Gott ruhenden Herrn Vatters Leopoldi Kays. Mayt. Glorwürdigsten Andenkens schon entschlossen gehabt, denselben zu dero würcklichen Reichshoffraht auff- und anzunehmen ..."[667]

---

[660] Die erste Reichshofrath-Ordnung wurde 1559 von Kaiser Ferdinand I erlassen. Der Reichshofrath hatte die Aufgabe, den Kaiser in Reichsangelegenheiten zu beraten und Streitfälle im Kaiserreich zu schlichten. Der Kaiser ernannte und besoldete die Mitglieder und führte sie in das Kollegium ein. Da der Reichshofrath ein ausschließlich vom Kaiser bestelltes und besoldetes Reichsgericht war, erlosch die Tätigkeit mit der Dauer seiner Regierung. Die Anzahl der Mitglieder war auf achtzehn beschränkt. Bergmann Reichshofrath S. 204ff. M. Faak: Leibniz´ Bemühungen um die Reichshofratwürde in den Jahren 1700-1701, in: Studia Leibnitiana 12, 1980, S. 114ff. Böger S. 434ff. O. v. Gschliesser: Der Reichshofrat, Wien 1942, S. 1ff. J. Ch. Herchenhahn: Geschichte der Entstehung, Bildung und gegenwärtigen Verfassung des Kaiserlichen Reichshofraths, 2 Bände, Mannheim 1792.

[661] Die Reichsgrafen und Reichsfreiherren gehörten der Grafen- oder Herren-Bank an.

[662] Durch das kaiserliche Druckprivileg für seinen „Codex juris gentium diplomaticus" aus dem Jahre 1693 und den im Jahre 1700 erschienenen Ergänzungsband „Mantissa Codicis juris gentium diplomatici" hatte Leibniz gute Voraussetzungen für die Aufnahme in den Reichshofrat. Sellschopp S. 72.

[663] Leibniz verwendete das Pseudonym „von Hülsenberg". 1700 wurde eine Stelle im Reichshofrath für Herrn von Hülsenberg erbeten. Der Briefwechsel mit Bischof Buchhaim in den Jahren 1700 bis 1701 zeigt, wie sehr sich Leibniz die Ernennung zum Reichshofrath erhoffte. Im April 1701 schrieb Leibniz an Buchhaim, dass er die zunächst geheim zu haltende Bestätigung zum Reichshofrath verbunden mit einer Besoldung von 2.000 Gulden pro Jahr wünsche. Im Falle seines ständigen Aufenthaltes in Wien (Residenzpflicht) wäre eine Zulage für seine Lebenshaltungskosten notwendig. Leibniz an F. A. Buchhaim. AA I, 19 N.297.

[664] Sellschopp S. 72. Vgl. M. Faak: Leibniz Bemühungen um die Reichshofratwürde in den Jahren 1700-1701, in: Studia Leibnitiana, 12, 1980, S. 114ff. K. Müller: Gottfried Wilhelm Leibniz, in: Totok-Haase S. 56f.

[665] „Lettre que M. le comte de Cauniz m´a fait écrire pour me faire savoir que l´Empereur me declare Conseiller Aulique effectif, ..." („Der Brief, den Graf Kaunitz mir schreiben ließ, um mich wissen zu lassen, dass der Kaiser mich zum wirklichen Reichshofrath ernennt") Vgl. Teil 2/IV. J. Florenville an Leibniz, 5. September 1701. Dieser Brief zeigt, dass Leibniz seine Ernennung zum Reichshofrath zumindestens zunächst geheimhalten wollte, wahrscheinlich wegen seiner Verpflichtungen in Hannover. Klopp S. 210 Anl. III. Böger S. 436.

[666] Bergmann Reichshofrath S. 188 und S. 197f. Joseph Bergmann: „Der Kaiser hatte Leibniz zum öffentlichen Beweis seiner grossen Verdienste bei der Krönung in Frankfurt am 22. Dezember 1711 zur Würde eines Reichshofrathes der höchsten für einen Protestanten erhoben". Bergmann Wien S. 44f.

[667] Zitiert nach Bergmann Reichshofrath S. 197f Anl. II. Friedrich Karl Graf von Schönborn unterzeichnete im Namen des Kaisers. Vgl. Fischer S. 244ff. G. E. Guhrauer bezweifelt, dass Leibniz 1705 zum Reichshofrath ernannt wird: „Es ist also nicht richtig, was die älteren Berichterstatter angeben, dass Leibnitz schon 1711 den 22. Dezember, bei der Krönung des Kaisers Karl VI, zum Reichshofrath ernannt sei". Guhrauer II S. 285.

Es wurde festgelegt, dass die Besoldung von 2.000 Gulden vierteljährlich ausgezahlt werden sollte ... *aus des Kays^n Hoff-Zahlambtsmitteln mit quartemperlichen Fristen richtig geraicht werden sollen.*[668]

Aufgrund seiner Verdienste in diplomatisch-politischen Missionen für das Kaiserhaus war Leibniz überzeugt, Titel und Gehalt beanspruchen zu können. ... *ich habe das Fundament der Pension auf eine Sache gesetzt, die man verhoffentlich billig und anständig finden wird, nämlich auf jura et monumenta imperii et Augustissimae domus.*[669]

Die Erlegung einer Taxe von zweimal 450 Gulden erlaubte es Leibniz, seine „Introduktion dispensieren zu lassen".[670] Leibniz wurde nicht ins Kollegium der Reichshofräthe eingeführt und war daher nicht verpflichtet, an den mehrmals wöchentlich stattfindenden Sitzungen des Reichshofrathes teilzunehmen. Daher war seine ständige Anwesenheit in Wien nicht erforderlich, und er war berechtigt, auch nach seiner Rückkehr nach Hannover sein Gehalt als Reichshofrath weiter zu beziehen.

Leibniz wartete vergeblich auf die Auszahlung der ihm zugesagten Bezüge. Mehr als ein Jahr nach seiner Ernennung wandte sich Leibniz im April an den Präsidenten des Reichshofraths Ernst Friedrich Graf und Herr von Windischgrätz: ... *es möge seiner Exzellenz dem Präsidenten belieben: 1. an die Kayserliche Hof-Cammer, doch annoch ohne éclat, gelangen zu lassen, dass mir die bereits vor einem Jahr her fällige Besoldung wegen der Stelle eines Reichs-Hofraths, so mir zur Zeit der Crönung Seiner Kayserl. Mayt. zu Frankfurt am Mayn allergnädigst gegeben worden, förderlichst gezahlt werde; 2. bey Kayserl. Mayt. zu befördern, dass wegen Aufrichtung einer Societät der Wissenschaften eine gewisse Entschliessung ergrieffen, und wenigst in genere etwas darüber vor meiner Abreise ausgefertigt werde.*[671]

Im Juli 1713 erhielt das k.k. Hofzahlamt von der k.k. Hofcammer den Auftrag, die Besoldung rückdatiert vom 2. Jänner 1712 an Leibniz auszubezahlen;[672] doch wieder wartete Leibniz vergeblich. Knapp ein Jahr später wandte sich Leibniz direkt an den Kaiser[673] ... *Aller durchleuchtigster Grossmächtigster und Unüberwindlichster Kayser, Allergnädigster Herr, Nachdem E. Kayserliche Mayt. mir vorlängst ein allergnädigst decret, als Dero Reichshofraht mit einer jährlichen besoldung von 2000 fl. aussfertigen lassen; als belanget an Selbige mein allerunterthänigst suchen hiemit, Sie wollen in gnaden anbefehlen, dass deswegen eine Verordnung an Dero Hof Zahlamt ergehen möge, damit ich solche qvartaliter geniessen auch des rückstandes habhafft werden möge, Verbleibende lebensZeit E. Kayserlichen und Catholischen Mayt. allerunterthänigster treugehorsamster Bar. v. Leibniz, Wien 16. Juni 1714.*[674]

---

[668] Zitiert nach Bergmann Reichshofrath S. 198 Anl. II.

[669] Zitiert nach Heinekamp S. 544.

[670] Es ist anzunehmen, dass die junge Kaiserin Elisabeth Christine für Leibniz bei ihrem Gatten Karl VI intervenierte. Im September 1712 wandte sich Leibniz an den Wolfenbüttelschen Geheimen Rat Rudolf Christian von Imhof, den Vertrauten der sich in Barcelona aufhaltenden Elisabeth Christine. Imhof sollte zwischen Leibniz und der Kaiserin vermitteln. Elisabeth Christine sollte sich beim Kaiser für Leibniz einsetzen, um Leibniz bei bestehendem Bezug der Reichshofrathbesoldung von der Introduktion in den Reichshofrath zu dispensieren. M. Faak: Leibniz Bemühungen um die Reichshofratwürde in den Jahren 1700-1701, in: Studia Leibnitiana, 12, 1980, S. 13ff. Böger Teil 2 Anmerkungen S. 160 Nr. 139 und Böger S. 439. Leibniz legte den Entwurf eines Ansuchens bei und erwähnte, dass er anlässlich einer Kur in Karlsbad einen kurzen Aufenthalt in Wien plane. Leibniz an R. C. von Imhof, 27. September 1712. Klopp Werke Bd. 9 S. 365ff. Müller-Krönert S. 231. K. Müller: Gottfried Wilhelm Leibniz, in: Totok-Haase S. 57.

[671] Leibniz an den Präsidenten des Reichshofrathes E. F. Graf von Windischgrätz, 21. April 1713. Zitiert nach Bergmann Reichshofrath S. 197 Anl. I. Karl VI ernannte am 26. Dezember 1713 Graf E. F. von Windischgrätz, Ritter vom Goldenen Vlies, gewesener Kurböhmischer Wahlbotschafter bei der Kaiserwahl in Frankfurt etc., zum Reichshofraths-Präsidenten. Bergmann Reichshofrath S. 208.

[672] Nach kaiserlicher Anweisung an das Hofzahlamt, in der Leibniz das Gehalt eines Reichshofrathes zuerkannt wurde, sollte bis zur Vakanz einer Stelle im Reichshofrat die Pension vierteljährlich ausbezahlt werden. „Befehlen Euch solchemnach hiemit gdst., und wollen, dass Ihr diese Unsere Allergdste Resolution gehorsamst ad notam nemben, und Ihme von Leibniz die denen Reichs Hoff Räthen auf der gelehrten bankh zukhomende besoldung indessen per modum pensionis gegen seiner jedesmaligen bescheinigungen quartaliter abfolgen lassen sollet, das wird in Rechnung passirlich seyn;" kaiserlicher Befehl an den General-Hofzahlmeister und Controlleur, in Betreff der Zahlung des Gehaltes an Leibniz als Reichshofrath, Wien, 3. Juli 1713. Klopp S. 240f Anl. XIV. Vgl. Bergmann Reichshofrath S. 199f. Dieser Bescheid wurde Leibniz am 25. September 1713 zur Kenntnis gebracht. M. Faak: Leibniz Bemühungen um die Reichshofratwürde in den Jahren 1700-1701, in: Studia Leibnitiana, 12, 1980, S. 86. Klopp S. 240f. Zehn Monate später, am 17. Mai 1714, ersuchte Leibniz wieder um vierteljährliche Auszahlung und weiters um eine Gehaltszulage.

[673] Vgl. Leibniz an Kaiser Karl VI, 17. Mai 1714. Bergmann Reichshofrath S. 200ff Anl. V und Leibniz an Karl VI, 29. Mai 1714. Bergmann Reichshofrath S. 201 Anl. VI, und Leibniz an Karl VI, 16. Juni 1714. Bergmann Reichshofrath S. 202 Anl. VII.

[674] Leibniz an Karl VI, Wien 16. Juni 1714. Bergmann Reichshofrath S. 202 Anl. VII. Die Unterschrift „Bar. von Leibniz" (Baron von Leibniz) könnte aus einer fehlerhaften Transkription der k.k. Hofkammer entstanden sein. J. Bergmann bezweifelt die Richtigkeit

Mehr als ein Jahr später, am 5. Juli 1714, erinnerte Leibniz den Hof-Cammer-Präsidenten an die ausständigen Beträge.[675] Am 3. August 1714 wurde Leibniz die Auszahlung zugesagt: Er erhielt von der kaiserlichen Hofkammer die Bestätigung, dass „Dem Kays. Reichs Hoff Rath H. Gottfridt Wilhelmb Baron v. Leibniz, auf sein aingeraichtes anbringen, Deroselben den ausstandt (von) dessen Besoldung, dermahleinst bezallen zu lassen, hiemit in freundschafft zu erindern".[676]

Erst im Mai 1713 ersuchte Leibniz Minister Bernstorff um die Einwilligung, die Würde und das Amt eines Reichshofrathes in Wien übernehmen zu dürfen.[677] Leibniz argumentierte, … *daß es immer ehrenvoll für einen großen Fürsten sei, Leute zu haben, welche man auch anderswo, besonders aber welche das Reichsoberhaupt ehre.*[678] Der Kurfürst gewährte Leibniz, Würde und Amt eines Reichshofraths nur als Ehrentitel anzunehmen, da Leibniz seine Verpflichtungen in Hannover zu erfüllen habe.[679]

6. Befürworter einer kaiserlichen Akademie

Der Kaiser hegt den Trieb, das Studium der Wissenschaften zu beleben und es giebt hier einige ausgezeichnete Männer, welche dieses Vorhaben unterstützen werden. (G. W. Leibniz an Sebastian Kortholt, 15. August 1713)[680]

Durch seine Kontakte zum Kaiserhof gelang es Leibniz, einflussreiche Personen des Hofes und der Wissenschaft für die Gründung einer kaiserlichen Akademie zu gewinnen.[681] Dazu gehörten Kaiser Karl VI, seine Mutter Eleonore, seine Gattin Elisabeth Christine und vor allem die aus Hannover stammende Kaiserin Amalia, die Witwe seines Bruders Joseph I. Anfang des Jahres 1713 schrieb Leibniz dem Kaiser: … *und muss ich bekennen, dass ich hier unter den Cavallieren mehr solide wissenschaft gefunden, als bey denen, so profession von Erudition machen. Allen gehet zweifelsohne vor der Graf von Schlick. Ich habe auch überaus grosse vergnügung bei dem Grafen Jörger gefunden, nicht weniger bey dem Grafen von Sinzendorff [sic], bei der Kayserin Amalia …*[682]

Es gelang Leibniz, bedeutende Personen aus Wissenschaft und Kunst von der Gründung einer kaiserlichen Akademie der Wissenschaften in Wien zu überzeugen: *Sonsten sind hier einige feine leute in studien: die Herren Garelli Vater und Sohn, der Herr Davanzati, so bei dem Herrn Grafen Stella, der Bibliothecarius Gentilotti, der Architectus Fischer, dessen Sohn sich wohl anlässt, der Antiquarius Heraeus, die landmessere Marignoni und Müller. Es sollen auch gute Optici hier seyn. Sonderlich wären leute nöthig, die den wasserbau*

der Transkription der k.k. Hofkammer. Bergmann Reichshofrath S. 201ff. Es könnte sein, dass das "Bar." dem Vornamen Gottfried Wilhelm entspricht, den Leibniz in einem Wort zusammenzieht, wie in Hermann Kurz: Die Geschichte der deutschen Literatur, Leipzig 1855, Bd. 2, S. 449: Leibniz voller Taufname ist durch ein zusammengezogenes Zeichen dreier Buchstaben abgebildet. Bergmann Reichshofrath S. 203. Joseph Bergmann gibt an, in den „hiesigen Reichs- und erbländischen Adels-Acten" keinen Hinweis auf einen Adelstitel gefunden zu haben, will aber nicht völlig ausschließen, dass das Diplom unausgefertigt geblieben sein könnte, dass Leibniz die Ausfertigung nicht verlangte oder scheute, die Taxen zu bezahlen. Bergmann Wien S. 45. Gottschalk E. Guhrauer gibt ohne Angabe von Quellen an: „.... daß der Tag der Krönung Josephs zum römischen König, den 12. Januar 1690, derselbe sei, an welchem Leibnitz zum Reichsfreiherrn ernannt worden". Guhrauer II S. 285. K. Fischer: „Leibniz hat den Adelstitel erhalten, aber niemals davon Gebrauch gemacht." Fischer S. 245f.

675 Bergmann Reichshofrath S. 202 Anl. VIII.
676 Bergmann Reichshofrath S. 203 Anl. IX.
677 Müller-Krönert S. 235. Doebner S. 267.
678 Leibniz an A. G. Bernstorff, 1. Mai 1713. Zitiert nach Guhrauer II S. 284f.
679 A. G. Bernstorff an Leibniz, 5. April 1713. Doebner S. 269.
680 Zitiert nach Guhrauer II S. 289.
681 Klopp S. 196f und S. 228f Anl. X. Hamann Akademie S. 177ff.
682 Leibniz an den Kaiser Karl VI, undatiert, einzuordnen Februar 1713. Zitiert nach Klopp S. 228 Anl. X. Leibniz erwähnte hier den Feldmarschall und Oberhofkanzler des Königreichs Böhmen Leopold Josef Graf von Schlick und den Statthalter von Niederösterreich und späteren Minister Jean Joseph Graf von Jörger. *Es gibt hier einen österreichischen Grafen, den Grafen Jörger, der an Geist und Wissen über dem Durchschnitt steht und der sich nicht mit meinem Beweis zufrieden gibt, daß der Glaube nicht im Gegensatz zur Vernunft stehe,* … Leibniz an Kurfürstin Sophie, 6. Mai 1713. Zitiert nach Klopp Werke Bd. 9 S. 395. Graf Jörger, hochgebildet in Theologie, Philosophie, Mathematik und Literatur, war ein Verfechter von Leibniz' Theodicée. Auch der aus Italien stammende einflussreiche Graf Rocca Stella, mit Karl VI aus Spanien nach Wien gekommen, intervenierte für Leibniz. Vgl. Hamann Akademie S. 177f.

wohl verstünden.[683] Hier sind vor allem Personen aus dem Umfeld des Prinzen Eugen von Savoyen genannt, der wie sein Vertrauter Feldmarschall Claude Alexandre Graf Bonneval zu den einflussreichsten Befürwortern des Akademieplanes gehörte. Leibniz erwähnte die kaiserlichen Leibärzte Gianbattista Garelli und dessen Sohn Pius Nicolaus Garelli, beide universell gebildet und Sammler alter Handschriften und Bücher. Vater und Sohn Garelli unterstützten die Gründung mit großem Nachdruck.

1713 empfahl Leibniz dem Kaiser Johann Bernhard Fischer von Erlach als Mitglied der Akademie.[684] Besondere Unterstützung bekam Leibniz durch den Bibliothekar Johann Benedict Gentilotti von Engelsbrunn und vor allem durch den aus Schweden stammenden kaiserlichen Antiquarius Carl Gustav Heraeus. Mit dem vielseitig gebildeten und geistreichen Heraeus stand Leibniz bis zu seinem Tod 1716 in einem intensiven und vertrauten Briefwechsel. Immer wieder versicherte Heraeus, sich für Gründung der Akademie einsetzen zu wollen. „À mon retour je n´aurais pas de plaisirs plus sensibles que de pouvoir seconder Vos bonnes intentions pour le bien public".[685] Heraeus versuchte weitere Befürworter zu gewinnen. „L´on s´informera dans la maison de Mr. Fischers s´il y a moyen de faire quelque chose pour Vos aises".[686]

Auch der Mathematiker und Theologe Michael Gottlieb Hantsch gehörte zu den Förderern der geplanten Societät. Dankbar war Leibniz über die Kontakte zu dem hervorragenden Mathematiker, Geometer und Astronomen, dem Jesuiten Johann Jakob Marinoni, der bei Kaiser Karl VI hoch angesehen war. Marinoni sollte die Verantwortung für die Vermessung der Länder des Reiches übernehmen.[687]

Leibniz hoffte auf die Unterstützung politisch einflussreicher Männer am Kaiserhof wie des kaiserlichen Kämmerers und Oberstallmeisters Philipp Sigmund Graf von Dietrichstein und des Landmarschalls Otto Ehrenreich Graf von Traun und Abensberg. Leibniz ersuchte Heraeus, den Kontakt zu Graf Siegmund Friedrich von Khevenhüller[688] herzustellen. Graf Khevenhüller, Statthalter und Regierungspräsident von Niederösterreich, hatte die Aufgabe, für die Hofkanzlei ein Gutachten über die Gründung einer kaiserlichen Akademie zu verfassen.[689] Weiters machte sich Leibniz Hoffnungen auf die Intervention durch Reichsvizekanzler Friedrich Karl Graf Schönborn[690], der für seine unkonventionellen Ideen bekannt war und großen Einfluss beim Kaiser hatte.

Leibniz wünschte sich die Mitarbeit der geistlichen Orden, vor allem in der Lehrtätigkeit, und regte die Öffnung ihrer Bibliotheken und Archive zur allgemeinen Nutzung an.[691] Leibniz war sich der Unterstützung des Abtes von Melk Berthold Dietmayr sowie der Historiker Hieronymus und Bernhard Pez sicher. Die Brü-

---

[683] Leibniz an den Kaiser Karl VI, nicht datiert, einzuordnen Februar 1713. Zitiert nach Klopp S. 228f Anl. X. Vgl. Hamann Leibniz und Prinz Eugen S. 221.

[684] Im März 1716 machte Leibniz den Vorschlag, das Gebäude für die geplante Kaiserliche Akademie der Wissenschaften von Fischer von Erlach errichten zu lassen. Teil 2/VII/8.

[685] („Bei meiner Rückkehr werde ich keine größere Freude empfinden, als Ihre guten Absichten für das Wohl der Allgemeinheit zu unterstützen".) C. G. Heraeus, Mittel-Walde bei Innsbruck an Leibniz, der sich auf der Reise nach Wien befand, 29. August 1713. Bergmann Heraeus S. 143 Brief I. Vgl. Heraeus an Leibniz, 2. Oktober 1715, Bergmann Heraeus S. 144 Brief II und Heraeus an Leibniz, 18. Jänner 1716, Bergmann Heraeus S. 151 Brief VII. Vgl. Teil 2/VIII/2.

[686] ("Man wird sich im Haus von Monsieur Fischer beraten, ob es Mittel gibt etwas nach Ihren Wünschen zu erreichen.") C. G. Heraeus, Innsbruck an Leibniz, Wien, 2. Oktober 1713. Bergmann Heraeus S. 145 Brief II.

[687] Leibniz dankte Marinoni für seine Bereitschaft den Akademieplan zu fördern: *Je me servirai de vos offres obligeantes, si l´occasion s´en présente, et on pourroit concerter les choses avec Mr. Heraeus à son retour, pour entre-tenir l´Empereur et quelques-uns de Messieurs les Ministres dans leurs bonnes intentions pour avancer le dessin de la Société des Sciences.* (Ich werde mich bei Gelegenheit Ihrer verbindlichen Angebote bedienen, und man könnte die Angelegenheit mit Monsieur Heraeus nach seiner Rückkehr besprechen, um den Kaiser und einige der Herren Minister in ihren guten Absichten zu bestärken den Plan der Societät der Wissenschaften voranzutreiben.) Leibniz an J. J. Marinoni, 2. Oktober 1713. Zitiert nach Bergmann Wien S. 60 Anm. 16. Vgl. Dutens Bd. 5 S. 537.

[688] *Je n´ai pas encore l´honneur de connoître Mr. le Comte de Kevenhuller. Si vous le connoissez particulièrement, Monsieur, je vous prie de le voir, pour le sonder et encourager.* (Ich habe noch nicht die Ehre den Grafen Khevenhüller zu kennen, wenn er Ihnen persönlich bekannt sein sollte, Monsieur, bitte ich Sie ihn aufzusuchen, um seine Meinung zu erkunden und ihn zu ermutigen.) Leibniz an C. G. Heraeus, 28. Oktober 1713. Bergmann Wien S. 48.

[689] Als jährlichen Beitrag sollte Niederösterreich für die Societät 4.000 Livres beisteuern. Mit den Beiträgen der anderen Provinzen wäre der Akademie eine beträchtliche Summe zur Verfügung gestanden.

[690] F. A. Buchhaim stellte den Kontakt zu Reichsvizekanzler Friedrich Karl von Schönborn her, doch Leibniz fand bei Schönborn nicht die gesuchte Unterstützung. Klopp S. 186. Böger S. 440.

[691] *Denn wegen zusammenhangung der studien ist bekannd, dass die philosophi und die histori keinen geringen Einfluss in die theologischen Sachen haben, und dass dieses werk zumahl als eine causa pia betrachtet werden muss, und zu verbesserung der studien*

der Pez, beide universell gebildete Gelehrte, Benediktinerpatres in Melk, sammelten auf ihren ausgedehnten Reisen eine Fülle historischen Materials, das der Akademie zugute kommen sollte. Leibniz hoffte auch auf die Hilfe der Jesuiten Ferdinand Orban und Moritz Vota.

Der letzte Aufenthalt des 66-jährigen Leibniz in Wien gehörte zu den Höhepunkten in seinem Leben; zu keiner Zeit hatte Leibniz engeren Kontakt zu einflussreichen, gebildeten und gesellschaftlich hochgestellten Persönlichkeiten als bei seinem letzten Aufenthalt in Wien.

7. Prinz Eugen von Savoyen[692]

„Waren ja doch beide [Leibniz und Prinz Eugen] in mehr als einer Beziehung geistig miteinander verbunden: vor allem in dem beiden gemeinsamen persönlichen Stil, überkommenes Altes harmonisch mit dem sich ankündigenden Neuen zu verbinden, traditionsbewußt und zugleich offen, konservativ und zugleich liberal zu sein und so eine gleicherweise bewahrende wie neuschöpferische Vielschichtigkeit zu beweisen..." (Günther Hamann, G. W. Leibniz und Prinz Eugen. Auf den Spuren einer geistigen Begegnung, 1974)[693]

Seit 1683, seinem 20. Lebensjahr, war Prinz Eugen von Savoyen dem kaiserlichen Heer in Wien verpflichtet. Mit besonderen militärischen und staatsmännischen Fähigkeiten begabt, hochgebildet, leidenschaftlicher Sammler von Wissenschaft und Kunst umgab sich der Prinz mit gelehrten und einflussreichen Männern, die vor allem aus Italien und Frankreich stammten.[694] Zum engen Kreis des Prinzen gehörten der Direktor der Hofbibliothek Johann Benedikt Gentilotti, der Hofarzt Nicolaus Garelli, die Baumeister Johann Bernhard Fischer von Erlach und Lukas Hildebrandt, weiters der Antiquarius Carl Gustav Heraeus sowie vor allem Prinz Eugens Vertrauter Claude Alexandre Graf Bonneval[695].

Abb. 18: Prinz Eugen von Savoyen, Oswald Oberhuber 2009

Einige Tage vor Leibniz traf Prinz Eugen aus den Niederlanden kommend im Dezember 1712 in Wien ein.[696] Bereits vor der ersten Begegnung mit Prinz Eugen ließ Leibniz dem Prinzen eine seiner politischen Schriften überreichen.[697]

Im Hause des Grafen Schlick traf Leibniz am 16. Februar 1713[698] auf Prinz Eugen.[699] Es wurden philosophische und theologische Themen diskutiert, wie der Einfluss der Jesuiten bei der Einführung des Christentums

---

gemeynet: daher die Geistlichkeit davon nicht auszuschliessen, sondern vielmehr dienlichst heranzuziehen, ... Leibniz an Kaiser Karl VI, nicht datiert, einzuordnen März 1713. Zitiert nach Klopp S. 230 Anl. XI.

[692] U. a. Hamann Prinz Eugen S. 56ff. Hamann Leibniz und Prinz Eugen S. 206ff. M. Braubach: Geschichte und Abenteuer. Gestalten um den Prinzen Eugen, München 1950. H. Oehler: Prinz Eugen und Leibniz, Deutschlands abendländische Sendung, in: Leipziger Vierteljahrschrift für Südosteuropa 6, 1942, S. 1ff. Österreichische Galerie Belvedere, Wien, Prinz Eugen als Freund der Künste und der Wissenschaften, Ausstellungskatalog 1963.

[693] Hamann Leibniz und Prinz Eugen S. 207.

[694] Als Mittelpunkt und Gastgeber dieser illustren Gelehrtengesellschaft agierte Prinz Eugen wie ein „Renaissancefürst". Hamann Akademie S. 177f. Vgl. Braubach Prinz Eugen Bd. V S. 171f.

[695] Bonneval war Mitglied des Reichshofrathes und kaiserlicher Feldmarschall. Vgl. H. Benedikt: Der Pascha – Graf Bonneval (1675-1747), Graz – Köln 1959.

[696] Im Wiennerischen Diarium Nr. 976 ist die Ankunft von Prinz Eugen vermerkt, der am 9. Dezember 1712 nach Wien zurückkehrte und in seinem Palais, dem heutigen Bundesministerium für Finanzen, Himmelpfortgasse Nr. 8 im 1. Wiener Gemeindebezirk, wohnte.

[697] Braubach Prinz Eugen Bd. V S. 172. Hamann Leibniz und Prinz Eugen S. 209.

[698] Heinekamp S. 543. Zwei Tage später, am 18. Februar 1713, informierte Leibniz den Direktor der Hofbibliothek Gentilotti, dass er im Frühling abzureisen plane. Bergmann Wien S. 44 Anm.* Doch Leibniz verschob seine geplante Abreise und blieb noch eineinhalb Jahre in Wien. Günther Hamann gibt als Termin des Treffens März 1713 an. Hamann Leibniz und Prinz Eugen S. 208.

[699] Es ist möglich, dass Leibniz Prinz Eugen bereits in der ersten Hälfte April 1708 bei seinem Besuch am Welfenhof in Hannover kennenlernte; darauf weist der Briefwechsel zwischen Bonneval und Leibniz aus dem Jahre 1710 hin. Briefwechsel zwischen Leibniz und Bonneval 1710-1716: 8 Briefe von Bonneval an Leibniz und 8 Briefe von Leibniz an Bonneval sind erhalten. Leibniz Briefwechsel 89; größtenteils gedruckt bei J. Feder, Commercii Epistolici Leibnitiani Hannover 1805, S. 243ff. Vgl. M. Braubach:

Abb. 19: Stadtpalais des Prinzen
Eugen, Himmelpfortgasse, Wien

in Ostasien. Während Prinz Eugen den Einfluss der Jesuiten in China kritisierte, bewunderte Leibniz den „Liberalismus" der Jesuiten: *Der Prinz disputirte gegen die Jesuiten wegen des Cultus Confutii, und ich vor sie. Der Prinz kan ungleich beßer sprechen von der Theologi als ich vom Kriegswesen, weil er sie in der jugend studiret und ich nicht im Kriege gewesen.*[700]

Mit der Bitte, sie dem Prinzen zu zeigen, überreichte Leibniz am 9. März 1713 dem Grafen Schlick seine „Fabula moralis de necessicate perseverantiae in causa publicae salutis"[701]. Leibniz erhielt die Antwort, dass Graf Schlick und Prinz Eugen „den Gedanken hübsch und das Ganze angenehm" gefunden hätten.[702] Einige Tage später wurde Leibniz vom Grafen Schlick eingeladen, gemeinsam mit Prinz Eugen die kaiserliche Raritätengalerie zu besuchen.[703]

Prinz Eugen verließ Wien im Mai 1713 zum Kriegseinsatz am Oberrhein und kehrte im März 1714 nach Wien zurück. Leibniz ließ dem Prinzen ein Huldigungsgedicht in lateinischer Sprache überreichen, in dem er den Prinzen als Kriegshelden, Kenner der Wissenschaften, Mäzen der Künste und überlegenen Geist lobte.[704]

Zwischen März und August 1714 war Leibniz mehrfach Gast im Stadtpalais von Prinz Eugen.[705] „Bei den nun folgenden persönlichen Treffen war von Anfang an von den ein akutes Stadium erreichenden Akademieplänen die Rede".[706] Leibniz ersuchte, Einsicht in die Bibliothek des Prinzen nehmen zu dürfen; die Bitte wurde mit der Begründung abgelehnt, dass die Bibliothek ungeordnet sei.[707] Leibniz berichtete dem Prinzen

       Geschichte und Abenteuer - Gestalten um den Prinz Eugen, München 1950, S. 301. Braubach Prinz Eugen Bd. II S. 217f, S. 22f und Bd. V S. 171. Hamann Leibniz und Prinz Eugen S. 208.

[700] Leibniz an Herzog Anton Ulrich, 18. Februar 1713. Zitiert nach Bodemann S. 225. Vgl. Hamann Leibniz und Prinz Eugen S. 212f. Leibniz an Herzogin Elisabeth Charlotte von Orleans am 16. Dezember 1715: *Ich halte es auch mit den Jesuiten im Punct der Chinesischen gebräuche und habe deswegen mit dem Prinzen Eugene zu Wien ein wenig gestritten, der sich darüber bey mir als einem Protestirenden verwundert.* E. Bodemann: Briefwechsel zwischen Leibniz und der Herzogin Elisabeth Charlotte von Orleans (1715-1716), in: Zeitschrift des historischen Vereins für Niedersachsen, 1884, S. 38. Zitiert nach Müller-Krönert S. 235.

[701] Braubach Prinz Eugen Bd. IV S. 171.

[702] Braubach Prinz Eugen Bd. IV S. 171.

[703] Besuch der Raritätengalerie am 13. März 1713. Müller-Krönert S. 236. Es ist zu vermuten, dass Leibniz gemeinsam mit Prinz Eugen das im Bau befindliche Sommerpalais des Prinzen, heute Schloss Belvedere im 4. Wiener Gemeindebezirk, besuchte.

[704] Hamann Leibniz und Prinz Eugen S. 209. Braubach Prinz Eugen Bd. V S. 172.

[705] Im März 1694 erwarb Prinz Eugen für 33.000 Gulden das Haus des Reichsgrafen von Thurn in der Himmelpfortgasse, das Johann Bernhard Fischer von Erlach bis 1697 zu einem Palast mit siebenachsiger Fassade erweiterte. Nach dem Ankauf der Nachbargebäude vereinte Fischer von Erlach die Teilbauten mit einem Treppenhaus.

[706] Hamann Leibniz und Prinz Eugen S. 209. Joseph Bergmann schreibt, dass durch den Kontakt mit Prinz Eugen und die für Leibniz günstige Stimmung am Kaiserhof in Leibniz der Wunsch erwacht ist, in Wien eine Akademie der Wissenschaften zu gründen. Bergmann Wien S. 45. Das ist unrichtig, da Leibniz bereits 1688 plante, eine Akademie in Wien zu gründen und die Reise 1712 mit dem Plan antrat, die Gründung zu realisieren.

[707] M. Faak: Leibniz Bemühungen um die Reichshofratwürde in den Jahren 1700-1701, in: Studia Leibnitiana, 12, 1980, S. 67f. Müller-Krönert S. 235f.

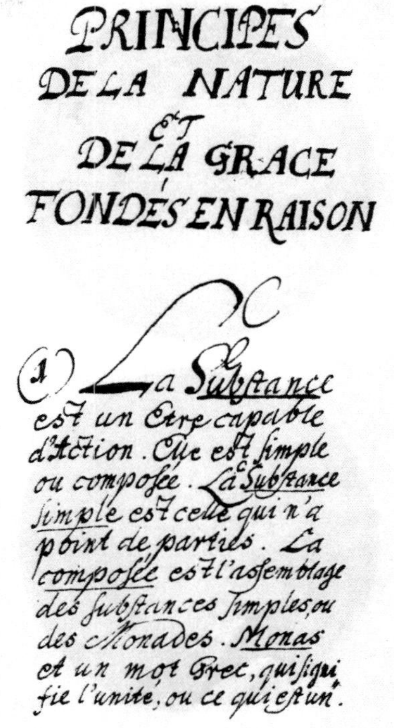

PRINCIPES
DE LA NATURE
ET
DE LA GRACE
FONDES EN RAISON

Abb. 21: Originalschrift Leibniz:
"La substance est un être capable ..."

Abb. 20: Stadtpalais des Prinzen Eugen, Himmelpfortgasse, Wien, Treppenhaus

über die grundlegenden Gedanken aus seiner „Theodicée"[708] und aus seiner Monadenlehre[709]. Auf Wunsch von Prinz Eugen verfasste Leibniz in der ersten Hälfte des Jahres 1714 für den Prinzen *Principes de la Nature et de la Grâce fondés en Raison (Prinzipien der Natur und der Gnade begründet in der Vernunft).*[710] Diese Schrift ist beeinflusst von den Diskussionen zwischen Leibniz und Prinz Eugen und zeigt das Interesse des Prinzen an Philosophie und Theologie. Die *Principes* sind eine Kurzform der später verfassten Monadologie.[711] Leibniz geht von einer „prästabilierten Harmonie" des Weltalls aus, das sich aus hierarchisch angeordneten „Mona-den", den letzten Grundsubstanzen des Geistes wie der Materie zusammensetzt. Die *Principes* beginnen mit

---

[708] Leibniz, „Essai de Théodicée sur la bonté de Dieu, la liberté de l´homme et l´origine du mal" („Abhandlung von der Güte Gottes, der Freiheit des Menschen und dem Ursprung des Übels") erschienen 1710 in Amsterdam bei Isaac Troyel. Vgl. Fußnote 45.

[709] Leibniz, „Lehrsätze über die Monadologie", Verlag Mayer, Jena 1720. Italienisch: 1721. Veröffentlichung des französischen Origi-naltextes 1840. U. a. Klara Strack: Ursprung und sachliches Verhältnis von Leibnizens sogenannter Monadologie und den Principes de la nature et de la grâce, Dissertation Berlin 1915. Hermann Glockner: G. W. Leibniz, Monadologie, Reclam 1948, S. 8ff. Yvon Belaval : Pour connaître la pensée de Leibniz, Paris 1952.

[710] Heute aufbewahrt in der Österreichischen Nationalbibliothek (ÖNB), Handschriftensammlung.Catalogus librorum, Bibliothecae Ser. Principis Eugenii e Sabaudia cum indice alphabetico auctorum et materiam. Cod. 10588, vgl. Leibniz, Principes de la nature et de la grâce fondés en raison, publ. in: A. Robinet, Paris 1954 und in: C. I. Gerhardt (Hg.): G. W. Leibniz, die Philosophischen Schriften, Band 1-7, 1875-1890, Nachdruck Hildesheim 1960/61, Bd. 6, S. 598ff. Vgl. Hamann Leibniz und Prinz Eugen S. 216f.

[711] Leibniz, „Lehrsätze über die Monadologie" Verlag Mayer, Jena 1720. Der französische Originaltext wird erst 1840 veröffentlicht, ist aber handschriftlich in seiner ursprünglichen Form in dem an Prinz Eugen gerichteten Schreiben im Umlauf und wird 1720 in deutscher und 1721 in lateinischer Übersetzung gedruckt. Der Titel „La Monadologie" stammt nicht von Leibniz, der diesen Abriß seiner Lehre ohne Titel gelassen hat, sondern von dem ersten Herausgeber einer Gesamtausgabe der philosophischen Wer-ke von Leibniz Johann Ed. Erdmann. Vgl. Fischer S. 244. Hamann Akademie S. 178. Hamann Leibniz und Prinz Eugen S. 215. Friedrich Heer bezeichnet die „Monadologie" als „Verfassungsurkunde des neuen Zeitalters, in dem der Mensch die Planung und Führung des irdischen Kosmos übernommen hat". Friedrich Heer: Europäische Geistesgeschichte, Neuauflage Böhlau Wien 2004, S. 508.

den Worten: *La substance est un Etre capable d'action. Elle est simple ou composée. La substance simple est celle qui n'a point des parties. La composée est l'assemblage des substances simples ou des Monades. Monas est un mot Grec qui signifie l'unité.*[712]

Der für Prinz Eugen verfasste Band enthält außer der Abschrift der „Principes" Abschriften von weiteren Werken von Leibniz.[713] Knapp vor der Abreise Prinz Eugens Ende August 1714 zu Friedensverhandlungen in der Schweiz überreichte Leibniz dem Prinzen diese Sammelhandschrift.[714]

Ob die Kontakte zwischen Leibniz und Eugen ausschließlich auf Wissenschaft und Kunst und die Gründung einer kaiserlichen Akademie beschränkt waren oder ob Leibniz und Prinz Eugen auch politische Diskussionen geführt haben, ist in der Literatur unterschiedlich beschrieben.[715] Die bis dato durchgesehenen Dokumente lassen erkennen, dass sich die Kontakte von Prinz Eugen und Leibniz vorwiegend auf die Förderung von Wissenschaft und Kultur und die Gründung der kaiserlichen Akademie der Wissenschaften in Wien beschränken.

Knapp bevor Leibniz im Herbst 1714 Wien für immer verließ, überreichte er Prinz Eugen eine Denkschrift über die Gründung einer kaiserlichen Akademie der Wissenschaften in Wien.[716]

---

[712] *(Die Substanz ist ein Wesen, das fähig ist Wirkung auszuüben. Sie ist einfach oder zusammengesetzt. Die einfache Substanz ist diejenige, die nicht teilbar ist, die zusammengesetzte ist die Verbindung der einfachen Substanzen oder Monaden. Monas ist ein griechisches Wort, das Einheit bedeutet.)*

[713] Leibniz, „Systeme Nouveau de la Nature et de la Communication des Substances, aussi bien que de l'Union qu'il y a entre l'Âme et le Corps, tiré des Journaux des Savans du 27. juin et du 4. juillet 1695." („Neue Lehre von der Natur und der Verbindung der Substanzen, sowie von der Vereinigung, die zwischen Seele und Körper besteht, aus dem Journal des Savans vom 27. Juni und vom 4. Juli 1695.") Weiters Leibniz, „Éclaircissement du nouveau système de la communication des substances, pour servir de réponse à ce qui a été dit dans le Journal des Savans du 12 Septembre 1695, tiré des Journaux des Savans du 2. et du 9. Avril 1696" („Erläuterung der neuen Lehre von der Verbindung der Substanzen, als Antwort auf den Bericht im Journal des Savans vom 12. September 1695 zitiert aus dem Journal des Savans vom 2. und 9. April 1696").Vgl. Hamann Leibniz und Prinz Eugen S. 214ff. Weiters Leibniz, „Éclaircissement de l'Harmonie préétabli entre l'âme et le corps tiré du Journal des Savans du 19. Novembre 1696" („Aufklärung der vorherbestimmten Harmonie zwischen Seele und Körper, aus dem Journal des Savans vom 19. November 1696"). ÖNB Handschriftensammlung Cod. 10.588: 104r-107r. Diese Abschriften enthalten eigenhändige Überschriften, Verbesserungen und Ergänzungen von Leibniz. Weiters enthält der Sammelband für Prinz Eugen die „Objections de M. Bayle avec les réponses de l'Auteur du Système" (Einwände von M. Bayle mit den Antworten des Autors des Systems). Diese Schrift ist eine Entgegnung von Leibniz auf Pierre Bayles „Dictionnaire historique et critique", Paris 1702; Leibniz stellte seine eigenen Ideen denen Bayles gegenüber. ÖNB Handschriftensammlung Cod. 10.588 128r-206r, eigenhändig 195r-206r.

[714] ÖNB Handschriftensammlung Cod 10.588. Diese Sammelhandschrift wird in der Bibliotheca Eugeniana im Prunksaal der Österreichischen Nationalbibliothek aufbewahrt, gebunden in rotem Maroquinleder mit dem in Gold geprägten Wappen der Prinzen von Savoyen-Carignan. Die verschiedenen Einbandfarben der Bände der Bibliotheca Eugeniana folgen einem Vorschlag von Leibniz: dunkelblau für Theologie und Jurisprudenz, dunkelrot für Geschichte und Literatur, gelb für Naturwissenschaften. 1737 verkaufte die Nichte und Haupterbin des Prinzen Anna Viktoria von Savoyen die ca 15.000 Bände umfassende Bibliothek an Kaiser Karl VI. In der ÖNB sind auch Werke von Leibniz, die Prinz Eugen nach Leibniz' Tod in seine Bibliothek eingegliedert hatte: „Principia philosophiae", Frankfurt 1728, „Essai de Theodicée ", Amsterdam 1712 und „Accessiones Historicae", Leipzig, Hannover 1698-1700. Vgl. Hamann Leibniz und Prinz Eugen S. 214.

[715] Bei J. Bergmann, A. Heinekamp, H. Oehler und M. Braubach konnten bis dato keine Hinweise auf eine politische Kommunikation zwischen Leibniz und Prinz Eugen gefunden werden. Gottschalk E. Guhrauer vergleicht die Kontakte zwischen Leibniz und Prinz Eugen mit der Beziehung zwischen Aristoteles und Alexander dem Großen. Guhrauer II S. 286. Günther Hamann: „Zunächst hatten die Besprechungen mit Eugen bei Hofe offenbar mehr politischen Charakter. Leibniz war ja auch hannoverischer Staatsmann und in offiziellem Auftrag in Wien. Bald griffen die Gespräche aber aufs wissenschaftliche Gebiet über und betrafen auch philosophische Fragen". Hamann Prinz Eugen S. 64. Kurt Fischer: „Leibniz ist Prinz Eugen politisch und persönlich in einem näheren und vertrauten Verkehr verbunden." K. Fischer vermutet, dass sich „der Prinz von Savoyen Leibnizens Feder für die Sache des Krieges gewünscht hat". Fischer S. 140. Anfang Juli 1714 führte Leibniz ein „politisches Gespräch" mit Prinz Eugen. Klopp Werke Bd. 9 S. 463. Müller-Krönert S. 245. Ende August 1714 verfasste Leibniz für Prinz Eugen eine Denkschrift über die Politik des Kaisers nach dem Thronwechsel in England. Foucher de Careil Œuvres Bd. 4 S. 248ff. Müller-Krönert S. 247. Carl Haase: „Die im Jahre 1713 geknüpfte Verbindung mit dem Prinzen Eugen von Savoyen diente dem Ziel der Förderung einer Akademiegründung in Wien; sie scheint im kulturellen Felde geblieben zu sein." C. Haase: Leibniz als Wissenschaftsorganisator, in: Totok-Haase S. 219. C. Haase weist jedoch auf einen Brief hin, den Leibniz nach dem Tod der Königin Anna von England am 24. August 1714 an Minister Bernstorff schrieb, dass er aus Prinz Eugens Äußerungen entnommen habe, man sei am Wiener Hof mit der englischen Veränderung sehr zufrieden und hoffe auf eine enge Verbindung mit dem neuen englischen König. C. Haase: Leibniz als Wissenschaftsorganisator, in: Totok-Haase S. 219.

[716] Leibniz, Gründungsentwurf für Prinz Eugen. Teil 2/VII/16.

8. Johann Bernhard Fischer von Erlach

... j´ espère qu´il [J. B. Fischer von Erlach] *inventera si bien le nouveau bastiment que la nouvelle societé y puisse trouver de la place considerablement pour ses assemblees, ses experiences et apparats il seroit bon d´en conferer avec luy* (G. W. Leibniz an C. G. Heraeus, 29. März 1716) [717]

Im März 1716 machte Leibniz den Vorschlag, J. B. Fischer von Erlach mit den Plänen und dem Bau für das Gebäude der kaiserlichen Akademie der Wissenschaften in Wien zu betrauen.[718]

Das Interesse von Leibniz an Architektur und Kunst wurde während seines Aufenthaltes in Paris in den Jahren 1672-1676 vor allem durch Claude Perrault verstärkt. Perrault, Mediziner der Académie des Sciences, Erbauer des Pariser Observatoriums und des Ostflügels des Louvre sowie profunder Kenner der Philosophie des Descartes, lehrte Leibniz die Durchführung von Architekturzeichnungen.[719] Leibniz ergänzte seine Schriften immer wieder durch laienhafte, aber ausdrucksstarke und das Wesentliche erfassende Zeichnungen.[720] Leibniz war sich der fundamentalen Bedeutung der Zeichnungen Galileo Galileis, Robert Hookes, Antoni van Leeuwenhoeks u. a. für den Fortschritt der Wissenschaft bewusst.[721]

1704 machte Leibniz in Berlin die Bekanntschaft mit Johann Bernhard Fischer von Erlach.[722] Neun Jahre später, 1713, begegnete Leibniz durch Vermittlung von Heraeus J. B. Fischer von Erlach und seinem Sohn Joseph Emanuel[723] im Palais des Prinzen Eugen. Es ist erwiesen, dass Leibniz auf die Baupläne der kaiserlichen Hofbibliothek in Wien, der heutigen Österreichischen Nationalbibliothek, und der von Karl VI gestifteten Kirche zu Ehren des Heiligen Karl Borromäus in Wien, der heutigen Karlskirche, Einfluss hatte.

Die Kaiserliche Hofbibliothek in Wien
Die kaiserliche Hofbibliothek ist aus der Umgestaltung eines Baukörpers aus der zweiten Hälfte des 17. Jahrhunderts entstanden. Der Entwurf für den Umbau stammt von Johann Bernhard Fischer von Erlach, der Bau wurde von seinem Sohn Joseph Emanuel in den Jahren 1722-1726 durchgeführt.[724]

---

[717] *(Ich hoffe, dass er* [J. B. Fischer von Erlach] *das neue Gebäude so planen wird, dass die neue Societät dort ausreichend Platz für ihre Sitzungen, Experimente und Festlichkeiten hat, es wäre sinnvoll, sich mit ihm darüber zu beraten.)* Zitiert nach J. Schmidt: Die Architekturbücher des Fischer von Erlach, in: Wiener Jahrbuch für Kunstgeschichte 1934, Bd. IX, S. 155.

[718] Es könnte sein, dass J. B. Fischer von Erlach im Frühjahr und Sommer 1716 Entwürfe angefertigt hat; sie sind bis dato unauffindbar.Vgl. H. Sedlmayr: Johann Bernhard Fischer von Erlach, Stuttgart 1997, S. 273. Albert Ilg: Leben und Werk Joh. Bernh. Fischer´s von Erlach des Vaters, Wien 1895.

[719] Von Perrault angeregt, befasste sich Leibniz auch mit den Plänen des Pariser Louvre. Vom 22. Januar 1676 ist ein Protokoll erhalten, das eine Unterredung zwischen Leibniz und Perrault über den Bau des Ostflügels des Louvre wiedergibt. G. W. Leibniz, Les Plans de l´achèvement du Louvre et la Pyramide triomphale de Perrault, in: L. A. Foucher de Careil : Manuscrit inédit de Leibniz, in: Journal Général de l´Instruction Publique et des Cultes, Bd. XXVI 1857 Nr. 32, 22.4, S. 235f. Bredekamp S. 131ff. Vgl. St. Ferrari: Gottfried W. Leibniz et Claude Perrault, in: Leibniz Auseinandersetzung mit Vorgängern und Zeitgenossen (Ingrid Marchlewitz und Albert Heinekamp (Hgg.), in: Studia Leibnitiana, Supplementa Bd. 27), Stuttgart 1990, S. 333ff. M. Petzet: Claude Perrault und die Architektur des Sonnenkönigs. Der Louvre König Ludwigs XIV und das Werk Claude Perraults, Berlin 2000, S. 568f.

[720] Horst Bredekamp: „Leibniz hat ununterbrochen geschrieben und gezeichnet, um seine Gedanken auszudrücken und zu formen.“ Bredekamp S. 129. Horst Bredekamp: „Gerland hat eine Fülle von Zeichnungen in ihrer unruhigen, nicht eben von zeichnerischer Meisterschaft zeugenden und dadurch den Denkprozess umso authentischer bewahrenden Form wiedergegeben.“ Bredekamp S. 129 Anm. 424. Vgl. E. Gerland: Leibnizens nachgelassene Schriften physikalischen, mechanischen und technischen Inhalts, Leipzig 1906.

[721] H. Bredekamp: Die Erkenntniskraft der Linie bei Galilei, Hobbes und Hooke, in: RE-VISIONEN. Zur Aktualität von Kunstgeschichte, Hg. B. Hüttel, R. Hüttel und J. Kohl, Berlin 2002, S. 159ff. H. Poser: Zeichentheorie und natürliche Sprache bei Leibniz, in: Schrift, Medien, Kognition. Über die Exteriorität des Geistes, Hg. P. Koch und S. Krämer, Tübingen 1997, S. 127ff. Bereits in seinen frühen Denkschriften wies Leibniz darauf hin, das von ihm geplante Universallexikon durch Bildbände zu ergänzen, wie Jahrzehnte später Diderot. Es ist anzunehmen, dass Leibniz durch zwei Bildbände C. Perraults aus den Jahren 1676 beeinflusst war. Vgl. C. Perrault : Mémoires pour servir à l´histoire naturelle des animaux, Paris, Bd. I, 1671 und Bd. II, 1676. Leibniz plante, den Zeichenunterricht in Schulen zu fördern; Schüler sollten u. a. Zeichnungen von Maschinen anfertigen, um die Funktion der Maschinen aus den Figuren ohne weitere Erklärungen zu verstehen. Vgl. R. Grieser: Leibniz und das Problem der Prinzenerziehung, in: Totok-Haase S. 511ff. Bredekamp S. 174f.

[722] Der angesehene Architekt und Baumeister besuchte Berlin, um die Einflüsse von Andrea Palladio und die Architektur des Andreas von Schlüter zu studieren.

[723] Es ist zu vermuten, dass Joseph Emanuel Fischer im Jahr 1713 von Leibniz vor allem in technisch-mathematischen Fragen beraten wurde. Reuther S. 356.

[724] H. Sedlmayr: Johann Bernhard Fischer von Erlach, Wien, München 1956, S. 140ff, S. 213ff. J. Schmidt: Die Architekturbücher des Fischer von Erlach, in: Wiener Jahrbuch für Kunstgeschichte 1934, Bd. IX, S. 147ff. H. Aurenhammer: Johann Bernhard

Bei den Bibliotheksgebäuden in Wolfenbüttel und der kaiserlichen Bibliothek in Wien zeigen sich Übereinstimmungen im ovalen Grundriss und in der Belichtung des Zentralraumes, die auf einen Einfluss von Leibniz schließen lassen.[725]

Von 1690 bis 1716 war Leibniz leitender Bibliothekar der Bibliotheca Augusta in Wolfenbüttel[726], in der er den ersten alphabetischen Katalog anlegen ließ. 1697 machte Leibniz den Vorschlag, die Bibliothek durch ein angrenzendes neues Gebäude zu erweitern. Unter Einbeziehung der Grundmauern wurde der Neubau 1705 begonnen, der 1713 fertiggestellt war.[727] In diesen Jahren hielt sich Leibniz immer wieder als Leiter der Bibliothek in Wolfenbüttel auf. Die Bibliothek von Wolfenbüttel ist die erste als selbständiger Baukörper errichtete Bibliothek der Neuzeit und gilt als eine der „originellsten und geistreichsten Architekturschöpfungen ihrer Zeit"[728]. Die Baupläne wurden lange Zeit ausschließlich dem Landbaumeister Hermann Korb[729] zugeschrieben. Doch es ist anzuzweifeln, ob Korbs mathematische Kenntnisse für das Grundkonzept ausreichend waren. Es ist fraglich, ob Korb der alleinige Schöpfer der Baupläne der Wolfenbütteler Bibliothek war[730] und ob nicht das architektonische Grundkonzept, das auf mathematischen Überlegungen und geometrisch-exakten Architekturkompositionen basiert, auf Leibniz zurückgeht oder zumindest starke Einflüsse von Leibniz aufweist.[731] Da Baukorrespondenz und Bauakten weitgehend verloren gegangen sind und die Edition des Leibnizbriefwechsels nicht abgeschlossen ist, stellt Hans Reuther Vergleiche mit dem Neubau der kaiserlichen Bibliothek in Wien an.[732] Leibniz war über die Baupläne der Wiener Hofblibliothek informiert.[733] Mehrfach beschrieb

Fischer von Erlach, London 1973. A. Kreul: Regimen Rerum, Der Prunksaal der Hofbibliothek in Wien, in: Fischer von Erlach und die Wiener Barocktradition, Hg. F. Polleroß, Wien, Köln und Weimar 1995, S. 210ff. Walter Buchowiecki: Der Barockbau der ehemaligen Hofbibliothek in Wien, ein Werk Johann Bernhard Fischers von Erlach, Museion, Veröffentlichungen der Österr. Nationalbibliothek in Wien, N. F., 2. Reihe I. Band, Wien 1957, passim. Thomas Zacharias: Joseph Emanuel Fischer von Erlach, Wien, München 1960, S. 78ff. Michael Krapf: The Architectural Model in the Sphere of the Influence of the Imperial Court in Vienna, in: The Triumph of the Baroque. Architecture in Europe 1600-1750, Hg. Henry A. Millon, Ausstellungskatalog Venedig, 1999. F. Matsche: Die Kunst im Dienst der Staatsidee Kaiser Karls VI, Ikonographie, Ikonologie und Programmatik des Kaiserstils, Berlin, New York 1981.

[725] Reuther S. 349ff. Bredekamp S. 137ff. B. Arciszewska: Johann Bernhard Fischer von Erlach and the Wolfenbüttel Library – the Hanoverian Connection, in: Andreas Kreul (Hg.): Barock als Aufgabe, Johann Bernhard Fischer von Erlach, der Norden und die zeitgenössische Kunst, Wolfenbüttel 2005. G. Scheel: Leibniz' Beziehungen zur Bibliotheca Augusta in Wolfenbüttel (1678-1716), in: Braunschweigisches Jahrbuch, Jg. 1973, Bd. 54, S. 172ff. Ingrid Recker-Kotulla: Zur Baugeschichte der Herzog August Bibliothek in Wolfenbüttel, in: Wolfenbütteler Beiträge, 1983, Bd. 6 S. 1ff und S. 13 Anm. 36.

[726] Die Wolfenbüttler Bibliothek war von 1649-1705 unzureichend in zwei großen Räumen im Obergeschoss des sogenannten Marstalls untergebracht. Vgl. O. von Heinemann: Die herzogliche Bibliothek in Wolfenbüttel. Ein Beitrag zur Geschichte deutscher Büchersammlungen, 2. Aufl. 1894, S. 111ff. Vgl. I. Recker-Kotulla: Zur Baugeschichte der Herzog August Bibliothek in Wolfenbüttel, in: Wolfenbütteler Beiträge, 1983, Bd. 6 S. 1ff.

[727] H. Reuther gibt als Bauzeit 1706-1716 an. Reuther S. 350ff.

[728] Reuther S. 349. Vgl. O. von Heinemann: Die herzogliche Bibliothek zu Wolfenbüttel, Wolfenbüttel 1894, S. 111ff.

[729] H. Korb war ausgebildeter Schreinermeister, er wurde von Herzog Anton Ulrich zweimal zum Studium der Baukunst nach Italien geschickt. Vgl. U. v. Alvensleben: Die Braunschweigischen Schlösser der Barockzeit und ihr Baumeister Hermann Korb, Kunstwissenschaftliche Studien Bd. XXI, Berlin 1937, S. 82ff.

[730] Hans Reuther: „Es ist daher wohl nicht abwegig, in Leibniz den geistigen Urheber der grundlegenden Wolfenbütteler Bauidee zu sehen. Im Lebenswerk von Hermann Korb läßt sich keine architektonische Schöpfung nachweisen, die mit dem Bibliotheksgebäude [Wolfenbüttel] zu vergleichen wäre". Reuther S. 356.

[731] Einer der späteren Bibliothekare in Wolfenbüttel, Gotthold Ephraim Lessing, sah in Leibniz den alleinigen Schöpfer der neu errichteten Wolfenbütteler Bibliothek. G. E. Lessing war Bibliothekar in Wolfenbüttel von 1770 bis zu seinem Tod 1781. I. Recker-Kotulla: Zur Baugeschichte der Herzog August Bibliothek in Wolfenbüttel, in: Wolfenbütteler Beiträge, 1983, Bd. 6, S. 13 Anm. 36.

[732] Reuther S. 354ff.

[733] ... *Quand vous écrirés à M. Gentilotti, Monsieur, vous m'obligerez de lui faire mes complimens. Je suis ravi d'apprendre que l'Empereur veut donner du lustre à sa Bibliotheque, et écoute M. Gentilotti là-dessus. On m'a parlé du dessein du nouveau bâtiment. Je voudrais qu'une Bibliotheque fut tellement disposée, qu'on pût arriver aux libres sans se servir d'échelle.* (Wenn Sie an Monsieur Gentilotti schreiben, mein Herr, fühle ich mich verpflichtet, ihm meine Anerkennung auszusprechen. Ich bin entzückt zu erfahren, dass der Kaiser seine Bibliothek prachtvoll ausgestalten will und die Meinung von Monsieur Gentilotti berücksichtigt. Man hat mir vom Plan des neuen Gebäudes berichtet. Nach meiner Vorstellung soll eine Bibliothek so errichtet werden, dass man die Bücher erreichen kann, ohne eine Leiter zu verwenden.) Leibniz an Konrad Widow, hamburgischer Ratsherr, 8. Mai 1716. Chr. Kortholt, Ed.: Viri illustris Godefredi Guil. Leibnitii epistolae ad diversos, Leipzig 1738, Bd. 3 S. 342. Zitiert nach Reuther S. 355f. Johann Benedict Gentilotti von Engelsbrunn war von 1704 bis 1725 Bibliothekar der kaiserlichen Hofbibliothek in Wien.

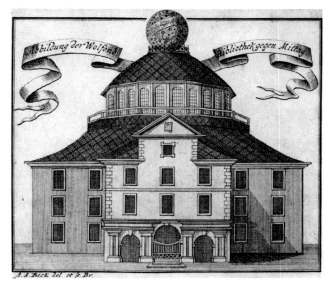

Abb. 22: Herzog August Bibliothek Wolfenbüttel, Außenansicht

Abb. 23: Herzog August Bibliothek Wolfenbüttel, Bibliothekssaal, 1886

Leibniz seine Vorstellungen einer idealen Bibliothek.[734] Es war ihm wichtig, durch großflächige hohe Fenster Helligkeit in den Räumen zu schaffen. Die Bücher sollten auf einer Galerie aufgestellt und dadurch leicht benützbar sein.[735]

Der Bau der Wolfenbütteler Bibliothek ist durch eine architektonische Neuheit, ein Oberlicht, die sogenannte Laterne, gekennzeichnet. Es ist möglich, dass der Himmelsglobus, der über dem Dach der Laterne angebracht ist, und der auch auf der kaiserlichen Hofbibliothek in Wien zu finden ist,[736] auf Leibniz zurückgeht. Erstmals ist der Himmelsglobus in diesem Ausmaß als Teil der Architektur eingesetzt.[737]

Abb. 24: Prunksaal der Nationalbibliothek Wien   **Abb. 25:** Nationalbibliothek Wien, Außenansicht

Abb. 26: Nationalbibliothek Wien, Ausschnitt Globus

---

[734] Vgl. Leibniz, „Den Bau der Bibliothec betreffend", Oktober 1678. AA I, 2 N.81. Müller-Krönert S. 54. Leibniz machte Vorschläge für den Umbau der Bibliothek in Hannover, um Platz für die 3.600 Bände der Bibliothek des Gelehrten M. Fogel zu gewinnen.

[735] Diese Anforderungen sind sowohl in Wien als auch in Wolfenbüttel erfüllt. In der Österreichischen Nationalbibliothek Wien gliedert eine aus Walnussholz geschnitzte Galerie die hohen Bücherwände des Bibliothekssaals (Prunksaal der NB). Die Galerie ist über vier Wendeltreppen zugänglich. In Wolfenbüttel erheben sich über dem ebenfalls ovalen Grundriß zwölf Pfeiler. In den ersten beiden der vier Geschosse sind die Pfeiler von Bücherregalen hinterfangen, das dritte Geschoss weist eine nicht zu nützende Wandfläche, das vierte 24 großflächige Bogenfenster auf. Reuther S. 350f. Knapp vor seinem Tod im November 1716 gestaltete Leibniz einen unvollendet gebliebenen Entwurf für die Bibliothek des Grafen Philipp Wilhelm von Boineburg, Statthalter von Erfurt. Guhrauer II S. 328. Ph. W. von Boineburg, Schüler von Leibniz, Sohn des Mentors von Leibniz Johann Christian von Boineburg, gründete mit seinem Privatvermögen in Erfurt eine Professur für Geschichte und öffentliches Recht mit einer umfangreichen Bibliothek, heute Universitätsbibliothek von Erfurt.

[736] Bei der Wiener Hofbibliothek ist das Globusmotiv zweifach als Erd- und Himmelsglobus angebracht. Auf dem südöstlichen Flügelbau ist Atlas mit dem Himmelsglobus, begleitet von der Astrologie und Astronomie; auf dem nordwestlichen Flügelbau ist Gaia mit der Erdkugel, flankiert von der Geometrie und der Geographie.

[737] H. Sedlmayr: Johann Bernhard Fischer von Erlach, Wien-München 1956, S. 140. Reuther S. 355. In seiner Denkschrift „Drôle de Pensée" aus dem Jahre 1675 schlägt Leibniz die Schaustellung von Globen vor. Bredekamp S. 54 und S. 56. Erstmals in Deutschland wurde um 1650 von Andreas Bösch und Adam Olearius der sogenannte Gottorfer Globus aus Kupfer konstruiert; dieser Erdglobus mit Einstiegsöffnung zeigt im Inneren das Himmelsgewölbe. Reuther S. 354f. Bredekamp S. 56.

Abb. 25: Nationalbibliothek Wien, Außenansicht

Abb. 26: Nationalbiblio-
thek Wien, Ausschnitt
Globus

Abb. 24: Prunksaal der Nationalbibliothek Wien

Gemeinsamkeiten der grundsätzlichen Elemente in der Planung, die auf Ideen und Pläne von Leibniz zurückgehen, sind bei den Bibliotheken in Wolfenbüttel und Wien nachweisbar, vor allem bezüglich Laterne und
Globus. Hans Reuther schreibt, dass der Zentralraum der Wiener Hofbibliothek die Grundidee des Wolfenbütteler Bibliotheksgebäudes übernimmt, jedoch gegliederter, aber zugleich raumhaltiger durch die mächtige
Kuppel ist. Reuther kommt zu dem Schluss: „Der geometrisch exakten Architekturkomposition der Wolfenbütteler Bibliothek, die aus mathematischen Überlegungen entstanden ist, steht die Wiener Lösung gegenüber, die
eine spannungsgeladene Raumbildung mit Steigerung zum ovalen Mittelsaal offenbart. Hermann Koch [sic]
hat die auf Leibniz zurückgehende Raumbildung offenbar nur dekoriert, während Johann Bernhard Fischer
von Erlach die Anregungen von Leibniz eigenschöpferisch verarbeitet und monumental gesteigert hat".[738]

Die Kirche zu Ehren des Heiligen Karl Borromäus

1713 erkrankten und starben in Wien Tausende Menschen an der Pest. Kaiser Karl VI legte 1713 in der Ste-
phanskirche in Wien in Gegenwart seines gesamten Hofstaates ein Gelübde ab, nach Überwindung der Pest zu
Ehren des heiligen Karl Borromäus ein Gotteshaus zu errichten.[739] Der kaiserliche Ober-Bauinspector Johann
Bernhard Fischer von Erlach wurde mit den Bauplänen betraut.[740] Der Einfluss von Leibniz auf die Baupläne
von Joh. B. Fischer von Erlach ist nachweisbar.[741] 1713 begann J. B. Fischer von Erlach mit den Plänen der
Kirche, die als Monument imperialer Machtentfaltung der Habsburger geplant war. Fischer kombinierte Archi-

---

[738] Reuther S. 356. Vgl. Bredekamp S.141f.

[739] Josef Bergmann: „1713 erkranken in Wien und seinen Vorstädten 9.476 Menschen an der Pest, 8.590 sterben, 1714 ist die Pest über-
wunden." Bergmann Numismatica S. 163 Anm. 18. Josef Bergmann: „Kaiser Karl VI gelobte Sonntags den 22. October 1713, ...
feierlich zu St. Stephan eine Kirche zu Ehren des h. Carolus Borromaeus, als eines besonders grossen Patrons wider die Pest bauen
zu lassen." Bergmann Heraeus S. 163 Anm. 18. Müller-Krönert S. 240. Handschreiben. Vgl. Leibniz, „Promemoria für Karl VI,
über ein Monument der drei heiligen Karle auf dem Neuen Markt in Wien" (Handschreiben) , 21. Oktober 1713. Müller-Krönert
S. 240.

[740] Bergmann Heraeus S. 193 Anm. 18.

[741] H. L. Mikoletzky: Österreich, Das große 18. Jahrhundert, Austria-Edition, Österr. Bundesverlag, Wien 1967, S. 153. Reuther
S. 355. Bredekamp S. 139ff.

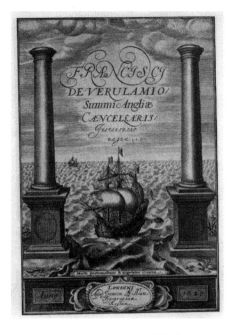

Abb. 27: Francis Bacon,
Titelkupfer, Instauratio Magna,
Erstausgabe 1620

Abb. 28: Skizze von
Leibniz: Grabmonument für
Herzog Johann Friedrich
1680

tekturelemente aus verschiedenen Weltgegenden.[742] Der Bau wurde 1716 von Johann Bernhard Fischer von Erlach begonnen und von seinem Sohn Joseph Emanuel vollendet.[743]

Von seinem letzten Wienaufenthalt wieder nach Hannover zurückgekehrt, erfuhr Leibniz Anfang Dezember 1715 aus einem Brief des Antiquarius Heraeus, dass die Baupläne von J. B. Fischer von Erlach für die Karlskirche vom Kaiser bewilligt waren: *„Sa Maj. Imp. vient de donner une preuve de son bon goût decisif, en se declarant contre beaucoup d'autres pour les desseins de Mr. de Fischers touchant l'église de St Charles."*[744] Leibniz antwortete kurz danach: *Je felicite Monsieur de Fischers ...*[745]

Leibniz versuchte, eigene Ideen in den Bau der Kirche einzubringen. Er regte an, die beiden riesigen Säulen an der Vorderfront der Kirche zwei bedeutenden Repräsentanten mit dem Namen Karl zu widmen, eine der Säulen Karl dem Großen als Begründer des Reiches und die zweite Säule dem Heiligen Karl als Vertreter der Erblande. *Je ne say ce que Sa Majesté Imperiale et Catholique aura dit sur ma pensée de faire mettre dans Sa nouvelle eglise de S. [Saint] Charles non seulement S. [Saint] Charles Borromée italien et moderne, mais encore deux Saints*

Abb. 29: Johann Georg Lange, Justa
Funebria von Herzog Johann Friedrich

---

[742] Hinter dem von zwei gewaltigen Säulen flankierten Eingangsbau in Form eines griechischen Tempels erhebt sich die 72 Meter hohe elliptische Kuppel nach dem Vorbild des römischen Barock, die beiden Seitenkapellen sind stilistisch der italienischen Renaissance entlehnt, ihre Dächer gleichen chinesischen Pagoden. Das Relief im flachen Dreiecksgiebel des Vorbaus zeigt die schrecklichen Auswirkungen der Pest. U. a. F. Eppel: Die Karlskirche in Wien, Salzburg 1961.

[743] Die Grundsteinlegung erfolgte am 4. Februar 1716 durch Karl VI. Die im Grundstein versenkten goldenen und silbernen Gedenkmünzen wurden von Carl Gustav Heraeus entworfen. Vgl. A. Hammarlund: Plus ultra, der Kaiserliche Antiquitäten- und Medailleninspector Carl Gustav Heraeus. In: „Nihil sine ratione" VII. Internat. Leibniz-Kongreß, Berlin 2001, H. Poser (Hg.), Vorträge 1. Teil, S. 454ff. Leibniz hatte Kontakt zu Josef Emanuel Fischer von Erlach, Sohn des Johann Bernhard. Es ist anzunehmen, dass Josef Emanuel Fischer im Jahr 1713 von Leibniz in technisch-mathematischen Fragen beraten wurde. Reuther S. 356. Vgl. Bredekamp S. 141f.

[744] „Ihre Kaiserliche Majestät hat soeben ihren wirklich guten Geschmack bewiesen, indem sich Ihre Majestät gegen viele andere für die Pläne von Monsieur de Fischers zur Errichtung der Kirche des Heiligen Karl entschieden hat." C. G. Heraeus, Wien an Leibniz, Hannover, 5. Dezember 1715. Bergmann Heraeus S. 149, Brief V.

[745] *(Ich beglückwünsche Monsieur de Fischers...)* Leibniz, Hannover an C. G. Heraeus, Wien, 22. Dezember 1715. A. Ilg: Leben und Werk Joh. Bernh. Fischer's von Erlach des Vater, Wien 1895, S. 519. Zitiert nach Bredekamp S. 139.

Abb. 30: Die Karlskirche in Wien, 1715

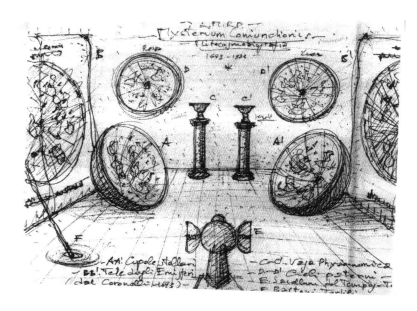

Abb. 31: Lucca Patella, Mysterium Coniunctionis,
Eine Art Himmelswerke zu zeigen, 1982, Privatbesitz

*d'ancienne date Princes et même ses predecesseurs, l'un dans l'Empire, l'autre dans les pays bas. Savoir S.
Charlemagne et S. Charles Comte de Flandres; j'en ay ecrit à Sa Majesté de l'Imperatrice Amalie ayez la
bonté de la demander l'avis de Monsieur de Fischer.*[746]

Im Herbst 1716 erfuhr Leibniz vom Antiquarius Heraeus aus Wien, der in freundschaftlichem Kontakt zu
J. B. Fischer von Erlach stand, dass eine der riesigen Säulen seinem Vorschlag entsprechend gewidmet wurde.
„Dans le dessein que Mr. de Fischers fait et qui Vous fera plaisir, je suivrai Vos avis d'appliquer à Charles
Magne une des Colonnes colossales y employées. … Mais aiant été regalé dans la maison du Bourgemaître

---

[746] *(Ich weiß nicht, was Seine Kaiserliche und Katholische Majestät von meiner Idee halten wird, in Seiner neuen Kirche für den
Heiligen Karl nicht nur den Hl Karl Borromäus, der aus Italien und unserer Zeit stammt, sondern auch noch zwei Heilige aus
vergangenen Zeiten anzubringen, beide Fürsten und sogar dessen Vorgänger, der eine aus dem Kaiserreich, der andere aus den
Niederlanden, nämlich: der Heilige Karl der Große und der Heilige Karl Graf von Flandern; ich habe darüber an Ihre Majestät
Kaiserin Amalia geschrieben, ob sie die Güte hätte, die Meinung von Monsieur Fischer zu erfragen).* Leibniz, Hannover an C. G.
Heraeus, Wien, 29. März 1716. Zitiert nach J. Schmidt, Die Architekturbücher des Fischer von Erlach, in: Wiener Jahrbuch für
Kunstgeschichte, Bd. IX, 1934, S. 155. Vgl. Stefan Braun, Leibniz, Brighton 1984, S. 31.

j´ai fait une tentative de loin pour le bon exemple que la Ville de Vienne pourrait donner aux autres. La guerre servira tousjours d´excuse tant qu´elle dure."[747]

Die beiden mächtigen Säulen vor der Kirche erinnern an das Titelkupfer von Francis Bacons Hauptwerk „Instauratio Magna",[748] das ein Schiff mit aufgeblähten Segeln zeigt. Das Schiff durchfährt die Säulen des Herkules, um von der alten in die neue Welt der Wissenschaft vorzudringen. Es versinnbildlicht die Absicht Bacons einer vollständigen Neuordnung der Wissenschaften und Künste, um Macht und Wissen der Menschheit zu erweitern. Das Motiv der beiden mächtigen Säulen ist seit Kaiser Karl V mit dem Hause Habsburg verbunden. Karl V hatte die beiden „herkuleischen Säulen"[749] als Symbol für sein umfassendes Weltreich verwendet. In der Vorstellung der Antike waren die Säulen des Herkules bei Gibraltar mit der Inschrift „NON PLUS ULTRA" versehen. Karl V hatte diese Devise in „PLUS ULTRA" umgeformt, um die Grenzenlosigkeit seines Imperiums zu dokumentieren. Für seine geplante Enzyklopädie hatte Leibniz den Titel PLUS ULTRA gewählt, um seine „keine Grenzlinien und Haltepunkte kennende Philosophie"[750] zu veranschaulichen. In seiner Bestimmung der Doppelsäulen der Karlskirche aktualisierte er somit ein von der politischen Ikonographie und der eigenen Philosophie genutztes Motto."[751]

Die Ideen von Leibniz wurden in der von ihm vorgeschlagenen Form beim Bau der Vorderfront der Kirche[752] nicht realisiert, dennoch ist der Einfluss von Leibniz erkennbar.

9. Problem der Finanzierung

Il s´agit maintenant de trouver un fonds pour une si belle et si importante entreprise ... independant des revenus ordinaires de l´Empereur et entre les mains de la Societé, laquelle n´en disposeroit pourtant que conformement aux intentions de sa Majesté, et avec toute l´exactitude imaginable. (G. W. Leibniz, Denkschrift für Obersthofkanzler Philipp Ludwig W. Graf Sinzendorf, nicht datiert, einzuordnen März/April 1713)[753]

Um die Staatskassa des Kaisers nicht zu belasten, schlug Leibniz eine eigenständige Finanzierung der Societät vor. Die Erträge sollten, ähnlich wie bei der Berliner Societät, aus Monopolen und Privilegien, Steuern, Honoraren für Leistungen der Sozietät stammen.[754] Wesentlich war für Leibniz das Monopol des Kalen-

---

[747] („In dem Entwurf, den Monsieur von Fischer gemacht hat und der Ihnen gefallen wird, werde ich Ihrer Meinung folgen und Karl dem Großen eine der riesigen Säulen widmen, die dort angebracht wird... Als ich das Vergnügen hatte im Hause des Bürgermeisters zu sein, habe ich aber vorsichtig versucht, für das fruchtbare Vorbild [der Akademiegründung], das die Stadt Wien anderen geben könnte, einzutreten. Solange der Krieg dauert, wird er immer als Ausrede dienen.") C. G. Heraeus, Wien an Leibniz, Hannover, nicht datiert, einzuordnen September 1716. Bergmann Heraeus S. 153, Brief IX. Johann Lorenz Trunkh von Guettenberg war von 1713 bis 1717 Bürgermeister von Wien.

[748] Francis Bacon, Instauratio Magna, John Bill, London 1620. Bacon entwarf einen umfassenden Plan zur Reform der wissenschaftlichen Methode, in dem er das Verhältnis der Wissenschaften zum öffentlichen und sozialen Leben einbezog. Der französische Architekt Claude Nicolas Ledoux verwendete das Vorbild der beiden Säulen der Karlskirche mehrfach, so u. a. bei einem Entwurf für einen Pavillon in Kassel 1776. Vgl. A. Vidler : Ledoux, traduit de l´ anglais par Serge Grunberg, Fernand Hazan, Paris 1987 u. a. S.82f. I. Christ , L. Schein : L´Œuvre et les Rêves de Claude Nicolas Ledoux, Paris 1971. K. Gallwitz, G. Metken : Revolutionsarchitektur, Boullée, Ledoux, Lequeu, Baden-Baden 1974. M. Corbett u. R. Lightbown : The Comely Frontispiece. The Emblematic Title–Page in England 1550-1660, London 1979, S. 186.

[749] Als Säulen des Herkules bezeichnete man im Altertum den Felsen von Gibraltar (lat. Calpe) im Süden der Iberischen Halbinsel und den Berg Dschebel Musa in Marokko, westlich der spanischen Exklave Ceuta.

[750] Bredekamp S. 140.

[751] Bredekamp S. 140. Guilielmi Pacidii PLUS ULTRA sive initia et specima scientiae generalis in: AA VI, 4, A, Nr. 158 S. 674. Vgl. A. Hammarlund: PLUS ULTRA, Leibniz und der Kaiserliche Antiquitäten- und Medailleninspector Carl Gustav Heraeus, in: „Nihil sine Ratione" VII. Internat. Leibniz-Kongreß, Berlin 2001, H. Poser (Hg.) Vorträge 1. Teil, S. 460.

[752] Zum Aufbau der Fassade der Karlskirche in Wien: Michael Krapf: The Architectural Model in the Sphere of Influence of the Imperial Court in Vienna, in: The Triumph of the Baroque: Architecture in Europe 1600-1750, Henry A. Milllon (Hg.), Ausstellungskatalog Venedig, 1999, S. 401.

[753] *(Es geht nun darum, einen Fonds für ein so wunderbares und wichtiges Unternehmen zu finden ... unabhängig von den sonstigen Einnahmen des Kaisers, der von der Societät im Interesse seiner Majestät und mit größtmöglicher Genauigkeit verwaltet werden soll.)* Zitiert nach Klopp S. 235f Anl. XII.

[754] Klopp S. 197f. Hamann Akademie S. 175f.

derverkaufs.[755] *Solches würde durch gewisse privilegia und andere dergleichen Ew. Majestät unschädliche concessiones geschehen können. Ich habe bey der Königlich Preussischen societät den fundum der Calender vorgeschlagen, …*[756]

Bereits vor der ersten Audienz bei Karl VI machte Leibniz in einer kurzgefassten Denkschrift[757] genaue Angaben über die Finanzierung: *Talia esse possunt: Privilegium calendariorum, Privilegium novellarum, Privilegium Medialionum, Privilegium librorum aliorum, Censura librorum et inspectio rei typographicae, Cura vel commercium rei papyraceae, Montis pietatis genus aequicissimum, Aliaque id genus de quibus pro re nata.*[758]

Nach seiner ersten Audienz bei Kaiser Karl VI im Januar 1713 schlug Leibniz Einnahmen aus dem Eich- und Vermessungswesen vor: *Ein ander fundus köndte kommen von vergleichung maass und gewicht, samt der inspection darauff, damit Kayserliche Majestät und das publicum sowohl, als privati nicht vervortheilet werden. Ein Fundus zu einem werckhause, mechanischen inventionen und Modellen köndte kommen von einrichtung der Feuerspritzen samt einer behörigen feuerordnung in allen Städten und Flecken; …*[759] Weiters sollten Einnahmen aus Schulbüchern, Zeitschriften und Spielkarten zur Finanzierung beitragen. Leibniz plante die Besteuerung von Luxusgegenständen, Spielen, Lotterien und des *gebrannten Wassers*. Auch das Ausstellen von Reisepässen und die Durchführung von Auslandsreisen, vor allem für Jugendliche, sollte besteuert werden. Der vielreisende Leibniz argumentierte, dass Reisen ins Ausland weitgehend unnötig seien.

Auch Stiftungen von Mäzenen und Einnahmen eines von der Hofkammer unabhängigen Akademiefonds sollten die Societät unterstützen. Leibniz regte an, Angehörige der Societät für verschiedene gemeinnützige und gewinnbringende Aufgaben einzusetzen. Dazu gehörten die Aufzeichnung geographischer Karten für das gesamte Reich, Maßnahmen zum Hochwasserschutz, die Konstruktion und Bereitstellung von Feuerlöschapparaten für alle Städte des Reiches. Auch Gewinne aus dem Verkauf von Heilpflanzen zu medizinischen Zwecken aus den von der Societät angelegten botanischen Gärten sollten von der Akademie verwaltet werden. Leibniz hoffte, Einnahmen aus dem Gesundheitswesen zu erzielen, aus der Einrichtung eines … *perpetuum Collegium sanitatis, so durch alle Erblande seinen correspondenz hätte und mit der societate scientiarum diessfalls in gewisser connexion und communication stünde; …*[760]. Die Überprüfung sozialer Einrichtungen sollte von der Akademie durchgeführt werden. … *die dem werck angeheftete inspection der armenhäuser und dazu gewiedmeter fundationen; …*[761]

Im April 1714 richtete Leibniz ein Gesuch an den Kaiser, eine Hofcommission zu berufen, mit der Leibniz über den Fundus der Societät verhandeln könnte.[762]

Obwohl die Stempelsteuer für das „Gezeichnete" oder „Gestämpelte Papier" 1686, 1692 und 1705 eingeführt und wegen geringer Erträge nach kurzer Zeit aufgegeben wurde, setzte sich Leibniz vehement für eine neuerliche Einführung ein. *Und weil wohl kein zweifel, dass es, wie in andern Landen geschehen, also auch hier endtlich über kurz oder lang eingeführt werden wird …*[763] Leibniz argumentierte, dass durch die Stempelsteuer nur die *bemittelten Classen* mit geringfügigen Kosten belastet würden. *Es ist dabei anständig, dass die last nicht auff die armuth fallet, …*[764] Das *gestempelte Papier* sollte von der Societät für Bücher, Stiche, Landkarten, Dokumente verwendet werden. Der Vorschlag der Einführung der Stempelsteuer wurde von Prinz Eugen abgelehnt.[765] Der Einwand des Prinzen, dass wegen der verschiedenen rechtlichen Verwaltung der

---

[755] Bei der Churfürstlich-Brandenburgischen Societät konnten nur durch das Monopol des Kalenderverkaufs Einnahmen erzielt werden.

[756] Leibniz an den Kaiser Karl VI, nicht datiert, einzuordnen Februar 1713. Zitiert nach Klopp S. 227 Anl. X.

[757] Leibniz, „Societatis Imperialis Germanicae designatae Schema - Caesar Fundator et Caput", Viennae 2. Januarii 1713. Klopp S. 222ff Anl. IX.

[758] Leibniz, "Societatis Imperialis Germanicae designatae Schema - Caesar Fundator et Caput" Viennae 2. Januarii 1713. Zitiert nach Klopp S. 224 Anl. IX.

[759] Klopp S. 227f Anl. X.

[760] Leibniz, „Societas Imperialis Germanicae designatae Schema - Caesar Fundator et Caput" Viennae 2. Januarii 1713. Zitiert nach Klopp S. 228 Anl. X.

[761] Klopp S. 228 Anl. X.

[762] Foucher de Careil Œuvres Bd. 7 S. 367ff.

[763] Leibniz, „Zweck einer Societät der Wissenschaften und Begründung derselben durch das gestempelte Papier" nicht datiert. Zitiert nach Klopp S. 246 Anl. XVI. Vgl. Klopp S. 194f.

[764] Zitiert nach Klopp S. 245 Anl. XVI.

[765] Braubach Prinz Eugen Bd. V S. 173 und S. 421 Anm. 230.

Erbländer die Einführung der Stempelsteuer unmöglich sei, wurde von Leibniz mit dem Argument widerlegt, dass die Akademie einheitlich für alle Erblande und nicht nur für Wien geplant sei.[766] Ein weiterer Vorschlag von Leibniz, Beiträge von den Kronländern einzuheben, wurde nicht weiter beachtet.

Leibniz war der Ansicht, dass die Finanzierung der Societät zu realisieren sei: *Je crois qu'il y auroit moyen de trouver ces fonds, sans que le public fût obligé de faire des frais, ... L'Angleterre m'y paroist propre surtout pour bien des raisons.*[767]

Die von Leibniz vorgeschlagenen Finanzierungspläne fanden nur bedingt die Zustimmung des Kaisers.

10. Verhandlungen mit Obersthofkanzler Graf von Sinzendorf[768]

Maintenant tout semble conspirer à relever nos esperances sur le progres des connoissances utiles. On vient de faire une paix generale, qui met la meilleure partie de l'Europe en repos. L'Empereur est un Prince encore jeune qui promet un regne long et heureux. Il n'affectionne pas seulement les sciences utiles, mais même il y a des grandes lumieres; il peut goûter les fruits de bons établissemens

Abb. 32 : Philipp Ludwig Wenzel Graf Sinzendorf

qu'il va faire; et celuy d'une Societé des Sciences sera un des plus importans. (G. W. Leibniz, Denkschrift für Obersthofkanzler Graf Sinzendorf, nicht datiert, einzuordnen März/April 1713)[769]

Leibniz machte den Vorschlag, als *Ober-praesidenten der vorhabenden Societät der Wissenschaften* den Erzbischof von Prag, Ferdinand Graf von Kuenburg (auch Kienburg, Khüenburg), einen der gelehrtesten Männer des Landes, zu ernennen.[770] Doch der Kaiser ging nicht auf diesen Vorschlag ein. Er hatte die Absicht, Obersthofkanzler Philipp Ludwig Wenzel Graf Sinzendorf, Leiter der Hofkanzlei, die *Oberleitung* der Societät zu übertragen. In den ersten Monaten seiner Anwesenheit in Wien war es Leibniz nicht möglich, Kontakt zu Sinzendorf aufzunehmen. Nach der Rückkehr von Sinzendorf von den Friedensverhandlungen aus Utrecht wandte sich Leibniz direkt an den Obersthofkanzler.[771]

Er versuchte, Sinzendorf von der Notwendigkeit der Gründung einer kaiserlichen Akademie zu überzeugen[772] und ersuchte ihn, die Gründung intensiv zu unterstützen. Leibniz bedauerte, dass politische Ereignisse, vor allem die Kriege, den Fortschritt der Wissenschaften verzögerten. Er schätzte die wissenschaftlichen

---

[766]   Bonneval an Leibniz 2. Juni 1716, Leibniz Briefwechsel 89. Braubach Prinz Eugen Bd. V S. 421 Anm. 230.

[767]   *(Ich glaube, dass es Mittel geben könnte, diese Fonds zu finden, ohne dass der Öffentlichkeit Kosten anfallen.... England scheint mir dafür aus vielen Gründen ein gutes Beispiel zu sein.)* Leibniz, „Mémoire pour des personnes éclairées et de bonnes intentions", undatiert. Zitiert nach Harnack II S. 35.

[768]   Klopp S. 231ff Anl. XII.

[769]   *(Derzeit scheint sich alles gegen unsere Hoffnungen zu verschwören einen Fortschritt der Erkenntnisse zum Nutzen aller zu erreichen. Es wurde gerade ein allgemeiner Frieden geschlossen, der dem wichtigsten Teil Europas Ruhe bringt. [der Friede zu Utrecht] Der Kaiser ist ein junger Fürst, dem eine lange und glückliche Regentschaft bevorsteht. Er hat nicht nur besonderes Interesse für die Wissenschaften, sondern verfügt selbst über herausragende Kenntnisse; er ist fähig, die Früchte der bedeutenden Einrichtungen zu genießen, die er ins Leben rufen wird; und das einer Societät der Wissenschaften wird eines der wichtigsten sein.)* Zitiert nach Klopp S. 234 Anl. XII. Friede von Utrecht ist die Bezeichnung für einen Komplex von neun Friedensverträgen, die zwischen 1713 und 1715 in Utrecht (Niederlande) geschlossen wurden. Sie beendeten den Spanischen Erbfolgekrieg (1701-1714) und schufen in Europa ein Gleichgewicht der Kräfte. Der Friede von Utrecht wurde 1714 durch den Frieden von Rastatt und Baden ergänzt. Im Frieden von Rastatt erhielt Österreich die Spanischen Niederlande, Neapel, Mailand, Sardinien und Mantua. Die Verhandlungen zu Rastatt (28.11.1713-3.3.1714) beendeten nach 14 Jahren den Spanischen Erbfolgekrieg.

[770]   *Und bedünckt mich dass zum Ober-praesidenten der vorhabenden Societät der Wissenschaften niemand sich besser schicken würde als der Herr Erzbischoff zu Prag, Graf von Kienburg ... weil er bekandter massen einer ist von den gelehrtesten Herren, die Kayserl. Majt. in ihren Erb-Landen haben, und der aus sonderbahrer Lust und Neigung sich die Studien sehr angelegen seyn lässet, auch auf alle weise ein ansehnliches dazu beytragen kann, also dass ich nicht sehe wo ein bequemerer zu finden, und noch weniger was dagegen anzuführen.* Leibniz an Kaiser Karl VI, nicht datiert, einzuordnen Mai 1713. Zitiert nach Klopp S. 231 Anl. XI.

[771]   Klopp S. 192.

[772]   Leibniz an Sinzendorf, nicht datiert, einzuordnen April 1713. Klopp S. 231 Anl. XII.

Kenntnisse Karls II, des Gründers der Royal Society, und erwähnte ein von Karl II erfundenes Barometer, das in der Seefahrt eingesetzt werden konnte. Leibniz verachtete und bekämpfte zwar die Politik Ludwigs XIV, lobte aber die Gründung der Pariser Akademie durch Ludwig XIV und Colbert. Er war beeindruckt, dass in Paris Leistungen ausländischer Wissenschaftler, wie die des holländischen Physikers und Mathematikers Christiaan Huygens und des aus Italien stammenden Astronomen Giovanni Domenico Cassini anerkannt und gefördert wurden. Leibniz erwähnte, dass der König von Preußen ihm die Gründung und Direktion einer Societät in Berlin anvertraut hatte, deren Leistungen aber durch die schwierigen Zeiten eingeschränkt waren. Leibniz lobte Kaiser Leopold I: *L'empereur Leopold luy-même tout savant et tout curieux*[773] und bedauerte, dass es Leopold I nicht vergönnt war, eine Kaiserliche Akademie in Wien zu begründen. Leibniz war der Ansicht, dass es zu den wichtigsten Aufgaben des jungen Regenten Karl VI gehöre, die Wissenschaften und ihre Umsetzung zum Nutzen der Allgemeinheit zu fördern.

Leibniz forderte die Einrichtung öffentlicher Bibliotheken und die Förderung der deutschen Sprache sowie die Archivierung von Dokumenten in deutscher Sprache. Leibniz hielt es für notwendig, die alte und neue Geschichte aufzuzeichnen. *L'on peut dire que depuis deux siecles et demi ou environ le genre humain a fait de plus grands progres dans la connoissance des choses utiles, que dans tous les siecles precedens dont l'histoire nous soit connue. L'imprimerie a donné moyen aux hommes de rendre public et commun à plusieurs ce qui auparavant ne pouvoit être communiqué aisement. Elle a fourni aussi le moyen de perpetuer les connoissances, de sorte qu'elles ne se perdront plus aisement aujourd'huy comme celles des anciens se sont perdues.*[774]

Leibniz betonte den Fortschritt vor allem in den Naturwissenschaften und wies auf die Entdeckungen der letzten beiden Jahrhunderte hin, wie Magnet, Kompass, Mikroskop und Teleskop. Diese Erkenntnisse sollten zum Nutzen aller bewahrt und angewendet werden. Observatorien, Laboratorien, Pflanzen- und Tiergärten, Raritäten- und Kunstkabinette sollten eingerichtet werden. Die Medizin sollte gefördert werden.

Besonders wichtig war Leibniz die Reform des Schulwesens als einer der wichtigsten Pflichten des Staates.

Die Einteilung der Akademie erfolgte in drei Klassen: *la Classe Literaire* (die Literarische Klasse), *la Classe Mathematique* (die Mathematische Klasse), *la Classe Physique* (die Physikalische Klasse).[775]

Zur Finanzierung sollte ein von der Societät verwalteter Fonds unabhängig vom Etat und Vermögen des Kaiserhofes geschaffen werden. Die Aufteilung der finanziellen Mittel sollte in Absprache mit dem Kaiser erfolgen, so die Besoldung der Mitarbeiter, Auslagen für Forschungen, Erfindungen, Ankauf von Büchern, Instrumenten, Maschinen, Modellen und Medaillen. Leibniz machte den Vorschlag, jährlich Preise für wichtige Entdeckungen, die Umsetzung wissenschaftlicher Ergebnisse für die Allgemeinheit zu stiften. *Et même on donneroit tous les ans des prix à ceux qui trouveroient quelque chose important, resoudroient quelque probleme difficile, ou produiroient quelque ouvrage utile.*[776]

Am 8. Mai 1713 ersuchte Leibniz Sinzendorf brieflich, den Kaiser von der Ausfertigung eines Fundierungsdiploms der kaiserlichen Akademie der Wissenschaften zu überzeugen.[777] Da dieses Ersuchen ergebnislos blieb, wandte sich Leibniz am 28. Mai 1713 direkt an Kaiser Karl VI: *Stelle allerunterthänigst anheim, ob E. Kayserl. May t. in gnaden geruhen möchten, Dero Ober-Hof-Canzlern, Grafen von Sinzendorf, als hier gegenwärtig, anzubefehlen, daß nach denen von mir etwa ohnmaßgeblich an Hand gebenden Ingredientien das Diploma Fundationis einer allergnädigst resolvirten Kayserlichen Societät der Wißenschafften, abgefaßet*

---

[773] *(Kaiser Leopold I, höchst gelehrt und wißbegierig.)* Zitiert nach Klopp S. 233 Anl. XII.

[774] *(Man kann feststellen, daß ungefähr seit zwei und einem halben Jahrhundert das menschliche Geschlecht die größten Fortschritte in der Erkenntnis nutzbringender Neuerungen gemacht hat, mehr als in allen vorhergehenden Jahrhunderten, deren Geschichte uns bekannt ist. Die Buchdruckerkunst hat den Menschen ermöglicht, Dinge aufzuzeichnen und allgemein zugänglich zu machen, Kenntnisse, die früher nicht so einfach mitgeteilt werden konnten. Die Buchdruckerkunst hat es außerdem ermöglicht, Erkenntnisse zu erhalten, so daß sie nicht mehr so leicht verloren gehen, wie die aus früheren Zeiten verloren gegangen sind.)* Leibniz an Sinzendorf, Klopp S. 231 Anl. XII.

[775] Klopp S. 235 Anl. XII. Die Einteilung der Klassen ist analog der in der „Denkschrift für Prinz Eugen". Während Leibniz im Gründungsentwurf der Berliner Akademie und in späteren Entwürfen für Wien die Physikalische Klasse an erste Stelle reiht, stellt er hier die Literarische Klasse an die Spitze.

[776] *(Und man sollte sogar jedes Jahr Preise an diejenigen verleihen, die etwas Wichtiges finden, ein schwieriges Problem lösen oder ein nützliches Werk schaffen.)* Leibniz an Sinzendorf, 8. Mai 1713. Zitiert nach Klopp S. 236 Anl. XIII.

[777] Klopp S. 193.

und ausgefertigt werde. Dabey etwa zu erwehnen, daß E. Kayserl. May. gewillet, die Fundationes ad Studia in Dero Landen, exceptis Theologicis, zu dieser absicht und directio zu ziehen, desgleichen auch mit einigen anstalten und privilegiis als wegen Bücher-Censur, Calender, Zeitungen, einrichtung maaß und gewichts, einiger chymischer Productionen, und dergleichen, dem Fundo zu hülff zu kommen.[778]

11. Entwurf des Stiftungsbriefes[779]

Und weil Wir beherziget, dass die wahre gelehrsamkeit, die nehmlich auff tugend und glückseligkeit der menschen, und also auff die ehre Gottes hauptsächlich zielet; nebenst denen darunter begriffenen nachrichtungen, erkenntnissen, wissenschafften und künsten, dasjenige sey, so wohl erzogene völker von den barbarischen unterscheidet; auch dass die furcht, liebe und verehrung der Güthe, weisheit und macht Gottes durch die betrachtung der wunder, die er in die natur geleget; gemehret; guthe sitten, ordnung und polizey vermittelst dienlicher exempel und lehren unter den menschen eingeführet und erhalten; der menschlichen gesundheit, bequemligkeit und nahrung [durch] allerhand erfahrnissen, erfindungen und vortheile zu hülff gekommen; ... ... So haben Wir umb solcher und anderer Uns zu gemüth gehender ursachen willen, ... beschlossen, ... eine kayserliche societät der wissenschafften aufzurichten, und solche mit gnaden, privilegien und nöthige mitteln zu versehen ... (G. W. Leibniz, Entwurf zu einem Kaiserlichen Diplom der Stiftung einer Societät der Wissenschaften zu Wien, einzuordnen 1713)[780]

Leibniz plante eine alle Wissenschaften gleichmäßig umfassende wohlgegliederte und institutionalisierte Großgemeinschaft, die ... *in drey haupt-theile gehet, so man classes, physicam, mathematicam und literariam nennen möchte; ...*[781] Die Physikalische Klasse sollte die Wissenschaften von den drei Reichen der Natur umfassen. Dazu gehörte das Reich der Tiere, Pflanzen, Minerale; weiters die Chemie, Pharmazie und Medizin mit ihren Untergliederungen wie Anatomie und Chirurgie, sowie die praktische Anwendung medizinischer Erkenntnisse. Die Errichtung von Laboratorien, Observatorien, Lehrsälen, botanischen und zoologischen Gärten und Tiergärten sowie anatomischen Theatern war von Leibniz geplant. Zur Mathematischen Klasse gehörten Mathematik und ihre Anwendungen in Verrechnung, Vermessung, Astronomie und Architektur, Geodäsie, Kartographie und Technik. Die einzelnen Fächer sollten gesondert geführt werden, wie Maschinenbau, Wasserbau, Navigation. Die Literarische Klasse umfasste die Geschichte, vor allem auch die vaterländische Geschichte[782], weiters die historischen Hilfswissenschaften, Geographie, Archäologie und Epigraphik, Sprachwissenschaften, Philologie und Jura.

Das noch nicht aufgezeichnete Wissen von Gelehrten, Künstlern, Handwerkern, usw. sollte geordnet und nachschlagbar gemacht werden, Handwerker nach ihren Methoden und Erfahrungen befragt werden; ... *so bey handwerksleuten, künstlern und andern nahrungen, wirthschafften und professionen bekand, aber noch nicht in Büchern registriret ...*[783] Diese Kenntnisse sollten gemeinsam mit dem historischen Wissen in einem Universallexikon aufgezeichnet werden. ... *nicht weniger auch durch beleuchtung der historien, alterthümer und alles dessen, so die vorfahren hinterlassen ungemeine anmerkungen herfürzubringen, um dem gemeinen wesen von zeiten zu zeiten darzugeben.*[784]

---

[778] Leibniz an Kaiser Karl VI, 28. Mai 1713. Zitiert nach Fleckenstein Faksimiles S. 61, Brief Nr. 12. E. Bodemann gibt an, dass Leibniz dem Kaiser dieses Schreiben als Beilage zu dem Entwurf zu einem Kaiserlichen Diplom der Stiftung einer Societät der Wissenschaften zu Wien übersendet. E. Bodemann, Die Leibniz Handschriften der Königl. Öffentlichen Bibliothek zu Hannover 1895 Nachdruck 1966, S. 211.

[779] Leibniz, „Entwurf zu einem Kaiserlichen Diplome der Stiftung einer Societät der Wissenschaften zu Wien", ohne Datum, einzuordnen Ende April, Anfang Mai 1713. Leibniz, „Stiftungsbrief für Karl VI". Foucher de Careil S. 140ff. Foucher de Careil Œuvres Bd. 7 S. 373ff. Meister S. 205ff. Klopp S. 236ff Anl. XIII. Vgl. Leibniz, „Promemoria für Karl VI über die Errichtung der geplanten Societät der Wissenschaften". Foucher de Careil Œuvres Bd. 7 S. 345ff.

[780] Zitiert nach Foucher de Careil S. 141. Meister S. 205. Leibniz wollte den Text so verfassen, um in Hannover den Eindruck zu erwecken, die Akademiegründung stehe kurz bevor. Böger Teil 2 Anmerkungen S. 161 Nr. 156.

[781] Zitiert nach Foucher de Careil S. 142. Meister S. 206. Vgl. Hamann Akademie S. 172. Meister S. 13.

[782] *... auch die grundrichtigkeit, zierde und ausübung Unser teutschen haupt-sprache, sammt guther verfassung der teutschen schuhlen sich anbefohlen seyn lasse.* Zitiert nach Foucher de Careil S. 142. Meister S. 206.

[783] Zitiert nach Foucher de Careil S. 141. Meister S. 206. Vgl. Fußnote 124, Diderot verfolgte ähnliche Ziele

[784] Zitiert nach Foucher de Careil S. 142. Meister S. 206.

Als Voraussetzung für gezielte Forschung forderte Leibniz für alle drei Klassen die Schaffung geeigneter Institutionen, … *classi mathematicae durch orservatoria, gnomones, instrumente, werk-Häuser und modellen und classi literariae durch allerhand monumenta, inscriptionen, medaillen und anderen antiquen; durch documenta, archiven und registraturen und durch manuscripten in allerhand, auch orientalischen sprachen; allen dreyen aber durch cabinete und theatra der natur und kunst, raritäten cammern und bibliotheken zu deren gebrauch zu statten kommen.*[785]

Ein umfassender wissenschaftlich-technischer Apparat sollte den Mitgliedern zur Verfügung gestellt werden. Dazu gehörten Einrichtungen wie Bibliotheken, Druckereien, Museen, Laboratorien usw. Zur Finanzierung erwog Leibniz, für die Leistungen der Societät Beiträge einzuheben. *Wir wollen auch Unsre societät der wissenschafften brauchen und zu rahte ziehen, wo sie dem gemeinen wesen erspriesslich seyn kann; auch verschaffen, dass etwas davon nach gelegenheit zum fundo societatis fließen möge.*[786] Leibniz dachte an Einnahmen aus der Vermessung der Erbländer und Erstellung von Landkarten, aus dem Eichwesen, aus einer gesetzlichen Feuerordnung mit neuen Instrumenten, weiters aus dem Bau von Straßen, aus der Schifffahrt, aus dem Kalenderverkauf, aus dem Anbau von Heil- und Nutzpflanzen sowie aus medizinischen und sanitären Einrichtungen. Die neu gewonnenen Erkenntnisse und Ergebnisse sollten in einer jährlich erscheinenden Publikation veröffentlicht werden.

Leibniz plädierte für Sonderprämien und Stipendien: … *auch auff gewisse erfindungen, auflösungen und aussarbeitungen, die es verdienen, eigene Preise und belohnungen zu sezen, lezlich auch denen unter die arme zu greiffen, die eine zulängliche spuhr einer zu hoffenstehenden erfindung oder sehr vorteilhafften verrichtung zeigen können.*[787]

Leibniz beendete den Entwurf: … *daher die erkentniss der natur und kunst, auch die gelehrsamkeit befördert werden kann; dieser Unser societät der wissenschafften bey allen begebenheiten, nach bestem wissen und vermögen mit nachrichtungen und anderm geziemenden vorschub an hand gehen sollen, als in einer sach, die zu Unser eignen vergnügung und gemeinem besten gerichtet, alles bey vermeidung Unsrer ungnade und schwehren straffe; hieran geschieht Unser ernstlicher will und meynung.*[788]

Dieser Entwurf für eine wissenschaftliche Societät mit dem Hauptsitz in Wien war von Leibniz in allen Einzelheiten geplant und für das gesamte Reich projektiert. Leibniz wartete vergeblich auf die Unterschrift des Kaisers. Ein Hinweis dafür, dass Leibniz die mündliche Zusage zu der Gründung einer kaiserlichen Akademie der Wissenschaften in Wien von Kaiser Karl VI erhalten hat, ist seine Ernennung zum Direktor der Societät. Trotz der Kriegssituation drängte Leibniz immer wieder, die Gründung der Sozietät möglichst schnell zu realisieren. Gleichzeitig mit dem Stiftungsdiplom verfasste Leibniz im Frühjahr 1713 eine Denkschrift für Kaiser Karl VI zur Fortsetzung des Reichskrieges gegen Frankreich. *Die heroische Entschliessung kayserl. Mt. den krieg mit dem Reich gegen Frankreich fortzusezen, damit die Ehre Teütscher Nation und die wohlfahrt des vaterlandes errettet werde, ist höchlich zu loben. Sie erfordert Muth und verstand in hohem grad. Gott hat dem Kayser beides verliehen.*[789] Leibniz setzte sich hier mit den politischen Zuständen im Reich, mit der Vermehrung des Reichskontingents, der Beschaffung neuer Geldmittel, von Nahrung, Bekleidung, Munition sowie der ärztlichen Versorgung der Soldaten auseinander. Er empfahl eine Allianz mit Russland.

12. Ernennung zum Direktor der kaiserlichen Akademie

„Wegen seiner … ausführlich gethaner vorschlag zu einer Academiae allerhand fortpflanzender guter wissenschafften"[790]. „… so wird jedoch Er Herr von Leibniz hiemit versichert, dass bey gedacht ehistens errichtender Academia allerhand guter wissenschafften kein anderer Director alss Er Herr von Leibniz solle genohmen und gebraucht, und Ihme vor die mühewaltung ex fundo der errichtenden Academiae eine Jährliche

---

[785] Zitiert nach Foucher de Careil S. 142. Meister S. 206. Vgl. Bredekamp S. 176ff. Im Stiftungsbrief sind Vorschläge enthalten, die Leibniz bereits bei seiner ersten Audienz 1688 Kaiser Leopold I vorgeschlagen hatte. Vgl. Teil 2/I/4.

[786] Zitiert nach Foucher de Careil S. 142. Meister S. 206.

[787] Zitiert nach Foucher de Careil S. 142. Meister S. 206.

[788] Zitiert nach Foucher de Careil S. 143. Meister S. 206.

[789] Leibniz an Kaiser Karl VI, Frühjahr 1713. Zitiert nach Roessler S. 281.

[790] Klopp S. 241 Anl. XV.

Bestallung per Vier Tausend gulden gereichet werden, ..." (Kaiserliche Zusicherung des Directorates der zu errichtenden Akademie für Leibniz, vom 14. August 1713)[791]

Am 14. August 1713 wurde Leibniz zum Direktor der kaiserlichen Akademie der Wissenschaften ernannt. Um die Gründung zu beschleunigen, veranlasste Leibniz, in die Ernennungsurkunde vom 14. August 1713 folgende Worte einzufügen: „Umb willen aber die kürze der Zeit von seiner nöthigen abreise nicht zulässet, solche dem publico zum besten angedeyende Academiam allerhand gutter wissenschafften anjezo gleich aufzurichten, ..."[792] Doch wieder verschob Leibniz seine Abreise nach Hannover und blieb noch ein weiteres Jahr in Wien.

Durch die Ernennung zum Direktor hoffte Leibniz, die Gründung der Akademie realisieren zu können. Das Fundationsdiplom war von Leibniz in allen Details fertiggestellt, doch nicht vom Kaiser unterzeichnet. Ein wesentlicher Grund war die Finanzierung des umfangreichen Projektes, für das neue aufwändige Einrichtungen wie Bibliotheken, Laboratorien, Raritäten- und Kunstkabinette, botanische und zoologische Gärten und die Herausgabe verschiedener Lexika vorgesehen waren. Der Historiker Günther Hamann schreibt: „Die Idee war groß – für Österreich (zumal für den Anfang!) leider zu groß. Leibniz begann leider mit dem Maximalprogramm eines Hochhauses, statt mit einem auf maximale Endziele offenen Erdgeschoß."[793]

13. Keine Fortschritte

Des Römischen Kaysers und Catholischen Königs Majt. haben Sich bereits ruhmwürdigst entschlossen, Eine Societät der gründtlichen Wissenschafften und nüzlichen Künste aufzurichten und zu dem Ende ein gewisses allergnädigstes decret ertheilen lassen. (G.W. Leibniz, Zweck einer Societät der Wissenschaften und Begründung derselben durch das gestempelte Papier, nicht datiert, einzuordnen Oktober/November 1713)[794]

Leibniz war zum Direktor der geplanten Societät und zum Reichshofrath ernannt, er hatte die Unterstützung des kaiserlichen Hofes und einflussreicher Personen aus Wissenschaft und Kunst. Doch Leibniz wartete vergeblich auf die Unterzeichnung der Stiftungsurkunde durch den Kaiser.

Im September 1713 bemühte sich Leibniz, die vakante Stelle des Kanzlers von Siebenbürgen zu erhalten,[795] auch um in dieser Funktion die Gründung der Sozietät voranzutreiben. Er begründete dieses Ansuchen u. a. damit, dass das Kanzleramt in Siebenbürgen einem Protestanten übergeben werden sollte,[796] und wies auf die jahrelangen Reunionsverhandlungen hin. Leibniz wandte sich im Herbst 1713 direkt an Karl VI und ersuchte Kaiserin Amalia um Vermittlung.[797] Doch Karl VI wollte den Katholizismus in Siebenbürgen fördern.[798] Weiters plante Leibniz, seine für Siebenbürgen wichtigen Erfahrungen im Bergbau einzusetzen. Leibniz ersuchte den Hofkanzler von Böhmen Leopold von Schlick und Kaiserin Amalia um Fürsprache beim Kaiser und verfasste eine Reihe von Denkschriften. Doch Karl VI lehnte ab.

Anfang des Jahres 1714 wurde Leibniz vom Kaiser mit einer diplomatischen Mission über die für Lothringen und Österreich wichtige Erbfolge in der Toskana betraut. Leibniz konnte auf wichtige Urkunden zurückgreifen, die durch ein Versehen aus dem Nachlass Mazarins aus Paris in die Bibliothek von Wolfenbüttel gekommen waren.[799]

---

[791] Klopp S. 242 Anl. XV. Statt des Wortes „ehistens", das Leibniz vorschlägt, enthält der erste Entwurf die Worte „zu bequemer Zeit". Gottschalk E. Guhrauer schreibt, dass Leibniz zunächst 6.000 Gulden jährlich zugesagt wurden, die „später, wegen der schlechten Zeiten" auf 2.000 Gulden herabgesetzt wurden. Guhrauer II S. 289.

[792] Zitiert nach Klopp S. 241f Anl. XV.

[793] Hamann Akademie S. 174.

[794] Zitiert nach Klopp S. 242 Anl. XVI.

[795] Klopp S. 195f. Böger S. 442f.

[796] Klopp S. 195.

[797] Onno Klopp: „Karl VI erwiderte indessen der Kaiserin Amalia auf ihr Fürwort: Er könne nicht glauben, dass die Ernennung von Leibniz der sächsischen Nation in Siebenbürgen angenehm sein würde". Klopp S. 196.

[798] Böger S. 442f.

[799] Guhrauer II S. 285f. Bergmann Wien S. 45.

Nach mehr als einjähriger Anwesenheit von Leibniz in Wien waren keine konkreten Ansätze zur Gründung einer Akademie erkennbar. Eine wesentliche Ursache war sicherlich die Finanzierung,[800] teilweise bedingt durch die finanziellen Konsequenzen des Utrechter Friedens.[801] Die unterschiedlichen Vorschläge von Leibniz zur Finanzierung wurden vom Kaiser nicht weiter verfolgt. Dennoch befürworteten der Kaiser, die drei Kaiserinnen am Hof und einflussreiche Personen wie Nicolaus Garelli, Prinz Eugen, Bonneval und Gentilotti die Gründung der Akademie.

Mehrfach kündigte Leibniz seine Abreise nach Hannover an, blieb aber bis September 1714 in Wien.

14. Jesuiten - Gegner der Akademie ?

Man köndte auch ausserlesene Leute von verschiedenen orden kommen lassen, wie mir denn unter den Jesuiten, Dominicanern und andern wackere leute bewust (G. W. Leibniz an den Kaiser Karl VI, nicht datiert, einzuordnen Februar 1713)[802]

Jesuiten aus der Habsburgermonarchie waren wesentlich an der wissenschaftlichen Erschließung von außereuropäischen Ländern, vor allem China, beteiligt und waren zu einem großen Teil für das Unterrichtswesen verantwortlich.[803] Die Reform des Schulwesens wurde von Leibniz als wichtige und dringende Aufgabe der kaiserlichen Akademie geplant. Leibniz schlug dem Kaiser vor, Vertretern des Jesuitenordens einflussreiche Stellungen im Unterrichtswesen zu übertragen.[804] Deshalb suchte Leibniz den Kontakt zu den Jesuiten zu vertiefen;[805] er hoffte auf die Mitarbeit von Moritz (Carlo Mauritio) Vota[806], der eine Niederlassung der Jesuiten in Moskau eingerichtet hatte. Leibniz suchte den Kontakt zu dem Mathematiker und Theologen Ferdinand Orban[807]. Mit Orban verband Leibniz das fundierte Wissen und leidenschaftliche Interesse für Mathematik,

---

[800] Guhrauer II S. 293f. Klopp S. 203. Fischer S. 247ff. Siehe Teil 2/VIII/2. Briefwechsel mit Wien. Günther Hamann sieht die Ursache der Stagnierung nicht allein in der Finanzierung: „Denn jene Schichten, aus deren Reihen die Gegenkräfte oder wenigstens die Verzögerungskräfte kamen, waren die recht schwunglose Professorenschaft, manche extremkatholischen Gruppen bei Hofe und vor allem einflußreiche Kreise der Verwaltungsbürokratie, die ja oft auch Eugen selbst schwer zu schaffen machten und ihm das Arbeiten verbitterten". Hamann Prinz Eugen S. 64.

[801] Heinekamp S. 545f. Guhrauer II S. 281ff. Klopp S. 189 Anm. 13. April 1713, Utrechter Frieden.

[802] Zitiert nach Klopp S. 228 Anl. X.

[803] Erich Zöllner: Geschichte Österreichs, Verlag für Geschichte und Politik, Wien 1990, R. Oldenburg Verlag München 1990, S. 294. B. Duhr: Die Geschichte der Jesuiten in Ländern deutscher Zunge im 18. Jahrhundert, Bd. 4/2, München 1928, S. 342ff. G. Hamann: Das Leben der Chinesen in der Sicht eines Tiroler Missionars des 17. Jahrhunderts. AföG, 125 Jg. 1966, S. 96ff. G. Hamann: P. M. Martini, Ein Tiroler Jesuit als Begründer der Geographie Chinas, Tiroler Heimat Jg. 1966, S. 101ff.

[804] *Weil aber die Tugend des Vornehmste, so gefällt nur trefflich wohl, daß bei den Katholischen eine eigne Sozietät geistlicher Personen sich der Kinderzucht angenommen; denn solche Leute haben ungleich mehr Nachdruck, dahingegen es bei denen Protestierenden um die Schulmeister ein verachtetes Ding ist. Dahero wenn einige Umstände aufhören sollten, so die Jesuiten bei manchen Leuten verhasset machen, und sonderlich so ihres Stifters Regeln nachkommen, auch etwas mehr bei ihrer Unterweisung auf das, so in gemeinem Leben dienlich, als was denen Schulen allein gewidmet, sehen wollten, so würden sie einen überaus großen Nutzen hierin schaffen, zumal da sie die Kinder durch gottesfürchtige Übungen zu allerhand Tugenden kräftig anreizen könnten.* Leibniz, „Einige patriotischen Gedanken", 1697. Klopp Werke Bd. 6 S. 220ff. Zitiert nach Krüger S. 23.

[805] Durch den Jesuiten Claudio Filippo Grimaldi, den Leibniz 1689 in Rom kennenlernte, erhielt er erstmals direkte Informationen über die Mission der Jesuiten in China. Ein intensiver Briefwechsel folgte. Böger S. 321f. Fleckenstein S. 92ff. Guhrauer II S. 95ff. Auch zu dem Jesuitenpater Bartholomäus Desbosses hatte Leibniz persönliche und wissenschaftliche Kontakte. In den Briefen an Desbosses sind ausführliche Erläuterungen zur Monadenlehre erhalten. Auch mit dem Beichtvater von Karl VI, dem Jesuiten Caspar Florenz von Consbruch, stand Leibniz in freundschaftlicher Korrespondenz.

[806] M. Vota war Beichtvater des Königs von Polen, Jan Sobieski. Leibniz bemühte sich um die Dispensierung der Tätigkeit von Vota in Moskau. *Wenn er davon dispensirt werden könne, wolle er eine Reise zu uns thun ... Er hat viel Lebhaftigkeit, ob er schon in einem hohen Alter, hat noch ein groß Gedächtniß, und ist von angenehmen Umbgang, ... Er hat eine Kundschaft von Weltsachen ...* Leibniz an Herzog Anton Ulrich, 27. November 1705. Guhrauer II Anh. S. 87.

[807] Orban war langjähriger Beichtvater des Kurfürsten Johann Wilhelm von der Pfalz. 1704 ersuchte Leibniz den Jesuiten Ferdinand Orban sich bei Kaiser Leopold I für die Gründung einer kaiserlichen Akademie in Wien einzusetzen. Vgl. G. A. Will: Bemerkungen über einige Gegenden des Kath. Deutschlands auf einer kleinen gelehrten Reise gemachet, Nürnberg 1778, S. 30 und S. 57. W. Brunbauer: Ein Landshuter Bauernsohn tauscht hochgelehrte Briefe mit G. W. Leibniz, in: Charvari 6, Jg. 1980, Nr. 4, S. 8ff. Klopp Werke Bd. 3 S. 239ff. B. Duhr: Der kurpfälzische Hofbeichtvater P. Ferdinand Orban S. J., in: Hist.-pol. Blätter 168, Jg. 1921, S. 369ff. U. Krempel: Die Orbansche Sammlung, Eine Raritätenkammer des 18. Jhts, Münchner Jahrbuch der Bildenden Kunst 19, Jg. 1968, S. 169ff. S. Hofmann: Das Orban-Museum, in: Die Jesuiten in Ingolstadt, Ausstellungskatalog, Ingolstadt 1991, S. 300ff.

Astronomie, Theologie und Medizin. Orban und Leibniz waren intensiv bemüht, wissenschaftliche Erkenntnisse für die Allgemeinheit zu nützen und suchten daher den Kontakt zu einflussreichen regierenden Fürsten.

Doch Leibniz übte auch Kritik an den Jesuiten: *Daß die Jesuiten soviel Feinde haben, bei ihren eigenen Glaubensgenossen, kommt großentheils davon her, daß sie sich für Andern herfürthun und floriren ... Es ist kein Zweifel, daß es ehrliche und wackere Leute unter ihnen giebt. Dies ist aber nicht ohne, daß sie oft zu hitzig, und mancher unter ihnen dem Orden per fas und nefas dienen wollen. Aber es gehet überall nicht anders her; bei den Jesuiten ist es merklicher als bei den andern, weil sie auch für Andern den Leuten in Augen seyn.*[808]

Es ist zu vermuten, dass Mitglieder des Jesuitenordens ihre Vorrangstellung im Bildungs- und Erziehungswesen bedroht sahen und dass Vertreter der Jesuiten am Kaiserhof und in streng katholischen Kreisen die Gründung einer kaiserlichen Akademie durch einen Protestanten ablehnten.[809] Im Gegensatz zu seinem Vater Leopold I stand Karl VI den politischen Ambitionen der Jesuiten[810] distanziert gegenüber.

Der Historiker Onno Klopp wies 1869 auf die unrichtige Interpretation von Christian Kortholt hin[811], die in der älteren Literatur immer wieder übernommen wurde[812] und die vor allem durch einen Brief von Leibniz an Hofrat Johann Philipp Schmid vom 27. Februar 1715 entstanden sein könnte: *Un ami venu de Vienne m'a voulu persuader que des personnes zelées pour la religion s'opposoient à une societé des sciences, que les nouvelles decouvertes leur sont suspectes, et qu'il leur deplait particulierement qu'un Protestant s'en mêle. S. E. (le comte Sinzendorf) et d'autres grands ministres sont trop eclairés pour donner là dedans. Il me connoissent mieux, aussi bien que la nature de l'affaire.*[813] Leibniz erwähnte in diesem Brief die Jesuiten nicht wörtlich. Klopp vermutete, dass das Gerücht, die Jesuiten seien gegen die Gründung der Akademie, durch die irreführende Formulierung von Kortholt entstanden ist.[814] Klopp nimmt an, dass Kortholt die Überschrift „Les Jésuites s'opposent à une societé des sciences"[815] hinzugefügt hat. Diese Formulierung, die den Orden der Jesuiten und nicht einzelne Jesuiten betrifft, wird in der Literatur mehrfach übernommen.[816]

Zehn Monate später, Ende 1715, gebrauchte Leibniz in einem Brief an Hofrat Johann Philipp Schmid selbst die Bezeichnung „Jesuiten": *J'ay oui dire aussi que quelques Jesuites n'ont pas bien parlé de ce dessein (d'une académie des sciences). Vous me l'avés dit un jour; je voudrois bien, Monsieur, en savoir plus de particularités.*[817] Die Antwort von Schmid mit dem Bericht über die von Leibniz erbetenen Einzelheiten ist bis dato nicht auffindbar.[818]

---

[808] Leibniz an W. E. Tenzel, Herausgeber der Zeitschrift „Monatliche Unterredungen", Dezember 1692. Zitiert nach Guhrauer II S. 98f.

[809] Böger S. 455. Bergmann Wien S. 52.

[810] M. Braubach: Geschichten und Abenteuer. Gestalten um den Prinzen Eugen, München 1950, S. 380.

[811] C. Kortholt (Hg.): Viri illustris Godefredi Guil. Leibnitii epistolae ad diversos, Bd. 1-4, Leipzig 1737-1742, Bd. 3, S. 294. Klopp S. 200f.

[812] Die Aussage von C. Kortholt wurde 1768 von L. Dutens übernommen. Dutens Bd. 5 S. 529. Vgl. L. Couturat : Sur Leibniz fondateur d'académie 1901, in: La logique de Leibniz, Paris 1901, S. 525. Onno Klopp widersprach 1816 der von Kortholt übernommenen Aussage erstmals entschieden. Klopp S. 200ff. Vgl. Guhrauer II S. 290ff, 1842. E. Pfleiderer: Gottfried Wilhelm Leibniz als Patriot, Staatsmann und Bildungsträger. Ein Lichtpunkt aus Deutschlands trübster Zeit, Leipzig 1870, S. 440. Böger S. 455 und Böger Teil 2 Anmerkungen S. 164 Nr. 255. Alfons Huber: Geschichte der Gründung und Wirksamkeit der Kaiserlichen Akademie der Wissenschaften während der ersten 50 Jahre ihres Bestehens, in: Commission bei Carl Gerold's Sohn, Wien 1897, S. 8. Hamann Akademie S. 179f. Fischer S. 248.

[813] *(Ein Freund, der aus Wien [nach Hannover] gekommen ist, hat mich überzeugen wollen, dass glaubenseifrige Personen sich einer Societät der Wissenschaften widersetzen, dass ihnen die neuen Entdeckungen verdächtig seien und dass es ihnen besonders missfalle, dass ein Protestant sich einmische. Seine Excellenz (der Graf Sinzendorf) und andere einflussreiche Minister sind zu aufgeklärt, um sich davon beeinflussen zu lassen. Diese kennen mich besser, ebenso wie den Sachverhalt ...)* Zitiert nach Klopp S. 200f. Vgl. Fischer S. 248. Guhrauer II S. 290ff. Bergmann Wien S. 52.

[814] Klopp S. 201.

[815] („Die Jesuiten widersetzen sich einer Societät der Wissenschaften.") Zitiert nach Klopp S. 203.

[816] Dutens Bd. 5 S. 529.

[817] *(Ich habe auch sagen hören, dass sich einige Jesuiten nicht gut über diesen Plan (einer Akademie der Wissenschaften) geäußert haben. Sie haben es mir einmal gesagt; ich würde gerne zusätzliche Einzelheiten darüber wissen, Monsieur.)* Klopp S. 201. Ch. Kortholthus: G. W. Leibnitius, epistolae ad diversos, Lipsiae 1735, Tom III, p. 303, Dutens Bd. V S. 533. Christian Kortholt (1709-1751) der Jüngere, deutscher lutherischer Theologe, war Sohn des Sebastian Kortholt (nicht Sohn von Christian Kortholt dem Älteren).

[818] Klopp S. 201.

Abb. 33: Das Herzogbad zu Baden bei Wien, 1649

Die Annahme, von seiten der Jesuiten seien Bedenken gegen die Gründung einer Akademie der Wissenschaften vorgebracht worden, ist nicht belegbar.

15. Verpflichtungen in Hannover

Ich benutze unterdessen meinen Aufenthalt zu Wien, soviel ich kann, in der kaiserlichen Bibliothek, ich werde übrigens alles mögliche thun, mich loszumachen (G. W. Leibniz, Wien, an Minister A. G. Bernstorff, Hannover, 10. Mai 1713)[819]

„Indessen könnte Euer Exzellenz selber denken, dass es Kurfürstlicher Durchlaucht nicht gefallen könnte, daß sie nun fast ein Jahr von hier waren." (Johann Friedrich Hodann, Sekretär von Minister A. G. Bernstorff, Hannover, an G. W. Leibniz, Wien, September 1713)[820]

Der Briefwechsel zwischen Leibniz und seinem Vorgesetzten in Hannover Minister Bernstorff aus den Jahren 1712-1714 zeigt, dass Leibniz mehrfach aufgefordert wurde, nach Hannover zurückzukehren. Immer wieder plante Leibniz seine Rückkehr nach Hannover, verschob aber dann die Abreise aus Wien.[821]

Im Januar 1714 teilte Leibniz Kurfürstin Sophie mit, dass er seine Abreise aus Wien bis zu Beginn der wärmeren Jahreszeit verschieben müsse, da ihn seine beiden letzten Gichtanfälle sehr geschwächt hätten.[822] Einige

---

[819]　Zitiert nach Guhrauer II S. 283.

[820]　Zitiert nach W. Ohnsorge: Leibniz als Staatsbediensteter, in: Totok-Haase S. 186f. Vgl. Bernstorff an Leibniz: 30. Januar 1713, Doebner S. 61 und 5. April 1713, Doebner S. 65 und 30. März 1714, Doebner S. 78. Bereits im Dezember 1712, als sich Leibniz erst einige Tage in Wien aufhielt, ließ Bernstorff ihm durch seinen Sekretär Friedrich Hodann mitteilen: „Seine Kurfürstliche Durchlaucht empfände es gar übel, dass Eure Exzellenz so lange von hier wären und hätten nichts rechtes davon gesagt". Zitiert nach W. Ohnsorge: Leibniz als Staatsbediensteter, in: Totok-Haase S. 185.

[821]　Nach dreimonatigem Aufenthalt in Wien plante Leibniz erstmals im März 1713 nach Hannover zurückzukehren, verschob aber seine Abreise. Einige Monate später, im Herbst 1713, erhielt Leibniz von Minister Bernstorff die Aufforderung, nach Hannover zu kommen. Leibniz plante seine Rückkehr und legte bereits die Reiseroute fest. Am 2. Oktober 1713 schrieb Leibniz an den kaiserlichen Mathematiker J. J. Marinoni, dass er wegen der Pest gezwungen sei, nicht über Prag, sondern über Nürnberg nach Hannover zu reisen. Doch wieder verschob Leibniz seine Abreise, und hoffte auf die Unterzeichnung des Fundationsdiploms der Societät durch den Kaiser. Leibniz an J. J. Marinoni, 2. Oktober 1713. Bergmann Wien S. 44.

[822]　Leibniz an Kurfürstin Sophie, 31. Januar 1714. Klopp Werke Bd. 9 S. 425. Müller-Krönert S. 243.

Monate später ersuchte Leibniz Minister Bernstorff um die Zustimmung, im nahe gelegenen Kurort Baden bei Wien eine medizinische Heilwasserkur durchführen zu dürfen.[823] Im Mai und Juni 1714 reiste Leibniz einige Male nach Baden, um Heilbäder gegen seine arthritischen Beschwerden zu nehmen. *Ich bin schon zweimal in Baden gewesen, jedes Mal fünf Tage, und ich werde in der folgenden Woche zum dritten Mal dorthin zurückkehren. Danach werde ich mich zur Abreise bereit machen.*[824] *Ich habe diese Kur mit einigem Erfolg begonnen ... und fühle ich mich viel geschmeidiger.*[825]

Der außerordentliche Gesandte des Kurfürsten von Hannover in Wien Daniel Erasmi von Huldenberg wurde vom Hofe Hannover angewiesen, mit Kaiserin Amalia Kontakt aufzunehmen. Die Kaiserin sollte bei Karl VI intervenieren, um die Rückkehr von Leibniz nach Hannover zu beschleunigen. Huldenberg warnte Kaiserin Amalia vor der unsteten Art von Leibniz: „... daß, so gelahrt auch der Leibniz sonst in andern Sachen wäre, er sich gleichwohl zu nichts weniger schicke, als Reichshofrat zu sein. Er habe sein Tag nicht Acta referiret oder ein Urtheil gemacht und würde darin gewiß sehr übel reussiren. Ihre Majestät möchten den Kaiser warnen, sonst werde es ihm ebenso ergehen wie dem Kurfürsten, weil er von dem Genie wäre, daß er alles leisten wolle, und deswegen in unendlichen Korrespondenzen und Hin- und Wieder-Reisen seine Lust finde und seine unersättliche Kuriosität zu kontentieren trachte, aber entweder kein Talent oder keine Lust hätte, etwas zusammenzubringen, oder zu endigen."[826] Immer wieder wurde Leibniz von Minister Bernstorff nach Hannover zurückbeordert, um die Geschichte des Welfenhauses zu beenden.[827] Dem Argument von Leibniz, in den Wiener Archiven intensiv an der Fertigstellung der Welfengeschichte zu arbeiten, wurde in Hannover kein Glauben geschenkt. Am 4. Juni 1714 verfasste Leibniz ein Rechtfertigungsschreiben mit dem Hinweis auf seine fast 40-jährige Dienstzeit in Hannover.[828] Um Leibniz zur Rückkehr zu bewegen, wurde sein Gehalt in Hannover von Herbst 1713 bis Ende 1714 nicht ausbezahlt.[829]

Leibniz vernachlässigte seine Verpflichtungen gegenüber dem Hause Hannover. Als Bibliothekar in Wolfenbüttel und Präsident der Berliner Societät, durch seine Gründungspläne für Societäten in Wien und Russland und durch seine Ämter als Reichshofrath und russischer Geheimer Rath war Leibniz überbeschäftigt. Doch Leibniz schien diese Überforderung nicht zu realisieren: *Man würde groß Unrecht haben, wenn man übel nähme, daß ich nebenst dem herrschaftlichen Dienst auch meinen versehe, zumal da mein Interesse zu dem herrschaftlichen mit gereicht und der Hannoversche Hof sich meiner nicht zu schämen hat.*[830]

Während Leibniz von Hannover immer dringender zur Rückkehr aufgefordert wurde, wünschte er sich eine Übersiedlung nach Wien auf ausdrücklichen Wunsch des Kaisers verbunden mit einer Stelle am Kaiserhof.[831] *Inzwischen aber wäre es auch andem, daß ich auff mittel bedacht seye ich zu Hannover de bonne grâce und guthen willen erhalte, umb in Kayserl. dienste demittired zu werden, daß Kayserl. Mt. allergdst geneigt mich mit einem handschreiben an den Churfürsten zu accompagniren, darinn enthalten, daß meine labores pro bono*

---

[823] Leibniz an A. G. von Bernstorff, 21. April 1714. Doebner S. 283. Müller-Krönert S. 244.

[824] Leibniz an A. G. von Bernstorff, 13. Juni 1714. Doebner S. 285.

[825] Leibniz an Kurfürstin Sophie von Hannover, 9. Mai 1714. Zitiert nach Klopp Werke Bd. 9 S. 438.

[826] D. E. v. Huldenberg an Kaiserin Amalia, Februar 1713. Zeitschrift des Historischen Vereins für Niedersachsen, 1881, S. 217. Zitiert nach W. Ohnsorge: Leibniz als Staatsbediensteter, in: Totok-Haase S. 187.

[827] Am 30. März 1714 – Leibniz war bereits mehr als eineinhalb Jahre in Wien – wandte sich Minister Bernstorff erneut an Leibniz: „Seine Kurfürstliche Majestät fängt an, darüber ungeduldig zu werden, und ich selbst kann Ihnen nur als Freund und Diener rathen, ihn in diesem Punkte zufrieden zu stellen." A. G. Bernstorff, Hannover an Leibniz, Wien, 30. März 1714. Zitiert nach Guhrauer II S. 303. Auch der Mitarbeiter von Leibniz in Hannover J. G. Eckhart wurde von Bernstorff aufgefordert, sich brieflich an Leibniz zu wenden und ihn zur Rückkehr aufzufordern. Doebner S. 286.

[828] Müller-Krönert S. 245. Doebner S. 292. Kurfürst Georg Ludwig kritisierte Leibniz als „allerorten betriebsamen und mit der Regierungspolitik nicht immer conformen Gelehrten." Als Berater in juristischen Fragen betreffend die englische Sukzession wurde Leibniz nur von Kurfürstin Sophie um Rat gebeten. Harnack I/1 S. 33.

[829] Erst nach mehrfachen Interventionen wurden ihm im Juni 1716 einige Monate vor seinem Tod die ausstehenden Geldbeträge überwiesen. Fischer S. 289.

[830] Leibniz an Herzog Anton Ulrich, Bodemann S. 220 Nr. 76. Zitiert nach W. Ohnsorge: Leibniz als Staatsbediensteter, in: Totok-Haase S. 186. Anton Ulrich bestärkte Leibniz: „Und erfreut es mich sehr, daß S. K(aiserliche) Majestät seine meriten sowohl erkennen und, wenn ich es sagen darf, besser als an den Orten da es heißet, kein Prophet gilt in seinem Vaterlande". Zeitschrift des Historischen Vereins für Niedersachsen 1888, S. 228f, Nr. 84. Zitiert nach W. Ohnsorge: Leibniz als Staatsbediensteter, in: Totok-Haase S. 186.

[831] „Dass Leibniz die ernsthafte Absicht hat nach Wien zu übersiedeln beweist seine Suche nach einem festen Hofquartier und der Wunsch in der Wiener Stadtbank Geld gegen Zinsen zu deponieren". Faak S. 156.

imperii auch dem hauß Braunschweig zu dienst gereichen würden. Das best aber würde seyn, daß man zu Hannover verspührte, daß ich ihnen allhier einigermaßen in billigen Dingen müzlich seyn köndte.[832]

Leibniz wollte sich weder von Wien noch von Hannover lösen; er war bestrebt, allen seinen Verpflichtungen nachzukommen. Sein Leben lang sammelte er Ämter und Einkünfte und vergab mehrfache Zusagen. Zwei Monate, bevor Leibniz Wien für immer verließ, schrieb er an Heraeus, dass man die Verhandlungen zur Gründung einer Akademie keinesfalls aufgeben dürfe, sondern man müsse *insister à l'affaire*[833].

16. Gründungsentwurf für Prinz Eugen

Euer Gnaden, Da Euer Hochfürstliche Durchlaucht die große Güte haben will, den Entwurf für eine wissenschaftliche Sozietät bei der Majestät des Kaisers zu befürworten und zu unterstützen, nehme ich mir die Freiheit, hier eine kleine Schrift beizulegen, die in kurzen Worten sowohl Aufbau und Form, die man der Sozietät gebe könnte, als auch die Mittel nennt, die man verwenden könnte, um zu den Kosten beizutragen. (G. W. Leibniz an Prinz Eugen von Savoyen, Wien 17. August 1714)[834]

In den ersten Septembertagen 1714, kurz vor seiner Abreise nach Hannover[835], ließ Leibniz Prinz Eugen eine Denkschrift mit beigefügtem Brief überreichen, in der er seine Pläne zur Gründung einer kaiserlichen Akademie der Wissenschaften in Wien zusammenfasste. Diese Denkschrift enthält in konzentrierter Form Angaben zu Organisation, Aufgaben und Finanzierung der von Leibniz in allen Einzelheiten vorgeplanten kaiserlichen Akademie der Wissenschaften in Wien.

Das Projekt in Wien ist das umfassendste der Leibnizschen Akademieprojekte.[836]

Leibniz wandte sich an Prinz Eugen: [837]

Diese Sozietät könnte nicht nur das umfassen, was man anderswo [in den wissenschaftlichen Sozietäten] behandelt, sondern außerdem die Gegenstände der Literarischen Akademien[838] *und würde sich somit aus drei Klassen zusammensetzen: 1. der Literarischen, 2. der Mathematischen, 3. der Physikalischen.*

Die Literarische Klasse würde die Geschichte und die Philologie oder die Sprachen umfassen. Geschichte – sowohl alte wie mittelalterliche und moderne. Und damit die griechischen, römischen, orientalischen Altertümer usw. Die Ursprünge der Völker, Staaten, erlauchten Familien. Die alten Denkmäler, die sich in Form von Münzen, Steinen, Siegeln, Titulaturen oder Urkunden finden. Die Philologie beschäftigt sich mit der Erforschung und Pflege der Sprachen, sowohl der gelehrten wie Latein, Griechisch und der orientalischen Schriftsprachen als auch der gebräuchlichen, wo man besonderes Augenmerk auf die Erforschung des Alten und auf die Pflege der deutschen Sprache und Redekunst legen wird.

Die Mathematische Klasse wird sich nicht allein um die spekulativen Untersuchungen der Analysis bemühen (die den Schlüssel zu mehreren nützlichen Entdeckungen liefert), sondern auch und vor allem um die Praxis: in der Arithmetik um das Verfahren, auf leichte und genaue Weise rechnen zu lernen und die Rechenergebnisse mit Hilfe von Kunstgriffen, die noch nicht ausreichend bekannt sind, sicher und bequem zu prüfen; in der Geometrie um die Einführung von Maßen und Gewichten, um die leichtere Vermessung von Ländern und Feldern, um die perspektivischen Anlagen, um die Nivellierung der Wasserläufe usw.; in der Astronomie um die Zeitmessung, die Navigation und die Vervollkommnung der Geographie; in der Architektur um das Ornament, die Standfestigkeit und um die Nutzung ziviler und militärischer Bauten; in der Mechanik um die

---

[832] Foucher de Careil Œuvres Bd. 7 S. 333. Zitiert nach Böger S. 442.

[833] *(... die Sache beharrlich verfolgen.)* Leibniz an Heraeus, 6. Juli 1714. Zitiert nach Bergmann Wien S. 50.

[834] Fleckenstein Faksimiles S. 62.

[835] 3. September 1714, Heinekamp S. 542.

[836] Im Gegensatz zu der geplanten Akademie in Dresden und der von ihm begründeten Akademie in Berlin plante Leibniz ein Netz von Akademien mit dem Hauptsitz in Wien, der kaiserlichen Residenz, und „Filialen" in den Erbländern *in und außer Teutschland.* Vgl. Foucher de Careil Œuvres Bd. 7 S. 305 Vgl. S. 352 Hamann Leibniz und Prinz Eugen S. 208.

[837] „Leibniz au prince Eugène de Savoye", Vienne le 17 d'Août 1714. Klopp S. 246ff Anl. XVIII (französisch). Meister S. 207f (französisch). Fleckenstein Faksimiles S. 62ff (in deutscher Übersetzung). Leibniz Handschriften XIII Bl. 121-123. Ein Teil der Schrift ist u. a. gedruckt in: Foucher de Careil Œuvres Bd. 7, Nachdruck 1969, S. 323ff.

[838] Akademien, die sich nur mit der Sprache und der Literatur beschäftigen, waren z. B. die Accademia della Crusca in Florenz (1582 gegründet) und die Académie Française in Paris (1635 gegründet).

Bewegungsabläufe, die dem Ausschöpfen von Wasser (vor allem in den Bergwerken), den Transporten und Fahrzeugen zu Wasser und mit Karren, der Artillerie [und] Mühlen aller Art dienen.

Die Physikalische Klasse umfasst die drei Reiche der Natur: das mineralische, das pflanzliche und das tierische. Im mineralischen [wird sie sich bemühen] um die Untersuchung der Mineralien und der andern Körper durch die Chemie; im pflanzlichen [bemüht sie sich] um die Kenntnis der Pflanzen, Blumen, Kräuter, Getreidearten, Sträucher, Bäume; im tierischen um den Umgang mit den lebenden Tieren und um die Anatomie der toten. Dies alles als Dienst für die Ökonomie und die Medizin und vor allem für die jährliche physikalisch-medizinische Geschichte, damit man nach Ablauf eines jeden Jahres dessen Naturgeschichte herausgeben kann im Hinblick auf die Jahreszeiten und ihre Temperatur; die Pflanzen, die mehr oder weniger gediehen sind; die Tiere und ihre Fruchtbarkeit und ihre Krankheiten, aber vor allem auf all das, was die menschliche Gesundheit und die Krankheiten betrifft, die in diesem Jahr geherrscht haben, mit ihren Komplikationen und besonderen Erscheinungsformen; dieses könnte einen unbezahlbaren Schatz für die Nachwelt bilden, zumal dereinst ähnliche Jahre wiederkehren werden, wo dann die Berücksichtigung der früheren Beobachtungen Leid und Gefahr auf die Hälfte vermindern wird.

Um dieses für die Öffentlichkeit so wichtige Ziel zu erreichen, brauchte man Menschen und einen entsprechenden Apparat. Was die zukünftigen Mitglieder der Sozietät betrifft, so können sie in drei Gruppen eingeteilt werden: Besoldete Mitglieder mit ihren Assistenten und Schülern, welche man mit bestimmten Arbeiten beauftragen kann; freie Mitarbeiter, die durch ihre Wißbegierde und Verbindungen Beiträge leisten, wie es ihnen paßt; und Ehrenmitglieder, deren Protektion, Autorität und Mittel den Plänen der Sozietät von Vorteil sein können. Es mag in den Erblanden und anderswo Männer geben, von denen es einige nach Wien ziehen wird; andere werden dort, wo sie sind, um nichts weniger nützlich sein. Und man wird die Oberen der religiösen Orden bitten, Personen mit hervorragenden Verdiensten zu entsenden.

Der Apparat wird aus den Gebäuden und der Einrichtung bestehen. Man braucht Versammlungsräume, Bibliotheken für gedruckte und handschriftliche Bücher, Druckereien, Observatorien, Laboratorien, Kräutergärten, Tiermenagerien, Arbeitshallen, Instrumente aller Art, Modelle, anatomische Säle, Antiquitätenkabinette, Raritätengalerien, mit einem Wort, Theater der Natur und der Kunst.

Aber die Mittel, um dorthin zu gelangen, sind der Hauptzweck der gegenwärtigen Überlegung. Es gibt drei Wege, die Fonds und Beihilfen erbringen können. Der erste wäre der, sich zur Förderung von Forschung und Technik einiger Einrichtungen zu bedienen, die sich schon in den riesigen Ländern Seiner Kaiserlichen Majestät befinden, ...

Ein zweites Mittel bestände in gewissen Privilegien, die man der Sozietät der Wissenschaften sofort bewilligte oder die man ihr später bewilligen könnte und die sowohl ihr selbst als auch dem öffentlichen Wohl von Nutzen wären. Solche Privilegien sollten besonders für den Druck von Büchern gelten, ...

Das dritte Mittel bestände aus gewissen Nebeneinkünften, die aus gewinnbringenden Aufträgen kämen, ...

Das vierte und letzte Mittel bestände aus gewissen Steuern, die man der Öffentlichkeit auferlegen würde, die jedoch sehr gering wären.

Das Stempelpapier verdiente hier eine besondere Überlegung.

Aber das schnellste und am wenigsten drückende Mittel dieser Art wäre es, wenn die Macht Seiner Kaiserlichen und Katholischen Majestät die Regierungen der Erblande veranlassen sollte, für die Unterhaltung der Sozietät eine jährliche Summe auszusetzen, wobei jedes Land seinen Verhältnissen entsprechend beitrüge. Denn der Vorteil für die Länder läge insofern auf der Hand, als der Adel und die Vornehmen darin unverzüglich großen Nutzen für ihre Jugend fänden: um die Geister zu ermuntern, sich nach dem Beispiel anderer Nationen schöne Kenntnisse anzueignen, ihnen Strebsamkeit einzuflößen, sie gut zu beschäftigen und sie vom Müßiggang abzuwenden und von den Lastern, deren Anfang jener ist. Es soll hier nicht wiederholt werden, was über die Vorteile gesagt wurde, die die Wirtschaft, die Manufakturen und der Handel in den mathematischen und physikalischen Wissenschaften und Techniken fänden, was sich nicht nur auf den Adligen, sondern auch auf den Bürger und den Bauern auswirken würde.

VIII. LETZTE JAHRE IN HANNOVER, 1714–1716

1. Rückkehr nach Hannover

„… Hr von Leibnitz ist nun wieder kommen. Ich kann mich aber aus seinem Wesen nicht finden und scheinet es bald, als wolte er bey uns bleiben, bald aber als suche er uhrsachen loß zu kommen … Mir deucht, er meinet, in kurtzem die gantze Historie [Geschichte des Welfenhauses] hiervor zu stürtzen, einen braven recompens des wegen nebt der ehre davon zu ziehen und alsdann nach Wien zu gehen" (J. G. Eckhart an A. G. Bernstorff, 8. Oktober 1714)[839]

„Sie tun gut daran, mein Herr, in Hannover zu bleiben und dort ihre Arbeiten wiederaufnehmen. Sie könnten dem König auf keine bessere Art aufwarten und Ihre vergangenen Reisen wiedergutmachen, als wenn Sie Ihrer Majestät bei Ihrer Rückkehr nach Hannover einen guten Teil des längst erwarteten Werkes [die Geschichte des Welfenhauses] überreichen" (Minister Bernstorff, London an G. W. Leibniz, Hannover, 1. November 1714)[840]

Im Jahre 1714 trauerte Leibniz um zwei Menschen, denen er eng verbunden war und die für sein Leben bestimmend waren. Im März 1714 starb Herzog Anton Ulrich von Wolfenbüttel, im darauf folgenden Juni Kurfürstin Sophie von Hannover[841]. Nach dem Tod seiner Mutter Kurfürstin Sophie und dem plötzlichen Ableben der protestantischen kinderlosen Königin Anna wurde Kurfürst Georg Ludwig 1714 als Georg I zum König von England ernannt.[842] Der schottische Edelmann Ritter John Ker of Kersland[843] versuchte, Leibniz zur Rückkehr nach Hannover zu überreden; Leibniz solle den neuen König beraten und unterstützen.[844] Doch König Georg I und seine Minister waren an einer Zusammenarbeit mit Leibniz keineswegs interessiert.

Die Pläne für die Gründung einer kaiserlichen Akademie der Wissenschaften waren bis ins letzte Detail von Leibniz erdacht und festgelegt.[845] Nach einem Aufenthalt von einem Jahr und neun Monaten verließ Leibniz Wien am 3. September 1714. „Ihre Kaiserliche Majestät hat Herrn von Leibniz mit Bedauern abreisen sehen. Sie hofft bald auf seine Rückkehr."[846] Die Briefe, die ihm Obersthofkanzler Graf Sinzendorf für die Minister

---

[839] E. Bodemann: Nachträge zu Leibnizens Briefwechsel, in: Zeitschrift des Historischen Vereins für Niedersachsen, 1890, S. 161f. Zitiert nach Müller-Krönert S. 248.

[840] Zitiert nach Doebner S. 295. Onno Klopp gibt als Datum den 1. Dezember 1714 an. Klopp Werke Bd. 11 S. 22.

[841] Knapp vor ihrem Tod schrieb die 83-jährige Kurfürstin Sophie in ihrem letzten Brief an Leibniz, dass sie seine Rückkehr nach Hannover sehnlichst wünsche, da sie das persönliche Gespräch einer Korrespondenz vorziehe. Klopp Werke Bd. 9 S. 448.

[842] 1701 wurde Kurfürstin Sophie von Hannover vom englischen Parlament durch den „Act of Settlement" als Nachfolgerin der englischen Thronfolge in der protestantischen Linie erklärt. Bereits fünf Jahre früher, am 24. Oktober 1696, hatte Leibniz an Kurfürstin Sophie geschrieben: *Denn ich möchte Eurer Kurfürstl. Hoheit im Vertrauen sagen, ich habe im großen Buch zukünftigen Geschicks gelesen, daß die Nachkommen der Fürstin Anna Eurer eigenen Nachkommenschaft Platz machen werden, und daß man Eurer Hoheit als Geschenk ein Königreich für das Haus anvertrauen wird.* Klopp Werke Bd. 8 S. 13f. Müller-Krönert S. 143. Durch den Tod seiner Mutter Kurfürstin Sophie am 8. Juni 1714 und den Tod der Königin Anna am 1. August 1714 erbte Kurfürst Georg Ludwig als Georg I den englischen Thron. Die Personalunion zwischen Hannover und Großbritannien dauerte 123 Jahre. G. Schnath: Geschichte Hannovers im Zeitalter der neunten Kur und der englischen Sukzessionen 1674-1714, Bd. 1-4, Leipzig und Hildesheim, 1938-1982.

[843] Leibniz lernte John Ker of Kersland 1712 in Wien kennen. Er übernahm einen beträchtlichen Teil von Kers Schulden. Ker of Kersland Bd. 1 S. 197. Über ein Zusammentreffen mit Leibniz berichtete Ker of Kersland: „Wir verbrachten einige Stunden zusammen, anschließend verabschiedete er sich mit wirklichen Zeichen der Zuneigung und Wertschätzung von mir." Ker of Kersland Bd. 1 S. 146. Müller-Krönert S. 246.

[844] Ker of Kersland, Hannover an Leibniz, Wien, 25. August 1714: „Es ist für den Dienst des Königs und für das Glück von Großbritannien höchst wichtig, daß Sie augenblicklich Wien verlassen, und sich beeilen, nach Hannover zu kommen. Denn der Umfang Ihrer Kenntnisse, besonders in den Angelegenheiten Großbrittaniens, Ihre langjährige Erfahrung. ... Mit Schmerz benachrichtige ich Sie, dass ich die Minister von Hannover in unsern Angelegenheiten schlecht unterrichtet finde." Zitiert nach Guhrauer II S. 307f.

[845] Albert Heinekamp: Die Verhandlungen über die Gründung einer Societät der Wissenschaften konnten weit vorangetrieben werden. „Daß die Pläne trotzdem nicht verwirklicht wurden, hat seinen Grund wohl weniger in der angespannten Finanzlage des Wiener Hofes, als vielmehr darin, daß Leibniz nach seiner Abreise aus Wien am 3. September 1714 nicht mehr die Möglichkeit hatte, ihnen persönlich Nachdruck zu verleihen." Heinekamp S. 543. Joseph Bergmann: „Hätte er ... länger gelebt, um nach seinem Wunsche in Wien seinen Aufenthalt nehmen zu können, so hätte Wien wahrscheinlich damals eine Akademie der Wissenschaften erhalten." Bergmann Wien S. 45. Vgl Guhrauer II S. 288.

[846] Ende August 1714 hielt Leibniz vor den Gelehrten Wiens „… eine eindrucksvolle ex tempore Rede", es ist anzunehmen, im „Collegium Historicum Imperiale", Pater Augustin Thomas AS Josepho an Th. Schöttel, 29. November 1716. Ilg S. 42.

Georgs I Hans Caspar von Bothmer und Friedrich Wilhelm von Görtz mitgab, zeigen deutlich das Bedauern Kaiser Karls VI.[847]

Leibniz traf am 14. September in Hannover ein, drei Tage nach der Abreise von Georg I nach England. Leibniz hatte die Absicht, dem König als Berater und Hofhistoriograph nach London zu folgen.[848] *Ich bin bereit, mit der Kronprinzessin*[849] *nach England zu reisen. Ich habe Gründe um es andere noch nicht wissen zu lassen, aber ich halte es für meine Pflicht, Eure Exzellenz davon zu informieren, damit Sie urteilen, ob ich dort für den dienst des Kaisers nützlich sein könnte.*[850]

Doch Georg I lehnte ab, er drängte auf die Beendigung der Welfengeschichte, die er bereits im Jahre 1705 urgiert hatte. Durch einen Erlass an die hannoversche Regierung ließ König Georg I mitteilen, Leibniz habe „… bis selbige Arbeit verfertiget, sich des Reisens und anderer Abhaltungen entschlagen.“[851] Leibniz war vor allem durch die Kritik des Königs an seiner Arbeit gekränkt: *Et qui m'a touché plus que je ne saurais dire, de voir que, pendant que l'Europe me rend justice, on ne le fait pas, où j'aurois le plus de droit de l'attendre.*[852] Nach dieser Zurückweisung durch Georg I plante Leibniz, Hannover zu verlassen und nach Wien zurückzukehren, sobald das Stiftungsdiplom der Societät von Kaiser Karl VI unterzeichnet und die Finanzierung geregelt war.[853]

Die beiden letzten Lebensjahre von Leibniz in Hannover waren von Einsamkeit und Krankheit gekennzeichnet. Schwere Gichtanfälle behinderten ihn.[854] Leibniz arbeitete intensiv an der Geschichte des Hauses Braunschweig: *Ich stecke tief in einer historischen Arbeit, die ich auf höheren Befehl übernommen und wofür ich eine riesige Stoffsammlung angelegt hab. Ich bemühe mich, sie zu vollenden, so lange meine Kräfte reichen, damit die Arbeit nicht verloren ist; auch drängt mich der Wunsch des großen Königs und der hohen Herrn. Auf dieses Werk verwende ich nun all meine Zeit, die mir die alltäglichen Pflichten und die Sorge um meine Gesundheit übrig lassen, und ich bin gezwungen, alle mathematischen, philosophischen und juristischen Überlegungen, zu denen ich mich hingezogen fühle, zurückzustellen.*[855]

[847] Ph. L. W. von Sinzendorf an Johann Kasper von Bothmer, 4. September 1716. Klopp Werke Bd. 11 S. XX. Müller-Krönert S. 247. Vgl. Heinekamp S. 542. J. Bergmann gibt den 2. September als Abreisedatum von Leibniz an. Bergmann Wien S. 44. Die Rückreise von Leibniz nach Hannover führte über Dresden, Leipzig, Zeitz und Wolfenbüttel nach Hannover.

[848] Leibniz an J. Ker of Kersland , 8. Oktober 1714: *Ich glaube, daß wenn ich die Post genommen hätte, ich den König noch im Haag hätte treffen können; allein ich fürchtete, daß die Menge der Besuche und der Drang der Geschäfte, von welchen er überschüttet sein wird, ihm nicht die Muße gelassen hätten, mich über eine so wichtige Sache, als die um welche es sich handelt, anzuhören. Indessen habe ich beschlossen, nach London hinüber zu gehen; ...* Zitiert nach Guhrauer II S. 310. Vgl. Ker of Kersland S. 167f.

[849] Kurprinzessin Caroline (auch Wilhelmine Karoline), geborene Prinzessin von Ansbach, heiratete 1705 Georg August (ab 1727 Georg II von England), den Sohn des Kurfürsten Georg Ludwig (ab 1714 Georg I von England).

[850] Leibniz an Ernst Friedrich Fürst von Windischgrätz, 20. September 1714. Klopp Werke Bd. 11 S. XXI. Zitiert nach Müller-Krönert S. 247f.

[851] Erlaß an die hannoversche Regierung vom 30. November 1714. Fischer S. 29. Ein weiterer Grund für die Ablehnung des Königs war, dass sich die Royal Society im Prioritätsstreit um die Differentialrechnung zwischen Newton und Leibniz auf die Seite Newtons stellte. A. R. Hall: Philosophers at war: The quarrel between Newton and Leibniz. Cambridge University Press, London, New York 1980. D. Mahnke: Zur Keimesgeschichte der Leibnizschen Differentialrechnung, in: Sitzungsber. d. Ges. z. Beförd. d. ges. Natwiss., 67, Marburg 1932, S. 31ff. J. O. Fleckenstein: Der Prioritätsstreit zwischen Leibniz und Newton. Isaak Newton, Basel und Stuttgart 1956, Elemente der Mathematik, Beiheft 12. Samuel Clarke: A collection of papers, which passed between the late learned Mr. Leibniz and Dr. Clarke, in the years 1715 and 1716, Knapton, London 1717, Ed. Joh. G. Eckart, Förster, Hannover 1717.

[852] *(Und was mich mehr, als ich zu sagen vermag, berührte, ist, zu sehen, dass, während Europa mir Gerechtigkeit widerfahren läßt, man es hier nicht tut, wo ich das meiste Recht hätte, es zu erwarten.)* Leibniz an A. G. von Bernstorff, 28. Dezember 1714. Zitiert nach Guhrauer II S. 313.

[853] Es könnte sein, dass Leibniz im August 1715 die Absicht hatte, nach Paris zu übersiedeln. René Joseph Tournemine, Jesuit, schrieb im Journal des Sçavans 1722: „Herr von Leibnitz beehrte mich seit 20 Jahren mit seiner Freundschaft ... Er ging in seinem Vertrauen so weit, daß er mir sein Vorhaben, nach Frankreich zu übersiedeln, entdeckte. Es war im Jahr 1715, als er mir davon schrieb“. Zitiert nach Müller-Krönert S. 252. Vgl. Guhrauer II S. 314f.

[854] *... In der That ergriff mich die Gicht; sie ist nicht sehr schmerzhaft, aber sie hindert mich, anderswo als in meinem Kabinet, thätig zu sein, wo ich immer die Zeit zu kurz finde, und daher habe ich keine Langeweile, was ein Glück im Unglück ist.* Leibniz an Sebastian Kortholt, 25. April 1715. Zitiert nach Guhrauer II S. 327.

[855] Leibniz an P. A. Michelotti, 17. September 1715. Zitiert nach Müller-Krönert S. 253. E. Bodemann: Der Briefwechsel des Gottfried Wilhelm Leibniz in der Königlich öffentlichen Bibliothek zu Hannover. Hannover und Leipzig 1895, Nachdruck Hildesheim 1966, S. 185.

Kurze Aufenthalte in Braunschweig und Helmstedt und ein vierwöchiger Aufenthalt in Zeitz als Gast des Herzogs Moritz Wilhelm brachten Abwechslung.[856] Tiefgreifende Enttäuschungen für Leibniz waren die Nachrichten aus Berlin über die Inaktivität der Societät. Im September 1715 erfuhr Leibniz, dass sein Gehalt als Präsident der Berliner Akademie nicht mehr ausgezahlt wurde.[857] Ein Trost war die Zuwendung der Prinzessin Caroline[858], die bei Georg I intervenierte. Sie versuchte Leibniz die Stelle eines Hofhistoriographen in London zu verschaffen. König Georg I reagierte mit Ablehnung: „Er muß mir erst weisen, daß er Historien schreiben kann; ich höre er ist fleißig".[859]

Nach fast vierzigjähriger Zugehörigkeit zum Hause Hannover fühlte sich Leibniz in Hannover unglücklich, in seinen Leistungen unterschätzt.[860]

2. Aus der Korrespondenz mit Wien

Quant à la societé des sciences, il faut avoir patience. Ce que je ne verray pas, sera vû par d'autres: et je seray toujours bien aise par avance d'y avoir un peu contribué (G. W. Leibniz, Hannover an C. G. Heraeus, Wien, 4. Juni 1716)[861]

Auch nach seiner Rückkehr nach Hannover Mitte September 1714 setzte Leibniz den regen Briefwechsel fort, den er sein Leben lang geführt hatte.[862] Die Korrespondenz der letzten beiden Lebensjahre mit dem An-

---

[856] Müller-Krönert S. 248f.

[857] D. E. Jablonski an Leibniz, 3. September 1715. J. Kvačala: Neue Beiträge zum Briefwechsel zwischen D. E. Jablonski und G. W. Leibniz, in: Acta et Commentationes imp. universitatis Iurievensis IV 1899, S. 128. Leibniz versuchte die Streichung seines Gehaltes zu verhindern. Vgl. Leibniz an Protektor von Printzen, 15. Oktober 1715. Harnack I/1 S. 205f. Leibniz, Präsident auf Lebenszeit, führte ab April 1714 keinerlei Korrespondenz mit Vertretern der Berliner Societät. Bei seiner Rückreise von Wien nach Hannover im Herbst 1714 besuchte Leibniz Berlin nicht. Erst in seinem Todesjahr 1716 nahm er die Korrespondenz mit Daniel Ernst Jablonski wieder auf. Müller-Krönert S. 253.

[858] *Ich freue mich, noch so viel wie möglich die Gunst einer so vollendeten und geistvollen Fürstin, die mit mir sogar noch die bereits von ihr mehrfach gelesene Theodicée durchgehen will, genießen kann.* Leibniz an C. A. Bonneval, 21. September 1714. Klopp Werke Bd. 11 S. 14f. Müller-Krönert S. 248. Prinzessin Caroline war intensiv um eine Übersetzung von Leibniz´ Theodicée ins Englische bemüht, die nicht zustande kam. Außerdem versuchte sie, im Prioritätsstreit zwischen Leibniz und Newton zu schlichten und ersuchte Samuel Clarke, den Hofpfarrer der Kirche St. James in London, einen Freund und Schüler Newtons, um Vermittlung." Caroline an Leibniz, 26. November 1715. „[Dr. Clarke] hängt zu sehr an der Meinung von Sir Isaac Newton an, und ich selbst liege im Streit mit ihm. Ich kann etwas nur für wahr halten, wenn es mit der Vollkommenheit Gottes in Einklang steht. In Ihren Darlegungen erscheint Gott viel vollkommener als in denen des Herrn Newton." Prinzessin Caroline an Leibniz, 26. November 1715. „Heliosopholis" Leibniz´ Briefgespräche mit Frauen, Lesesaal Heft 25, 2007, Kleine Spezialitäten aus der Gottfried Wilhelm Leibniz Bibliothek – Niedersächsische Landesbibliothek Hannover, Georg Ruppelt (Hg.), S. 23. Caroline an Leibniz, 15. Mai 1716: „Sie beide [Leibniz und Newton] sind die größten Männer unserer Zeit." Ebenda S. 23. Leibniz an Prinzessin Caroline, 18. August 1716: *Der König hat sich mehr als einmal über meinen Streit mit Newton lustig gemacht.* Ebenda S. 21.

[859] Georg I, London an Prinzessin Caroline, Hannover, 13. September 1715. Klopp Werke Bd. 11 S. 46. Zitiert nach Fischer S. 291.

[860] Carl Haase über die langjährige Stellung von Leibniz zum Hause Hannover: „.... ein unendlich erfülltes, aber immer an der Grenze der hoffnungslosen Verzettelung und Zersplitterung sich bewegendes Leben. Und das alles in ein eigentümliches Zwielicht gerückt durch die Unklarheit seiner halb amtlichen, halb privaten Stellung am hannoverischen Hofe, die seiner Neigung, andere vorzuschieben, selbst anonym zu bleiben, sich auf das Einflußnehmen zu beschränken, ohne doch echte Verantwortung zu tragen, entgegenkam". C. Haase: Leibniz als Politiker und Diplomat, in: Totok-Haase S. 214.

[861] *(Was die Societät der Wissenschaften betrifft, muß man sich in Geduld fassen. Das, was ich nicht mehr erleben werde, werden andere erleben: und ich werde mich ständig darüber freuen, ein wenig im voraus dazu beigetragen zu haben.)* Zitiert nach Klopp S. 255 Anl. XX.

[862] Das Hauptgewicht des geistigen und gesellschaftlichen Austausches lag vom 15. bis zum beginnenden 18. Jahrhundert in der Korrespondenz. Wissenschaftliche Journale und Tageszeitungen gab es nur vereinzelt. Bedeutende wissenschaftliche Aussagen waren in Briefen niedergelegt (u. a. die Entdeckung des Barometers durch Torricelli, weiters die Widerlegung der dritten „Stoßregel" Descartes durch Leibniz). Von Leibniz sind 15.000 Briefe, teilweise mit mehreren Entwürfen, aus den Jahren 1663-1716 erhalten. Leibniz hatte Briefpartner u. a. in Paris, London, Wien, Rom und Berlin – Städten, die Leibniz wegen ihrer wissenschaftlichen, gesellschaftlichen und politischen Bedeutung bewunderte. Leibniz korrespondierte in den Sprachen Französisch, Deutsch, Latein. 1700 hatte Leibniz 198 Korrespondenzpartner, in seinem Todesjahr 1716 waren es 118 Briefpartner. G. Gruber: Leibniz und seine Korrespondenz, in: Totok-Haase S. 141ff. K. Popp, E. Stein (Hgg.): G. W. Leibniz, Ausstellungskatalog, Universität Hannover 2000, S. 19. Johann Georg Eckhart: „Seine Correspondenz war sehr groß und benahm ihm die meiste Zeit. Dazu kam, dass er seine meisten Briefe, wenn sie nur von einiger Bedeutung waren, nicht nur ein-, sondern oft zwei-, bisweilen drei- und mehreremal entwarf und abschrieb, ehe er sie abgehen ließ. Alle vornehme Gelehrte in Europa warteten ihm mit Briefen auf, und wenn auch

tiquarius Heraeus, mit Obersthofkanzler Sinzendorf, Hofrath Schmid, Prinz Eugen und Bonneval, Kaiserin Amalia und ihrer Hofdame Marie Charlotte von Klencke zeigen deutlich, wie intensiv Leibniz den Plan der Akademiegründung in Wien verfolgte und wie besorgt er um die Finanzierung der Societät war. Aus den Briefen ist ersichtlich, wie sehr Leibniz von Angehörigen des Kaiserhofes und von bedeutenden Gelehrten geschätzt wurde.

mit Carl Gustav Heraeus

Leibniz stand in intensivem Briefwechsel mit dem kaiserlichen Antiquarius Carl Gustav Heraeus[863], der zu den einflussreichen Ratgebern des Kaisers gehörte. ☐Heraeus, 25 Jahre jünger als Leibniz, Numismatiker, Archäologe und Dichter, seit 1709 am Wiener Kaiserhof, war einer der beständigsten Befürworter der Akademiegründung. Auch nach der Rückkehr von Leibniz nach Hannover setzte Heraeus seine Interventionen für die Akademiegründung in Wien fort. Heraeus drängte Leibniz immer wieder, nach Wien zu kommen, um die Gründung selbst zu bewirken. Auch Leibniz wandte sich mehrfach an Heraeus und war dankbar für seine Berichte aus Wien.

Im Februar 1715 wurde Leibniz durch Heraeus von einer Veränderung der Organisation des Bankwesens verständigt[864]. Unter dem Vorsitz von Prinz Eugen wurde am 14. Dezember 1714 die sogenannte „Freie Universal-Bancalität" für alle Erbländer eingeführt.[865] Das Ziel dieser neuen Regelung war es, öffentliche Schulden abzutragen, Geldmittel für außerordentliche Bedürfnisse zu organisieren und Handel und Gewerbe zu unterstützen. Diese Umstrukturierung könnte für die Finanzierung der Societät von Bedeutung sein. Doch Heraeus war skeptisch: „Il faut avouer, que je ne nous vois guères en état d´esperer encore plus de progrès, tant que la cour n´est occupée, qu´à regler ses finances, …"[866]

Leibniz wurde ungeduldig, da die Gründung der Akademie stagnierte. Im November 1715 ersuchte er Heraeus, am Kaiserhof zu intervenieren und zwar bei Marie Charlotte von Klencke, der ersten Hofdame von Kaiserin Amalia, bei Oberstkanzler Leopold Joseph Graf Schlick und bei dem Landmarschall in Niederösterreich Aloys Thomas Raimund Graf Harrach. Wegen seines fortgeschrittenen Alters von 69 Jahren wollte Leibniz die Gründung der Akademie beschlossen wissen: *J´ay tousjours ouï qve l´Empereur seroit constant à maintenir sa resolution, puisqu´ il l´a prise apres l´avoir bien pesée. Je ne voy rien qui empeche de separer le soin des revenus de l´Empereur de celuy de la garde et dispensation effective de l´argent. … Mais je crois qve pour augmenter les revenues de Sa Majesté Imperiale, et pour en diminuer les depenses, il faut encore toute autre chose.*[867] Heraeus antwortete Leibniz kurz darauf und wies wieder auf die ungelöste Finanzierung

---

schlechtere Leute an ihn schrieben, antwortete er ihnen allezeit und gab ihnen Information." J. G. von Eckhart, Lebenslauf des Herrn von Leibnitz, in: Journal zur Kunstgeschichte und zur allgemeinen Literatur, 1779, S. 123.

863 Vgl. Teil 2/VII/6. J. Bergmann, Über k.u.k. Rath und Hof-Antiquarius Carl Gustav Heraeus, Sitzgsber. Phil.-Hist. Cl. Bd. XIII, Jg. 1854, S. 539ff. Bergmann Wien S. 47ff. Bergmann Heraeus S. 132ff. Vgl. A. Hammarlund, PLUS ULTRA, Leibniz und der Kaiserliche Antiquitäten- und Medailleninspector Carl Gustav Heraeus, in: „Nihil sine Ratione" VII. Internat. Leibniz-Kongreß, Berlin 2001, H. Poser (Hg.) Vorträge 1. Teil, S. 454ff.

864 Heraeus, Wien an Leibniz, Hannover, 2. Februar 1715, Bergmann Heraeus S. 145f.

865 „Mit Patent von Karl VI vom 24. März 1713, Die Bancalität und die Ministerial Banca Deputation wird am 24. März 1713 in größerem Stil eingerichtet". Bergmann Heraeus S. 156f Anm. 5. Vgl. Heraeus, Wien an Leibniz, Hannover, 2. Februar 1715. Die Ministerial-Bancodeputation unterstand Hofkammerpräsident Gundaker Thomas von Starhemberg. Die Universalbankalität war der zweite Versuch der Gründung einer Staatsbank 1714 nach dem Scheitern der 1703 gegründeten Banco del Giro. Die Universalbankalität versuchte als Vermittlung und Verbindung von Staatsschuldendienst, Staatskasse und Kreditinstitut zu fungieren, wurde aber von der Öffentlichkeit nicht angenommen, 1722 erfolgte die Reduktion auf die Funktion der Staatskasse und 1745 die Aufhebung durch Maria Theresia.

866 („Man muß sich eingestehen, dass ich uns kaum in der Lage sehe, weitere Fortschritte zu erhoffen, solange der Hof ausschließlich damit beschäftigt ist, seine Finanzen zu regeln,…") C. G. Heraeus, Wien an Leibniz, Hannover, 2. Februar 1715. Bergmann Heraeus S. 145. Vgl. Bergmann Heraeus S. 156f Anm. 5. In diesem Brief wies Heraeus Leibniz darauf hin, dass Hofkanzler Johann Friedrich Graf von Seilern, ein Gegner der Akademiegründung, knapp vor seinem Tod im Jänner 1714 dem Kaiser von der Einführung der „Bancalität" abgeraten haben soll. Vgl. Ilg S. 43.

867 (Ich habe immer wieder gehört, daß der Kaiser seine Entscheidung [die Gründung einer kaiserlichen Akademie] beibehalten wird, nachdem er sie beschlossen und für gut befunden hat. Ich sehe nichts, was dagegen spricht, die Sorge um die Einnahmen des Kaisers von denen der Verwaltung und Verteilung des Geldes zu trennen. … Aber ich glaube, um die Einnahmen seiner Kaiserlichen Majestät zu vergrößern und die Ausgaben zu verringern, muß man noch ganz anders vorgehen.) Leibniz, Hannover an C. G: Heraeus, Wien, 28. November 1715. Zitiert nach Bergmann Wien S. 53. In der Bibliothek des Stiftes Göttweig, Niederösterreich, ist ein Teil der Korrespondenz von Heraeus verwahrt, darunter fünf Briefe von Leibniz an Heraeus (Correspondentia Nr. 865). Es ist

der Societät hin: „Les finances tousjours encor en peine jusqu´aux soins de païer la solde de trouppes dans des conjonctures telles que les presentes, nous font au moins parler avec moins de grace de ce qu´on croit moins pressant. Cela n´empêche pas que je ne veuille de tout mon coeur me donner à l´éxécution de ce que Vous avez eû, Monsieur la bonté de me confier. Aussitôt que je serai allé tout exprès chez le comte Slick [Schlick], qui est le plus favorable de tous, et chez le comte Harrach, où je ne manque pas d´accés, je ne manquerai pas de Vous rendre compte de l´effét que Vôtre lettre aura produit. Je fus hier fort tard chez le comte de Zinsendorf [Sinzendorf] qui me pressa de savoir le tems de Vôtre retour. Je lui repondis que Vous m´aviez fait l´ honneur de m´en assurer, mais sans datte. Ses protestations sont tousjours bonnes mais generales. Elles serviront au moins à le prendre au mot quand les autres commenceront à agir et les préparatifs faits …"[868]

In seinem Antwortschreiben ersuchte Leibniz, dass die Grafen Schlick und Harrach für die Akademiegründung und zwar in Bezug auf Böhmen und Österreich intervenieren. *C´est pourqvoy je vous supplie, Monsieur, de faire tenir la cy jointe à Monsieur le Comte de Slik [Schlick] …, il seroit bien aise aussi qve vous en parlassies au M. le Comte de Harrach. Si les provinces de Boheme et l´Autriche vouloient prendre l´affaire à coeur comme c´est leur veritable interest, elle etoit aisement, et on feroit plaisir à l´Empereur. quand meme la guerre du Turc se feroit, ell m´empecheroit point des preparer les choses.*[869]

Knapp einen Monat später, im Jänner 1716, drängte Heraeus Leibniz nach Wien zu kommen: „J´ai parlé au Comte de Harrach (il se rapportoit tousjours sur l´Empereur) … Le comte de Slyk [Schlick] sur lequel je crois qu´en effét nous pouvons le plus compter n´en fît pas moins; et le Comte de Sinzendorf à son ordinaire. Ces ministres ne manqveront pas de Vous faire les mêmes compliments qu´ils m´ont faits. Je ne doute pas de leurs bonne intention et qu´ils ne voudroient se faire honneur d´une fondation aussi utile et glorieuse que celle dont il s´agit … Les conjonctures ne peuvent pas être moins favorables qu´elles nous sont justement dans un temps, où l´on ne songe qu´à l´établissement des finances si peu avancées par la Bancalité, et dans les appareils serieux que l´on fait pour une grande guerre. … Je ne dis pas ceci pour perdre courage. Je me sens obligé plustôt de presser par là Vôtre retour afin d´empêcher par Vôtre présence qu´on ne passe juaqu´à l´oubli,…"[870]

Heraeus informierte Leibniz über den Vorschlag, unter Vorsitz von Graf Starhemberg als Direktor der Hofkammer und der Bancalität ein Finanz-Collegium zu errichten, das die oberste Instanz der Finanzen ist.[871]

---

anzunehmen, dass diese Briefe durch Gottfried Bessel, Abt von 1714 bis 1749, in die Bibliothek von Stift Göttweig gelangt sind. Dutens Bd. 5 S. 535.

[868] („Um die Finanzen ist es noch immer schlecht bestellt, das geht bis zu der Sorge, die Löhnung der Truppen unter den gegenwärtigen Umständen auszubezahlen; das veranlaßt uns zumindest, mit weniger Nachdruck über das zu sprechen, was man als weniger dringend ansieht. Das hindert mich aber nicht mit meinem ganzen Herzen der Gründung zuzustimmen, die Sie die Güte haben, Monsieur, mir anzuvertrauen. Sobald ich zum Grafen Slick [Schlick], der der geeignetste von allen ist, und zum Grafen Harrach, zu dem ich Zugang habe, gegangen sein werde, werde ich nicht verabsäumen, Ihnen über die Wirkung Ihres Briefes zu berichten. Ich war gestern spät abends bei dem Grafen Zinzendorf [Sinzendorf], der mich drängte, die Zeit Ihrer Rückkehr zu erfahren: Ich habe ihm geantwortet, dass Sie mir die Ehre gegeben haben, mir die Rückkehr zuzusichern, aber ohne Datum. Seine Beteuerungen sind immer gut gemeint, aber ohne Aussage. Sie werden uns zumindest dazu dienen, ihn beim Wort zu nehmen, wenn andere beginnen Handlungen zu setzen und die Vorbereitungen abgeschlossen sind …") C. G: Heraeus, Wien an Leibniz, Hannover, 5. Dezember 1715. Zitiert nach Bergmann Heraeus S. 147f.

[869] *(Das ist es, worum ich Sie demütig bitte, Monsieur, das beigefügte Schriftstück dem Grafen Schlick zukommen zu lassen, … es wäre sehr gut, wenn Sie darüber mit dem Grafen von Harrach sprächen. Wenn sich die Provinzen Böhmen und Österreich die Sache zu Herzen nehmen wollten, wie es ihr eigentliches Interesse ist, wäre es einfacher und man könnte den Kaiser damit erfreuen. Auch wenn es zu einem Türkenkrieg kommen sollte, wird das gar nicht hinderlich sein die Angelegenheiten vorzubereiten.)* Leibniz, Hannover an C. G. Heraeus, Wien, 22. Dezember 1715. Zitiert nach Bergmann Wien S. 53f.

[870] („Ich habe mit dem Grafen Harrach gesprochen, (er beruft sich immer auf den Kaiser), … Der Graf von Slyck [Schlick] auf den wir, wie ich glaube, tatsächlich am meisten zählen können, hat dabei nicht weniger bewirkt; und der Graf von Sinzendorf wie üblich. Diese Minister werden es nicht an derselben Anerkennung für Sie fehlen lassen, die sie mir entgegen brachten. Ich zweifle nicht an ihrer guten Absicht und daran, dass sie die Ehre, für eine gleichermaßen nutzbringende wie ruhmvolle Gründung, um die es sich hier handelt, für sich beanspruchen wollen. … Die Umstände könnten nicht weniger günstig sein, da wir gerade in einer Zeit leben, wo man sich um nichts mehr sorgt als um die Regelung der Finanzen, die so wenig durch die Bancalität gefördert, und durch ernsthafte Vorbereitungen, die man für einen gewaltigen Krieg entwickelt… Ich sage das nicht, um den Mut zu nehmen. Ich fühle mich vielmehr verpflichtet auf Ihre Rückkehr zu drängen, um durch Ihre Gegenwart zu verhindern, daß sie (die Akademiegründung) in Vergessenheit gerät, …") C. G. Heraeus, Wien an Leibniz, Hannover, 18. Jänner 1716. Bergmann Heraeus S. 151.

[871] C. G. Heraeus, Wien an Leibniz, Hannover, 18. Jänner 1716. Bergmann Heraeus S. 151. Vgl. Bergmann Heraeus S. 157f Anm. 5.

Doch ein halbes Jahr später, im Juli 1716, vier Monate vor Leibniz Tod, waren noch keinerlei Entscheidungen getroffen. Heraeus schrieb Leibniz: „Nous ne parlons ici que de guerre."[872] Wieder wies Heraeus auf die nicht geregelte Finanzierung hin, hatte aber auch eine gute Nachricht für Leibniz: „Ce qu'il y a de meilleur c'est qu'il [Gentilotti] a obtenu une assignation pour commencer à acheter des nouveaux livres."[873]

Zwei Wochen vor seinem Tod schrieb Leibniz am 1. November 1716 den letzten Brief an Heraeus. Er hoffte auf die baldige Gründung einer kaiserlichen Akademie der Wissenschaften in Wien, obwohl er wusste, dass sich Karl VI während des Krieges kaum zu einer Gründung entschließen würde.[874] Leibniz machte den Vorschlag, dennoch mit Verhandlungen zu beginnen, um bei Beginn des Friedens die Akademie ins Leben rufen zu können.

mit Leopold Joseph Graf Schlick
Heraeus schätzte Graf Schlick als besonders wichtigen und fähigen Förderer der Akademiegründung.[875] Graf Schlick, seit 1713 Obersthofkanzler des Königreichs Böhmen, hatte einen großen Einfluss auf Karl VI. Leibniz versuchte Graf Schlick von der Notwendigkeit des Papier-Monopoles für den Druck und den Verkauf „wertvoller" Bücher zu überzeugen; auch Prinz Eugen sollte zur Unterstützung gewonnen werden. Leibniz informierte Schlick über seine Absicht, dem Kaiser die Anwendung neuer Maschinen für den Bergbau zu empfehlen. *Il y a une personne attachée à son Excellence, qvi a des bons desseins pour des Machines propres à puiser des eaux des Mines de Hongrie, j'ay vu en mon retour le modelle d'une machine qvi me paroist de tres grande importance pour cet effet, et je crois qu'un concours des deux inventeurs seroit utile à l'un et à l'autre.*[876] Die Einnahmen aus dem Bergbau sollten zur Finanzierung der Societät beitragen.

mit Johann Philipp Schmid[877]
Über die Vorgänge in Wien wurde Leibniz regelmäßig durch Hofrath Johann Philipp Schmid informiert. Schmid, ohne feste Anstellung und ohne geregeltes Einkommen, stand in den Jahren 1712-1714 zeitweise in den Diensten von Leibniz. Nach der Rückkehr von Leibniz nach Hannover erledigte Schmid für Leibniz gewisse „Besorgungen"[878]. Leibniz beurteilte Schmid als *ehrlich und wohlgesinnt*[879], war sich aber des geringen Einflusses von Schmid am kaiserlichen Hof bewusst. Leibniz unterstützte den verschuldeten Schmid einige Male durch Geldgeschenke.[880]

Schmid berichtete Leibniz über die Vorgänge am Wiener Kaiserhof, über den Kriegsschauplatz in Ungarn und drängte Leibniz nach Wien zurückzukehren, um die Gründung der Societät selbst zu verwirklichen.[881] Schmid versuchte für die Gründung einer kaiserlichen Akademie zu intervenieren, doch sein Einfluss am Hof war gering.[882] Dennoch wandte sich Leibniz zwischen September 1714 und Dezember 1715 mehrfach brieflich

---

[872] („Wir sprechen hier von nichts anderem als vom Krieg"). C. G. Heraeus, Wien an Leibniz, Hannover, 1. Juli 1716. Bergmann Heraeus S. 152.

[873] („An Positivem gibt es zu berichten, daß er [Gentilotti, Direktor der kaiserlichen Hofbibliothek] die Anweisung bekommen hat, neue Bücher zu kaufen".) C. G: Heraeus, Wien an Leibniz, Hannover, 1. Juli 1716. Bergmann Heraeus S. 152.

[874] Leibniz, Hannover an C. G: Heraeus, Wien, 1. November 1716. Bergmann Wien S. 56. Dutens Bd. 5 S. 536.

[875] C. G. Heraeus, Wien an Leibniz, Hannover, 5. Dezember 1715. Bergmann Heraeus S. 148. Vgl. Leibniz, Hannover an Graf Schlick, Wien, 30. September 1714. Bergmann Wien S. 51. Dutens Bd. 5 S. 529.

[876] *(Es gibt eine Person, die seiner Exzellenz verbunden ist, die über brauchbare Entwürfe für Maschinen verfügt, die geeignet sind, Wasser aus den Bergwerken in Ungarn zu pumpen, ich habe bei meiner Rückkehr das Modell einer Maschine gesehen, das mir von sehr großer Bedeutung für diesen Zweck zu sein scheint, und ich glaube, dass ein Wettbewerb zwischen den beiden Erfindern für beide Teile nützlich sein würde.)* Leibniz, Hannover an Graf Schlick, Wien, 30. September 1714. Zitiert nach Bergmann Wien S. 51. Dutens Bd. 5 S. 529. Die dem Kaiser nahestehende Person könnte der Mathematiker J. J. Marinoni sein.

[877] J. Ph. Schmid stand bis 1705 in den Diensten des Grafen Philipp Ludwig von Leiningen-Westerburg, daher ist in der Literatur die Bezeichnung Leiningscher Hofrat zu finden. Ab 1705 lebte Schmid ohne Beschäftigung und fast mittellos in Wien. Böger S. 445.

[878] Faak S. 118ff. Müller-Krönert S. 247. Bergmann Wien S. 60 Anm. 17.

[879] Leibniz an Theobald Schöttel, 28. November 1715. Ilg S. 50.

[880] Leibniz schrieb an Th. Schöttel, dass er Schmid ... *12 Thaler verehrt habe ... obwohl sich Schmid nicht ganz nach seinem Sinn und ohne großen Nutzen bemühte ...* Leibniz bevorzuge, Schmid kleine Geldsummen zu schenken und nicht größere Summen zu leihen, da er das Geld nicht zurückerhalte. Leibniz an Theobald Schöttel, erhalten 17. Dezember 1715. Ilg S. 48.

[881] Es sind 116 Briefe von Schmid an Leibniz und 6 Schreiben von Leibniz an Schmid erhalten. Leibniz Briefwechsel, 815 Bl. 1-304.

[882] Heraeus warnte Leibniz vor Schmid. „M. R. Schmid feroit mieux de s'exposer moins …" („Monsieur Schmid täte besser daran sich weniger zu exponieren…") C. G. Heraeus, Wien an Leibniz, Hannover, 18. Jänner 1716. Bergmann Heraeus S. 151. Obwohl

an Schmid. Kurz nach seiner Rückkehr nach Hannover ersuchte Leibniz Schmid, den hochgebildeten Fürsten von Liechtenstein Anton Florian in seiner Funktion als kaiserlichen Obersthofmeister zu überzeugen, den Akademieplan dem Kaiser auseinanderzusetzen.[883] In einem weiteren Brief an Schmid betonte Leibniz, dass Karl VI, seine Gattin Kaiserin Christine und einige Minister den Akademieplan unterstützten.[884] Die Akademiegründung aber stagnierte, weil die geeigneten Fonds zur Finanzierung fehlten. Leibniz war der Ansicht, dass die Societät zum Teil durch Errichtung einer Papierfabrik in Österreich und durch die Einnahmen aus dem Papierhandel finanziert werden könne, umsomehr, als der zehnjährige Vertrag mit den Niederlanden wegen der *Papier-Lieferung* ablaufe.[885] Ein Jahr später wies Leibniz neuerlich darauf hin, wie wichtig die Zustimmung des Kaisers für die Errichtung einer Papierfabrik sei; er betonte die Vorteile für den Handel und Druck guter Bücher. Leibniz war der Ansicht, dass es günstig wäre, Prinz Eugen für diesen Vorschlag zu gewinnen.[886] Leibniz wandte sich entschieden gegen das Gerücht, dass er Präsident der Akademie werden wolle, ein Amt, das er als Protestant niemals innehaben könne.

Ab Januar 1715 verfasste Leibniz einige „Erinnerungsschreiben", um die Gründung einer Akademie zu beschleunigen. Schmid sollte diese Schreiben weiterleiten. Doch Schmid war nicht erfolgreich. Leibniz befürchtete schließlich, dass er durch die übertriebenen Interventionen Schmids Schaden erleiden könne und untersagte ihm Ende 1715 jedes weitere Vorgehen in seinen Angelegenheiten.[887]

mit Prinz Eugen und Claude Alexandre de Bonneval

Aus Briefen Prinz Eugens an Leibniz von Jänner und März 1715 geht hervor, dass Prinz Eugen die Akademiepläne unterstützte, aber vor der ungeklärten Finanzierung warnte: „Daß der dazu erforderliche Fundo nicht zugleich aufzufinden, auch hauptsächlich nötig sei, die behörigen Mittel zu solcher heilsamen Intention vorher gründlich zu stabilisieren."[888] Prinz Eugen gab Leibniz die Zusage, die Akademiegründung zu unterstützen: „... daß ich meines Ortes zur Vorstellung Ihres Vorhabens umso mehrers alles, was nur von mir dependiert, anwenden werde, als selbes allein zu Ihrer Kaiserlichen Majestät und des gemeinen Wesens besten Nutzen abzielt."[889]

Leibniz war sich der Intervention von Prinz Eugen sicher.[890] Wie Graf Bonneval, der Vertraute des Prinzen, war Leibniz der Ansicht, dass die *Sache der Wissenschaft* niemand besser vertreten könne als Prinz Eugen selbst.

Im Januar 1715 wandte sich Prinz Eugen an Leibniz und wies auf die dringend zu klärende Finanzlage hin, um den „dazu erforderlichen fundo auszufinden" und „die behörigen Mittel zu solch heilsamen intention vorher gründlich zu stabilisiren."[891]

Leibniz sich des geringen Einflusses von Schmid bewußt war, wollte er ihn nicht kränken. Leibniz schrieb an Schöttel, dass er Schmid bisweilen schreiben müsse, da dieser sonst meine, er verachte ihn. Leibniz an Th. Schöttel, 17. Juni 1716. Ilg S. 54. Vgl. C. G. Heraeus, Wien an Leibniz Hannover, 11. Oktober 1716. Zitiert nach Bergmann Heraeus S. 154.

[883] Leibniz, Hannover an J. Ph. Schmid, Wien, 27. September 1714. Bergmann Wien S. 50.

[884] Leibniz, Hannover an J. Ph. Schmid, Wien, 4. Dezember 1714. Bergmann Wien S. 50f.

[885] Bergmann Wien S. 50f. Vgl. Klopp S. 242ff Anl. XVI.

[886] Leibniz, Hannover an J. Ph. Schmid, Wien, 24. Dezember 1715. Bergmann Wien S. 52. Dutens Bd. 5 S. 529.

[887] Böger S. 445.

[888] Prinz Eugen, Wien an Leibniz, Hannover, 30. Januar 1715. Braubach Prinz Eugen Bd. V S. 173. Der Briefwechsel zwischen Leibniz und Prinz Eugen dauerte vom 30. Jänner 1715 bis zum 30. April 1716.

[889] Die Briefe von Prinz Eugen an Leibniz geben keinerlei Aufschluss darüber, wie stark sich Prinz Eugen am Kaiserhof für eine Akademiegründung einsetzte. Böger S. 444. Max Braubach, Biograf von Prinz Eugen, ist der Ansicht, dass Prinz Eugen sich nicht mit der nötigen Kraft für eine Akademiegründung einsetzte, sondern nur wohlwollendes Interesse für Leibniz zeigte. Prinz Eugen, Wien an Leibniz, Hannover, 23. März 1715. Braubach Prinz Eugen Bd. V S. 173. Max Braubach ist der Ansicht, dass der Kontakt zwischen Leibniz und Eugen nicht überschätzt werden sollte. Prinz Eugen stand den Plänen einer Akademiegründung wohlwollend gegenüber, unterstützte sie aber nach Meinung von Braubach nicht mit dem notwendigen Nachdruck. Vgl. Faak S. 128.

[890] Vgl. Leibniz an J. Ph. Schmid, ohne Datum. Böger S. 444.

[891] Prinz Eugen, Wien an Leibniz, Hannover, 30. Januar 1715. Leibniz Briefwechsel 31, Bl. 6-7. Zitiert nach Böger S. 444. Es sind sieben Schreiben von Prinz Eugen an Leibniz (davon vier sehr kurze) erhalten: 30. Januar 1715, Leibniz Briefwechsel LBr 31, Bl. 6-7, Faksimile bei H. Oehler: Prinz Eugen und Leibniz, Deutschlands abendländische Sendung, in: Leipziger Vierteljahrschrift für Südosteuropa 6, 1942, S. 16 Tafel 1, 23. März 1715, Leibniz Briefwechsel LBr 31 Bl. 11; 11. Mai 1715, Leibniz Briefwechsel LBr 31, Bl. 13-14; 8. Januar 1716, Leibniz Briefwechsel LBr 31 Bl. 16. Vgl. Böger S. 444. Faak S. 128. Braubach Prinz Eugen Bd. V S. 173.

In weiteren Briefen war Graf Claude Alexandre Bonneval der Vermittler des Prinzen. Bonneval unterstützte wie Prinz Eugen die Gründung der Societät. Mehrmals bat Bonneval Leibniz um Gutachten über reichsrechtliche Fragen und ersuchte um den Ankauf wertvoller Schriften und Bücher für das Archiv und die Bibliothek des Prinzen, Bitten und Ansuchen, die Leibniz unverzüglich erledigte.[892]

Kurz nach seiner Ankunft in Hannover informierte Leibniz Bonneval, dass seine Rückkehr nach Wien derzeit nicht möglich sei.[893] Er arbeite intensiv an der Geschichte des Hauses Braunschweig, um seine Verpflichtungen dem Hause Hannover gegenüber zu erfüllen.[894]

In seiner Antwort schrieb Bonneval, dass Prinz Eugen den von Leibniz für ihn verfassten Band *Principes de la Nature et de la Grâce fondés en Raison* in hohen Ehren halte: „Nous nous sommes presques brouillés ensemble sur le refus qu´il m´a fait de me laisser copier l´abrégé de votre système. Il le tient que les prêtres tiennent à Naples le sang de St. Genaro; c´est-à-dire qu´il me le fait baiser et puis le referme dans sa cassette.“[895]

Die Antwort von Leibniz ist in einem nicht datierten Entwurf enthalten.[896]

Über seine Absicht nach Wien zurückzukehren, schrieb Leibniz Anfang des Jahres 1716 an Bonneval: *Ich wünschte, daß die Angelegenheit vor meiner Rückkehr nach Wien ein wenig vorwärts gehe, damit ich die Sache nicht alsdann von neuem anzufangen brauche. Denn ich stehe in dem Alter, wo ich suchen muß, die Sache so sehr als möglich abzukürzen; ich fürchte sonst, daß es mir ebenso ergeht, wie Moses (verzeihen Sie mir den Vergleich), welcher das gelobte Land nur aus der Ferne sehen konnte.*[897]

Im April 1716 berichtete Bonneval Leibniz, dass der Gründungsplan der Akademie in Wien keineswegs in Vergessenheit geraten sei, und dass der unermüdlichste Verfechter des Akademieplanes der Leibarzt des Kaisers Pius Nicolaus Garelli sei, „… der dem Kaiser von nichts anderem spreche, als von der Notwendigkeit, dessen Akademieprojekt zu verwirklichen.“[898]

mit Theobald Schöttel[899] und mit seinem Sohn Nicolaus Maurandus Joseph Schöttel

In dieser Korrespondenz werden vor allem die Bezüge von Leibniz als Reichshofrath, Vorfälle am kaiserlichen Hof und mathematische Fragen erörtert. Durch seine Stellung als „kaiserlicher Türhüter“[900] hatte Theobald Schöttel Einblick in die Vorgänge am Kaiserhof. In der Abwesenheit von Leibniz übernahm und verwaltete Theobald Schöttel dessen Bezüge als Reichshofrath. Leibniz beschrieb Schöttel als *… très honnete et habile*

---

[892] Leibniz, Hannover an Th. Schöttel, Wien, 10. Mai 1716. Leibniz habe aus einer Auktion in Berlin für Prinz Eugen einige Manuskripte gekauft zwar *ohne ordr*, er sei aber der Ansicht, *… daß sie seiner Durchlaucht lieb seien, weil dergleichen nicht alle Tage zu haben*. Ilg S. 54 Nr. 32. Vgl. Braubach Prinz Eugen Bd. IV S. 173.

[893] Leibniz an C. A. Bonneval, 21. September 1714. Klopp Werke Bd. 11 S. 14f. Müller-Krönert S. 248.

[894] Leibniz, Hannover an C. A. Bonneval, Wien, 21. September 1714. Klopp Werke Bd. 11 S. 14f. Insgesamt sind 8 Briefe von Leibniz an Bonneval und 8 Briefe von Bonneval an Leibniz erhalten. Leibniz Briefwechsel LBr 89.

[895] („Wir haben uns wegen seiner Zurückweisung, mich die kurze Zusammenfassung Ihrer Lehre kopieren zu lassen, nahezu gestritten. Er hält sie unter Verschluß wie die Priester von Neapel das Blut des heiligen Januarius; das bedeutet, dass er sie mich küssen läßt und sie dann wieder in seiner Kassette verschließt.“) C. A. Bonneval, Wien an Leibniz, Hannover, 6. Oktober 1714. Leibniz Briefwechsel 89. Zitiert nach Braubach Prinz Eugen Bd. V S. 421 Anm. 227. Vgl. Braubach Prinz Eugen Bd. V S. 172. Guhrauer II S. 286ff.

[896] Leibniz Briefwechsel LBr 89.

[897] Zitiert nach Guhrauer II S. 290.

[898] C. A. Bonneval, Wien an Leibniz, Hannover, 1. April 1716. Leibniz Briefwechsel LBr 89. Zitiert nach Braubach Prinz Eugen Bd. V S. 192. Vgl. Klopp S. 185. Böger S. 443f.

[899] Ilg S. 40ff. Albert Ilg, Direktor der kunsthistorischen Sammlung des allerhöchsten Kaiserhauses, veröffentlichte 1888 eine bisher unbekannte Correspondenz von Gottfried Wilhelm Leibniz. Die „Schöttelsche Sammlung“ in der Bibliothek des Grafen Wildczeck in Schloß Sebarn enthält Briefe von Leibniz aus den Jahren 1710 (ein Blatt) sowie 46 datierte, drei nicht datierte und ein diktiertes Blatt von fremder Hand geschrieben aus den Jahren 1715 bis 1716, also den beiden letzten Lebensjahren von Leibniz. Die Dokumente befassen sich vorwiegend mit mathematischen Fragen, mit der Frage der Reichshofrathbezüge von Leibniz, der Gründung einer kaiserlichen Akademie. Die Dokumente stammen aus dem Nachlass des Sohnes von Theobald Schöttel, Nicolaus M. Joseph Schöttel, und zeigen das Ex libris Josephi Schöttel. Heute sind sie in der Österr. Nationalbibliothek, Handschriftensammlung und Österr. Staatsarchiv, Abt. Haus-, Hof- und Staatsarchiv, Oest. Impressaria: Leibnitius Gottfriedus Guil. (Fasz. 41). ÖNB, Sammlung Schöttl Nr. 1-72, (Ser. nov. 11.992). Die gesamte erhaltene Korrespondenz zwischen Leibniz und Theobald Schöttel umfasste die Zeit vom 18. April 1713 bis 22. Oktober 1716.

[900] In seinen Briefen sprach Leibniz Theobald Schöttel an als „Monsieur Th. Schöttel Garde de l´Antichambre de Sa Mt. Imperiale et Catholique – Vienne“. Ilg S. 41.

homme, et fort de mes amis, et qui veut bien avoir soin de mes affaires particulières.[901] Sowohl Theobald Schöttel als auch sein Sohn Nicolaus Maurandus Joseph, wirklicher Kanzlist in der kaiserlichen Kriegskanzlei, hatten umfangreiche mathematische Kenntnisse.[902]

Im Januar 1715 dankte Leibniz Theobald und Nicolaus Schöttel für ihre Unterstützung und klagte über die unregelmäßige Auszahlung seiner Bezüge als Reichshofrath. Leibniz betonte, dass er dem Kaiser ... *wirklich zu Dienst arbeite ... denn es scheine das wenige Feld so eingelifert zu werden, dass man nicht eimal die introducirten Reichshofräthe vergnügen könne.*[903] Leibniz hoffte auf die Auszahlung der ausstehenden Bezüge. Er ersuchte Schöttel, sich mit der Bestellung eines Quartiers noch Zeit zu lassen, da er eine baldige Reise nach Wien noch nicht planen könne. Er bedauerte, dass er - bedingt durch seine Gichtanfälle - zwei Wochen unfähig war zu schreiben. Am Ende des Briefes fügte Leibniz mathematische Überlegungen an.

Einige Monate später klagte Leibniz wieder über die ausstehenden Bezüge als Reichshofrath; es sei für ihn *am besten zu dissimuliren und sich zu accomodiren.*[904] Er habe erfahren, dass die Bezüge einiger Reichshofräthe gekürzt wurden.[905] Leibniz zählte nicht zu den Betroffenen.[906] Einige Monate später resignierte Leibniz, er drückte Schöttel sein Vertrauen aus und ersuchte ihn, den bei der Bank abgehobenen Geldbetrag bei sich zu behalten.[907]

Im November 1715 teilte Leibniz Schöttel mit, dass Karl VI sich Kaiserin Amalia gegenüber günstig über die Gründung der Sozietät geäußert habe. Leibniz ersuchte Schöttel, mit der Hofdame Marie Charlotte von Klencke Kontakt aufzunehmen. Er selbst werde sich brieflich an Heraeus wenden.[908]

Ende des Jahres 1715 hatte Leibniz die Absicht, das Landgut des Grafen Windischgrätz in Ungarn nahe Preßburg an der Donau für einige Tausend Reichstaler zu kaufen. Leibniz wollte so die Lebenshaltungskosten bei seinem Aufenthalt in Wien senken, dazu gehörten der Unterhalt der Pferde und die Anschaffung von Brennholz. Leibniz hoffte, dass der bevorstehende Krieg mit den Türken eine Verminderung des Kaufpreises bewirken würde.[909] Leibniz ersuchte Theobald Schöttel um seine Meinung. Sechs Wochen später teilte er Schöttel mit, dass er den Plan wegen zu hoher Anschaffungskosten aufgegeben habe.[910]

Im Jänner 1716 teilte Leibniz Schöttel mit, dass er den von Architekt Schierendorf[911] vorgeschlagenen Platz für eine Societät der Wissenschaften ablehne. *Herrn von Schirendorfs Vorschlag könnte gut sein für Manufacturen, aber die Academia scientiarum musste ihren Sitz näher bei der Stadt haben, das Haus des Augartens solle nicht übel dafür sein*[912]. Leibniz war um die Reduzierung seiner Reichshofrathbezüge besorgt.[913] Leibniz

---

[901] *(... sehr ehrenwerten und fähigen Mann, der zu meinen guten Freunden gehört, und der meine speziellen Angelegenheiten besorgt.)* Leibniz, Hannover an C. G. Heraeus, Wien, 28. November 1715. Zitiert nach Bergmann Heraeus S. 165 Anm. 27. Leibniz erwähnte Schöttel weiters in einem Brief an Hofrath Schmid vom 23. April 1715. Dutens Bd. 5 S. 531. Ein Brief von Leibniz an J. J. Marinoni schließt mit den Worten: *Si vous m´écrivez un jour, Monsieur, je vous prie donner toujours la lettre a Mr. Theobald Schottel. (Wenn Sie mir eines Tages schreiben, Monsieur, bitte ich Sie, den Brief immer Mr. Theobald Schottel zu übergeben.)* Zitiert nach Dutens Bd. 5 S. 537. Vgl. Bergmann Numismatica S. 65 Anm. 27.

[902] Immer wieder lobte Leibniz die Kenntnisse von Nicolaus M. Joseph Schöttel, der sich vorwiegend mit den „cubi magici", den Eigenschaften der magischen Würfel, befasste. *Die Verwunderung über das ingenium oder vielmehr, wie es Aristoteles nennet, über die Sagacitet oder über die Scharfsinnigkeit Meines hochgeehrten Bruders Herrn Sohn wachset bey mir von Tag zu Tag größer.* Leibniz, Hannover an Th. Schöttel, Wien, Februar 1716. Zitiert nach Ilg S. 41.

[903] Leibniz an Theobald und Nicolaus Schöttel, 28. Jänner 1715. Zitiert nach Ilg S. 43 Nr. 2.

[904] Leibniz an Th. Schöttel, 4. Juni 1715. Zitiert nach Ilg S. 44.

[905] Leibniz an Th. Schöttel, 16. Juni 1715. Ilg S. 45. Am 18. Juni 1715 übersendete Schöttel Leibniz eine „Specification derjenigen H. Reichshoffrath und Reichshoffrathsbediente, welche von der Hoff Cammer in die pension lista gesetzet worden." Müller-Krönert S. 252.

[906] Der Reichshofrathgehalt wurde unter Abzug von 135 Gulden in Höhe von 365 Gulden an N. M. Joseph Schöttel, Sohn von Theobald Schöttel, am 18. Juni 1715 ausbezahlt. Ilg S. 44f.

[907] Leibniz an Th. Schöttel, 29. Juni 1715. Ilg S. 45. Leibniz hatte im November 1715 bei der Wiener Stadtbank ein Guthaben von 1.335 Gulden. Faak S. 151. Vgl. Faak S. 144. Müller-Krönert S. 254.

[908] Leibniz hatte nicht die Absicht, sich an Schmid zu wenden, denn er ... *würde sich nur allerhand Bewegung geben, die ein Wesen ohne Nutzen machen möchten.* Leibniz an Th. Schöttel, 28. November 1715. Zitiert nach Ilg S. 50.

[909] Leibniz an Th. Schöttel, 7. November 1715. Ilg S. 48f.

[910] Leibniz an Th. Schöttel, 1. Februar 1716. Ilg S. 52.

[911] Christian Julius Schierl von Schierendorf, Architekt, Hofkammerrat, Zeuge im Testament des Architekten Joh. Bernh. Fischer von Erlach.

[912] Leibniz an Th. Schöttel, 15. Januar 1716. Zitiert nach Ilg S. 51.

[913] ... *es liege im höchlich daran, dass ihm die Besoldung nicht zur Pension gemacht, und geringer gezahlt werde als die Pension einiger anderer Reichshofräthe, weil er zu Diensten des Kaisers und Königs arbeite und seine Introducirung, nur aus wichtigen,*

informierte Schöttel, dass er dem Hofmathematiker Marinoni den Vorschlag gemacht habe, in der Kirche St. Stephan einen astronomischen Meridian zu errichten[914] und bat Schöttel darüber nachzudenken.[915]

Im September 1716, zwei Monate vor seinem Tod, wandte sich Leibniz an Th. Schöttel. Er habe gehört, dass man die Besoldung der Titularhofräthe im Reichshofrath völlig streichen wolle und dass er selbst davon betroffen sei. Leibniz habe Verständnis, dass durch den langdauernden Krieg Einsparungen notwendig seien und er könne sich auch mit der Streichung der Pensionen der wirklichen Reichshofräthe, denen er sich zugehörig fühle, abfinden. So aber fühle er sich degradiert und in seiner Reputation vermindert.[916] Eine Woche später ersuchte Leibniz Schöttel, Fräulein von Klencke mitzuteilen, dass er nach der Abreise des Königs nach England entschlossen gewesen sei, nach Wien zu reisen, wie er ja auch *auf Sollicitation eines Hofquartiers bedacht gewesen* sei. Jetzt müsse er ... *aber auf gar andere mesuren denken und könne sich vor redintegrirung der Pension auf Wien keine Hoffnung machen, denn über Jahr und Tag dort zu liegen und zu sollicitieren, werden die Jahre, die er auf sich habe, nicht leiden. Er hätte nicht allein Ursache, die Conservation solcher Besoldung zu hoffen, sondern im Mehreres, das ihm auch so viel versprochen war. Jetzt fällt die Hoffnung mit der That dahin, wenn es die kaiserliche Majestät nicht aus besonderer Gnade anders verordnet. Fräulein von Klenck werde das der Kaiserin Amalie bestens vorzustellen wissen. Wenn es ihr nicht gelingt, wird anderswo schwerlich eine Hilfe zu finden sein.*[917]

Leibniz erfuhr nicht mehr, dass er von den Kürzungen der Reichshofrathsbesoldung nicht betroffen war. Die richtigstellende Information traf erst nach seinem Tod in Hannover ein.

mit Michael Gottlieb Hantsch

Leibniz wandte sich mehrfach an den kaiserlichen Mathematiker Michael Gottlieb Hantsch, der von Karl VI bei der Herausgabe der Manuskripte des Astronomen Johannes Kepler unterstützt wurde.[918] *Mihi Caesar per ipsam Imperatricem, fratris viduam, significari curavit, Academiam Scientiarum instituendam sibi cordi esse.- Societate scientiarum fundata, inter primas curas erit, ut ratio ineatur, praeclara opera edendi, per quam etiam Auctorum vel edentium commodis consulatur, ne eruditi, magno doctrinae dehonestamento, sint mercenarii Bibliopolarum. Sed hoc consilium omnino premendum est. Bibliopolae enim omnem lapidem movebunt, ut bona hujusmodi consilia impediant. Illustrissimus Comes de Schlick inter eos est, qui fundationi Societatis Scientiarum plurimum favent, et spero ejus opera efficere, ut Bohemicae regiones ad tam salutare institutum utiliter concurrant. Sed, ut dixi, talia praecipitari non possunt.*[919]

mit Philipp Ludwig Wenzel Graf Sinzendorf

1716, in seinem letzten Lebensjahr, führte Leibniz eine intensive Korrespondenz mit Obersthofkanzler Sinzendorf, dem Karl VI die Verwaltung der Akademie zu übergeben plante. Im Jänner 1716 ersuchte Sinzendorf Leibniz, nach Wien zurückzukehren,[920] um sich für die Gründung der Akademie zu engagieren. Ohne die Anwesenheit von Leibniz in Wien seien keinerlei Fortschritte zu erwarten. „J´espere que cette nouvelle année sera

---

dem Kaiser bekannten Ursachen zu dessen Dienst verschoben, ihm von Rechtswegen nicht präjudiciren könne. Er hoffe Kaiserin Amalia werde Gelegenheit finden, solches dem Kaiser zu sagen. Leibniz an Th. Schöttel, 15. Januar 1716. Zitiert nach Ilg S. 52.

[914] Vgl. Teil 2/VIII/2, Briefwechsel Sinzendorf.

[915] Leibniz an Th. Schöttel, 15. Januar 1716. Ilg S. 51f.

[916] Leibniz an Th. Schöttel, 20. September 1716. Ilg S. 55.

[917] Leibniz an Th. Schöttel, 27. September 1716. Ilg S. 56.

[918] Im Mai 1707 reiste Leibniz von Berlin nach Leipzig; es ist anzunehmen, dass Leibniz in die von Hantsch kurz zuvor erworbenen Handschriften Keplers Einsicht nahm. Müller-Krönert S. 205.

[919] *(Mir hat der Kaiser durch die Kaiserin selbst, die Witwe des Bruders, bekannt machen lassen, daß ihm die Einrichtung einer Akademie der Wisssenschaften eine Herzensangelegenheit sei. Wenn sie erst einmal gegründet ist, wird es zu den ersten Aufgaben gehören, ein Verfahren zu finden, berühmte Werke herauszugeben. Ein Verfahren, das für den Vorteil der Autoren oder der Herausgeber sorgt, damit nicht die Gebildeten zur großen Schande der Wissenschaft die Söldner der Buchverkäufer sind. Denn die Buchverkäufer werden jeden Stein bewegen, um gute Ratschläge dieser Art zu behindern. Der überaus berühmte Graf von Schlick ist unter denen, die die Gründung einer Societät der Wissenschaften am meisten unterstützen und ich hoffe daß dadurch seine Bemühungen die Gebiete von Böhmen eine so nützliche Einrichtung zweckmäßig unterstützen würden. Aber wie ich gesagt habe, solche Dinge können nicht überstürzt werden.)* Leibniz, Hannover an M. G. Hantsch, Wien, 27. Dezember 1715. Bergmann Wien S. 55. Vgl. Leibniz an Hantsch, 6. Dezember 1715. Bergmann Wien S. 55.

[920] Ph. L. W. Sinzendorf, Wien an Leibniz, Hannover, 18. Jänner 1716. Klopp S. 251f Anl. XVIII.

assez heureuse pour vous et pour moy, que j´aurai l´agrement de vous embrasser bientôt ici à Vienne ... nous courrions risque ne nous vous pas voir. ... Votre presence applanira les difficultés, donnera une grande facilité à trouver les fonds, et perfectionnera un ouvrage, que vous seul pouvez mettre en état ..."[921]

Sinzendorf schlug Leibniz vor, die Reise nach Wien nicht in der kalten Jahreszeit durchzuführen, aber die Abreise auch nicht aufzuschieben, bis die Finanzierung der Akademie vollständig gesichert wäre. Leibniz solle nicht dem Beispiel von General Coehoorn folgen, der niemals zu einer Expedition aufbrach, bevor nicht alle notwendigen Voraussetzungen erfüllt waren.[922]

Leibniz antwortete Sinzendorf: *Cette lettre feroit Honneur à la Société future des Sciences ... Il est tres vray que celuy qui ne voudra rien commencer que lorsqu´il aura tout prest pour finir, courra risque le plus souvent de ne rien faire ... on dit que l´Amiral Ruyter ne s´embarquoit jamais sans biscuit. Il faudra quelque biscuit, quelque bonne eau fraiche pour s´embarquer avec la societe.*[923] Leibniz betonte, dass die bedeutenden Generäle wie Prinz Eugen und der Herzog Marlborough immer ein Risiko eingegangen seien, er selbst halte es wie der holländische Admiral Ruyter. Leibniz regte an, in der Kirche St. Stephan in Wien einen „Gnomon", einen Meridian, anbringen zu lassen, um aus dem Stand der Sonne das Datum der beweglichen Kalenderfeste wie Ostern und Pfingsten zu bestimmen.[924] Die Anbringung des Meridians in St. Stephan solle als Aufgabe der Akademie durchgeführt werden. *Voicy encore un petit commencement que je proposeray à V. E. Kepler, grand Astronome de l´empereur Rudolfe, auteur des tables Rudolfines, a proposé un usage des grandes Eglises Cathedrales pour un dessein Astronomique et Ecclesiastique en même temps. C´est d´y faire des gnomons en tirant une meridienne. Cela sert principalement à determiner avec une grande precision le lieu du soleil, et par consequent à rendre exact le temps de la Pasque et des autres festes mobiles, ... Ce seroit un ornement de votre Grande Eglise de S. Etienne et je m´imagine que Monsieur l´Evêque de Vienne et Messieurs les chanoines de sa Cathedrale seroient de la faire executer, ...*[925] Er bat Sinzendorf, den Kaiser von der Anbringung des Meridians zu unterrichten, den Hofmathematiker und Landvermesser des Kaisers Johann Jakob Marinoni habe er bereits informiert. Leibniz schlug weiters vor, in der geplanten Kirche zu Ehren des Heiligen Karl einen Gnomon anzubringen.[926]

---

[921] („Ich hoffe, dass dieses neue Jahr für Sie ebenso glücklich wie für mich verlaufen wird und dass ich das Vergnügen haben werde Sie bald hier in Wien zu umarmen ... könnten wir riskieren Sie nicht zu sehen! ... Ihre Anwesenheit wird die Schwierigkeiten ausgleichen, wird die Einrichtung der Fonds wesentlich erleichtern und wird ein Werk vollenden, das nur Sie allein zustande bringen können.") Sinzendorf an Leibniz, 18. Jänner 1716. Klopp S. 251f Anl. XVIII.

[922] Hamann Leibniz und Prinz Eugen S. 221f.

[923] *(Dieser Brief würde der zukünftigen Societät zur Ehre gereichen ... Es ist sehr wahr, dass derjenige, der nichts beginnen will, bevor nicht alles vollkommen ist, meistens Gefahr läuft, gar nichts zu tun ... man sagt, dass Admiral Ruyter sich niemals eingeschifft hätte ohne Zwieback. Man bräuchte etwas Zwieback, etwas gutes frisches Wasser, um sich mit der Societät einzuschiffen.)* Leibniz, Wien an Sinzendorf, Hannover, 14. März 1716. Zitiert nach Klopp S. 252f Anl. XIX.

[924] Vorbild für den geplanten Meridian (Anbringung eines Meridians 1604 von J. Kepler vorgeschlagen) war für Leibniz der 67 Meter lange Meridian, den der Astronom der Pariser Sternwarte Giovanni Domenico Cassini in San Petronio in Bologna angebracht hatte. (Durch ein kleines rundes Loch in der Kuppel des Domes, das wie eine „Camera obscura" wirkt, wird der Stand der Sonne auf dem Boden der Kirche abgebildet. Das Lichtbündel gelangt durch die Öffnung auf eine auf dem Kirchenboden angebrachte Metallschiene, so dass man jeden Mittag den Durchgang der sogenannten „wahren Sonne" durch den Meridian beobachten kann.) Papst Innocentius XIII hat diesen Meridian in der Kirche Santa Maria all´ Angeli in Rom anbringen lassen.

[925] *(Für den Anfang noch eine kleine wissenschaftliche Aufgabe, die ich seiner Majestät vorschlagen würde. Kepler, bedeutender Astronom Kaiser Rudolfs, Schöpfer der rudolfinischen Tafeln, hat eine Einrichtung für die großen Kathedralen angegeben, die einem astronomischen und zugleich kirchlichen Zweck dienen. Das ist, Gnomone anzulegen, um einen Meridian zu schaffen. Das dient hauptsächlich dazu, mit großer Genauigkeit den Stand der Sonne und daraus folgend den Zeitpunkt von Ostern und anderer veränderlicher Feste zu bestimmen. ... Das wäre eine Zierde für ihre großartige Kirche St. Stephan, und ich stelle mir vor, dass der Bischof von Wien und die Domherren seiner Cathedrale begeistert sein werden, das durchführen zu lassen.)* Leibniz an Sinzendorf, 14. März 1716. Klopp S. 253 Anl. XIX. Leibniz an Marinoni, 6. Juni 1716. Chr. Kortholt, Ed: Viri illustris Godefredi Guil. Leibnitii epistolae ad diversos, Leipzig 1738, Bd. 3, S. 311. Vgl. Bredekamp S. 142 Anm. 472. H. Sedlmayr: Johann Bernhard Fischer von Erlach, Stuttgart 1997, S. 423, Nr. 133 Abb. ebenda und S. 315 Abb. 355.

[926] *Si nous pouvons porter l´Empereur à faire faire un Gnomon dans l´Eglise de S. Charles, ce feroit déjà quelque pas. Je ne sais si la hauteur & la longueur sera assez considerable: mais cela vaudra toujours mieux que rien & donnera quelque encouragement (Wenn wir den Kaiser dazu bewegen können, einen Gnomonen in der Kirche des Hl. Karl anbringen zu lassen, wäre das schon ein gewisser Fortschritt. Ich weiß nicht, ob das Verhältnis Höhe-Länge genügend groß ist, aber das wäre immer noch besser als gar nichts und könnte eine Anregung sein.)* Leibniz an J. J. Marinoni, 6. Juni 1716. Chr. Kortholt, Ed.: Viri illustris Godefredi Guil. Lei-

Leibniz bat Sinzendorf, den Kaiser zu überzeugen, das Fundationsdiplom zu unterzeichnen. Alle Provinzen des Kaisers, jede nach ihrer Größe, sollten zur Finanzierung der Akademie beisteuern. Am Ende des Briefes erwähnte Leibniz, dass er mit Gottes Hilfe die Geschichte des Welfenhauses in Kürze abschließen werde.

Es ist nicht erwiesen, wie ernsthaft Leibniz bestrebt war, nach Wien zurückzukehren.[927] Aus der Korrespondenz von Leibniz ist ersichtlich, dass er die Hoffnung auf die Gründung einer kaiserlichen Akademie in Wien niemals verlor. Er war sich bewusst, dass die Finanzierung ein wesentliches Problem war.[928] Das ist aus dem Briefwechsel mit Heraeus, Schmid, Prinz Eugen, Schlick und Kaiserin Amalia u. a. ersichtlich.

Kaiserin Amalia und ihre aus Hannover stammende Hofdame von Klencke unterstützten die Societät.[929]

3. Das letzte Lebensjahr

Car le temps est la plus pretieuse de toutes nos choses: c'est la vie en effect. Ainsi si nous nous amusons à aller au petit pas, nous ne nous appercevrons gueres de nos progrès. Et à peine d'autres siecles (peutestre assez reculés) commenceront enfin de profiter de nos travaux. J'avoue que nous devons travailler pour la posterité. On bastit souvent des maisons, où l'on ne logera pas; on plante des arbres, dont on ne mangera pas les fruits. Mais lorsqu'on peut encor jouir luy même de sa peine, c'est une grande imprudence de le negliger. (G. W. Leibniz, Mémoire I, pour des personnes éclairées et de bonne intention, undatiert, einzuordnen 1694)[930]

König Georg I und Minister Bernstorff wurden über die regelmäßige Korrespondenz zwischen Leibniz und Angehörigen des Wiener Hofes und von seiner Absicht, nach Wien zurückzukehren, informiert. Georg I ließ Leibniz eine offizielle Vorhaltung machen.[931] Leibniz dementierte die Vorwürfe und erklärte sie in der vom König formulierten Form als unrichtig. *Ich betrachte solchen Bericht als eine Versuchung von einem bösen Geist, um mich von meiner guten Arbeit durch Ungeduld abwendig zu machen.*[932] Der König antwortete aus London mit offiziellen Erlässen an die Regierung in Hannover,[933] in denen er Leibniz als unglaubwürdig und unzuverlässig darstellte: „Weil derselbe sich nun vermuthlich weiter entschuldigen wirdt, wie er es schon gethan, daß Er nicht willens gewesen sey nach Wien wiederumb zu reisen, so werdet Ihr, ob wir es schon beßer wißen, Ihm zu verstehen geben, wir wolten Ihm gern solches zu gefallen glauben und ließen es Unß gar lieb seyn ..."[934]

---

bnitii epistolae ad diversos, Leipzig 1738, Bd. 3, S. 311. Vgl. Bredekamp S. 142 Anm. 472. H. Sedlmayr, Johann Bernhard Fischer von Erlach, Stuttgart 1997, S. 423, Nr. 133 Abb. ebenda und S. 315 Abb. 355.

[927] Gottschalk E. Guhrauer: „Hätte er lange genug gelebt, und wie er es gewünscht, seinen Aufenthalt in Wien nehmen können, so ist kaum zu zweifeln, daß Wien damals eine Akademie der Wissenschaften erhalten hätte." Guhrauer II S. 288. J. Bergmann schließt sich der Meinung von Guhrauer an. Bergmann Wien S. 45. Albert Heinekamp ist der Ansicht, dass die Akademie „... vielleicht verwirklicht worden wäre, wenn Leibniz nicht 1714 von Wien abgereist wäre". Heinekamp S. 546.

[928] Wilhelm Totok: „Wissenschaft sollte, wie immer, möglichst wenig oder gar nichts kosten. Leibniz hat diesem Umstand Rechnung getragen und die ganze Kraft seiner Fantasie aufgeboten, um Finanzierungsquellen zu erschließen, ... ohne dass dadurch die Einnahmen der Fürsten geschmälert würden." W. Totok: Leibniz als Wissenschaftsorganisator, in: Totok-Haase S. 314. Kurt Fischer: „... das Haupthinderniß lag in der Finanznot." Fischer S. 248. Das Argument, die Gründung der Akademie sei an der Finanzierung gescheitert, wird von Günther Hamann nicht geteilt. Laut Hamann wäre die Finanzierung durch steuerfreie Schenkungen, Privilegien, Luxus- und Spielsteuern und eigene Einnahmen der Akademie abgedeckt gewesen; das „Argument des Geldmangels" könne „nicht recht ernst genommen werden". Hamann Prinz Eugen S. 66. Onno Klopp ist der Ansicht, dass „... die in Oesterreich von jeher wie es scheint unvermeidliche Langsamkeit im Ausführen des Beschlossenen die Schuld tragen". Klopp S. 192.

[929] Der Briefwechsel von Leibniz mit Kaiserin Amalie und Hofdame Marie Charlotte von Klencke und weiteren Angehörigen des Kaiserhofes ist als eigene Veröffentlichung geplant.

[930] *(Denn die Zeit ist das Kostbarste, das wir besitzen: sie ist das wirkliche Leben. Wenn wir uns damit zufrieden geben, nur mit kleinen Schritten voranzukommen, werden wir von unseren Fortschritten nicht viel wahrnehmen. Und andere Jahrhunderte (vielleicht ziemlich weit entfernte) werden kaum aus unseren Arbeiten Nutzen ziehen. Ich bekenne, dass wir für die Nachwelt arbeiten sollen. Man baut oft Häuser, die man nicht bewohnen wird, man pflanzt Bäume, deren Früchte man nicht ernten wird. Aber solange man noch Freude mit seiner Arbeit hat, wäre es eine große Unklugheit sie zu unterlassen.)* Leibniz, „Mémoires pour des personnes eclairées et de bonne intention – Denkschrift für aufgeklärte und wohlmeinende Personen", einzuordnen 1694. Klopp Werke Bd. 10 S. 21. Zitiert nach Harnack II S. 35.

[931] Leibniz an Minister Bernstorff, 13. Januar 1716. Doebner S. 352. Vgl. Fischer S. 291f.

[932] Leibniz an Minister Bernstorff, 13. Januar 1716. Zitiert nach Doebner S. 148

[933] Die Rescripte des Königs an die Regierung vom 31. Januar und 21. Februar 1716. Doebner S. 149ff.

[934] Zitiert nach Müller-Krönert S. 256.

Diese Worte bedeuteten eine große Kränkung für Leibniz. ... *daß die Hannoverschen Minister die Rath-schläge, welche er ihnen so oft gegeben, in den Wind geschlagen hätten. Er hätte mehrmals um Erlaubniß gebeten nach London zu gehen, ohne sie erhalten zu können, und er sei daher entschlossen, sogleich nach der Beendigung seiner Geschichte der Hauses Braunschweig, sich nach Wien zurückzuziehen und den Rest seiner Tage daselbst zuzubringen*[935]. Weiters verfügte König Georg I, Johann Georg Eckhart mit der Fortsetzung der Welfengeschichte zu beauftragen, Leibniz aber nicht zu informieren.[936]

Im Jänner 1716 informierte Leibniz Minister Bernstorff, dass er nicht die Absicht habe, vor Beendigung der Welfengeschichte nach Wien zu reisen oder eine andere große Reise zu unternehmen[937]. Doch Anfang März hielt sich Leibniz zwei Wochen in Braunschweig und Wolfenbüttel auf. *Meine kleinen Übel sind zu ertragen ... Wenn meine Übel sich nicht verschlimmern, werden sie mich nicht abhalten, in Zukunft größere Reisen zu unternehmen.*[938]

Weitere kurze Aufenthalte in Braunschweig, Wolfenbüttel und Zeitz brachten Leibniz Freude und Ab-wechslung, schwächten aber seine Gesundheit.[939] In Zeitz überprüfte Leibniz zum letzten Mal den Bau seiner Rechenmaschine. Im Juni 1716 traf Leibniz in Bad Pyrmont Zar Peter I, der sich dort zur Erholung aufhielt. *Ich habe in Bad Pyrmont dem Zaren den Hof gemacht ... Er informiert sich über alle mechanischen Künste, aber sein großes Interesse gilt allem, was zur Schiffahrt gehört, deshalb liebt er auch die Astronomie und die Geo-graphie. Ich hoffe, daß wir durch seine Vermittlung erfahren werden, ob Asien mit Amerika zusammenhängt.*[940]

In seinen letzten Lebensmonaten war Leibniz vereinsamt und durch Krankheit vor allem in seiner Bewe-gung behindert. Er arbeitete intensiv an der Geschichte des Welfenhauses, die er bis zum Tode des letzten römischen Kaisers aus dem sächsischen Stamme Heinrichs II des Heiligen, also zum Jahre 1025 fortzusetzen plante. Doch die „Annales Imperii Occidentis Brunsvicenses" brechen mit dem Jahre 1005 ab. Leibniz konnte das Werk, an dem er mehr als 30 Jahre gearbeitet hatte, nicht vollenden.[941]

Sein Mitarbeiter und Nachfolger Johann Georg Eckhart denunzierte ihn. „Ich treibe ihn [Leibniz] mit Macht, sein Pensum zu vollführen."[942] „Mir wird so wahr ich lebe, bei seinen Tündeleien angst und bange und sehe davon kein Ende. Das Alter, der Mißmuth und die Gicht lassen ihn nicht fortkommen."[943]

Durch eine Neuorganisation des Reichshofrathes, die Karl VI im Herbst 1716 durchführte, wurde die Be-soldung einiger der Reichshofräthe gestrichen.[944] Leibniz gehörte nicht dazu, sein Name stand als erster auf der Liste der „außerordentlich zu besoldenden Reichshofräte".[945] Durch ein Versehen wurde Leibniz verständigt, dass sein Gehalt nicht mehr ausgezahlt werde. Diese ohne Absicht des Kaisers erfolgte Nachricht verletzte Leibniz tief.[946]

Bis zu seinem Lebensende hoffte Leibniz auf die Gründung einer kaiserlichen Akademie in Wien. Zwei Monate vor seinem Tod hielt er es für möglich, als Folge des Sieges von Peterwardein durch Prinz Eugen die Gründung der Akademie verwirklichen zu können. „*Ingens victoria a Turcis reportata Magno Caesari ani-mos dabit etiam ad scientiarum incrementa.*"[947] Doch Leibniz war sich bewusst, die Realisierung nicht mehr zu erleben. Fünf Wochen vor seinem Tod schrieb Leibniz an Marie Charlotte von Klencke: *Cependant que leur Mtés sachent que je pretends revenir à Vienne quand le Roy de la Grande Bretagne aura repassé la mer:*

---

[935] Zitiert nach Guhrauer II S. 314.
[936] Müller-Krönert S. 256.
[937] Doebner S. 352.
[938] Leibniz an Nicolas Remond, 27. März 1716. Zitiert nach Müller-Krönert S. 257.
[939] Guhrauer II S. 327f.
[940] Zitiert nach G. W. Leibniz: Die philosophischen Schriften, C. I. Gerhard (Hg.), Bd. 1-7, Berlin 1875-90, Bd. 3, S. 595f. Vgl. Leib-niz, „Concept einer Denkschrift über die Verbesserung der Künste im Russischen Reich". Guerrier Nr. 240 S. 348ff.
[941] Annales Imperii Occidentis Brunsvicenses ex Codicibus Biblioth. Regiae Hannoveranae edidit Georg Henricus Pertz, ab anno 768-1005. III Tom Hannoverae apud Hahn 1843-1846.
[942] J. G. Eckhart an Minister Bernstorf, März 1716. Zitiert nach Fischer S. 296.
[943] J. G. Eckhart an Minister Bernstorf, April 1716. Zitiert nach Fischer S. 296.
[944] Bergmann Reichshofrath S. 209.
[945] K. Müller: Gottfried Wilhelm Leibniz, in: Totok-Haase S. 57f.
[946] Leibniz an Th. Schoettel, 20. September 1716, Ilg S. 55 und 22. September 1716, Ilg S. 56.
[947] *(Der ungeheure Sieg über die Türken wird den großen Kaiser auch zur Vermehrung der Wissenschaften anspornen.)* Leibniz, Braunschweig an M. G. Hantsch, Wien, 4. September 1716. Zitiert nach Bergmann Wien S. 55. Vgl. Braubach Prinz Eugen Bd. IV S. 173. Guhrauer II S. 276.

et qu'en attendant je tache à enroller des habiles gens pour la societé future imperiale des sciences, et dont plusieurs sont d'un charactere à ne point demander de pensions, il en faudroit pourtant quelques uns qui en ayent. C'est pourquoy j'espere que l'Empereur songera tout de bon à cet etablissement, et qu'on preparera un peu les choses avant mon arrivee. Car je n'ay pas assez de temps de reste pour le perdre en solicitations.[948]

Ende Oktober 1716 verfasste Leibniz den Entwurf zu einer Subskriptionssocietät, um das Bücherwesen in Deutschland zu fördern.[949] Anfang November 1716 äußerte sich Leibniz in einem Brief an den preußischen Staatsminister Markwart Ludwig von Printzen hoffnungsvoll über die Entwicklung der Berliner Societät unter dem Protektorat des neuen realistisch orientierten Königs Friedrich Wilhelm I.[950]

Zwei Wochen vor seinem Tod, am 1. November 1716, schrieb Leibniz den letzten Brief an Heraeus.[951] Leibniz war überzeugt, dass sich der Kaiser während des noch immer andauernden Krieges nicht zu einer Finanzierung der Societät entschließen werde. Dennoch ersuchte er, mit *Berathungen* zu beginnen, um mit Eintritt des Friedens die Akademie zu begründen.

Am 13. November 1716 informierte Eckhart Minister Bernstorff: „Herr von Leibniz liegt an Händen und Füßen contract und ist ihm die Gicht in die Schulter gezogen, so bis dato noch nicht geschehen. Er kann jetzt von der Arbeit nicht einmal hören, und wenn ich ihn in dubiis frage, antwortet er, ich möge die Sachen machen, wie ich wolle, ich werde es schon gut machen; er könne sich um nichts mehr in seiner Maladie bekümmern …[952] Es wird nichts capable sein, ihn hervorzubringen als der Czar oder sonst ein Dutzend großer Herren, so ihm Hoffnung zu Pensionen machen; so möchte er bald wieder zu Beinen kommen".[953]

Am 14. November 1716 starb Leibniz in Hannover.

Leibniz hinterließ Tausende Blatt Handschriften, Briefe, Denkschriften, weiters eine umfangreiche Bibliothek sowie Bargeld und Wertpapiere in der Höhe von 12.000 Talern. Sein Nachlass ist bis heute noch nicht vollständig aufgearbeitet.[954]

Sein Universalerbe war Friedrich Simon Löffler[955], Pastor zu Probstheida.

Am 15. November wurde der Nachlass von Leibniz versiegelt.[956] Am 26. November begann eine königliche Kommission beim Eintreffen Friedrich Simon Löfflers mit der Sichtung des Nachlasses.

Einige Tage nach dem Ableben von Leibniz nahm Theobald Schöttel in Wien die letzte Quartalsrate des Reichshofrathsgehaltes des Jahres 1716 in Empfang. Heraeus schrieb einen Brief mit bedauernder Klarstellung, den Leibniz nicht mehr erhielt, da er am 18. November 1716 abgefasst war.[957]

---

[948] *(Da Ihre Majestäten inzwischen wissen, daß ich behaupte, nach Wien zurückzukehren, wenn der König von Großbritannien das Schiff verlassen wird: und während ich darauf warte, bemühe ich mich, geeignete Mitarbeiter für die zukünftige Kaiserliche Societät der Wissenschaften anzuwerben, unter denen es mehrere gibt, die nicht einmal Ruhegehälter verlangen, dennoch bräuchte man solche, die sie erhalten. Deshalb hoffe ich, daß der Kaiser ernstlich über diese Gründung nachdenken wird, und daß man die Dinge vor meiner Ankunft ein wenig vorbereiten wird, denn ich habe nicht mehr genug Zeit übrig, um sie für Ansuchen zu verlieren.)* Leibniz an Marie Charlotte von Klencke, 11. Oktober 1716. Leibniz Briefwechsel, Transkriptionen 176, N.17, S. 26.

[949] Die Bibliothek und ihre Kleinodien. Zum 250-jährigen Jubiläum der Leipziger Stadtbibliothek, Leipzig 1927, S. 49f. Müller-Krönert S. 261.

[950] Leibniz an M. L. v. Printzen, 3. November 1716. Müller-Krönert S. 261. Das ist die letzte datierte Korrespondenzniederschrift, die im Nachlass von Leibniz, Niedersächsische Landesbibliothek, vorhanden ist.

[951] Leibniz, Hannover an C. G. Heraeus, Wien, 1. November 1716. Dutens Bd. 5 S. 536.

[952] Zitiert nach Fischer S. 296f.

[953] Zitiert nach Fischer S. 297.

[954] Der Nachlass von Leibniz ist in der Gottfried Wilhelm Leibniz Bibliothek - Niedersächsische Landesbibliothek, Hannover, aufbewahrt. Der Nachlass von Leibniz gehört mit zu den größten Gelehrtennachlässen mit ca. 200.000 Blatt (weit überwiegend lateinisch, französisch, deutsch, zum kleineren Teil auch englisch, niederländisch, italienisch, russisch). Die Katalogisierung des Nachlasses begann 1901. Zwei Weltkriege, die nationalsozialistische Herrschaft, die Schwierigkeiten infolge der deutschen Teilung und andere Faktoren haben den Fortgang der Edition erheblich behindert. Bis 1985 sind 19 Bände gedruckt worden. 1985 wurde die Leibniz-Edition in das Akademienprogramm des Bundes und der Länder aufgenommen. Seitdem wurden weitere 29 Bände von durchschnittlich 870 Seiten vorgelegt; damit sind also insgesamt 48 Bände dieses Umfangs veröffentlicht.

[955] Leibniz' einzige Schwester Anna Catharina (1648-1672) war mit dem Prediger Simon Löffler verheiratet; aus der ersten Ehe von Simon Löffler stammte Friedrich Simon Löffler, Universalerbe von Leibniz.

[956] Müller-Krönert S. 262.

[957] Hamann Akademie S. 180.

Beim Begräbnis am 14. Dezember 1716 waren weder Vertreter der Höfe von Hannover, Mainz, Berlin, Wien und London noch Vertreter der Brandenburgischen Akademie zugegen.[958]

Mehr als 130 Jahre nach dem Tod von Leibniz begründete Kaiser Ferdinand I am 14. Mai 1847 die Kaiserliche Akademie der Wissenschaften in Wien. Zehn Jahre nach ihrer Gründung wandte sich Alexandre Louis Graf Foucher de Careil, Herausgeber der Werke von Leibniz, in der Sitzung vom 17. Juni 1857 an die Mitglieder der Akademie:

„Ich war begierig in Ihre Statuten einzusehen:

es sind die nämlichen;

entweder hat Leibniz sie errathen,

oder Sie haben Leibniz errathen"[959]

---

[958] „Des seel. Geh. Raths von Leibniz Cörper wurde am 14. Decemb. in der Neustädter Kirche zur Erden bestattet, wozu alle Hof-Bediente geladen waren, aber niemand erschienen. Der Ober-Hof-Prediger H. Erythropel sang die Collecte, wo zwischen die Schüler musicirten. Der Sarg war gantz mit schwartzen Sammt bezogen." Müller-Krönert S. 262. Harnack I S. 213.

[959] Foucher de Careil S. 135.

...

Wenn mir der Tod all die Zeit gestatten will,
die nöthig ist, um die Vorsätze,
welche ich bereits gefasst habe,
auszuführen,
 so will ich dagegen versprechen,
keinen neuen zu beginnen
und sehr fleißig an denjenigen arbeiten,
welche ich bereits habe,
 und nichts destoweniger werde ich durch diesen Vertrag
einen großen Aufschub gewonnen haben.
Aber der Tod kümmert sich nicht um Entwürfe,
 noch um den Fortschritt der Wissenschaften.

G. W. Leibniz
an Thomas Burnett,
1696[960]

---

[960] Durch eine Falschmeldung wurde 1696, zwanzig Jahre vor Leibniz' Tod, in London die Nachricht von seinem Ableben verbreitet. Der 50-jährige Leibniz reagierte mit diesem Brief. Zitiert nach Guhrauer II S. 326.

ANHANG

VORSTUFEN UND FRÜHE ENTWÜRFE FÜR GRÜNDUNGEN WISSENSCHAFTLICHER GESELL-SCHAFTEN, 1668–1678

Zu meiner größten Überraschung stelle ich fest, daß gelehrte Personen, die vorwiegend analysieren, doch nichts Neues entdecken .... Ich glaube, das kommt daher, weil sie zu sehr der üblichen Route folgen ... man muß den großen Weg verlassen, um etwas zu finden, fast wie ein Reisender, der nach Griechenland fährt, um Inschriften aufzustöbern, die andere noch nicht bemerkt haben. (G. W. Leibniz, Opuscules et fragments inédits, Januar 1676)[961]

„Es gibt kaum etwas Großes, Gefährliches, Schönes in unserer Epoche, das von Leibniz nicht vorgeplant wurde." (Friedrich Heer, 1958)[962]

„Ein Mann, der nach den Sternen greifen möchte und dabei nur mit Mühe die Füße auf dem Boden behält. Ein Mann der genialen Konzeptionen ..." (Carl Haase, 1966)[963]

1. DE SCOPO ET USU NUCLEI LIBRARII SEMESTRALIS

Leibniz an Kaiser Leopold I, 1668[964]

Leibniz verfasste diese Denkschrift zur Zeit seines Aufenthaltes in dem von Kurfürst Johann Philipp Schönborn regierten Erzbistum Mainz[965]. Der 22-jährige Leibniz versuchte Kaiser Leopold I von der Notwendigkeit einer Reform des Bücherwesens im gesamten Reich zu überzeugen. Beeinflusst von seinem Mentor Johann Christian von Boineburg, übte Leibniz Kritik an den einseitigen ökonomischen Interessen des Buchhandels. Leibniz plante, die jährlich stattfindenden Buchmessen in Frankfurt/Main und Leipzig neu zu organisieren, um eine bessere Nutzung und Verbreitung der Bücher, vor allem der wissenschaftlichen Bücher zu erreichen.[966]

Leibniz übte Kritik an der *Überflutung des Büchermarktes,* den einigen hundert jährlich bei der Frankfurter Oster- und Herbstmesse erscheinenden Büchern: *Dadurch aber endlich alle Wissenschaften und Fakultäten dergestaltet überhäufet werden, daß man schon allbereit nicht mehr weiß, was man in solcher Menge brauchen und wo man ein jedes suchen solle.*[967] Es sollte vor allem die große Zahl der neu erscheinenden utopischen Romane und *weiterer unnützer* Bücher verringert werden, weil es... *geschieht, daß offt schlechte Bücher wegen ihrer prächtigen Titel verkaufft werden, guthe aber liegenbleiben* und die *Conffussion* immer ärger wird, *weil das Bücherschreiben ohne ende wächst ...*[968]

---

[961] L. Couturat (Hg.): Opuscules et fragments inédits de Leibniz, Paris 1903, Nachdruck Hildesheim 1966, S. 546. Zitiert nach Müller-Krönert S. 42. Leibniz verfasste die „Opuscules et fragments inédits" – Kleine Schriften und nicht veröffentlichte Fragmente – 1676 während seines Aufenthaltes in Paris.

[962] Heer „Über dieses Buch" S. 2.

[963] C. Haase: Leibniz als Politiker und Diplomat, in: Totok-Haase S. 201.

[964] Denkschrift für Leopold I, Frankfurt 22. Oktober 1668, Ergänzung 18. November 1668. AA I, 1 N.1 und N.2. Klopp Werke Bd. I S. 27ff. Heer S. 73ff.

[965] Leibniz hielt sich von 1668 bis 1672 in Mainz auf.

[966] H. Widmann: Leibniz und sein Plan zu einem „Nucleus Librarius", Börsenblatt für den Deutschen Buchhandel, Frankfurt/Main 17, 1962/3, Sp. 1627-1634. U. Eisenhardt: Die Kaiserliche Aufsicht über Buchdruck, Buchhandel und Presse im Heiligen Römischen Reich Deutscher Nation (1496-1806), Karlsruhe 1970. E. Heymann: Bücherprivilegien und Zensur in ihrer Bedeutung für die Sozietätsgründung durch Leibniz im Jahre 1700, Sitzungsber. der Preußischen Akademie der Wissenschaften zu Berlin 1932, S.XCIII-CX. Böger S. 56ff.

[967] Zitiert nach Heer S. 73. Von 1624 bis 1806 erhielt die Kaiserliche Hofbibliothek in Wien ein Exemplar von jeder Neuerscheinung der auf der Frankfurter Messe angebotenen Bücher.

[968] Zitiert nach Heer S. 13.

Leibniz machte den Vorschlag eines mit kaiserlichen Privilegien versehenen Literaturanzeigers, des „Nucleus Librarius Semestralis"[969], um ein ... *stetswehrendes privilegium ... damitt keinem im Heil. Röm. Reich oder E. Kayserl. Mayt. Erblanden nachgelaßen werde, solchen oder anderen dergleichen Nucleum Librarium nachzudrucken und zu verkaufen.*[970] Der „Nucleus" sollte halbjährlich im Anschluss an jede Frankfurter und rechtzeitig zu jeder Leipziger Buchmesse herausgegeben werden[971]. Die Neuerscheinungen der Buchmessen sollten nicht nur registriert, sondern auch bewertet werden. Die bereits bestehenden „Meßkataloge", die bei den Buchmessen erschienen, waren nach Ansicht von Leibniz zu ungenau abgefasst, die Neuerscheinungen zu oberflächlich rezensiert und überprüft.[972] Der Inhalt sollte vom Autor kurz zusammengefasst und in *ein Register oder Catalogum* gebracht werden, ... *sondern es wird vonnöten sein, daß der Kern, Inhalt, Abteilung und denkwürdigsten Anmerkungen desselben kurz herausgezogen werden ... Denn dadurch wird jedes Buchs Güte und Wert dem Leser ohne Müh und Nachschlagen bekannt, dem Buchführer bleiben gute Bücher nicht liegen und der Käufer wird mit bösen nicht betrogen.*[973]

Leibniz ersuchte den Kaiser um ein unbefristetes Privileg: *Weil nun dieses Werk ehestens, sobald alle Anstalt und Vorbereitung gemacht, von mir mit Gottes Hülfe angegriffen werden soll, ohne große Arbeit und allerhand Kosten aber nicht geschehen kann, als ist und gelanget an E. Kaiserl. Mayt. mein alleruntertänigstes Bitten hiermit, Dieselbe wolle allergnädigst geruhen zuvörderst ein allergnädigstes stets währendes Privilegium mir als erstem Angeber vor mich und die Meinigen oder denen es überlassen würde, in Gnaden zu erteilen, damit keinem nachgelassen werde, solchen oder anderen dergleichen Nucleum Librarium im Heil. R. Reich oder Ewr. Kaiserl. Mayt. Erblanden nachzudrucken und zu verkaufen alles bei Vermeidung gewöhnlicher und darauf gesetzter ernstlicher Strafen, ...*[974]

Trotz des positiven Bescheids, den Leibniz im Dezember 1668 von Gudenus erhielt, hatte Leibniz berechtigte Zweifel an der Realisation seines Projektes. *Mochte wohl wißen ob meine erste supplication nebenst den beygelegten speciminibus noch vorhanden und Kayserl. Mayt. gezeüget worden*[975]. Da Leibniz nicht über ein ausreichendes Vermögen verfügte, um als Privatgelehrter zu leben, hoffte er als Herausgeber des „Nucleus Semestralis" auf eine honorierte Anstellung. Doch Leibniz konnte mit seinen Vorschlägen und Plänen den Kaiser und seine Berater nicht überzeugen. Er wartete vergeblich auf eine Zustimmung vom Kaiserhof in Wien.[976]

---

[969] Ein Vorbild für den „Nucleus Librarius" war das „Journal des Sçavans", das seit 1665 als erstes Periodicum dieser Art in enger Zusammenarbeit mit der Pariser Akademie der Wissenschaften erschien. Böger S. 60. Leibniz wies darauf hin, dass das „Journal des Sçavans" zensiere und über ein Privileg für die editierten lateinischen Übersetzungen verfüge. Ebenfalls 1665 erschienen erstmals die „Philosophical Transactions", die Zeitschrift der Royal Society, die sich allerdings weitgehend mit naturwissenschaftlichen Themen befasste. Als Leibniz 1700 bei der Gründung der Berliner Akademie eine Bücherzeitschrift ähnlich dem Kaiser Leopold I empfohlenen „Nucleus Semestralis Librorum" anregte, wurde sein Wunsch nicht realisiert. AA I, 1 N.24. Böger S. 67f. Harnack II S. 4ff. Klopp Werke Bd. I S. 11ff. Harnack und Klopp ordnen die Denkschrift dem Jahre 1668 zu.

[970] Zitiert nach AA I, 1 N.1 S. 4. In einer Beilage zum „De Scopo et Usu Nuclei Librarii Semestralis", die vermutlich für die Berater des Kaisers bestimmt war, begründete Leibniz sein Ansuchen nochmals ausführlich und gab Hinweise für die praktische Umsetzung. AA I, N.2 Faksimile, Österreichisches Haus-, Hof- und Staatsarchiv (ÖStA), Wien, Impressoria, Fasz. 41 Bl. 102, 103. Faksimile abgedruckt in H. Pohlmann: Neue Materialien zum Deutschen Urheberschutz im 16. Jahrhundert, in: Archiv für Geschichte des Buchwesens, hsg. von der Historischen Kommission des Börsenvereins des deutschen Buchhandels, Frankfurt/Main, Bd. 4 Lfg 1, 1961 Sp. 1627-1629.

[971] H. Widmann: Leibniz und sein Plan zu einem „Nucleus Librarius", Börsenblatt für den Deutschen Buchhandel, Frankfurt/M. 17, 1962/3, Sp. 1627-1634. Böger S. 56ff.

[972] Ab 1564 wurden die „Frankfurter Meßkataloge", ab 1594 die „Leipziger Meßkataloge" regelmäßig herausgegeben.

[973] Zitiert nach Heer S. 73.

[974] Zitiert nach Heer S. 74.

[975] Leibniz an Chr. Gudenus, 26. Dezember 1669. AA I, N.21 S. 47. Zitiert nach Böger Teil 2 Anmerkungen S. 29 Nr. 45.

[976] AA I, 1 N.12 und N.13. Faksimile, Österreichisches Haus-, Hof- und Staatsarchiv (ÖStA), Wien, Impressoria, Fasz. 41 Bl. 104, 105. Die Reinschrift des zweiten Entwurfes ist wörtlich fast ident mit der in Hannover aufbewahrten und in AA I, 1 N.12 edierten Reinschrift des zweiten Entwurfs. Böger Anm. S. 27 Anm.14. Faksimile abgedruckt in H. Pohlmann: Neue Materialien zum Deutschen Urheberschutz im 16. Jahrhundert in: Archiv für Geschichte des Buchwesens, hsg. von der Historischen Kommission des Börsenvereins des deutschen Buchhandels, Frankfurt/Main Bd. 4, Lfg. 1, 1961 Sp. 127-129. Wie in der Denkschrift vom 22. Oktober 1669 fügt Leibniz eine Beilage in lateinischer Sprache bei „De Scopo et Usu Nuclei Librarii Semestralis". Böger Anm. S. 27 Anm. 15. Vgl. Leibniz an J. Ch. Gudenus, 18. November 1669. AA I, 1 N.17. Klopp Werke Bd. I S. 81ff.

Knapp einen Monat nach der ersten Eingabe wandte sich Leibniz in einer ergänzenden Denkschrift am 18. November 1669 an Kaiser Leopold I[977] und ersuchte um ein Privileg für den „Nucleus Librarius Semestralis". Doch wieder blieb Leibniz erfolglos.[978]

2. NOTANDA DAS BÜCHER-COMMISSARIAT BETREFFEND, 1668[979]

für den Kurfürsten von Mainz Johann Philipp von Schönborn

Leibniz ersuchte Kurfürst Schönborn, eine Neuorganisation des Bücherwesens anzuregen und bei Kaiser Leopold I dafür zu intervenieren. Leibniz betonte die Notwendigkeit einer Reform des Bücherwesens und die Einsetzung einer kaiserlichen Aufsichtsbehörde, des „Bücher-Commissariats". Leibniz war ein Verfechter der strikten Überwachung des Buchhandels. Doch die Kontrolle sollte nicht mehr - wie in der Eingabe an Leopold I aus dem Jahre 1668 - durch eine periodisch erscheinende Literaturzeitung, sondern durch eine Behörde erfolgen. ... *das Commissariat begreiffe in sich die ganze inspectionem rei literariae, soviel dieselbe in publico durch den Druck erscheinet.*[980] Die Aufgabe des „Commissariats" war vor allem die Kontrolle und Beschränkung der Neuerscheinungen. ... *Ists also nicht eben damit allein gethan, daß man die Bücher, aber zu spät, wenn sie bereits in der Welt herumblauffen, confiscirt, sondern man muß bey Zeiten auf die Bücher Kundschafft legen, damit der Commissarius nicht der letzte sey, der erfährt, was Jederman weis.*[981] Leibniz konzentrierte sich auf ein alle Wissenschaftsgebiete integrierendes Informationsmedium in Verbindung mit einem daran angeschlossenen „Bureau d´Adresse générale des gens de Lettres".[982] Kurfürst Johann Philipp Schönborn sollte als ranghöchster deutscher Fürst die Leitung des Buchwesens im gesamten Reich innehaben. Leibniz hoffte auf die Unterstützung des Kaisers und drängte auf die Einsetzung des Bücher-Commissariats.

Leibniz warnte eindringlich vor dem Erscheinen minderwertiger Bücher und deren schädlicher Auswirkung: *Man weis, was bisweilen ein baar Bücher für Schaden gethan.*[983] *So werden auch noch nachträglich von Staat- und Religionssachen allerhand theils schädliche, theils gefährliche Dinge spargirt, darinnen bisweilen Kayserl. Majt. und das Reich, bisweilen fremde Potentaten angegriffen und schimpflich tractirt werden.*[984] Leibniz übte massive Kritik an dem seit 1667 amtierenden Bücherkommissar Georg Friedrich Sperling[985] und an dessen rücksichtsloser und eigenmächtiger Amtsführung und Benachteiligung des protestantischen Schrifttums. Leibniz machte Sperling für den Niedergang der Frankfurter Buchmesse verantwortlich.

Leibniz regte die Errichtung einer „Bibliotheca universalis" an, in der alle wissenschaftlichen Disziplinen vertreten sein sollten, mit besonderer Berücksichtigung der Mathematik und Medizin. Leibniz war die Schaffung einer „Encyclopaedia universalis" wichtig, als Schlüssel *aller andern erkändtnüß und wahrheiten ...*[986] *In welche die Menschlichen Gedancken oder Notiones zu resolviren und zu ordnen, alle Hauptwahrheiten, so aus der Vernunft fließen, demonstrative oder grundrichtig und nach Mathematischer ordnung erweisen.*[987] Wegen

---

[977] Das ist aus der Korrespondenz von Leibniz mit Johann Christian von Boineburg, dem Hofbibliothekar in Wien Peter Lambeck, dem Kurmainzischen Residenten in Wien Johann Christoph Gudenus und dem Reichsvizekanzler Leopold Wilhelm von Königsegg ersichtlich. Es scheint, dass für die geringe Resonanz neben sachlichen Einwänden auch persönliche Interessen und Intrigen maßgeblich waren: Der Bibliothekar Peter Lambeck könnte in Leibniz einen unerwünschten Rivalen gesehen haben und dem Kaiser sogar gewisse Dokumente vorenthalten haben. Gudenus erwies sich als verlässlicher und aufrichtiger Vermittler. AA I, N.1 S. 7ff. J. Ch. Gudenus an Leibniz, 9. Dezember 1668. AA I, 1 N.7 S. 16. Leibniz an J. Ch. Gudenus, 26. Dezember 1669. AA I, 1 N.21 S. 47.

[978] J. Ch. Gudenus an Leibniz, 9. Januar 1670. AA I, 1 N.22. Die endgültige Absage aus Wien erhielt Leibniz durch diesen vorsichtig formulierten Brief von J. Ch. Gudenus.

[979] AA I, 1 N.24. Harnack II S. 4ff. Klopp Werke Bd. I S. 11ff. Harnack und Klopp ordnen die Denkschrift dem Jahre 1668 zu. Böger S. 67f.

[980] Zitiert nach Harnack II S. 4 § 5.

[981] Zitiert nach Harnack II S. 5 § 12

[982] AA IV, 3, S. 784. Böger S. 65. Dieser Begriff geht zurück auf das „Bureau d´adresse et rencontre", das 1630 von dem französischen Journalisten Th. Renaudot als zentrale Stelle für Arbeitsvermittlung begründet wurde.

[983] Zitiert nach Harnack II S. 4 § 9.

[984] Zitiert nach Harnack II S. 5 § 9.

[985] Harnack II S. 6 § 23. Böger S. 67f. 1685 wurde G. F. Sperling entlassen.

[986] AA IV, 3 N.116 S. 784. Zitiert nach Böger S. 65.

[987] AA IV, 3 N.116 S. 784. Zitiert nach Böger S. 122.

der notwendigen Kürze und Übersichtlichkeit sollten in der „Universalencyclopaedie" nur *Hauptwahrheiten als Ursprung aller andern*[988] enthalten sein. Wissenschaftliche Erkenntnisse sollten auf ihren Wahrheitsgehalt und ihren Nutzen geprüft werden.

3. SOCIETAS PHILADELPHICA, 1669[989]

Die Denkschriften „Societas Philadelphica" und die knapp später verfasste „Societas Confessionum Conciliatrix"[990] sind von Leibniz´s Bestrebungen, eine Wiedervereinigung der christlichen Bekenntnisse zu erreichen, geprägt.

Die „Societas Philadelphica" zeigt den Einfluss der persönlichen rosenkreuzerischen Kontakte des jungen Leibniz.[991] Leibniz regte die Gründung einer nach dem Vorbild eines religiösen Ordens aufgebauten Gelehrtengesellschaft an.[992] Die Mitglieder der „Philadelphica" sollten als Ärzte, Juristen, Professoren und vor allem als Lehrer unentgeltlich tätig sein.[993] Sie sollten an strenge Vorschriften gebunden sein, die den Gelübden eines Ordens entsprechen. Finanziell abgesichert sollten sie sich ausschließlich der wissenschaftlichen Arbeit widmen. Leibniz war der Überzeugung, dass Wissenschaft am wirkungsvollsten in der Gruppe Gleichgesinnter, in einer abgeschlossenen klösterlichen Gemeinschaft betrieben werden konnte.[994]

Der politische und gesellschaftliche Einfluss der Mitglieder war Leibniz sehr wichtig ... *daß sie am Steuer des Staates sitze, denn sie ist aus diesem Grunde eingerichtet worden, ... auch die militärischen Führer können der Societät verpflichtet werden, Schiffe und Siedler nach Amerika ausgesandt werden, der ganze Erdkreis nicht mit Gewalt, sondern mit Güte unterworfen werden ...*[995] *... schließlich wird dann das Menschengeschlecht allenthalben veredelt werden, denn bis dahin war mehr als die Hälfte unterentwickelt ... Oh glänzender und glückverheißender Tag für das Menschengeschlecht, an dem alles begonnen wird.*[996]

Je tiefer der Mensch in die Wissenschaften eindringt, je genauer er die Natur erfasst, umso vollkommener und gottähnlicher wird er. *Je größer die Macht der Menschen über die ihn umgebende Natur ist, je klarer seine Erkenntnisse sind, umso vollkommener ist der Mensch. Die Vervollkommnung der Menschen ist proportional zum Stand der von ihnen betriebenen Wissenschaften. Die Vollkommenheit des Menschengeschlechtes besteht darin, dass es soweit dies nur möglich ist, das geistesbegabteste und mächtigste ist.*[997]

Die Zielsetzung der Gesellschaft war weltlich politisch: Manufakturen und Kommerzien sollten von der Societät verwaltet werden. Die Mitglieder, vom Staat mit einer Reihe von Privilegien ausgestattet, sollten die einflussreichsten Positionen im Staat besetzen, wie Richter, Lehrer, Verwaltungsbeamte und Ärzte und auch für Handel und Produktion weitgehend verantwortlich sein.[998]

---

[988] Zitiert nach Böger S. 122.

[989] AA IV, I N.45 S. 552ff. W. Schneiders: Gottes Reich und gelehrte Gesellschaft. Zwei politische Modelle bei G. W. Leibniz, in: F. Hartmann u. R. Vierhaus (Hg.), Der Akademiegedanke im 17. und 18. Jahrhundert, Bremen 1984 S. 47ff (Wolfenbütteler Forschungen Nr. 3). G. W. Leibniz: Politische Schriften, Bd. 1 u. 2, herausgegeben und übersetzt von H. H. Holz, Frankfurt/Main und Wien 1966f, Bd. 2, S. 26. Vgl. ebenda, Die Philadelphische Gemeinschaft, Bd. 2 S. 21ff. Vgl. ebenda, Die Societät als Vermittlerin unter den Konfessionen, S. 28ff. Böger S. 75ff.

[990] AA IV,1 N.46. Böger S. 83.

[991] Die rosenkreuzerischen Kontakte wurden durch Johann Christian Boineburg in den Jahren 1666/67 in Altdorf-Nürnberg vermittelt. Einige Jahre später wandte sich Leibniz von den Rosenkreuzern ab.

[992] Leibniz setzte sich mit der platonischen Utopie einer Philosophenherrschaft auseinander. H. H. Holz: Die Gelehrtengesellschaft sollte „die reale Macht im Staate zum Wohle der Allgemeinheit verwalten und stillschweigend die landesübliche Willkür ablösen". Holz S. 191.

[993] Leibniz erwähnte mehrfach lobend die „Societas Jesu", vor allem den von den Jesuiten kostenlos durchgeführten Unterricht.

[994] M. Lamey: Leibniz und das Studium der Wissenschaften in einem Kloster, Münster 1879. Leibniz regte mehrfach an, die Angehörigen der Klöster zu verpflichten, einen Teil ihrer Zeit und Arbeit den Wissenschaften, vor allem den Naturwissenschaften zu widmen.

[995] Zitiert nach G. W. Leibniz: Politische Schriften Bd. 1 u. 2, herausgegeben und übersetzt von H. H. Holz, Frankfurt/Main und Wien 1966f, Bd. 2, S. 26.

[996] Zitiert nach G. W. Leibniz: Politische Schriften Bd. 1 u. 2, herausgegeben und übersetzt von H. H. Holz, Frankfurt/Main und Wien 1966f, Bd. 2, S. 26.

[997] Leibniz, „In dem Entwurf einer Einleitung zu einem Buch über die Naturwissenschaft", in: W. von Engelhardt, Gottfried Wilhelm Leibniz. Schöpferische Vernunft. Schriften aus den Jahren 1668-1686, Marburg 1951, S. 305. Zitiert nach Böger S. 269.

[998] Zitiert nach G. W. Leibniz: Politische Schriften Bd. 1 u. 2, herausgegeben und übersetzt von H. H. Holz, Frankfurt/Main und Wien 1966f, Bd. 2, S. 26.

Das Zentrum der „Philadelphica" war in den Niederlanden[999] geplant, einem Land, das gute Voraussetzungen für Wissenschaft, Handel und Wirtschaft bot. Der Kaiser, der französische König und der Papst sollten die Aufsicht über die „Philadelphica" übernehmen.[1000]

Leibniz befasste sich nicht mit dem Problem der Finanzierung der Gesellschaft.

In der knapp später verfassten „Societas Confessionum conciliatrix"[1001] formulierte Leibniz seine Forderung der Gleichberechtigung der Bekenntnisse wesentlich konkreter. Auch diese Denkschrift entspricht Leibniz´ Grundhaltung in den Reunionsverhandlungen[1002]: Protestanten und Katholiken sollten, mit denselben Rechten ausgestattet, Anspruch auf alle Ämter und Funktionen im Staat haben.

4. De vera ratione Reformandi rem literariam Meditationes[1003]

für den Kurfürsten von Mainz Johann Philipp von Schönborn 1670

Bei der Abfassung dieser Denkschrift ging Leibniz von der Voraussetzung aus, dass Kaiser Leopold I dem Kurfürsten von Mainz die Aufsicht und Kontrolle über das Buchwesen übertragen hatte. Kurfürst Schönborn sollte in Frankfurt/Main die „Societas eruditorum Germaniae" zur Förderung der Wissenschaften begründen.[1004] Die Gesellschaft sollte nicht nur theoretische Wissenschaft betreiben, sondern auch wissenschaftliche Erkenntnisse zum Nutzen der Allgemeinheit umsetzen. Wichtige Aufgaben der Gesellschaft waren Aufsicht und Kontrolle über Handel und Gewerbe und die Förderung der medizinischen Forschung. Die Gesellschaft sollte keinen Einfluss auf Theologie und Religion haben.

Leibniz setzte sich auch hier vehement für die Reorganisation des Bücherwesens im ganzen Reich ein. *Mala Rei librariae multa magnaque sunt et Reipublicae admodum damnosa. Consistunt autem in eo, quod optima quaeque non imprimuntur, imprimuntur multa perniciosa, plura supervacua, omnia confusa.*[1005] Leibniz forderte: *Nullus liber imprimatur, in quo non autor indicet in praemisso aliquo loco, quid praestiterit Reipublicae utile ab aliis ignoratum.*[1006]

Die „Societas Eruditorum" sollte eine Verbindung zwischen den deutschen Gelehrten herstellen und mit den Societäten Englands, Frankreichs und Italiens Kontakt aufnehmen. *Zu geschweigen, daß vermittelst solcher gelegenheit die gelehrten und curieusen durch Teütschland, sowohl auf nahegelegenen universitäten als sonsten, nach dem exempel ander nationen zu correspondenzen, communicationen, nahern verständnüß aufgemuntert...*[1007]

Eine dringende Aufgabe war die Errichtung und Betreibung einer umfassenden Bibliothek und die Schaffung eines Universallexikons. Besonders wichtig waren Leibniz die Aufzeichnungen mathematischer und medizinischer Erkenntnisse. Die Gesellschaft sollte die Aufsicht über Handel und Gewerbe haben und unter dem Vorsitz des Kurfürsten Johann Philipp von Schönborn[1008] stehen. Regelmäßige Sitzungen in Frankfurt sollten abgehalten werden. Die Mitgliederzahl war begrenzt, nur hervorragende Gelehrte sollten aufgenommen werden.

---

[999] Holland war in der zweiten Hälfte des 17. Jahrhunderts internationales Zentrum für Wirtschaft und Handel. Leibniz war sicherlich auch durch Spinoza und den Kreis der Emigranten um Spinoza beeinflusst. Seit 1671 korrespondierte Leibniz mit Spinoza, 1676 traf er ihn in Haag.

[1000] Der englische König wurde nicht einbezogen, da er nicht in die Statuten der Royal Society eingriff.

[1001] AA IV, 1 N.46. Böger S. 83.

[1002] Vgl. Teil 2/I/5 und Teil 2/III/1.

[1003] AA I, 1 N.25 S. 54ff. Klopp Werke Bd. I S. 17ff. Harnack II S. 7f. H. H. Holz gibt als Entstehungsjahr 1669 an. Holz S. 188. Kurt Huber bezeichnet diese Denkschrift „als Keimzelle aller späteren Akademiegründungen und Akademieplanungen des reifen Meisters". K. Huber: Leibniz, Der Philosoph der universalen Harmonie, I. Köck (Hg.), München 1951, S. 56. Vgl. Böger S. 70ff.

[1004] AA I, 1 S. 54. Harnack I/1 S. 27. W. Totok: Leibniz als Wissenschaftsorganisator, in: Totok-Haase S. 297. Böger S. 66ff u. S. 70ff.

[1005] *(Die Übel im Bücherwesen sind zahlreich und gross und dem Staate äußerst schädlich. Sie bestehen darin, dass gerade das Beste nicht gedruckt wird, hingegen vieles Schädliche, noch mehr Überflüssiges und durchwegs Planloses.)* Übersetzung von A. Harnack. Zitiert nach Harnack I/1 S. 28.

[1006] *(Kein Buch soll gedruckt werden in dem der Autor nicht im Vorwort (Einleitung) angibt, was es (Buch) dem Staate Nützliches zur Verfügung stellt, was anderen nicht bekannt ist.)* Übersetzung von Harnack II S. 8.

[1007] AA I, 1 N.24 S. 51. Zitiert nach Böger S. 69.

[1008] Schönborn zeigte wenig Interesse an den Plänen von Leibniz.

Die Gehälter der Mitglieder sollten aus öffentlichen Mitteln finanziert werden. Eine Anzahl von Wissenschaftlern meldete die Mitgliedschaft an. Leibniz wollte bedeutende vermögende Personen als Ehrenmitglieder gewinnen. Zur Finanzierung der Societät schlug Leibniz weiters eine „Reichspapiersteuer" vor, wie sie bereits in Holland und in der Pfalz eingehoben wurde.[1009] Leibniz regte an, die Hälfte der Einnahmen jedes Gebietes an den zuständigen Fürsten, die andere Hälfte an die Societät abzugeben.

Der Kaiser gab seine Zustimmung zur Gründung der „Societas eruditorum Germaniae" nicht. *... es lasse sich den ingeniis, bevorab in freien Künsten, nicht der Weg versperren, auf welchem sie ihre Talente zu gemeinem Nutzen zu gebrauchen gedächten.*[1010]

5. GRUNDRISZ EINES BEDENCKENS VON AUFRICHTUNG EINER SOCIETÄT IN TEUTSCHLAND ZU AUFNEHMEN DER KÜNSTE UND WISZENSCHAFFTEN, 1671[1011]

In dieser ausführlichen Denkschrift versuchte der 25-jährige Leibniz die Bedeutung wissenschaftlicher Societäten für das gesamte Kaiserreich darzulegen.[1012] Leibniz befasste sich mit den wissenschaftlichen, sozialen, politischen und wirtschaftlichen Aufgaben und mit der Organisation der Societät. Nach Vorbild der Pariser und Londoner Akademien sollte regelmäßig eine wissenschaftliche Zeitung herausgegeben werden. Vorschläge zur Finanzierung der Societät fehlen.

Dieser Entwurf weist ausgeprägte patriotische Züge auf. Wesentlich deutlicher als in der „Societas Philadelphica" sind Einflüsse der drei bedeutendsten Utopien des Zeitalters, der Staatsprogramme der beiden englischen Lordkanzler Thomas Morus und Francis Bacon sowie vor allem des aus Neapel stammenden Dominikaners Tommaso Campanella zu erkennen.[1013]

Die Wissenschaften als grundlegendes Element und notwendiges Werkzeug wurden von Leibniz betont, doch der volkswirtschaftliche Nutzen wissenschaftlicher Ergebnisse war Leibniz vordringliches Ziel. *Künste und Wissenschaften zu vermehren und zu verbessern, die Ingenia der Teutschen aufzumuntern, nicht allein in Commerciensachen anderer Nationen zum Raub blos zu stehen, und nicht allein in Cultivirung der Scientien dahinter zu bleiben ... gleichsam einen Handel und Commercium mit Wißenschafften anzufangen, welches vor allem andern den Vortheil hat, daß er unerschöpflich ist ...*[1014]

Die Societät sollte für Wissenschaft, Kunst, Handwerk, Industrie, Handel und Wirtschaft zuständig sein und die Verantwortung für die medizinische Betreuung und das Schulwesen haben. Die wissenschaftliche Gesell-

---

[1009] AA I, 1 N.25 S. 54. Mehr als 40 Jahre später machte Leibniz ähnliche Vorschläge zur Finanzierung einer kaiserlichen Akademie der Wissenschaften in Wien.

[1010] Zitiert nach Harnack I/1 S. 28. Friedrich Heer schreibt: „Einer der vielen Vorschläge Leibnizens an den Kaiserlichen Hof in Wien - unerledigt, unbeantwortet". Heer S. 210 Anm. 6.

[1011] AA IV, 1 N.43 S. 530ff. Harnack II S. 8ff. Klopp Werke Bd. I S. 111ff. Krüger S. 3ff. Heer S. 85ff. Gerhard Krüger und Friedrich Heer geben das Jahr 1671 als Entstehungsdatum an. Mit *Bedencken* ist Gutachten, mit *aufnehmen* Aufschwung gemeint. Vom Grundriß sind ein Gesamtkonzept und sechs Teilkonzepte erhalten. Aus einer Randnotiz der Reinschrift ist ersichtlich, daß Leibniz den „Grundriß" 1688 nach Wien mitgenommen hat, um ihn Kaiser Leopold I vorzulegen. AA IV, 2 N.43 S. 733. Es ist möglich, dass Leibniz den Entwurf in Wien noch einmal überarbeitet hat.

[1012] Für Kurt Huber ist der Grundriß der „erste, deutsche nationale Wirtschaftsentwurf nach dem dreißigjährigen Krieg". K. Huber, Leibniz, Der Philosoph der universalen Harmonie, I. Köck (Hg.), München 1951, S. 58. Adolf Harnack bezeichnet den Grundriß als „ebenso bemerkenswerth durch die Art seiner Begründung, wie durch das Utopische seines Umfangs, aber auch durch einige geniale und sichere Blicke in die Bedürfnisse der Gegenwart und Zukunft". Harnack I/1 S. 28f. Ines Böger: „Der Grundriß ist wohl eines der wertvollsten Dokumente moderner Wissenschaftsplanung aus dem 17. Jahrhundert". Böger S. 96.

[1013] *Solche Glückseligkeit menschlichen Geschlechts wäre müglich, wenn eine allgemeine Conspiration und Verständniß nicht inter chimaeras zu rechnen und zur Utopia Mori und civitate Solis Campanellae und Atlantide Baconis zu sezen, und gemeiniglich der allergrösten Herren Consilia von allgemeiner Wohlfart zu weit entfernt weren.* Zitiert nach Harnack II S. 13 § 22. Leibniz war beeinflusst von Thomas Morus´ „Utopia" 1515, von Francis Bacons „Neu-Atlantis" 1624 und von Tommaso Campanellas „Der Sonnenstaat" 1602. Die Vorbilder von Leibniz sind: die Insel Utopia, ein von Thomas Morus erdachter kommunistischer Idealstaat, der Sonnenstaat Campanellas, die Utopie eines Gemeinwesens mit Zügen der spanischen Universalmonarchie, des Katholizismus, des Sozialismus und Anteilen aus der platonischen Staatsphilosophie, sowie Francis Bacons „Neu-Atlantis" (für Leibniz Inbegriff unerreichbarer Gesellschaftsordnung und Vollkommenheit). Die Weisen des Hauses Salomon entsprechen den Mitgliedern der Societät, sie verkörpern Weisheit, Wissen und Moral im höchsten Maße und sind daher geeignet, die Ämter des Staates zu bekleiden. Vgl. u. a. Der Utopische Staat, Morus: Utopia, Campanella: Sonnenstaat, Bacon: Neu-Atlantis, Rowohlts Klassiker der Literatur und Wissenschaft, 1966. W. Schneiders, Societätspläne und Sozialutopie bei Leibniz, in: Studia Leibnitiana, 7, 1975, S. 58ff.

[1014] Zitiert nach Harnack II S. 14 § 24.

schaft sollte Einfluss auf die Gründung und Leitung von Banken, z.B. durch Drosselung der Einfuhr ausländischer Waren haben. Leibniz wollte eine Societät realisieren, in deren Verantwortung die „Organisation aller gemeinschaftlichen Arbeit zum besten des deutschen Volkes liegt"[1015]. Er forderte die Verbesserung von Handwerk und Gewerbe, die Anwendung wissenschaftlicher Erkenntnisse in der Praxis zum Allgemeinwohl, vor allem technischer Erfindungen. *Die Handwerge mit Vortheilen und Instrumenten zu erleichtern, stets werendes unköstliches [billiges] Feuer und Bewegung, als Fundamenta aller mechanischen Würckungen zu haben, ... Mit Mühlwerck, Drechselbäncken, Glasschleifen und Perspectiven, allerhand Machinen und Uhren, Wasserkünßten, Schiffsvortheilen, Mahlerey und andern figurirenden Künsten, Weberey, Glasblasen und Bilden, ... Färberey, Apothekerkunst, Stahl- und andern metallischen Wercken, Chymie, und wohl einigen tüchtigen ohne Anstalt aber unausträglichen Particularien [Privatunternehmungen] ... allen mit Handarbeit sich nehrenden Menschen zu Hülff zu kommen.*[1016]

Eine dringende Aufgabe der Sozietät sollte die soziale Vorsorge sein, ... *Nahrungen im Lande zu schaffen, Leute im Lande zu behalten, Leute hinein zu ziehen, Manufacturen darin zu stifften, Commercien dahin zu ziehen ... die rohe Ware nie unverarbeitet aus dem Lande zu laßen, frembde rohe Ware bey uns zu verarbeiten ...*[1017]

Leibniz wollte möglichst viele Menschen, darunter auch Außenseiter, zur Arbeit heranziehen,[1018] ... *die Müßiggänger, Bettler, Krüpel und spital mäßige Uebelthäter anstatt der Schmiedung auf die Galeren und niemand nuzen Todesstraffe ... in Arbeit zu stellen, anzulegen ... ein Hospital aufzurichten, so sich selbst erhalte, ... Ein Werckhaus zu haben, darin ein jeder armer Mensch, Tagelöhner und armer Handwercks-Gesell, so lange er will arbeiten ...*[1019] Leibniz setzte sich vehement für die Sozialschwachen ein, er plante: ... *ein unumbschränktes Waisenhaus, darin alle arme Waisen und Findelkinder ernehret, hingegen zur Arbeit und entweder Studien oder Mechanick und Commercien erzogen würden, aufzurichten, ...*[1020]

Die Verbesserung der Heilkunde und der medizinischen Versorgung waren Leibniz ein dringendes Anliegen.[1021] Er forderte die Ärzte auf, alle Beobachtungen und Erfahrungen aufzuzeichnen, ... *nicht allein von Raritäten der Kranckheiten, da uns doch die currenten Beschwehrungen mehr tribuliren, sondern auch gemeine, aber nur zu wenig untersuchte Sachen zu annotieren ...*[1022]

Leibniz betonte die pädagogischen Pflichten der Societät und die Notwendigkeit einer Schulreform. ... *die Schuhlen zu verbessern, darein Compendia ... Richtigkeit und Ordnung zu schaffen ...*[1023]

Die Herstellung notwendiger Bücher, vor allem für die Bildung der Allgemeinheit, sollte gefördert werden,... *mit Vortheil eigne Druckereyen und Papyrmühlen aufzurichten: Catalogos fast aller Bücher zusammenzubringen ... eine eigene Bibliothec, so nichts als Kern und Realität sey, aufzurichten ... Anstalt zu machen, dass der Kern aus den Büchern gezogen ...*[1024] Die enzyklopädische Erfassung des Gesamtwissens in einem Universallexikon war auch in dieser Denkschrift als wichtige Aufgabe der Societät geplant.

Immer wieder wies Leibniz auf die Notwendigkeit der Registrierung und Sammlung von Beobachtungen hin, wie über die Natur des Bodens, über die Witterung, die Erscheinungen im Pflanzen-, Tier- und Mineralreich und die Vorgänge des Himmels. Jedes naturwissenschaftliche Experiment, das dem Menschen hilft, sein Leben zu verbessern, erschien Leibniz wertvoll und diente damit der Ehre Gottes. *Denn Gott zu keinem andern*

[1015] Mahnke in Krüger S. XVII.

[1016] Zitiert nach Harnack II S. 16 § 24.

[1017] Zitiert nach Harnack S. 16 § 24.

[1018] Das erste Arbeitshaus wurde 1555 in London errichtet, 1595 wurde in Amsterdam ein Arbeitshaus für Männer (Tuchthuis) und zwei Jahre später für Frauen (Spinhuis) eröffnet. Eröffnung von Arbeitshäusern in Deutschland: 1609 in Bremen, 1613 in Lübeck und 1620 in Hamburg. Vgl. Ch. Sachße: F. Tennstedt, Geschichte der Armenfürsorge in Deutschland, Stuttgart 1980, S. 113ff. Böger Teil 2 Anmerkungen S. 90 Nr. 109.

[1019] Zitiert nach Harnack II S. 16 § 24.

[1020] Zitiert nach Harnack II S. 15 § 24.

[1021] Diese Forderung ist auch in späteren Denkschriften enthalten, so in einer Denkschrift für Herzog Ernst August „Vorschlag zu einer Medizinalbehörde", einzuordnen 1680. Klopp Werke Bd. 5 S. 303ff.

[1022] Zitiert nach Harnack II S. 15 § 24.

[1023] Zitiert nach Harnack II S. 15 § 24. In den Gründungsplänen für eine Societät in Wien aus den Jahren 1712-1714 sind diese Forderungen noch wesentlich ausgeprägter.

[1024] Zitiert nach Harnack II S. 14 § 24.

End die vernünfftigen Creaturen geschaffen, als daß sie zu einem Spiegel dieneten, darinnen seine unendtliche Harmoni auff unendliche Weise in etwas vervielfältiget würde.[1025]

Durch die Gründung wissenschaftlicher Gesellschaften sollte die Verantwortung für die Förderung der Wissenschaften zu ökonomischem Nutzen den Herrschenden entzogen und einer wissenschaftlichen Gesellschaft übertragen werden, deren Zweck das „commune bonum" ist.[1026]

Der 23-jährige Leibniz schien die Realisierung dieser umfassenden Pläne für möglich zu halten. *Unter solchen Mitteln (mit kleinen Kosten großen Nuzen zu schaffen) wird die Aufrichtung einer wiewol anfangs kleinen doch wohl gegründeten Societät oder Academi eines der leicht- und importantesten seyn.*[1027]

6. Bedencken von Aufrichtung einer Academie oder Societät in Teutschland, zu Aufnehmen der Künste und Wiszenschafften, 1671[1028]

Leibniz wandte sich in dieser Denkschrift an das gesamte deutsche Volk. Er prüfte und analysierte die Voraussetzungen für die Gründung einer Societät in Deutschland. Er bedauerte die Folgen des dreißigjährigen Krieges und führte eine Analyse der gegenwärtigen deutschen Verhältnisse und des deutschen Kulturlebens durch. Leibniz bewunderte die Erfindungen und Erkenntnisse seiner Landsleute. Er bezeichnete Deutschland als das *Land der realen Wissenschaften,* er lobte die Erfindung des Buchdruckes, des Kupferstechens, er wies auf Dürer hin, der die leblosen Proportionen vollkommen gezeichnet hatte. Er würdigte die Erfindung des *Büchsenpulvers,* der Uhr und die Leistungen in Chemie, Mechanik und Wasserkünsten, die Verbesserung von „Commercien", Schifffahrt und Bergwerken und betonte den Fortschritt der Astronomie durch Regiomontanus und Kopernikus, weiters die Leistungen der Mediziner und Apotheker. *Es ist Puppen-Werck dagegen, was andere Nationen gethan, und wers ins Große gegen einander hält, wird bekennen müßen, daß was von den Teutschen in diesem Genere kommen, lauter Realität, lauter Nachdruck und Fulmina gewesen.*[1029]

Andrerseits kritisierte Leibniz, wie wenig diese wissenschaftlichen, politischen und wirtschaftlichen Leistungen von seinen Landsleuten genützt werden. *Es ist uns Teutschen gar nicht rühmlich, daß, da wir in Erfindung großentheils mechanischer, natürlicher und anderer Künste und Wißenschafften die Ersten gewesen, nun in deren Vermehr- und Beßerung die Letzten seyn. Gleich, als wenn unser Alt-Väter Ruhm genug were, den unsrigen zu behaupten.*[1030] *... Aber leyder es gehet mit uns in Manufacturen, Commercien, Mitteln, Miliz, Justiz, Regierungsform mehr und mehr bergab, da dan kein Wunder, daß auch Wißenschafften und Künste zu Boden gehen, daß die besten Ingenia entweder ruiniret werden, oder sich zu andern Potentaten begeben, die wohl wißen, was an diesem Gewinst gelegen, daß man von allen Orthen die besten Subjecta an sich ziehe und mit Menschen handle, deren einer mehr werth ist als 1000 Schwarze aus Angola.*[1031]

Die Societät sollte die Aufsicht und Kontrolle über das Schul- und Erziehungssystem haben. Die Möglichkeit, Bildung und Wissen zu erwerben, sollte allen offen stehen. Leibniz plante kreative Außenseiter der Gesellschaft zu fördern: *Die Laboranten, Charlatans, Marcktschreyer, Alchymisten und andere Ardeliones, Vaganten und Grillenfänger sind gemeiniglich Leute von großem Ingenio, bisweilen auch Experienz ... Gewißlich es weis bisweilen ein solcher Mensch mehr aus der Erfahrung und Natur gewonnene Realitäten, als mancher in der Welt hoch angesehener Gelehrter, der seine aus den Büchern zusammen gelesene Wißenschafft mit Eloquenz, Adresse und anderen politischen Streichen zu schmücken und zu Marckt zu bringen weis.*[1032]

Wie im „Grundriß" forderte Leibniz die Verbesserung der Heilkunde und der Organisation der medizinischen Betreuung. Kranke sollten nicht nach *überlieferten Regeln* behandelt werden, der Mediziner sollte experimentieren und sein Wissen nicht ausschließlich aus Büchern beziehen.

[1025] Zitiert nach Harnack II S. 10 § 9.

[1026] Vgl. Holz S. 192 und S. 176.

[1027] Zitiert nach Harnack II S. 13 § 24.

[1028] AA IV, 1 N.44 S. 543ff. Harnack II S. 19ff. Klopp Werke Bd. 1 S. 133ff. Onno Klopp und Adolf Harnack geben 1669/1670 als Entstehungsdatum an. Denkschrift Nr. 6 ist eine Weiterführung von Nr. 5.

[1029] Zitiert nach Harnack II S. 20 § 6.

[1030] Zitiert nach Harnack II S. 19.

[1031] Zitiert nach Harnack II S. 21 Nr. 12.

[1032] Zitiert nach Harnack II S. 24 Nr. 19. Leibniz dachte und plante hier seiner Zeit weit voraus: Leibniz setzte sich für soziale Unterstützung ein und plante auch eine Art „Erwachsenenbildung".

Eine regelmäßig erscheinende wissenschaftliche Zeitung war von Leibniz geplant.

Leibniz erwähnte die wissenschaftlichen Fortschritte der Societäten in Frankreich und England und wies auf geplante Gesellschaften in Dänemark, Schweden und in der Toskana hin. *Will derowegen den Italienern und Franzosen, ... gern die Restaurationem cultiorum literarum gönnen, wenn sie nur gestehn, das realste und unentbehrlichste Wißenschaften, wenige ausgenommen zuerst von den Teutschen kommen.*[1033]

7. Sozietät und Wirtschaft, einzuordnen 1671 (?)[1034]

Beeinflusst von Platos „Politeia" entwarf Leibniz eine umfassende Wirtschaftsplanung. Nicht nur Wissenschaft und Bildung, sondern auch Handel und Industrie sollten in die Zuständigkeit der Gelehrtengesellschaft fallen. Die Sozietät sollte die Kontrolle über die Wirtschaft des Landes ausüben.[1035] Leibniz setzte sich für abgesicherte Beschäftigung der Handwerker ein. *Und warumb sollen doch soviel Menschen zu so wenig anderer Nutzen arm und elend sein? Ist also der ganze Zweck der Sozietät, den Handwerksmann von seinem Elend zu erlösen. Der Bauer bedarf's nicht, denn dem ist sein Brot gewiß, der Kaufmann hat's übrig. Die übrigen Menschen sind entweder nichts nutz oder Diener der Obrigkeit.*[1036] Leibniz betonte die wesentliche Funktion des Handwerks als Grundlage des Handels. *Denn der Handel überträgt nur, das Handwerk schafft.*[1037]

Leibniz plädierte für autarke Wirtschaft, für die Verwendung inländischer Waren zur Stützung der Wirtschaft und für die Schaffung einer zentralen Vorratswirtschaft ... *damit es nicht von andern holen müsse, was es selbst haben kann; jedem Land soll gewiesen werden, wie es sein eigne Inheimische recht brauchen solle. Dem Land, so Wolle genugsam hat, sollen die Manufakturen eingepflanzet werden vermittelst derer Tuch bereitet wird; ... jedes [Land] soll in denen Sachen florierend gemacht werden, darin ihm Gott und die Natur Avantage geben.*[1038]

Leibniz plante eine neue Form des gesellschaftlichen Zusammenlebens, eine „idealkommunistische" Gesellschaft mit gleicher Zuteilung von Bedarfsgütern, gemeinsamem Wohnen und Kindererziehung. Beeinflusst von Morus und Campanella[1039] stellte Leibniz das allgemeine Beste dem Wohle des Einzelindividuums gegenüber.[1040] Soziale und volkswirtschaftliche Maßnahmen mit weittragenden Folgen sollten der Zuständigkeit der Akademie zugewiesen werden. Eine „Großgewerkschaft", eine Union aller handarbeitenden Berufe sollte gegründet werden. Leibniz machte Vorschläge für gemeinsames Arbeiten, gemeinsames Leben und Wohnen in einer *Kompagnie* und für Arbeitszeit und Freizeitgestaltung der Arbeitenden. *Die Gesellen werden mit Lust einer mit den andern umb die Wett in den öffentlichen Werkhäusern arbeiten, die Meister werden dasjenige arbeiten, so mehr Verstand erfordert. ... Die meiste Arbeit wird vormittags sein. Man wird dahin trachten, wie ihnen andere Lust als das Saufen gemacht werde, nemlich Schwätzen von ihrer Kunst ...*[1041]

Einige der Societätspläne des jungen Leibniz zielen auf eine Umgestaltung der Gesellschaft hin. *Durch Stiftung einer solchen Sozietät wird ein tief eingerissener Mangel vieler Republiken aufgehoben, welcher darin bestehet, daß man einen jeden sich ernähren lasset, wie er kann und will, er werde reich mit hundert anderer Verderben oder falle und stoße hundert anderer mit umb, die ihm getraut, die sich von ihm ernähret.*[1042] Eine umfassende Wirtschaftsplanung und eine Beschränkung des privaten Profits waren von Leibniz beabsichtigt.[1043] Leibniz war sich bewusst, dass eine so drastische Umgestaltung nur schrittweise durchgeführt werden

---

[1033] Zitiert nach Harnack II S. 20 § 10.

[1034] AA, IV 1 N.47 S. 559ff. Heer S. 93ff. Diese eigenhändige Aufzeichnung von Leibniz hat ursprünglich keinen Titel. Leibniz Handschriften XXXIV 44 Bl. 228, 229. Vgl. Böger S. 244f.

[1035] Holz Monographie S. 191f.

[1036] Zitiert nach Heer S. 94. Vgl. H. H. Holz: Herr und Knecht bei Leibniz und Hegel. Zur Interpretation der Klassengemeinschaft, Neuwied und Berlin 1668.

[1037] Zitiert nach Heer S. 94.

[1038] Zitiert nach Heer S. 94.

[1039] Vgl. Anhang Nr. 5.

[1040] C. Haase: Leibniz als Politiker und Diplomat, in: Totok-Haase S. 222.

[1041] Zitiert nach Heer S. 95.

[1042] Zitiert nach Heer S. 94.

[1043] Hans Heinz Holz: „Die Ausbeutung der Produzenten durch die Distribuierenden soll aufgehoben werden, ein allgemeiner Ausgleich der Arbeitsleistung wird angestrebt, die Arbeit soll durch bessere gesellschaftliche Organisation so vom Zwang der Notdurft gelöst werden, daß sie dem Arbeitenden nicht mehr wie eine äußerliche und fremde Notwendigkeit, sondern wie eine Lust der

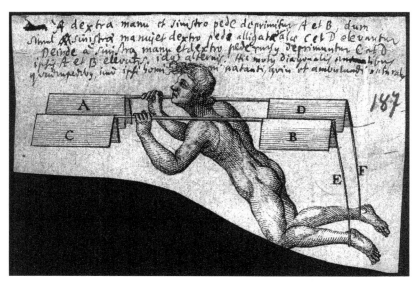

Abb. 34: Flugversuch des Schlossers Besniers, Holzschnitt anonym

konnte. Die Sozietäten sollten diese Veränderungen allmählich und für Regierende und Regierte unmerklich durchführen.[1044] Leibniz dachte an Zwischenstufen, „… in denen allmählich und fast unmerklich alle Staats- und Wirtschaftsmacht konzentriert werden sollte, so daß weder die Regierenden noch die Regierten den Übergang würden deutlich spüren können."[1045]

Die wissenschaftliche Funktion der Mitglieder scheint in diesem Entwurf reduziert zu sein. *Es ist ein großer Mangel in den Republiken und Ländern, daß an vielen Orten mehr Gelehrte, will geschweigen Müßige, als Handwerksleute sein. Allein diese Sozietät hat niemand müßig, braucht ihre Gelahrte zu stetswährenden Konferenzen und lustigen Erfindungen.*[1046]

8. DRÔLE DE PENSÉE, ACADÉMIE DES JEUX, 1675[1047]

Leibniz regte an, eine „Académie des jeux", eine „Akademie der Spiele" zur Erziehung, Belehrung, Bildung, Belustigung und Förderung der Kreativität zu gründen. Leibniz wurde durch Versuche von Zeitgenossen angeregt, die versuchten, mittels Apparaturen auf dem Wasser zu gehen oder sich in der Luft zu bewegen wie z.B. durch den Flugversuch des Schlossers Besniers über die Seine.[1048]

Leibniz wandte sich vor allem an junge Menschen; er wollte gleichzeitig Bildung und Vergnügen vermitteln.[1049] *Das Spiel wäre der schönste Vorwand der Welt, eine so nützliche wie öffentliche Sache wie diese zu beginnen. Denn man muß die Menschen auf den Leim gehen lassen, muß von ihrer Schwäche profitieren und*

Selbstentfaltung und Betätigung erscheint." Holz Monographie S. 191f. Carl Haase misst diesem Entwurf nur wenig Bedeutung bei. C. Haase: Leibniz als Politiker und Diplomat, in: Totok-Haase S. 195f.

[1044] Holz Monographie S. 192.

[1045] Holz Monographie S. 192.

[1046] Zitiert nach Heer S. 94f.

[1047] Leibniz, „Drôle de Pensée touchant une nouvelle sorte de Representations" (Gedankenscherz, eine neue Art von Repräsentationen betreffend) AA IV, 1 N. 59 S. 562ff. Deutsche Übersetzung: Bredekamp S. 237ff. Vgl. E. Gerland (Hg.): Leibnizens nachgelassene Schriften physikalischen, mechanischen und technischen Inhalts. Leipzig 1906, S. 246ff. H. Bredekamp: Antikensehnsucht und Maschinenglauben, Berlin 2000. Y. Belaval : Une „Drôle de Pensée" de Leibniz, Nouvelle Revue-Française, Bd. 12, 2, 1958, S. 754ff. Jacques Besson : Theatrvm Instrvmentorvm et Machinarvm, Lyon 1578. P. Wiedeburg: Der junge Leibniz, das Reich und Europa, 6 Bd., Paris, Wiesbaden 1970, Bd. S. 292ff. Zehn Jahre nach dem Entwurf des „Drôle de pensée" plante der regierende Fürst von Hessen-Kassel Landgraf Karl ein „Collège des curieux" unter dem Direktorat des hugenottischen Physikers, Arztes und Erfinders Denis Papin. Leibniz wurde zur Mitarbeit gebeten. Das Projekt erreichte nur das Anfangsstadium. AA VI, 3 N. 56. Böger S. 116ff.

[1048] P. Wiener: Leibniz´s Project of a Public Exhibition of Scientific Invention, in: Journal of the History of Ideas, Bd. 1, 1940, S. 232ff.

[1049] *En effet la plus part des jeux pourroient donner occasion à des pensées solides. (Tatsächlich ist der größte Teil der Spiele imstande ernsthafe Gedanken zu bewirken.)* Leibniz an Gilles Filleau des Billettes, 14. Dezember 1696. AA I, 13 N. 248 S. 373. Böger S. 282.

sie täuschen, um sie zu heilen. Es gibt nichts besseres, als sich ihrer Manien zu bedienen, um sie zur Weisheit zu führen. Das bedeutet wahrhaftig dem Süßen das Nützliche beizumischen und aus einem Gift eine Arznei zu machen.[1050]

Zu den Aufgaben der Gesellschaft gehörte die Organisation von Vorträgen, Theateraufführungen, Spielen, Tagungen, Lotterien sowie die Demonstration und Erklärung von Maschinen und *technischen Curiositäten*.[1051] Präsentationen von Planetarien, Feuerwerken, Wasserspielen, nachgestellten Kriegsszenen, Maschinen, die punktgenau schießen konnten, waren von Leibniz vorgesehen. Weiters plante Leibniz die Vorführung von Musikinstrumenten, „Neue Experimente mit Wasser, Luft und dem Vacuum", so der Versuch des Otto von Guericke mit 24 Pferden und der „Vacuumkugel"[1052]. Wichtig war Leibniz die Erklärung von Wettervorhersagen mit Hilfe des Barometers[1053]. Die Funktion von Rechenmaschinen und Uhren, optische Phänomene, wie die Wirkung von Brennspiegeln und die Vorführung von Schattentheatern sollten demonstriert werden[1054]

Leibniz wollte das Gesamtwissen seiner Zeit im Stil einer Theateraufführung präsentieren. *Die Darbietungen könnten beispielsweise die Laterna Magica sein (damit könnte man beginnen), sowie Flüge, künstliche Meteoriten, alle Arten optischer Wunder, eine Darstellung des Himmels und der Sterne, Kometen ...*[1055] *Am Abend würde man den Mond durch ein Teleskop, ebenso wie andere Gestirne zeigen.*[1056] Ein riesiger Himmelsglobus und ein Erdglobus sollten aufgestellt werden. Leibniz plante die Einrichtung eines anatomischen Theaters, eines Labors, einer Bibliothek, eines Raritätenkabinetts, eines Tiergartens und eines Gartens mit Heilpflanzen.

Die Organisation sollte von einem „Bureau générale d´adresse" durchgeführt werden. Wissenschaftler und Erfinder sollten sich ohne finanzielle Belastung ihren Interessen und Forschungsgebieten widmen können. Stiftungen wohlhabender Personen sollten die Gesellschaft finanzieren.[1057]

Leibniz ist in dieser Denkschrift ein Vorläufer der heutigen Öffentlichkeitsarbeit.

9. Methodus Physica. Characteristica. Emanda. Societas Sive ordo, 1676[1058]

Leibniz forderte, die Ergebnisse wissenschaftlicher Forschung für den Nutzen der Allgemeinheit einzusetzen. Durch naturwissenschaftliche Erkenntnisse sollten die Lebensbedingungen der Allgemeinheit verbessert werden. Leibniz setzte sich für die Verbesserung der medizinischen Forschung ein, die seiner Meinung nach stark vernachlässigt war. Die Ursache der Wirkung von Heilmitteln und die Ursachen von Krankheiten waren weitgehend unbekannt.[1059] Nur eine wissenschaftliche Gesellschaft mit einem klar definierten Aufgabenbereich konnte Abhilfe schaffen.

Leibniz gab eindeutige Richtlinien an, das bestehende Wissen in einer Universalenzyklopädie zu registrieren und eine Universalsprache zu schaffen, die alle Erkenntnisse nach algebraischem Vorbild zusammenfasste,

---

[1050] Zitiert nach Bredekamp S. 245.

[1051] Mehr als 200 Jahre später versuchte Pauline Metternich-Sándor, Enkelin und Schwiegertochter des Staatskanzlers Clemens Metternich, einige dieser Ideen in ihrem Salon in Wien zu verwirklichen.

[1052] Otto von Guericke, Bürgermeister von Magdeburg, präsentierte 1657 erstmals das Experiment mit der „Vacuumkugel" (einer aus zwei Halbkugeln bestehenden luftleer gepumpten Metallkugel, später als Magdeburger Halbkugeln bezeichnet), die von 24 Pferden auseinandergezogen werden sollte. 1663 wurde am Hof des großen Kurfürsten in Berlin das Experiment wiederholt. Vgl. Bredekamp S. 49ff. Leibniz war durch die Demonstration O. v. Guerickes beeindruckt.

[1053] Vgl. W. E. Knowles Middleton: The history of the barometer, Baltimore 1968. D. de Waard : L´expérience barométrique, Thouars 1936. Leibniz war ein Pionier der direkten meteorologischen Instrumentenmessung und hat eigene Messgeräte entwickelt. Leibniz regte an, Messungen an verschiedenen Orten zu gleichen Zeiten durchzuführen und zu vergleichen.

[1054] Bei der Vorführung von Schattentheatern wollte Leibniz die Zuschauer zum Denken anregen. Je nachdem, ob sich der Schauspieler zur Lichtquelle hin oder von ihr weg bewegt, ändert sich die Dimension. Bredekamp S. 72.

[1055] Zitiert nach Bredekamp S. 238.

[1056] Zitiert nach Bredekamp S. 239.

[1057] Leibniz plante Sponsoren zu suchen, um zwei bis drei *Teilhaber mit Sonderrechten* zu verpflichten; sowie weitere Mitwirkende befristet anzustellen. Weiters sollten kreative Personen, die kontinuierlich neue Erfindungen einbringen, verpflichtet werden. *Die Personen, die man engagieren würde, sollten Maler, Bildhauer, Zimmerleute, Uhrmacher und andere vergleichbare Berufsvertreter sein. Nach und nach kann man mit der Zeit auch Mathematiker, Ingenieure, Architekten, Trickkünstler, Scharlatane, Musiker, Dichter, Bibliothekare, Schriftsetzer, Stecher und andere hinnehmen, ohne Hast.* Zitiert nach Bredekamp S. 238.

[1058] AA VI, 3 N.56. Böger S. 116ff.

[1059] Methodus AA VI, 3 N.56 S. 455.

wie es die Algebra in der Mathematik leistet. Universalsprache und Universalenzyklopädie sind nur in einer wissenschaftlichen Gesellschaft realisierbar. Die Societät sollte nicht nur aus Gelehrten bestehen, sondern auch aus Personen, die nach Anweisung der Gelehrten Experimente durchführten. Die Mitarbeiter an der Universalenzyklopädie sollten finanziell abgesichert sein.

10. Consultatio de naturae cognitione ad vitae usus promovenda instituendaque in eam rem Societate Germana, 1676[1060]

Bei der Niederschrift dieser Denkschrift war Leibniz stark beeinflusst von bedeutenden Gelehrten, zu denen er während seines Aufenthaltes in Paris in den Jahren 1672-1676 Kontakt hatte; dazu gehörten der Naturwissenschaftler und Mathematiker Christiaan Huygens, der Philosoph und Theologe Antoine Arnauld.[1061]

Leibniz, der in Paris den organisatorischen Zusammenschluss bedeutender Wissenschaftler in der Académie des Sciences kennengelernt hatte, rief die Gelehrten Deutschlands zur Gründung einer wissenschaftlichen Gesellschaft unter dem Protektorat des Kaisers auf. Leibniz plante eine wissenschaftliche Gesellschaft, die aktive Forschung betreiben und Experimente durchführen sollte. Die „Consultatio", eine Vereinigung deutscher Wissenschaftler, mit der Aufgabe, die Natur zu erforschen, sollte damit ihre Verpflichtungen gegenüber dem Vaterland zur Ehre Gottes erfüllen. Wie Bacon betonte Leibniz die Notwendigkeit des Experiments, ohne aber Bacons einseitigen Empirismus zu teilen. Die mathematische Methode sollte Grundlage sein. Experimentelle Erfahrungen sollten in mathematischen Gesetzen formuliert werden. Grundlegend für Leibniz war es, *das Wissen nicht aus Schriften, sondern aus der Natur selbst und der Schatzkammer des Verstandes zu schöpfen ...*[1062]

Die Denkschrift enthält eine Liste von Gelehrten, die als Mitglieder bzw. als Mitarbeiter vorgesehen waren, darunter der technische Physiker Otto von Guericke, die Biologen und Mikroskopisten Jan Swammerdam und Antoni van Leeuwenhoek, der Pädagoge und Mathematiker Erhard Weigel, der Mathematiker und Physiker Walther von Tschirnhaus, der Alchimist und Arzt Franziscus Mercurius van Helmont, der Astronom Johannes Hevelius, der Rhetoriker und Ethiker Vincentius Placcius.[1063]

Alle wissenschaftlichen Erkenntnisse sollten übersichtlich in deutscher Sprache aufgezeichnet und leicht zugänglich gemacht werden. Das war nur durch Zusammenarbeit von Gelehrten durch gezielten gegenseitigen Erfahrungsaustausch realisierbar. Nur so konnte die Auswertung wissenschaftlicher Erkenntnisse effizient genutzt werden. Leibniz schlug vor, einen „Nomenclator", eine Art Sachwörterbuch der Handwerke und Künste und eine „Encyclopaedia Scientiorum Humanorum" zu verfassen.[1064] Leibniz wandte sich an die Mitglieder der privaten deutschen Gesellschaften und forderte sie auf, gemeinsam mit ihm eine Societät zu gründen mit dem Ziel, die deutsche Sprache zu fördern. *Germanico autem sermone omnia scribenda sunt, tum ut nostratium studiis velificemur.*[1065] Die griechische und lateinische Sprache sollte von Theologen, Medizinern und Historikern weiter verwendet werden, aber die deutsche Sprache musste verstärkt eingesetzt werden. Leibniz kritisierte, dass die Jugend genötigt werde, *die Herculesarbeiten der Bezwingung verschiedener Sprachen, durch die oft die Schärfe des Geistes abgestumpft wird, zu leisten und verurtheilen alle die, die durch Ungeduld oder Geschick die Kenntniss des Lateinischen entbehren, zur Unwissenheit.*[1066]

[1060] Leibniz, "Consultatio de naturae cognitione ad vitae usus promovenda instituendaque in eam rem Societate Germana quae scientias artesque maxime utiles vitae nostra lingua descrivat patriaeque honorem vindicet". AA IV, 3 N.133 S. 867ff. Harnack II S. 26ff. Klopp Werke Bd. 3 S. 312ff. Die Consultatio, der ausführlichste Entwurf von Leibniz zur Wissenschaftsorganisation, ist in vier Teilstücken enthalten.

[1061] Noch 20 Jahre später bezeichnete Leibniz in einem Brief an den königlichen Bibliothekar Pierre de Carcavy, Paris als *la plus sçavante et la plus puissante ville de l'univers (die gelehrteste und mächtigste Stadt des Universums)*. Zitiert nach K. Müller: Gottfried Wilhelm Leibniz, in: Totok-Haase S. 23. Vor allem der Einfluss von Huygens, der Leibniz mit den neuesten Entwicklungen der Mathematik und Naturwissenschaften bekannt machte, wirkte sich auf die Consultatio, die Leibniz knapp vor seiner Rückkehr von Paris nach Hannover verfasste, aus.

[1062] Zitiert nach W. Totok: Leibniz als Wissenschaftsorganisator, in: Totok-Haase S. 299.

[1063] 52 (zunächst 48) Gelehrte waren von Leibniz vorgesehen. Harnack II S. 31f. Böger Teil 2 Anmerkungen S. 50 Nr. 88.

[1064] Harnack II S. 29.

[1065] Zitiert nach Harnack II S 32.

[1066] Zitiert nach Harnack I/1 S. 32.

Die Societät sollte unter dem Protektorat von Kaiser Leopold I stehen. ... *qui linguae patriae honori studetis sub hoc signo Aquilae laxatos nonnihil ordines tutissime recolligetis.*[1067]

Die „Consultatio" sollte anonym erscheinen, da Leibniz nicht den Anschein erwecken wollte, nach Ruhm und Ansehen zu trachten.[1068]

11. Societas Theophilorum ad celebrandas laudes Dei, 1678[1069] und Societas sive ordo caritatis, 1678[1070]

In diesen beiden Denkschriften[1071] ist der Ordensgedanke wesentlich stärker ausgeprägt als in der zehn Jahre früher verfassten „Societas Philadelphica". Die „Societas theophilorum" hatte die Aufgabe, neue Beweise für die Existenz und Allmacht Gottes zu erbringen und den Menschen in der Liebe zu Gott zu bestärken.[1072] Leibniz forderte die Beschäftigung mit der Theologie per se. Es gehörte zu den Aufgaben der Gesellschaft, Musik und Dichtkunst als Kommunikationsmittel zwischen den Menschen zu pflegen. Wie in allen Societätsplänen von Leibniz war die Förderung der Naturwissenschaften wichtig.

Auch in der „Societas sive ordo caritatis", in der „Gemeinschaft der Pacidianer"[1073], entwarf Leibniz ein striktes Reglement nach dem Vorbild eines Ordens. Ein Verstoß gegen die Regeln sollte den Ausschluss zur Folge haben. Die Mitglieder waren aus Theoretikern (contemplativi) und Praktikern (activi) zusammengesetzt. Die Theoretiker sollten ihr Studium in erster Linie auf die Erkenntnis und den Ruhm Gottes richten, die Praktiker sollten sich der tätigen Nächstenliebe widmen. Wie in der „Societas Theophilorum" war der Missionsauftrag eine wichtige Aufgabe.

Leibniz diskutierte seine Ideen und Vorschläge für die „Societas theophilorum" und die „Gemeinschaft der Pacidianer" mit Vertretern des Jesuitenordens. Durch die Kritik der Jesuiten erkannte Leibniz, dass seine Vorschläge nicht zu realisieren waren.[1074]

12. Ermahnung an die Deutschen, ihren Verstand und ihre Sprache besser zu üben samt beigefügtem Vorschlag einer deutschgesinnten Gesellschaft, 1678 (?)[1075]

Diese Denkschrift zeigt, wie sehr Leibniz die *Vorzüge* seines eigenen Landes schätzte. *Und muß man nicht bekennen, daß Handel und Wandel, Nahrung und Kredit, Ordnung und gute Polizei darin blühen?*[1076] Leibniz erwähnte die große Zahl der freien Städte und der fürstlichen Höfe und beschrieb den durch die Natur bedingten Wohlstand, das günstige Klima, das seltene Auftreten von Erdbeben und ansteckenden Krankheiten. Er wies auf den Reichtum an Metallen, Früchten und Tieren, die Landschaften mit schiffreichen Flüssen, die ertragreichen Wälder hin.

Leibniz schätzte die Fähigkeiten seiner Landsleute hoch ein: *Mit Metallen haben wir den Vorzug in Europa... Wir haben zuerst Eisen in Stahl verwandelt und Kupfer in Messing, wir haben das Eisen zu überzinnen erfunden und viele andere nützliche Wissenschaften entdeckt, daß also unsere Künstler in der edlen Chemie und in Bergwerkssachen der ganzen Welt Lehrmeister geworden.*[1077] Er betonte, dass der Mensch seinem Vaterland verpflichtet sei, vor allem, wenn es durch Gottes Vorsorge so reich bedacht war.

[1067] Zitiert nach Harnack II S. 31. AA I, 3 N.133 S. 879f. Vgl. Harnack I S. 32.

[1068] W. Totok: Leibniz als Wissenschaftsorganisator, in: Totok-Haase S. 299.

[1069] AA IV, 3 N.130.

[1070] AA IV, 3 N.131.

[1071] Es ist anzunehmen, dass die beiden Denkschriften für Herzog Johann Friedrich, den ersten Dienstherren von Leibniz in Hannover, bestimmt waren.

[1072] Böger S. 118ff. W. v. Engelhardt: Schöpferische Vernunft, Marburg 1951, S. 96ff.

[1073] „Pacidius" (Friedensstifter) wurde von Leibniz als Pseudonym verwendet.

[1074] Böger Teil 2 Anmerkungen S. 48 Nr. 26.

[1075] AA IV, 3 N.117. Heer S. 77ff. W. Schmied-Kowarzik (Hg.): G. W. Leibniz, Deutsche Schriften, 1. Band, Muttersprache und völkische Gesinnung, 1916, S. 3ff.

[1076] Zitiert nach Heer S. 81.

[1077] Zitiert nach Heer S. 79.

Doch Leibniz kritisierte, dass die Vorzüge seines Landes nicht entsprechend genützt würden.[1078] Leibniz erwähnte, dass andere Länder nicht über diese naturgegebenen Vorteile verfügten, aber ihre Vorzüge besser nützten und ihre Mängel geschickter verbargen. ... *wer in das Innere schaut, sieht ihr Elend und muß unser Deutschland loben, daß ein rauhes Ansehen, aber einen nährenden Saft in sich hat.*[1079]

Leibniz machte eine Reihe von Vorschlägen, die er umsetzen wollte. Er regte an, Zucker, Wein und Seide im eigenen Lande zu erzeugen.

Besonders wichtig war Leibniz die Förderung der deutschen Sprache ... *das band der sprache ... vereinigt die Menschen auf eine sehr kräfftige wiewohl unsichtbare weise, und machet gleichsam eine art der verwandtschafft.*[1080] Sprache ist Voraussetzung für Kommunikation zwischen den einzelnen Völkern. *Es ist bekannt, daß die Sprach ein Spiegel des Verstandes, und daß die Völcker, wenn sie den Verstand hochschwingen, auch zugleich die Sprache wohl ausüben, welches der Griechen, Römer und Araber Beyspiele zeigen.*[1081]

Leibniz versuchte sich für die Vereinigung oder wenigstens Verträglichkeit der Religionen einzusetzen. Er plante die Errichtung von Zucht-, Waisen- und Werkhäusern. Die Societät sollte Einfluss auf Kommerzien und Manufakturen und das Kriegswesen haben.[1082] Schulen und Universitäten sollten reformiert werden. Leibniz forderte einen größeren Einfluss und bessere Bedingungen für Lehrer und Professoren ...*weil ihnen Gelegenheit, Gönner, Mittel gemangelt, die Hände durch Statuten oder durch ihre Kollegen gebunden gewesen ... Man soll also viel mehr ihnen zu helfen, als sie zu beschimpfen und zu verkleinern oder ihnen einzugreifen trachten.*[1083]

Leibniz trachtete danach, den Anspruch auf Bildung für alle zu realisieren ... *könnten nun dieser Leute Zahl vermehren, die Lust und Liebe zu Weisheit und Tugend bei den Deutschen heftiger machen, die Schlafenden erwecken oder auch diesem reinen Feuer, so sich bereits in vielen trefflichen Gemütern sowohl bei Standespersonen als auch sogar bei niedrigen Leuten und nicht weniger bei dem liebreichen Frauenzimmer als tapferen Männern entzündet, neue und annehmliche Nahrung zu verschaffen, so achten wir, dem Vaterland einen der größten Dienste getan zu haben, deren Privatpersonen fähig sind.*[1084]

Abb. 35: G. W. Leibniz, Porträt

[1078] *Wenn wir die Gaben Gottes genugsam zu brauchen wüßten, würde es uns kein Land so gar an Zierde und Bequemlichkeit bevortun. Aber wir lassen uns Gewächse aus der Fremde schicken, die bei uns ganze Felder bedecken.* Zitiert nach Heer S. 79.
[1079] Zitiert nach Heer S. 79.
[1080] AA IV, 3N. 117 S. 798. Zitiert nach Böger S. 308.
[1081] AA IV, 3 N.117 ∫∫ 1. Zitiert nach Böger S. 162.
[1082] Heer S. 82.
[1083] Zitiert nach Heer S. 83.
[1084] Zitiert nach Heer S. 84.

ABKÜRZUNGEN

AA
Akademie Ausgabe, G. W. Leibniz, Sämtliche Schriften und Briefe
Reihe I: Allgemeiner, politischer und historischer Briefwechsel
Reihe II: Philosophischer Briefwechsel
Reihe III: Mathematischer, naturwissenschaftlicher und technischer Briefwechsel
Reihe IV: Politische Schriften
Reihe V: Historische und sprachwissenschaftliche Schriften
Reihe VI: Philosophische Schriften
Reihe VII: Mathematische Schriften
Reihe VIII: Naturwissenschaftliche, medizinische und technische Schriften

Leibniz Briefwechsel
Gottfried Wilhelm Leibniz Bibliothek, Hannover. Niedersächsische Landesbibliothek, Leibniz-Briefwechsel

Leibniz Handschriften
Gottfried Wilhelm Leibniz Bibliothek, Hannover. Niedersächsische Landesbibliothek, Leibniz-Handschriften

Leibniz Reunion
G. W. Leibniz: Über die Reunion der Kirchen. Auswahl und Übersetzung. Eingeleitet von Ludwig A. Winterswyl, Herder und Co., Freiburg i. Br., 1939.

Bergmann Wien
Joseph Bergmann: Leibnitz in Wien, in: Sitzungsber. Phil.-Hist. Classe der Kaiserl. Akademie d. Wiss. Wien, Bd. 13, Jg. 1854, S. 40ff.

Bergmann Heraeus
Joseph Bergmann: Über die Historia metallica, seu numismatica Austriaca und Heraeus' zehn Briefe an Leibnitz, in: Sitzungsber. Phil.-Hist. Classe der Kaiserl. Akademie d. Wiss. Wien, Bd. 16, Jg. 1855, S. 132ff.

Bergmann Reichshofrath
Joseph Bergmann: I, Leibniz als Reichshofrath in Wien und dessen Besoldung. II, Über den kaiserlichen Reichshofrath, nebst dem Verzeichnisse der Reichshofraths-Präsidenten von 1559-1806, in: Sitzungsber. Phil.-Hist. Classe der Kaiserl. Akademie d. Wiss. Wien, Bd. 26, Jg. 1858, Teil I, S. 187ff, Teil II, S. 204ff.

Bodemann
Eduard Bodemann: Leibnitzens Briefwechsel mit dem Herzoge Anton Ulrich von Braunschweig-Wolfenbüttel, in: Zeitschrift des Historischen Vereins für Niedersachsen, 1888, S. 73ff.

Bodemann Sachsen
Eduard Bodemann: Leibnizens Plan einer Societät der Wissenschaften in Sachsen, in: Neues Archiv für Sächsische Geschichte und Alterthumskunde, Bd. 4, Dresden 1883, S. 177ff.

Böger
Ines Böger: „Ein seculum … da man zu Societäten Lust hat." Darstellung und Analyse der Leibnizschen Sozietätspläne vor dem Hintergrund der europäischen Akademiebewegungen im 17. und frühen 18. Jahrhundert, Herbert Utz Verlag, 2. Aufl., München 2002.

Braubach Prinz Eugen
Max Braubach: Prinz Eugen von Savoyen, Verlag für Geschichte und Politik, Band I-V, Wien 1963-1965.

Bredekamp
Horst Bredekamp: Die Fenster der Monade, Gottfried Wilhelm Leibniz' Theater der Natur und Kunst, Akademieverlag, Berlin 2004.

Doebner
Richard Doebner: Leibnizens Briefwechsel mit dem Minister von Bernstorff, in: Zeitschrift des Historischen Vereins für Niedersachsen, 1881

Dutens
Louis Dutens: G. W. Leibnitii Opera Omnia, T 1-6, Genevae 1768.

Faak
Margot Faak: Leibniz als Reichshofrat, Berlin (-Ost), Humboldt-Universität, Phil. Fak., Diss. 1966.

Fischer
Kuno Fischer: Gottfried Wilhelm Leibniz. Leben, Werke und Lehre, Vierte Auflage, Heidelberg 1902.

Fleckenstein Faksimiles
Joachim Otto Fleckenstein: Leibniz und die wissenschaftliche Akademie. Aus: Leibniz-Faksimiles, Bekanntes und Unbekanntes aus seinem Nachlaß. Hrsg. Stiftung Volkswagenwerk, Georg Olms Verlag, Hildesheim, New York 1971, S. 1ff.

Fleckenstein
Joachim Otto Fleckenstein: Naturwissenschaft und Politik, Verlag Georg D. W. Callwey, München 1965.

Foucher de Careil
Louis Alexandre Foucher de Careil: Über den Nutzen einer Ausgabe der vollständigen Werke von Leibniz, in seiner Beziehung zur Geschichte Österreichs und der Gründung einer Gesellschaft der Wissenschaften in Wien . (Mit Bemerkungen des Hrn Kais. Rathes Bergmann), in: Sitzungsber. Phil.-Hist. Classe der Kaiserl. Akademie d. Wiss. Wien, Bd. 25, Jg. 1857.

Foucher de Careil Œuvres
Louis Alexandre Foucher de Careil : Œuvres de Leibniz, publiées pour la première fois d´après les manuscrits originaux avec notes et introductions. Band 1-7. Paris, librairie de Firmin Didot frères etc., 1859-1875.

Grundriß
G. W. Leibniz: Grundriß eines Bedenckens von Aufrichtung einer Societät in Teutschland zu Aufnehmen der Künste und Wißenschafften 1671, AA IV, 1 N.43 S. 530ff, hier zitiert nach Heer S. 85ff.

Guerrier
Woldemar Guerrier, Leibniz in seinen Beziehungen zu Russland und Peter dem Großen, Sankt Petersburg und Leipzig 1873.

Guhrauer I
Gottschalk Ed. Guhrauer, Gottfried Wilhelm Freiherr von Leibnitz, Breslau 1842, Band I mit einem Nachtrage, 1846.

Guhrauer II
Gottschalk Ed. Guhrauer, Gottfried Wilhelm Freiherr von Leibnitz, Breslau 1842, Band II mit einem Nachtrage, 1846.

Hamann Akademie
Günther Hamann: G. W. Leibnizens Plan einer Wiener Akademie der Wissenschaften, in: Akten des zweiten Internationalen Leibniz-Kongresses Hannover (17.-22. Juli 1972) Bd. 1: Studia Leibnitiana, Supplementa 12, Wiesbaden 1973, S. 205ff, hier zitiert nach G. Hamann: Die Welt begreifen und erfahren, Böhlau Verlag, Wien, Köln, Weimar 1993.

Hamann Leibniz und Prinz Eugen
Günther Hamann: G. W. Leibniz und Prinz Eugen. Auf den Spuren einer geistigen Begegnung, in: Heinrich Fichtenau; Erich Zöllner (Hgg.), Beiträge zur neueren Geschichte Österreichs (= Veröffentlichungen des Instituts für österreichische Geschichtsforschung 20, 1974) [Adam Wandruszka zur Vollendung des 60. Lebensjahres], Wien 1974, S. 206ff.

Hamann Prinz Eugen
Günther Hamann: Prinz Eugen und die Wissenschaften, in: Österreich in Geschichte und Literatur, Sondernummer 1963, S. 28ff. Hier zitiert nach: G. Hamann: Die Welt begreifen und erfahren, Böhlau Verlag, Wien, Köln, Weimar 1993.

Harnack
Adolf von Harnack, Geschichte der königlich Preussischen Akademie der Wissenschaften zu Berlin, 3 Bände, Berlin 1900. Nachdruck Hildesheim 1970.

Heer
Friedrich Heer: Gottfried Wilhelm Leibniz, Auswahl und Einführung. Fischer Bücherei, Frankfurt/Main und Hamburg 1958.

Heinekamp
Albert Heinekamp: Leibniz´ letzter Aufenthalt in Wien, in: Akten des XIV. Internationalen Kongresses für Philosophie, Bd. 5, Wien 1970, S. 542ff.

Holz Monographie
Hans Heinz Holz: Gottfried Wilhelm Leibniz, Eine Monographie. Universal Bibliothek, Verlag Philipp Reclam jun., Leipzig 1983.

Ilg
Albert Ilg, Direktor der Sammlungen des allerhöchsten Kaiserhauses: Eine bisher ungekannte Correspondenz Gottfr. Wilh. Leibniz, Monatsblätter des Wissenschaftlichen Club in Wien, Jg. IX, Nr. 5, 1888, S. 40ff.

Ker of Kersland
John Ker of Kersland, Mémoires … contenant ses négociations secrètes en Ecosse, en Angleterre, dans les cours de Vienne, de Hanovre, et en autres païs étrangers (Denkschrift … über seine geheimen Verhandlungen in Schottland, England, an den Höfen von Wien, Hannover und anderen fremden Ländern) Bd. 1, Rotterdam 1726.

Klopp

Onno Klopp: Leibniz' Plan der Gründung einer Societät der Wissenschaften in Wien, Archiv für Österreichische Geschichte. Herausgegeben von der zur Pflege vaterländischer Geschichte aufgestellten Commission der kaiserlichen Akademie der Wissenschaften, Band 40f, Wien 1869.

Klopp Werke

Onno Klopp (Hg.): Gottfried Wilhelm Leibniz Werke, Bd. 1-11, Hannover 1864-1884.

Krüger

Gerhard Krüger (Hg.): G. W. Leibniz, Die Hauptwerke, A. Kröner Verlag, Stuttgart, 2. Aufl. 1940.

Krüger Medizin

Matthias Krüger: Gottfried Wilhelm Leibniz: Ideen zu einem modernen Gesundheitswesen, Leibniz-Festtage 2005, Predigten und Vorträge in der evangelisch-lutherischen Neustädter Hof- und Stadtkirche St. Johannis, Hannover, S. 74ff.

Leinkauf

Thomas Leinkauf: Leibniz. Ausgewählt und vorgestellt von Thomas Leinkauf, Deutscher Taschenbuch Verlag, München 2000.

Mahnke in Krüger

Mahnke, Dietrich (Hg.): Gottfried Wilhelm Leibniz, Die Hauptwerke. Zusammengefaßt und übertragen von Gerhard Krüger. Mit einem Vorwort von Dietrich Mahnke, A. Kröner Verlag, Stuttgart 1940.

Mason

St. F. Mason: Geschichte der Naturwissenschaft, A. Kröner Verlag, Stuttgart 1974.

Meister

Richard Meister: Geschichte der Akademie der Wissenschaften in Wien 1847-1947, Wien 1947.

Memoriale

Joseph Bergmann: Leibnizens Memoriale an den Kurfürsten Johann Wilhelm von der Pfalz wegen Errichtung einer Akademie der Wissenschaften in Wien vom 2. Oktober 1704, in: Sitzungsber. Phil.-Hist. Classe der Kaiserl. Akademie d. Wiss. Wien, Bd. 16, Jg. 1855, S. 3ff.

Müller-Krönert

Kurt Müller und Gisela Krönert: Leben und Werk von Gottfried Wilhelm Leibniz. Eine Chronik. Vittorio Klostermann, Frankfurt/Main 1969.

Reuther

Hans Reuther: Das Gebäude der Herzog-August Bibliothek zu Wolfenbüttel und ihr Oberbibliothekar Gottfried Wilhelm Leibniz, in: Totok-Haase, S. 349ff.

Roessler

Emil F. Roessler: Beiträge zur Staatsgeschichte Österreichs aus dem G. W. von Leibniz'schen Nachlasse in Hannover, in: Sitzungsber. Phil.-Hist. Classe der Kaiserl. Akademie d. Wiss. Wien, Bd. 20, 1856, S.267ff.

Sellschopp

Sellschopp Sabine: „Eine kleine tour nach Hamburg incognito" - Leibniz' Bemühungen von 1701 um die Position eines Reichshofrats. In: Studia Leibnitiana Bd. XXXVII/1, 2005 (ersch. 2006), Franz Steiner Verlag Stuttgart, S. 68ff.

Totok-Haase

Wilhelm Totok und Carl Haase (Hgg.): Leibniz. Sein Leben, sein Wirken, seine Welt. Verlag für Literatur und Zeitgeschehen, Hannover 1966.

VERZEICHNIS DER ABBILDUNGEN

Abb. 1:
G. W. Leibniz, ca. 1678, Privatbesitz

Abb. 2:
Naturwissenschaften, Ausschnitt aus Sebastien Le Clerc, Die Akademie der Wissenschaften und der schönen Künste, Radierung, 1698; Bibliotheca Kuhniana, Gießen

Abb. 3:
Fruchtbringende Gesellschaft; aus: F. Vogt, M. Koch, Geschichte der deutschen Literatur, Bd.2, Leipzig und Wien, Bibliographisches Institut, 1918

Abb. 4:
Die Kayßerliche Bibliotheck und Raritäten Kammer in Wien, Kupferstich 1686; aus: Edward Brown, Reysen durch Niederland, Teutschland …, Nürnberg 1686, S. 242-243

Abb. 5:
Wien zur Zeit der Türkenbelagerung 1683, Wien Museum Karlsplatz

Abb. 6:
Der Steyrerhof in Wien, Quartier von Leibniz im Jahre 1688, heute Griechengasse 4, Steyrerhof 2, einzelne Bauteile erhalten

Abb. 7:
Kaiser Leopold I (1640-1705)

Abb. 8:
Die Buchhaimsche Mühlburg, bei Göllersdorf, Niederösterreich. Landesbibliothek Niederösterreich. „Mihlberg", Kupferstich von Georg Matthäus Vischer 1672, in: Topographia archiducatus Austriae inferioris modernae

Abb. 9:
Darstellung des Stiftes Melk in Niederösterreich mit Porträt des Abtes Berthold Dietmayr, Wien 1747, heute Stift Melk Bibliothek, in: Bibliotheca Mellicensis seu vitae, … von Martin Kropff; aus: Jubiläumsausstellung 900 Jahre Melk, Verlag Stift Melk, 1989, S. 234

Abb. 10:
Herzog Anton Ulrich von Wolfenbüttel (1633-1714); aus: F. Vogt, M. Koch, Geschichte der deutschen Literatur, Bd.2, Leipzig und Wien, Bibliographisches Institut, 1918

Abb. 11:
Kaiser Joseph I (1678-1711)

Abb. 12:
Kaiserin Amalia Wilhelmine (1673-1742)

Abb. 13:
Federlhof, Anonymes Aquarell, Mitte 19. Jahrhundert. Großer Federlhof, Wien, Quartier von Leibniz im Jahre 1712, heute Eckhaus Lugeck 7/Rotenturmstraße 6; aus: Felix Czeike, Historisches Lexikon Wien, Band 1-5, 1992-1997, Band 6, 2004. Band 2 1993, S. 266

Abb. 14:
Wiennerisches Diarium, Geburtstagsausgabe 300 Jahre Wiener Zeitung der „Wiener Zeitung" vom 8. August 2003

Abb. 15:
Kaiser Karl VI (1685-1740); aus: Anna Tizia Leitich, Vienna Gloriosa, S. 82

Abb. 16:
Elisabeth Christine (1691-1750); aus: Anna Tizia Leitich, Vienna Gloriosa, S. 82

Abb. 17:
Sitzung des Reichshofraths, aus: Uffenbach, Johannes Christophorus, Tractatus … de excelsissimo consilio caesareo-imperiali, Vom Kayserl. Reichs-Hoff-Rath …, Francofurti a. M. 1700. Bildarchiv Österreichische Nationalbibliothek

Abb. 18:
Prinz Eugen von Savoyen; aus: Oswald Oberhuber, Die Leidenschaften des Prinzen Eugen, Belvedere Wien, 2009

Abb. 19:
Stadtpalais des Prinzen Eugen, Himmelpfortgasse, Wien

Abb. 20:
Stadtpalais des Prinzen Eugen, Himmelpfortgasse, Wien, Treppenhaus

Abb. 21:
Originalschrift Leibniz: „La substance est un être capable ..." aus der Handschrift, die Leibniz für Prinz Eugen anfertigen ließ. Wien, Nationalbibliothek, 10588, Bl.7

Abb. 22:
Bibliothek in Wolfenbüttel, Außenansicht; aus: Wilhelm Totok und Carl Haase (Hgg.), Leibniz. Sein Leben, sein Wirken, seine Welt, Hannover 1966

Abb. 23:
Bibliothek in Wolfenbüttel, Bibliothekssaal; aus: Wilhelm Totok und Carl Haase (Hgg.), Leibniz. Sein Leben, sein Wirken, seine Welt, Hannover 1966

Abb. 24:
Prunksaal der Nationalbibliothek in Wien; aus: Irina Kubadinow, Die Österreichische Nationalbibliothek, Museumsführer, deutsch, Prestel Verlag, München, Berlin, London, New York

Abb. 25:
Wien Nationalbibliothek, Außenansicht, Postkarte Privatarchiv W. Kuhn

Abb. 26:
Wien Nationalbibliothek, Detail; Westliche Figurengruppe: Tellus mit einem Erdglobus, daneben Geometrie und Geographie; aus: Irina Kubadinow, Die Österreichische Nationalbibliothek, Museumsführer, deutsch, Prestel Verlag, München, Berlin, London, New York

Abb. 27:
Francis Bacon, Titelkupfer, Instauratio Magna, Erstausgabe, London 1620

Abb. 28:
Skizze von G. W. Leibniz, Entwurf für das Grabmonument von Herzog Johann Friedrich, Federzeichnung, 1680, Hannover, Niedersächsische Landesbibliothek, MS XXIII, Nr. 30, Nr. 365; aus: Bredekamp, Horst: Die Fenster der Monade, Gottfried Wilhelm Leibniz' Theater der Natur und Kunst, Akademieverlag, Berlin 2004.
    Abb. 76, S. 148

Abb. 29:
Johann Georg Lange, Justa Funebria von Herzog Johann Friedrich, Stich nach Entwurf von G. W. Leibniz, vermutlich 1680/81. Stich in: Justa Funebria, 1685; in: Jil Bepler, Ansichten eines Staatbegräbnisses. Funeralwerk und Diarien als Quelle zeremonieller Praxis, in: Zeremoniell als höfische Ästhetik in Spätmittelalter und Früher Neuzeit, Hg.: Jörg Jochen Berns und Thomas Rahn, Tübingen, 1995, S. 183ff, Abb.12; aus: Bredekamp, Horst: Die Fenster der Monade, Gottfried Wilhelm Leibniz' Theater der Natur und Kunst, Akademieverlag, Berlin 2004, Abb. 77, S. 149

Abb. 30:
Die Karlskirche in Wien 1715

Abb. 31:
Lucca Patella, Mysterium Coniunctionis, Eine Art Himmelswerke zu zeigen, 1882, Privatbesitz

Abb. 32:
Philipp Ludwig Wenzel Graf Sinzendorf (1671-1742) Privatbesitz

Abb. 33:
Das Herzogbad in Baden bei Wien, Matthias Merian, 1649

Abb. 34:
Flugversuch des Schlossers Besniers, Holzschnitt anonym, Beilage zum Drôle de Pensée (Abb. 14) mit Kommentaren von Leibniz; aus: Bredekamp, Horst: Die Fenster der Monade, Gottfried Wilhelm Leibniz' Theater der Natur und Kunst, Akademieverlag, Berlin 2004, S. 47

Abb. 35:
G. W. Leibniz, Porträt (Archiv Prof. E. Stein)

KURZBIOGRAFIEN

D´Alembert, Jean le Rond (1717-1783) geb. und gest. in Paris. Mathematiker, Beiträge zur Mechanik, Akustik, Optik. Im „Traité de dynamique" Ablehnung des von Leibniz aufgestellten und viel diskutierten „Prinzips von der Erhaltung der lebendigen Kraft" (vis viva, heute Energie). Gilt nach Wilhelm Dilthey als Begründer des Positivismus. Mit Denis Diderot Herausgeber der „Encyclopédie ou Dictionnaire des sciences, des arts et des métiers", Verfasser derArtikel über Mathematik, Physik und Erkenntnistheorie.

Amalia Wilhelmine von Braunschweig-Lüneburg (1673-1742) geb. in Lüneburg, gest. in Wien. Tochter des Herzogs Johann Friedrich von Braunschweig-Lüneburg, des ersten Dienstherrn von Leibniz in Hannover, und der Pfalzgräfin Benedikte Henriette von Simmern. 1699 Vermählung mit Joseph I, ab 1705 Kaiser des Heiligen Römischen Reiches Deutscher Nation, König von Böhmen, Kroatien und Ungarn. 1711 verwitwet; drängte auf Anerkennung ihrer beiden Töchter in der Erbfolge. Nach politischen Misserfolgen 1722 Rückzug in das von ihr gegründete Salesianerkloster in Wien.

Anton Ulrich von Braunschweig-Lüneburg, Herzog, Fürst von Braunschweig-Wolfenbüttel (1633-1714) geb. in Hitzacker, gest. in Schloss Salzdahlum bei Wolfenbüttel. Politiker, Schriftsteller, Mäzen der Wissenschaften und Künste. Ab 1685 gleichberechtigter Mitregent neben seinem Bruder Rudolf August; ab 1705 Alleinregent im Fürstentum Braunschweig-Wolfenbüttel. Erweiterung der Herzog August Bibliothek in Wolfenbüttel. Konvertiert 1709 zum katholischen Glauben, gesteht seinen Untertanen Religionsfreiheit zu.

Arnauld, Antoine (1612-1694) geb. in Paris, gest. in Brüssel. Philosoph, Vertreter des Jansenismus, von 1643-1650 Angehöriger des Klosters Port Royal, Professor der Philosophie an der Sorbonne. Von Descartes beeinflusst. Umfangreiche Korrespondenz u. a. mit Descartes, Malebranche und Leibniz (über die Philosophie des Descartes). Hinterlässt ein umfangreiches gegen die Jesuiten und Protestanten sowie gegen den Absolutismus gerichtetes Schrifttum.

Bacon, Francis, Baron von Verulam (1561-1626) geb. in London, gest. in Highgate. Philosoph, Politiker, 1618 Lordkanzler. Gegner der Scholastik, Vertreter des Empirismus, Eintreten für praktische Umsetzung wissenschaftlicher Erkenntnisse. Verknüpfung von Naturwissenschaft und Politik. Im „Haus Salomos" („Nova Atlantis" 1627) entwirft Bacon das Ideal einer Gemeinschaft von Gelehrten.

Baluze, Etienne, auch Stephanus Baluzius (1630-1718) geb. in Tulle, gest. in Paris. Studium der Rechts- und Kirchengeschichte in Toulouse. 1667-1700 Bibliothekar von Colbert. Professor für kanonisches Recht. 1710 aus Paris verbannt, 1713 Rückkehr nach Paris.

Bayle, Pierre (1647-1706) geb. in Le Carla (Frankreich), gest. in Rotterdam. Protestant. Philosoph (Anhänger Descartes), Verfechter der Vernunft gegen den Glauben, der Philosophie gegen die Religion und der Toleranz gegen den Aberglauben. Während eines freiwilligen Exils in Rotterdam verfasste er das „Dictionnaire Historique et Critique", (2 Bände, 1695 und 1697), das bis zum Erscheinen der französischen Enzyklopädie (ab 1751 durch D. Diderot und J. le Rond d´Alembert) die Aufklärung in vielen Teilen Europas beeinflusste.

Becher, Johann Joachim (1635-1682) geb. in Speyer, gest. in London. Alchemist und Theoretiker des Merkantilismus (Eintreten für die Schaffung von u. a. Schutzzöllen, Manufakturen). Ausgezeichnete Kenntnisse in Medizin, Chemie und Physik, Interesse für Politik. Errichtung von Kolonien in Indien und Südamerika. 1664 Errichtung eines Laboratoriums in München. 1666 als kaiserlicher Hofrat und Mitglied des Kommerzkollegiums nach Wien berufen: u.a. Pläne für Manufakturen. Betreibung einer österreichisch-indischen Handelsgesellschaft.

Bergmann, Joseph, Ritter von, auch Josef (1796-1872) geb. in Bregenz, gest. in Graz. Studium der Rechtswissenschaft und Philologie in Innsbruck und Wien. Kustos am k.u.k. Münz- und Antikenkabinett in Wien und Lehrer für Geschichte und Latein der Söhne des Erzherzogs Albrecht. 1864 Adelsstand. Gilt als Begründer einer quellenkritischen methodischen Landesgeschichtsschreibung Vorarlbergs.

Bernstorff, Andreas Gottlieb von, auch Bernstorf (1649-1726) geb. in Ratzeburg, gest. in Schloss Gartow. 1688-1705 Premierminister in Celle, ab 1705 in Hannover: zunächst Minister, ab 1709 Premierminister von Kurfürst Georg Ludwig von Hannover (ab 1714 König Georg I von England). Von 1714-1717 in London.

Boineburg, Johann Christian, Baron, Freiherr von, auch Boyneburg (1622-1672) geb. in Eisenach, gest. in Mainz. Staatsmann, Politiker, Förderer von Leibniz. Hessischer Gesandter am schwedischen Hof. 1650 erster Minister in kurmainzischem Dienst von Johann Philipp von Schönborn, Kurfürst und Erzbischof von Mainz. Konvertierte 1656 zur katholischen Kirche. Von den Jesuiten verdächtigt, Verhaftung 1664 auf Befehl des Kurfürsten; kurz darauf Freilassung. Dann ohne offizielles Amt: Beschäftigung mit Reunion der Kirchen und Wissenschaften. Verpflichtete Leibniz als Lehrer seines Sohnes Philipp Wilhelm.

Bonneval, Claude Alexandre, Graf von (1675-1747) geb. in Frankreich, gest. in Konstantinopel. Soldat Ludwigs XIV. 1704 vor Kriegsgericht, Flucht. Durch Kontakt zu Prinz Eugen von Savoyen Generalskommando in der österreichischen Armee, kämpfte wie Prinz Eugen gegen seine Heimat Frankreich. Nach Streit mit Prinz Eugen in die habsburgischen Niederlande abgeschoben, dort Festungshaft. Ab 1729 in Konstantinopel, Übertritt zum Islam. Als Ahmed Pascha Erneuerer der türkischen Artillerie. Kämpfte als Feind der Habsburger gegen Russland. Statthalter von Chios.

Bossuet, Jacques-Bénigne (1627-1704) geb. in Dijon, gest. in Paris. Ab 1642 Studien in Paris, 1648 Priester, 1659 Erzdiakon in Paris, 1669-1671 Bischof von Condom. Ab 1670 von Ludwig XIV als Erzieher des Dauphin eingesetzt. 1681 Bischof von Meaux. Ab 1697 Staatsrat. Verfechter des Tridentinums, Bekämpfung der Protestanten und Jansenisten (u. a. Arnauld).

Bothmer, Hans Caspar von (1656-1732) geb. in Lauenbrück, gest. in London. Deutscher Diplomat und Minister. Berater König Georgs I.

Brinon, Marie de (1631-1701) geb. in Schloss Corbeilsart, Canton de Méru (Picardie), gest. in Maubuisson. 1686-1688 Leiterin des Erziehungsinstitutes in St. Cyr, Stiftsdame im Kloster Maubuisson als Sekretärin der Äbtissin Louise (Schwester von Sophie von Hannover).

Bruce, Jacob Daniel, auch **Jakob** (1670-1735) geb. und gest. in Moskau. Schottischer Abstammung. Naturwissenschaftler, Kartograph, Übersetzer, Vermittler westeuropäischer Wissenschaft, Förderer des wissenschaftlichen Buchdrucks in Russland. Seit 1683 in russischem Militärdienst. 1704 Generalfeldzeugmeister, 1726 Generalfeldmarschall. Konnte ausländische Gelehrte für Russland gewinnen.

Buchhaim, Franz Anton Graf von, auch **Buchheim, Puchheim, Puchhaim, Puechheim** (1673-1718) geb. und gest. in Wiener Neustadt. Doktor beider Rechte. Nachfolger Spinolas, von 1695-1718 Bischof des Bistums Wiener Neustadt; Erweiterung des Bischofsitzes. Letzter Nachkomme eines alten österreichischen einst protestantischen Adelsgeschlechtes. Bei seinem Tod 1718 ging sein Familienname mit kaiserlicher Genehmigung an die Grafen von Schönborn über.

Carcavy, Pierre de (1600-1684) geb. in Lyon, gest. in Paris. Französischer Mathematiker, Bibliothekar an der königlichen Bibliothek in Paris, wissenschaftlicher Berater von Minister Colbert, Mitglied der Académie des Sciences in Paris.

Caroline, Prinzessin von Brandenburg-Ansbach, eigentlich **Wilhelmina Charlotte Caroline,** auch **Karoline** (1683-1737). Geb. in Ansbach, gest. in London. Nach dem Tod ihres Vaters Markgraf Johann Friedrich von Brandenburg-Ansbach 1703 unter Vormundschaft des Königs von Preußen. 1705 Heirat mit Georg August, Sohn des Kurfürsten Georg Ludwig, ab 1714 auch König Georg I von England. 1727 wurde ihr Gatte Georg August als Georg II König von Großbritannien und Irland. Als Königin übte sie erheblichen Einfluss auf die Regierung aus.

Cassini, Giovanni Domenico (1625-1712) geb. in Perinaldo bei Nizza, gest. in Paris. 1650 Professor für Astronomie in Bologna, 1669 an die im Bau begriffene Pariser Sternwarte berufen. Nachweis der Rotation der Planeten, Entdeckung von zwei Monden des Saturn und des Saturnringes. Stammvater von vier Generationen bedeutender Astronomen, die an der Pariser Sternwarte wirkten.

Charlotte Christine Sophie von Braunschweig-Wolfenbüttel (1694-1715) geb. in Braunschweig, gest. in St Petersburg. Tochter des Herzogs Ludwig Rudolf von Braunschweig-Wolfenbüttel. 1711 Heirat mit Zarewitsch Alexei von Rußland, Sohn von Zar Peter I. 1715 starb sie nach der Geburt ihres Sohnes Peter.

Charlotte Felicitas von Braunschweig-Wolfenbüttel (1671-1710) geb. in Hannover, gest. in Modena. Tochter von Herzog Johann Friedrich von Braunschweig-Lüneburg-Calenberg, Dienstherrn von Leibniz. Vermählung mit Rinaldo d´Este (auch Rainald oder Reginaldo), dem regierenden Herzog von Modena (1695 in Herrenhausen, 1696 in Modena).

Chuno, Johann Jakob Julius, auch **Couneau, Cuneau** (1661-1715) geb. in Kassel, gest. in Berlin. Königl. Rat und Archivar in Berlin. Zunächst pfälzischer Kirchenrat, ab 1694 kurbrandenburgischer Geheimsekretär. Ab 1696 geheimer Kabinettsarchivar, 1700 Mitglied, 1710-1715 Direktor der Mathematischen Klasse der Societät der Wissenschaften in Berlin. Von 1713 bis 1715 Vizepräsident der Berliner Akademie.

Clarke, Samuel (1675-1729) geb. in Norwich, gest. in Leicester. Theologe, Philosoph. Seit 1709 Vorstand der Hofpfarre St. James. Von November 1715 bis November 1716 Briefwechsel zwischen Clarke und Leibniz; Clarke verteidigte die Priorität von Isaac Newton betreffend Differential- und Integralrechnung.

Coehoorn, Menno van (1641-1704) geb. in Britsum, Niederlande, gest. in Den Haag. General der Artillerie, Festungsexperte und Festungsbaumeister. Bau von Verteidigungsanlagen für die Niederlande.

Colbert, Jean Baptiste, Marquis de Seignelay (1619-1683) geb. in Reims, gest. in Paris. Französischer Staatsmann, Begründer des Merkantilismus (Colbertismus). Unter Ludwig XIV „Controlleur general", d. h. Leiter der Finanz- und Wirtschaftspolitik und der Inneren Verwaltung. Förderer von Kunst und Wissenschaften.

Comenius, Johann Amos, auch **Komenius** (1592-1670) geb. in Südmähren, gest. in Amsterdam. Philosoph, Theologe und Pädagoge. Leitspruch seiner Pädagogik „omnes omnia omnino" („alle alles ganz zu lehren"). Forderte eine allgemeine Reform des Schulwesens mit einer Schulpflicht für Knaben und Mädchen aller sozialen Schichten. Vorbild für Leibniz.

Consbruch, Caspar Florentin (1655-1712) geb. in Westfalen, gest. in Wien. Seit 1680 wichtigster Sekretär Leopolds I. Reichshofrath. 1712 von Karl VI gemeinsam mit Sinzendorf zum Friedenskongress nach Utrecht gesandt.

Cortholt siehe Kortholt

Crafft, Johann Daniel, auch **Krafft** (1624-1697) geb. in Wertheim, gest. in Amsterdam. Chemiker, Arzt, Volkswirt, Erfinder, Kameralist, Unternehmer, Pionier des deutschen Manufakturwesens, Projektemacher, wie z.B. Einrichtung von Maulbeerplantagen zur Seidengewinnung, Verbesserung der Bergwerke, Versuche der Umwandlung von Silber in Gold und der Herstellung eines perpetuum mobile. Ab 1674 in kursächsischen Diensten, 1675 zum Kommerzienrat ernannt. 1684 kurzzeitig inhaftiert. 1684-1690 „Reisender von Hof zu Hof".

Des Bosses, Bartholomäus (1668-1738) geb. in Herve (Belgien), gest. in Köln. Ab 1686 Jesuit, Professor der Philosophie und Mathematik, Schriftsteller. Ab 1711 Professor der Theologie. Intensiver Briefwechsel mit Leibniz über den Ursprung des Übels, über das Geheimnis der Gnade und die Wiederherstellung des aristotelischen Natursystems.

Descartes, René (1596-1650) geb. in La Haye, gest. in Stockholm. Philosoph, Mathematiker (u. a. Begründer der analytischen Geometrie), Physiker. Begründer des modernen Rationalismus. Emanzipierte die Philosophie von der Theologie.

Diderot, Denis (1713-1784) geb. in Langres, gest. in Paris. Zunächst Hauslehrer und Anwaltsgehilfe. Universell gebildet. Repräsentant der Aufklärung. Beeinflusst von Ephraim Chambers Lexikon aus dem Jahre 1728: Herausgabe eines universellen Lexikons gemeinsam mit Jean Le Rond d´Alembert, 1746 Königliches Privileg. 1749 für religiöse und moralische Darstellungen kritisiert und inhaftiert. 1751: erster Band der „Encyclopédie ou Dictionnaire des sciences, des arts et des métiers". Von 1751 bis 1765 erschienen 28 Bände (17 Text-, 11 Abbildungsbände).

Dietmayr, Berthold (1670-1739) geb. in Scheibbs, gest. in Wien. Benediktiner. Ab 1700 Abt von Stift Melk. Ab 1701 für den Umbau der Stiftskirche Melk verantwortlich. Vertrauter Prinz Eugens. 1706 Rektor der Universität Wien. 1728 von Karl VI zum Staatsrat ernannt.

Dietrichstein, Philipp Sigmund, Graf von (1651-1716). Kaiserlicher Kämmerer, geheimer Rath, seit 1711 Oberstallmeister; unterstützte die Gründung einer Akademie in Wien.

Eckhart, Johann Georg, auch **Eckhardt, Eccard** (1664-1730) geb. in Duingen, gest. in Würzburg. Studium der Theologie, Philologie und Geschichte. Ab 1698 Sekretär von Leibniz (als Bibliothekar). Von Kurfürst Georg Ludwig 1714 zum Historiographen ernannt, 1715 mit der Verwaltung der königlichen Bibliothek unter der Leitung von Leibniz betraut, 1716 nach dem Tod von Leibniz mit der Weiterführung der Welfengeschichte und der Leitung der Bibliothek in Hannover betraut. Von Karl VI geadelt für das Werk „Origines Austriacae". Verließ 1723 Hannover, konvertierte zum katholischen Glauben, Historiograph und Bibliothekar von Johann Philipp von Schönborn in Würzburg.

Eleonore Magdalene Therese von Pfalz-Neuburg (1655-1720) geb. in Düsseldorf, gest. in Wien. Tochter des Pfalzgrafen Wilhelm Philipp und Elisabeth Amalie von Hessen-Darmstadt. Vielseitig interessiert und gebildet. 1676 Heirat mit Leopold I, Kaiser des Heiligen Römischen Reiches deutscher Nation. Dritte Gattin Leopolds I. Ab 1705 verwitwet. 1711, nach dem Tod ihres Sohnes Joseph I, übernahm sie für kurze Zeit die Regentschaft bis zum Eintreffen ihres zweiten Sohnes Karl aus Spanien.

Elisabeth Christine von Braunschweig-Wolfenbüttel (1691-1750) geb. in Braunschweig, gest. in Wien. Tochter von Herzog Ludwig Rudolf von Braunschweig-Wolfenbüttel und Christine Luise von Öttingen in Braunschweig. 1708 Vermählung mit König Karl III von Spanien, der 1712 zum römisch-deutschen Kaiser Karl VI gekrönt wurde. 1711 von ihrem Gatten an die Spitze der Regentschaft in Spanien gesetzt. Rückkehr nach Wien 1713. Mutter von Kaiserin Maria Theresia (geb. 1717).

Ernst August von Braunschweig-Calenberg (1629-1698) geb. in Herzberg am Harz, gest. in Herrenhausen, Hannover. Herzog zu Braunschweig und Lüneburg. Zunächst als Ernst August I Fürstbischof von Osnabrück. 1679 Fürst von Calenberg, Nachfolger seines Bruders Johann Friedrich. 1692 erster Kurfürst von Braunschweig-Lüneburg .

Eugen, Prinz von Savoyen-Carignan (1663-1736) geb. in Paris, gest. in Wien. Aus einer Nebenlinie des Hauses Savoyen stammend, in Paris aufgewachsen, zunächst zum Geistlichen bestimmt. Nach Ablehnung des Eintrittsgesuches in die französische Armee 1683 Flucht nach Wien und Eintritt ins kaiserliche Heer in Wien; 1683 Einsatz bei der Türkenbelagerung, Ende 1683 eigenes Dragonerregiment, 1688 Feldmarschall-Leutnant, 1693 Feldmarschall, 1697 Oberbefehlshaber im Türkenkrieg, 1703 Präsident des Hofkriegsrates und der geheimen Staatskonferenz, erster Feldherr der kaiserlichen Truppe. Souveräner Politiker, hochgebildet, Förderer von Wissenschaft und Kunst, Bauherr von Schlössern wie Belvedere in Wien, Niederweiden, usw. Sammler von Büchern, Landkarten, Handschriften, Reisebeschreibungen, Skulpturen, Porzellan, Exotika, u. a.

Fischer von Erlach, Johann Bernhard (1656-1723) geb. in Graz, gest. in Wien. 1700 geadelt. Begründer der spätbarocken Baukunst in Österreich, Ausbildung in Rom, Architekturlehrer von Kaiser Joseph I. Verfasser einer universalen Architekturgeschichte (1721 veröffentlicht). Hauptwerke in Wien: Stadtpalais des Prinzen Eugen, Böhmische Hofkanzlei, Hofbibliothek (heute Österreichische Nationalbibliothek), Karlskirche.

Fischer von Erlach, Joseph Emanuel (1693-1742) geb. und gest. in Wien. Sohn von Johann Bernhard F. v. E. Hofarchitekt unter Karl VI. Fortsetzung des Spätstils seines Vaters. Hauptwerke in Wien: Winterreitschule, Reichskanzleitrakt der Hofburg.

Fischer, Kuno (1824-1907) geb. in Sandewalde (heute Polen), gest. in Heidelberg. Deutscher Philosoph und Anhänger des Neukantianismus. Langjährige Auseinandersetzung mit dem Werk von Leibniz.

Flemming, Jakob Heinrich von (1667-1728) geb. in Hoff (Pommern), gest. in Wien. Kursächsischer Kabinettsminister und Generalfeldmarschall, ab 1689 in brandenburgischen Diensten, ab 1693 bis zu seinem Tod in sächsischen Diensten.

Florenville, Jean, Hausmeister und Vertrauter von Bischof Graf Franz Anton Buchhaim.

Foucher de Careil, Alexandre, Graf, auch **Louis Alexandre,** (1826-1891) geb. und gest. in Paris. Philosoph und Schriftsteller. Studien an verschiedenen Universitäten und mehrjährige Reisetätigkeit. 1870 Präfekt zuerst des Departements Côtes du Nord, dann des Departements Seine-et-Marne. Seit 1876 Senatsmitglied in Paris. Ab August 1883 Botschafter der französischen Republik in Wien. Herausgeber der Werke von Leibniz.

Francke, August Hermann (1663-1727) geb. in Lübeck, gest. in Halle/Saale. Evangelischer Theologe, Pädagoge und Kirchenlieddichter. Vertreter des Pietismus.

Friedrich III, Kurfürst von Brandenburg (1657-1713) geb. in Königsberg. gest. in Berlin. 1701 Selbstkrönung zum König von Preußen als Friedrich I. Zweite Ehe (1684-1705) mit Sophie Charlotte von Braunschweig-Lüneburg. Förderer von Gewerbe und Manufakturwesen, 1694 Gründung der Universität Halle. 1700 Gründung der Kurfürstlich-Brandenburgischen Societät der Wissenschaften in Berlin.

Garelli, Giambattista, auch **Johann Baptist** (1649-1732) geb. in Bologna, gest. in Wien. Leibarzt von Leopold I und Joseph I. Kunstsammler, Universalgelehrter, Jansenist.

Garelli, Pius Nicolaus (1675-1739) geb. in Bologna, gest. in Wien. Sohn des Giambattista G. Leibarzt Kaiser Karls VI in Wien und Spanien. Ab 1723 Präfekt der Hofbibliothek. Jansenist. Kunstsammler. Die von ihm und seinem Vater Giambattista gesammelten Bücher und Handschriften vermachte er der Kaiserlichen Hofbibliothek (heute Österreichische Nationalbibliothek). Entwarf die Grabschrift für Prinz Eugen.

Geier, Martin (1614-1680) geb. in Leipzig, gest. in Freiberg. Studium der Theologie und der orientalischen Sprachen. 1639 Professor der Hebräischen Sprache. Ab 1643 Diakon in Leipzig, 1659 Pfarrer, ab 1665 Oberhofprediger und Kirchenrat in Dresden.

Gentilotti, Giovanni Benedetto von Engelsbrunn, auch **Johann Benedikt** (1671/2-1725) geb. in Trient, gest. in Rom. Studium der Theologie, Jurisprudenz, alter Sprachen in Salzburg, Innsbruck, Rom. Zunächst Geistlicher Rat und Kanzleidirektor des Fürsterzbischofs von Salzburg. Von 1704-1723 Präfekt der Hofbibliothek Wien. Verfasser des ersten vollständigen Katalogs der europäischen Handschriften der Wiener Hofbibliothek. Von 1723-1725 Bischof von Trient.

Georg Ludwig von Braunschweig-Lüneburg, Kurfürst (1660-1727) geb. und gest. in Osnabrück. 1698 Antritt der Regierung in Hannover. Ältester Sohn von Ernst August von Braunschweig und Lüneburg und Sophie von der Pfalz. 1714 König von Großbritannien und Irland und Titularkönig von Frankreich. Dienstherr von Leibniz von 1698 bis 1716.

Görtz, Friedrich Wilhelm von, Freiherr von Schlitz (1647-1728) geb. bei Fulda, gest. in Hannover. 1685 Geheimer Rat in Hannover. 1695 kurfürstlich braunschweig-lüneburgischer Kammerpräsident. 1703 Oberhofmarschall.

Grimaldi, Claudio Filippo (1638-1712) geb. im Piemont, gest. in Peking. Jesuit, Chinamissionar, Astronom, Konstrukteur und Ingenieur, Metaphysiker und Theologe. Ab 1669 Aufenthalte in China. Rückkehr nach Europa. 1686 Prokurator der Jesuitenmission. Ab 1700 Rektor des Jesuitenkollegs in Peking.

Grimaldi, Francesco Maria (1618-1663) geb. und gest. in Bologna. Astronom, Optiker, Physiker und Mathematiker. Ab 1632 Professor am Jesuitenkolleg in Bologna.

Guericke, Otto von (1602-1686) geb. in Magdeburg, gest. in Hamburg. Deutscher Politiker, Jurist, Naturwissenschaftler und Erfinder.

Guhrauer, Gottschalk Eduard (1809-1854) geb. in Bojanowo (Posen), gest. in Breslau. Literaturhistoriker. Ab 1831 Studium der Schriften von Leibniz in Hannover und Paris. Professor für Literaturgeschichte in Breslau. Herausgeber von „Leibniz' deutsche Schriften" (Berlin 1838 bis 1840, 2 Bde.)

Habbeus von Lichtenstern, Christian, auch **Habäus** (gest. 1696). Um 1670 schwedischer Resident in Frankfurt/Main.

Hamann, Günther (1924-1994) geb. und gest. in Wien. Historiker, Schwerpunkte: Entdeckungsgeschichte, Wissenschaftsgeschichte. 1964 außerordentlicher, 1971 ordentlicher Professor für Geschichte der Neuzeit am Historischen Institut der Universität Wien. Ab 1974 wirkliches Mitglied der Österreichischen Akademie der Wissenschaften. Von 1977-1994 stellvertretender Obmann der 1974 gegründeten Kommission für Geschichte der Mathematik, Naturwissenschaften und Medizin der Österreichischen Akademie der Wisssenschaften.

Hantsch, Michael Gottlieb, auch **Hansch** (1683-1749) geb. in Danzig, gest. in Wien. Mathematiker, Philosoph und Theologe. Besitzer und Herausgeber der Werke von Johannes Kepler: 18 handschriftliche Bände.

Harnack, Adolf von (1851-1930) geb. in Dorpat (Estland), gest. in Heidelberg. Doktorate in Theologie, Jura, Medizin und Philosophie. Bedeutender Theologe und Kirchenhistoriker. Professor für Kirchengeschichte in Leipzig, Gießen, Marburg und Berlin.

Harrach, Aloys Thomas Raimund, Graf (1669-1742) geb. und gest. in Wien. Politiker und Diplomat. Ab 1694 Gesandter in Dresden, Madrid, Berlin, Hannover. 1715-1742 Landmarschall in Niederösterreich. 1728-33 Vizekönig in Neapel. 1734-1742 Mitglied der geheimen Staatskonferenz.

Harrach, Franz Anton, Graf (1665-1717) gest. in Salzburg. Bruder von Aloys T. R. Domherr in Salzburg und Passau. 1702 Bischof von Wien, 1709 Erzbischof von Salzburg. Von Kaiser Leopold I ad personam in den Reichsfürstenstand erhoben.

Harrach, Johann Joseph Philipp, Graf (1678-1764) geb. und gest. in Wien. Bruder von Aloys Th. R. und Franz A. Harrach. Offizier unter Prinz Eugen.

Helmont, Franciscus Mercurius van (1614-1699) geb. in Brüssel, gest. in Cölln bei Berlin. Arzt, Alchimist, Kabbalist, Theosoph, Quäker, Rosenkreuzer. Widmete sein Leben der Heilkunst, u. a. Behandlung von Rückenverkrümmungen, Arbeit mit Taubstummen. Interesse an Malerei, Mechanik. „Reisender von Hof zu Hof".

Heraeus, Carl Gustav (1671-1725) geb. in Stockholm, gest. in Veitsch (Kärnten). (Pseudonym Carolus Gustavus). Numismatiker, Archäologe und Dichter. Studium in Stettin, ab 1690 Frankfurt/Oder. Reisen durch Deutschland, Holland und Frankreich. 1694 Rückkehr nach Stockholm, Ausbildung zum Numismatiker. Ab 1701 in Diensten des Grafen Anton Günter Schwarzburg-Sondershausen, konvertierte zum Katholizismus. 1708-1725 Medaillen- und Antiquen-Inspektor und Hofantiquar am Hof Josephs I und Karls VI. Für Johann Bernhard Fischer von Erlach bei zahlreichen Bauwerken als Ikonograph tätig (u. a. Karlskirche in Wien). 1719 Beschäftigung mit Bergbau in Kärnten, erfolglose Versuche Kupfer abzubauen.

Hessen-Rheinfels, Ernst von, Landgraf (1623-1693) geb. in Kassel, gest.in Köln. Ab 1649 Landgraf von Hessen-Rheinfels. Befürworter einer Reunion der Protestanten und Katholiken. 1641 militärische Laufbahn. 1650 Aufhebung des Erstgeburtsrechtes und Stiftung der Linie Rheinfels-Rotenburg. 1652 Konversion zum Katholizismus. 1666 „Rheinfelsisches Gesangbuch" (katholische, lutherische und reformierte Lieder).

Hevelius, Johannes, auch **Johannes Hevel, Johann Hewelcke, Jan Heweliusz** (1611-1687) geb. und gest. in Danzig. Astronom und Instrumentenbauer, Ratsherr und Bürgermeister von Danzig. Gilt als Begründer der Kartographie des Mondes. 1641 Errichtung eines Observatoriums in Danzig mit einem selbst konstruierten Teleskop von 45m Länge. Ab 1664 astronomische Zusammenarbeit mit seiner zweiten Frau Elisabeth. 1664 Mitglied der Royal Society.

Heyn, Friedrich (1653-1724 oder 1725) Sekretär und Reisebegleiter von Leibniz, u. a. bei der ersten Reise nach Wien 1687/1688. Ab 1690 herzogl. Sachsen-Weimarer Zehntner und Berginspektor in Ilmenau. Ab 1696-1724 herzogl. Sachsen-Gothaer Oberberginspektor.

Hocher, Johann Paul (1616-1683) geb. in Freiburg (Breisgau). Studium der Rechte, ab 1652 Advokat in Bozen, 1655 Vizekanzler unter Erzherzog Ferdinand Karl von Tirol, 1660 Adelsstand, ab 1663 in den Diensten Kaiser Leopolds I, ab 1667 kaiserlicher österreichischer Hofkanzler, in den Freiherrenstand erhoben.

Hoffmann, Friedrich (1660-1742) geb. und gest. in Halle/Saale. Arzt, Cartesianer. 1694-1742 Professor für Medizin an der Universität Halle. Untersuchung und medizinische Anwendung von Heilquellen. 1700 Niederschrift seiner Beobachtungen bei Kranken. Ärztlicher Berater von Leibniz.

Holz, Hans Heinz, geb. 1927 in Frankfurt/Main. Philosoph, Professor für Philosophie in Marburg, Groningen.

Hooke, Robert (1635-1703) geb. in Freshwater (Isle of Wight), gest. in London. Naturwissenschaftler. Zahlreiche Beiträge in Astronomie, Mechanik, Optik, Architektur. Herausragender Experimentalphysiker. Verbesserung von zahlreichen physikalischen Geräten wie Mikroskop, Teleskop, Thermometer, Barometer, Luftpumpe, Pendel etc. Ab 1662 Kustos für Experimente der neu gegründeten Royal Society. London. Von 1677 bis 1683 Sekretär der Royal Society. Hauptwerk: „Micrographia".

Hörnigk, Philipp Wilhelm von, auch **Hornick, Horneck** (1640-1714) geb. in Frankfurt/Main, gest. in Passau. Nationalökonom und Archivar, Alchimist, Kameralist. 1661 Abschluss des Studiums der Rechte. Bis 1690 Tätigkeit in Wien als Alchimist und Wirtschaftspolitiker am Hof Leopolds I. Enge Kontakte zu seinem Schwager Johann Joachim Becher. Ab 1690 im Dienst des Fürstbischofs von Passau, als Geheimer Rat in den Freiherrenstand erhoben. 1684: „Österreich über alles, wenn es nur will", ein frühes Werk über die österreichische Nationalökonomie.

Huldenberg, Daniel Erasmus, Freiherr von (1660-1733) geb. und gest. in Neukirch (Lausitz). Königlicher Großbritannischer und Kurfürstlich Braunschweigisch-Lüneburgischer Gesandter am kaiserlichen Hof in Wien. 1698 zum Ritter, 1701 zum Grafen, 1712 zum Freiherrn ernannt. 1723 Ankauf der Rittergüter Ober- und Niederneukirch. In Diensten der Kaiser Leopold I, Joseph I, Karl VI.

Huygens, Christiaan (1629-1695) geb. und gest. in Den Haag. Mathematiker, Physiker, Philosoph. Studium in Leiden und Breda. Reisen nach Paris und London. Bedeutende Leistungen in Astronomie, Optik, Mechanik und Mathematik. Erfindungen: 1656 Pendeluhr, 1658 Unruhe zusammen mit Hooke. 1690 Wellentheorie des Lichtes. 1672 bis 1676 intensiver Kontakt mit Leibniz in Paris. Ab 1663 Mitglied der Royal Society, London, 1666 Mitglied der Académie des Sciences, Paris.

Huyssen, Heinrich, Freiherr von (1666-1739) geb. in Essen, gest. vor Kopenhagen. Deutscher Diplomat und Berater Peters des Großen. Studium der Rechtswissenschaften und Sprachen in Duisburg, Köln und Halle. 1701 Sekretär des sächsischen Generals J. H. von Flemming. 1702 Eintritt in russische Dienste, Jurist und Erzieher des Großfürsten Alexei. 1705 russischer Gesandter am Kaiserhof in Wien. 1707 Historiograph Zar Peters I. Ab 1726 Rat im Kriegskollegium und wirklicher Staatsrat.

Jablonski, Daniel Ernst (1660-1741) geb. in Nassenhuben bei Danzig, gest. in Berlin. Enkel von J. Amos Comenius. Studium der Theologie. Bis 1686 reformierter Prediger in Magdeburg, bis 1690 Rector des Gymnasiums in Lissa, dann Hofprediger in Königsberg, 1693 bis 1741 Hofprediger am Berliner Hof. 1700 Mitgründer der Berliner Societät, mehrere Entwürfe für die Statuten. Ab 1733 Präsident der Berliner Societät.

Jablonski, Johann Theodor (1654-1731) geb. in Nassenhuben bei Danzig, gest. in Berlin. Bruder von Daniel Ernst J. Pädagoge, zunächst als Prinzenerzieher in England, Holland, im deutschsprachigen Raum, Sekretär der Fürstin Radzivil von Polen, 1689 Sekretär am sächsisch-weißenburgischen Hof in Barby. Lexikograf. Ab 1700 Sekretär der Berliner Societät.

Johann Friedrich von Braunschweig-Lüneburg-Calenberg (1625-1679) geb. in Schloss Herzberg, gest. in Augsburg. Herzog, 1665 für kurze Zeit Fürst des Fürstentums Lüneburg sowie von 1665 bis 1679 Fürst des Fürstentums Calenberg (Residenz: Hannover). Erster Dienstherr von Leibniz in Hannover von 1676-1679.

Johann Wilhelm von Pfalz-Neuburg (1658-1716) geb. und gest. in Düsseldorf. 1678 Heirat mit Maria Anna Josepha Erzherzogin von Österreich. Ab 1679 als Johann Wilhelm II Herzog von Jülich und Berg, ab 1690 auch Erzschatzmeister des Heiligen Römischen Reiches, Pfalzgraf-Kurfürst von der Pfalz und Pfalzgraf-Herzog von Pfalz-Neuburg. 1691 zweite Ehe mit Anna Maria Louise, Tochter von Cosimo III de Medici, Großherzog der Toskana.

Jörger, Jean Joseph, Graf von, auch **Johann Quintin**, (1624-1705) geb. in Regensburg, gest. in Wien. Studien der Rechtswissenschaften in Leipzig und Straßburg. Ab 1657 Graf und Herr zu Tollet und Erlach, Vizepräsident der Hofkammer. 1681 von Leopold I zum wirklichen Geheimen Rat ernannt. 1687 Statthalter von Niederösterreich. 1688 Ritter vom Goldenen Vlies. Veranlasste den Bau der ersten Wiener Straßenbeleuchtung. Anhänger der Philosophie von Leibniz, vor allem der Theodicée.

Joseph I (1678-1711) geb. und gest. in Wien. Erster Sohn Kaiser Leopolds I aus dessen dritter Ehe mit Eleonore von Pfalz-Neuburg. 1705 bis 1711 Kaiser des Heiligen Römischen Reiches Deutscher Nation, König von Böhmen, Kroatien und Ungarn. 1699 Heirat mit Amalia Wilhelmine von Braunschweig-Lüneburg. Drängte auf Reformierung des Regierungssystems seines Vaters. Setzte in Schlesien Bauernbefreiungsreform durch. Förderer von Kunst und Musik. Starb nach nur 6-jähriger Regierungszeit.

Jungius, Joachim (1587-1657) geb. in Lübeck, gest. in Hamburg. Rektor des akademischen Gymnasiums in Hamburg, Naturforscher, Mathematiker, Mediziner, Botaniker. Vertreter atomistischer Vorstellungen in der Chemie.

Karl II (1630-1685) geb. und gest. in London. König von England, Schottland und Irland (1660-1685) Sohn und Nachfolger Karls I, der 1649 hingerichtet wurde. Thronbesteigung nach der Wiederherstellung der Königswürde am 29. Mai 1660.

Karl VI (1685-1740) geb. und gest. in Wien. Zweiter Sohn Kaiser Leopolds I, aus dessen dritter Ehe mit Eleonore von Pfalz-Neuburg. Nachfolger seines Bruders Joseph I. Von 1711 bis 1740 römisch-deutscher Kaiser und Erzherzog von Österreich und Souverän der übrigen habsburgischen Erblande. Als Karl III König von Ungarn und Kroatien, als Karl II König von Böhmen, als Karl III designierter König von Spanien sowie durch den Frieden von Utrecht von 1713 bis 1720 als Karl III auch König von Sardinien. Als Karl II 1703 bis 1711 in Spanien als Erbe der spanischen Monarchie bestimmt. 1708 Heirat mit Elisabeth Christine von Braunschweig-Wolfenbüttel. 1713 pragmatische Sanktion.

Kaunitz, Dominik Andreas, Reichsgraf von (1654-1705) geb. in Brünn, gest. in Wien. Staatsmann, Ritter des Ordens vom Goldenen Vlies. Wirklicher Geheimer Rath und Vertreter des Kaisers bei zwischenstaatlichen Vertragsverhandlungen. 1696 Reichs-Vice-Kanzler und geheimer Conferenz-Minister.

Ker of Kersland, John, auch **John Crawford** (1673 -1726) geb. in Ayrshire, Schottland, gest. in Utrecht. Kontakte zu den Höfen Wien, Hannover und London, Übermittler von Nachrichten. Jahrelang in einem „Gefängnis der Schuldner".

Khevenhüller, Sigmund Friedrich, Reichsgraf von (1666-1742) geb. in Klagenfurt, gest. in Wien. Studium der Rechtswissenschaften in Linz, Salzburg und Prag. 1698 bis 1712 Landeshauptmann von Kärnten. Von 1685-1690 Reisen durch Europa. 1686 kaiserlicher Kämmerer. 1711 Statthalter von Niederösterreich. Ritter des Ordens vom Goldenen Vlies.

Klencke, Maria Charlotte, Freiin von, geb. in Hannover, gest. in Wien 1748? Tochter des Diplomaten und Hannoverschen Oberkammerherrn Wilken Klencke. Ab 1700 Hofdame (Kammerfräulein) von Amalia Wilhelmine, Gattin Josephs (von 1705-1711 Kaiser Joseph I), des ältesten Sohnes von Kaiser Leopold I. Bis dato in der Literatur als „Klenck" bezeichnet.

Klopp, Onno (1822-1903) geb. in Leer, Ostfriesland, gest. in Wien. Historiker und Publizist. Studien der Philologie, der evangelischen Theologie, der Geschichte und Philosophie in Bonn, Berlin und Göttingen. Ab 1858 in Hannover. Von König Georg V 1861 mit der Edition der staatswissenschaftlichen Werke von G. W. Leibniz beauftragt. Ab 1862 in Diensten von Georg V als Sekretär und Kurier im Krieg gegen die Preußen. Ab 1872 österreichischer Staatsbürger. Von 1876 bis 1882 Lehrer von Erzherzog Franz Ferdinand.

Königsegg-Rothenfels, Leopold Wilhelm, Graf von (1630-1694) geb. und gest. in Wien. Ab 1651 Kämmerer Kaiser Ferdinands III. 1656/57 Reisebegleiter von Kaiser Leopold I (Ungarn, Frankfurt, Innerösterreich). Ab 1669 Reichs-Vizekanzler unter Leopold I. Ritter vom Goldenen Vlies. 1666 Vizepräsident des Reichshofrats.

Königsegg-Rothenfels, Lothar Joseph Dominik, Graf von (1673-1751) geb. und gest. in Wien. Kaiserlicher Feldmarschall. 1736 bis 1738 Präsident des österreichischen Hofkriegsrates. 1737 Oberbefehl im russisch-österreichischen Türkenkrieg, dann Konferenzminister und Oberhofmeister von Kaiserin Elisabeth Christine.

Korb, Hermann (1656-1735) geb. in Niese, Fürstentum Lippe, gest. in Wolfenbüttel. Ausgebildeter Tischler. Ab 1704 Fürstlicher Landbaumeister. Von Herzog Anton Ulrich zweimal zum Studium der Baukunst nach Italien geschickt. Bau von öffentlichen Gebäuden, Schlössern und Kirchen, vor allem in Braunschweig-Wolfenbüttel und Blankenburg.

Kortholt, Christian, auch **Korthold und Cortholt, der Ältere** (1633-1694) geb. Insel Fehmarn, gest. in Kiel. Vater des Sebastian Christian Kortholt. Protestantischer Theologe. Studium in Rostock, 1656 Magister in Jena. 1663 Professor für Griechisch und 1664 Theologieprofessor in Rostock. Berufung an die Christian-Albrechts-Universität, Kiel 1665. Forschungsschwerpunkt Kirchengeschichte.

Kortholt, Christian, der Jüngere (1709-1751) geb. in Kiel gest. in Göttingen. Deutscher lutherischer Theologe. Studien der Philosophie an der Universität Kiel, Studien der Theologie an den Universitäten Wittenberg und Leipzig. Ab 1731 Venia legendi für Universität Leipzig.

Kortholt, Sebastian Christian (1675-1760) geb. und gest. in Kiel. Bis 1696 Studium in Kiel, dann Aufenthalte in Holland, England und Leipzig. 1701 öffentlicher Lehrer der Dichtkunst in Kiel, ab 1702 ordentlicher Professor der Dichtkunst in Kiel, 1704 Leiter der Kieler Universitätsbibliothek. 1706 ordentlicher Professor der Moral in Kiel. 1725 Professor der Beredsamkeit. Herausgeber von Schriften von Leibniz.

Kuenburg, Franz Ferdinand von, auch **Küenburg, Khuenburg, Khünburg, Kienburg** (1651-1731) geb. in Mossa bei Görz. Bischof von Laibach. 1710 kaiserlicher Gesandter in Portugal. Ab 1713 Erzbischof von Prag.

Lambeck, Peter, auch **Lambeccius** (1628-1680) geb. in Hamburg, gest. in Wien. Historiker. Weitgereist, universell gebildet. Von 1662-1680 Hofbibliothekar und Hofhistoriograph in Wien: Neuordnung von 80.000 Bänden. Eingliederung seiner eigenen Bibliothek in die Hofbibliothek.

Lamberg, Johann Philipp von (1651-1712) geb. in Wien, gest. in Regensburg. Kaiserlicher Reichshofrat, Gesandter und Minister. Ab 1679 im geistlichen Stand, Domherr zu Passau. Von 1689 bis 1712 Fürstbischof in Passau.

Lefort, François, auch **Le Fort,** auch **Franz Jakob** (1656-1699) geb. in Genf, gest. in Moskau. Studien in Genf. Ab 1675 nach Kriegsdiensten in Holland Berater und Vertrauter von Zar Peter I. Erster russischer Admiral. Organisator der russischen Kriegsflotte.

Lefort, Pierre, auch **Peter,** geb. 1876 in Genf. Ab 1694 auf Einladung seines Onkels François Lefort Aufenthalt in Russland.

Leopold I (1640-1705) geb. und gest. in Wien. Sohn von Kaiser Ferdinand III aus dessen erster Ehe mit Maria von Spanien. 1658 Kaiser des Heiligen Römischen Reiches Deutscher Nation sowie König von Ungarn (ab 1655), Böhmen (ab 1656) und Kroatien und Slawonien (ab 1657). Aus seiner dritten Ehe mit Eleonore von der Pfalz stammen seine Nachfolger Joseph I und Karl VI.

Leeuwenhoek, Antoni van (1632-1723) geb. und gest. in Delft. Zoologe. Konstruktion von mehr als 200 einlinsigen Mikroskopen. Entdecker der Infusorien.

Liechtenstein, Anton Florian, Fürst von (1656-1721) geb. u. gest. in Schloss Wilfersdorf, Niederösterreich. 1676 kaiserlicher Kämmerer, Träger des Ordens vom Goldenen Vlies, 1687 ungarischer Indigent. 1689 Mitglied des Geheimen Rates, ab 1691 Botschafter am päpstlichen Hof in Rom. Erzieher von Kaiser Karl VI. 1703 bis 1711 Obersthofmeister und Erster Minister von Karl III in Spanien. Kämpfte im Spanischen Erbfolgekrieg. Ab 1718 an der Spitze der Regierung Liechtensteins; Liechtenstein wurde durch ihn zum souveränen Reichsfürstentum.

L´Hospital, Guillaume François Antoine, Marquis de, auch **L´Hôpital,** (1661-1704) geb. und gest. in Paris. Marquis de Sainte-Mesme et du Montellier, Comte d´ Entremont. Mathematiker. 1702 und 1704 Vizepräsident der Académie des Sciences, Paris.

Löffler, Friedrich Simon (1669-1748) geb. in Leipzig, gest. in Leipzig ? Universalerbe von Leibniz. Sohn des Predigers Simon Löffler aus erster Ehe. In zweiter Ehe heiratete Simon Löffler Anna Katharina Leibniz (1648-1672), einzige Schwester von G. W. Leibniz. Friedrich Simon Löffler: Studium der Theologie in Leipzig, 1689 Magister, 1692 Studium der orientalischen Sprachen in Hamburg, 1694 Baccalaureus, 1695 Pfarrer in Probstheida.

Ludolf, Hiob (1624-1704) geb. in Erfurt, gest. in Frankfurt/Main. Studien in Erfurt und Leiden, vor allem orientalischer Sprachen. Reisen nach Frankreich, England, Rom, Ägypten. Begründer der äthiopischen Philologie. Kursächsischer Resident in Frankfurt/Main.

Luise Hollandine von der Pfalz, auch **Louise Maria, Pfalzgräfin bei Rhein** (1622-1709) geb. in Den Haag, gest. in Maubuisson. Tochter des Kurfürsten Friedrich V von der Pfalz (1596–1632) aus dessen Ehe mit Elisabeth Stuart. Malerin und Kupferstecherin.

Schwester von Kurfürstin Sophie. Konvertierte zum katholischen Glauben. 1664-1709 Äbtissin des Zisterzienserklosters Maubuisson. Großer Einfluss am Hofe Ludwigs XIV, Kontakte zu Bossuet und Pellisson. Unterstützte Leibniz in seinen Bemühungen um die Reunion der Konfessionen.

Magliabecchi, Antonio, auch **Magliabechi** (1633-1714) geb. und gest. in Florenz. Selbststudium der alten Sprachen, Literatur und Geschichte. Bis zu seinem 40. Jahr Goldschmied, dann Leiter der großherzoglichen Bibliothek in Florenz.

Malebranche, Nicholas (1638-1715) geb. und gest. in Paris. Theologe, Philosoph, Naturwissenschaftler, 1660 Eintritt ins Oratorium. Verband den naturwissenschaftlich orientierten Cartesianismus mit der theologischen Lehre des Augustinus. In den Naturwissenschaften Verfechter der Ideen Newtons.

Marinoni, Johann Jakob, auch **Marignoni** (1676-1755) geb. in Udine, gest. in Wien. Studien der Mathematik und Astronomie in Wien. 1703 Kaiserlicher Hofmathematiker. 1704 Entwurf des Linienwalls zur Befestigung der Wiener Vorstädte. 1706 Plan von Wien. 1728 Errichtung der ersten Sternwarte in Wien (Privathaus auf der heutigen Mölkerbastei). Verbesserung von optischen Instrumenten. Professor der Edelknaben, Oberdirector der Ingenieurakademie. 1719 bis 1729 in Mailand die erste Katastervermessung Europas

Marlborough, John Churchill, Herzog von (1650-1722) geb. in Ashe, Devonshire, gest. in Cranbourne Lodge. General, Feldherr im Spanischen Erbfolgekrieg. Gemeinsam mit Prinz Eugen Sieg u. a. in der Schlacht von Höchstädt 1704.

Menegatti, Francesco (1631-1700) Professor der Theologie und Philosophie an der Universität Wien. Beichtvater von Kaiser Leopold I.

Mersenne, Marin (1588-1648) geb. in Maine, Frankreich, gest. in Paris. Theologe, Mathematiker und Physiker. Editionen und Übersetzungen der Schriften von u. a. Galilei, Euklid, Archimedes. Hervorragender Experimentator. Mitschüler und engster Freund Descartes´.

Metternich, Pauline (1836-1921). Enkelin und durch Ehe mit dem Bruder ihrer Mutter auch Schwiegertochter des Staatskanzlers. Aufenthalte in Sachsen, Paris und Neapel. Ab 1870 in Wien Organisation von „Salons"; beeinflusst von Leibniz. Gründung von sozialen Institutionen (u. a. Wiener Rettungsgesellschaft und Gesellschaft zur Erforschung von Krankheiten).

Molanus, Gerard Wolter, auch **Gerhard van der Muelen** (1633-1722) geb. in Hameln, gest. in Loccum bei Hannover. 1659 Professor der Mathematik. 1664 Professor der Theologie. 1673 erster Konsistorialrat in Hannover. 1677-1722 Abt des Klosters Loccum. Besitzer einer bedeutenden wissenschaftlichen Bibliothek und eines „Medaillen-Cabinets".

Nessel, Daniel, aus Uelzen (Niedersachsen), gest. in Wien. Sohn des Poeten Martin Nessel. Von 1680-1700 Unterbibliothekar der kaiserlichen Hofbibliothek in Wien.

Orban, Ferdinand (1655-1732) geb. in Kammer bei Landshut, gest. in Ingoldstadt. 1672 Eintritt in den Jesuitenorden, 1688 Professor der Mathematik in Innsbruck, 1688-1692 Hofprediger in Innsbruck. Langjähriger Beichtvater des Kurfürsten Johann Wilhelm von der Pfalz. Einsatz für eine weltweite Tätigkeit des Jesuitenordens. Sammler von Geräten aus Physik, Astronomie, Alchemie, weiters von Waffen, Münzen, Mineralien, Ostasiatiken und „Kuriositäten" (u. a. Hirnschale von Oliver Cromwell). 1722 Museumsbau in Ingolstadt für seine Sammlung. Soziale Stiftungen wie Spitäler in Düsseldorf und Landshut.

Patkul, Johann Reinhold von (1660?-1706/7?) geb. in Stockholm, gest. bei Posen. Livländischer und sächsischer Staatsmann. Vermutlich juristische Studien in Livland. Verteidiger der Landesrechte Livlands. Ab 1701 im Dienst des russischen Zaren Peter I, 1703 russischer Gesandter am sächsisch-polnischen Hofe bei August dem Starken. Hingerichtet auf Anweisung von Karl XII von Schweden.

Paullini, Christian Franz (1643-1712) geb. und gest. in Eisenach. Universalgelehrter, Arzt und Schriftsteller. Ab 1678 Braunschweig-Wolfenbüttelscher Leibmedikus am Braunschweigschen Hof in Wolfenbüttel. Ab 1689 Stadtarzt in Eisenach. Zahlreiche Schriften über Medizin und Naturwissenschaften, Verfasser von mehr als 50 Büchern.

Pellisson-Fontanier, Paul, auch **Pelisson** (1624-1693) geb. in Béziers, gest. in Versailles. Zunächst Hugenotte, 1670 zum Katholizismus konvertiert. Staatsrat und Historiograph Ludwigs XIV. Versuchte Leibniz zur Konvertierung zum Katholizismus zu bewegen.

Perrault, Claude (1613-1688) geb. und gest. in Paris. Architekt, Arzt, Physiker, Autor. 1683 Begründer der Architekturschule des französischen Barock. Pläne für den östlichen Flügel des Louvre und für die Pariser Sternwarte. Verfasser von Werken über Physik und Naturgeschichte. Bruder von Charles Perrault (Märchensammlung).

Peter I – Peter der Große (1672-1725) geb. in Moskau, gest. in Sankt Petersburg. Geboren als Pjotr Alexejewitsch Romanow. Von 1682 bis 1721 Zar und Großfürst von Russland. Von 1721 bis 1725 der erste Kaiser des Russischen Imperiums. Unter seiner Regentschaft Aufstieg Russlands zu einer europäischen Großmacht.

Pez, Bernhard (1683-1735) geb. in Ybbs, gest. in Melk. Benediktinermönch. Historiker und Philologe. Ab 1700 Bibliothekar des Stiftes Melk. Auf ausgedehnten Reisen mit seinem Bruder Hieronymus Sammlung von Handschriften. Bewahrung alter Handschriften. Plan der Gründung einer wissenschaftlichen, nicht vollendeten Benediktinerakademie.

Pez, Hieronymus (1675-1762) geb. in Ybbs, gest. in Melk. Benediktinermönch. Historiker und Philologe. Bruder des Bernhard P. Sammler von österreichischen Geschichtsquellen und Handschriften. Lehrer in Melk. Von 1735-1739 Bibliothekar in Melk.

Placcius, Vincentius, auch **Vincenz** (1642-1699) geb. und gest. in Hamburg. Jurist und Philosoph. Studium in Hamburg, Helmstedt, Leipzig. 1662-67 Reisen nach Italien und in die Niederlande. 1667 Jurist in Hamburg. Ab 1675 Professor der Philosophie und Eloquenz am Gymnasium in Hamburg.

Puchheim, siehe Buchhaim

Ramazzini, Bernadino (1633-1714) geb. in Capri, gest. in Hamburg. Italienischer Arzt. 1682 Professor für Medizin an der Universität Modena, ab 1700 an der Universität Padua. 1700 De morbis artificum: erste Zusammenfassung wichtiger Krankheiten von über 50 Berufsgruppen. Pionier der Arbeitsmedizin.

Salm, Karl Theodor Otto, Fürst von (1663-1710) gest. in Aachen. Obersthofmeister von Joseph I.

Schierl von Schierendorf, Christian Julius von (1661-1726) Hofkammerrat, leitete umfangreiche Reformen in Ungarn ein. Unterstützung von Protestanten.

Schlick, Leopold Joseph Anton, auch Schlik, Graf von (1663-1723) geb. in Karlsbad, gest. in Wien?, beigesetzt in Prag. 1692 General-Wachtmeister. 1701 kaiserlicher Rat. 1712 General-Feldmarschall. 1713 Oberhofkanzler (Oberstkanzler) des Königreichs Böhmen.

Schmid, Johann Philipp, auch Schmidt. Führte den Titel Hofrath, gelegentlich auch den Adelstitel Schmid Heppen auf Dreyenfels. Agent in Wien, Mitarbeiter eines Grafen von Leinigen-Westerburg. 1712-1714 kurzzeitig in Diensten von Leibniz.

Schönborn, Johann Philipp von (1605-1673) geb. auf Burg Eschbach im Taunus, gest. in Würzburg. Sohn eines einfachen Landedelmannes. Ab 1642 Fürstbischof von Würzburg, 1647 Erzbischof von Mainz, 1647 Kurfürst von Mainz und 1663 Bischof von Worms,.

Schönborn, Friedrich Karl, Graf von (1674-1746) geb. in Mainz, gest. in Würzburg. 1707 Koadjutor seines Onkels Johann Philipp Schönborn. 1729 Fürstbischof zu Würzburg und Bamberg. 1705-1732 Reichsvizekanzler; Freundschaft mit Prinz Eugen.

Schöttel, Nicolaus Maurandus, Sohn des Theobald Schöttel, wirklicher Kanzlist in der kaiserlichen Kriegskanzlei, hochgebildet in Mathematik.

Schöttel, Theobald, auch Schöttl, Schottel, Schoettel. Gest. 1750 in Wien. „Antecamera Thürhüter", auch Cammer-Thürhüter, Garde de l'Antichambre von Karl VI. Hochgebildet in Mathematik. Großer Einfluss am kaiserlichen Hof. 1712-1716 Vertrauter von Leibniz. Gemeinsam mit seinem Sohn Nicolaus Schenkung von Büchern (Mathematik, v.a. Arithmetik) an das Kloster der Piaristen in Horn, Niederösterreich.

Sinzendorf, Philipp Ludwig Wenzel, Graf, auch Sinzendorff, (1671-1742) geb. und gest. in Wien. Diplomat und Staatsmann. 1695 Reichshofrath, Kaiserlicher Obersthofkanzler. 1699-1701 außerordentlicher Gesandter Kaiser Leopolds I am Hof zu Versailles. Nach Ausbruch des spanischen Erbfolgekrieges nach Wien zurückgekehrt. 1705 von Kaiser Joseph I zugleich mit Freiherrn von Seilern zum Hofkanzler ernannt. Gesandter zum Kongress von Utrecht 1711.

Sinzendorf, Sigmund Rudolf von, auch Sinzendorff (1670-1747) gest. in Wien. Oberstkämmerer. Ab 1724 Obersthofmeister Karls VI. Cousin von Philipp Ludwig Wenzel S.

Sophie von der Pfalz (1630-1714) geb. in Den Haag, gest. in Herrenhausen (Hannover). Auch bekannt als Sophie von Hannover. Tochter des Winterkönigs Friedrich V von der Pfalz und der Elisabeth Stuart. Protestantische Nachfahrin des Hauses Stuart, Enkelin von Jakob I von England. 1658 Heirat mit Herzog Ernst August von Hannover. Ab 1692 Kurfürstin. 1701 vom englischen Parlament zur Erbin des Thrones von England erklärt; übertrug ihre Rechte auf ihren erstgeborenen Sohn Georg Ludwig (1660-1727), ab 1714 als Georg I König von Großbritannien und Irland. Dadurch Beginn der Personalunion von Großbritannien und Hannover. Es sind ca. 300 Briefe zwischen Leibniz und Sophie von 1684-1714 erhalten.

Sophie Charlotte von Braunschweig und Lüneburg, Herzogin (1668-1705) geb. in Schloss Iburg bei Osnabrück, gest. in Hannover. Tochter von Kurfürst Ernst August und Sophie von der Pfalz. 1684 Heirat mit Kurfürst Friedrich III von Brandenburg. 1701 erste Königin Preußens. Hochgebildet, Interesse für Philosophie. Einfluss auf Leibniz' Theodicée. Unterstützte die Gründung der Preußisch-Brandenburgischen Akademie der Wissenschaften.

Spinola, Christobal Royas de, auch Christoph Rojas (1626-1695) geb. in Roermond, gest. in Wiener Neustadt. Letzter Nachfahre eines alten spanischen Geschlechts. Studium der Theologie in Köln, Eintritt in den Franziskanerorden. Seit 1661 in kaiserlichen Diensten. Beichtvater der Infantin Margareta, der ersten Gemahlin von Leopold I. Von Leopold I 1666 zum Bischof von Tinninia, auch Tina (Titular-Bistum im heutigen Bosnien) ernannt. Seit 1673 Reunionsverhandlungen mit deutschen protestantischen Fürsten. Von 1685-1695 Bischof zu Wiener Neustadt.

Spinoza, Baruch de (1632-1677) geb. in Amsterdam, gest. in Den Haag. Philosoph und Mathematiker. Studium der Philosophie, Naturwissenschaften und Mathematik in Amsterdam. Biblisch-talmudische Ausbildung in der jüdischen Gemeinde (1656 Ausschluss). Ab 1660 Arbeit als Linsenschleifer. 1673 Ablehnung einer Professur für Philosophie in Heidelberg.

Stella, Rochus, auch Rocca Stella, Graf von Santa Croce, auch Santacruce, geb. in der Nähe von Neapel, bürgerlicher Abstammung. Ab 1681 in kaiserlichen Diensten. Geheimer Stadtrath von Neapel, im Hohen Rathe der Spanischen Monarchie in Wien. Ab 1711 in Wien. Kaiserlicher, königlicher, spanischer geheimer Rath und General-Wachtmeister. Großer politischer Einfluss am Hof Karls VI.

Strattmann, Theodor Althet Heinrich, Graf von, auch Stratmann, Straatman, Straetman, Strateman, (1637-1695 auch 1693) geb. in Cleve, gest. in Wien. Zunächst Hofrath und Vicekanzler zu Düsseldorf bei dem Pfalzgrafen zu Neuburg. Ab 1680 österreichischer Principal-Gesandter in Regensburg, ab 1683 österreichischer Hofkanzler.

Sunthaym, Ladislaus (1440-1512) geb. in Ravensburg, gest. in Wien. Historiker, Genealoge, Geograph, Geistlicher. Vorwiegend in Wien tätig. Verfasser der Klosterneuburger Tafeln (Genealogie der Babenberger).

Swammerdam, Jan (1637-1680) geb. und gest. in Amsterdam, Naturforscher und Biologe, Studien in Leiden, Paris, Amsterdam, 1667 Doktor der Medizin, 1675 Abhandlungen über die Metamorphose der Insekten, vor allem der Bienen.

Tschirnhaus, Ehrenfried Walther von, auch Tschirnhauß (1651-1708) geb. in Kieslingswalde bei Görlitz, gest. in Dresden. Mathematiker, Physiker, Techniker, Philosoph, Didaktiker, Alchimist, Mineraloge, Vulkanologe. Ab 1668 Studium der Medizin und der Naturwissenschaften an der Universität Leiden. Bildungsaufenthalte in England, Frankreich und Italien. 1682 als erster Deutscher zum auswärtigen Mitglied der Académie des Sciences zu Paris ernannt. Europäischer Erfinder des Porzellans (Friedrich Böttger zu Unrecht zugeschrieben). Bau von Brennspiegeln und Brennlinsen großer Brennweiten. Gründung einer „mathematisch-physikalischen Akademie" in Dresden. 1701 als erstes auswärtiges Mitglied in die Berliner Akademie aufgenommen.

Traun und Abensberg, Otto Ehrenreich, Graf von (1644-1715) 1690 von Kaiser Leopold I zum Landmarschall ernannt, 1711 von Karl VI bestätigt.

Urbich, Johann Christoph, Freiherr von (1653-1715) geb. und gest. in Creuzburg, Thüringen. Geheimer Rat, dänischer Botschafter und Minister in Wien. Maßgeblicher Einfluss auf die europäische Politik im ausgehenden 17. und beginnenden 18. Jahrhundert.

Varignon, Pierre de (1654-1722) geb. in Caen, gest. in Paris. Französischer Wissenschaftler, Mathematiker, Physiker.

Viviani, Vincenzo (1622-1703) geb. und gest. in Florenz. Mathematiker und Physiker. Letzter Schüler und ab 1639 Mitarbeiter von Galileo Galilei. Verfasste die erste Biografie über Galilei. Rekonstruierte Schriften von Archimedes und Euklid.

Vota, Carlo Mauritio, auch **Charles Maurice** (1629-1715) geb. in Turin. Ab 1645 Mitglied des Jesuitenordens. Direktor der Geographischen Akademie in Turin. Von Papst Innozenz XI als Gesandter nach Wien und Warschau geschickt. Beichtvater von König Jan Sobieski und von August dem Starken. Gründer einer Niederlassung der Jesuiten in Moskau.

Weigel, Erhard (1625-1699) geb. in Weiden, Oberpfalz, gest. in Jena. Deutscher Mathematiker, Astronom, Philosoph und Techniker. Professor der Mathematik an der Universität Jena, Lehrer von Leibniz. Befasste sich mit der Reform des Schulunterrichts.

Windischgrätz, Ernst Friedrich, Graf von, auch **Windisch-Graetz,** (1670-1727) 1694 kaiserlicher Gesandter in Dresden, 1701 in Regensburg, 1714 Präsident des Reichshofrates.

Windischgrätz, Gottlieb Amadeus, Reichsgraf von, auch **Windisch-Graetz,** (1630-1695) geb. in Regensburg, gest. in Wien. 1682 zum Katholizismus konvertiert. Ritter vom Goldenen Vlies, kaiserlicher Geheimer Rath, Kämmerer, Reichs-Vicekanzler. Angehöriger der fruchtbringenden Gesellschaft. Dichter von Sonetten und Zeitgedichten.

Wren, Christopher (1632-1723) geb. in East-Knoyle, Wiltshire, gest. in Hampton Court. Astronom, Architekt, Mathematiker, Naturwissenschaftler. Mitbegründer der Royal Society. Studium der Mathematik in Oxford. Nach dem Brand von London 1666 Baumeister der Stadt London. Ab 1668 königlicher Generalarchitekt von England. Bau von über 60 Kirchen und öffentlichen Gebäuden. 1661 Konstruktion des ersten Regenmessers.

LITERATUR

Ahlborn, Erich: Pädagogische Gedanken im Werke von Leibniz, Freie wissenschaftliche Arbeit im Rahmen der Prüfung der Diplom-Handelslehre an der Universität Göttingen, 1968.

Aiton, Erik J.: Leibniz: A Biography, Bristol and Boston 1958.

Amburger, Erik: Beiträge zur Geschichte der deutsch-russischen Beziehungen, Gießen 1961.

Arciszewska, Barbara: Johann Bernhard Fischer von Erlach and the Wolfenbüttel Library – the Hanoverian Connection, in: Barock als Aufgabe, J. B. Fischer von Erlach, der Norden und die zeitgenössische Kunst, Hg. Andreas Kreul, Wolfenbüttel 2005.

Artelt, Walter: Vom Akademiegedanken im 17. Jahrhundert, in: Nova Acta Leopoldina N.F. 36, Nr. 198, Leipzig 1970, S. 9ff.

Aschenbach, Joseph von: Die frühen Wanderjahre des Konrad Celtes und die Anfänge der von ihm errichteten gelehrten Sodalitäten, Wien 1869.

Bacon, Francis: Instauratio Magna, John Bill, London 1620.

Baruzi, Jean: Leibniz. Avec de nombreux textes inédits, Paris 1909.

Baumgart, Peter: Leibniz und der Pietismus. Universale Reformbestrebungen um 1700, in: Archiv für Kulturgeschichte 48, 1966, S. 364ff.

Bayertz, Kurt (Hg.): Wissenschaftsgeschichte und wissenschaftliche Revolution, Köln 1981.

Bayle, Pierre : Dictionnaire Historique et Critique, 2 Bände, Reinier Leers, Rotterdam 1695 und 1697.

Belaval, Yvonne: Pour connaître la pensée de Leibniz, Paris 1952.

Belaval, Yvonne: Une „Drôle de Pensée" de Leibniz, in: Nouvelle Revue Française, Bd. 12, 1958, 2, S. 754ff.

Benz, Ernst: Leibniz und Peter der Große. Der Beitrag Leibnizens zur russischen Kultur-, Religions- und Wirtschaftspolitik seiner Zeit, Berlin 1947.

Bergmann, Joseph: Leibniz in Wien, nebst fünf ungedruckten Briefen desselben über die Gründung einer Kaiserlichen Akademie der Wissenschaften an Karl Gustav Heraeus in Wien, in: Sitzungsber. Phil.-Hist. Classe der Kaiserl. Akademie d. Wiss. Wien, Bd. 13, Wien Jg. 1854, S. 40ff.

Bergmann, Joseph: Leibniz als Reichshofrath in Wien und dessen Besoldung, in: Sitzungsber. Phil.-Hist. Classe der Kaiserl. Akademie d. Wiss. Wien, Bd. 26, Wien Jg. 1858, S. 187ff.

Bergmann, Joseph: Über den kaiserlichen Reichshofrath, nebst dem Verzeichnisse der Reichshofraths-Präsidenten von 1559-1806, in: Sitzungsber. Phil.-Hist. Classe der Kaiserl. Akademie d. Wiss. Wien, Bd. 26, Wien Jg. 1858, S. 204ff.

Bergmann, Joseph: Leibnizens Memoriale an den Kurfürsten Johann Wilhelm von der Pfalz wegen Errichtung einer Akademie der Wissenschaften in Wien vom 2. Oktober 1704, in: Sitzungsber. Phil.-Hist. Classe der Kaiserl. Akademie d. Wiss. Wien, Bd. 16, Wien, Jg. 1855, S. 3ff.

Besson, Jacques : Theatrvm Instrvmentorvm et Machinarvm, Lyon 1578.

Blackall, Eric: Die Entwicklung des Deutschen zur Literatursprache 1700-1775. Mit einem Bericht über neue Forschungsergebnisse 1955-1964 von D. Kimpel. Stuttgart 1966.

Bodemann, Eduard: Leibnizens Briefwechsel mit dem Herzoge Anton Ulrich von Braunschweig-Wolfenbüttel, in: Zeitschrift des Historischen Vereins für Niedersachsen 1888, S. 73ff.

Bodemann, Eduard: Die Leibniz-Handschriften der Königlichen Öffentlichen Bibliothek zu Hannover, Hannover und Leipzig 1895, Neudruck Hildesheim 1966.

Bodemann, Eduard: Leibnizens Plan zu einer Societät der Wissenschaften in Sachsen. Mit bisher ungedruckten Handschriften, in: Neues Archiv für Sächsische Geschichte und Altertumskunde, Bd. 4, Dresden 1883, S. 177ff.

Böger, Ines: „Ein seculum ... da man zu Societäten Lust hat." Darstellung und Analyse der Leibnizschen Sozietätspläne vor dem Hintergrund der europäischen Akademiebewegung im 17. und frühen 18. Jahrhundert, 2 Bde., Herbert Utz Verlag, München 1997.

Boetticher, M. von: 3. Leibniz Festtage, Leibniz und Europa, Neustädter Hof- und Stadtkirche St. Johannis, Hannover 2006, S. 67.

Boullier, Francisque: Une parfaite Académie d'après Bacon et Leibniz, in: Revue des deux mondes III, 29, Paris 1878, S. 673ff.

Brather, Hans-Stephan (Hg.): Leibniz und seine Akademie. Ausgewählte Quellen zur Geschichte der Berliner Sozietät der Wissenschaften 1697-1716, Berlin 1993.

Braubach, Max: Prinz Eugen von Savoyen, 5 Bde., Wien 1965.

Braubach, Max: Geschichte und Abenteuer. Gestalten um den Prinzen Eugen, München 1950.

Bredekamp, Horst: Die Fenster der Monade, Gottfried Willhelm Leibniz´ Theater der Natur und Kunst, Akademieverlag, Berlin 2004.

Bredekamp, Horst: Antikensehnsucht und Maschinenglauben. Die Geschichte der Kunstkammer und die Zukunft der Kunstgeschichte, Berlin 2000.

Brockdorf, Cay von: Gelehrte Gesellschaften im XVIII. Jahrhundert, Kiel 1940.

Brunbauer, W.: Ein Landshuter Bauernsohn tauscht hochgelehrte Briefe mit G. W. Leibniz, in: Charvari 6, Jg. 1980, Nr. 4, S. 8ff.

Buchowiecki, Walter: Der Barockbau der ehemaligen Hofbibliothek in Wien, ein Werk Johann Bernhard Fischers von Erlach, Wien 1957.

Buck, August, u.a. (Hg.): Europäische Hofkultur im 16. und 17. Jahrhundert III, Wolfenbütteler Arbeiten zur Barockforschung, Bd. 10, Hamburg 1981.

Bückmann, Rudolf: Die Stellung der lutherischen Kirche des 16. und 17. Jahrhunderts zur Heidenmission und die gemeinsamen Bestrebungen von Leibniz und A. H. Francke zu ihrer Belebung, in: Zeitschrift f. kirchl. Wissenschaft und kirchl. Leben, 2. Jg., 1881, S. 362ff.

Cassirer, Ernst: Leibniz' System in seinen wissenschaftlichen Grundlagen, Marburg 1902, 3. Nachdruck Hildesheim 1980.

Clarke, G. N.: Science and Social Welfare in the Age of Newton, Oxford 1937.

Cohen H. und Natkorp P. (Hgg.): G. W. Leibniz, Philosophische Arbeiten, Bd. 1, H. 3, Gießen 1907.

Couturat, Louis : La logique de Leibniz, Paris 1901, 2. Nachdruck Hildesheim 1985.

Couturat, Louis : Opuscules et fragments inédits de Leibniz, Paris 1903, Nachdruck Hildesheim 1966.

Deichert, Heinrich: Leibniz über die praktische Medizin und die Organisation der öffentlichen Gesundheitspflege. Sonderdr. aus d. Dt. Medizinischen Wochenschrift, N. 18, 1913.

Diederich, Werner (Hg.): Theorien der Wissenschaftsgeschichte, Suhrkamp, Frankfurt/Main 1974.

Dierse, Ulrich: Enzyklopädie. Zur Geschichte eines philosophischen und wissenschaftstheoretischen Begriffs, Bonn 1977 (Archiv für Begriffsgeschichte, Supplementheft 2).

Dijksterhuis, E. J.: Die Mechanisierung des Weltbildes, Berlin 1956.

Doebner, Richard (Hg.): Leibnizens Briefwechsel mit dem Minister von Bernstorff und andere Leibniz betreffende Briefe und Aktenstücke aus den Jahren 1705-1716, in: Zeitschrift des Historischen Vereins für Niedersachsen, 1881, S. 205ff.

Doebner, Richard (Hg.): Nachträge zu Leibnizens Briefwechsel mit dem Minister Bernstorff, in: Zeitschrift des Historischen Vereins für Niedersachsen, 1884, S. 206ff.

Duchesneau, François : Leibniz et la méthode de la science, Paris 1993.

Duhr, B.: Die Geschichte der Jesuiten in Ländern deutscher Zunge im 18. Jahrhundert, Bd. 4/2, München 1928.

Dutens, Louis: G. G. Leibnitii Opera omnia, nunc primum collecta. T. 1-6, Genevae 1768, Nachdruck Hildesheim 1989.

Eckert, H.: G. W. Leibniz' Scriptores Rerum Brunsvicensium, Entstehung und historiographische Bedeutung, Frankfurt/Main 1971.

Eisenhardt, Ulrich: Die kaiserliche Aufsicht über Buchdruck, Buchhandel und Presse im Heiligen Römischen Reich Deutscher Nation (1496-1806). Ein Beitrag zur Geschichte der Bücher- und Pressezensur, Karlsruhe 1970.

Eisenkopf, Paul: Leibniz und die Einigung der Christenheit. Überlegungen zur Reunion der evangelischen und katholischen Kirche, München, Paderborn, Wien 1975.

Engelhardt, Wolf von: Gottfried Wilhelm Leibniz. Schöpferische Vernunft. Schriften aus den Jahren 1668-1686, Marburg 1951.

Faak, Margot: Leibniz als Reichshofrat, Berlin(-Ost), Humboldt Universität, Phil. Fak., Diss. 1966.

Faak, Margot: Leibniz' Bemühungen um die Reichshofratswürde in den Jahren 1700-1701, in: Studia Leibnitiana, 12, 1980, S. 114ff.

Feil, Joseph: Versuche zur Gründung einer Akademie der Wissenschaften unter Maria Theresia, in: Jahrbuch für vaterländische Geschichte, Jahrgang I, Wien 1861.

Fettweis, Günter B. L.: Leibniz und der Bergbau, in diesem Band S. 25ff.

Fischer, Kuno: Gottfried Wilhelm Leibniz. Leben, Werke und Lehre, 4. Auflg., Heidelberg 1902.

Fleckenstein, Joachim Otto: Gottfried Wilhelm Leibniz. Barock und Universalismus, München, Thun 1958.

Fleckenstein, Joachim O.: Naturwissenschaft und Politik, Georg D. W. Callwey, München 1965.

Fleckenstein, Joachim O.: Der Prioritätsstreit zwischen Leibniz und Newton. Isaak Newton, Basel und Stuttgart 1956, Elemente der Mathematik, Beiheft 12.

Fontenelle, Bernard Le Bovier de : Eloge de M. Leibniz, in: Histoire de l'Académie royale des sciences. [t.16], Année MDCCXVI, Paris 1718, S. 94ff. Deutsche Übersetzung in: Ders., Philosophische Neuigkeiten für Leute von Welt und für Gelehrte. Ausgewählte Schriften, hrsg. v. Helga Bergmann, Leipzig 1989 (Reclams Universal-Bibliothek, Bd. 1308), S. 289ff.

Forberger, Rudolf: Johann Daniel Crafft. Notizen zu einer Biographie (1624-1697), in: Jahrbuch für Wissenschaftsgeschichte Berlin 1964, T. II/III, S. 63ff.

Formey, Johann Heinrich Samuel : Histoire de l'Académie Royale des Sciences et Belles Lettres, depuis son origine jusqu'à présent. Avec les pièces originales. A Berlin chez Haude et Spener, etc. 1750.

Foucher de Careil, Louis Alexandre : Œuvres de Leibniz. Publiés pour la première fois d'après les manuscrits originaux, avec notes et introductions. (Paris, librairie de Firmin Didot frères etc. 1859-1873) Bd. 7, Paris 1875, Nachdruck Hildesheim 1969.

Foucher de Careil, Louis A.: Über den Nutzen einer Ausgabe der vollständigen Werke von Leibniz in seiner Beziehung zur Geschichte Österreichs und der Gründung einer Gesellschaft der Wissenschaften in Wien, in: Sitzungsber. Phil.-Hist. Classe der Kaiserl. Akademie d. Wiss. Wien, Bd. 25, Wien Jg. 1857.

Foucher de Careil, Louis A.: Über den Nutzen einer Ausgabe der vollständigen Werke von Leibniz, in seiner Beziehung zur Geschichte Österreichs und der Gründung einer Gesellschaft der Wissenschaften in Wien. (Mit Bemerkungen des Hrn Kais. Rathes Bergmann), in: Sitzungsber. Phil.-Hist. Classe der Kaiserl. Akademie d. Wiss. Wien, Bd. 25, Jg. 1857.

Foucher de Careil, Louis A. (Hg.): Nouvelles Lettres et opuscules inédits de Leibniz, Paris 1857. Nachdruck Hildesheim 1971.

Gaquerre, François : Le dialogue irénique Bossuet-Leibniz. La réunion des Églises en échec (1691-1702), Paris 1966.

Gerhardt, Carl Immanuel (Hg.) : Gottfried Wilhelm Leibniz. Mathematische Schriften, Bd. 1-7, Halle/Saale 1855-1863 (Leibnizens Gesammelte Werke hrsg. von Georg Heinrich Pertz, Folge 3). Nachdruck Hildesheim 1962.

Gerhardt, Carl Immanuel (Hg.): Gottfried Wilhelm Leibniz. Die Philosophischen Schriften, Bd. 1-7, Berlin 1875-1890, Nachdruck Hildesheim 1960-61.

Gerland, Ernst (Hg.): Leibnizens nachgelassene Schriften physikalischen, mechanischen und technischen Inhalts, Leipzig 1906.

Gerland, Ernst: Ein bisher noch ungedruckter Brief Leibnizens über eine in Cassel zu gründende Academie der Wissenschaften, in: Bericht des Vereins für Naturkunde zu Cassel 26/27, 1878-80, S. 50ff.

Glockner, Hermann: G. W. Leibniz, Monadologie, Reclam 1948.

Grau, Conrad: Akademiegründungen in Europa – Spiegelbild gesellschaftlichen und wissenschaftlichen Umbruchs, in: Spektrum, Monatszeitschrift der Akademie der Wissenschaften der DDR, 6, 2, 1975, S. 21ff.

Grimm, Tilemann: China und das Chinabild von Leibniz, in: Studia Leibnitiana, Sonderheft 1, 1969, S. 38ff.

Grote, Ludwig: Leibniz und seine Zeit, Hannover 1869.

Grotefend, Karl L.: Leibniz-Album. Aus den Handschriften der Kgl. Bibliothek zu Hannover, Hannover 1846.

Grua, Gaston: Gottfried Wilhelm Leibniz, Textes inédits d'après les manuscrits de la Bibliothèque provinciale de Hanovre, 2 Bde., Paris 1948.

Gschlisser, Oswald von: Der Reichshofrat. Bedeutung und Verfassung, Schicksal und Begrenzung einer obersten Reichsbehörde von 1559 bis 1806, Wien 1942. Veröffentlichung der Kommission für neuere Geschichte des ehemaligen Österreichs 33.

Guerrier, Wladimir: Leibniz in seinen Beziehungen zu Rußland und Peter dem Großen. Eine geschichtliche Darstellung dieses Verhältnisses nebst den darauf bezüglichen Briefen und Denkschriften, St. Petersburg und Leipzig 1873, Nachdruck Hildesheim 1975.

Guhrauer, Gottschalk E.: Gottfried Wilhelm Freiherr von Leibnitz. Eine Biographie, Th. 1-2, Berlin 1842 (2. Aufl. Breslau 1846).

Guhrauer, Gottschalk E. (Hg.): Gottfried Wilhelm Leibniz. Deutsche Schriften, Bd. 1-2, Berlin 1838-1840, Nachdruck Hildesheim 1966.

Hall, Alfred Rupert: Die Geburt der naturwissenschaftlichen Methode 1630-1720, Gütersloh 1965.

Hall, A. R.: Philosophers at war. The quarrel between Newton and Leibniz, Cambridge Univ. Press, London u. a. 1980.

Hall, A. R.: The Scientific Revolution 1500-1800, London 1954.

Hamann, Günther: G. W. Leibniz und Prinz Eugen. Auf den Spuren einer geistigen Begegnung, in: Heinrich Fichtenau; Erich Zöllner (Hgg.), Beiträge zur neueren Geschichte Österreichs (= Veröffentlichungen des Instituts für österreichische Geschichtsforschung 20, 1974) [Adam Wandruszka zur Vollendung des 60. Lebensjahres] Wien 1974, S. 206ff.

Hamann, Günther: G. W. Leibnizens Plan einer Wiener Akademie der Wissenschaften, in: G. Hamann, Die Welt begreifen und erfahren, Böhlau Verlag, Wien, Köln, Weimar 1993, S. 162ff.

Hamann, Günther: Prinz Eugen und die Wissenschaften, in: G. Hamann, Die Welt begreifen und erfahren, Böhlau Verlag, Wien, Köln, Weimar 1993, S. 56ff.

Hammarlund, Anders: PLUS ULTRA, Leibniz und der Kaiserliche Antiquitäten- und Medailleninspector Carl Gustav Heraeus, in: „Nihil sine Ratione". VII. Internat. Leibniz-Kongreß, Berlin 2001, H. Poser (Hg.) Vorträge 1. Teil, S. 454ff.

Harnack, Adolf: Geschichte der Königlich Preußischen Akademie der Wissenschaften zu Berlin, Bde. I-III, Berlin 1900, Nachdruck Hildesheim 1970.

Harrer, Paul: Wien - seine Häuser, Menschen und Kultur, Manuskript, Wiener Stadt- u. Landesarchiv, 4. Bd., 1954.

Hartley, H.: The Royal Society. Its Origin and Founders, London 1960.

Hartmann, Fritz und Vierhaus, Rudolf (Hgg.): Der Akademiegedanke im 17. und 18. Jahrhundert, Bremen und Wolfenbüttel 1977 (Wolfenbütteler Forschungen, Bd. 3).

Hazard, Paul: The European Mind. The Critical Years 1680-1715, Yale University Press 1953.

Hazard, Paul: Die Krise des europäischen Geistes 1680-1715, Hamburg 1939.

Heer, Friedrich: Gottfried Wilhelm Leibniz - Der Mann in der Zeit, in: Bücher des Wissens, Gottfried Wilhelm Leibniz, Auswahl und Einleitung von Friedrich Heer, Fischer Bücherei KG, Frankfurt/Main und Hamburg 1958.

Heer, Friedrich: Europäische Geistesgeschichte, Wien 1953.

Heinekamp, Albert: Leibniz' letzter Aufenthalt in Wien (Mitte Dezember 1712- 3. September 1714). In: Akten des XIV. Internationalen Kongresses für Philosophie, Bd. 5, Wien 1970, S. 542ff.

Heinekamp, Albert: Sprache und Wirklichkeit nach Leibniz, in: History of linguistic thought and contemporary linguistic, ed. Herman Parret, Berlin, New York 1976, S. 518ff.

Heinekamp, Albert und Schupp F. (Hgg.): Leibniz' Logik und Metaphysik, Darmstadt 1988. (Wege der Forschung 328).

Hermelink, Heiner: Marin Mersenne und seine Naturphilosophie, in: Philosophie naturalis, Bd. I, 1950.

Herchenhahn, Johann Christian: Geschichte der Entstehung, Bildung und gegenwärtigen Verfassung des Kaiserlichen Reichshofraths, 2 Bände, Mannheim 1792.

Hering, Carl: Geschichte der kirchlichen Unionsversuche seit der Reformation bis auf unsere Zeit, 2 Bd., Leipzig 1838.

Herring, Herbert (Hg.): Leibniz, Regeln zur Förderung der Wissenschaften, 1680, in: G. W. Leibniz, Philosophische Schriften, Frankfurt/Main, Suhrkamp 1966, Bd. 4: Schriften zur Logik und zur philosophischen Grundlegung von Mathematik und Naturwissenschaft S. 96f.

Hess, Gerhard (Hg.): Leibniz korrespondiert mit Paris. Einl. und Übertr. v. G. Hess, Hamburg 1940. (Geistiges Europa).

Heymann, H. R.: Leibniz' Plan einer juristischen Studienreform vom Jahre 1667, Sitzungsber. der Preußischen Akademie der Wiss., Jg. 1931.

Hiltebrandt, Ph.: Eine Relation des Wiener Nuntius über seine Verhandlungen mit Leibniz (1700), in: Quellen und Forschungen aus italienischen Archiven und Bibliotheken, Rom 1907.

Hirsch, Eike Christian: Der berühmte Herr Leibniz, C. H. Beck, München 2000.

Hlawka, Edmund: Leibniz als Mathematiker, in: Philosophia Naturalis, Archiv für Naturphilosophie unter Philosophischen Grenzgebieten der exakten Wissenschaften und Wissenschaftsgeschichte, Band X, 1968, S. 146ff.

Hofmann, Johannes (Hg.): Die Bibliothek und ihre Kleinodien, Zum 250-jährigen Jubiläum der Leipziger Stadtbibliothek, Leipzig 1927, S. 49f.

Holz, Hans Heinz: Gottfried Wilhelm Leibniz. Reihe Campus Einführungen, Band 1052, Campus Verlag, Frankfurt/Main, New York 1992.

Holz, H. H. (Hg.): G. W. Leibniz, Philosophische Schriften, Bd. 1-3, Darmstadt 1959.

Holz, H. H. (Hg.): G. W. Leibniz, Politische Schriften, Bd. 1 und 2, Frankfurt und Wien 1966/67.

Holz, H. H.: Herr und Knecht bei Leibniz und Hegel. Zur Interpretation der Klassengemeinschaft, Neuwied und Berlin 1968.

Holze, Erhard: Gott als Grund der Welt im Denken des Gottfried Wilhelm Leibniz, in: Studia Leibnitiana, Sonderheft 20, 1991.

Huber, Alfons: Geschichte der Gründung und der Wirksamkeit der Kaiserlichen Akademie der Wissenschaften während der ersten fünfzig Jahre ihres Bestehens, Wien 1897.

Huber, Kurt: Leibniz. Der Philosoph der universalen Harmonie, hrsg. von Inge Köck in Verbindung mit Clara Huber, München 1951. Unveränd. Neudruck: München-Zürich 1989.

Hülsen, Friedrich: Leibniz als Pädagoge und seine Ansichten über Pädagogik, Berlin 1874.

Jalabert, Jacques: Le Dieu de Leibniz, Paris 1960.

Jordan, George J.: The Reunion of the Churches. A Study of G. W. Leibniz and his great attempt, London 1927.

Kanthak, Gerhard: Der Akademiegedanke zwischen utopischem Entwurf und barocker Projektemacherei. Zur Geistesgeschichte der Akademiebewegung des 17. Jahrhunderts, Berlin 1982 (Historische Forschungen, Bd. 34).

Kapp, Johann Eduard: Sammlung einiger vertrauter Briefe, welche zwischen ... Gottfried Wilhelm von Leibnitz, und ... Daniel Ernst Jablonski, auch andern Gelehrten ... gewechselt worden sind, Leipzig 1745.

Keller, Ludwig: Gottfried Wilhelm Leibniz und die deutschen Sozietäten des 17. Jahrhunderts, in: Monatshefte der Comenius-Gesellschaft Bd. 12, 1903, S. 141ff.

Kiefl, Franz X.: Leibniz und der Gottesgedanke, in: Ders., Katholische Weltanschauung und modernes Denken. (2. u. 3. Aufl.), Regensburg 1922, S. 57ff.

Kirchner Friedrich: Gottfried Wilhelm Leibniz. Sein Leben und Denken, Köthen 1876.

Kirchner, Joachim: Die Bibliothek und ihre Kleinodien, Leipzig 1927.

Klopp Onno: Zur Ehrenrettung von Leibnitz. Sendschreiben an die Königliche Akademie der Wissenschaften zu Berlin, Berlin 1878.

Klopp, Onno (Hg.): Die Werke von Leibniz. 1. Reihe: Historisch-politische und staatswissenschaftliche Schriften, 11 Bde., Hannover, 1864-1884. Nachdruck von Bd. 7-11: Hildesheim 1970-73.

Klopp, Onno: Leibniz' Plan der Gründung einer Sozietät der Wissenschaften in Wien. Aus dem handschriftlichen Nachlasse von Leibniz in der Königl. Bibliothek zu Hannover dargestellt, in: Archiv für österreichische Geschichte 40, 1868, S. 157ff.

Knobloch, Eberhard: Die Astronomie an der Sozietät der Wissenschaften, in: Studia Leibnitiana, Sonderheft 16, 1990, S. 231ff.

Kortholt, Christian (Hg.): Viri illustris Godefredi Guil. Leibnitii epistolae ad diversos ..., Bd. 1-4, Leipzig 1734-1742.

Kreul, A. (Hg.): J. B. Fischer von Erlach, der Norden und die zeitgenössische Kunst, Wolfenbüttel 2005.

Krüger, Gerhard (Hg.): G. W. Leibniz, Die Hauptwerke, A. Kröner Verlag, 2. Aufl., Stuttgart 1940.

Krüger, Matthias: Gottfried Wilhelm Leibniz: Ideen zu einem modernen Gesundheitswesen, Leibniz-Festtage 2005, Predigten und Vorträge in der evangelisch-lutherischen Neustädter Hof- und Stadtkirche St. Johannis, Hannover S. 74 ff.

Kuhn, Th. S.: Die Struktur wissenschaftlicher Revolutionen, Frankfurt/Main 1967.

Kunik, E. v. (Hg.): Briefe von Christian Wolff aus den Jahren 1719-1753. Ein Beitrag zur Geschichte der Kaiserlichen Akademie zu St. Petersburg, St. Petersburg 1860.

Kvacsala, Jan (Hg.): Neue Beiträge zum Briefwechsel zwischen D. E. Jablonski und G. W. Leibniz (Acta et Commentationes Imp. Universitatis Jurievensis-olim Dorpatensis) 1899.

Lamey, M.: Leibniz und das Studium der Wissenschaften in einem Kloster, übers. von B. Deppe, Münster 1879.

Leinkauf, Thomas: Leibniz, ausgewählt und vorgestellt von Thomas Leinkauf, Deutscher Taschenbuch Verlag, München 2000.

Lenoble, Robert : Mersenne ou la naissance du mécanisme, Paris 1943.

Lewis, Geneviève (Hg.): Lettres de Leibniz à Arnauld, Paris 1952 (Bibl. de philos. contemporaine).

Look, Brandon: On Substance and Relations in Leibniz's Correspondence with Des Bosses, in: P. Lodge (Ed.), Leibniz and His Correspondents, Kap. 11, S. 238ff. Mansfield College, Oxford, Cambridge, University Press 2004.

Mahnke, Dietrich: Leibniz als Gegner der Gelehrteneinseitigkeit, Stade 1912.

Mahnke, Dietrich: Der Zeitgeist des Barock und seine Verewigung in Leibnizens Gedankenwelt, in: Zeitschrift für Deutsche Kulturphilosophie, Band 2, H. 2, 1936, S. 95ff.

Mahnke, Dietrich: Zur Keimesgeschichte der Leibnizschen Differentialrechnung, in: Sitzungsber. d. Ges. z. Beförd. d. ges. Natwiss., 67, Marburg 1932.

Mason, St. F.: Geschichte der Naturwissenschaft, A. Kröner Verlag, Stuttgart, 2. Aufl. 1974.

Mauhart Beppo (Hg.): Das Winterpalais des Prinzen Eugen, Molden, Wien 1979.

Meister, Richard: Geschichte der Akademie der Wissenschaften in Wien 1847-1947, Adolf Holzhausens NFG, Wien 1947.

Merkel, Rudolf F.: Die Anfänge der protestantischen Missionarsbewegung. G. W. von Leibniz und die China-Mission (Missionarswissenschaftliche Forschungen 1), Leipzig 1920.

Meyer, Rudolf W.: Leibniz und die europäische Ordnungskrise, Hamburg 1948.

Mikoletzky, H. L.: Österreich, Das große 18. Jahrhundert, Austria-Edition, Österr. Bundesverlag, Wien 1967.

Mittelstraß, Jürgen: Der Philosoph und die Königin - Leibniz und Sophie Charlotte, in: Studia Leibnitiana, Sonderheft 16, 1990, S. 9ff.

Müller, Kurt: Bericht über die Arbeit des Leibniz-Archivs der Niedersächsischen Landesbibliothek Hannover, in: Studia Leibnitiana, Suppl. 3, 1969, S. 217ff.

Müller, Kurt: Leibniz Bibliographie, Die Literatur über Leibniz, Frankfurt/Main 1967.

Müller, Kurt: Zur Entstehung und Wirkung der wissenschaftlichen Akademien und gelehrten Gesellschaften des 17. Jahrhunderts. In: H. Roessler und G. Franz (Hg.), Universität und Gelehrtenstand 1400-1800, Limburg/Lahn 1970.

Müller, Kurt und Krönert, Gisela: Leben und Werk von Gottfried Wilhelm Leibniz. Eine Chronik. Vittorio Klostermann, Frankfurt/Main 1969. (Veröffentlichungen des Leibniz-Archivs 2).

Oehler, Helmut: Prinz Eugen und Leibniz, Deutschlands abendländische Sendung, in: Leipziger Vierteljahresschrift für Südosteuropa, 6, 1942, S. 1ff.

Ornstein, Martha: The rôle of scientific societies in the seventeenth century, Chicago 1938, Nachdruck London 1963

Paullini, Kristian Franz: Neu-Vermehrte Heylsame Dreckapotheke, Frankfurth-Mayn, Nachdruck 1834, Philosophische Bibliothek Hamburg 1956ff, Bd. 161.

Paulsen, Friedrich: Geschichte des gelehrten Unterrichts auf den deutschen Schulen und Universitäten vom Ausgang des Mittelalters bis zur Gegenwart. Mit besonderer Rücksicht auf den klassischen Unterricht. Bd. I, Leipzig 1913.

Pertz, Georg H. (Hg.): Leibnizens Gesammelte Werke, aus den Handschriften der Kgl. Bibliothek. 1. Folge: Geschichte, Bd. 1-4, Hannover 1843-47, Nachdruck Hildesheim 1966.

Pertz, Georg H.: Ueber Leibnizens kirchliches Glaubenbekenntnis, in: Allgemeine Zeitschrift für Geschichte 6, 1846, S. 65ff.

Pfleiderer, Edmund: Gottfried Wilhelm Leibniz als Patriot, Staatsmann und Bildungsträger. Ein Lichtpunkt aus Deutschlands trübster Zeit, Leipzig 1870.

Popp Karl, Stein, Erwin (Hgg.): Gottfried Wilhelm Leibniz: Das Wirken des großen Philosophen und Universalgelehrten als Mathematiker, Physiker, Techniker. Vorträge und Katalog zur anlässlich der EXPO 2000 neugestalteten und erweiterten Leibniz-Ausstellung an der Universität Hannover. Copyright 2000 Universität Hannover, Schlütersche GmbH & Co. KG, Verlag und Druckerei, Hannover.

Poser, Hans: Zum Verhältnis von Logik und Mathematik bei Leibniz, in: Studia Leibnitiana, Sonderheft 15, Stuttgart 1988.

Poser, Hans: Gottfried Wilhelm Leibniz, in: Berlinische Lebensbilder, Bd. 3, Wissenschaftspolitik in Berlin, hrsg. von Wolfgang Treue und Karlfried Gründer, Berlin 1987, S. 1ff.

Posselt, Moritz C.: Peter der Große und Leibniz, Dorpat und Moskau 1843.

Purver, Margery: The royal society: Concept and creation. Cambridge, Massachusetts, The M.I.T. Press 1967.

Ravier, Emile : Bibliographie des œuvres de Leibniz, Paris 1937, Nachdruck Hildesheim 1966.

Reumont, Alfred von: Magliabecchi, Muratori und Leibnitz, Allgemeine Monatsschrift für Wissenschaft und Literatur, Braunschweig 1854.

Richter, Liselotte: Leibniz und sein Rußlandbild, Berlin 1946.

Ritter, Paul: Leibniz als Politiker, in: Deutsche Monatshefte für christliche Politik und Kultur 1, 1920, S. 420ff.

Robinet, André: Leibniz et la racine de l'existence, Paris 1962.

Roessler, Emil F.: Beiträge zur Staatsgeschichte Österreichs aus dem G. W. von Leibniz'schen Nachlasse in Hannover, in: Sitzungsber. Phil.-Hist. Classe der Kaiserl. Akademie d. Wiss. Wien, Bd. 20, H. 1-3, Wien Jg. 1856, S. 267ff.

Rommel, Christoph von: Leibniz und Landgraf Ernst von Hessen-Rheinfels. Ein ungedruckter Briefwechsel über religiöse und politische Gegenstände. Mit e. ausführl. Einl. u. mit Anmerkungen, hrsg. in 2 Bänden, Frankfurt/Main 1847.

Rothschuh, Karl E.: Leibniz und die Medizin seiner Zeit, in: Studia Leibnitiana, Sonderheft 1, 1969, S. 145ff.

Rüdiger, O.: Leibniz' Projekt einer Sächsischen Akademie im Kontext seiner Bemühungen um die Gründung gelehrter Gesellschaften, in: Gelehrte Gesellschaften im mitteldeutschen Raum (1650-1820). In: D. Döring und K. Nowak (Hg.), Bd. 1, Stuttgart und Leipzig 2000.

Salomon-Bayet, Claire: Les Académies scientifiques: Leibniz et l'Académie Royale des Sciences 1672-1676. In: Studia Leibnitiana, Suppl. 17, 1978, S. 155ff.

Sandvoss, Ernst R.: Gottfried Wilhelm Leibniz. Jurist, Naturwissenschaftler, Politiker, Philosoph, Historiker, Theologe. Göttingen, Zürich, Frankfurt/Main 1976. (Persönlichkeit und Geschichte 89/90).

Schaller, Klaus: Die Pädagogik des Johann Amos Comenius und die Anfänge des pädagogischen Realismus im 17. Jahrhundert, Heidelberg 1962, S. 132ff. (Pädagogische Forschungen, Veröfffentl. d. Comenius-Instituts 21).

Scheel, Günter: Leibniz' Beziehungen zur Bibliotheka Augusta in Wolfenbüttel (1678-1716), in: Braunschweigisches Jahrbuch, Bd. 54, Jg. 1973, S. 172ff.

Scheel, Günter: Leibniz als Direktor der Bibliotheka Augusta in Wolfenbüttel, in: Studia Leibnitiana, Suppl. 12, 1973, S. 71ff.

Schirren, C.: Patkul und Leibniz, in: Mittheilungen aus dem Gebiete der Geschichte Liv-, Est- und Kurlands 13, 1886, S. 435ff.

Schmarsow, August: Leibniz und Schottelius. Die Unvorgreifflichen Gedanken, untersucht und herausgegeben ..., Straßburg, London 1877. (Quellen und Forschung zur Sprach- und Culturgeschichte der germanischen Völker, Bd. 23).

Schmidt, Justus: Die Architekturbücher des Fischer von Erlach, in: Wiener Jahrbuch für Kunstgeschichte, Bd. IX, 1934.

Schmied-Kowarzik, Walther (Hg.): Gottfried Wilhelm Leibniz. Deutsche Schriften, Bd. 1: Muttersprache und völkische Gesinnung, Leipzig 1916. (Philosophische Bibliothek, Bd. 161).

Schnath, Georg: Geschichte Hannovers im Zeitalter der neunten Kur und der englischen Sukzession 1674-1714, Bd. 1-4, Hildesheim 1938-1982. (Veröffentlichungen der Historischen Kommission f. Niedersachsen, Bd. 18).

Schneider, Hans-Peter: Denker oder Lenker? Leibniz zwischen Einfallsreichtum und Erfolgsdrang, in: Leibniz. Tradition und Aktualität, V. Internationaler Leibniz-Kongreß, Vorträge, Hannover 1988, S. 866ff.

Schneiders, Werner: Societätspläne und Sozialutopie bei Leibniz, in: Studia Leibnitiana, 7, 1, 1975, S. 58ff.

Schneiders, Werner: Republica optima. Zur metaphysischen und moralischen Fundierung der Politik bei Leibniz, in: Studia Leibnitiana 9, 1, 1977, S. 1ff.

Schneiders, Werner: Gottesreich und gelehrte Gesellschaft. Zwei politische Modelle bei G. W. Leibniz, in: Der Akademiegedanke im 17. und 18. Jahrhundert, F. Hartmann und R. Vierhaus (Hgg.), Bremen, Wolfenbüttel 1977, S. 47ff.

Schneiders, Werner: Harmonia Universalis, in: Studia Leibnitiana, 16, 1, 1984, S. 27ff.

Schottel, Justus G.: Ausführliche Arbeit von der Teutschen HauptSprache … Abgetheilet in fünf Bücher, Braunschweig 1663.

Schuffenhauer, Werner: Prospektive sozialphilosophische Ideen bei G. W. Leibniz, in: Leibniz, Tradition und Aktualität, V. Internationaler Leibniz-Kongreß, Vorträge, Hannover 1988, S. 1062ff.

Schulenburg, Sigrid von der: Leibnizens Gedanken und Vorschläge zur Erforschung der deutschen Mundarten. In: Abhandlungen der Preußischen Akademie der Wissenschaften zu Berlin, Phil.-Hist. Klasse Nr. 2, 1937.

Schulenburg, Sigrid von der: Leibniz als Sprachforscher. Mit e. Vorw. hrsg. von Kurt Müller, Frankfurt/Main 1973 (Veröffentlichung des Leibniz-Archivs 4).

Schuster, Julius: Die wissenschaftliche Akademie als Geschichte und Problem (Forschungsinstitute, ihre Geschichte, hrsg. von L. Brauer, 1) Hamburg 1930.

Sedlmayr, Hans: Johann Bernhard Fischer von Erlach, Wien, München 1956.

Sellschopp, Sabine: „Eine kleine tour nach Hamburg incognito" – Leibniz' Bemühungen von 1701 um die Position eines Reichshofrats, in: Studia Leibnitiana Bd. XXXVII/1, 2005 (ersch. 2006), Franz Steiner Verlag, Stuttgart, S. 68ff.

Stein-[Karnbach], Annegret: Leibniz und der Buchhandel, in: Bücher und Bibliotheken im 17. Jahrhundert in Deutschland. Vorträge des vierten Jahrestreffens des Wolfenbütteler Arbeitskreises für Geschichte des Buchwesens in der Herzog August Bibliothek Wolfenbüttel, 22. bis 24. Mai 1679. Hrsg. v. Paul Raabe, Hamburg 1980 (Wolfenbütteler Schriften zur Geschichte des Buchwesens, Bd. 6), S. 78ff.

Steudel, Johannes: Leibniz fordert eine neue Medizin, in: Studia Leibnitiana, Suppl. 2, 1969, S. 255ff.

Stoll, Christoph: Sprachgesellschaften im Deutschland des 17. Jahrhunderts, München 1973.

Strack, Klara: Ursprung und sachliches Verhältnis von Leibnizens sogenannter Monadologie und den Principes de la nature et de la grâce, Dissertation, Berlin 1915.

Totok, Wilhelm: Die Begriffe ars, scientia und philosophia bei Leibniz, in: Tradition und Aktualität, 1989, S. 381ff.

Totok, Wilhelm und Haase, Carl (Hgg.): Leibniz. Sein Leben, sein Wirken, seine Welt, Hannover 1966.

Ulrich, Otto: Leibnizens Vorschlag zur Errichtung einer Akademie in Göttingen, in: Hannoversche Geschichtsblätter, Jg. 1, N. 46, 1898, S. 361f.

Utermöhlen, Gerda: Leibniz im Briefwechsel mit Frauen, in: Niedersächsisches Jahrbuch für Landesgeschichte, 52, 1980, S. 219ff.

Venzke, Stefan, Hauf Thomas: Leibniz' Spuren in der Meteorologie, in: Leibniz – auf den Spuren des großen Denkers, Unimagazin Hannover, Zeitschrift der Leibniz Universität Hannover, Nr. 3/4 , 2006, S. 64ff.

Vernay, J. : Essai sur la pédagogie de Leibniz, Heidelberg 1914.

Vidler Anthony: Ledoux, traduit de l' anglais par Serge Grunberg, Fernand Hazan, Paris 1987.

Vierhaus, Rudolf: Wissenschaft und Politik im Zeitalter des Absolutismus. Leibniz und die Gründung der Berliner Akademie, in: Studia Leibnitiana, Sonderheft 16, 1990, S. 186ff.

Voisé, Waldemar: Meister und Schüler: Erhard Weigel und Gottfried Wilhelm Leibniz, in: Studia Leibnitiana, 3, 1, 1971, S. 55ff.

Voisé, Waldemar: Leibniz und die Entwicklung des sozialen Denkens im 17. Jahrhundert, in: Studia Leibnitiana, Supplementa 12, 1973, S. 181ff.

Wegele, Franz X. von: Das historische Reichscolleg. In: Im neuen Reich, Wochenschrift für das Leben des deutschen Volkes in Staat, Wissenschaft und Kunst, 11. Jg., Bd. I, Leipzig 1881, S. 941ff.

Weld, Carl R.: A History of the Royal Society, Bd. 1-2, London 1848.

Werling, Hans F.: Die weltanschaulichen Grundlagen der Reunionsbemühungen von Leibniz im Briefwechsel mit Bossuet und Pellisson. Frankfurt/Main – Bern - Las Vegas 1977 (Europ. Hochschulschriften, R. 20, Bd. 30).

Werrett, Simon: „An Odd Sort of Exhibition: The St. Petersburg Academy of Sciences in Enlightened Russia." Phill. Diss., Cambridge University 2000.

Widmaier, Rita (Hg.): Leibniz korrespondiert mit China. Der Briefwechsel mit den Jesuitenmissionaren (1689-1714). Frankfurt/Main 1990 (Veröffentl. des Leibniz-Archivs 11).

Widmann, Hans: Leibniz und sein Plan zu einem „Nucleus librarius". In: Archiv für Geschichte des Buchwesens 4 (1962/63). Hrsg. von der historischen Kommission des Börsenvereins des Deutschen Buchhandels. Band 1ff, Frankfurt/Main 1958ff.

Wiedeburg, Paul: Der junge Leibniz, das Reich und Europa. 6 Bde., Wiesbaden 1962 bzw. 1970.

Will, G. A.: Bemerkungen über einige Gegenden des Kath. Deutschlands auf einer kleinen gelehrten Reise gemachet, Nürnberg 1778, 30, 57-80 (6 Briefe von Leibniz an Orban).

Wilson, Catherine: Leibniz and the Animalcula, in: Oxford Studies in the History of Philosophy (M. A. Stewart, Ed.), Oxford 1997.

Winter, Eduard: Barock, Absolutismus und Aufklärung in der Donaumonarchie, Wien 1971.

Winter, Eduard: L. Blumentrost der Jüngere und die Anfänge der Petersburger Akademie der Wissenschaften, in: Jahrbuch für Geschichte der UdSSR und der volksdemokratischen Länder Europas, Bd. 8, Berlin 1964, S. 247ff.

Winter, Eduard: Leibniz als Kulturpolitiker, in: Studia Leibnitiana, Supplementa 4, 1969, S. 225ff.

Winter, Eduard: G. W. Leibniz und die Aufklärung, Berlin (-Ost) 1968 (Sitzungsberichte der Deutschen Akademie der Wissenschaften zu Berlin Nr. 3).

Wittram, Reinhard: Peter I, Czar und Kaiser. Zur Geschichte Peters des Großen in seiner Zeit, 2 Bde., Göttingen 1964.

Wolf, Abraham: A History of Science, Technology and Philosophy in the 16th and 17th Centuries, London 1935, 2 Aufl. 1950.

Wolff, Georg: Leibniz, der geistige Begründer der Deutschen Akademie der Wissenschaften. In: LDP-Informationen. Mitteilungsblatt der Parteileitung (Berlin-Ost) 4, Nr. 14, 1950, S. 319f.

Yates, Frances A.: The French Academies in the sixteenth Century, London 1947.

Zacharias, Thomas: Joseph Emanuel Fischer von Erlach, Wien, München 1960.

Zimmermann, Robert: Leibniz und die Kaiserliche Akademie der Wissenschaften in Wien. In: Ders., Studien und Kritiken zur Philosophie und Ästhetik, Bd. 1, Wien 1870, S. 193ff. (Erstdruck in: Österreichische Blätter für Literatur und Kunst, Nr. 49, 1854, S. 329ff.)

Zöllner, Erich: Geschichte Österreichs, Verlag für Geschichte und Politik, Wien 1990.

Gottfried Wilhelm Leibniz
Veranstaltungen und Projekte

der Kommission für Geschichte der
Naturwissenschaften, Mathematik und Medizin
der Österreichischen Akademie der Wissenschaften

Gottfried Wilhelm Leibniz,
Philosoph – Mathematiker – Physiker – Techniker
Eröffnung der Ausstellung der Universität Hannover. Leitung: Erwin Stein und Karl Popp.
Vortrag: Erwin Stein (Leibniz Universität Hannover)
Gottfried Wilhelm Leibniz as a Philosopher, Mathematician, Physicist and Engineer
Vortrag: Jürgen Mittelstraß (Universität Konstanz)
Leibniz's World: Calculation and Scientific Integration
Musik von Johann Pachelbel, François Couperin, Kaiser Leopold I
Ausführende: Wolfgang Renner (Flöte, Piccolo), Chia-Ling Renner-Liao (Flöte),
    Christine Rath (Gitarre)
Organisation: Lore Sexl
Österreichische Akademie der Wissenschaften, Wien, Großer Festsaal
9. Juli 2002

Gottfried Wilhelm Leibniz,
Philosoph – Mathematiker – Physiker – Techniker
Führungen durch die Ausstellung, Organisation: Lore Sexl
Unterlagen zur Ausstellung: Texte von und über G. W. Leibniz als Philosoph, Mathematiker, Physiker,
    Techniker, Jurist, Politiker. Zusammengestellt von Lore Sexl
Österreichische Akademie der Wissenschaften, Wien, Aula
10. Juli – 4. Oktober 2002

Leibniz und der Computer
Vortrag: Heinz Zemanek (Technische Universität Wien)
Österreichische Akademie der Wissenschaften, Wien, Theatersaal
16. September 2002

Leibniz und der Bergbau
Vortrag: Günter B. L. Fettweis (Montanuniversität Leoben)
Österreichische Akademie der Wissenschaften, Wien, Theatersaal
23. September 2002

Gottfried Wilhelm Leibniz – Universalgelehrter und Begründer wissenschaftlicher Gesellschaften
Projekte für den Unterricht an Allgemeinbildenden Höheren Schulen
unter Verwendung von Originaltexten von Leibniz in lateinischer und französischer Sprache und einem
    umfangreichen Bildmaterial
Konzept und Durchführung: Lore Sexl
Allgemeinbildende Höhere Schulen in Wien, Melk, St. Pölten, Wiener Neustadt
September 2002 bis Juni 2003 und Oktober 2005 bis März 2006

Stiftung einer Gedenktafel für Leibniz:
Gottfried Wilhelm Leibniz – Philosoph, Mathematiker, Physiker, Theologe, Geologe, Techniker, Philologe, Jurist, Historiker und Diplomat
Vortrag: Lore Sexl, *Leibniz und Wien*
Lesung: *Aus der Welt des Gottfried Wilhelm Leibniz – Gedanken von und über G. W. Leibniz*
Vortragende: Claus-Peter Corzilius und Linda Plech
Musik von Kaiser Leopold I
Ausführende: Wolfgang Renner (Flöte, Piccolo), Chia-Ling Renner-Liao (Flöte),
    Armin Egger (Gitarre)
Österreichische Akademie der Wissenschaften, Wien, Großer Festsaal
18. November 2004

Wissenschaftsorganisation bei G. W. Leibniz
Vortrag: Lore Sexl
Jahrestagung der Österreichischen Physikalischen Gesellschaft
Krems, Donau-Universität
24. September 2007
Georg von Peuerbach Symposium „Kosmisches Wissen im Wandel der Zeiten von Peuerbach bis
    Laplace"
Peuerbach Schlosssaal, Oberösterreich
26. September 2008

G. W. Leibniz in Wien – Rezitation und Musik
Leitung: Erwin Stein (Leibniz Universität Hannover)
Konzept und Einführung: Lore Sexl
Rezitation: Claus-Peter Corzilius und Linda Plech
Musik von Kaiser Leopold I, Georg Friedrich Händel, Meinhard Rüdenauer
Ausführende: Wolfgang Renner (Flöte, Piccolo), Chia-Ling Renner-Liao (Flöte),
    Armin Egger (Gitarre)
Hannover, Neustädter Hof- und Stadtkirche St. Johannis
27. Oktober 2007

Gottfried Wilhelm Leibniz und Prinz Eugen von Savoyen
Projekt von Lore Sexl für Allgemeinbildende Höhere Schulen
anlässlich der Ausstellung *Prinz Eugen, Feldherr, Philosoph*
Wien, Unteres Belvedere, Orangerie
12. Februar bis 6. Juni 2010

G. W. Leibniz in Wien
gemeinsam mit Hubert Christian Ehalt, (Präsident der Gesellschaft der Freunde der Österreichischen
    Akademie der Wissenschaften) und Lore Sexl
Vortrag: Lore Sexl, *G. W. Leibniz in Wien*
Rezitation: Claus-Peter Corzilius, *Gedanken von und über G. W. Leibniz*
Musik von Kaiser Leopold I
Ausführende: Wolfgang Renner (Flöte, Piccolo), Chia-Ling Renner-Liao (Flöte),
    Armin Egger (Gitarre)
Österreichische Akademie der Wissenschaften, Wien, Theatersaal
12. Dezember 2011